U0945775

《中国环境规划与政策》（第十九卷）编委会

中国环境规划与政策

Chinese Environmental Planning and Policy Research

（第十九卷）

生 态 环 境 部 环 境 规 划 院
王金南 陆 军 万 军 严 刚 主编

中国环境出版集团・北京

图书在版编目（CIP）数据

中国环境规划与政策. 第十九卷/王金南等主编. —北京：中国环境出版集团，2023.10

ISBN 978-7-5111-5618-1

Ⅰ. ①中… Ⅱ. ①王… Ⅲ. ①环境规划—研究—中国②环境政策—研究—中国 Ⅳ. ①X32②X-012

中国国家版本馆 CIP 数据核字（2023）第 175638 号

出 版 人 武德凯
责任编辑 宾银平
封面设计 岳 帅

出版发行 中国环境出版集团
（100062 北京市东城区广渠门内大街 16 号）
网　　址：http://www.cesp.com.cn
电子邮箱：bjgl@cesp.com.cn
联系电话：010-67112765（编辑管理部）
010-67113412（第二分社）
发行热线：010-67125803，010-67113405（传真）
印　　刷 北京鑫益晖印刷有限公司
经　　销 各地新华书店
版　　次 2023 年 10 月第 1 版
印　　次 2023 年 10 月第 1 次印刷
开　　本 787×1092 1/16
印　　张 28.75
字　　数 680 千字
定　　价 158.00 元

序

生态环境部环境规划院是中国政府环境保护规划与政策的主要研究机构和决策智库，其主要任务是根据国家社会经济发展战略，专门从事生态文明、绿色发展、环境战略、环境规划、环境政策、环境经济、环境风险、环境项目咨询等方面的研究，为国家环境规划编制、环境政策制定、重大环境工程决策和环境风险与损害鉴定评估提供科学支撑。建院二十多年来，生态环境部环境规划院完成了一大批国家环境规划任务和环境政策研究课题，同时承担完成了一批世界银行、联合国环境规划署、亚洲开发银行以及经济合作与发展组织等的国际合作项目，并取得了丰硕的研究成果。

根据美国宾夕法尼亚大学发布的《2020 年全球智库报告》，生态环境部环境规划院在全球环境类顶级智库中排名第 25，在人选的中国环境类智库中排名第一。另外，根据中国社会科学评价研究院发布的《中国智库综合评价 AMI 研究报告（2017)》，生态环境部环境规划院在全国生态环境类智库中排名第一。为了让研究成果发挥更大的作用，生态环境部环境规划院将这些课题研究的成果汇集编写成《重要环境决策参考》，供全国人大、全国政协、国务院有关部门、地方政府以及公共政策研究机构等参阅。二十多年来，生态环境部环境规划院已经编辑了 330 多期《重要环境决策参考》。这些研究报告得到了国务院政策研究部门和国家有关部委的高度评价和重视，而且许多建议和政策方案已被相关政府部门采纳。这也是我们持续做好这项工作的动力所在。

为了加强对国家环境规划、重要环境政策和重大环境工程决策的技术支持，让更多的政府公共决策官员、环境管理人员、环境科技工作者分享这些研究成果，生态环境部环境规划院对这些专题研究报告进行了分类整理，编辑成《中国环境政策》一书，已经分十卷公开出版。从第十一卷开始，更名为《中国环境规划与政策》。相信《中国环境规划与政策》的出版，对有关政府和部门研究制定环境规划与政策具有较好的参考价值。在此，感谢社会各界一直以来对生态环境部环境规划院的支持，同时也热忱欢迎大家发表不同的观点，共同探索新时期习近平生态文明思想指导下的中国生态环境保护，助力实现碳达峰碳中和目标，全面推进美丽中国建设，加快推进人与自然和谐共生的现代化，扎实推动中国生态环境保护事业蓬勃发展。

生态环境部环境规划院院长

中国工程院院士

2023 年 8 月 8 日

目 录

生态产品与价值核算

污染减排与空气质量

绩效评估与风险评价

环境管理与国际经验

生态产品与价值核算

生态产品第四产业理论与发展框架研究*

A Framework Research of Theory and Its Practice of the Fourth Industry of Ecological Products

王金南[1] 王志凯 刘桂环 马国霞 王夏晖 赵云皓 程亮 文一惠 於方 杨武[2]

摘 要 建立健全生态产品价值实现机制是践行习近平生态文明思想的重要举措。随着"绿水青山就是金山银山"转化探索实践的不断深入，围绕生态产品供给和价值实现形成的新产业、新业态、新模式不断涌现，生态产品产业有望成为经济高质量发展的新动力和生态文明建设新模式。本文基于生态产品价值实现的理论和实践，首次提出了生态产品第四产业的概念及其内涵特征，初步分析了生态产品第四产业形成机制和构成要素。结合不同市场属性生态产品的价值实现路径，初步梳理了生态产品第四产业形态，界定了其产业范围，设计了衡量生态产品第四产业发展的指标体系，并从供给、消费、交易和利益分配等维度提出了促进生态产品第四产业的政策保障。研究认为，我国生态产品第四产业发展具有很好的基础和前景，应以习近平生态文明思想为指导，加快完善生态产品价值实现机制，让生态产品第四产业发展成为我国新时期的朝阳绿色产业。

关键词 生态产品 价值实现 第四产业 发展框架

Abstract Establishing and improving the value realization mechanism of ecological products is a key measure to practice Xi Jinping thought on eco-civilization. With the deepening of the transformational exploration practice of "lucid waters and lush mountains are invaluable assets", new industries and new models formed around the supply and realization of ecological products are emerging. The ecological product industry is expected to become a new driving force for high-quality economic development and a new model for the construction of ecological civilization. Based on the theory and practice of realizing the value of ecological products, this paper put forward the concept of the fourth industry of ecological products and its characteristics, analyzed the formation mechanism and the components of the fourth industry of ecological products. Combined with the value realization path of ecological products of

* 资助项目：国家重点研发计划课题"生态补偿模式、标准核算与政策措施"（编号：2016YFC0503405）；生态环境部环境规划院青年基金"基于生态产品服务的第四产业发展框架研究"。

① 本书凡不标注作者单位的均为生态环境部环境规划院（100012，北京）。
② 浙江大学环境与资源学院（310030，杭州）。

different market attributes，the fourth industry form of ecological products is combed，its industrial scope is defined，the index system of measuring the development of the fourth industry of ecological products is designed，and the policy guarantee of promoting the fourth industry of ecological products is put forward from the dimensions of supply，consumption，trading and benefit distribution. According to the research，the development of the fourth industry of ecological products in China has a good foundation and prospect. It should be guided by Xi Jinping thought on eco-civilization to speed up the improvement of the value realization mechanism of ecological products，so that the development of the fourth industry of ecological products becomes a sunrise green industry in the new period of our country.

Keywords ecological products; value realization; the fourth industry; development framework

习近平总书记多次强调，生态环境本身就是一种生产力，保护生态环境就是保护生产力，破坏生态环境就是破坏生产力。“绿水青山就是金山银山”理念是习近平生态文明思想的重要组成部分，是我国推动生态文明建设的根本遵循。进入生态文明建设新时代，生态产品成为与农产品、工业品和服务产品并列的、人类生活所必需的“第四类”产品。提高生态产品供给能力，推动生态产品价值实现是践行“绿水青山就是金山银山”理念的时代任务与优先行动，是推进美丽中国建设、实现人与自然和谐共生的现代化的增长点、支撑点、发力点。[1] 2021 年 4 月，中共中央办公厅、国务院办公厅印发《关于建立健全生态产品价值实现机制的意见》，提出“推进生态产业化和产业生态化，加快完善政府主导、企业和社会各界参与、市场化运作、可持续的生态产品价值实现路径”，首次将生态产品价值实现机制进行了系统化、制度化阐述，为构建绿水青山转化为金山银山的政策制度体系指出了明确的方向。

我们正处于“人类世”的全新地质时代，人类活动对地球生态系统的影响不断扩大，世界变得越来越“满”。[2] 生态经济学泰斗 Herman Daly 提出当前经济“稀缺”模式已经由自然资本丰盛而人造资本和劳动力稀缺，转变为人造资本和劳动力过剩而自然资本稀缺。[3] 生态产品价值实现过程的本质就是将生态环境与土地、劳动力、技术等要素一样作为现代经济体系的核心生产要素纳入生产、分配、交换和消费等社会生产全过程，实现生态环境保护效益外部化和生态环境保护成本内部化。[4, 5]

随着“绿水青山就是金山银山”转化探索实践的不断深入，围绕生态产品供给和价值实现形成的新产业、新业态、新模式不断涌现，催生了一大批以“两山企业”等为代表的新兴市场主体，有望成为培育经济高质量发展新动力、塑造城乡区域协调发展新格局、引领保护修复生态环境新风尚、打造人与自然和谐共生新方案的重要力量。随着相关政策机制的不断健全，生态产品供给和需求提升的基础条件不断形成，生态产品第四产业形成条件基本成熟。

1 生态产品第四产业形成基础

1.1 理论基础

1.1.1 生态产品理论

生态产品是具有鲜明中国特色的概念，我国政学界对生态产品内涵的认识经历了不断深化的过程，大致可分为四个阶段。

第一阶段（20 世纪 80 年代）：概念的提出。“生态产品”概念见于文献报道最早可追溯至 20 世纪 80 年代，中国家畜生态学学者洪子燕和杨再在研究黄土高原家畜生态时将“通过水土保持措施所得到的牧草，以及在不违反森林保护法前提下所获取的树叶和嫩枝条”统称为“生态产品”，并提到了“生态产品转化”概念。[6, 7] 1987 年，著名生态经济学家刘思华基于马克思劳动价值论建立生态价值论，认为生态系统直接供给的产品称为“生态产品”，其蕴含的生态价值与商品价值一样都是人类抽象劳动的凝结，主要表现在人类劳动对生态环境的补偿、保护和建设。[8] 该阶段对生态产品的认识蕴含了朴素的自然生态生产的内涵，类似于生态系统服务中的“生态物质产品”。但受制于传统马克思劳动价值论，学者在意识到生态环境价值的同时，也特别强调生态产品中凝结的人类劳动才是价值的根源。该阶段虽提出了“生态产品”概念，但并未引起广泛重视，相关研究报道较少。

第二阶段（1992 年—20 世纪末）：从生态环境友好和生态设计的角度界定生态产品。1992 年，任耀武和袁国宝首次系统界定了“生态产品”概念——“通过生态工（农）艺生产出来的没有生态滞竭的安全可靠无公害的高档产品”，将“生态产品”看作人与环境在物质生产过程中和谐合作的产物。[9] 该定义得到了产业界较多认可，开始出现生态农产品、生态设计产品、生态产品开发等相关研究，其内涵不断演化为当前的“生态标识产品”或“绿色产品”。

第三阶段（21 世纪初—2010 年）：生态公共产品阶段。1997 年，世界主流生态经济学家提出生态系统服务的概念，[10] 我国对生态系统对人类作用的认识进一步深化。与此同时，我国提出“西部大开发”战略，40 余名专家学者深入西部开展深入调查，一致提出将生态环境建设作为西部大开发的切入点及核心。中央对西部的要求从提供资源产品转向提供生态公共产品，将生态环境资源视为有偿的、公共的产品，如涵养水源、气候调节等。[11-14]“生态公共产品”概念就此诞生，政学界对“生态公共产品”的定价、支付形式、生态环境补偿等探讨研究开始大量涌现，其内涵实质已基本接近后期官方话语中的“生态产品”，侧重生态系统服务中的生态调节服务。

第四阶段（2010 年至今）：理论和实践深化阶段。2010 年，《全国主体功能区规划》（国发〔2010〕46 号）首次在政策文件中明确了“生态产品”概念，将其定义为“维系生态安全、保障生态调节功能、提供良好人居环境的自然要素，包括清新的空气、清洁的水源和宜人的气候等”。党的十八大进一步提出“增强生态产品生产能力”。党的十九大进一步深化了对生态产品的认识和要求，将生态产品稀缺看作新时代我国社会主要矛盾的一个方面，明确要求“提供更多优质生态产品以满足人民日益增长的优美生态环境需要”。该阶段，“生态产品”概念迅速普及，广为人知，关于生态产品概念解析、产品供给、价值核算、价值实现等多元化的研究开始大量涌现。[15] 我国政府文件用“生态产品”代替生态学界已广泛接受的“生态系统服务”，将古典经济学家视为单纯生产原料、劳动对象的生态环境转变为提升人民群众获得感的增长点、经济社会持续健康发展的支撑点、展现我国良好形象的发力点，是生态文明建设领域重大创新性战略举措，具有重大战略作用和现实意义。[16]

由于生态产品类型繁多、属性特征差异巨大，价值表现形式多样，生态产品目前仍缺少较为统一的概念，但对其内涵有一定的共识。[17] 广义上理解的生态产品均强调生态要素本身所具有的价值，以及生产生态产品必需的“投入”。生态产品的生产以自然系统的生态生产为主，人类可以破坏生态产品，也可以生产生态产品，生态产品的核心“提供者”是自然生态系统本身，而不是人类，人类更多的是从自然系统“租借”生态产品，因此有使生态产品保值增值的义务。广义上理解的“生态产品”内涵也是生态产品价值实现机制先行地区——浙江丽水实践的逻辑起点。[17]

结合“生态产品”的已有研究，生态经济学相关理论及地方生态产品价值实现相关实践，本文主要基于其价值属性将“生态产品”（ecological products）定义为：生态系统通过生态过程或与人类社会生产共同作用为增进人类及自然可持续福祉提供的产品和服务。

依据人类参与程度，生态产品可分为主要依赖生态系统直接生产的初级生态产品，以及基于初级生态产品的市场开发经营而形成的衍生性生态产品。初级生态产品按产品形态可分为生态物质产品、生态调节服务、生态文化服务等。[18] 除少数物质产品外，大多初级生态产品不能直接交换，如清新的空气、清洁的水源、宜人的气候等。衍生性生态产品与人类活动关联密切，主要包括可交易的生态资源权益性生态产品及可直接供人类消费的增值性生态产品，如碳排放权、水权、用能权，生态工业产品、生态文化产品、生态康养服务等，一般具有显著交换价值。[19]

依据产品的市场属性，生态产品可分为纯公共性生态产品、准公共性生态产品、经营性生态产品三种类型。[20] 纯公共性生态产品具有非竞争性和非排他性特征，主要包括水源涵养、土壤保持、物种保育等生态调节服务，对于维持自然生态系统可持续性至关重要，但一般较难实现市场交易。准公共性生态产品具有有限的竞争性和非排他性特征，需要人类通过制度设计及开发经营形成经营性产品，包括基于固碳、水质净化等初级生态产品开发的生态资源权益产品，公共湿地、公共林地等公共资源性产品，以国家公园为主体的自然保护区、风景名胜区、自然文化遗产及其蕴含的休闲旅游、自然景观、美学体验等。经营性生态产品是人类劳动参与度最高的生态产品，可直接参与市场交易，主要包括生态农、林、牧、渔、中草药产品生态能源产品及通过延伸生态产品产业链生产的生态有机食品、工业品及文化产品等，还包括通过生态旅游、休闲农业、生态康养等生态产业化形成的经营性服务。

生态产品不同于生态系统全部产出的自然产品，强调“以可持续的方式”提供的产出，要求产出过程不能减少自然资本，且强调生态再生产属性，[21] 因此不包括化石能源、矿产资源及大量使用化肥、农药等工业品生产出的农产品等。与强调产品生产符合生态环保、低碳节能、资源节约等要求并通过一定标准认证的绿色产品、环境标志产品及生态标识产品不同，生态产品是与农产品、工业品、服务产品并列的一类产品，属于上位类产品，且更加强调生态系统生产属性。[22, 23] 生态产品相关概念辨析如表 1 所示。

表 1　生态产品相关概念辨析

产品类型	产品内涵	管理机关	相关标识
生态设计产品	通过生态设计产品标识认证的产品，强调产品全生命周期中最大限度降低资源消耗、尽可能少用含有毒有害物质的原材料、减少污染物产生和排放［《生态设计产品标识》（GB/T 32162—2015）］	国家质量监督检验检疫总局（现国家市场监督管理总局）	生态设计产品 Eco-Design Product
生态原产地产品	在生命周期中符合绿色环保、低碳节能、资源节约要求，并具有原产地特征与特性的生态良好型产品［《生态原产地产品保护评定通则》（SN/T 4481—2016）］	国家质量监督检验检疫总局（现国家市场监督管理总局）	PEOP 生态原产地
环境标志产品	取得环境标志产品认证，表明其不仅质量合格，而且在生产、使用和处理处置过程中符合特定的环境保护要求，与同类产品相比，具有低毒少害、节约资源等环境优势（ISO 14020 系列标准），类似于国际上的“生态标志”产品	生态环境部	中国环境标志 CHINA ENVIRONMENTAL LABELLING
绿色产品	通过绿色产品认证，在产品全生命周期中具有资源节约、环境友好、消费友好等特征的绿色属性产品，包括节能、节水、环保、低碳、循环、再生、有机等产品	中国国家认证认可监督管理委员会	CGP

1.1.2　价值理论

价值理论是关于社会事物之间价值关系的运动与变化规律的科学，是经济理论的基础与核心。[24] 马克思劳动价值理论和西方的边际效用价值论是经济学中两种最主要的价值理论，在价值本质和价值决定问题上存在着根本对立。马克思劳动价值论认为劳动是价值的唯一源泉，认为“价值是凝结在商品中的劳动，是一般的无差别的人类劳动”，抽象劳动价值决定价格，价格围绕价值上下波动。生态产品的价值来源不仅仅包含凝结在其中的人类劳动，还应当包含在生态系统物质循环、能量流动、信息传递等生态生产过程中的“抽象劳动”，进一步升华了马克思劳动价值理论。边际效用价值论则以市场交换为基础，由市场中供求关系形成的价格决定其价值，具有价值的唯一因素是获得价格，其实质反映的是物品的稀缺程度及效用。早期的经济学家专注于土地（弗朗索瓦·奎奈和“重农主义者”）、劳动力（亚当·斯密、卡尔·马克思等）和资本的价值生产。而生态系统自身的价值长期被忽略。随着气候变化、生物多样性丧失等危机的日益严峻，我们需要重新定义“稀缺”。[25] 新时代生态文明背景下，价值的本质是对地球及其所有居民的可持续福祉的贡献，生态系统显然是价值创造者的核心组成部分，但长期以来并没有融入我们的经济体系中，也没有参与分配。[26] 因此，生态产品第四产业的形成将是对传统价值理论的重塑，将自然生态系统纳入整个生产、交换、消费、分配体系中。

1.1.3 公共物品理论

公共物品理论是政治经济学的一项基本理论，也是正确处理政府与市场关系、政府职能转变，构建公共财政收支、公共服务市场化的基础理论。所谓公共物品（public good），是指具有消费或使用上的非竞争性和受益上的非排他性的产品，具有消费或使用上的非竞争性和受益上的非排他性的产品则属于公共资源。从竞争性来看，生态产品中的生态调节服务大多属于公共产品，而生态物质产品、生态文化服务更多属于公共资源。由于生态产品的公共物品属性，在享受生态产品带来的价值时，常存在明显的“搭便车”现象，造成生态产品的受益群体庞大且难以确定生态产品的付费者。

1.1.4 外部性理论

外部性是指一种向他人施加并不情愿的成本或者效益的行为，或者说是一种其影响无法完全地体现在价格和市场交易之上的行为。外部性会导致市场失灵，解决办法主要在于将外部性内部化。生态产品多属于正外部性产品，公共产品的非排他性和非竞争性会带来“搭便车”问题，导致公共产品供给不足；公共资源的过度利用则导致资源损耗、环境污染、生态退化等负外部性。目前，经济学界已形成了两种机制，即“庇古税”政策理论和科斯的产权理论。生态产品是生态系统向人类社会提供的正向外部经济。生态产品价值实现则是解决环境外部性、保护生态系统功能和完整性的重要机制，形成产业也具有正外部性特征。科斯产权理论的核心是，一切经济交往活动的前提是制度安排，这种制度实质上是一种人们行使一定行为的权利。产权理论是生态产品进行交易并实现价值的前提和基础，清晰的产权也可以很好地解决外部性问题，直接关系到生态产品供给主体责任是否清晰、主体权利是否明确、主体利益能否实现，从而关系到生态产品的增值或贬值。

1.2 供需基础

从需求侧来看，生态产品对维持人类生存发展、自然生态平衡、促进人与自然和谐共处具有难以估量的价值，为生态产品第四产业奠定了坚实的需求基础。建设生态文明是中华民族永续发展的千年大计，提供更多优质生态产品是满足人民日益增长的美好生活和优美生态环境需要的现实要求。生态系统服务与人类福祉息息相关，生态系统服务的保值增值是维系生态安全、资源能源安全，增进民生福祉、实现可持续发展的关键。[27] 开展生态系统管理，保护和恢复自然生态系统的完整性、多样性，遏制生物多样性丧失，是维持地球生态系统可持续性的必然要求，也是联合国可持续发展的核心目标之一。随着人均收入不断增长、中产阶层不断壮大、生态文明理念深入人心，公众消费观念向绿色、可持续升级，不断催生生态农产品、生态文旅等优质生态产品的消费需求。中国人口老龄化加速，催生了生态中草药产品及生态健康养老等多样化生态服务的需求。

从供给侧来看，我国生态资源丰富，通过不断打通生态产品价值转化的制度通道、交易通道和产业通道，盘活优质生态产品，将不断提升生态产品第四产业的供给能力。[28] 我国乡村社会承载着数百万亿甚至难以计数的生态资源价值；[29] 生态产品价值实现机制逐步建立健全，为生态产品第四产业奠定制度保障；生态产品价值核算体系方法论不断成熟，为生态产品第四产业提供基础支撑；新一代信息技术、物联网、区块链等技术日益成熟，为构建生态产品全流程追溯监管体系提供技术支撑；中国加快金融体制改革，绿色金融体系不断完善，金融基础设施不断完备，为产业市场主体提供资金支持；生态环境治理产业、技术、模式的不断成熟，可为提升生态系统服务价值提供重要的产业支撑。

2 生态产品第四产业理论框架

2.1 产业内涵

生态产品第四产业指以生态资源为核心要素，与生态产品价值实现相关的产业形态，是从事生态产品生产、开发、经营、交易等经济活动的集合。狭义上的生态产品第四产业主要指通过生态建设提升生态资源本底价值的相关产业及通过市场交易、生态产业化经营等方式将生态产品所蕴含的内在价值转化为经济价值的产业集合，包括生态保护和修复、生态产品经营开发、生态产品监测认证、生态资源权益指标交易、生态资产管理等产业形态。广义上的生态产品第四产业还包括围绕传统产业资源减量、环境减排、生态减占，即产业生态化形成的产业集群。[30] 生态产业、环保产业、绿色产业概念辨析如表 2 所示。

表 2　生态产业、环保产业、绿色产业概念辨析

产　业	定　义	范　畴
生态产业	通过两个或两个以上的生产体系或环节之间的系统耦合，使物质、能量可多级利用、高效产出，资源环境可持续利用[31]	生态工业、生态农业、生态服务业
环保产业	为环境污染防治，生态保护与恢复，有效利用资源，满足人民群众环境需求，社会、经济可持续发展提供产品和服务支持的产业	环境保护产品、环境保护服务、资源循环利用产品、环境友好产品
绿色产业	降低消耗、减少污染、改善生态，促进生态文明建设、实现人与自然和谐共生的新兴技术，涵盖产品设计、生产、消费、回收利用等环节	节能环保、清洁生产、清洁能源、生态环境、基础设施绿色升级、绿色服务

根据生产中各种要素的投入与最大产出之间的关系，初步构建生态产品第四产业生产函数如下：

$$Q = E^{\varepsilon} K^{\alpha} L^{\beta} T^{\gamma}$$

式中，ε、α、β、γ 为常数，且 $\varepsilon>1$，α、β、$\gamma<1$；其他变量含义如下。

Q 为生态产品总产出，其具有两种表现形式：一种是实物量（biophysical value），如粮食产量、木材生产量、水产品捕捞量、洪水调蓄量、土壤保持量、碳固定量与景点旅游人数等；另一种是货币形式表现的价值量（monetary value），即生态产品总值（gross ecological products）。

E 为生态资源（ecological resource），是生态产品第四产业的主导生产要素，在生态产品的生产中具有不可替代性。具体而言，生态资源指一切可被人类和其他生物的生存、繁衍和发展所利用的物质、能量、信息、时间和空间，是可再生的自然资源，不包含地质矿产、化石能源等自然资源。[32] 生态资源既包括“山水林田湖草”等自然资源要素、野生动植物等生物性资源，也包括由基本自然要素组成的森林、草地、湿地、农田、荒漠、海洋等自然生态系统，还包括人类活动长期形成的融入自然生态系统且相互协调的生态文化资源，如农业文化遗产、名胜古迹、传统村落、特色古屋等。[33] 在生态产品的生产函数中，投入的生态资源主要是其产生的流量，相当于土地的租金或资本的利息。生态资源是生态产品的“第一”生产力或生产者，或者说在很多情况下是提供生态产品的最大贡献者。一个生态系统的物种组成越复杂，结构越稳定，功能越健全，其生产能力就越高。生态资源的投入往往是整体投入，不可分割，因此在相当程度上其表现是边际报酬递增。

K 为资本（capital），主要包括人力资本（labor capital）、人造资本（built capital）和资金投入（invested funds）等，是提高生态产品价值及市场转化的关键要素。进入“人类世”时代，人类对生态系统的影响已无处不在，人类劳动保护、恢复及建设对保障生态系统的生产能力至关重要。[34] 同时，人类可持续的生态系统经营和管理是提高生态产品溢价、促进市场交易、打通生态产品产业链闭环不可缺少的活动。比如，丽水市通过“两山银行”及“生态贷”等试点，开展“生态资产权益抵押+项目贷”等模式，盘活存量资产，引入金融资本开展生态建设及生态产品开发活动，大幅提升生态产品生产能力。

L 为土地（land），与传统产业土地要素相当，指从事生态产品经营开发所占用的狭义概念的土地。

T 为技术（technology），主要包括生态建设相关技术和开发生态产品的生态科技。前者主要通过恢复生态系统平衡提高生态资源的生态生产能力，间接提高生态产品产出；后者通过开发生态产品，直接提高生态产品产出。现代生态科技应用的广度和深度，直接决定了生态要素价值进入生态产品的范围和程度。通过引入生态科技开发终端生态产品，延伸生态产品产业链和价值链，可大幅提升其生态溢价。如浙江方格药业有限公司利用先进的食药用菌精深加工技术，基于灰树花开发了我国第一个抗肿瘤药品——灰树花胶囊，相比前者溢价达 60 倍。基于区块链等先进溯源技术的投入，可有效解决产品交易过程中信息不对称的问题，大幅提升生态产品产出价值。

资本、技术等生产要素主要通过提高生态资源本底价值间接提高生态产品产出或基于初级生态产品开发经营直接提高生态产品产出。资本、技术、土地要素在一定程度上符合边际报酬递减规律，相互之间具有一定的替代性。

2.2 基本特征

生态产品第四产业涉及人类价值观的重塑、生产体系的彻底变革，有效打通了自然生态系统和人类经济社会系统。生态产品第四产业将生态资源作为核心生产要素纳入经济体系，将生产活动从人类扩展到生态系统。生态系统通过第一性生产、次级生产以及能量流动、物质循环和信息传递等功能生产生态产品的过程称为生态生产。[35] 因此，将生态系统视为价值创造者并将其纳入生产、分配、交换、消费等现代经济体系是生态产品第四产业的本质特征。

生态产品第四产业与传统三次产业在服务对象、价值创造、主导生产要素等方面具有本质区别（表 3）。首先，传统三次产业均是以满足人的需求为核心价值，而生态产品第四产业以包括人类与自然生态系统在内的人与自然生命共同体为服务对象，以促进人与自然和谐共生，增进人类福祉和生态系统服务保值增值为基本目标。从主导生产要素来看，传统三次产业主要以资本、劳动力等为核心生产要素，而生态产品第四产业则以生态资源为核心主导要素。生态产品第四产业的发展水平可作为生态文明程度的重要标志。

表 3　生态产品第四产业和传统三次产业比较

维 度	第一产业	第二产业	第三产业	生态产品第四产业
产业内涵	直接从自然界中获取产品的行业	对第一产业的产品或第二产业半制成品进行加工的行业	生产物质产品以外产品的行业	生产生态产品的行业
根本目标	增进人类福祉			人与自然和谐共生
产业形态	农业、林业、畜牧业、渔业	工业、建筑业	服务业	生态产品产业
核心产品	农业品	工业品	服务产品	生态产品
服务对象（需求方）	人类			人与自然生命共同体、自然生态系统、人类及其他生物
时空属性	一般主要服务于当代人的需求			跨时空属性，不仅满足当代人的需要，也要满足未来可持续发展的需要
创造价值	物质需求		物质及精神需求	人类福祉（社会属性）+生态系统服务保值增值（自然属性）
主导生产要素	土地、劳动力	资本、劳动力	资本、数据等	生态资源
生产属性	以人类生产为主			以生态生产为主，人类生产为辅
主导文明	农业文明	工业文明	信息文明	生态文明
主导消费观念	主要关注产品使用周期内的效用			蕴含全生命周期绿色消费理念

2.3 产业形态

生态产品本身具有多样性、复杂性特征，同时拥有不同市场属性的生态产品也有着不同的价值实现路径（图 1），这就决定了生态产品第四产业形态的多样性特征。

图 1　不同类型生态产品价值实现路径

纯公共性生态产品的产权是区域性或共同性的，难以通过市场交易实现经济价值，主要依赖政府路径实现价值，价值支付形式有转移支付、生态补偿及定向支持生态保护的政府性专项基金。

准公共性生态产品在政府管制下可通过税费构建生态资源权益交易市场实现价值。部分公共性生态产品在满足产权明晰、市场稀缺、可精确定量3个条件的情况下，可通过收取税费或开展生态资源权益交易等方式实现价值，具体表现为可交易的排污权、碳排放权等排放权益，水权、用能权、林权等生态资源开发权益，以及绿化增量、清水增量等责任指标，价值支付形式为生态环境资源税费及相关权益的市场交易价格。

经营性生态产品通过市场交易直接实现价值，支付形式为产品自身价格，包括生态物质产品及生态产业化经营形成的生态服务。与传统物质产品相比，生态物质产品蕴含较高的生态价值，同时其来源于生态环境质量较好的地区，因此也往往具有较高的使用价值，但其生态溢价往往因为信息不对称需要有公信力的第三方认证评价及品牌培育推广才能更顺利地实现。国家公园、风景名胜区等公共资源性生态产品通过明晰产权、直接经营、委托经营等方式交由市场主体提供终端生态产品，具体表现为生态旅游、生态康养、生态文化服务等。价值支付形式为门票、会员费等相关生态产业化经营收入。

2.4 范围界定

从生态产品的生产、分配、交换、消费等维度梳理生态产品第四产业范围，主要包含生态产品生产、生态反哺（分配）、生态产品开发服务、生态产品交易服务四大类，清洁空气、干净水源等26个小类，见表4。

表4 生态产品第四产业范围

一级分类	二级分类	初步范围
生态产品生产	清洁空气	空气净化、释氧
	干净水源	水源涵养、水质净化
	安全土壤	土壤保持
	清洁海洋	海岸防护
	适宜气候	气候调节
	物种保育	为动植物提供生态空间
	减灾降灾	防风固沙、洪水调蓄等
	碳汇	固碳
	生态责任指标	绿化增量、清水增量等责任指标交易
	生态资源权益	碳排放权、排污权、水权、用能权等生态资源权益交易，森林覆盖率等指标交易
	生态休闲农业	农业观光、展览业等经营
	生态旅游	强调对自然景观的保护，可持续发展的旅游服务，国家公园、自然风景区、风景名胜区管理
	生态康养	基于生态产品优势开发的健康养老服务
	生态文化	生态文化产品、生态文化服务

一级分类	二级分类	初步范围
生态产品生产	生态园区运营	生态农业园区、生态工业园区运营
	生态农产品	生态农业、生态林业、生态畜牧业、生态渔业
	生态能源	太阳能、风能、生物质能等
	生态水源	非地下水资源开发、矿泉水等
生态反哺（分配）	生态建设	生态环境相关基础设施建设等
	生态修复	山水林田湖草环境综合治理等
生态产品开发服务	生态产品综合开发	基于生态导向的生态产品综合开发经营，如“生态+光伏”“生态+充电站”“田园综合体”等
	生态金融	基于生态产品价值的金融服务
	生态产品监测核查	生态产品调查监测、价值核算服务
	生态咨询服务	生态资产（碳资产、排污权等）管理服务、生态产品价值实现项目勘查、设计、技术咨询等
生态产品交易服务	生态产品认证推广	生态产品溯源认证、信息平台、品牌推广服务
	生态产品交易平台	生态物质产品及碳排放权、排污权、用能权、水权、绿证等生态资源权益交易服务

3 生态产品第四产业典型案例

3.1 生态产品生产

3.1.1 生态农产品

生态农产品是指在保护、改善农业生态环境的前提下，遵循生态学、生态经济学规律，运用系统工程方法和现代科学技术，集约化经营的农业发展模式，生产出来的符合农产品质量安全要求的、无害的、营养的、健康的农产品，包括粮油作物、瓜果蔬菜、鸡鸭鱼肉等各类农产品。简言之，生态农产品是在生态本底好的产地以“生态友好”方式生产的农产品。最典型的案例如以“丽水山耕”“安吉白茶”“哈希红米”等品牌为代表的生态农产品。2020 年，使用“丽水山耕”公共品牌的 323 个生态农产品年销售额达到 108 亿元，远销北京、上海、深圳等 20 多个省（市）。

3.1.2 衍生生态产品

浙江方格药业有限公司研发生产出我国第一个灰树花胶囊药品——灰树花胶囊，以及保健品破壁灵芝孢子粉和灵菊胶囊，功能性食品千菌花、菇士康等对亚健康、慢性病、肿瘤等有明显调理和治疗效果的产品。每 1 000 g 灰树花制作灰树花胶囊后售价可达 6 600 元，溢价达 60 倍。浙江百石祖生物科技有限公司得益于当地优美的生态环境、清新的空气、干净的水源，在龙泉、庆元等地建立食药用菌种植基地，产品先后通过了美国、欧盟和中国有机认证以及犹太洁食认证，生产的食药用菌均达到相应的有机标准，通过了200多项农药残留检测，4项重金属含量检测结果均显著低于国家标准。公司开辟食用菌超微粉、提取物、颗粒剂和胶囊剂等生产线，创新性地将酶工程技术、微囊化包埋技术、膜分离技术和低温物理破壁技术应用到食药用菌加工中，显著提升了产品品质，公司产品实现了平均10倍以上的溢价。

3.1.3 生态旅游

“生态旅游”这一术语，最早由世界自然保护联盟（IUCN）于1983年提出，1993年国际生态旅游协会将其定义为：具有保护自然环境和维护当地人民生活双重责任的旅游活动。生态旅游的内涵更强调的是对自然景观的保护，是可持续发展的旅游。生态旅游、生态观光农业、生态民宿等形式的生态旅游产业可以拓展生态资源利用新模式。从市场需求角度，生态旅游包括休闲娱乐发展模式和游客体验发展模式等。休闲娱乐类生态旅游主要是为广大游客提供放松的场所，游客能够居住、务农体验、放松身心、聊天散步等，不仅需要优美的自然风景和高质量的生态环境，还需要完备的基础设施和服务系统。体验类生态旅游模式以农事体验为主，按照不同的内容可将其分成民俗与农事两种形式，其中农事体验主要为广大游客提供开放的种植及养殖体验区。

3.2 生态反哺（分配）——生态保护建设修复

生态反哺（分配）包含生态建设和生态修复，主要是在自然生态系统被破坏或生态功能缺失地区，通过生态修复、系统治理和综合开发，恢复自然生态系统的功能，增加生态产品的供给，并利用优化国土空间布局、调整土地用途等政策措施发展接续产业，实现生态产品价值提升和价值“外溢”。

福建省厦门市五缘湾片区通过开展陆海环境综合整治和生态修复保护，以土地储备为抓手推进公共设施建设和片区综合开发，依托良好生态发展生态居住、休闲旅游、医疗健康、商业酒店、商务办公等现代服务产业，增加了片区内生态产品，提升了生态价值，促进了土地资源升值溢价。

山东省威海市将生态修复、产业发展与生态产品价值实现“一体规划、一体实施、一体见效”，优化调整修复区域国土空间规划，明晰修复区域产权，引入社会主体投资，持续开展矿坑生态修复和后续产业建设，把矿坑废墟转变为生态良好的5A级华夏城景区，带动了周边区域发展和资源溢价，实现了生态、经济、社会等综合效益。

江苏省徐州市贾汪区潘安湖采煤塌陷区以“矿地融合”理念，推进采煤塌陷区生态修复，将千疮百孔的塌陷区建设成为湖阔景美的国家湿地公园，为徐州市及周边区域提供了优质的生态产品，并带动区域产业转型升级与乡村振兴，维护了土地所有者权益，显化了生态产品的价值。

3.3 生态产品开发服务

3.3.1 生态产品综合开发经营——EOD 模式

较为典型的生态产品综合开发产业案例是生态环境部、国家发展改革委、国家开发银行开展的生态环境导向的开发（ecology-oriented development，EOD）模式试点项目。EOD 模式是以生态文明思想为引领，以可持续发展为目标，以生态保护和环境治理为基础，以特色产业运营为支撑，以区域综合开发为载体，采取产业链延伸、联合经营、组合开发等方式，推动公益性强、收益性差的生态环境治理项目与收益较好的关联产业有效融合，统筹推进，一体化实施，将生态环境治理带来的经济价值内部化，是一种创新性的项目组织实施方式。[36] EOD 模式通过在项目层面实现产业开发项目对生态环境治理的反哺，与关联产业开发项目实现有效融合，从而构建“绿水青山”转化成“金山银山”的通道（图 2）。[37]

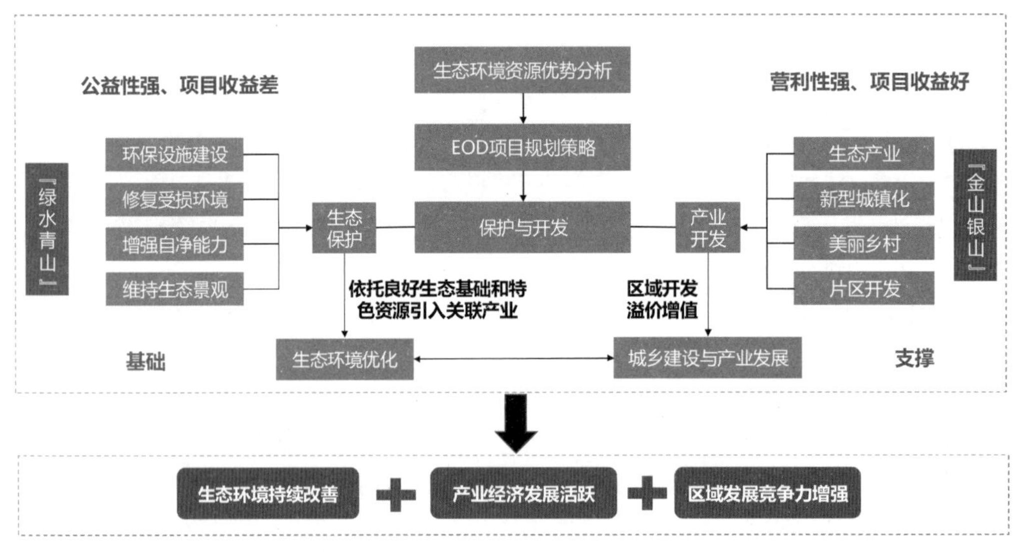

图 2　EOD 模式运作机制

2020 年以来，生态环境部、国家发展改革委、国家开发银行联合印发《关于推荐生态环境导向的开发模式试点项目的通知》《关于同意开展生态环境导向的开发（EOD）模式试点的通知》等，确定 36 个项目开展 EOD 模式试点工作。试点项目生态环境治理类型包括环境综合治理、矿山修复、流域综合治理、农村人居环境整治、荒漠化治理等，产业开发层面则包含生态旅游、康养、生态农业、循环产业、产业园经营、片区整体开发、生态能源开发利用等多种类型。

3.3.2 生态金融服务——“生态银行”

“生态银行”是借鉴商业银行分散化输入和集中化输出的方式，搭建起的一个围绕自然资源进行管理整合、转换提升、市场化交易和可持续运营的平台，本质是一种生态补偿市场化的机制，已在多个国家得到了应用，成功推动了这些国家对于包括生物多样性维持等相关生态系统服务交易市场的探索。[38] 典型的“生态银行”是美国的湿地缓解银行，目前已衍生出多种类型，如物种保护银行、森林生态银行（碳汇交易）、土壤银行（土地保护性储备计划）、水银行（水权交易）。不同类型“生态银行”的功能与运行模式见表 5。

表 5　不同类型“生态银行”的功能与运行模式

银行类型	银行说明	案例
私人非商业银行	私人单一用户银行，私人发起人或运营商也是其中的客户。在这种情况下，大型工业公司或开发商可以使用各种补偿形式建立自己的银行，以抵消其自身的几个项目。采取实物补偿措施或财务措施，或者将多种方法结合使用，以提供“同类”和“实物”补偿	马达加斯加的力拓集团、加纳的阿基姆金矿项目
私人商业银行	也被称为创业银行。由私人企业家管理，其信用可在市场上出售。他们独立于项目开发人员。这些银行的客户可以是公共或私人实体	美国的湿地缓解银行、荷兰的自然资本账户
混合型商业银行	根据私人和公共实体之间的协议建立的。生物多样性信用额的发起人是私人的，政府既充当监管者（检查抵消方式），又充当经纪人（信用买卖双方的中介实体）。潜在的客户可能是寻求抵消其项目对生态影响的开发商	澳大利亚的生物多样性银行、加拿大的湿地银行
公共商业银行	由公共实体管理，以抵消公共或私人开发项目造成的影响	法国的栖息地银行
公共非商业银行	仅供各种公共机构使用。公共实体的一个或多个联合体，例如联邦、州和/或地方政府机构，为该银行提供赞助	德国的生态账户

2018 年，福建省南平市顺昌县建立了首家“森林生态银行”，随后光泽“水生态银行”、武夷山“五夫镇文旅生态银行”、建阳“建盏生态银行”、延平巨口乡“古厝生态银行”等多种模式落地开花。南平市“森林生态银行”以森林资源为根，以存储业务为纽，借鉴现代金融银行的理念、运作模式，与生态资源保护和开发有效结合起来，采取“分散式输入、集中式输出”方式，对生态资源进行保护和优化，引入市场化资金和专业运营商，形成规模化、专业化、产业化运营机制（图 3）。南平市“森林生态银行”搭建了一个促进自然资源管理整合、转换提升、市场化交易和可持续运营的平台，通过股份合作、委托运营、租赁、转让等模式将不同的资源权属进行管理和运营，从而使生态资本得到保值增值，也使林农获得惠益。2020 年，浙江省、江西省借鉴“生态银行”理论和实践路径，开展了“两山银行”的建设，浙江省提出在大花园建设行动中的大花园核心区、大花园示范县开展“两山银行”试点；江西省推广“两山银行”模式并已写入省委“十四五”规划建议。

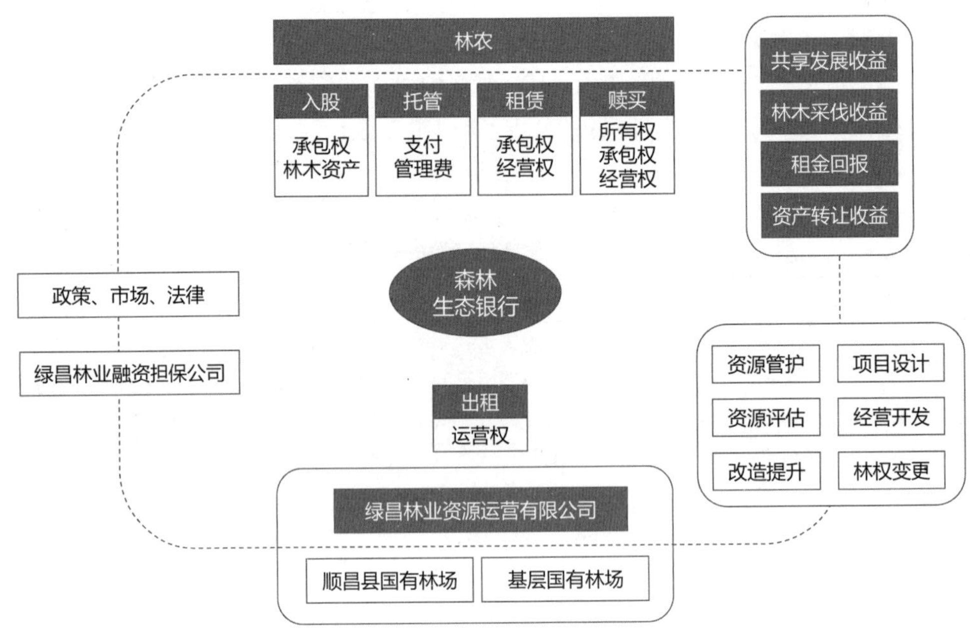

图 3　南平市“森林生态银行”运行机制[38]

3.4　生态资源权益交易

中共中央办公厅、国务院办公厅印发《关于建立健全生态产品价值实现机制的意见》指出，鼓励通过政府管控或设定限额，探索绿化增量责任指标交易、清水增量责任指标交易等方式，合法合规开展森林覆盖率等资源权益指标交易。健全碳排放权交易机制，探索碳汇权益交易试点。健全排污权有偿使用制度，拓展排污权交易的污染物交易种类和交易地区。探索建立用能权交易机制。探索在长江、黄河等重点流域创新完善水权交易机制。随着交易机制的不断健全，生态资源权益交易市场规模将不断发展壮大，构成生态产品第四产业的典型业态。

4　生态产品第四产业发展机制

生态产品第四产业形成和发展机制如图 4 所示，主要包括生态资源调查、生态系统生态生产、生态资源资产化、生态资产资本化、生态资本经营、生态建设反哺 6 个环节，生态资源、初级生态产品、生态资产、生态资本、终端生态产品、生态现金流等节点就是产品价值对应的 6 个载体。产业参与主体主要有生态系统、政府、社会公众、生态产品市场经营开发商、生态环境综合服务商、生态产品交易平台、产业支撑服务企事业单位、绿色金融机构 8 类，分别承担着供给者、需求者及产业服务方等不同角色。

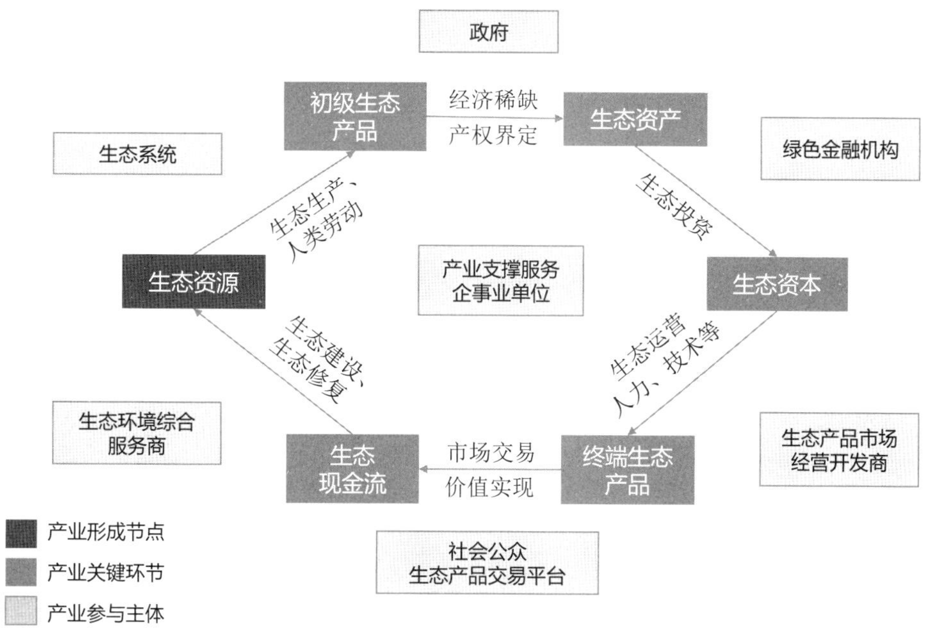

图 4　生态产品第四产业形成机制

4.1　产业形成的关键环节

生态资源是生态产品第四产业的主导生产要素，也是产业形成的起点。生态资源作为生态产品的自然本底和生产载体，可以理解为生态系统经过长期历史积累形成的具有生态生产功能的存量，而经生态系统的生态生产过程产出的生态产品则可视为生态资源存量生产出的流量。[39] 生态生产过程的实质就是生态资源的攫取、分配、利用、加工、储存、再生及保护过程。[28]

生态资源—生态资产—生态资本转化是产业形成的基础。生态资产是具有稀缺性、有用性及产权明确的生态资源，具有经济的一般属性。[40] 生态资源资产化是生态资源存量生产出的初级生态产品，在经济稀缺性和产权界定的双重前提下可转化为生态资产。生态资本是能产生未来现金流的生态资产，具有资本的一般属性，即价值增值、无限循环和周转。[41] 生态资产资本化是将生态资产投入市场获得经济效益从而实现维持自身的良性循环。通过吸引产业资本、借用基于生态产品价值的绿色金融工具如“生态银行”引入生态投资可作为生态资产资本化的重要路径。

生态资本经营是产业形成和发展的核心环节。生态资本经营指产业运营方等市场主体通过人力、技术等要素投入开展生态产品的开发管理、市场化经营，最终形成面向终端消费者或可在生态市场实现交易的生态产品和服务，并通过对价支付形成可持续的现金流收入，以实现生态资产的增值和主体投资的退出。

生态保护与建设是产业实现可持续发展的保障。生态建设就是按照生态控制论原理调节系统内部不合理的生态关系，从而提高生态系统的自我调节能力，主要包括生态保护、修复及可持续生态系统管理。[28] 通过生态产业化经营和市场交易变现的一部分产品价值，以实物、技术、资金等形式再次投入生态保护和生态建设中，从而实现生态系统服务的增值，是打通生态产品价值产业链和价值链闭环，实现生态资本持续增值、生态产品可持续再生产的关键和保障。[42]

4.2 产业链的形成主体

生态产品第四产业主要由生态系统、政府、生态产品市场经营开发商、生态环境综合服务商、生态产品交易平台、绿色金融机构、产业支撑服务企事业单位、社会公众等产业供给、需求及促进交易的多个参与主体组成。各主体围绕生态产品开发、经营、交易、支撑服务等技术经济关系形成的关联关系形态称为生态产品产业链。

4.2.1 产品供给方

生态产品第四产业供给方主要包括生态系统、政府、生态产品市场经营开发商。其中，生态系统是生态产品第四产业的核心供给方，政府是制度供给的关键主导方，企业是核心的市场供给者。社会公众通过个人对生态保护的贡献也可成为生态产品的供给者。

（1）生态系统

生态系统指在一定地域范围内生物及环境通过能流、物流、信息流形成的功能整体，包括各类“山水林田湖草”自然生态系统及以自然生态过程为基础的人工复合生态系统，如森林、草地、湿地、荒漠、海洋、农田、城市等。生态产品价值实现过程的本质是将生态系统纳入生产、分配、交换、消费等经济社会生产全过程。[43] 因此，生态系统作为初级生态产品的生产主体，是生态产品第四产业的核心供给方。是否有生态系统主体的参与也是区别生态产品第四产业与传统三次产业的重要依据。

（2）政府

首先，政府是生态产品第四产业的核心推动主体和制度保障主体。这是由其在生态产品价值实现机制的主导地位所决定的，例如生态资产确权登记、权益流转经营制度、交易市场构建等机制。其次，政府是生态产品第四产业的规范引导主体。生态产品大多具有公共产品属性，外部性特征显著，需要产业政策予以引导激励，在生态产品监测、核算、认证等环节需要标准规范。最后，政府是生态产品第四产业的直接投资主体。中央及地方政府是国有或集体生态资产所有权的代表主体，依法向企业、组织或个人出让生态资产使用权的第一投资主体。[44]

（3）生态产品市场经营开发商

生态产品市场经营开发商在通过政企合作、特许经营等方式获得生态资产经营及使用权的前提下，在保障生态系统保值增值的基础上结合社会需求开展生态产品开发、生态资产管理、生态资本运营，实现生态资本持续循环、保值增值，是生态产品第四产业的核心市场主体。生态产品市场经营开发商在开发终端生态产品满足社会消费需求的同时，也起到引导社会消费转型的作用。较为典型的生态产品市场经营开发商是浙江丽水等地试点的各级“××生态资源资产经营有限公司”，以及开展生态农业、生态旅游、生态康养等生态产业化经营的市场主体。以 EOD 模式实施的生态环境综合治理项目，其生态环境综合治理和产业化经营的市场主体也可视为生态产品市场经营开发商，主要致力于实现生态环境优化及生态系统服务增值，在产业链中具有支撑作用。

4.2.2 产品需求方

社会公众是产业的主导需求方，生态系统既是核心供给者，也是重要的需求方。

（1）社会公众

社会公众是生态产品第四产业的消费主体和受益主体。生态产品第四产业的发展可有效增加生态产品供给能力，提升社会福祉。社会公众作为产业的终端消费者，可享受到更优美的生态环境，更绿色的生态物质产品，更丰富的休闲旅游、健康养老等服务。同时，社会公众通过消费生态产品可直接或间接地支持生态产品第四产业，增加产业的整体效益，带动更多社会资本投入生态产品第四产业，形成良性循环。因此，培育和推广生态品牌、营造社会氛围、不断扩大生态产品消费市场，是推动生态产品第四产业发展壮大的关键举措。

（2）生态系统

由于产业经营产生的部分现金流通常以生态反哺形式流入生态建设和保护修复，生态系统不仅是生态产品的核心供给者，也是生态产品第四产业的最终受益主体之一。

4.2.3 产业服务方

产业服务方包括促进生态产品交易、服务生态产品供给保障的资金、技术等相关支持者，主要有生态产品交易平台、产业支撑服务企事业单位、绿色金融机构等。

（1）生态产品交易平台

生态产品交易平台是生态产品供需双方重要的交易场所。生态产品第四产业除了物质产品交易，也包括人为界定的碳排放权、排污权、水权等生态资源权益及绿化增量责任指标、清水增量责任指标等配额指标的交易，以及通过生态补偿等手段实现的生态产品价值显现。

（2）产业支撑服务企事业单位

产业支撑服务企事业单位是在生态产品监测核查、价值核算、认证推广、生态资产管理及交易等领域提供基础支撑和技术服务的企事业单位，如生态资产（碳资产、排污权等）管理技术咨询服务、SaaS 服务、生态产品交易服务、溯源认证、品牌推广等，是生态产品第四产业的基础支撑。

（3）绿色金融机构

绿色金融机构是助力生态资产实现资本化、为生态产品第四产业市场主体提供资金支持的重要力量。基于生态产品价值的信贷、基金、保险，如“生态资源权益抵押贷款”“生态资产权益抵押+项目贷”“古屋贷”“生态银行”等创新型绿色金融产品是打通自然生态系统与经济社会系统的重要媒介，也是盘活存量生态资源价值、畅通生态产品第四产业链的关键路径。

4.3 政策驱动机制

参考产业政策作用力机制，构建促进生态产品第四产业发展的作用力机理模型（图 5），其由产业顶层设计、产业需求、产业供给、产业规范 4 个部分组成。[45] 其中，生态产品第四产业需求主要由公众生态产品需求、绿色消费升级、生态文明建设等要素拉动；生态产品第四产业产业供给受产业技术发展、交叉型专业人才、绿色金融体系等要素推动；生态产品第四产业规范则主要通过资源产权制度、产品及服务规范、产业信息公开等要素发挥作用。

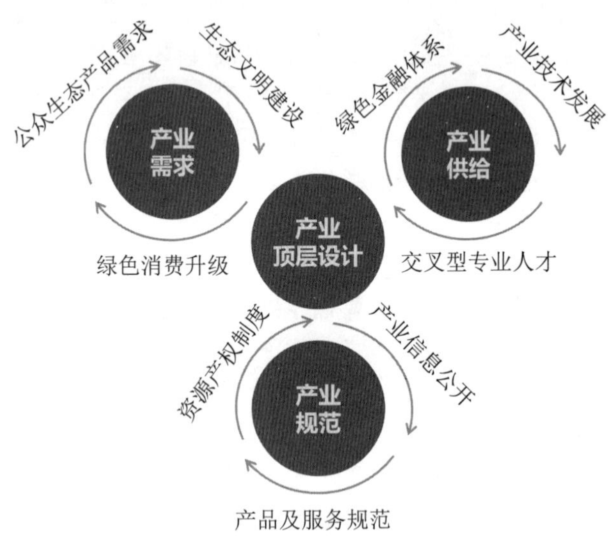

图 5 生态产品第四产业发展作用力机理模型

按照第四产业发展作用点（顶层设计、需求、供给、规范）的不同，将生态产品第四产业所需的政策/制度清单梳理为四大类 28 项，见表 6。

表 6 促进生态产品第四产业发展的政策/制度需求清单

类 型	序号	政策/制度
产业顶层设计	1	作为第四产业纳入国民经济核算体系
	2	生态产品第四产业发展规划
	3	建立健全生态产品价值实现机制
产业需求政策	4	生态产品价值考核机制
	5	生态环保利益导向机制
	6	生态保护补偿机制
	7	政府采购、促进绿色消费政策
	8	生态产品交易中心建设
	9	生态产品品牌培育和保护政策
	10	加强宣传推广

类 型	序号	政策/制度
产业供给政策	11	生态产品经营开发融资促进政策
	12	生态产品市场经营开发主体培育
	13	生态产品市场经营开发模式创新
	14	基于生态产品价值金融产品创新
	15	生态产品第四产业财税优惠政策
	16	生态产品第四产业培育试点示范
	17	生态、金融交叉型人才培养政策
	18	生态产品溯源、认证等技术推广
产业规范政策	19	生态产品调查监测机制
	20	生态产品价值核算规范
	21	生态产品价值评价体系
	22	自然资源确权登记制度
	23	自然资源流转配套制度
	24	生态资源权益交易机制
	25	生态产品认证评价标准
	26	生态产品质量追溯机制
	27	生态产品第四产业目录、统计核算、年度评估、信息公告
	28	行业协会、产业联盟、产业联合体等社会组织发展

5 生态产品第四产业核算体系

通过科学的核算方法将不同生态产品统一度量为无差别的标准单位，对无价的生态系统服务贴上“价格标签”，是解决生态产品第四产业“度量难、抵押难、交易难、变现难”必须攻克的第一道关口。作为一个产业，需要有相应的产业统计和价值核算体系。通过生态产品价值核算，建立生态产品第四产业统计评价指标体系，如绿金指数（GEP[①]与 EDP[②]之比），确保生态产品保值增值，真正让“绿水青山”转化为“金山银山”。

5.1 核算基本框架

生态产品价值核算是在实物量核算的基础上，进行价值量核算。从可量化的角度来看，生态系统核算主要集中在两个方面：一是生态系统资产存量变化导致的生态系统和生态系统服务流量的变化；二是生态系统服务流量变化给人与自然系统带来的效益变化。生态产品价值核算指标体系由供给服务、调节服务和文化服务三大类服务构成，其中供给服务主要包括农业产品、林业产品、畜牧业产品、渔业产品、生态能源和其他；调节服务主要包

① GEP 指生态产品总值或生态系统生产总值。
② EDP 是指经生态环境因素调整的国内生产总值，即 GDP 扣减人类不合理利用导致的生态环境损失成本，这些成本包括生态破坏成本（EcDC）和环境退化成本（EnDC）。

括水源涵养、土壤保持、防风固沙、海岸带防护、洪水调蓄、固碳、氧气释放、空气净化、水质净化、气候调节和物种保育；文化服务主要包括休闲旅游和景观价值（表 7）。

表 7 生态产品价值核算指标

序号	一级指标	二级指标	指标说明	实物量指标	价值量指标
1	供给服务	农业产品	从农业生态系统中获得的初级产品，如稻谷、玉米、谷子、豆类、薯类、油料、棉花、麻类、糖类、烟叶、茶叶、药材、蔬菜、水果等	农业产品产量	农业产品产值
2		林业产品	林木产品、林产品以及与森林资源相关的初级产品，如木材、竹材、松脂、生漆、油桐籽等	林业产品产量	林业产品产值
3		畜牧业产品	利用放牧、圈养或者两者结合的方式，饲养畜禽获得的产品，如牛、羊、猪、家禽、奶类、禽蛋等	畜牧业产品产量	畜牧业产品产值
4		渔业产品	利用水域中生物的物质转化功能，通过捕捞、养殖等方式获取的水产品，如鱼类、其他水生动物等	渔业产品产量	渔业产品产值
5		生态能源	生态系统中的生物物质及其所含的能量，如沼气、秸秆、薪柴、水能等	生态能源总量	生态能源产值
6		其他	用于装饰品的一些产品（如动物皮毛）和花卉、苗木等	装饰观赏资源总量	装饰观赏资源产值
7	调节服务	水源涵养	生态系统通过其结构和过程拦截滞蓄降水，增强土壤下渗，涵养土壤水分和补充地下水，调节河川流量，增加可利用水资源量的功能	水源涵养量	水源涵养价值
8		土壤保持	生态系统通过其结构与过程保护土壤、降低雨水的侵蚀能力，减少土壤流失的功能	土壤保持量	减少泥沙淤积价值 减少面源污染价值
9		防风固沙	生态系统通过增加土壤抗风能力，降低风力侵蚀和风沙危害的功能	固沙量	草地恢复成本
10		海岸带防护	生态系统通过减少海浪，避免或减轻海堤或海岸侵蚀的功能	海岸带防护面积	海岸带防护价值
11		洪水调蓄	生态系统通过调节暴雨径流、削减洪峰，减轻洪水危害的功能	洪水调蓄量	调蓄洪水价值
12		固碳	生态系统吸收二氧化碳合成有机物质，将碳固定在植物和土壤中，降低大气中二氧化碳浓度的功能	固定二氧化碳量	固碳价值
13		氧气释放	生态系统通过光合作用释放出氧气，维持大气氧气浓度稳定的功能	氧气提供量	氧气释放价值
14		空气净化	生态系统吸收、阻滤大气中的污染物，如 SO_2、NO_x、颗粒物等，降低空气污染程度，改善空气环境的功能	净化 SO_2 量 净化 NO_x 量 净化颗粒物量	净化 SO_2 价值 净化 NO_x 价值 净化颗粒物价值

序号	一级指标	二级指标	指标说明	实物量指标	价值量指标
15	调节服务	水质净化	生态系统通过物理和生化过程对水体污染物吸附、降解以及生物吸收等，降低水体污染物浓度、净化水环境的功能	净化 COD 量	净化 COD 价值
				净化总氮量	净化总氮价值
				净化总磷量	净化总磷价值
16		气候调节	生态系统通过植被蒸腾作用和水面蒸发过程吸收能量、降低气温、提高湿度的功能	植被蒸腾消耗能量	植被蒸腾调节温湿度价值
				水面蒸发消耗能量	水面蒸发调节温湿度价值
17		物种保育	生态系统为珍稀濒危物种提供生存与繁衍场所的作用和价值	珍稀濒危物种数量	珍稀濒危物种保育价值
				保护区面积	保护区保育价值
18	文化服务	休闲旅游	人类通过精神感受、知识获取、休闲娱乐和美学体验、康养等旅游休闲方式，从生态系统获得的非物质惠益	游客总人数	游憩康养价值
19		景观价值	生态系统为人类提供美学体验、精神愉悦，从而提高周边土地、房产价值的功能	受益土地与房产面积	土地、房产升值

5.2 核算主要方法

生态产品核算方法包括实物量核算方法和价值量核算方法。基于资源环境经济学与生态系统服务价值核算的理论方法体系，采用遥感解译技术、机理模型、实地监测法、统计分析法、现场调查法、环境经济学等方法体系，对森林生态系统、湿地生态系统、草地生态系统、农田生态系统、城镇生态系统等不同生态系统的供给服务、调节服务和文化服务的实物量和价值量进行核算，具体的核算方法如表 8 所示，参考生态环境部综合司印发的《陆地生态系统生产总值（GEP）核算技术指南》。

表 8　生态产品价值核算方法

服务类别	核算项目	实物量	价值量
供给服务	农业产品	统计调查	市场价值法
	林业产品		
	畜牧业产品		
	渔业产品		
	生态能源		
	其他		
调节服务	水源涵养	水量平衡法，水量供给法	替代成本法
	土壤保持	修正通用土壤流失方程（RUSLE）	替代成本法
	防风固沙	修正风力侵蚀模型（REWQ）	恢复成本法
	海岸带防护	统计调查	替代成本法
	洪水调蓄	水量储存模型	影子工程法

服务类别	核算项目	实物量	价值量
调节服务	空气净化	污染物净化模型	替代成本法
	水质净化	污染物净化模型	替代成本法
	固碳	固碳机理模型	替代成本法
	氧气释放	释氧机理模型	替代成本法
	气候调节	蒸散模型	替代成本法
	物种保育	统计调查	保育价值法
文化服务	休闲旅游	统计调查	旅行费用法
	景观价值		享乐价格法

5.3 产业发展指标

生态产品价值核算是构建生态产品第四产业的基础。基于生态产品分类和生态产品总值核算，我们提出衡量生态产品第四产业发展的指标主要有：

（1）生态产品总值（GEP）

如前所述，基于生态系统提供的生态产品总值（GEP）为供给服务价值（EPV）、调节服务价值（ERV）和文化服务价值（ECV）之和。

$$\mathrm{GEP} = \mathrm{EPV} + \mathrm{ERV} + \mathrm{ECV}$$

（2）衍生生态产品总值（EEP）

与传统产业一样，生态产品第四产业除了提供生态产品主体外，也有促进生态产品交易、保障生态产品供给资金、技术等的产业服务方，如生态产品交易平台（EP_M）、产业支撑服务企事业单位（ER_F）、绿色金融机构（EC_T）等。这些产业是由生态产品生产派生出来的，也可能已经包含在传统的服务业中。

$$\mathrm{EEP} = \mathrm{EP}_M + \mathrm{ER}_F + \mathrm{EC}_T + \cdots$$

（3）生态产品结构指数

生态产品结构指数是指 EPV、ERV 和 ECV 与 GEP 的比值，反映生态产品内部结构，具体由 R_{pv}、R_{rv}、R_{cv} 3 个指数构成。供给服务和文化服务作为初级生态产品，其占比越高，区域生态产品市场化程度越高。

R_{pv}=EPV/GEP，为供给服务价值与生态产品总值的比值；

R_{rv}=ERV/GEP，为调节服务价值与生态产品总值的比值；

R_{cv}=ECV/GEP，为文化服务价值与生态产品总值的比值。

（4）绿（“绿水青山”）金（“金山银山”）指数（R_{GE}）

绿金指数是指“绿水青山”价值与“金山银山”价值的比值，反映“绿水青山”与“金山银山”的结构和关系。“绿水青山”价值用 GEP 进行表征，“金山银山”价值用 EDP 进行表征。

$$R_{GE}=\frac{GEP}{EDP}=\frac{GEP}{GDP-EnDC-EcDC}$$

（5）生态产品初级转化率（R_E）

生态产品初级转化率是指初级生态产品价值与 GEP 的比值，反映初级生态产品价值实现程度。初级生态产品价值近似由 EPV 和 ECV 组成，实际上要小于两者之和。

$$R_E=\frac{EPV+ECV}{GEP}$$

（6）公共性生态产品指数（R_{ERV}）

公共性生态产品指数指公共性生态产品价值与 GEP 的比值，用于反映公共性生态产品比重大小。公共性生态产品价值用 ERV 进行表征。公共性生态产品占比越高，说明区域生态功能越突出，且生态产品的市场化程度相对较低，需要依赖政府和市场的共同作用实现价值。

$$R_{ERV}=\frac{ERV}{GEP}$$

（7）经营性生态产品指数（R_{EE}）

经营性生态产品指数是指经营性生态产品价值与 GEP 的比值。经营性生态产品价值是指 EPV 和 ECV 中已被完全市场化的部分，通过 EPV 和 ECV 与其市场化比重 r 的乘积进行反映。经营性生态产品指数越高，说明生态产品的市场化程度越高，生态产品价值实现程度越高。

$$R_{EE}=\frac{(EPV+ECV)\times r}{GEP}$$

（8）生态产品总值增长率（R_{GEP}）

生态产品总值增长率是指当年 GEP 与上年 GEP 的差值同上年 GEP 的比值，反映我国“绿水青山”价值的年度变化情况。

$$R_{GEP}=\frac{GEP_t-GEP_{t-1}}{GEP_{t-1}}$$

（9）第四产业的产业集聚度（CR_5）

第四产业的产业集聚度是用规模最大五个生态产品指标的价值的和（$\sum_{i=1}^{5}GEP_i$）占全部 GEP（$\sum_{i=1}^{N}GEP_i$）的份额进行度量，用于反映我国第四产业的产业集聚程度。

$$CR_5=\frac{\sum_{i=1}^{5}GEP_i}{\sum_{i=1}^{N}GEP_i}$$

其他还有生态产品第四产业投入、产出、产业效率等指标。

根据核算，2015—2019 年我国的 GEP 呈现增加趋势，由 2015 年的 70.6 万亿元增长到 2019 年的 92.1 万亿元，5 年提高 30.5%。其中，供给服务价值由 13.1 万亿元增长到 16.1 万亿元，提高 22.9%；调节服务价值由 49.7 万亿元增长到 60.3 万亿元，增长 21.3%；文化服务价值由 7.7 万亿元增长到 15.8 万亿元，增加了 1 倍多。湿地生态系统是中国 GEP 的主要提供者，其次为森林生态系统。基于上述指标对我国 31 个省（区、市）生态产品第四产业完成的初步评价结果见表 9。

表 9　2019 年我国 31 个省（区、市）生态产品第四产业发展指标核算结果

省（区、市）	生态产品结构指数/%			绿金指数	生态产品初级转化率/%	公共性生态产品指数/%	经营性生态产品指数/%	生态产品总值增长率/%	第四产业的产业集聚度/%
	EPV/GEP	ERV/GEP	ECV/GEP						
北　京	15.5	17.5	67.0	0.20	82.5	17.5	66.0	4.0	98.5
天　津	13.7	43.1	43.2	0.32	56.9	43.1	45.6	3.7	99.7
河　北	31.8	45.8	22.3	0.63	54.2	45.8	43.3	3.2	96.9
山　西	18.8	42.9	38.3	0.70	57.1	42.9	45.7	3.2	94.1
内蒙古	4.3	92.5	3.2	4.54	7.5	92.5	6.0	3.4	94.6
辽　宁	25.0	57.1	17.8	0.81	42.9	57.1	34.3	3.6	96.2
吉　林	16.2	70.6	13.1	1.39	29.4	70.6	23.5	3.7	94.8
黑龙江	8.2	89.8	2.0	4.66	10.2	89.8	8.2	4.0	96.6
上　海	12.4	27.3	60.3	0.17	72.7	27.3	58.2	3.8	99.3
江　苏	24.2	51.7	24.1	0.41	48.3	51.7	38.7	3.6	99.5
浙　江	20.3	47.0	32.7	0.38	53.0	47.0	42.4	3.9	95.7
安　徽	22.2	60.1	17.7	0.90	39.9	60.1	32.0	3.7	97.6
福　建	32.5	47.6	20.0	0.59	52.4	47.6	41.9	3.9	92.9
江　西	13.2	71.3	15.5	1.51	28.7	71.3	22.9	4.0	95.4
山　东	38.1	38.6	23.3	0.41	61.4	38.6	49.1	3.6	99.2
河　南	40.1	38.6	21.3	0.54	61.4	38.6	49.1	3.6	98.2
湖　北	16.9	72.7	10.4	1.02	27.3	72.7	21.9	3.8	97.0
湖　南	18.7	67.9	13.5	1.09	32.1	67.9	25.7	3.8	95.3
广　东	22.5	53.4	24.1	0.42	46.6	53.4	37.3	4.0	95.7
广　西	18.5	66.7	14.9	1.59	33.3	66.7	26.7	4.1	91.6
海　南	22.5	68.0	9.5	1.37	32.0	68.0	25.6	3.7	93.0
重　庆	26.5	45.4	28.1	0.49	54.6	45.4	43.7	3.7	95.4
四　川	20.8	63.3	15.8	1.09	36.7	63.3	29.3	3.6	92.5
贵　州	18.4	48.8	32.7	1.23	51.2	48.8	40.9	3.6	91.3
云　南	15.7	68.0	16.3	1.83	32.0	68.0	25.6	3.9	86.2
西　藏	0.3	99.3	0.4	72.33	0.7	99.3	0.5	3.1	95.3
陕　西	25.4	46.5	28.1	0.59	53.5	46.5	42.8	3.3	91.7
甘　肃	16.3	74.0	9.7	1.65	26.0	74.0	20.8	3.3	89.8
青　海	1.1	98.3	0.6	54.19	1.7	98.3	1.3	3.8	96.3

省（区、市）	生态产品结构指数/%			绿金指数	生态产品初级转化率/%	公共性生态产品指数/%	经营性生态产品指数/%	生态产品总值增长率/%	第四产业的产业集聚度/%
	EPV/GEP	ERV/GEP	ECV/GEP						
宁　夏	27.6	65.7	6.7	0.83	34.3	65.7	27.4	3.5	95.3
新　疆	19.4	76.0	4.6	2.79	24.0	76.0	19.2	3.8	91.7
全　国	17.5	65.5	17.2	1.00	30.5	69.5	24.4	3.7	95.1

6　生态产品第四产业发展面临的挑战

党的十八大以来，我国积极探索生态产品价值实现途径，体制改革不断深化，政策体系加快完善。与此同时，我国生态产品价值实现的基础条件和制度环境仍有待改善，限制了生态产品第四产业的发展，面临的突出问题和挑战亟待解决。

6.1　生态产品相关理论有待进一步深化

当前，社会各界对生态产品的认识和理解仍处于初级阶段，对生态产品的内涵及其价值尚未达成共识，生态产品价值转化路径仍有待探索。

（1）对生态产品内涵及其价值尚未形成广泛共识

我国关于生态产品概念内涵的研究尚处于起步阶段，准确界定生态产品概念内涵及外延是生态产品第四产业发展的前提和基础。生态产品类型繁多、属性特征差异巨大。清新的空气、清洁的水源等自然产品被公认为生态产品，但衍生性生态产品，如有机食品、绿色农产品和生态工业品等物质产品，是否纳入生态产品范畴仍存在争议，同时，对生态产品价值、特征识别也尚未达成共识。

（2）生态产品价值量化尚缺乏广泛认同的核算方法

生态产品价值估算是一个复杂而困难的问题，价值来源、确定方法、价值模型、价格体系等尚未统一。政府层面至今没有规范一致的生态产品总值核算技术标准，不同核算单位开展的 GEP 核算范围、核算方法、数据支持、核算参数都不尽相同，造成生态产品价值转化可比性下降。

（3）生态产品价值实现路径仍需探索

现阶段生态产品供给以政府主导的转化模式为主，只有水权、排污权等环境资源权益进入市场交易，调节气候、涵养水源、生物多样性、碳排放权等生态环境权很难进入交易市场。生态产品价值转化不充分。2019 年全国生态产品初级转化率仅为 30.5%，GEP 排名处于前列的青海和西藏，其生态产品初级转化率分别只有 1.7%和 0.7%。

6.2　基础性制度和政策工具有待完善

尚未建立适应市场交易的生态资源产权制度。只有在具有稀缺性和产权清晰界定的条件下，生态资源才可转化为生态资产，成为可经营的生产要素。作为天然的公共资源，河流、森林、气候等生态要素由于具有弥散性、流动性、跨区域性等特征，存在产权归属不清晰、权责不明确、监管不到位等问题，限制了生态产品第四产业的形成和发展。

尚未建立完备的资源有偿使用制度和生态补偿制度。实行自然资源有偿使用制度和生态补偿制度，有利于全面反映市场供求状况、资源稀缺程度、生态环境损害成本，有利于实现生态建设和保护修复，促使生态系统服务保值增值。党的十八大以来，我国推出了一系列健全资源环境价格机制的改革，但资源有偿使用制度和生态补偿制度仍有待进一步健全和深化完善。生态补偿主体单一、方式单一、资金分配不合理，限制了部分生态产品供给的动力。充分反映市场供求和资源稀缺程度，体现生态价值、代际补偿的资源有偿使用制度和生态补偿制度尚未建立健全。

尚未建立完善的生态产品标准、认证、标识体系。信用机制是生态产品消费的基础和其生态溢价得以显现的前提。当前，我国在环保、节能、节水、循环、低碳、再生、有机等产品领域的第三方认证和评价体系多，但认证品牌和品牌机构未能形成，市场辨识度不高，存在企业重复评审、认证、检测等问题。绿色评价和宣传名录繁多，各类标识充斥市场，尚未发挥消费引领的作用，不利于培育生态产品消费体系。

6.3 产业投资回报周期较长，内生动力不足

基于生态资源开发和生态产品价值实现形成的生态产品第四产业具有跨时空属性，意味着当前的投入不一定在当前得到回报，往往具有资本投入高、回报周期长等特征，如生态农业、生态旅游、生态康养、EOD 模式开发等大多产业具有重资产属性特征，回报周期较长，导致市场内生动力严重不足。其原因主要是尚未从根本上形成激励地方政府和市场主体自主保护生态环境的内生机制。例如，现行法律制度框架下，水资源、土地资源、矿产资源等名义上属于国家所有，但实际上各级政府是自然资源的实际享有者、受益者乃至决定者，在自然资源开发利用或资源作为中间要素投入产业经营过程中，部门利益、地方利益更多重经济价值而轻生态价值，使得生态资源价值无法得到充分体现，不利于产业发展。

6.4 生态产品第四产业支撑保障较弱

一是理论支撑仍有不足。生态产品第四产业研究刚刚起步，产业统计核算、生产函数、投入产出关系、市场运行机制等理论问题仍有待深化。二是政策支持力度不足。我国尚未针对生态产品价值实现及相关产业形成系统的政策支持体系。现行相关领域的财税、投资、金融、土地、产业等政策多围绕环境保护展开，缺少从生态的更高维度出发设计。三是人才资金投入不足。生态产品第四产业发展所依赖的资源确权登记、资产核算、价值评估、交易市场建设等，需要大量的资金投入，也需要新技术的应用，对多学科交叉型复合人才需求较大，如环境生态、经济、统计及地理信息、遥感等专业技术背景的交叉型人才较缺乏。四是基础数据支撑乏力。当前试点的生态产品价值核算最小尺度一般在乡镇级别，颗粒度仍然较粗。同时，生态产品类型复杂，涉及管理部门众多，部门割裂等，导致统计口

径不一，“信息孤岛”较严重，支撑生态产品第四产业发展所需的数据不充足。

7 生态产品第四产业发展政策保障

生态产品第四产业尚处在产业形成期，需要从顶层设计层面进一步厘清生态产品第四产业的内涵、范围、发展定位和发展路径，同时也亟须政府部门从生态产品生产、消费、交易、分配全流程制定和完善政策，促进生态产品第四产业健康发展。构建政府主导、企业和社会各界参与、市场化运作、可持续的生态产品价值实现路径是生态产品第四产业形成的重要基础。开展生态产品第四产业统计核算试点，可作为衡量地方生态产品供给能力及生态产品价值实现机制建设成效的重要参考依据。

7.1 着力提高生态产品供给能力

建立健全生态产品的供给体系要求从制度上确保生态资源进入生产要素体系，并协同资金、技术、人才等要素的支撑作用，大力培育生态产品市场供给主体，提升生态产品供给质量和效率。一是以生态空间管控保住生态资源存量，以保护修复提高生态资源增量，是发展生态产品第四产业的根本保障；二是建立生态产品调查监测机制，完善资源确权和流转配套制度，是确保生态资源转化为生态资产，进入生产要素体系的重要前提；三是建立生态产品价值核算规范和评价体系，将生态资产标准化计量是生态资产资本化的关键基础；四是培育生态产品市场经营开发主体，形成一批综合性、创新性、专业性的龙头骨干企业，是激发生态产品市场活力的重要路径；五是积极开展生态环境保护修复与生态产品经营开发权益挂钩等市场经营开发模式创新，实施生态环境治理和产业综合开发等经营模式试点示范，是丰富生态产品第四产业业态的重要探索；六是构建生态产品第四产业财税金融支持政策体系，开展基于生态产品价值的绿色金融产品服务创新，可为产业发展提供重要的资金支持；七是加强生态技术创新应用，包括生态系统保护、恢复及可持续管理技术及生态产品开发技术等，这有助于提高生态系统生态生产能力和生态产品的溢价能力；八是加强生态产品开发经营及管理人才培养，尤其是生态建设、产业开发、绿色金融等交叉背景的人才培养，可为产业提供源源不断的专业人才支撑。

7.2 培育壮大生态产品消费基础

壮大生态产品消费基础的核心是在以终端消费需求为导向的生态产品基础上，协同推进全社会形成绿色生活方式和绿色消费模式，带动全社会对生态产品的消费需求。一是构建生态产品政府采购优先机制，综合考量生态产品质量、产地等因素，确定优先采购的生态产品名录，建立完善的采购平台，规范采购流程、竞价机制和采购标准，不断加强对政府采购行为的监督和约束，完善政府采购供应商诚信体系建设；二是着力培育绿色消费理念，规范消费行为，激励引导居民践行绿色消费、勤俭节约、绿色低碳、文明健康的生活方式和消费模式，加强生态产品的宣传推广和推介，提升生态产品的社会关注度，在全社会厚植绿色消费的社会风尚；三是构建生态产品品牌培育管理体系，扶持形成一大批类似“丽水山耕”“丽水山居”“丽水山泉”“赣抚农品”“武夷山水”等特色鲜明的生态产品区域公用品牌，形成生态产品消费的信任基础，提升生态增值溢价。

7.3 建立健全生态产品交易体系

健全生态产品交易体系的关键在于通过搭建多元化的交易平台和精准化的生态产品供需对接机制，不断降低生态产品交易成本，从而推进更多优质生态产品以便捷的渠道和方式开展交易。一是建立生态产品质量追溯机制，健全生态产品交易流通全过程监督体系，完善生态产品信用制度和统一的生态产品标准、认证和标识体系，推进区块链等溯源新技术的应用推广，实现生态产品信息可查询、质量可追溯、责任可追究，解决生态产品信息不对称的问题，夯实产品交易的信任基础；二是丰富公共性生态产品的交易渠道，强化相关顶层设计，完善相关交易机制，扩大市场交易量，通过政府管控或设定限额的形式，创造权益交易的供给和需求，开展绿化增量责任指标、清水增量责任指标、碳排放权、碳汇权益、排污权、用能权、水权等各类生态资源权益交易；三是建设生态产品交易中心，定期举办生态产品推介博览会，组织开展生态产品线上云交易、云招商，推进生态产品供给方与需求方、资源方与投资方高效对接。

7.4 不断完善产业利益分配体系

产业利益和产品价值分配体系的关键在于建立生态产品保护者受益、使用者付费、破坏者赔偿的利益导向机制，真正实现“让保护修复生态环境获得合理回报，让破坏生态环境付出相应代价”，实现第四产业的可持续发展。一是建立生态产品价值考核机制，让地方充分认识生态系统同样是价值主体，也是经济价值分配主体；二是构建自然资源有偿使用制度和生态补偿制度，充分反映市场供求状况、资源稀缺程度、生态环境损害成本，让原住民从保护生态环境、保障优质生态产品供给中受益，让提供生态产品的地区和提供农产品、工业产品、服务产品的地区同步基本实现现代化，人民群众享有基本相当的生活水平；三是保障参与生态产品经营开发村民的利益，鼓励将生态环境保护修复与生态产品经营开发权益挂钩，建立生态建设反哺机制，确保生态产品开发经营实现的经济收益按一定的比例反哺村民，反哺生态保护—恢复—建设，从而确保村民获益的同时实现生态系统服务保值增值。

参考文献

[1] 王金南，王夏晖．推动生态产品价值实现是践行“两山”理念的时代任务与优先行动[J]．环境保护，2020，48（14）：9-13.

[2] COSTANZA R. A new development model for a“Full”world[J]. Development，2009，52（3）：369-376.

[3] 季曦，李刚．推动中国生态经济学复兴，助力中国生态文明建设——首届“生态经济学与生态文明”国际会议综述[J]．生态经济，2020，36（6）：13-18，33.

[4] WANG J. Revive China’s green GDP programme[J]. Nature，2016，534（7605）：37.

[5] MA G X，PENG F，YANG W，et al. The valuation of China’s environmental degradation from 2004 to 2017[J]. Environmental Science and Ecotechnology，2020（1）：10.

[6] 洪子燕，杨再．从黄土高原的历史变迁讨论种草种树和生态产品的转化问题[J]．豫西农专学报，1985（1）：70-76.

[7] 杨再，洪子燕．黄土高原的种草种树和生态产品转化[J]．人民黄河，1986（2）：50-53.

[8] 刘思华．生态经济价值问题初探[J]．学术月刊，1987（11）：1-7.

[9] 任耀武，袁国宝．初论“生态产品”[J]．生态学杂志，1992（6）：50-52.

[10] COSTANZA R，D’ARGE R，DE GROOT R，et al. The value of the world’s ecosystem services and natural capital[J]. Nature，1997，387（6630）：253-260.

[11] 郎维伟．论西部大开发中的生态经济建设[C]//中国民族理论学会第六届理事会、第七次全国民族理论学术讨论会暨第九次顾问座谈会论文集．中国民族理论学会，2000：22.

[12] 袁本朴，袁晓文，李锦．西部大开发与四川民族地区生态经济建设[J]．民族研究，2001（2）：31-39，107.

[13] 苏多杰．关于西部为全国提供生态公共产品的思考[J]．青海社会科学，2001（5）：48-53.

[14] 董智勇，司洪生．关于西部大开发的生态经济建设和制定规划的几个问题[C]//西部大开发，建设绿色家园学术研讨会论文集．中国治沙暨沙业学会，2001：28-31.

[15] 杨琴．基于 CiteSpace 的生态产品研究进展可视化分析[J]．农业与技术，2021，41（8）：8120-8122.

[16] 《党的十九大报告辅导读本》编写组．党的十九大报告辅导读本[M]．北京：人民出版社，2017.

[17] 陈敬东，潘燕飞，刘奕羿．生态产品价值实现研究——基于浙江丽水的样本实践与理论创新[J]．丽水学院学报，2020，42（1）：1-9.

[18] 欧阳志云，林亦晴，宋昌素．生态系统生产总值（GEP）核算研究——以浙江省丽水市为例[J]．环境与可持续发展，2020，45（6）：80-85.

[19] 廖茂林，潘家华，孙博文．生态产品的内涵辨析及价值实现路径[J]．经济体制改革，2021（1）：12-18.

[20] 张文明，张孝德．生态资源资本化：一个框架性阐述[J]．改革，2019（1）：122-131.

[21] HELM D. Natural capital：valuing the planet[M]. Yale University Press，2015.

[22] 俞敏，李维明，高世楫，等．生态产品及其价值实现的理论探析[J]．发展研究，2020（2）：47-56.

[23] 李忠，等．践行“两山”理论，建设美丽健康中国 生态产品价值实现问题研究[M]．北京：中国市场出版社，2021：4.

[24] 马克思．资本论（第三卷）[M]．北京：人民出版社，1975：881-882.

[25] COSTANZA R. How to retool our concept of value[J]. Nature，2018，556（7701）：300-302.

[26] 赵斌．如何重塑我们的价值观[J]．金融博览，2018（6）：22-23.

[27] 赵士洞，张永民．生态系统与人类福祉——千年生态系统评估的成就、贡献和展望[J]．地球科学进展，2006（9）.

[28] 刘桂环，王夏晖．从供给侧发力，健全生态产品价值实现机制[N]．中国环境报，2020-11-30（003）．
[29] 温铁军，张俊娜．疫情下的全球化危机及中国应对[J]．探索与争鸣，2020，1（4）：86-99.
[30] 谷树忠．产业生态化和生态产业化的理论思考[J]．中国农业资源与区划，2020，41（10）：8-14.
[31] 王如松，蒋菊生．从生态农业到生态产业——论中国农业的生态转型[J]．中国农业科技导报，2001（5）：7-12.
[32] 王如松，欧阳志云．生态整合——人类可持续发展的科学方法[J]．科学通报，1996（S1）：21.
[33] 严立冬，谭波，刘加林．生态资本化：生态资源的价值实现[J]．中南财经政法大学学报，2009，2：3-8.
[34] SUBRAMANIAN M. Anthropocene now：influential panel votes to recognize earth's new epoch[J/OL]. Nature，2019. https://www.nature.com/articles/d41586-019-01641-5.
[35] 张林波，虞慧怡，李岱青，等．生态产品内涵与其价值实现途径[J]．农业机械学报，2019，50（6）：173-183.
[36] 生态环境部办公厅，国家发展改革委办公厅，国家开发银行办公厅．关于推荐生态环境导向的开发模式试点项目的通知[EB/OL]．（2020-09-16）．https://www.mee.gov.cn/xxgk 2018/xxgk/xxgk06/202009/t 20200923-800005.html.
[37] 逯元堂，赵云皓，辛璐，等．生态环境导向的开发（EOD）模式实施要义与实践探析[J]．环境保护，2021，49（14）：30-33.
[38] 颜宁聿，刘耕源，范振林．生态银行运行机制与本土化改造研究：文献综述[J]．中国国土资源经济，2020，33（12）：10-24.
[39] 钟方雷，徐中民，张志强．生态经济学与传统经济学差异辨析[J]．地球科学进展，2008（4）：401-407.
[40] 高吉喜，李慧敏，田美荣．生态资产资本化概念及意义解析[J]．生态与农村环境学报，2016，32（1）：41-46.
[41] 刘章生，祝水武，刘桂海．国内生态资本文献计量研究[J]．生态学报，2021，41（4）：1680-1691.
[42] 胡咏君，吴剑，胡瑞山．生态文明建设“两山”理论的内在逻辑与发展路径[J]．中国工程科学，2019（5）：21.
[43] 王夏晖，朱媛媛，文一惠，等．生态产品价值实现的基本模式与创新路径[J]．环境保护，2020，48（14）：14-17.
[44] 高吉喜，范小杉，李慧敏，等．生态资产资本化：要素构成·运营模式·政策需求[J]．环境科学研究，2016，29（3）：315-322.
[45] 赵云皓，孙宁，辛璐，等．环保产业发展不同阶段环境政策制度作用力研究[J]．中国人口·资源与环境，2014，24（S1）：34-37.

长江和黄河流域“绿水青山”生态产品价值核算研究

Study on the Value Accounting of “lucid waters and lush mountains” Ecological Products in the Yangtze River and Yellow River Basins

於方　马国霞　吴春生　彭菲　周夏飞　杨威杉　周颖

摘　要　黄河和长江流域生态系统类型多样，包含多个重要生态功能区，在中国整个生态区划中占有重要地位。本文以县域为空间单元，从时间和空间两个维度，对长江和黄河流域生态系统生产总值（GEP）进行核算，探析流域生态产品价值实现机制，为落实“绿水青山就是金山银山”理念，促进长江和黄河流域高质量发展提供科学依据。经核算，2015—2018年，黄河和长江流域的生态系统格局稳定且质量逐步提高，实现经济和生态双增长。长江流域GEP和单位面积GEP高于黄河流域，GEP与GDP比值小于1；黄河流域GEP增速高于长江流域，GEP与GDP比值大于1。

关键词　生态系统生产总值　黄河流域　长江流域

Abstract　The ecosystem types of the Yellow River and Yangtze River basins are diverse, including many important ecological functional areas, which play an important role in the whole ecological division of China. Taking the county as the spatial unit, this paper conducts GEP accounting of the total ecosystem production value of the Yangtze River and Yellow River basins from two dimensions of time and space, analyzes the realization mechanism of the value of ecological products in the basin, and provides scientific basis for implementing the concept of “lucid waters and lush mountains are invaluable assets” and promoting the high-quality development of the Yangtze River and Yellow River basins. According to the calculation, from 2015 to 2018, the ecosystem pattern of the Yellow River and Yangtze River basins was stable and the quality was gradually improved, achieving economic and ecological growth. The GEP and GEP per unit area in the Yangtze River basin are higher than those in the Yellow River basin, and the ratio of GEP to GDP is less than 1. The GEP growth rate in the Yellow River basin is higher than that in the Yangtze River basin, and the ratio of GEP to GDP is greater than 1.

Keywords　GEP; Yellow River basin; Yangtze River basin

中华文明的不断延续与繁荣发展得益于我国境内有两条东西走向的大河流域——黄河流域和长江流域，两个流域之间的文明不断交融与更替发展，支撑着具有强大生命力的中华文明。2016 年 1 月 5 日，习近平总书记在重庆主持召开推动长江经济带发展座谈会上的重要讲话中指出，长江、黄河都是中华民族的发源地，都是中华民族的摇篮，长江拥有独特的生态系统，是我国重要的生态宝库。当前和今后相当长一个时期，要把修复长江生态环境摆在压倒性位置，共抓大保护，不搞大开发。党的十九大报告又将“以共抓大保护、不搞大开发为导向推动长江经济带发展”纳入新时代实施区域协调发展战略的重要内容。2018 年 4 月 26 日，习近平总书记主持召开第二次长江经济带发展座谈会，再次强调“共抓大保护，不搞大开发，努力把长江经济带建设成为生态更优美、交通更顺畅、经济更协调、市场更统一、机制更科学的黄金经济带，探索出一条生态优先、绿色发展新路子”。2020 年 11 月 14 日，习近平总书记主持召开全面推动长江经济带发展座谈会并发表重要讲话，提出“坚定不移贯彻新发展理念，推动长江经济带高质量发展，谱写生态优先绿色发展新篇章”“绘就山水人城和谐相融新画卷，使长江经济带成为我国生态优先绿色发展主战场、畅通国内国际双循环主动脉、引领经济高质量发展主力军”。

2019 年 9 月 18 日上午，习近平总书记在郑州主持召开黄河流域生态保护和高质量发展座谈会上，提出黄河流域要坚持“绿水青山就是金山银山”的理念，坚持生态优先、绿色发展，以水而定、量水而行，因地制宜、分类施策，上下游、干支流、左右岸统筹谋划，共同抓好大保护，协同推进大治理，着力加强生态保护治理、保障黄河长治久安、促进全流域高质量发展、改善人民群众生活、保护传承弘扬黄河文化，让黄河成为造福人民的幸福河。

1 研究背景

无论是习近平总书记提出长江流域“共抓大保护、不搞大开发”，还是黄河流域“共同抓好大保护、协同推进大治理”，都需要长江和黄河流域处理好生态环境保护和经济发展的关系，处理好“绿水青山”和“金山银山”的关系。党的十八大以来，党中央对“绿水青山”和“金山银山”的关系进行了重要部署。党的十九大把“必须树立和践行绿水青山就是金山银山的理念”作为重要内容写入习近平新时代中国特色社会主义思想，深刻回答了发展与保护的关系，揭示了保护生态环境就是保护生产力、改善生态环境就是发展生产力。

“绿水青山”是自然生态系统为人类提供丰富多样福祉的统称，“绿水青山”到底值多少“金山银山”？即对生态系统提供的生态产品服务价值进行核算，一直是学者们关注的热点问题。目前，生态系统服务研究已经涵盖全球、国家、局地等不同区域尺度和森林、湿地、草地等不同生态类型。在全球生态系统服务价值的评估研究中，Daily 和 Costanza 等学者研究最具有代表性，[1, 2] 他们于 1997 年相继提出用生态系统服务价值对生态系统提供给人类的服务进行量化。在此基础上国际组织陆续推动一系列大型的生态系统价值核算研究，主要包括 2005 年联合国的千年生态系统评估（MA）[3]、2007 年欧盟的生态系统和生物多样性经济学项目[4]、2010 年世界银行的财富账户与生态系统价值核算项目（WAVES）和 2014 年联合国统计署（UNSD）发布的基于环境经济核算体系（SEEA）的《实验性生态系统核算》（EEA）[5]等一系列成果，都对生态价值核算从方法学、政策应用方面做了大量探索。[6] 随着我国“绿水青山就是金山银山”理念实践和习近平生态文明思想的践行，掀起了我国生态系统服务价值核算的研究热潮，促使国内生态系统服务价值核算由理论探讨转向实践应用的新时期。[7-16]

黄河和长江流域生态系统类型多样，包含多个重要生态功能区，在中国整个生态区划中占有很重要的地位。[17-19] 目前关于黄河和长江流域经济发展水平方面的对比和趋势演变已有较多研究报道，[20-23] 但关于两大流域生态系统服务价值量核算的研究尚未多见，本研究以黄河和长江流域生态系统为研究对象，综合评估两个流域的生态系统服务价值，从时间和空间上进行对比和趋势分析，同时将评估结果与区域生产总值（GDP）相结合，探索流域社会经济与生态环境之间的发展关系，分析区域绿色发展现状和前景。该研究能够为区域生态系统服务价值评估提供技术方法支持，研究结果不仅可以为流域内各行政单元的绿色发展提供数据支撑，也能够为区域经济与生态环境规划和政策制定提供决策参考。

2 研究区概况

本研究以黄河和长江流域的自然范围为基础，将其包含和存在交集的所有县级行政区范围作为研究区。经统计，研究区共包含 1 224 个县（区、旗），范围介于 24°N～109°N，89°E～122°E，其中黄河流域 365 个县（区、旗），涉及山东省、河南省、山西省、陕西省、内蒙古自治区、宁夏回族自治区、甘肃省、青海省和四川省（表 1），面积约为 105.6 万 km^2。长江流域 859 个县（区、旗），涉及上海市、江苏省、浙江省、安徽省、江西省、湖北省、湖南省、河南省、重庆市、陕西省、甘肃省、贵州省、广西壮族自治区、四川省、云南省、青海省和西藏自治区（表 2），面积约为 193.3 万 km^2，两个流域总面积约占全国国土总面积的 31.1%。

黄河和长江流域地势都呈现出西高东低的态势，西部都属青藏高原边缘地区。其中黄河流域北部为内蒙古高原，中部为黄土高原，流域东部的河南和山东属于海拔较低的平原地区，黄河流域气候类型主要是温带季风气候和温带大陆性气候，年降水量差别较大，最大超过 1 000 mm，最小不足 100 mm；长江流域西部属于青藏高原东部边缘地区，海拔最高约为 6 908 m，西南地区以及四川盆地周边地势也较高，而中东部地区多为低矮丘陵和平原，长江流域气候主要是亚热带季风气候和高原山地气候，降水量高于黄河流域，最大降水量超过 2 000 mm，最小降水量不超过 400 mm。

作为我国主要人口聚集区，黄河和长江流域的社会经济发展在全国一直处于较高水平，2015—2018 年，两个流域的 GDP 总量占全国总量的比例处于 44%左右。但各地区的自然禀赋和发展政策存在一定的差异，随着改革开放的逐步推进，经济发展也逐渐拉开差距，尤其近十几年来，长江流域经济水平明显高于黄河流域。社会经济发展对自然资源的消耗和对生态系统格局的改变都会对生态系统服务功能产生影响，反过来又掣肘社会经济发展。

表 1　长江流域包括的区县名称

区县名称	
上海市：16 个县（市、区、旗）	
上海市	黄浦区、徐汇区、长宁区、静安区、普陀区、虹口区、杨浦区、闵行区、宝山区、嘉定区、浦东新区、金山区、松江区、青浦区、奉贤区、崇明区
江苏省：8 个地市共 49 个县（市、区）	
南京市	玄武区、秦淮区、建邺区、鼓楼区、浦口区、栖霞区、雨花台区、江宁区、六合区、溧水区、高淳区
无锡市	梁溪区、新吴区、锡山区、惠山区、滨湖区、江阴市、宜兴市
常州市	天宁区、钟楼区、新北区、武进区、溧阳市、金坛区
苏州市	虎丘区、吴中区、相城区、姑苏区、吴江区、常熟市、张家港市、昆山市、太仓市
南通市	崇川区、港闸区、通州区、启东市、如皋市、海门市
扬州市	仪征市
镇江市	京口区、润州区、丹徒区、丹阳市、扬中市、句容市
泰州市	高港区、靖江市、泰兴市
浙江省：3 个地市共 21 个县（市、区）	
杭州市	上城区、下城区、江干区、拱墅区、西湖区、滨江区、萧山区、余杭区、临安区
嘉兴市	南湖区、秀洲区、嘉善县、海盐县、海宁市、平湖市、桐乡市
湖州市	吴兴区、南浔区、德清县、长兴县、安吉县
安徽省：10 个地市共 52 个县（市、区）	
合肥市	瑶海区、庐阳区、蜀山区、包河区、肥东县、庐江县、巢湖市
芜湖市	镜湖区、弋江区、鸠江区、三山区、芜湖县、繁昌县、南陵县、无为县
马鞍山市	花山区、雨山区、博望区、当涂县、含山县、和县
铜陵市	铜官区、义安区、郊区、枞阳县
安庆市	迎江区、大观区、宜秀区、怀宁县、潜山县、太湖县、宿松县、望江县、桐城市
黄山市	黄山区、黟县、祁门县
滁州市	琅琊区、全椒县
六安市	舒城县
池州市	贵池区、东至县、石台县、青阳县
宣城市	宣州区、郎溪县、广德县、泾县、绩溪县、旌德县、宁国市
江西省：11 个地市共 100 个县（市、区）	
南昌市	东湖区、西湖区、青云谱区、湾里区、青山湖区、南昌县、新建区、安义县、进贤县
景德镇市	昌江区、珠山区、浮梁县、乐平市
萍乡市	安源区、湘东区、莲花县、上栗县、芦溪县
九江市	濂溪区、浔阳区、九江县、武宁县、修水县、永修县、德安县、星子县、都昌县、湖口县、彭泽县、瑞昌市、共青城市
新余市	渝水区、分宜县
鹰潭市	月湖区、余江县、贵溪市
赣州市	章贡区、南康区、赣县、信丰县、大余县、上犹县、崇义县、安远县、龙南县、定南县、全南县、宁都县、于都县、兴国县、会昌县、寻乌县、石城县、瑞金市

	区 县 名 称
吉安市	吉州区、青原区、吉安县、吉水县、峡江县、新干县、永丰县、泰和县、遂川县、万安县、安福县、永新县、井冈山市
宜春市	袁州区、奉新县、万载县、上高县、宜丰县、靖安县、铜鼓县、丰城市、樟树市、高安市
抚州市	临川区、南城县、黎川县、南丰县、崇仁县、乐安县、宜黄县、金溪县、资溪县、东乡县、广昌县
上饶市	信州区、上饶县、广丰区、玉山县、铅山县、横峰县、弋阳县、余干县、鄱阳县、万年县、婺源县、德兴市
河南省：1 个地市共 11 个县（市、区）	
南阳市	宛城区、卧龙区、南召县、西峡县、镇平县、内乡县、淅川县、社旗县、唐河县、新野县、邓州市
湖北省：13 个地市（州）共 103 个县（市、区）	
武汉市	江岸区、江汉区、硚口区、汉阳区、武昌区、青山区、洪山区、东西湖区、汉南区、蔡甸区、江夏区、黄陂区、新洲区
黄石市	黄石港区、西塞山区、下陆区、铁山区、阳新县、大冶市
十堰市	茅箭区、张湾区、郧阳区、郧西县、竹山县、竹溪县、房县、丹江口市
宜昌市	西陵区、伍家岗区、点军区、猇亭区、夷陵区、远安县、兴山县、秭归县、长阳土家族自治县、五峰土家族自治县、宜都市、当阳市、枝江市
襄阳市	襄城区、樊城区、襄州区、南漳县、谷城县、保康县、老河口市、枣阳市、宜城市
鄂州市	梁子湖区、华容区、鄂城区
荆门市	东宝区、掇刀区、京山县、沙洋县、钟祥市
孝感市	孝南区、孝昌县、大悟县、云梦县、应城市、安陆市、汉川市
荆州市	沙市区、荆州区、公安县、监利县、江陵县、石首市、洪湖市、松滋市
黄冈市	黄州区、团风县、红安县、罗田县、英山县、浠水县、蕲春县、黄梅县、麻城市、武穴市
咸宁市	咸安区、嘉鱼县、通城县、崇阳县、通山县、赤壁市
随州市	曾都区、随县、广水市
恩施土家族苗族自治州	恩施市、利川市、建始县、巴东县、宣恩县、咸丰县、来凤县、鹤峰县
省直辖县级行政区划	仙桃市、潜江市、天门市、神农架林区
湖南省：14 个地市（州）共 122 个县（市、区）	
长沙市	芙蓉区、天心区、岳麓区、开福区、雨花区、望城区、长沙县、宁乡县、浏阳市
株洲市	荷塘区、芦淞区、石峰区、天元区、株洲县、攸县、茶陵县、炎陵县、醴陵市
湘潭市	雨湖区、岳塘区、湘潭县、湘乡市、韶山市
衡阳市	珠晖区、雁峰区、石鼓区、蒸湘区、南岳区、衡阳县、衡南县、衡山县、衡东县、祁东县、耒阳市、常宁市
邵阳市	双清区、大祥区、北塔区、邵东县、新邵县、邵阳县、隆回县、洞口县、绥宁县、新宁县、城步苗族自治县、武冈市
岳阳市	岳阳楼区、云溪区、君山区、岳阳县、华容县、湘阴县、平江县、汨罗市、临湘市
常德市	武陵区、鼎城区、安乡县、汉寿县、澧县、临澧县、桃源县、石门县、津市市
张家界市	永定区、武陵源区、慈利县、桑植县
益阳市	资阳区、赫山区、南县、桃江县、安化县、沅江市

	区 县 名 称
郴州市	北湖区、苏仙区、桂阳县、宜章县、永兴县、嘉禾县、临武县、汝城县、桂东县、安仁县、资兴市
永州市	零陵区、冷水滩区、祁阳县、东安县、双牌县、道县、江永县、宁远县、蓝山县、新田县、江华瑶族自治县
怀化市	鹤城区、中方县、沅陵县、辰溪县、溆浦县、会同县、麻阳苗族自治县、新晃侗族自治县、芷江侗族自治县、靖州苗族侗族自治县、通道侗族自治县、洪江市
娄底市	娄星区、双峰县、新化县、冷水江市、涟源市
湘西土家族苗族自治州	吉首市、泸溪县、凤凰县、花垣县、保靖县、古丈县、永顺县、龙山县
广西壮族自治区：1 个地市共 4 个县	
桂林市	全州县、兴安县、灌阳县、资源县
重庆市：38 个县（市、区）	
重庆市	万州区、涪陵区、渝中区、大渡口区、江北区、沙坪坝区、九龙坡区、南岸区、北碚区、綦江区、大足区、渝北区、巴南区、黔江区、长寿区、江津区、合川区、永川区、南川区、璧山区、铜梁区、潼南区、荣昌区、梁平县、城口县、丰都县、垫江县、武隆县、忠县、开州区、云阳县、奉节县、巫山县、巫溪县、石柱土家族自治县、秀山土家族苗族自治县、酉阳土家族苗族自治县、彭水苗族土家族自治县
四川省：21 个地市（州）共 180 个县（市、区）	
成都市	锦江区、青羊区、金牛区、武侯区、成华区、龙泉驿区、青白江区、新都区、温江区、金堂县、双流县、郫县、大邑县、蒲江县、新津县、都江堰市、彭州市、邛崃市、崇州市
自贡市	自流井区、贡井区、大安区、沿滩区、荣县、富顺县
攀枝花市	东区、西区、仁和区、米易县、盐边县
泸州市	江阳区、纳溪区、龙马潭区、泸县、合江县、叙永县、古蔺县
德阳市	旌阳区、中江县、罗江县、广汉市、什邡市、绵竹市
绵阳市	涪城区、游仙区、三台县、盐亭县、安县、梓潼县、北川羌族自治县、平武县、江油市
广元市	利州区、昭化区、朝天区、旺苍县、青川县、剑阁县、苍溪县
遂宁市	船山区、安居区、蓬溪县、射洪县、大英县
内江市	市中区、东兴区、威远县、资中县、隆昌县
乐山市	市中区、沙湾区、五通桥区、金口河区、犍为县、井研县、夹江县、沐川县、峨边彝族自治县、马边彝族自治县、峨眉山市
南充市	顺庆区、高坪区、嘉陵区、南部县、营山县、蓬安县、仪陇县、西充县、阆中市
眉山市	东坡区、仁寿县、彭山县、洪雅县、丹棱县、青神县
宜宾市	翠屏区、南溪区、宜宾县、江安县、长宁县、高县、珙县、筠连县、兴文县、屏山县
广安市	广安区、前锋区、岳池县、武胜县、邻水县、华蓥市
达州市	通川区、达川区、宣汉县、开江县、大竹县、渠县、万源市
雅安市	雨城区、名山区、荥经县、汉源县、石棉县、天全县、芦山县、宝兴县
巴中市	巴州区、恩阳区、通江县、南江县、平昌县
资阳市	雁江区、安岳县、乐至县、简阳市
阿坝藏族羌族自治州	汶川县、理县、茂县、松潘县、九寨沟县、金川县、小金县、黑水县、马尔康市、壤塘县
甘孜藏族自治州	康定县、泸定县、丹巴县、九龙县、雅江县、道孚县、炉霍县、甘孜县、新龙县、德格县、白玉县、石渠县、色达县、理塘县、巴塘县、乡城县、稻城县、得荣县

区　县　名　称	
凉山彝族自治州	西昌市、木里藏族自治县、盐源县、德昌县、会理县、会东县、宁南县、普格县、布拖县、金阳县、昭觉县、喜德县、冕宁县、越西县、甘洛县、美姑县、雷波县
贵州省：8个地市（州）共68个县（市、区）	
贵阳市	南明区、云岩区、花溪区、乌当区、白云区、观山湖区、开阳县、息烽县、修文县、清镇市
六盘水市	钟山区、六枝特区、水城县
遵义市	红花岗区、汇川区、遵义县、桐梓县、绥阳县、正安县、道真仡佬族苗族自治县、务川仡佬族苗族自治县、凤冈县、湄潭县、余庆县、习水县、赤水市、仁怀市
安顺市	西秀区、平坝区、普定县
毕节市	七星关区、大方县、黔西县、金沙县、织金县、纳雍县、威宁彝族回族苗族自治县、赫章县
铜仁市	碧江区、万山区、江口县、玉屏侗族自治县、石阡县、思南县、印江土家族苗族自治县、德江县、沿河土家族自治县、松桃苗族自治县
黔东南苗族侗族自治州	凯里市、黄平县、施秉县、三穗县、镇远县、岑巩县、天柱县、锦屏县、剑河县、台江县、黎平县、雷山县、麻江县、丹寨县
黔南布依族苗族自治州	都匀市、福泉市、贵定县、瓮安县、长顺县、龙里县
云南省：7个地市（州）共48个县（市、区）	
昆明市	五华区、盘龙区、官渡区、西山区、东川区、呈贡区、晋宁县、富民县、嵩明县、禄劝彝族苗族自治县、寻甸回族彝族自治县、安宁市
曲靖市	马龙县、会泽县、沾益县、宣威市
昭通市	昭阳区、鲁甸县、巧家县、盐津县、大关县、永善县、绥江县、镇雄县、彝良县、威信县、水富县
丽江市	古城区、玉龙纳西族自治县、永胜县、华坪县、宁蒗彝族自治县
楚雄彝族自治州	楚雄市、牟定县、南华县、姚安县、大姚县、永仁县、元谋县、武定县、禄丰县
大理白族自治州	大理市、祥云县、宾川县、鹤庆县
迪庆藏族自治州	香格里拉市、德钦县、维西傈僳族自治县
西藏自治区：1个地市（州）共3个县（市、区）	
昌都市	江达县、贡觉县、芒康县
陕西省：4个地市（州）共27个县（市、区）	
宝鸡市	凤县
汉中市	汉台区、南郑区、城固县、洋县、西乡县、勉县、宁强县、略阳县、镇巴县、留坝县、佛坪县
安康市	汉滨区、汉阴县、石泉县、宁陕县、紫阳县、岚皋县、平利县、镇坪县、旬阳县、白河县
商洛市	丹凤县、商南县、山阳县、镇安县、柞水县
甘肃省：2个地市（州）共11个县（市、区）	
陇南市	武都区、成县、文县、宕昌县、康县、西和县、礼县、徽县、两当县
甘南藏族自治州	舟曲县、迭部县

区县名称	
青海省：2个地市（州）共6个县（市、区）	
玉树藏族自治州	玉树市、杂多县、称多县、治多县、囊谦县
海西蒙古族藏族自治州	格尔木市

表 2　黄河流域包括的区县名称

山西省：8个地市共72个县（市、区）	
太原市	小店区、迎泽区、杏花岭区、尖草坪区、万柏林区、晋源区、清徐县、娄烦县、古交市
长治市	沁源县
晋城市	城区、沁水县、阳城县、陵川县、泽州县、高平市
晋中市	榆次区、太谷县、祁县、平遥县、灵石县、介休市
运城市	盐湖区、临猗县、万荣县、闻喜县、稷山县、新绛县、绛县、垣曲县、夏县、平陆县、芮城县、永济市、河津市
忻州市	静乐县、神池县、五寨县、岢岚县、河曲县、保德县、偏关县
临汾市	尧都区、曲沃县、翼城县、襄汾县、洪洞县、古县、安泽县、浮山县、吉县、乡宁县、大宁县、隰县、永和县、蒲县、汾西县、侯马市、霍州市
吕梁市	离石区、文水县、交城县、兴县、临县、柳林县、石楼县、岚县、方山县、中阳县、交口县、孝义市、汾阳市
内蒙古自治区：7个地市（州、盟）共38个县（市、区、旗）	
呼和浩特市	新城区、回民区、玉泉区、赛罕区、土默特左旗、托克托县、和林格尔县、清水河县、武川县
包头市	东河区、昆都仑区、青山区、石拐区、九原区、土默特右旗、固阳县
乌海市	海勃湾区、海南区、乌达区
鄂尔多斯市	东胜区、达拉特旗、准格尔旗、鄂托克前旗、鄂托克旗、杭锦旗、乌审旗、伊金霍洛旗
巴彦淖尔市	临河区、五原县、磴口县、乌拉特前旗、乌拉特中旗、乌拉特后旗、杭锦后旗
乌兰察布市	卓资县、凉城县、察哈尔右翼中旗
阿拉善盟	阿拉善左旗
山东省：5个地市共18个县（市、区）	
济南市	历城区、长清区、平阴县
东营市	东营区、河口区、垦利区、利津县、广饶县
泰安市	泰山区、岱岳区、宁阳县、东平县、新泰市、肥城市
莱芜市	莱城区、钢城区
滨州市	博兴县、邹平县
河南省：8个地市共39个县（市、区）	
郑州市	上街区、惠济区、巩义市、荥阳市、登封市
开封市	开封县、兰考县
洛阳市	老城区、西工区、瀍河回族区、涧西区、吉利区、洛龙区、孟津县、新安县、栾川县、嵩县、汝阳县、宜阳县、洛宁县、伊川县、偃师市
安阳市	滑县
新乡市	原阳县、延津县、封丘县、长垣县
焦作市	温县、沁阳市、孟州市
濮阳市	范县、台前县
三门峡市	湖滨区、渑池县、陕县、卢氏县、义马市、灵宝市

省直辖县级行政区划	济源市
四川省：1 个地市（州）共 3 个县	
阿坝藏族羌族自治州	阿坝县、若尔盖县、红原县
陕西省：8 个地市共 80 个县（市、区）	
西安市	新城区、碑林区、莲湖区、灞桥区、未央区、雁塔区、阎良区、临潼区、长安区、蓝田县、周至县、鄠邑区、高陵区
铜川市	王益区、印台区、耀州区、宜君县
宝鸡市	渭滨区、金台区、陈仓区、凤翔县、岐山县、扶风县、眉县、陇县、千阳县、麟游县、太白县
咸阳市	秦都区、杨凌区、渭城区、三原县、泾阳县、乾县、礼泉县、永寿县、彬州市、长武县、旬邑县、淳化县、武功县、兴平市
渭南市	临渭区、华县、潼关县、大荔县、合阳县、澄城县、蒲城县、白水县、富平县、韩城市、华阴市
延安市	宝塔区、延长县、延川县、子长县、安塞区、志丹县、吴起县、甘泉县、富县、洛川县、宜川县、黄龙县、黄陵县
榆林市	榆阳区、神木市、府谷县、横山区、靖边县、定边县、绥德县、米脂县、佳县、吴堡县、清涧县、子洲县
商洛市	商州区、洛南县
甘肃省：9 个地市（州）共 57 个县（市、区）	
兰州市	城关区、七里河区、西固区、安宁区、红古区、永登县、皋兰县、榆中县
白银市	白银区、平川区、靖远县、会宁县、景泰县
天水市	秦州区、麦积区、清水县、秦安县、甘谷县、武山县、张家川回族自治县
武威市	天祝藏族自治县
平凉市	崆峒区、泾川县、灵台县、崇信县、华亭县、庄浪县、静宁县
庆阳市	西峰区、庆城县、环县、华池县、合水县、正宁县、宁县、镇原县
定西市	安定区、通渭县、陇西县、渭源县、临洮县、漳县、岷县
临夏回族自治州	临夏市、临夏县、康乐县、永靖县、广河县、和政县、东乡族自治县、积石山保安族东乡族撒拉族自治县
甘南藏族自治州	合作市、临潭县、卓尼县、玛曲县、碌曲县、夏河县
青海省：8 个地市（州）共 33 个县（市、区）	
西宁市	城东区、城中区、城西区、城北区、大通回族土族自治县、湟中县、湟源县
海东市	乐都区、平安区、民和回族土族自治县、互助土族自治县、化隆回族自治县、循化撒拉族自治县
海北藏族自治州	门源回族自治县、祁连县、海晏县
黄南藏族自治州	同仁县、尖扎县、泽库县、河南蒙古族自治县
海南藏族自治州	共和县、同德县、贵德县、兴海县、贵南县
果洛藏族自治州	玛沁县、班玛县、甘德县、达日县、久治县、玛多县
玉树藏族自治州	曲麻莱县

海西蒙古族藏族自治州	天峻县
宁夏回族自治区：5 个地市共 22 个县（市、区）	
银川市	兴庆区、西夏区、金凤区、永宁县、贺兰县、灵武市
石嘴山市	大武口区、惠农区、平罗县
吴忠市	利通区、红寺堡区、盐池县、同心县、青铜峡市
固原市	原州区、西吉县、隆德县、泾源县、彭阳县
中卫市	沙坡头区、中宁县、海原县

3 核算方法与数据来源

3.1 核算方法

综合数据可得性和方法可实施性，构建了黄河和长江流域生态系统生产总值 GEP 核算框架，从产品供给、调节服务和文化服务 3 个方面进行指标设计（表 3），分别进行实物量和价值量的评估，具体的核算方法参照《陆地生态系统生产总值核算技术指南》。

表 3 黄河和长江流域 GEP 评估指标体系

服务类别	评估指标	实物量评估方法	价值量评估方法
产品供给	农、林、渔、畜产品及生物能源等	统计调查	市场价值法
调节服务	水源涵养	水量平衡法	影子工程法
	土壤保持	通用土壤流失方程	替代成本法
	防风固沙	风力侵蚀模型	替代成本法
	洪水调蓄	水量储存模型	影子工程法
	空气净化	污染物净化模型	替代成本法
	水质净化	污染物净化模型	替代成本法
	固碳释氧	净生态系统生产力法	替代成本法
	气候调节	蒸散模型	替代成本法
文化服务	休闲旅游	统计调查	旅行费用法

3.2 数据获取与处理

本研究的时间尺度为 2015—2018 年，所用数据包括土地利用数据、气象数据、遥感数据、地形数据、土壤数据和统计数据等，其中土地利用数据、地形数据和土壤数据来自中国科学院资源环境科学数据中心，气象数据来自中国气象数据网，遥感数据主要是 MODIS 产品数据，来自美国宇航局网站（https://ladsweb.modaps.eosdis.nasa.gov/search/），统计数据来自国家和地方统计年鉴。本研究依据土地利用数据分类体系将黄河流域和长江流域生态系统类型归并为 6 种，即农田生态系统、森林生态系统、草地生态系统、湿地生态系统、城镇生态系统和荒漠生态系统；气象数据等点状数据利用插值方法扩展为面状数据；所有空间数据利用 GIS 和遥感软件进行处理，分辨率均设定为 1 km×1 km。

4 长江和黄河流域 GEP 核算结果

4.1 生态系统格局及其变化分析

由于相邻年份间生态系统面积变化较小，本研究仅对 2015 年和 2018 年生态系统格局进行对比分析，图 1 显示，黄河流域和长江流域内各生态系统类型格局存在较大差异，黄河流域草地生态系统面积最大，占比超过 45%，而森林生态系统面积占比不到 12%；长江流域森林生态系统明显高于其他类型，2018 年达到 76.0 万 km^2，占比约为 39%，农田和草地生态系统面积相差不多，占比均在 25%左右。两个流域相比，除草地和荒漠生态系统外，长江流域其他生态系统类型面积均超过黄河流域，尤其是农田和森林生态系统，其面积分别约为黄河流域的 2 倍和 6 倍。2015—2018 年，黄河流域除农田和荒漠生态系统面积减少外，其他生态系统都增加，其中草地增加 1.3 万 km^2，城镇增加 0.7 万 km^2，荒漠减少量为 1.7 万 km^2；长江流域城镇和森林面积增加量分别为 1.1 万 km^2 和 0.8 万 km^2，农田和草地减少量分别为 0.7 万 km^2 和 0.9 万 km^2。

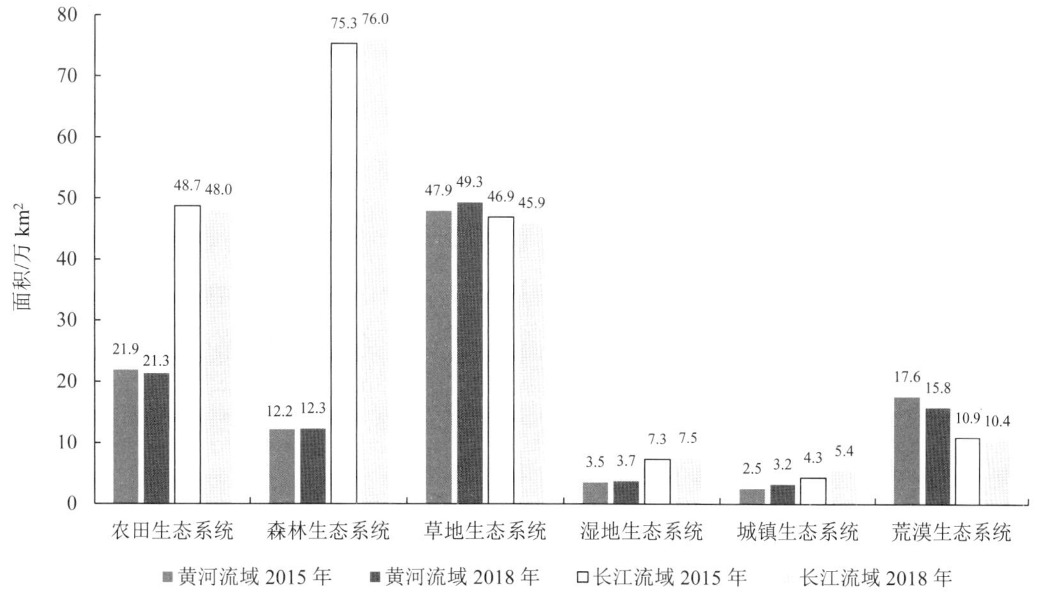

图 1　黄河和长江流域各生态系统类型面积统计

空间上，黄河流域农田生态系统分布相对集中，汾渭平原，河南和山东的黄河两岸是主要的农田分布区；汾渭平原西北的陕西、甘肃和宁夏部分地区农田和草地生态系统呈现交错分布特点，内蒙古和青海部分地区主要分布着草地生态系统；森林生态系统分布较为零散，主要分布在祁连山区、汾河河谷两侧以及河南西部等。长江流域农田生态系统集中分布于四川盆地、湖北中部、长江下游沿岸、河南与湖北交界处以及江浙一带；森林生态系统在整个流域内都有分布，尤其中下游地区更广；草地生态系统主要分布在四川西北和青海南部区域。两个流域在空间上相比，长江流域的农田和森林生态系统分布明显更广，黄河流域草地和荒漠生态系统范围相对较大。2015—2018 年，研究区的城镇范围明显扩张，大多占用了周边农田，黄河流域西部大量荒漠向草地转换，长江流域中西部地区部分草地向森林转换，其他类型空间变化不明显。

4.2 GEP 及其变化分析

长江流域 GEP 和单位面积 GEP 高于黄河流域，但黄河流域 GEP 增速高于长江流域。基于黄河和长江流域的生态系统格局，参照各生态系统 GEP 核算模型，获取各服务类型的价值量。黄河流域 2015 年 GEP 为 65 816.4 亿元，2016 年为 71 978.1 亿元，2017 年为 74 354.2 亿元，2018 年为 84 631.4 亿元，年均增速为 8.7%。长江流域 2015 年 GEP 为 211 480.6 亿元，2016 年为 229 024.9 亿元，2017 年为 243 375.1 亿元，2018 年为 255 154.1 亿元，年均增速为 6.5%。2015—2018 年，黄河流域在退耕还林还草政策以及西北地区近年降雨增加的持续作用下，草地增加 1.3 万 km^2，荒漠减少 1.7 万 km^2；而长江流域在经济快速发展的带动下，城镇面积增加了 1.1 万 km^2，农田和草地面积减少 0.7 万 km^2 和 0.9 万 km^2，导致黄河流域 GEP 增速相对高于长江流域。从单位面积上进行统计对比，长江流域各服务类型价值量也都高于黄河流域，2018 年单位面积 GEP 分别为 1 330.6 万元/km^2 和 801.4 万元/km^2。两个流域单位面积调节服务价值量都大于供给和文化服务，各服务类型中，黄河流域仅防风固沙功能的单位面积价值量高于长江流域。

长江和黄河流域，调节服务的价值都高于供给服务和文化服务。2018 年，长江流域供给服务为 48 445.4 亿元，占比为 18.99%；调节服务为 156 569 亿元，占比为 61.36%；文化服务为 50 139.7 亿元，占比为 19.65%；黄河流域供给服务为 14 579.2 亿元，占比为 17.23%；调节服务为 58 272.6 亿元，占比为 68.85%；文化服务为 11 779.6 亿元，占比为 13.92%（图 2）。2015—2018 年，两个流域生态系统服务价值量都呈现增加趋势，其中文化服务增加量和增加速率都大于供给和调节服务，体现出两个流域文化旅游的生态产品价值实现。长江流域的 3 种生态系统服务价值及其增长量都远大于黄河流域，由于长江流域的总生态服务价值量基数高，其增加速率小于黄河流域。

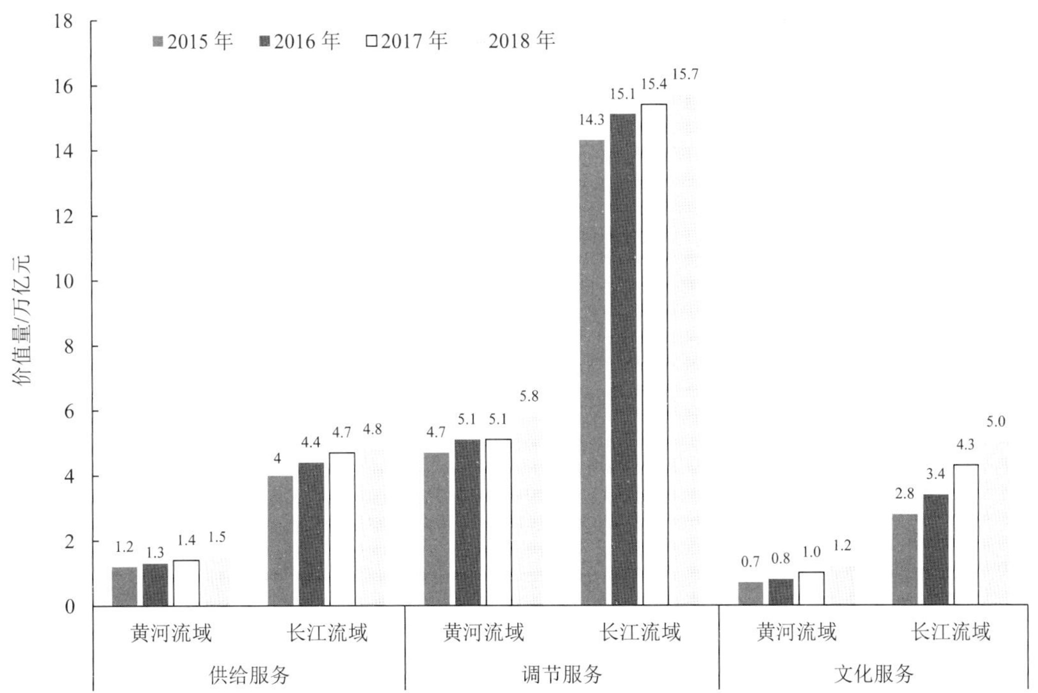

图 2　黄河和长江流域 2015—2018 年生态系统服务价值量

长江和黄河流域 GEP 呈现上游高、下游次之、中游低的空间分布特征。位于黄河和长江源头的青海省玉树藏族自治州各区县 GEP 最高；总价值量与调节服务价值量的空间分布具有相似性，在长江中上游地区，调节服务与供给和文化服务在空间上具有一定的互补性，如四川盆地是重要的农业区，产品供给能力突出，且该地人口密集，经济发展水平高，生态文化旅游产业发展相对完善，文化服务价值量高，但由于森林、草地和湿地等生态系统分布相对较少，调节服务能力相对周边地区较低。

湿地生态系统对气候调节服务的贡献度高，水源涵养空间分布差异较大。2015—2018 年，气候调节占黄河流域和长江流域的调节服务价值量比例分别高于 70%和 60%，主要来自湿地生态系统（表 4）。水源涵养价值量空间分布呈现很大的差异性，长江以南的中下游地区水源涵养价值量较高，其次是四川盆地西缘山地区域，其他区域均较小；黄河流域整体水源涵养价值量低于长江流域，流域北部和西部草地分布广阔的地区水源涵养价值量高于其他地区。土壤保持价值量在研究区中部较高，尤其四川盆地的西部和北部、关中平原西南部、黄土高原地区以及甘肃中南部土壤保持能力较强。长江流域土壤保持和水源涵养价值量是黄河流域的 3 倍至 14 倍。除湿地区域外，长江流域大部分地区气候调节价值量处于 80 万～100 万元/km^2 等级，而黄河流域大部分地区则小于 50 万元/km^2，仅在汾渭平原周边较高。

表 4　黄河和长江流域 2015—2018 年各类型调节服务价值量　　单位：亿元

服务类型	流域	2015 年	2016 年	2017 年	2018 年
固碳释氧	黄河流域	2 058.1	4 003.5	1 875.5	3 123.4
	长江流域	9 682.2	10 864.9	10 487.2	10 336.5
水源涵养	黄河流域	1 993.6	2 979.7	2 854.9	3 768.1
	长江流域	18 194.4	20 706.8	18 079.1	19 090.8
洪水调蓄	黄河流域	3 933.4	4 040.7	4 124.7	4 270.3
	长江流域	11 727.3	12 681.1	12 992.0	13 340.8
气候调节	黄河流域	37 405.0	37 891.7	40 333.6	39 953.9
	长江流域	88 570.1	90 258.4	97 534.3	97 086.6
土壤保持	黄河流域	1 022.6	1 169.1	1 031.8	6 717.9
	长江流域	14 532.3	15 816.7	14 341.6	16 250.0
防风固沙	黄河流域	352.1	478.1	335.7	439.1
	长江流域	475.8	440.5	412.9	464.3

4.3　流域生态系统格局与 GEP 的关系

长江和黄河流域源头地区大面积荒漠向草地转变，整体生态系统格局趋于改善，GEP 呈现增加趋势。虽然近些年流域内的城镇化建设依然处于增长过程，城镇周边农田面积和范围呈现缩小趋势，但是一系列的生态环境保护制度和政策的实施，切实减少了自然生态系统受到的不利影响，2015—2018 年，黄河和长江流域内的森林、草地和湿地生态系统总体稳定，面积基本处于增长态势，黄河和长江源头地区大面积的荒漠变成草地。综合可以看出，随着两个流域内的生态环境状况的逐渐改善，2015—2018 年，黄河和长江流域 GEP 都呈增加趋势。

生态环境状况的改善为生态系统生产总值的增加提供了基础条件，调节服务价值量高于供给服务和文化服务。由于湿地生态系统在气候调节和洪水调蓄服务功能上的单位面积价值量最高，所以在湿地分布较广的黄河和长江源头地区以及长江下游各县市的总服务价值量较高，而中部总价值量相对较低。固碳释氧生态系统服务以植物净初级生产力（NPP）为数据基础进行评估，森林的 NPP 蓄积能力较其他生态系统都高，因此森林分布更广的长江流域 NPP 总量更大。经统计，黄河和长江流域单位面积 NPP 分别为 294.6 t/km^2 和 517.4 t/km^2，固碳释氧价值量的高值区域与森林生态系统在空间上也极具重合性。除受生态系统格局影响外，气象因素也是导致生态系统生产总值产生差异的重要原因，如水源涵养、气候调节、土壤保持和防风固沙等的评估都以降水量、蒸发量、气温和风速等数据为基础，所以当气象条件发生变化时，相应调节服务的价值量也会随之发生变化。另外，生态系统本底条件得到改善，不同生态系统可提供的生态物质产品也更加丰富，区域生态环境也更具吸引力，逐步成为更多人群的旅行目的地，供给和文化服务价值量也随之提高（表 5）。

表 5　黄河和长江流域 2018 年主要生态系统类型单位面积 GEP　　单位：万元/km^2

流域	黄河流域			长江流域		
生态系统类型	森林	草地	湿地	森林	草地	湿地
固碳	77.39	43.85	3.14	101.14	53.13	7.62
水源涵养	45.2	65.2		218.7	49.9	
洪水调蓄			1 159.7			3 623.2
气候调节	83.1	30.2	10 168.7	83.1	28.2	24 274.7
土壤保持	149.2	68.7	14.4	120.6	91.4	23.7
防风固沙	5.8	4.4	2.7	2.3	3.0	3.9
总计	360.67	212.41	11 348.71	525.86	225.68	27 933.12

4.4　经济发展与 GEP 关系分析

长江和黄河流域的 GDP 和 GEP 都为增加趋势，流域经济在保持增长的情况下，生态环境质量也同步上升。近年来，我国生态环境保护政策和措施发挥了积极作用，已基本形成经济和生态环境协同发展的良好趋势。以 GEP 与 GDP 的比值（GGI）作为衡量区域生态环境保护和经济发展之间的互补关系，图 3、图 4 显示黄河流域 GGI 大于 1，且曲线逐渐偏离 1，其生态环境质量改善程度和速度都高于经济发展，说明“绿水青山”向“金山银山”转化的工作机制有待建立健全；长江流域的经济水平和增速相对较高，经济总量高于生态系统服务价值，因此其 CGI 指数小于 1，同时需要重视经济发展对生态安全可能造成的潜在威胁。

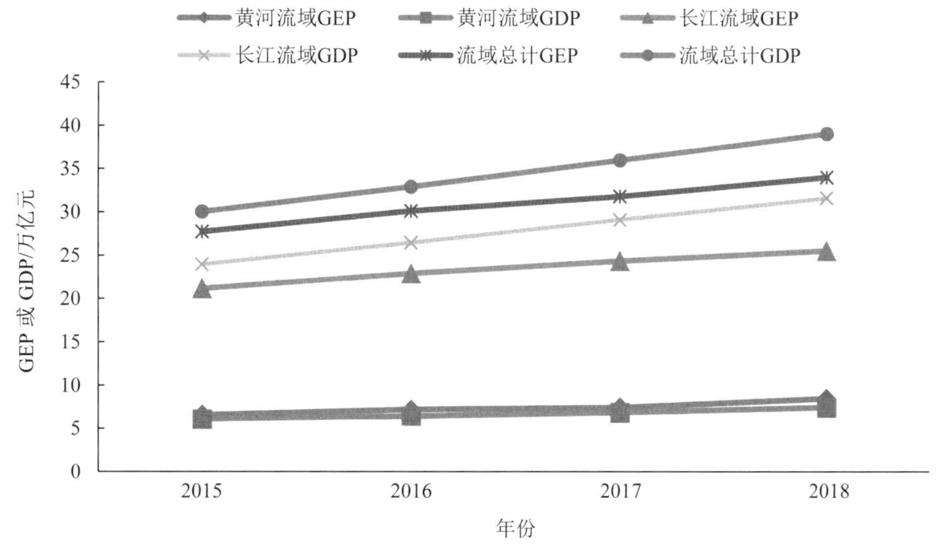

图 3　黄河和长江流域 2015—2018 年 GEP 和 GDP 关系统计

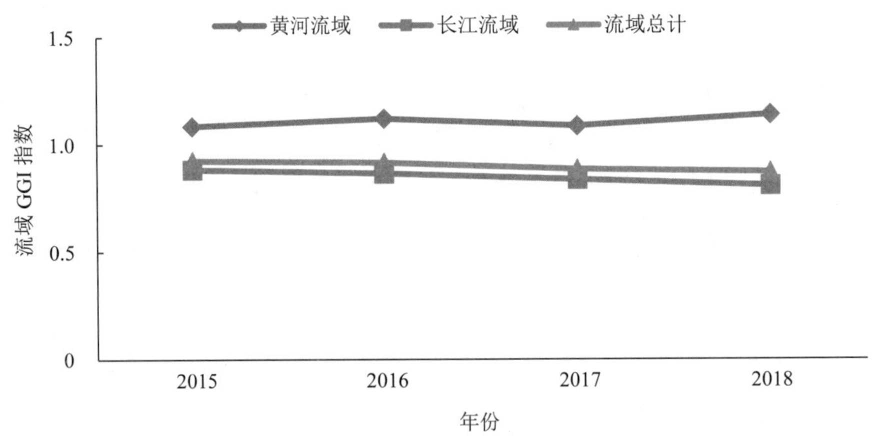

图 4 黄河和长江流域 2015—2018 年 GGI 指数

GGI 指数显示 2018 年流域大部分区县生态系统服务价值高于经济总量，GGI 指数大于 1 的区县数量占比为 51.1%。以县级行政区为单元进行统计，2018 年黄河和长江流域整体上、下游 GDP 高于上游，江浙沪大部分区县 GDP 超过 1 000 亿元，西部甘肃、四川、青海等的部分区县 GDP 最低，中部的湖南、重庆、贵州、陕西和山西部分区县 GDP 也较低，空间上长江流域高 GDP 区县范围及比例较黄河流域大，与 GEP 的整体空间特征存在很大差异。GGI 指数显示 2018 年流域大部分区县生态系统服务价值高于经济总量，其中，GGI 指数高于 10 的区县数量达到 58 个，分布区域主要集中在四川西部和青海，这些地区在未来发展中需努力探索生态产品的价值实现机制，实现生态保护和经济协同发展；经济总量高于生态系统服务价值（GGI 指数小于 1）的区域呈片状分布，包括长江三角洲、长株潭、川渝、汾渭平原以及黄河下游沿岸等地区。

综合以上的研究结果和分析，黄河和长江流域生态系统格局和变化对两个流域的生态系统生产总值具有直接影响，对于区域生态环境保护政策的制定和实施具有参考价值。生态系统生产总值与区域经济发展水平的综合分析，可为黄河和长江流域的生态保护和高质量发展提供数据支持，如针对单个流域上、中、下游的生态补偿政策的制定，可依据生态系统生产总值大小和不同区域经济发展水平的对比，从流动性的角度设计生态补偿标准和方式，也可依据 GEP 和 GDP 之间的比例及其曲线趋势，对未来在生态保护和经济发展间的侧重进行合理规划。

5 长江和黄河流域生态产品价值实现政策建议

5.1 长江流域生态产品价值实现

2016 年，中共中央、国务院印发的《长江经济带发展规划纲要》提出了坚持生态优先、绿色发展，着力建设沿江绿色生态廊道，着力构建高质量综合立体交通走廊，着力优化沿江城镇和产业布局，着力推动长江上、中、下游协调发展的长江经济带发展总体思路。长江流域承载着全国约32%的人口和约34%的经济总量，是我国水资源配置的战略水源地、重要的清洁能源战略基地、横贯东西的“黄金水道”、珍稀水生生物的天然宝库和改善北方生态环境的重要支撑，在我国经济社会发展和生态文明建设中占有十分重要的战略地位。2018年4月26日，习近平总书记在深入推动长江经济带发展座谈会上的重要讲话中又指出，“要积极探索推广绿水青山转化为金山银山的路径，选择具备条件的地区开展生态产品价值实现机制试点，探索政府主导、企业和社会各界参与、市场化运作、可持续的生态产品价值实现路径”。《中华人民共和国国民经济和社会发展第十四个五年规划和2035年远景目标纲要》中明确提出，在长江流域建立生态产品价值实现试点。探索长江经济带“绿水青山”变为“金山银山”的路径，实现生态产品的价值，让保护生态环境变得“有利可图”，对于从根本上改变生态环境保护的传统模式，建立保护生态环境就是保护和发展生产力的利益导向机制，推进经济社会发展与生态环境保护相协调，实现长江经济带的可持续发展具有重要意义。

（1）完善生态补偿机制，为长江保护提供有力支撑

目前，长江经济带已经建立起以政府为主导、中央和地方两个层次的生态补偿机制。从中央来看，包括针对重点生态功能区、南水北调中线工程丹江口库区及上游地区所辖县区等重点区域和针对森林、草原、湿地、流域等重点领域的补偿。总体来看，长江经济带的生态补偿存在补偿力度小，补偿资金未能充分体现区域生态产品提供能力的差异性，资金使用效率不高等问题。需要进一步健全和完善生态补偿机制，优化政府购买生态产品的路径，提高财政资金的使用效率，更好地发挥政府财政资金的引导作用，为长江保护修复攻坚战提供强有力的保障。

（2）建立市场化运作机制，盘活长江流域“绿水青山”价值

市场交易是“绿水青山”变成“金山银山”、实现生态产品价值的主要渠道和发展方向。建立市场机制，发挥市场在优化环境资源配置中的决定性作用，让生态环境的保护者有收益，让受益者付费，有利于调动全社会保护绿水青山的积极性和主动性。当前，生态产品的市场交易渠道受到资源产权不明晰、环境产权缺失，统一规范的交易市场尚未建立，交易机制不完善等种种约束。长江经济带是中国经济发展的重心所在，下游地区市场经济高度发达，在水权、林权改革和交易以及排污权、碳排放权等环境权益交易等方面已经开展了一系列的实践，具备条件进一步探索市场化运作模式，推进“绿水青山”变为“金山银山”，实现生态产品价值。

（3）抓住长江流域特色生态产业，促进生态资源向生态经济转化

习近平总书记指出，如果能够把生态环境优势转化为生态农业、生态工业、生态旅游等生态经济的优势，那么“绿水青山”也就变成了“金山银山”。长江经济带应当立足各地自然生态禀赋，积极探索“生态+”产业发展模式，大力发展山上经济、水中经济、林下经济，实现生态产品向生态经济转化。主要包括依托生态资源优势，积极发展绿色生态农业，推动生态产品转化为生态农产品；依托丰富的旅游资源优势和生态优势，推进生态与健康、旅游、文化、休闲相融合，推动生态产品转化为生态旅游产品；推动生态产品转

化为生态工业品，大力发展环境适应性产业，吸引环境敏感型产业，构建企业—园区—社会多层次循环体系，促进环境敏感型产业与生态环境“共生”发展，以产业收益反哺生态建设，实现保护“绿水青山”与发展高端产业相得益彰。

（4）以碳市场交易为重点，推动绿色金融创新，丰富绿色金融产品和服务

2021 年召开的中央财经委员会第九次会议，聚焦碳中和，提出把碳达峰、碳中和纳入生态文明建设整体布局，完善有利于绿色低碳发展的财税、价格、金融、土地、政府采购等政策，加快推进碳排放权交易，积极发展绿色金融，写入了重点工作。发展碳市场不仅是做好碳达峰、碳中和工作的重要途径，也是绿色金融体系建设的内在要求，还是争取国际碳定价权、推进人民币国际化的重要措施。森林具有复杂的层次结构、很长的生命周期、较高的生物量和生长量，是陆地生物光合产物的主体，也是陆地生态系统的最大碳库。基于课题组研究成果，2015—2018 年，长江流域每年提供的森林碳汇约为 0.35 亿 tC，占全国森林碳汇的比重 32%左右，为长江流域进行碳市场交易机制建立奠定基础。长江流域各级政府需加大对与绿色低碳发展相关产业、企业和项目的财政投入，给予其税收减免、税收优惠或财政补贴。引导加大绿色信贷投放，适度降低银行绿色信贷风险权重，为绿色信贷投放创造更好的监管条件。建立碳市场制度体系，鼓励金融机构围绕全国碳市场开展包括排放权质押、碳期货、碳期权以及挂钩排放权的结构性产品等碳金融创新，促进全国碳市场价格发现、风险管理及融资等基础功能有效发挥。

5.2 黄河流域生态产品价值实现

2019 年 9 月，习近平总书记在河南郑州召开的黄河流域生态保护和高质量发展座谈会上提出了黄河流域生态保护和高质量发展的重大国家战略，并明确了黄河流域作为我国重要生态屏障和重要经济地带的地位，以及黄河流域生态保护与高质量发展的关系和未来的重大战略任务。黄河流域如何实现生态产品价值，达到保护与发展相统一的目标，这对黄河流域融入国家新战略，实现高质量发展有重要意义。

（1）生态保护与高质量发展协调推进，支撑黄河流域生态产品价值化工作

黄河流域是我国经济社会发展的重点区域，也是发展与保护矛盾比较突出的区域。与我国其他流域相比，黄河流域生态环境脆弱，是黄河流域的自然基础，尤其是流域内的高原生态系统、干旱与半干旱地区的草原或农业系统，脆弱性尤为突出，支撑经济社会发展的能力有限；即使是沿黄的河谷盆地、平原与三角洲地区，也存在旱涝、水资源短缺引起的突出生态环境问题，资源环境高负载是黄河流域人地关系的基本状态。构建黄河流域生态保护和高质量发展的长效机制对于促进黄河流域生态产品价值的实现工作尤为重要，基于流域内不同区域的资源环境承载能力、现有开发密度和发展潜力等，合理推进生态产业发展，实现“绿水青山”向“金山银山”的转化。

（2）加强生态补偿体系建设，形成黄河流域生态补偿实施的内生动力

黄河流域生态补偿体系构建要以共同抓好大保护、协同推进大治理为主线，着力解决黄河流域突出生态环境问题，构建政府主导、区域联动、部门协作、企业履责、公众参与的多元化、市场化、可持续的生态补偿政策机制，实现由“输血式”到“造血式”补偿的转变，把黄河建设成为清洁、安全、健康、美丽的造福人民的幸福河。重点推进建立跨省

流域上、下游横向生态补偿机制，完善重点生态功能区转移支付制度，结合区域生态服务价值、生态保护成本、发展机会成本等因素合理提高补偿标准。完善市场化多元化生态补偿机制，建立受益企业专项资金池，用于上游生态保护与修复。探索绿色信贷、绿色保险、绿色债券等金融工具参与生态保护补偿的途径。

（3）挖掘黄河流域生态产品价值，实现生态产品产业化发展

生态产品作为生态文明建设的核心理念之一，如何在保护生态环境的基础上实现生态产品的经济效益是践行"绿水青山就是金山银山"的重要实践。习近平总书记视察甘肃时强调，"沿黄河各地区要从实际出发，宜水则水、宜山则山，宜粮则粮、宜农则农，宜工则工、宜商则商，积极探索富有地域特色的高质量发展新路子"。应围绕一些具有黄河生态特色的产品，推进生态产业化进程。另外，进一步挖掘生态产品的人文历史价值，黄河流域在漫长的历史过程中见证了黄河文明的诞生、兴起和衰落，在历史交替中，中原文化、西域文化、边塞文化等都曾在这片土地上留下过痕迹，挖掘生态产品的人文历史价值对生态产品价值的实现具有不可估量的作用，通过文化和旅游实现其生态价值则显得尤为重要。

（4）拓展生态产品空间，加强基础能力建设，提高黄河流域生态产品价值溢出

黄河流域生态产品是依据黄河流域生态空间产生的供给服务类产品、调节服务类产品以及文化服务类产品，这些种类的生态产品并不是永恒存在的，而是会随着自然环境变迁、人类社会过度开发利用或者其他一些因素的介入和干扰被逐渐或快速地改变和消耗掉，因此实现生态产品价值最重要的前提是生产出更多的生态产品，而不是竭泽而渔破坏生态产品的生产空间。尤其黄河上游地区生态环境比较脆弱，如何降低风险，科学保护，在促进经济发展的同时提高生态产品的数量和质量则显得尤为重要，最终实现绿水青山和金山银山的高度有机统一。另外，黄河流域部分地区地理位置比较偏僻，交通不便利、相关服务设施不健全，造成部分生态产品的经济价值和社会价值不能得到很好的实现，所以流域基础能力的提升对优势生态产品的推广有积极作用。

6 结论和展望

本研究以土地利用数据、气象数据和土壤数据等为基础，利用不同生态模型对黄河和长江流域 2015—2018 年生态系统服务价值进行了评估，综合评估结果和对结果的讨论分析，结论如下：

1）黄河和长江流域生态系统格局存在较大差异，长江流域自然生态禀赋较好，以森林生态系统为主，植被覆盖度高，植被净初级生产力更大；黄河流域以草地生态系统为主，植被、气候和土壤等条件较长江流域都差。2015—2018 年，两个流域生态系统格局都逐渐好转，森林、草地和湿地生态系统面积增加，荒漠生态系统面积和范围缩小，但城镇化过程仍然对农田生态系统造成威胁。

2）研究区生态系统服务价值空间上呈现上游最高、下游次之、中游最低的特征，长江流域各项生态系统服务价值量都高于黄河流域，基于生态环境状况的改善，2015—

2018 年，研究区生态系统服务价值量都呈增加趋势；两个流域的调节服务价值量都高于供给服务和文化服务，空间上三种类型具有互补性；受生态系统格局和气象等因素影响，气候调节价值量最高，其次是水源涵养和洪水调蓄。

3）2015—2018 年，研究区生态环境状况和经济发展水平都呈现增加态势，GDP 整体上在研究区从东向西逐渐降低，与 GEP 的空间分布特征存在很大差异性；研究区大部分区县生态系统服务价值优于经济发展水平，长三角、成渝、长汉城市群及黄河中、下游沿岸周边区县经济发展水平高于生态系统服务价值；黄河流域生态环境改善程度和速度高于经济发展，长江流域经济发展高于生态环境改善程度，黄河流域在“两山”转化政策措施上还需借鉴长江流域经验。

4）未来应重点聚焦于核算结果应用和政策制定，侧重开展基于生态系统服务价值量的生态补偿与生态投融资政策设计。以核算结果为依据，确定流域上、下游之间的生态补偿标准，开展基于水流动调节等服务的横向生态补偿实践，推动全流域实施基于水量、水质考核的水资源供给生态补偿机制。加强生态环保专项转移支付向流域生态功能重要、生态资源富集的贫困地区倾斜，探索根据生态系统服务价值确定财政转移支付与横向生态补偿标准。加快长江流域生态投融资、流域生态补偿等成功经验在黄河流域的推广应用，推动黄河上、中、下游区域协同发展。以三江源、祁连山、甘南黄河上游水源涵养区等为重点，建立生态保护修复和建设专项基金，综合考虑水量与水质情况，加大对黄河上游重点生态功能区的生态补偿力度。统筹考虑黄河流域上、中、下游自然生态本底与经济水平差异，开展流域自然生态资产和产品交易，创新生态投融资政策体系。

参考文献

[1] COSTANZA R，D’ARGE R，GROOT R D，et al. The value of the world’s ecosystem services and natural capital[J]. Nature，1997，387（6630）：253-260.

[2] DAILY G C. Nature’s services：societal dependence on natural ecosystems[M]. Island Press，1997.

[3] Millennium Ecosystem Assessment. Ecosystems and human well being：synthesis[M]. Washington DC：Island Press，2005.

[4] TEEB. The economics of ecosystems and biodiversity for national and international policy makers[M/OL]. 2009. http://www.teebweb.org/wp-content/uploads/Study%20and%20Reports/ Reports/National%20and%20International%20Policy%20Making/TEEB%20 for%20National%20Policy%20Makers%20 report/TEEB%20for%20National.pdf.

[5] United Nations，European Union，Food and Agriculture Organization，et al. System of Environmental-Economic Accounting 2012：Experimental Ecosystem Accounting[R/OL]. New York：United Nations，2014. https://openknowledge.worldbank.org/handle/10986/ 23959.

[6] 於方，杨威杉，马国霞，等. 生态价值核算的国内外最新进展与展望[J]. 环境保护，2020，48（14）：18-24.

[7] 石垚，王如松，黄锦楼，等，中国陆地生态系统服务功能的时空变化分析[J]. 科学通报，2012，59

（9）：720-731.

[8] 欧阳志云，王效科，苗鸿．中国陆地生态系统服务功能及其生态经济价值的初步研究[J]．生态学报，1999，19（5）：607-613.

[9] 谢高地，鲁春霞，成升魁．全球生态系统服务价值评估研究进展[J]．资源科学，2001，23（6）：5-9.

[10] 谢高地，肖玉，鲁春霞．生态系统服务研究：进展、局限和基本范式[J]．植物生态学报，2006，30（2）：191-199.

[11] 赵同谦，欧阳志云，王效科．中国陆地地表水生态系统服务功能及其生态经济价值评价[J]．自然资源学报，2003，18（4）：443-452.

[12] 赵军，杨凯．生态系统服务价值评估研究进展[J]．生态学报，2007，27（1）：346-356.

[13] 李文华，张彪，谢高地．中国生态系统服务研究的回顾与展望[J]．自然资源学报，2009，24（1）：1-10.

[14] 马国霞，於方，王金南，等．中国 2015 年陆地生态系统生产总值核算研究[J]．中国环境科学，2017，37（4）：1474-1482.

[15] 张林波，虞慧怡，李岱青，等．生态产品内涵与其价值实现途径[J]．农业机械学报，2019，50（6）：173-183.

[16] 虞慧怡，张林波，李岱青，等．生态产品价值实现的国内外实践经验与启示[J]．环境科学研究，2020，33（3）：685-690.

[17] 崔盼盼，赵媛，夏四友，等．黄河流域生态环境与高质量发展测度及时空耦合特征[J]．经济地理，2020，40（5）：49-57，80.

[18] 丁肇慰，肖能文，高晓奇，等．长江流域 2000—2015 年生态系统质量及服务变化特征[J]．环境科学研究，2020，33（5）：1308-1314.

[19] 袁巍．流域生态补偿与黄河流域保护[J]．环境保护，2011（18）：27-29.

[20] 曾贤刚，刘纪新，牛木川．高质量发展条件下黄河流域环境效率分析[J]．生态经济，2020（7）：1-13.

[21] 李小建，文玉钊，李元征，等．黄河流域高质量发展：人地协调与空间协调[J]．经济地理，2020，40（4）：1-10.

[22] 马海，徐楦钫．黄河流域城市群高质量发展评估与空间格局分异[J]．经济地理，2020，40（4）：11-18.

[23] 王树义，赵小姣．长江流域生态环境协商共治模式初探[J]．中国人口・资源与环境，2019，29（8）：31-39.

[24] 李忠．长江经济带生态产品价值实现路径研究[J]．宏观经济研究，2020（1）：124-128，163.

[25] 董战峰，郝春旭，璩爱玉，等．黄河流域生态补偿机制建设的思路与重点[J]．生态经济，2020，36（2）：196-201.

[26] 郭爱兰，冯树芹，郭山宁，等．黄河流域兰州白银段生态产品的价值挖掘和实现问题研究[J]．社科纵横，2020，35（7）：35-40.

[27] 金凤君．黄河流域生态保护与高质量发展的协调推进策略[J]．改革，2019（11）：33-39.

[28] 罗彬，林佳丽，肖君实，等．关于进一步完善黄河流域生态环境保护政策的思考[J]．决策咨询，2020（3）：11-13.

2020 年全国经济生态生产总值（GEEP）核算研究报告

Research Report on National Economic and Ecological Gross Product（GEEP）Accounting in 2020

王金南　於方　马国霞　彭菲　雷鸣

摘　要　本文在多年关于绿色国民经济核算体系的理论和实践探索研究的基础上，构建了经济生态生产总值（GEEP）综合核算体系，对 2020 年我国 31 个省（区、市）的 GEEP 进行核算。核算表明，2020 年我国生态环境退化成本为 2.64 万亿元，扣除生态环境退化成本的“金山银山”绿色 GDP 为 98.6 万亿元。生态系统提供的“绿水青山”GEP 价值为 82.2 万亿元。GEEP 为 157.9 万亿元，是 GDP 的 1.6 倍。

关键词　GEEP　生态系统调节服务　生态破坏成本　污染损失成本

Abstract　On the basis of many years of theoretical and practical research on green national economic accounting system, this paper constructs a comprehensive accounting system of economic ecological gross product（GEEP）, which accounts for the economic ecological gross product of 31 provinces and autonomous regions in 2020. In 2020, the cost of ecological environment degradation in China was 2.64 trillion yuan, and the green GDP after deducting the cost of ecological environment degradation was 98.6 trillion yuan. The GEP value provided by ecosystem is 92.1 trillion yuan. According to the accounting, in 2020 GEEP is 157.9 trillion yuan, 1.6 times of GDP.

Keywords　GEEP; ecosystem regulation services; ecological damage cost; environmental degradation cost

1 经济生态生产总值核算框架体系

1.1 经济生态生产总值核算意义

国内生产总值（GDP）作为考察宏观经济的重要指标，是对一国总体经济运行表现作出的概括性衡量。但现行的国民经济核算体系有一定的局限性，一是没有反映经济增长的资源环境代价；二是不能反映经济增长的效率、效益和质量；三是没有完全反映生态系统对经济增长的贡献度和福祉，没有包括经济增长的全部社会成本；四是不能反映社会财富的总积累以及社会福利的变化。

为此，国际上从 20 世纪 70 年代开始研究建立绿色国民经济核算体系，它在传统的 GDP 核算体系中扣除自然资源耗减成本和污染损失成本，以期更真实地衡量经济发展成果和国民经济福利。联合国统计署（UNSD）于 1989 年、1993 年、2003 年和 2013 年先后发布并修订了《综合环境与经济核算体系（SEEA）》，为建立绿色国民经济核算总量、自然资源和污染账户提供了基本框架。本课题组遵从 SEEA 框架体系，自 2006 年以来，持续开展绿色 GDP 1.0（GGDP）研究，定量核算我国经济发展的生态环境代价，完成了 2004—2020 年共 17 年的年度环境经济核算报告，有力地推动了我国绿色国民经济核算体系研究。

目前，我国非常重视生态文明建设，逐步放弃唯 GDP 考核目标。党的十八大提出把资源消耗、环境损害、生态效益等指标纳入经济社会发展评价体系。党的十九大进一步强调加快生态文明体制改革，建设美丽中国，推进绿色发展，着力解决突出环境问题，加大生态系统保护力度，改革生态环境监管体制，践行“绿水青山就是金山银山”理念，坚持节约资源和保护环境的基本国策，实行最严格的生态环境保护制度。绿色 GDP 核算扣除了经济系统增长的资源环境代价，但并没有把生态系统为经济系统提供的全部生态福祉都进行核算，只做了“减法”，没有做“加法”，无法体现“绿水青山就是金山银山”的绿色理念。

2015 年，环境保护部启动了绿色 GDP 2.0 版本，开展了生态系统生产总值（GEP）的核算，对生态系统每年提供给人类的生态福祉进行全部核算，包括产品供给服务、生态调节服务、文化服务 3 个方面。但 GEP 只是从生态系统的角度考虑，单独把生态系统给经济系统提供的福祉全部进行核算，并没有把生态系统和经济系统完全的纳入同一核算体系中。为把资源消耗、环境损害、生态效益纳入社会经济发展评价体系，本报告在绿色 GDP 1.0 和绿色 GDP 2.0 版本的基础上，构建经济生态生产总值（GEEP）综合核算指标。

GEEP 是在经济系统生产总值的基础上，考虑人类在经济生产活动中对生态环境的损害和生态系统对经济系统的福祉。GEEP 既考虑了人类活动产生的经济价值，也考虑了生态系统每年给经济系统提供的生态福祉，还考虑了人类为经济系统产生的生态环境代价。GEEP 是一个有增有减，有经济有生态的综合指标。GEEP 同时考虑了人类活动和生态环境对经济系统的贡献，纠正了以前只考虑人类经济贡献或生态贡献的片面性。这一指标把“绿水青山”和“金山银山”统一到一个框架体系下，是践行“绿水青山就是金山银山”理念的重要支撑。与 GDP 相比，GEEP 更有利于实现地区可持续发展，是相对更为科学的地区绩效考核指标。

本报告由生态环境部环境规划院牵头完成，环境质量数据由中国环境监测总站和中国科学院空天信息创新研究院提供。感谢生态环境部、国家统计局等部委与中国宏观经济学会等机构的有关领导对本项研究一直以来给予的指导和帮助。

专栏 1　2020 年经济生态生产总值核算数据来源

2020 年核算主要以社会经济和环境统计以及环境监测等数据为依据，对 2020 年全国 31 个省（区、市）的环境退化成本、生态破坏损失及其占 GDP 的比例、GEP、GEEP 进行核算。报告基础数据来源包括《中国统计年鉴 2021》《中国城市建设统计年鉴 2021》《中国卫生统计年鉴 2020》《中国农村统计年鉴 2020》《2008 中国卫生服务调查研究——第四次家庭健康询问调查分析报告》《中国环境状况公报 2020》以及 31 个省（区、市）2020 年度统计年鉴，环境质量数据由中国环境监测总站提供，全国 10 km×10 km 网格的 $PM_{2.5}$ 遥感卫星反演浓度数据由中国科学院空天信息创新研究院提供。

生态破坏损失核算基础数据主要来源于全国第八次（2009—2013）森林资源清查、第二次全国湿地调查（2009—2013）、全国 674 个气象站点数据、中国农业科学院 MODIS/NDVI 遥感数据、《中国土壤志》、美国 NASA 网站数字高程数据、全国草原监测报告、国家价格监测中心、碳排放交易价格、市场调查以及相关研究数据。

生态系统生产总值核算中，土地利用类型图来源于中国科学院资源科学数据中心（http://www.redc.cn）、温度和降水量数据来自中国气象数据网（http://data.cma.cn/）、NPP 数据来自中国科学院地理科学与资源研究所提供的数据集、NDVI 数据来源于美国国家航空航天局（NASA）的 EOS/MODIS 数据产品（http://e4ftl01.cr.usgs.gov）、土壤类型数据来源于中国科学院南京土壤研究所等。

1.2　经济生态生产总值核算框架

GEEP 是在经济系统生产总值的基础上，考虑人类在经济生产活动中对生态环境的损害和生态系统对经济系统的福祉。即在绿色 GDP 核算的基础上，增加生态系统给人类提供的生态福祉。其中，生态环境的损害主要用人类活动对生态系统的破坏成本和环境退化成本表示，生态系统对人类的福祉用 GEP 表示，因 GEP 中的产品供给服务和文化服务价值已在 GDP 中进行了核算，为减少重复，需进行扣除（图 1）。GEEP 的概念模型如式（1）所示。

$$\begin{aligned}\mathrm{GEEP} &= \mathrm{GGDP} + \mathrm{GEP} - (\mathrm{GGDP} \cap \mathrm{GEP}) \\ &= (\mathrm{GDP} - \mathrm{EnDC} - \mathrm{EcDC}) + (\mathrm{EPS} + \mathrm{ERS} + \mathrm{ECS}) - (\mathrm{EPS} + \mathrm{ECS}) \\ &= (\mathrm{GDP} - \mathrm{EnDC} - \mathrm{EcDC}) + \mathrm{ERS}\end{aligned} \tag{1}$$

式中，GGDP（Green Gross Domestic Product）为绿色 GDP；GEP（Gross Ecosystem Product）为生态系统生产总值；GGDP∩GEP 为 GGDP 与 GEP 的重复部分；GDP（Gross Domestic Product）为国内生产总值；EnDC（Environmental Degradation Cost）为环境退化成本；EcDC

（Ecological Deterioation Cost）为生态破坏成本；ERS（Ecosystem Regulation Service）为生态系统调节服务；EPS（Ecosystem Provision Service）为生态产品供给服务；ECS（Ecosystem Culture Service）为生态系统文化服务。

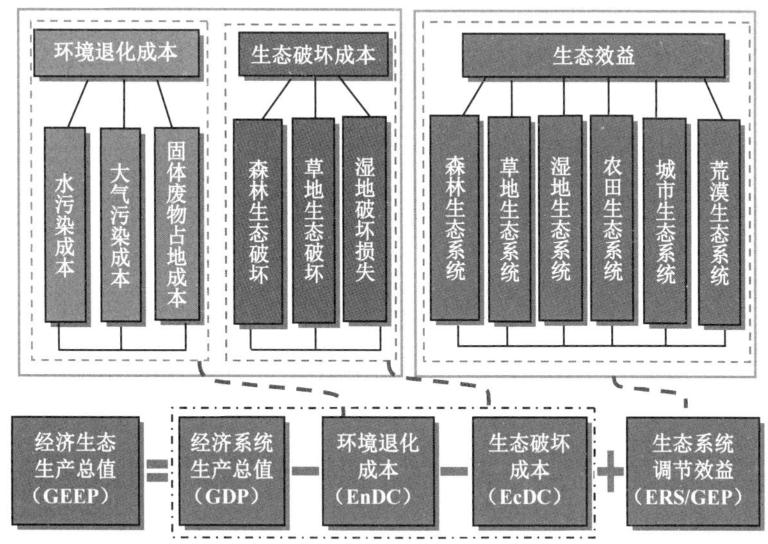

图 1　生态经济系统生产总值核算框架体系

1.3　经济生态生产总值核算指标

根据 GEEP 核算框架体系，GEEP 核算的关键指标是生态破坏成本、环境退化成本和生态系统调节服务。这 3 个指标涉及生态、环境、生态环境经济学以及遥感技术应用等多个学科的交叉应用。如何对生态破坏成本、环境退化成本和生态生产总值进行价值量核算，是计算 GEEP 的关键和难点。

1.3.1　环境退化成本核算指标

环境退化成本指排放到环境中的各种污染物对人体健康、农业、生态环境等导致的环境污染损失成本。环境退化成本主要包括大气污染导致的退化成本、水污染导致的退化成本、固体废物占地 3 个方面成本（式 2）。其中，大气污染导致的环境退化成本主要包括大气污染导致的人体健康损失、种植业产值损失、室外建筑材料腐蚀损失、生活清洁费用增加成本 4 部分。水污染导致的环境退化成本主要包括水污染导致的人体健康损失、污水灌溉导致的农业损失、水污染造成的工业用水额外治理成本、水污染造成的城市生活经济损失以及水污染导致的污染型缺水等指标（表 1）。环境退化成本具体指标的核算方法，参考课题组出版的《中国环境经济核算技术指南》。

$$\text{EnDC} = \text{AEnDC} + \text{WEnDC} + \text{SEnDC} \tag{2}$$

式中，EnDC 为环境退化成本；AEnDC 为大气污染退化成本；WEnDC 为水污染损失成本；SEnDC 为固体废物占地损失成本。

表 1　环境退化成本核算具体内容和方法

危害终端		核算方法
大气污染	人体健康损失	修正的人力资本法/疾病成本法
	种植业产量损失	市场价值法
	室外建筑材料腐蚀损失	市场价值法或防护费用法
	生活清洁费用增加成本	防护费用法
水污染	人体健康损失	疾病成本法/人力资本法
	污灌造成的农业损失	市场价值法或影子价格法
	工业用水额外处理成本	防护费用法
	城市生活用水额外处理成本	防护费用法
	水污染引起的家庭洁净水成本	市场价值法
	污染型缺水损失	影子价格法
固体废物占地		机会成本法

1.3.2　生态破坏损失核算指标

生态破坏损失核算指标是指生态系统生态服务功能因人类不合理利用，导致的生态服务功能损失的核算。该指标是在生态系统调节服务核算的基础上，考虑不同生态系统的人为破坏率，对森林、草地、湿地三大生态系统的生态破坏成本进行核算（式 3）。报告在进行 2020 年生态破坏损失时，以森林超采率作为森林生态系统的人为破坏率，森林超采率通过第八次全国森林资源清查获得的森林超采量和森林蓄积量计算得出。湿地人为破坏率根据第二次全国湿地资源调查结果，利用湿地重度威胁面积占湿地总面积的比例进行计算。草地人为破坏率根据 2020 年全国草原监测报告六大牧区省份及全国重点天然草原平均牲畜超载率进行计算。

$$\mathrm{EcDC} = \sum_{i=1}^{3} \mathrm{ERS}_i \times \mathrm{HR}_i \tag{3}$$

式中，EcDC 为生态破坏成本；i 为草地、森林和湿地三类生态系统；ERS_i 为草地、湿地和森林三大生态系统的生态调节服务；HR_i 为这三类生态系统的人为破坏率。

1.3.3　生态系统生产总值核算指标

GEP 是分析与评价生态系统为人类生存与福祉提供的产品与服务的经济价值。GEP 是生态系统产品价值、调节服务价值和文化服务价值的总和。根据生态系统服务功能评估的方法，GEP 可以从生态系统功能量和生态经济价值量两个角度核算。本报告利用中国科学院地理所解译的 2020 年空间分辨率 1 km 的土地利用数据，并结合 MODIS NDVI 数据，对我国 2020 年 31 个省（区、市）核算的森林、湿地、草地、荒漠、农田、城市、海洋 7 大生态系统 GEP 进行核算。具体指标和生态系统见表 2。因生态系统提供的生态产品供给服务和生态文化服务已经在 GDP 中有所体现。为避免重复，GEEP 只对生态系统给经济系统提供的生态调节服务价值进行核算（式 4）。

表 2 不同生态系统生态服务功能核算方法

指标	功能量核算方法	价值量核算方法
产品供给*	统计调查法	市场价值法
气候调节	蒸散模型法	替代成本法
固碳功能	固碳机理模型法	替代成本法
释氧功能	释氧机理模型法	替代成本法
水质净化功能	污染物净化模型法	替代成本法
大气环境净化	污染物净化模型法	替代成本法
水流动调节	水量平衡法	替代成本法
土壤保持功能	通用水土流失方程（RUSLE）	替代成本法
防风固沙功能	修正风力侵蚀模型（REWQ）	替代成本法
文化服务功能	统计调查法	旅行费用法

注：*产品供给的价值量数据来自《中国统计年鉴 2021》中农林牧渔的增加值。

$$\mathrm{ERS} = \mathrm{CRS} + \mathrm{WRS} + \mathrm{SMS} + \mathrm{WPSF} + \mathrm{CFOR} + \mathrm{WCS} + \mathrm{ACS} + \mathrm{EDIP} \tag{4}$$

式中，ERS 为生态调节服务；CRS 为气候调节服务；WRS 水流动调节服务；SMS 为土壤保持功能；WPSF 为防风固沙功能；CFOR 为固碳释氧功能；WCS 为水质净化功能；ACS 为大气环境净化；EDIP 为病虫害防治。

2 GGDP（EDP）核算

2.1 环境退化成本核算

环境退化成本又称污染损失成本，它是在目前的治理水平下，生产和消费过程中所排放的污染物对环境功能、人体健康、作物产量等造成的实际损害，利用人力资本法、直接市场价值法、替代费用法等环境经济方法评估计算得出的环境退化价值。基于损害的环境退化成本可以对环境污染损失进行更加科学和客观的评价。

在本核算体系框架下，环境退化成本按污染介质包括大气污染、水污染和固体废物污染造成的经济损失；按污染危害终端包括人体健康经济损失、工农业（工业、种植业、林牧渔业）生产经济损失、水资源经济损失、材料经济损失、土地占用丧失生产力引起的经济损失、污染事故经济损失和对生活造成影响的经济损失。

2.1.1 水环境退化成本

2020 年，我国水环境退化成本为 6 383 亿元，占总环境退化成本的 33.8%，水环境退化指数为 0.63%。在水环境退化成本中，污染型缺水造成的损失最大。2020 年由于我国水环境质量不断提高，劣Ⅳ水质比例不断下降，所以 2020 年全国污染型缺水量为 285 亿 m^3，与 2019 年相比，下降 35.8%，2020 年污染型缺水造成的损失为 2 685 亿元，比 2019 年下降 38.6%。其次为水污染对农业生产造成的损失，2020 年占比为 32%。2020 年水污染造成的城市生活和工业用水额外治理成本占比 14%，清洁水替代占比 12%，农村居民健康损失占比 2%（图 2）。

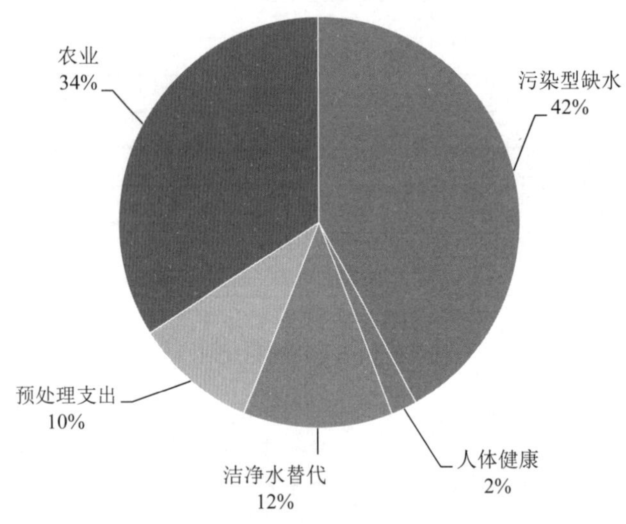

图 2　各种水环境退化占总水环境退化比重

2020 年，东、中、西部 3 个地区的水环境退化成本分别为 3 911.5 亿元、1 456.7 亿元、1 014.9 亿元。与 2019 年相比，东部、中部地区水环境退化成本出现下降，西部地区水环境退化成本出现上升，比 2019 年增长 9.4%，其中主要是人体健康、清洁水替代等方面略有增加，人体健康增长主要由于人均农村 GDP 由 2019 年的 62 836 元/人增长到 2020 年的 74 232 元/人，清洁水替代增长主要是由于平均农用水影子价格由 2019 年的 7.4 元/m^3 增长到 2020 年的 9 元/m^3。东部地区的水环境退化成本最高，约占水污染环境退化成本的 61.3%，占东部地区 GDP 的 0.7%；中部和西部地区的水环境退化成本分别占总水环境退化成本的 22.8%和 15.9%，占地区 GDP 的 0.6%和 0.5%。

2.1.2　大气环境退化成本

2020 年是中华人民共和国历史上极不平凡的一年，在以习近平同志为核心的党中央坚强领导下，全面落实党的十九大和十九届二中、三中、四中、五中全会精神，按照党中央、国务院决策部署，圆满完成污染防治攻坚战阶段性目标任务，“十三五”规划纲要确定的生态环境 9 项约束性指标均圆满超额完成。大气污染防治方面，坚决打赢蓝天保卫战，推进细颗粒（$PM_{2.5}$）与臭氧（O_3）协同控制，印发《2020 年挥发性有机物治理攻坚方案》，开展五轮次臭氧污染防治监督帮扶，基本完成京津冀及周边地区、汾渭平原的平原地区生活和冬季取暖散煤替代。对“散乱污”企业进行“动态清零”，全国符合超低排放限值的煤电机组累计达到 9.5 亿 kW。全国 337 个地级及以上城市中 202 个城市环境空气质量达标，占全部城市数的 59.9%；135 个城市环境空气质量超标，占 40.1%。337 个城市平均优良天数比例为 87.0%（目标 84.5%），$PM_{2.5}$ 未达标地级及以上城市平均浓度比 2015 年下降 28.8%。337 个城市累计发生严重污染 345 d，比 2019 年减少 107 d；重度污染 1 152 d，比 2019 年减少 514 d。以 $PM_{2.5}$、PM_{10} 和 O_3 为首要污染物的天数分别占重度及以上污染天数的 77.7%、22.0%和 1.5%。2020 年全国 $PM_{2.5}$、PM_{10}、O_3、SO_2、NO_2 和 CO 浓度分别为 33 μg/m^3、56 μg/m^3、138 μg/m^3、10 μg/m^3、24 μg/m^3 和 1.3 μg/m^3；与 2019 年相比，6 项污染物浓度均下降。京津冀及周边、长三角区域、汾渭平原 $PM_{2.5}$ 平均浓度分别比 2019 年下降 10.5%、14.6%、12.7%，其中北京市 2020 年 $PM_{2.5}$ 平均浓度比 2019 年下降 9.5%。遥感影像反演 $PM_{2.5}$ 数据显示，京津冀地区、长三角地区、汾渭地区污染相对严重（图 3）。2020 年，京津冀地区 $PM_{2.5}$ 年均浓度为 51 μg/m^3，长三角地区为 35 μg/m^3，汾渭平原为 48 μg/m^3。需要注意的是，受沙尘天气影响，新疆塔克拉玛干沙漠解译的 $PM_{2.5}$ 浓度相对较高，新疆 $PM_{2.5}$ 年均浓度为 52 μg/m^3，阿克苏地区、和田地区、阿拉尔市、喀什地区、图木舒克市等地区都超过 74 μg/m^3，局部网格超过 100 μg/m^3。把 $PM_{2.5}$ 浓度和暴露人口结合起来进行分析，我国目前 58.9%的人口居住于 $PM_{2.5}$ 浓度低于 35 μg/m^3 的国家空气质量二级标准以下，41.1%的人口暴露在国家空气质量二级标准以上，其中，$PM_{2.5}$ 浓度为 35～50 μg/m^3 的人口占比为 26.9%，$PM_{2.5}$ 浓度为 50～70 μg/m^3 的人口占比为 13.4%，超过 70 μg/m^3 的人口占比为 0.8%（图 3）。

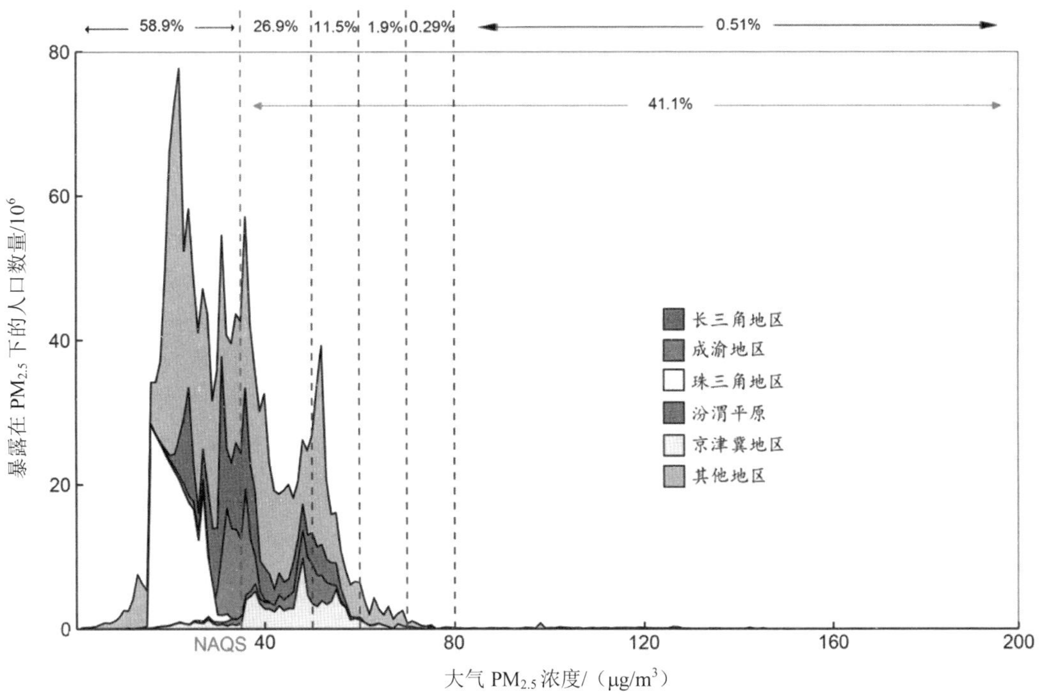

图 3　我国重点区域 $PM_{2.5}$ 不同浓度下的人口分布比例

利用中国科学院空天信息创新研究院提供的2020年$PM_{2.5}$遥感影像反演数据，并结合网格化的人口和人均GDP等数据，以1 km网格为核算单元，对全国范围的大气污染导致的人体健康损失进行核算。结果显示，2020年，我国大气污染导致的过早死亡人数为69.2万人，比2019年降低6.9%。利用337个地级以上城市$PM_{2.5}$监测数据，计算我国城市地区大气污染导致的过早死亡人数为44.4万人。

在大气污染各项损失中，人体健康损失最大。2020年我国大气环境退化成本为11 605.2亿元，占总环境退化成本的61.5%，大气环境退化指数为1.15%。大气污染导致的人体健康损失为9 801.9亿元，占大气环境退化的84.5%。在SO_2减排政策的作用下，大气环境污染造成的农业损失出现下降。2020年农业减产损失为16亿元，比2019年减少66%，农业减产损失仅占大气环境退化成本的0.1%（图4）。材料损失为53.4亿元，比2019年增加9.6%，由于材料损失主要来自浙江，其材料损失占材料总损失的41.9%，2020年浙江省城镇人口比2019年增长14%，造成建筑物暴露存量增加，导致材料损失呈现小幅增加。额外清洁费用略有上升，2020年为1 733亿元，比2019年上升17.7%，额外清洁费用中家庭清洁费用占90%以上，2020年家庭清洁费用增加主要由于城市人均GDP和城市人口的增加。

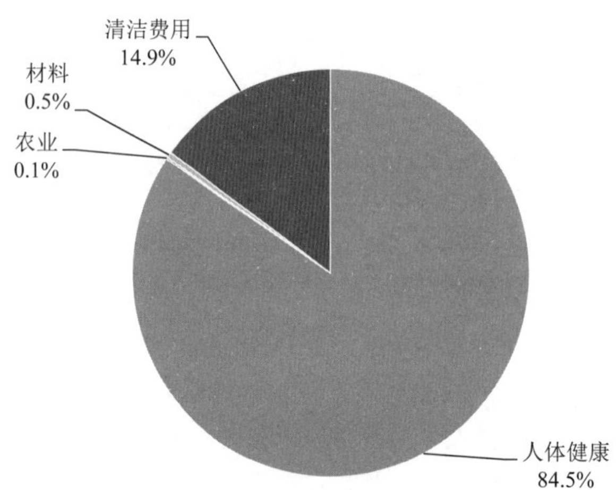

图4 大气环境退化成本占总大气环境退化比重

2020年，东、中、西部3个地区的大气环境退化成本分别为6 211.4亿元、3 211.0亿元和2 182.7亿元。大气环境退化成本最高的仍然是东部地区，占大气总环境退化成本的53.5%，占东部地区GDP的1.12%；中部和西部地区的大气环境退化成本分别占大气总环境退化成本的27.7%和18.8%，这两个地区的大气环境退化成本占地区GDP的比重分别为1.3%和1.0%。从省份而言，江苏（1 263.0亿元）、山东（1 077.9亿元）、广东（935.4亿元）、河南（900.3亿元）、河北（564.4亿元）5个省的大气环境退化较高，占全国大气环境退化成本的40.1%。甘肃（78.8亿元）、宁夏（41.4亿元）、青海（19.2亿元）、海南（14.8亿元）、西藏（2.0亿元）等省（区、市）大气环境退化成本相对较低，占全国大气环境退化成本的1.3%。

2.1.3 固体废物侵占土地损失成本

2020 年，全国工业固体废物侵占土地约 27 791.1 万 m^2，丧失土地的机会成本约为 614.1 亿元。生活垃圾侵占土地约 2 341 万 m^2，丧失的土地机会成本约为 78.5 亿元。两项合计，2020 年全国固体废物侵占土地造成的环境退化成本为 692.7 亿元，占总环境退化成本的 3.67%。2020 年，东、中、西部 3 个地区的固体废物环境退化成本分别为 224 亿元、210 亿元、258 亿元。

2.1.4 环境退化成本

2020 年我国环境退化成本为 18 863.0 亿元，环境退化成本比 2019 年下降 7.9%，环境退化成本自 2017 年以来持续下降。在总环境退化成本中，大气环境退化成本和水环境退化成本是主要的组成部分，2020 年这两项损失分别占总退化成本的 61.5%和 33.8%，固体废物侵占土地退化成本和污染事故造成的损失分别为 692.7 亿元和 182.0 亿元，分别占总退化成本的 3.67%和 0.96%。

从空间角度来看，我国区域环境退化成本呈现自东向西递减的空间格局（图 5）。2020 年，我国东部地区的环境退化成本较大，为 10 346.8 亿元，占总环境退化成本的 55.4%，中部地区为 4 878.2 亿元，西部地区为 3 456.1 亿元。从 31 个省（区、市）的环境退化成本来看，江苏（2 457.4 亿元）、河北（1 658.0 亿元）、山东（1 346.6 亿元）、广东（1 325.3 亿元）、河南（1 274.6 亿元）等省份的环境退化成本较高，坏境退化成本为 1 000 亿元以上，合计占全国坏境退化成本比重的 42.2%。除河南外，这些省份都位于我国东部沿海地区。贵州（142.1 亿元）、甘肃（139.9 亿元）、宁夏（139.8 亿元）、青海（78.8 亿元）、海南（18.0 亿元）、西藏（9.2 亿元）等省（区、市）的环境退化成本较低，合计占环境退化成本比重的 2.8%。这些省份除环境质量本底值好的海南省外，都位于西部地区。

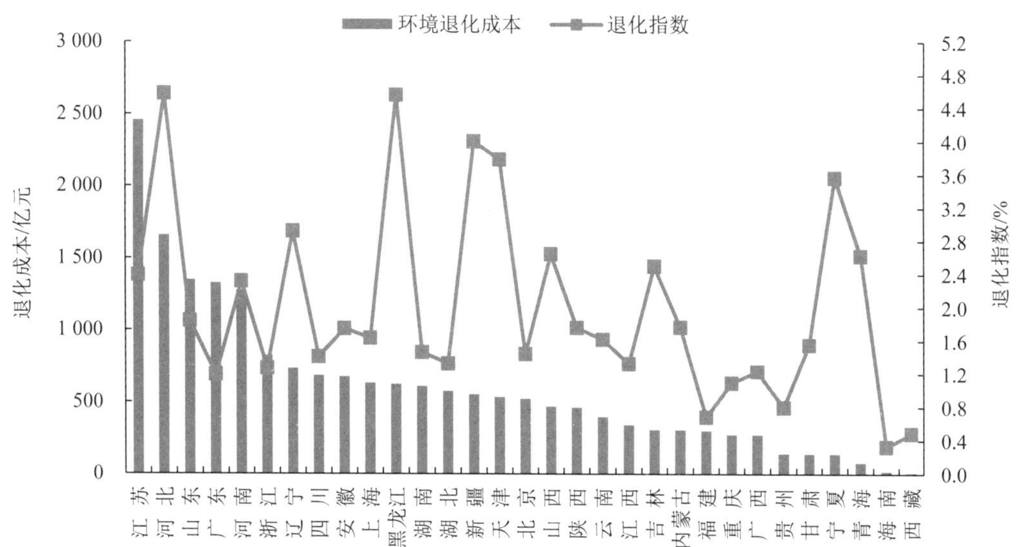

图 5 2020 年我国 31 个省（区、市）环境退化成本

从时间趋势来看，2015 年以来，我国《大气污染防治行动计划》《水污染防治行动计划》的出台和实施，我国污染治理发生了历史性和转折性变化，同时还修订了多部（项）环境保护法律和标准，对《中华人民共和国环境保护法》《中华人民共和国大气污染防治法》《中华人民共和国防沙治沙法》《中华人民共和国节约能源法》进行了修订和完善，使得我国环境质量不断改善。2015—2020 年，我国环境退化成本先升后降，2017 年达到顶峰，为 2.2 万亿元，与 2017 年相比，2020 年环境退化成本下降 15.2%（图 6），其中，大气环境退化成本占总环境退化成本比例略有上升，由 2015 年的 56.5%提高到 2020 年的 61.5%，水环境退化成本占比由 2015 年的 41%下降到 2020 年的 33.8%，大气环境污染造成的退化成本仍是我国环境退化成本的主要组成部分。环境退化指数不断下降，由 2015 年的 2.79%下降到 2020 年的 1.86%。“十三五”以来我国采取严格的水、大气污染防治措施，对我国整体环境退化的趋势起到了有效的遏制作用。

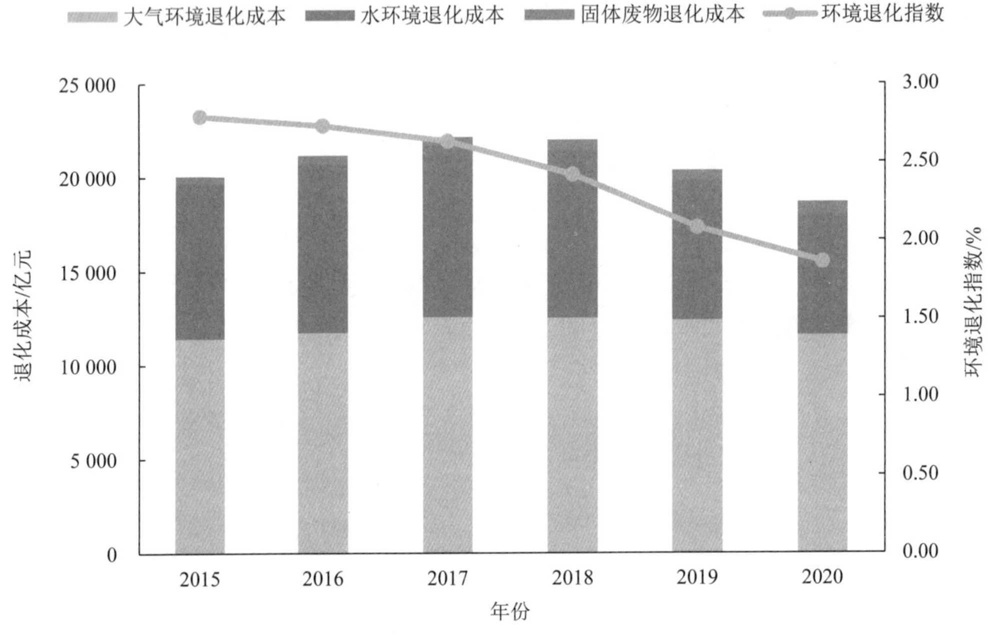

图 6　2015—2020 年我国环境退化成本变化趋势

2.2 生态破坏损失核算

生态系统可以按不同的方法和标准进行分类，本报告按生态系统特性将生态系统划分为 5 类，即森林生态系统、草地生态系统、湿地生态系统、农田生态系统和海洋生态系统。由于缺乏农田生态系统和海洋生态系统的基础数据及相关参数，本报告仅核算了森林、草地和湿地 3 类生态系统的生态调节服务损失。

专栏 2　生态破坏损失核算说明

首先，报告利用中国科学院地理所解译的 2019 年空间分辨率 1 km 的土地利用数据，结合 MODIS NDVI 数据进行不同生态系统不同生态功能指标的实物量计算。

其次，在各类生态系统生态服务功能实物量核算的基础上，通过各类生态系统服务功能实物量与不同生态系统人为破坏率的乘积，进行各类生态系统生态破坏实物量核算。

其中，森林生态系统根据第八次全国森林资源清查结果，核算了我国森林生态系统固碳释氧、水流动调节、土壤保持、大气净化、防风固沙、气候调节 6 种生态调节服务的功能量，利用森林超采率（根据第八次全国森林资源清查获得的森林超采量和森林蓄积量计算得到）计算不同生态功能的森林损失功能量，利用价值量方法将损失功能量转换为损失价值量。

湿地生态系统根据第二次全国湿地资源调查结果，核算了我国湿地生态系统固碳释氧、水流动调节、土壤保持、水质净化、大气净化、气候调节 6 种生态调节服务的功能量，利用湿地重度威胁面积占湿地总面积的比例计算不同生态功能的湿地损失功能量，利用价值量方法将损失功能量转换为损失价值量。

草地生态系统核算了固碳释氧、水流动调节、土壤保持、大气净化、防风固沙、气候调节 6 种生态调节服务的功能量，利用草地人为破坏率（根据 2019 年全国草原监测报告六大牧区省份及全国重点天然草原平均牲畜超载率计算获得）计算不同生态功能的草地损失功能量，利用价值量方法将损失功能量转换为损失价值量。

2.2.1　森林生态破坏损失

第八次全国森林资源清查（2009—2013 年）结果显示，我国现有森林面积 2.08 亿 hm^2，森林覆盖率 21.63%，活立木总蓄积 164.33 亿 m^3。森林面积和森林蓄积分别位居世界第 5 位和第 6 位，人工林面积居世界首位。与第七次全国森林资源清查（2004—2008 年）相比，森林面积增加 1 223 万 hm^2，森林覆盖率上升 1.27 个百分点，活立木总蓄积和森林蓄积分别增加 15.20 亿 m^3 和 14.16 亿 m^3。总体来看，我国森林资源进入数量增长、质量提升的稳步发展时期。这充分表明，党中央、国务院确定的林业发展和生态建设一系列重大战略决策，实施的一系列重点林业生态工程，取得了显著成效。但是我国森林资源总量相对不足、质量不高、分布不均的状况仍未得到根本改变，林业发展还面临着巨大的压力和挑战。

根据全国第八次森林资源清查结果，森林面积增速开始放缓，现有未成林造林地面积比上次清查少 396 万 hm^2，仅有 650 万 hm^2。同时，现有宜林地质量好的仅占 10%，质量差的多达 54%，且 2/3 分布在西北、西南地区。2020 年我国森林生态破坏损失达到 1 555.8 亿元，占 2020 年全国 GDP 的 0.15%。从损失的各项功能来看，固碳释氧、水流动调节、土壤保持、防风固沙、大气净化、气候调节功能损失的价值量分别为 262.7 亿元、679.3 亿元、299.0 亿元、2.5 亿元、2.8 亿元、309.6 亿元（图 7）。其中，水流动调节损失所造成的破坏损失最大，占森林总损失的 43.7%。

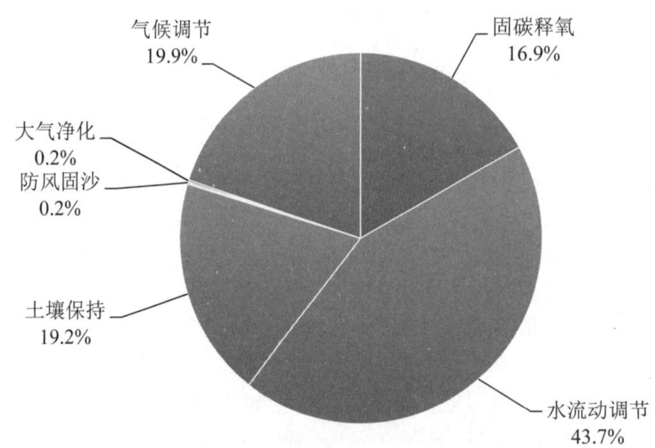

图 7　森林生态破坏各项损失占比

从森林生态破坏损失的地域分布来看，2020 年湖南省森林生态破坏的经济损失最大，为 514.3 亿元，其森林的超采率为 4.7%；其次是江西、广东、黑龙江、贵州等地，森林生态破坏的经济损失均超过 70 亿元，这些省份森林超采率都大于 1%，其中江西的森林超采率为 2.0%，广东为 1.7%，黑龙江为 1.2%，贵州为 1.5%；上海、北京、宁夏、天津等地森林生态破坏损失较小；福建、海南、陕西、内蒙古等地森林超采率为 0，森林生态系统破坏损失为 0。总体上，中国森林生态破坏损失主要分布在东南和西南地区，西北各省区森林生态破坏损失相对较小（图 8）。江西、黑龙江、广东由于森林资源比较丰富，核算得到的生态系统服务量较大，所以其生态破坏的损失价值较高；湖南则是由于森林超采率较高，造成森林生态破坏的损失价值增高；西北各省在退耕还林政策的影响下，森林超采率普遍较低，森林生态破坏损失低。

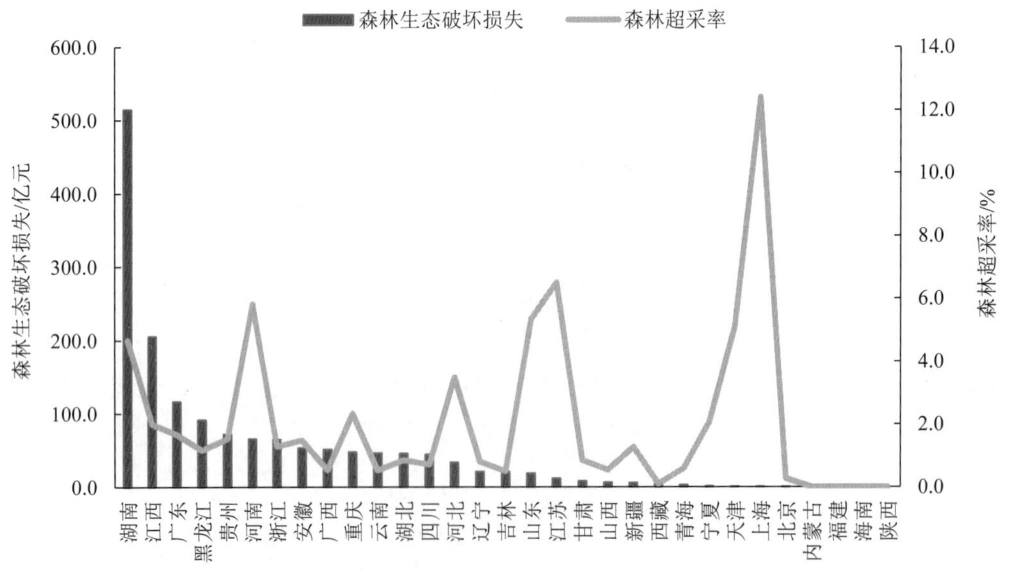

图 8　2020 年我国 31 个省（区、市）森林生态破坏损失和人为破坏率

2.2.2 湿地生态破坏损失

第二次全国湿地资源调查（2009—2013 年）结果表明，全国湿地总面积 5 360.26 万 hm^2，湿地占国土面积的 5.58%。自然湿地面积 4 667.47 万 hm^2，占总湿地面积的 87.37%；人工湿地面积 674.59 万 hm^2，占 12.63%。自然湿地中，近海与海岸湿地面积 579.59 万 hm^2，占 12.42%；河流湿地面积 1 055.21 万 hm^2，占 22.61%；湖泊湿地面积 859.38 万 hm^2，占 18.41%；沼泽湿地面积 2 173.29 万 hm^2，占 46.56%。调查表明，我国目前河流、湖泊湿地沼泽化，河流湿地转为人工库塘等情况突出，湿地受威胁压力进一步增大，威胁湿地生态状况主要因子已从 10 年前的污染、围垦和非法狩猎 3 大因素，转变为现在的污染、过度捕捞和采集、围垦、外来物种入侵和基建占用 5 大因素，这些原因造成了我国自然湿地面积削减、功能下降。

本报告所指湿地生态破坏是指在人类活动的干扰下，由于人为因素造成的湿地生态系统的生态服务功能退化，污染、过度捕捞和采集、围垦、外来物种入侵和基建占用均为人为因素，因此，以湿地重度威胁面积占湿地总面积的比例指标作为湿地生态系统的人为破坏率。根据核算结果，2020 年湿地生态破坏损失达到 4 473.5 亿元，占 2020 年全国 GDP 的 0.44%。湿地的固碳释氧、水流动调节、土壤保持、防风固沙、水质净化、大气净化、气候调节功能损失的价值量分别为 11.5 亿元、769.4 亿元、8.3 亿元、0.5 亿元、36.7 亿元、0.3 亿元、3 646.8 亿元。在湿地生态破坏造成的各项损失中，气候调节的损失贡献率最大，占总经济损失的 81.5%（图 9）。

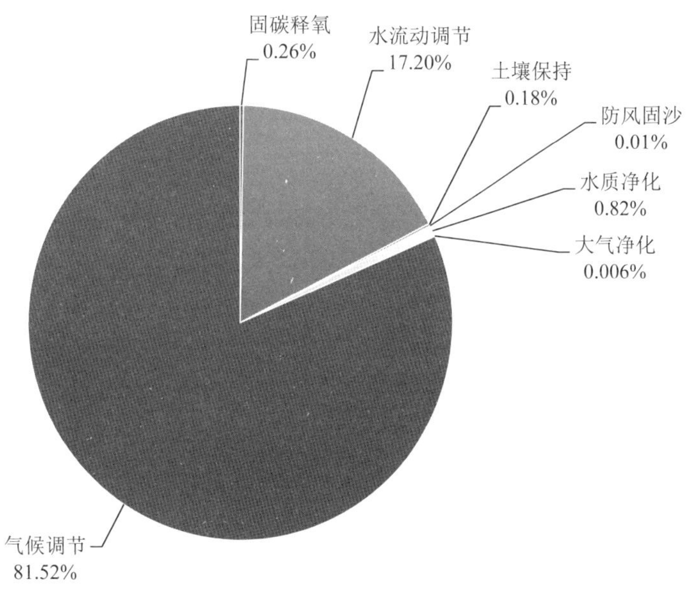

图 9 湿地生态破坏各项损失占比

受自然条件的影响，湿地类型的地理分布表现出明显的区域差异。从湿地生态破坏损失的地域分布来看，2020 年青海省湿地生态破坏损失最高，为 1 649.8 亿元，其中气候调节服务功能损失最高，为 1 559.3 亿元，主要原因在于青海省湿地资源丰富，受破坏的面积大、程度重。根据核算结果，青海湿地生态系统价值位于全国第 2 位，同时青海省的重度威胁面积占湿地总面积的比例较高，为 4.05%，位于全国第 4 位。湖南、四川、辽宁、河北、江苏等省的生态破坏损失也较高，均高于 200 亿元，其中湖南、辽宁、河北、四川、江苏由于重度威胁面积占湿地总面积的比例较高（4.6%、4.05%、4.69%、2.22%和 1.79%），分别为全国第 2 位、第 5 位、第 1 位、第 8 位、第 9 位（图 10）。西藏、黑龙江、重庆湿地生态系统破坏损失较低，小于 2 亿元。

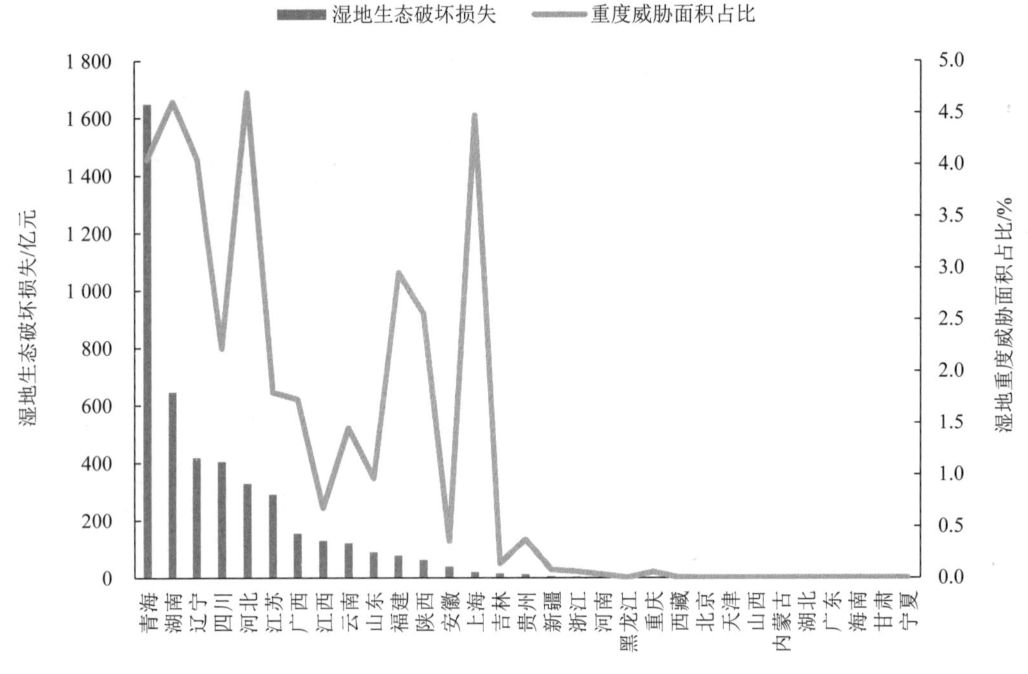

图 10　2020 年我国 31 个省（区、市）湿地生态破坏损失和人为破坏率

2.2.3　草地生态破坏损失

草地生态破坏是在人类活动的干扰下，由于人为因素造成的草地生态系统的生态服务功能退化。影响草地生态系统生态退化的人为因素主要是不合理的草地利用，包括过度放牧、开垦草原、违法征占草地、乱采滥挖草原野生植被资源等。报告核算结果显示，2020 年我国草地生态系统的固碳释氧、水流动调节、土壤保持、防风固沙、大气净化、气候调节功能损失的价值量分别为 327.5 亿元、473.8 亿元、240 亿元、101 亿元、4.1 亿元、538.5 亿元，合计 1 684.9 亿元。在草地生态破坏造成的各项损失中，气候调节的贡献率最大，占总草地生态破坏损失的 32.0%（图 11）。

从草地生态破坏损失（图 12）的地域分布来看，内蒙古、西藏、新疆、青海、四川、甘肃等省（区）的草地生态破坏相对较为严重，均在 100 亿元以上，对应的草地生态破坏损失分别为 314.4 亿元、234.4 亿元、196.0 亿元、167.2 亿元、144.0 亿元、101.1 亿元。其中，内蒙古、西藏、新疆、青海、四川、甘肃的草原人为破坏率高于其他省份，分别为 3.91%、

4.62%、4.37%、4.13%、4.17%、4.37%。河南、浙江、吉林、辽宁、海南、江苏、北京、天津、上海等地草地生态破坏相对较轻，草地生态破坏损失不足 10 亿元。总体上，西北、西南地区是草地生态破坏损失较严重的区域，主要表现为草地净初级生产力的下降和草地面积的减少。

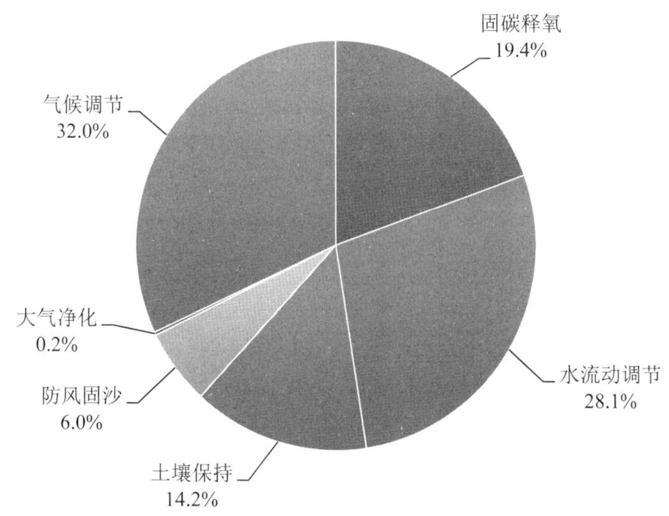

图 11　草地生态破坏各项损失占比

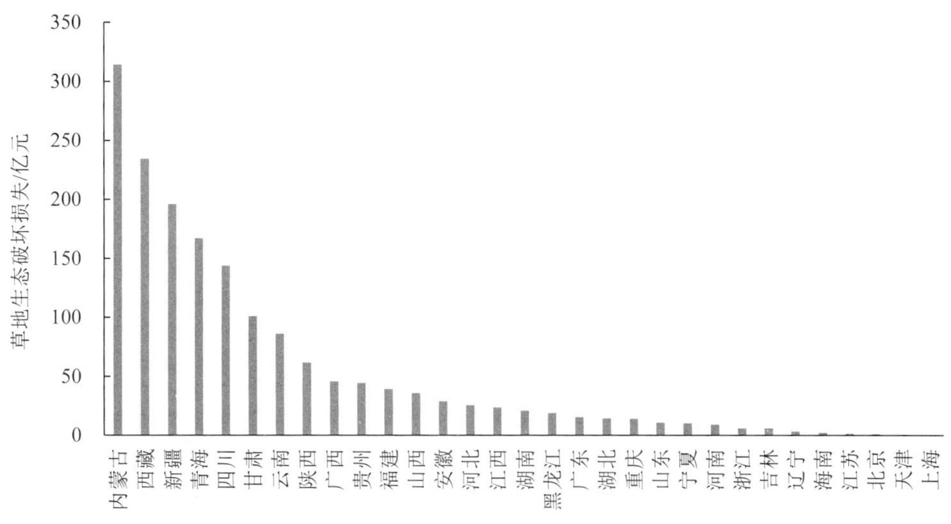

图 12　2020 年我国 31 个省（区、市）草地生态破坏损失

2.2.4　总生态破坏损失

2020 年我国生态破坏损失的价值量为 7 714.2 亿元。其中森林、草地、湿地生态系统破坏的价值量分别为 1 555.8 亿元、1 684.9 亿元、4 473.5 亿元，分别占生态破坏损失

总价值量的 20.2%、21.8%、58.0%，2020 年森林、草地、湿地生态破坏损失占比分别为 19.1%、21.7%和 59.2%。从各类生态系统破坏的经济损失来看，湿地生态系统破坏的经济损失相对较大，其次是森林和草地生态系统。2020 年生态破坏损失比 2019 年略有上升，增加 4.2%。

从各类生态服务功能破坏的经济损失来看，2020 年固碳释氧、水流动调节、土壤保持、防风固沙、水质净化、大气净化、气候调节损失的价值量分别占生态破坏损失总价值量的 7.8%、24.9%、7.1%、1.3%、0.5%、0.1%、58.3%。其中气候调节功能破坏损失的价值量相对较大，其次是水流动调节、固碳释氧和土壤保持，环境净化（水质、大气）破坏损失的价值量相对较小。生态破坏会对生态系统的气候调节、水流动调节、固碳释氧和土壤保持等生态服务功能产生影响，进而破坏生态系统的稳定性。

我国生态破坏损失主要分布在西部地区。2020 年，西部地区生态破坏损失为 4 115.6 亿元，占全部生态破坏损失的 53.4%。中部地区为 1 995.9 亿元，东部地区为 1 602.7 亿元。生态破坏的空间分布与自然生态资源禀赋的关系较大，从各省（区、市）生态破坏损失的价值量（图 13）来看，2020 年青海生态破坏损失价值最高，为 1 819.9 亿元，主要由于青海省湿地人为破坏率较高，造成湿地生态系统损失价值较高，占其总生态破坏损失的 90.7%；湖南、四川、辽宁、河北等地生态破坏损失的价值量相对较大，分别为 1 181.7 亿元、593.4 亿元、442.6 亿元、388.2 亿元，其中，湖南主要由于森林生态系统破坏损失价值较高，四川、辽宁、河北主要由于湿地生态系统破坏损失价值较高。海南、北京、天津等地生态破坏损失的价值量相对较小，均不足 10 亿元。

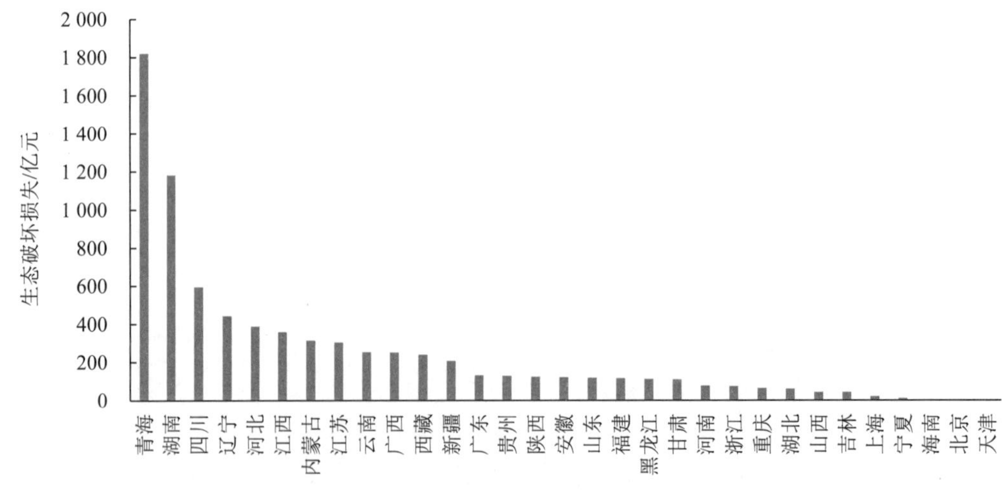

图 13　2020 年我国 31 个省（区、市）生态破坏损失的价值量情况

从时间趋势来看，2015—2020 年生态破坏成本由 6 603.4 亿元增长到 7 714.2 亿元，年均增长 3.2%（图 14）。从生态破坏功能来看，气候调节和水流动调节损失增长较快，与 2015 年相比，分别增长 11.4%和 31.4%。2015—2020 年生态质量优和良的县域面积占国土面积的比例由 44.9%增加到 46.6%（图 15）。2020 年全国生态环境状况指数（EI）值为 51.7，生态质量一般，与 2019 年没有明显变化。

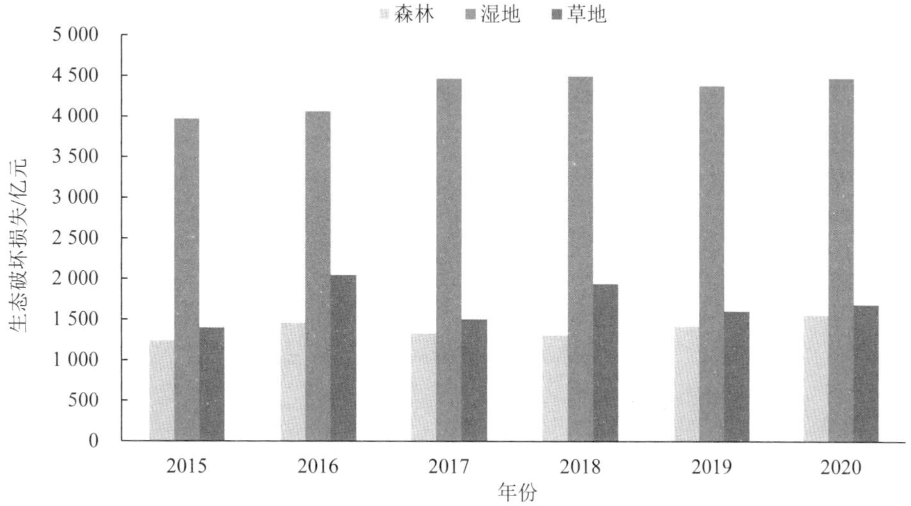

图 14　2015—2020 年我国生态破坏损失变化趋势

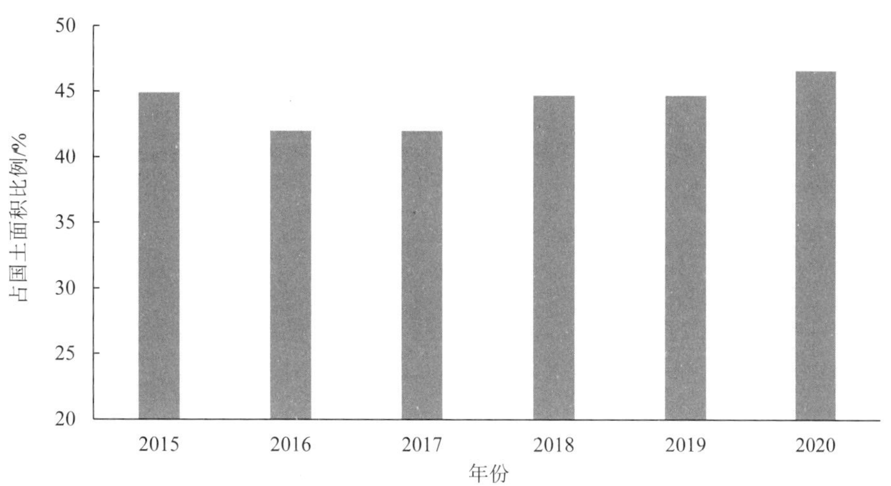

图 15　2015—2020 年我国优良县域面积占国土面积比例的变化情况

3　GEP 核算

3.1　生态系统面积与净初级生产力指标分析

根据土地利用类型图划分了 6 大生态系统：森林生态系统、草地生态系统、农田生态系统、湿地生态系统、城镇生态系统、荒漠生态系统。根据遥感解译的土地利用数据，

2020 年我国各生态系统面积统计如下，草地总面积约为 268.30 万 km^2，占生态系统的 27.95%；森林总面积约为 229.92 万 km^2，占比为 23.95%；农田面积约为 180.30 万 km^2，占比为 18.78%；湿地总面积约为 43.45 万 km^2，占比为 4.53%；城镇面积约为 27.18 万 km^2，占比为 2.83%；荒漠生态系统面积为 210.85 万 km^2，占比为 21.96%（图 16）。从空间分布来看，森林主要分布于长江沿岸及长江以南大部分省份，东北的大兴安岭和长白山周边地区也有广泛的森林分布（图 17）；草地主要集中在西藏、新疆、内蒙古、青海等西部省（区）；农田主要集中在东北、黄淮海以及四川盆地等地区的省份；湿地主要集中在西藏、内蒙古、黑龙江、青海等省（区）。

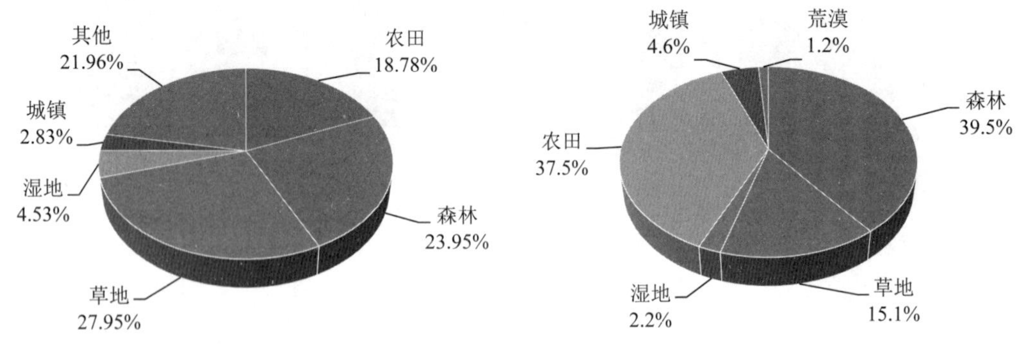

图 16　2020 年不同生态系统面积比例

图 17　2020 年不同生态系统 NPP 比例

净初级生产力（net primary productivity，NPP）是生态系统中绿色植被用于生长、发育和繁殖的能量值，也是生态系统中其他生物生存和繁衍的物质基础。面积是反映不同生态系统的数量指标，NPP 是反映不同生态系统质量的重要指标。2020 年，我国森林生态系统 NPP 为 12.56 亿 t，占比为 39.5%；农田生态系统 NPP 为 11.94 亿 t，占比为 37.5%；草地生态系统 NPP 为 4.80 亿 t，占比为 15.1%；湿地、城镇和荒漠生态系统 NPP 相对较少，占比分别为 2.2%、4.6%和 1.2%。从单位生态系统面积的 NPP 指标来看，森林和农田生态系统相对最高，分别为 546.30 t/km^2 和 662.12 t/km^2，荒漠生态系统单位面积的 NPP 最小。2015—2019 年，农田生态系统单位面积 NPP 均低于森林生态系统，但由于 2020 年降水显著增多，农作物生长时期光温水条件总体适宜，导致农田生态系统单位面积 NPP 高于森林生态系统。从各省（区、市）NPP 的空间分布来看，云南（2.55 亿 t）、黑龙江（2.39 亿 t）、四川（2.05 亿 t）、内蒙古（1.89 亿 t）、广西（1.58 亿 t）、河南（1.38 亿 t）、广东（1.35 亿 t）、湖北（1.20 亿 t）、陕西（1.20 亿 t）、湖南（1.19 亿 t）等省（区）的 NPP 相对较高，占全部 NPP 的比重约为 52%。

3.2　不同生态功能 GEP 占比

2020 年，我国 GEP 为 82.2 万亿元，绿金指数（GEP 与 GDP 比值）是 0.81，2019 年绿金指数为 0.94。2020 年，湿地生态系统的生态服务价值相对最大，为 46.0 万亿元，占比为 62.2%；其次是森林生态系统，为 11.6 万亿元，占比为 15.6%；草地生态系统为 5.05 万亿元，占比为 6.84%；农田生态服务价值为 11.0 万亿元，占比为 14.9%；荒漠和城市生态系统提供的生态服务价值最小，分别为 0.25 万亿元和 0.08 万亿元，占比为 0.33%和 0.11%（表 3）。与 2019 年相比，森林、草地和农田生态服务量占比有所增加，湿地生态系统服务量占比下降。从全部生态系统提供的不同生态服务价值来看，2020 年全部生态系统提供的产品供给服务为 14.5 万亿元，占比为 17.7%；调节服务为 59.3 万亿元，占比为 72.2%；文化服务为 8.29 万亿元，占比为 10.1%。在调节服务中，气候调节服务价值最大，为 39.2 万亿元；其次是水流动调节，为 12.5 万亿元，土壤保持价值为 3.7 万亿元。与 2019 年相比，供给和调节服务的生态服务价值占比略有上升，文化旅游占比有所下降（图 18）。

表 3　不同生态系统的生态服务价值量　单位：亿元

指标	森林	草地	湿地	耕地	城市	荒漠	海洋	合计
产品供给	5 961.6	8 863.2	27 452.1	103 151.7	—	—	0.0	145 428.6
气候调节	26 549.7	12 894.7	352 171.8	×	×	×	—	391 616.2
固碳释氧	21 550.4	8 229.4	1 188.2	×	×	0.0	—	30 968.0
水质净化	—	—	2 357.6	—	—	—	—	2 357.6
大气环境净化	207.4	105.2	25.9	205.6	41.0	45.8	—	630.9
水流动调节	37 417.1	11 926.7	75 515.5	—	—	—	—	124 859.3
病虫害防治	75.3	×	×	—	—	—	—	75.3
防风固沙	298.4	2 484.4	159.1	523.5	0.0	2 017.2	—	5 482.7
土壤保持	23 452.0	6 040.4	710.0	5 999.4	739.1	389.0	—	37 330.0
文化服务	—	—	—	—	—	—	—	82 926.1

注：文化服务无法分解到不同生态系统，只有合计。大气环境净化服务以不同生态系统的面积为依据进行分解。×表示未评估，—表示不适合评估。

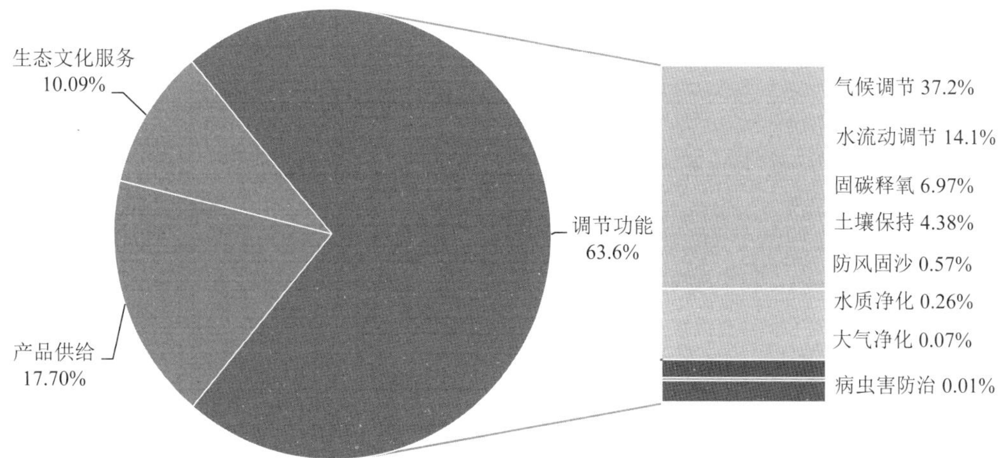

图 18　不同生态服务指标价值占比

3.3 不同省（区、市）GEP 核算

2020 年，全国 GEP 较高的省份包括青藏高原的西藏、青海，华北地区的内蒙古，东北地区的黑龙江，西南地区的四川。此外，华中地区的湖南、湖北，华中地区的江西，华南地区的广东等地的 GEP 也都相对较高。西北地区的宁夏，华北地区的北京和天津，华东地区的上海，华南地区的海南等省（市）的 GEP 则相对较低。

从各省（区、市）GEP 排序情况（图 19）来看，黑龙江 GEP 最高，为 10.0 万亿元，其次是西藏 GEP 为 6.5 万亿元，内蒙古 GEP 为 5.7 万亿元，青海 GEP 为 4.6 万亿元，四川 GEP 为 4.3 万亿元。GEP 为 3.5 万亿～4.0 万亿元的省份有湖南、江西、湖北 3 个省份；GEP 为 2.5 万亿～3.5 万亿元的省份有广东、江苏、云南、广西 4 个省（区）；GEP 为 1.0 万亿～2.5 万亿元的省份有安徽、山东、河南、吉林、辽宁、新疆、河北、浙江、贵州、福建、甘肃、陕西、重庆 13 个省（区、市）；山西、北京、海南、天津、上海和宁夏 6 个省（区、市）的 GEP 低于 1 万亿元。

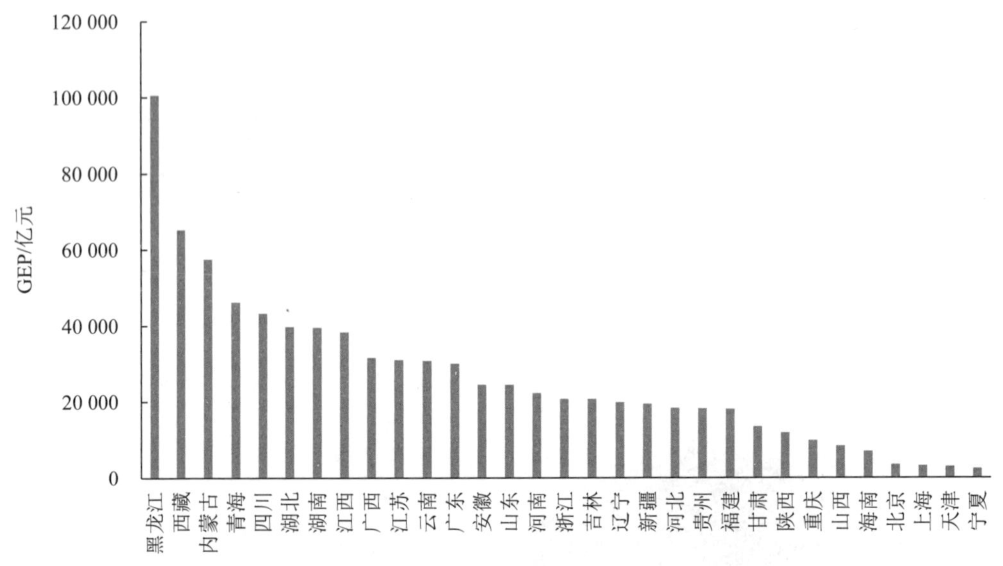

图 19　2020 年全国 31 个省（区、市）GEP 价值

GEP 较高省（区、市）中，湿地、森林提供的 GEP 和单位面积 GEP 都相对较高。黑龙江（图 20）、内蒙古（图 21）、西藏（图 22）和四川（图 23）湿地生态系统提供的 GEP 最高，分别占总 GEP 的 85.2%、71.2%、85.3%和 49.9%，广东湿地和森林生态系统提供的 GEP 均较高（图 24），占比分别为 47.9%和 27.7%。从单位面积 GEP 来看，GEP 总值最高的这 4 个省（区）中，湿地单位面积提供的 GEP 都是最高的。黑龙江、内蒙古、西藏和四川湿地单位面积 GEP 分别为 1.69 亿元/km^2、0.63 亿元/km^2、0.61 亿元/km^2 和 2.20 亿元/km^2。而这些地区草地生态系统提供的 GEP 较低。

2020 年 31 个省（区、市）不同生态服务功能价值核算见表 4。

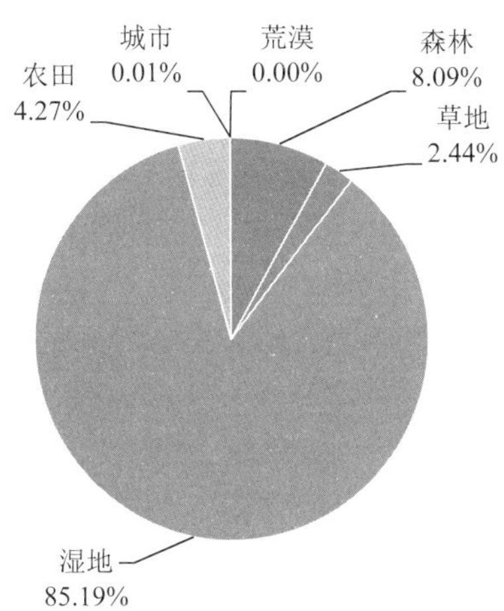

图 20　黑龙江不同生态系统价值占比

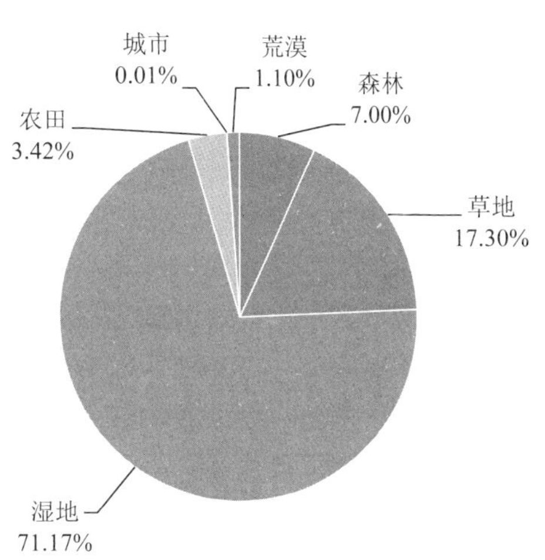

图 21　内蒙古不同生态系统价值占比

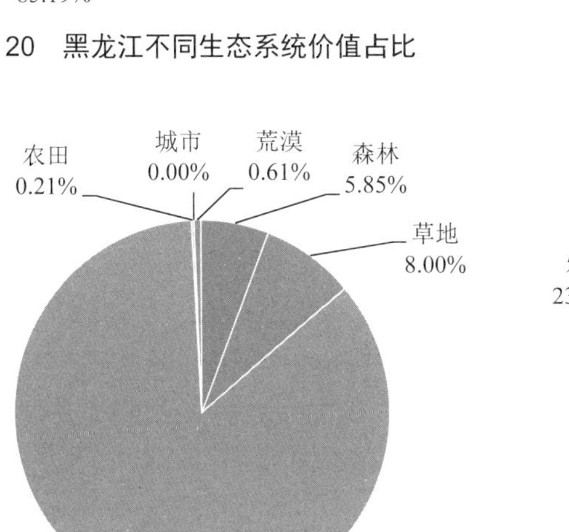

图 22　西藏不同生态系统价值占比

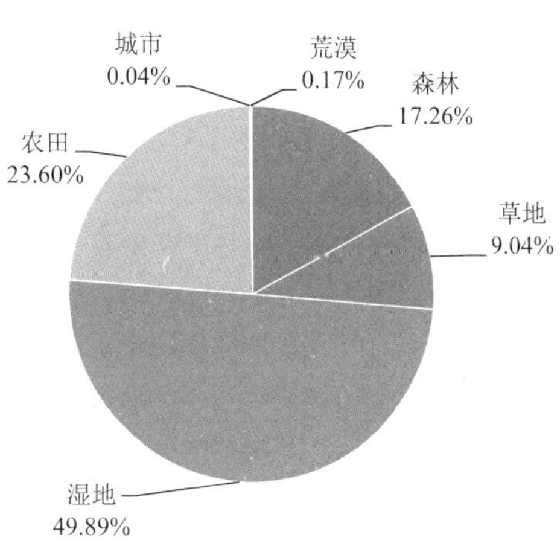

图 23　四川不同生态系统价值占比

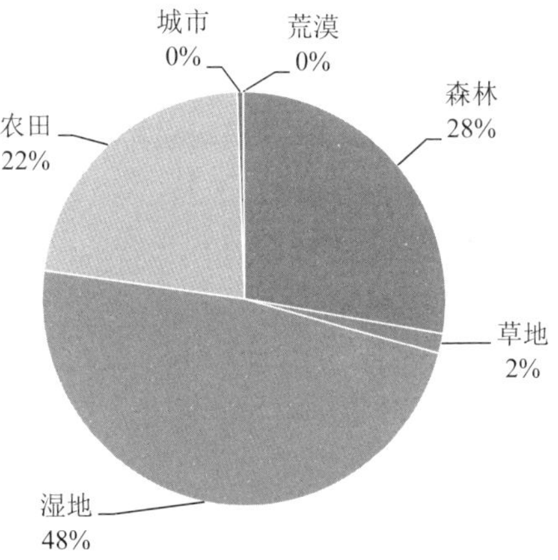

图 24　广东不同生态系统价值占比

表 4　2020 年 31 个省（区、市）不同生态服务功能价值核算　　单位：亿元

省（区、市）	产品供给	固碳释氧	水流动调节	气候调节	土壤保持	防风固沙	水环境净化	大气环境净化	病虫害防治	文化服务
北京	575.0	82.5	201.9	570.6	23.8	1.6	1.7	3.0	0.2	2 040
天津	598.3	12.3	178.8	1 172.4	5.8	0.7	3.8	4.9	0.0	948
河北	6 949.1	601.9	1 363.5	6 536.4	192.3	32.9	8.5	24.7	3.1	2 574
山西	2 028.1	581.0	925.2	2 518.4	214.2	14.9	1.8	34.7	1.1	2 044
内蒙古	4 132.5	2 197.2	4 123.0	42 094.8	589.8	2 521.8	43.0	59.3	8.1	1 684
辽宁	4 740.4	781.0	2 611.6	9 379.3	310.2	38.1	32.7	30.6	4.9	1 904
吉林	3 248.0	1 050.7	3 966.5	10 192.2	321.9	57.5	21.2	19.8	2.4	1 770
黑龙江	6 798.8	2 338.1	14 401.0	74 934.1	666.6	151.1	96.4	25.0	4.8	1 151
上海	480.6	3.2	56.6	363.2	77.2	0.4	24.5	10.0	0.0	2 148
江苏	8 501.6	78.4	7 738.9	8 483.9	246.7	3.0	72.2	29.6	0.1	5 775
浙江	3 816.2	812.0	4 414.8	3 888.1	1 848.9	4.5	96.6	21.3	1.2	5 793
安徽	5 963.0	513.5	7 161.5	6 740.5	935.0	2.1	132.2	13.9	2.8	2 968
福建	5 193.2	1 272.6	2 533.1	2 904.8	2 384.3	1.9	147.5	20.8	2.3	3 549
江西	4 134.6	1 346.5	17 703.9	8 935.8	2 229.7	3.3	124.4	19.4	3.3	3 796
山东	10 050.3	202.0	1 827.5	7 721.8	274.5	49.1	21.9	29.9	0.2	4 214
河南	10 255.7	460.4	1 877.7	5 953.5	240.4	11.0	42.6	22.2	3.0	3 369
湖北	7 451.2	1 183.2	10 499.1	15 798.0	1 623.1	7.0	93.2	13.1	3.4	3 066
湖南	7 638.4	1 390.4	10 035.8	11 703.1	2 719.2	12.8	233.1	13.9	3.8	5 783
广东	8 434.1	1 660.2	4 254.4	9 722.0	2 460.5	13.7	109.4	47.0	2.3	3 280
广西	6 155.7	1 927.1	6 778.4	8 122.2	3 133.0	5.7	277.1	21.0	3.0	5 087
海南	1 837.4	449.9	660.8	2 882.8	434.7	3.4	23.7	3.3	0.1	611
重庆	2 871.7	409.9	1 257.4	2 508.0	1 129.6	0.6	20.4	12.1	2.1	1 561
四川	9 510.2	2 040.4	3 192.4	18 709.9	4 437.9	20.1	282.8	14.0	6.3	5 021
贵州	4 350.2	1 064.8	3 748.2	3 016.9	1 793.1	11.0	109.9	16.6	1.5	4 054
云南	6 090.4	3 404.4	3 009.4	8 433.8	4 973.9	31.1	217.1	25.6	5.5	4 534
西藏	285.4	1 053.8	2 889.6	57 853.0	2 306.7	490.9	8.4	1.5	2.5	256
陕西	4 087.2	1 248.9	836.5	2 989.5	625.0	14.6	30.2	24.7	3.3	1 936
甘肃	2 279.2	1 058.9	1 061.3	6 988.2	499.1	467.4	36.1	19.4	1.1	1 018
青海	556.3	970.1	3 085.6	40 641.1	551.4	157.6	12.7	5.4	0.5	203
宁夏	837.3	86.5	157.5	1 173.6	24.1	33.7	13.5	17.1	0.0	93
新疆	5 578.2	686.3	2 307.3	8 684.2	57.5	1 319.0	18.8	27.0	2.5	694

3.4　主要指标分析

3.4.1　气候调节

2020 年，气候调节总价值为 39.2 万亿元，占 GEP 总价值的 47.5%，与 2019 年相比占比减小了 7.8%；其中，森林生态系统气候调节价值为 2.7 万亿元，占气候调节总价值的 6.8%；草地为 1.3 万亿元，占气候调节总价值的 3.3%；湿地为 35.2 万亿元，占气候调节

总价值的 89.9%（图 25）。全国气候调节价值较高的省份有 4 个，分别为黑龙江（7.5 万亿元）、西藏（5.8 万亿元）、内蒙古（4.2 万亿元）、青海（4.1 万亿元）。而华东大部、华北地区的气候调节价值则相对较小，上海（0.04 万亿元）、北京（0.06 万亿元）、天津（0.12 万亿元）（图 26）。

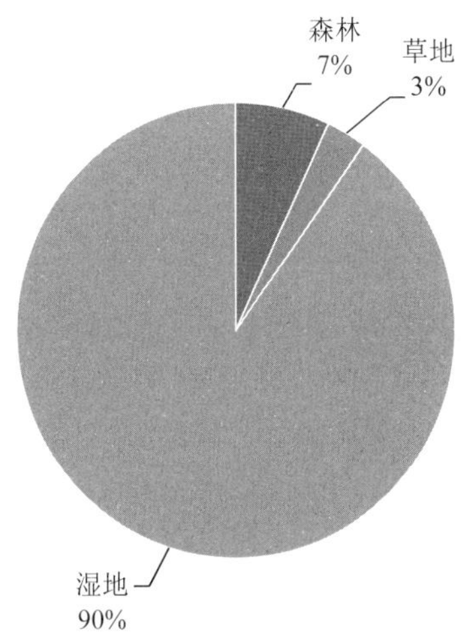

图 25　不同生态系统气候调节价值占比

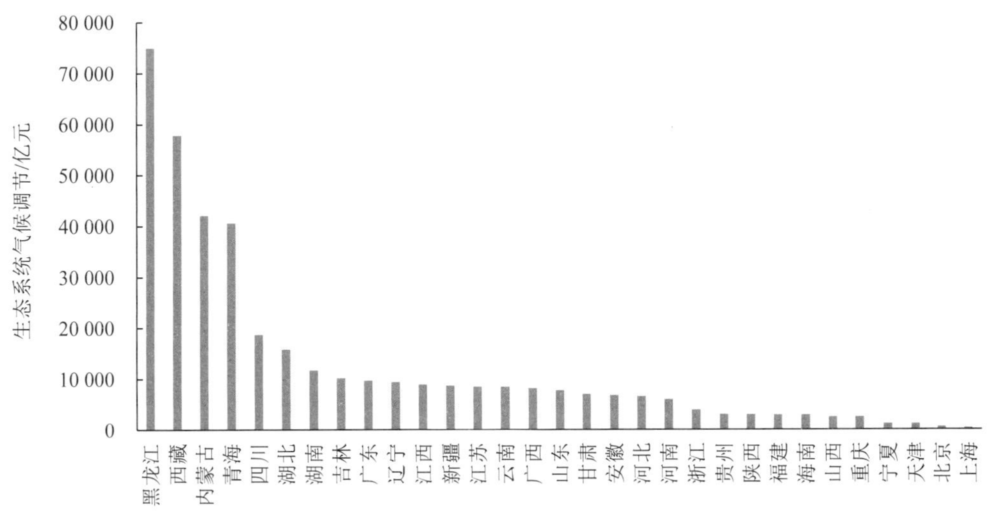

图 26　2020 年我国 31 个省（区、市）生态系统气候调节价值

3.4.2　水流动调节

水流动调节由水源涵养和洪水调蓄两部分组成。其中水源涵养价值是生态系统通过吸收、渗透降水，增加地表有效水的蓄积，有效涵养土壤水分、缓和地表径流和补充地下水、调节河川流量而产生的生态效应。本报告主要计算了森林生态系统、湿地生态系统和草地生

态系统的水源涵养价值。2020 年，我国森林、湿地和草地的水源涵养价值为 5.7 万亿元，其中，森林生态系统的水源涵养价值为 3.7 万亿元，草地生态系统的水源涵养价值为 1.2 万亿元，湿地生态系统的水源涵养价值为 0.6 万亿元，我国水源涵养价值呈现自东南向西北递减的空间趋势，江西（0.72 万亿元）、湖南（0.68 万亿元）、广西（0.46 万亿元）、黑龙江（0.39 万亿元）等省份水源涵养价值较大，占全国水源涵养价值的 39.6%。洪水调蓄功能指湿地生态系统（湖泊、水库、沼泽等）通过蓄积洪峰水量，削减洪峰从而减轻河流水系洪水威胁产生的生态效应。2020 年，我国湿地生态系统的洪水调蓄价值为 6.8 万亿元（图 27）。

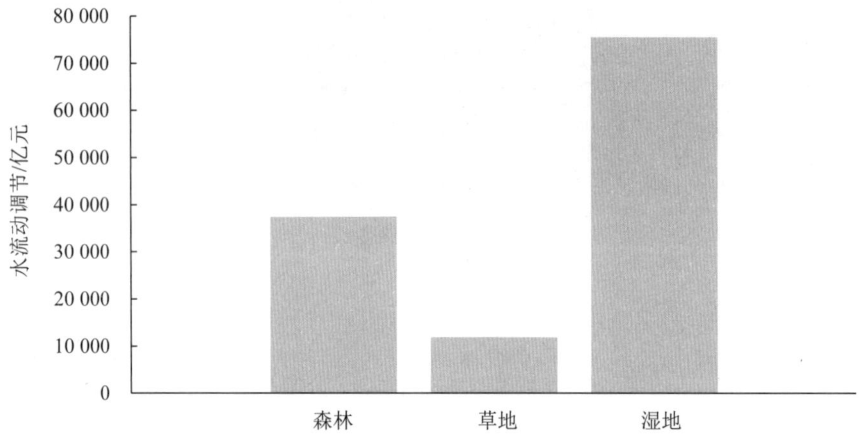

图 27　2020 年不同生态系统的水流动调节价值

从各省份的水流动调节来看，江西（1.77 万亿元）、黑龙江（1.44 万亿元）、湖北（1.05 万亿元）、湖南（1.00 万亿元）、江苏（0.77 万亿元）5 个省份的水流动调节价值最大，占到全国各省份的 48.4%。这 5 个省份中黑龙江、湖北、江苏水流动调节主要来自湿地系统的洪水调蓄，其他省份水流动调节主要来自森林和草地生态系统的水源涵养价值。其中，湖南、江西森林生态系统的水源涵养价值占其水流动调节的比重都在 50%以上。上海、天津、北京和宁夏等省（区、市）的水流动调节价值相对较低，均在 0.05 万亿元以下（图 28）。

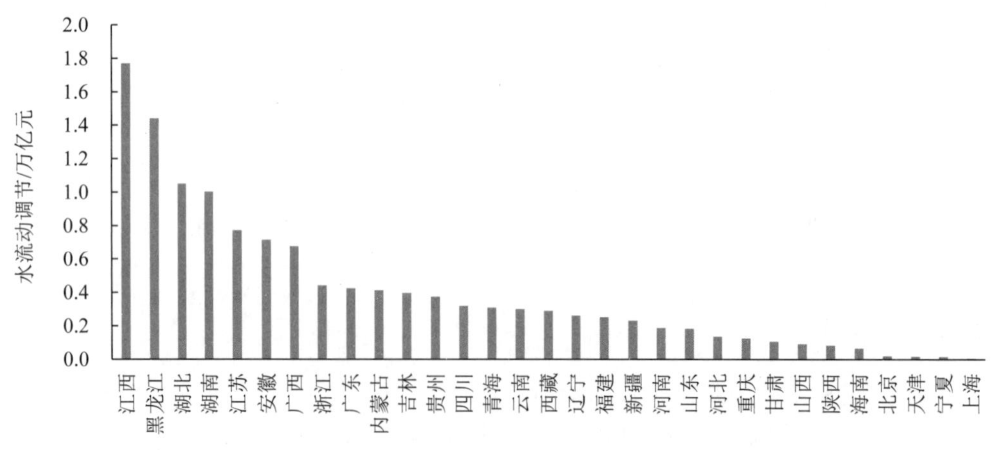

图 28　2020 年我国 31 个省（区、市）水流动调节价值

3.4.3 固碳释氧

2020 年，我国生态系统共固碳 29.2 亿 t，释放氧气 21.7 亿 t，其中，森林生态系统固碳 20.3 亿 t，释氧 15.1 亿 t；草地生态系统固碳 7.8 亿 t，释氧 5.8 亿 t；湿地生态系统固碳 1.1 亿 t，释氧 0.8 亿 t。利用 2020 年各省（区、市）的碳交易价格计算固碳价值量，全国生态系统固碳价值量为 862.6 亿元。云南（91.9 亿元，11.0%）、黑龙江（63.1 亿元，7.6%）、内蒙古（59.3 亿元，7.1%）、四川（55.1 亿元，6.6%）、广西（52.0 亿元，6.2%）、广东（44.8 亿元，5.4%）等省（区）的固碳价值量较大，占我国固碳总价值量的 43.8%。上海（0.1 亿元，0.01%）、天津（0.33 亿元，0.04%）、江苏（2.12 亿元，0.25%）、北京（2.23 亿元，0.27%）和宁夏（2.34 亿元，0.28%）等省（区、市）的固碳价值量则相对较少，其总和占比仅为 0.85%。

按照《森林生态系统服务功能评估规范》（LYT 1721—2008）中推荐的氧气价格，按照 CPI 折算到 2020 年，得到全国生态系统释氧价值为 30 131.8 亿元。如图 29 所示，云南（3 312.5 亿元，11.0%）、黑龙江（2 275.0 亿元，7.6%）、内蒙古（2 137.8 亿元，7.1%）、四川（1 985.3 亿元，6.6%）、广西（1 875.0 亿元，6.2%）和广东（1 615.4 亿元，5.4%）等省（区）的释氧价值量较大，占我国释氧总价值量的 43.8%。而上海（3.2 亿元，0.01%）、天津（11.9 亿元，0.04%）、江苏（76.2 亿元，0.25%）、北京（80.2 亿元，0.27%）和宁夏（84.2 亿元，0.28%）等省（区、市）的释氧价值量则相对较少，其总和占比仅为 0.85%。

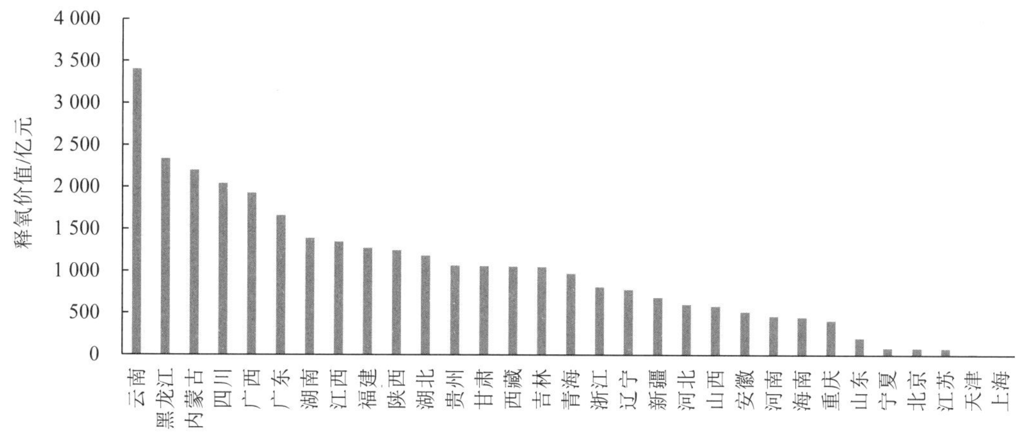

图 29　2020 年我国 31 个省（区、市）释氧价值

生态系统的固碳释氧的价值量分布与 NPP 密切相关，固碳释氧价值量较高的地区主要分布在森林密集地区，包括长江沿岸及长江以南的大部分地区和东北部分地区。

3.4.4 土壤保持

我国降雨集中，山地丘陵面积比重大，是世界上土壤侵蚀最严重的国家之一，我国每年有 30 亿～50 亿 t 泥沙流入江河湖海，其中 62%左右来自耕地表层，森林和农田系统对土壤保持发挥着重要作用。2020 年，生态系统土壤保持功能价值为 3.7 亿元，占 GEP 比重的 4.5%，与 2019 年（3.68%）相比，占比下降 0.97%。其中，森林生态系统为 2.35 万亿元，占比为 63%；草地生态系统为 0.60 万亿元，占比为 16%；湿地生态系统为 0.07 万亿元，占比为 2%；农田生态系统为 0.60 万亿元，占比为 16%（图 30）。

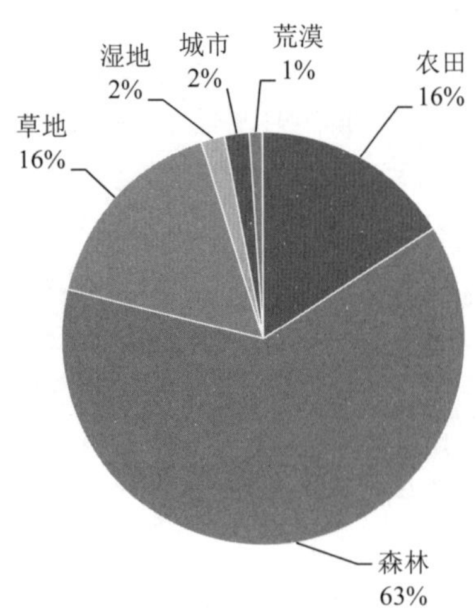

图 30　不同生态系统的土壤保持占比

全国土壤保持价值较高的省（区）有 7 个，分别是西南地区的四川、西藏和云南，华南地区的广西、广东、福建，华中地区的湖南。此外，江西、浙江和贵州也有相对较高的土壤保持价值，而华北大部分地区土壤保持价值相对较低。从各省（区）土壤保持价值排序情况来看，云南的生态系统土壤保持价值最高，达到 4 973.9 亿元；其次是四川，生态系统土壤保持价值为 4 437.9 亿元。生态系统土壤保持价值为 2 000 亿～3 000 亿元的省（区）有广东、福建、江西、湖南和西藏，生态系统土壤保持价值为 1 000 亿～2 000 亿元的省（市）有浙江、贵州、湖北和重庆；黑龙江、青海、陕西、内蒙古、安徽 5 个省（区）生态系统土壤保持价值为 500 亿～1 000 亿元，生态系统土壤保持价值低于 100 亿元的省（区、市）有新疆、宁夏、北京、天津和上海（图 31）。

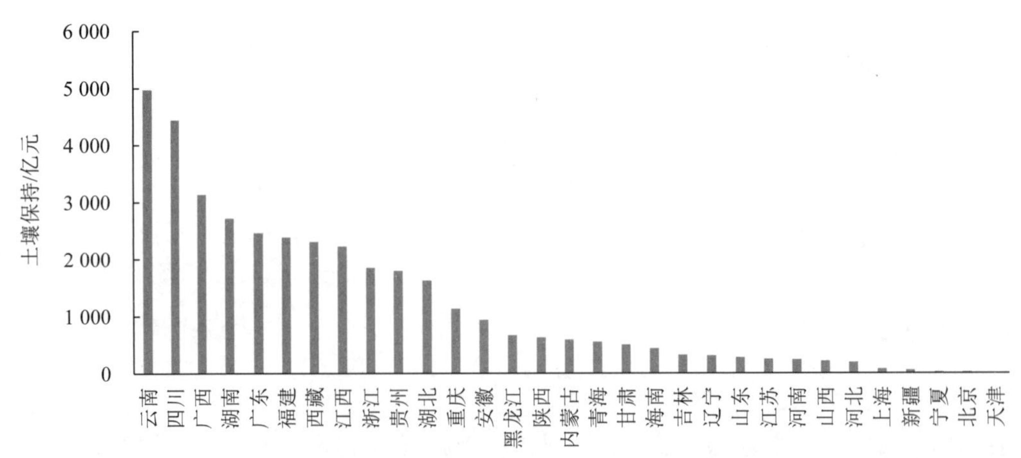

图 31　2020 年我国 31 个省（区、市）土壤保持价值

3.5 生态产品第四产业发展评估

生态产品第四产业本质是围绕生态产品供给和价值实现形成的产业，生态系统通过生态过程或与人类生产共同作用生产的最终生态产品的总价值量，因此其产值可以用生态产品总值（Gross Ecological Product，GEP），或者生态系统生产总值（Gross Eco-system Product，GEP）来衡量。广义上理解的生态产品强调生态要素本身所具有的价值，以及为了生产生态产品所必需的“投入”。依据人类参与程度，生态产品可分为主要依赖生态系统直接生产的初级生态产品，以及基于初级生态产品的市场开发经营而形成的衍生性生态产品。初级生态产品按产品形态可分为生态供给产品、生态调节服务、生态文化服务等。生态产品可分为纯公共性生态产品、准公共性生态产品、经营性生态产品 3 种类型。生态产品第四产业与传统三次产业有本质不同，核心供给者是自然生态系统，而服务对象是人与自然生命共同体，目的是实现人与自然和谐。基于生态产品分类和 GEP 核算，从生态产品第四产业的总量指标、生态产品第四产业的结构指标、生态产品价值实现程度指标、生态产品第四产业集聚度指标、生态产品第四产业关联度指标等不同方面，进行生态产品第四产业评估。

3.5.1 生态产品第四产业发展趋势分析

受新冠疫情影响，2020 年全年国内旅游人数 28.79 亿人次，比上年同期下降 52.1%，文化旅游价值 2020 年降幅较大，比 2019 年下降 47.5%。所以 2020 年全国 GEP 为 82.2 万亿元，比 2019 年下降 10.8%，其中产品供给 14.5 万亿元，比 2019 年下降 9.5%；调节服务 59.3 万亿元，比 2019 年下降 1.5%。而 2015—2019 年，我国生态产品总值 GEP 呈现增加趋势，由 2015 年的 70.6 万亿元增长到 92.1 万亿元，其中产品供给由 13.1 万亿元增长到 16.1 万亿元，调节服务由 49.7 万亿元增长到 60.3 万亿元，文化旅游由 7.7 万亿元增长到 15.8 万亿元。2015—2019 年，我国 GEP 年均增速为 6.9%，其中，北京（11.6%）、内蒙古（18.2%）、黑龙江（15.6%）、海南（13.3%）、贵州（15.7%）、陕西（12.2%）等省（区、市）的 GEP 增速相对较高（图 32）。绿金指数通过地区 GEP 与 GDP 的比值，反映地区“绿水青山”和“金山银山”的价值关系。2015—2020 年，我国绿金指数分别为 0.98、0.98、1.01、0.98、0.96、0.81。从具体省份来看，西藏和青海的绿金指数一直最高，2020 年分别为 34.2 和 15.4，说明这两个省（区）“绿水青山”价值 GEP 远高于其“金山银山”价值 GDP。上海、北京、浙江、江苏、天津、广东等发达地区的绿金指数小于 0.4，且呈现逐年下降的趋势，说明这些省份“金山银山”价值高于“绿水青山”价值，且“金山银山”价值的增速快于“绿水青山”价值的增速。

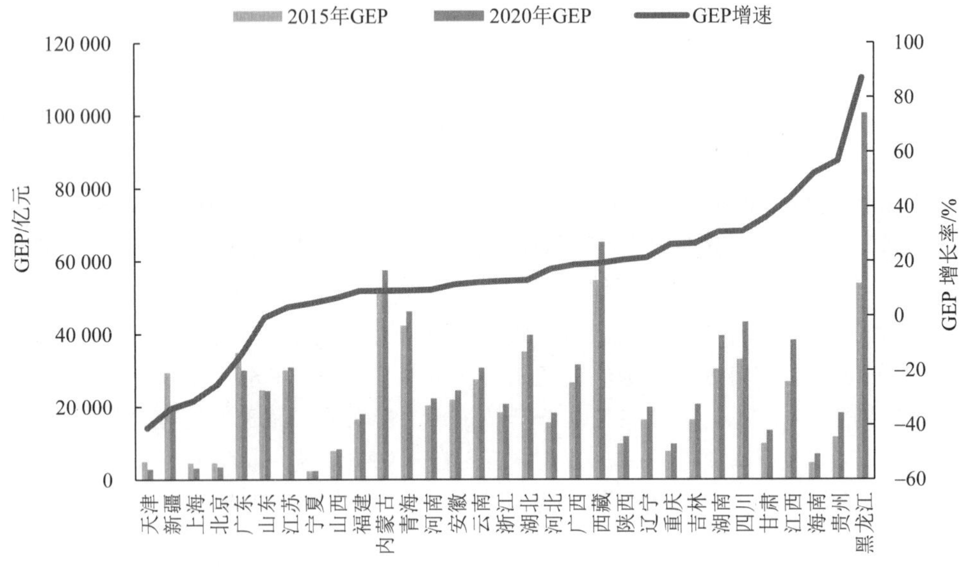

图 32 2015—2020 年我国 31 个省（区、市）生态产品总值 GEP 变化情况

3.5.2 生态产品第四产业空间分布特征分析

通过人均 GEP 和单位面积 GEP 两个相对指标，揭示我国生态产品空间分布特征。2020 年，我国人均 GEP 为 5.83 万元/人，西部地区人均 GEP 为 9.12 万元/人，东部地区为 2.94 万元/人，其中人均 GEP 最高的省（市）主要有西藏（178.2 万元/人）、青海（77.9 万元/人）、黑龙江（31.7 万元/人）、内蒙古（23.9 万元/人），均高于全国平均水平。全国单位面积 GEP 为 854.0 万元/km^2，东部地区为 1 682.5 万元/km^2，西部地区为 507.7 万元/km^2，单位面积 GEP 最高的省（市）主要有上海（5 021.9 万元/km^2）、江苏（3 014.6 万元/km^2）、天津（2 588.5 万元/km^2），上海、天津等省份的 GEP 虽然相对较小，但因其面积也比较小，所以其单位面积的 GEP 相对较高。受新冠疫情影响，与 2019 年相比，多数省份单位面积 GEP 出现下降。单位面积 GEP 最低的省（区）主要是位于西部地区的新疆（116.7 万元/km^2）、甘肃（295.5 万元/km^2）和宁夏（366.9 万元/km^2）（图 33）。我国 GEP 呈现人均 GEP 西部地区相对较高，单位面积 GEP 东部地区相对较高的空间特征。从绿金指数（GEP/GDP）来看，绿金指数大于 1 的省份有 12 个，主要分布在西部地区，大于 1 的省份比 2019 年减少了四川、湖南。绿金指数较高的省（区）包括西藏（34.2）、青海（15.4）、黑龙江（7.3）、内蒙古（3.3）。西藏和青海位于我国青藏高原，经济发展相对较弱，但生态服务价值相对较大。绿金指数小于 0.5 的省（市）主要有山西（0.47）、陕西（0.45）、福建（0.41）、河南（0.4）、重庆（0.39）、山东（0.33）、浙江（0.32）、江苏（0.30）、广东（0.27）、天津（0.21）、北京（0.10）、上海（0.08）。

利用产业集聚度和地理集中度两个指标，分析我国生态产品的产业和空间集聚特征。我国生态产品的地理集中度指数呈现增加趋势，从 2015 年的 0.012 上升到 2020 年的 0.019，表明我国生态产品地理空间集聚程度有所提高。究其原因，我国生态产品价值高的地区不仅是我国生态功能突出区域，也是我国生态建设重点投入区。我国林业建设投资空间分布不均衡，主要集中分布在贵州、四川、湖北、江西、北京、内蒙古、河南等省（区、市）。从产业集聚度看，生态产品第四产业的产业集聚度高，以产品供给、水源涵养、气候调节、土壤保持、文化旅游五大服务占 GEP 的比重进行计算，产业集聚度为 95.2%，表明我国生态系统提供的生态服务相对集中，调节服务主要来自水源涵养、气候调节和土壤保持 3 大指标。

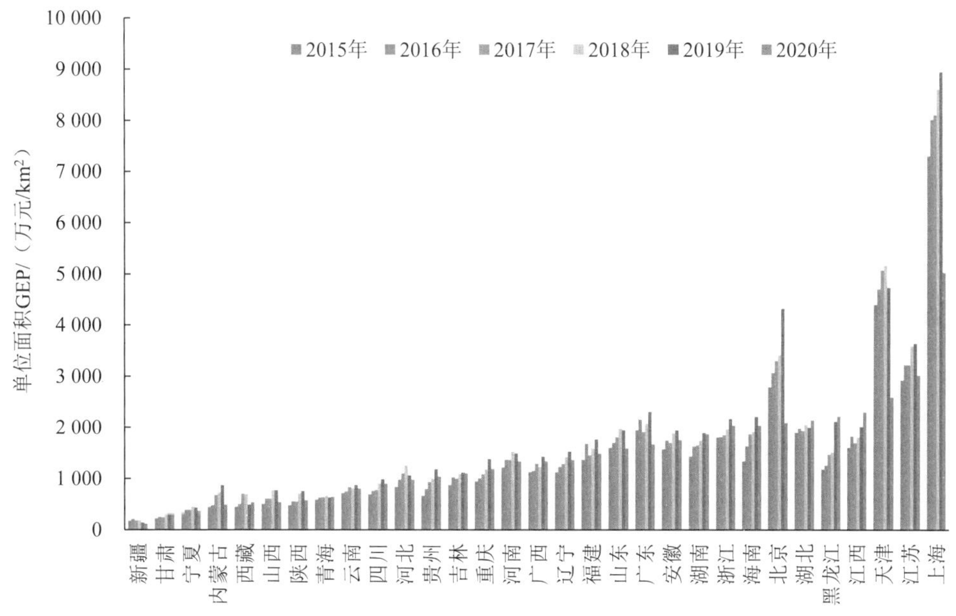

图 33　2015—2020 年我国 31 个省（区、市）单位面积 GEP

3.5.3　生态产品第四产业价值实现度分析

“绿水青山就是金山银山”是习近平生态文明思想的重要组成部分，生态产品价值实现是践行生态文明思想的重要抓手。通过生态产品初级生产率、生态产品第四产业结构比等指标，可以衡量生态产品价值实现的程度和效果。2015—2020 年，我国生态产品初级生产率呈现上升趋势，从 2015 年的 29.6%上升到 2019 年的 34.6%，2020 年受新冠疫情影响，为 27.8%。表明我国生态产品价值从“绿水青山”向“金山银山”的转化程度在逐年提升。从生态产品第四产业的结构比来看，2015 年我国供给服务、调节服务和文化服务结构比为 18.6∶70.4∶11，2020 年其结构比为 17.7∶72.2∶10.1，第四产业中文化服务业的比重逐年提高，第四产业结构趋于优化。从具体省份来看，上海、北京、天津等省市文化服务占比在 40%以上（图 34）。我国旅游业正发生深刻转型，在旅游需求上，由观光旅游为主体向观光、休闲度假、体验等复合型旅游转变，在空间形态上，由景区、景点旅游向全域旅游转变，从产业融合、区域融合、全域开发等角度来看，抢抓旅游业的转型机遇，着力寻找旅游业发展新思维、新路径、新模式，将成为我国生态产品价值实现的重点（表 5）。

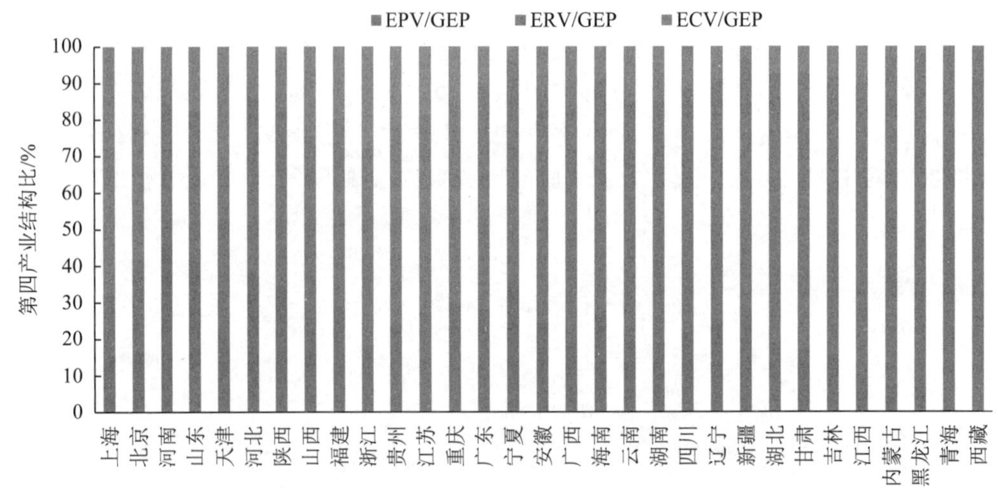

图 34　2020 年我国 31 个省（区、市）生态产品结构比

表 5　2015—2020 年我国不同生态服务指标价值　　单位：亿元

年份	产品供给	固碳释氧	水流动调节	气候调节	土壤保持	防风固沙	水环境净化	大气环境净化	病虫害防治	生态文化服务
2015	131 174	27 796	93 831	335 162	34 176	3 441	2 303	604	72	77 490
2016	138 985	40 562	106 622	341 117	38 370	5 320	2 316	613	73	92 752
2017	146 894	33 354	99 264	425 440	34 045	5 602	2 327	623	74	111 796
2018	151 411	31 480	106 526	424 092	40 753	5 289	2 408	644	77	131 189
2019	160 670	29 019	107 471	400 939	33 003	5 400	2 401	642	77	158 102
2020	145 429	30 968	124 859	391 616	37 330	5 483	2 358	631	75	82 926

从公共性产品指数可知，西藏、青海、黑龙江、内蒙古等公共性产品指数都在 90%以上。这些地区生态区位重要，是我国公共性生态产品的主要提供区，但经济相对落后，其生态产品价值实现需要政府和市场共同作用，实现经济和生态“双增长”。这些地区需以 GEP 核算价值为基础，牢固树立“保护生态环境就是保护生产力、改善生态环境就是发展生产力”的理念，正确处理好经济发展同生态环境保护的关系。同时，也需要寻找变生态要素为生产要素、变生态财富为物质财富的道路，提高绿色产品的市场供给，争取国家的生态补偿，转变社会经济发展的考核评估体系，实现“绿水青山就是金山银山”的重要转变。

4　GEEP 核算

4.1　GEEP 核算结果

2020 年，我国 GEEP 为 157.9 万亿元，比 2019 年增加 1.2%。其中，GDP 为 101.2 万亿元，

生态破坏成本为 0.77 万亿元，环境退化成本为 1.87 万亿元，生态环境退化成本比 2019 年下降 5.2%。生态系统生态调节服务为 59.3 万亿元，比 2019 年下降 1.57%。生态系统调节服务对经济生态生产总值的贡献大，占比为 37.6%；生态系统破坏成本和环境退化成本占 GDP 的比例为 1.8%。

从相对量来看，2020 年我国单位面积 GEEP 为 1 643.4 万元/km^2，人均 GEEP 为 11.2 万元/人，是人均 GDP 的 1.6 倍。西藏、青海、内蒙古、黑龙江等省（区）是我国人均 GEEP 最高的省份，这 4 个省（区）的人均 GEEP 都超过 20 万元/人（图 35）。西藏和青海人均 GEEP 较高，分别是人均 GDP 的 34.8 倍和 15.5 倍，内蒙古人均 GEEP 是人均 GDP 的 3.9 倍。除黑龙江外，这些省（区）都分布在我国西北地区，属于地广人稀、生态功能突出，但生态环境脆弱敏感的地区。

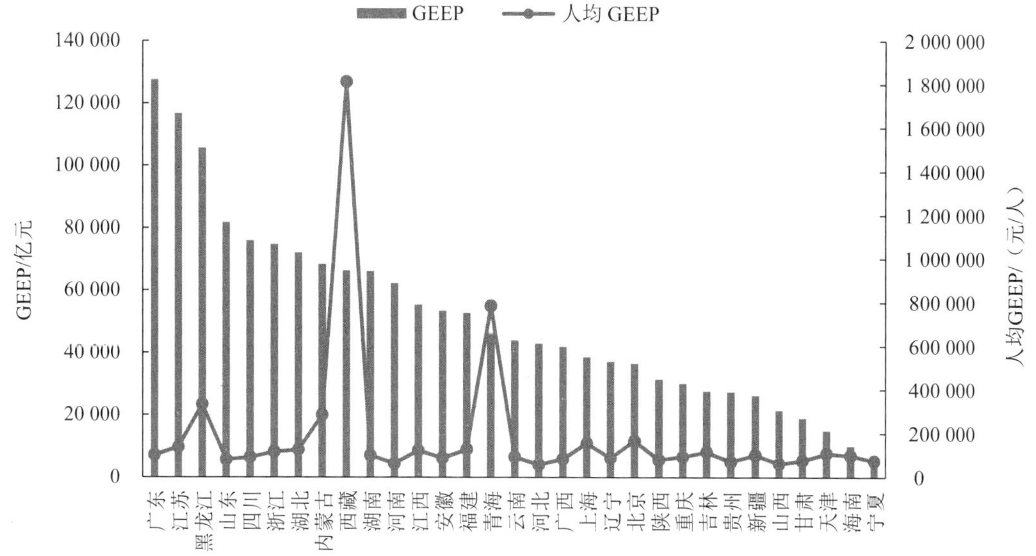

图 35　2020 年我国 31 个省（区、市）GEEP 与人均 GEEP

4.2　GEEP 空间分布

从东、中、西 3 个区域来看，2020 年我国东部、中部和西部 GDP 占全国 GDP 比重分别为 54.4%、24.5%和 21.1%。而东部、中部和西部 GEEP 占全国 GEEP 比重分别为 40.1%、29.4%和 30.5%。我国西部地区的 GEEP 占比明显高于其 GDP 占比。西部地区是我国重要的生态屏障区，不仅是大江大河的源头，更是我国生态屏障区，第一批国家重点生态功能区中，有 67%都分布在西部地区。西部地区生态系统提供的生态服务大，环境退化成本相对较低。我国环境退化成本主要分布在东部地区，占比为 55.4%，西部地区占比为 18.5%。在一正一负的拉锯下，西部地区的经济生态系统生产总值提高很大，占比已接近东部地区。我国广东、江苏、山东、浙江等东部省份的 GEEP 大，占比为 25.4%。

党的十九大报告中提出，中国特色社会主义进入新时代，我国社会主要矛盾已经转化为人民日益增长的美好生活需要和不平衡不充分的发展之间的矛盾。我国经济发展不平衡，区域之间经济差异大。按照联合国有关组织提出的基尼系数规定，低于 0.2，收入绝对平均；0.2～0.3，收入比较平均；0.3～0.4，收入相对合理；0.4～0.5，收入差距较大；0.5 以上，收入差距悬殊。基尼系数假定一定数量的人口按收入由低到高排序，分为人数相等的 n 组，从第 1 组到第 i 组人口累计收入占全部人口总收入的比重为 w_i，利用定积分的定义对洛伦茨曲线的积分（面积 B）分成 n 个等高梯形的面积之和进行计算。本报告以 31 个省（区、市）GDP 和人口两个指标，计算我国区域基尼系数，2020 年基于 GDP 计算的区域基尼系数为 0.50。基于 GEEP 计算的区域基尼系数为 0.49。如果采用 GEEP 进行一个地区生态经济生产总值核算，我国的区域差距将趋于缩小。

4.3 GEEP 省份排名

GEEP 是在 GGDP 的基础上，增加了生态系统给人类经济系统提供的生态服务价值。由于生态系统提供的生态服务价值较大，生态系统分布的省份不均衡性，导致我国 31 个省（区、市）GEEP 排名和 GDP 排名相比变化幅度较大。除广东、江苏、四川、湖南 4 个省份的排序没有变化外，其他省份的排序都有所变化（图 36）。GEEP 核算体系对生态面积大、生态功能突出的省份排序有利，对生态面积小、生态环境退化成本高的地区排序不利。GEEP 排名比 GDP 排名降低幅度大的省（市）主要有上海、北京、陕西、重庆等省（市）。北京从 GDP 排名第 13 位降低到 GEEP 排名第 21 位，上海从 GDP 排名第 10 位降低到 GEEP 排名第 19 位，陕西从 GDP 排名第 14 位降低到 GEEP 排名第 22 位，重庆从 GDP 排名第 17 位降低到 GEEP 排名第 23 位。

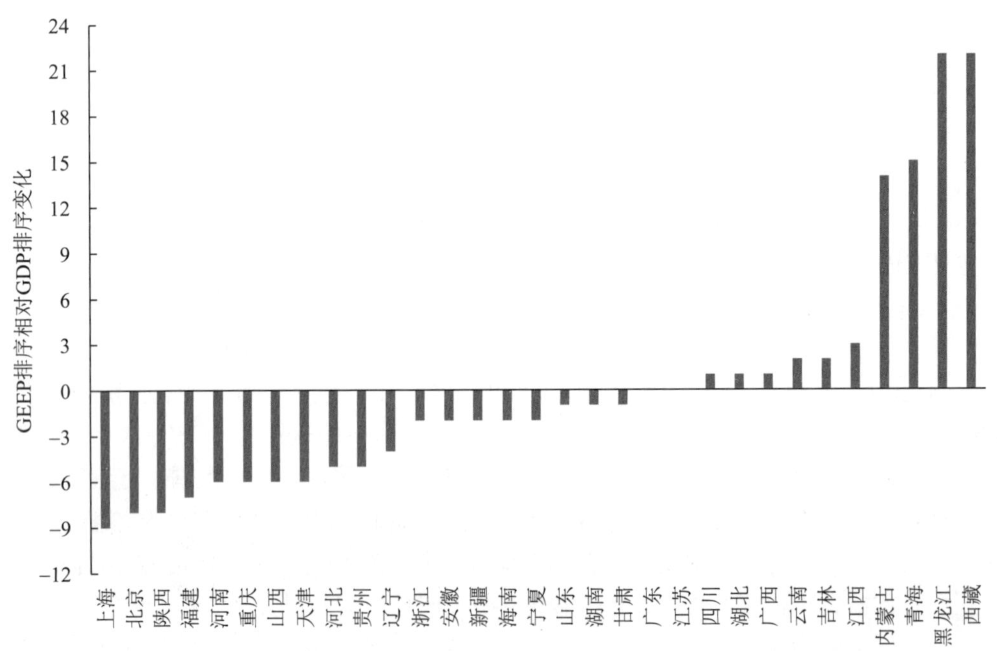

图 36 2020 年我国 31 个省（区、市）GEEP 排序相对 GDP 排序变化情况

内蒙古、黑龙江、青海、西藏等省（区）都是我国重要的生态功能区，生态面积大，生态功能突出。这些省（区）GEEP 的核算结果都远高于其 GDP。其中，内蒙古 GEEP 是 GDP 的 3.9 倍，青海 GEEP 是 GDP 的 15.5 倍，黑龙江 GEEP 是 GDP 的 7.7 倍，西藏 GEEP 是 GDP 的 34.8 倍。这些省（区）的 GEEP 排名比 GDP 排名有较大幅度增加。内蒙古从 GDP 排名第 22 位上升到 GEEP 排名第 8 位。黑龙江从 GDP 排名第 25 位上升到 GEEP 排名第 3 位。青海从 GDP 排名第 30 位上升到 GEEP 排名第 15 位。西藏从 GDP 排名第 31 位上升到 GEEP 排名第 9 位。

进一步以全国 31 个省（区、市）人口和 GDP 均值、人口和 GEEP 均值作为原点，构建 GDP 和 GEEP 相对人口的散点象限分布图（图 37 和图 38）。通过对比图 37 和图 38 中省份的象限变化情况可知，除河北由图 37 第一象限变成图 38 第二象限外，图 37 第一象限的经济和人口大省在图 38 中仍分布在第一象限，说明这些省份经济生态生产总值仍高于全国平均水平。图 37 第三象限的西藏、黑龙江、内蒙古移至图 38 的第四象限，这 3 个省（区）在生态调节服务正效益的拉动下，其经济生态生产总值超过了全国平均水平。北京和上海的 GDP 超过全国平均水平，但其经济生态生产总值低于全国平均水平。

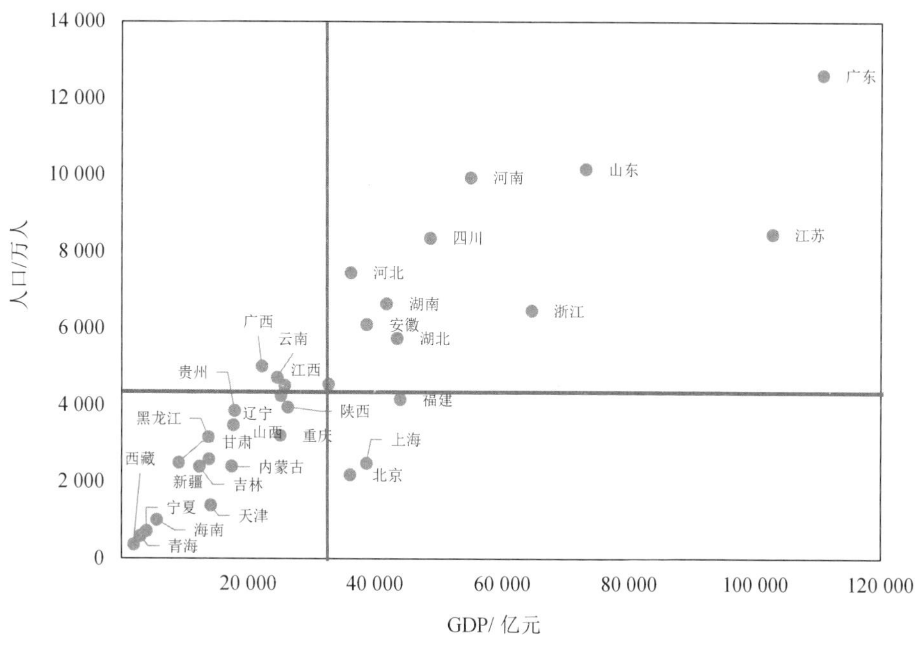

图 37　2020 年我国 31 个省（区、市）人口与 GDP 不同象限分布情况

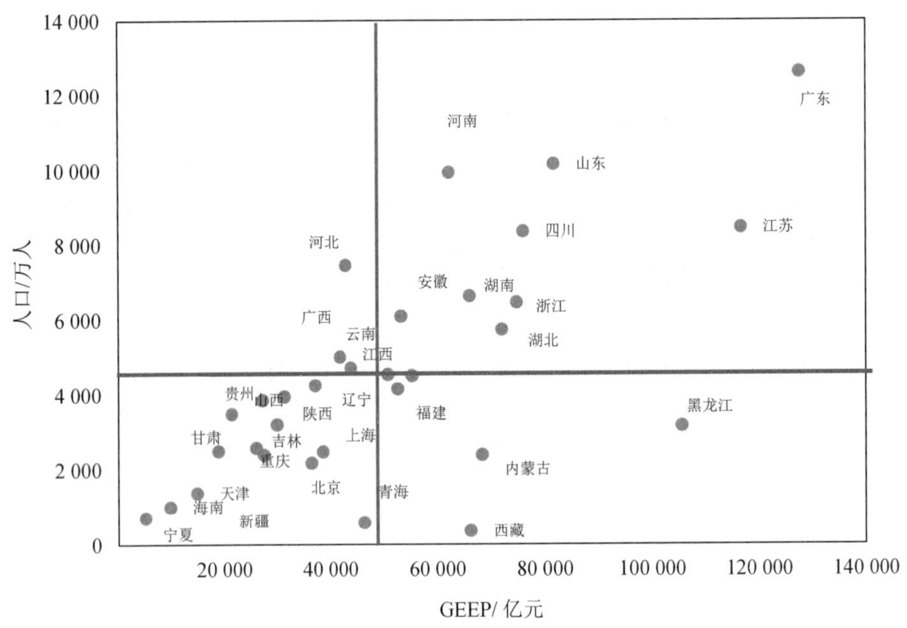

图 38　2020 年我国 31 个省（区、市）人口与 GEEP 不同象限分布情况

党的十八大、十九大以来，随着我国生态文明建设不断深入推进，“绿水青山就是金山银山”理念的不断实践，我国在生态环境保护方面取得了显著成绩，2015—2020 年我国大气、水环境质量不断改善，空气质量优良比例由 76.7%提高到 87%，$PM_{2.5}$ 年均浓度下降 54.2%，Ⅰ～Ⅲ类水质断面比例由 72.1%提高到 83.4%。并通过“绿盾”自然保护地强化监督工作。截至 2020 年年底，国家级自然保护区内的 5 503 个重点问题点位，已整改完成 5 038 个，整改完成率 92%。2015—2020 年我国森林、草地和湿地三者总面积略有上升，由 2015 年的 710 万 km^2 增长到 720 万 km^2，森林、草地和湿地分别增加 2.2%、1.3%和 4.9%。由此，2015—2020 年我国环境退化成本先升后降，2017 年达到峰值为 2.2 万亿元，2020 年环境退化成本比 2017 年降低 15.2%；GEP 由 70.6 万亿元增加到 92.1 万亿元，提高 16.4%；4 年来 GEEP 不断提高，由 119.3 万亿元提高到 157.9 万亿元，增加 32.3%。但同期 GDP 由 68.9 万亿元提高到 101.2 万亿元，增加 51.4%，GDP 增速高于 GEEP 增速。可见，我国现阶段经济发展速度快于生态系统服务价值增长速度，需不断提高变生态财富为物质财富的能力，提高绿色产品的市场供给，实现“绿水青山就是金山银山”的重要转变。

4.4　GEEP 变化趋势

我国 GEEP 呈现持续增加趋势，从 2015 年的 119.3 万亿元增加到 2020 年的 157.9 万亿元，增加 32.3%；其中，GGDP 从 2015 年的 66.2 万亿元增加到 2020 年的 98.6 万亿元，增加了 48.9%；GEP 从 2015 年的 70.6 万亿元增加到 2020 年的 82.2 万亿元，增加了 16.4%，我国实现了“金山银山”价值和“绿水青山”价值同步增加（图 39）。从具体省份来看，福建、重庆、四川、贵州、北京、上海、海南等省（市）的 GEEP 年均增速相对较高，均在 9.5%以上。其中，北京、上海、重庆、四川、福建 GEEP 是在 GGDP 和 GEP 双高增速情况下，助推其 GEEP 快速增加。贵州和海南 GEEP 增速中 GEP 的贡献度相对较高。福建、贵州、江西、海南等作为生态文明示范区，牢固树立“保护生态环境就是保护生产力、改善生态环境就是发展生产力”的理念，正确处理好经济发展同生态环境保护的关系。围绕物质供给、调节服务、文化服务三大类生态产品优势，发展特色生态农业、绿色工业、生态旅游业、生态文化产业、健康养生业等生态产业，探索建立政府主导、企业和社会各界参与、市场化运作、可持续的生态产品价值实现路径。当前，我国生态文明建设正处于压力叠加、负重前行的关键期，已进入提供更多优质生态产品以满足人民日益增长的优美生态环境需要的攻坚期。应坚持以人民为中心，提供更多优质生态产品，让生态产品价值全面实现成为推进美丽中国建设、实现人与自然和谐共生的现代化的增长点、支撑点、发力点。

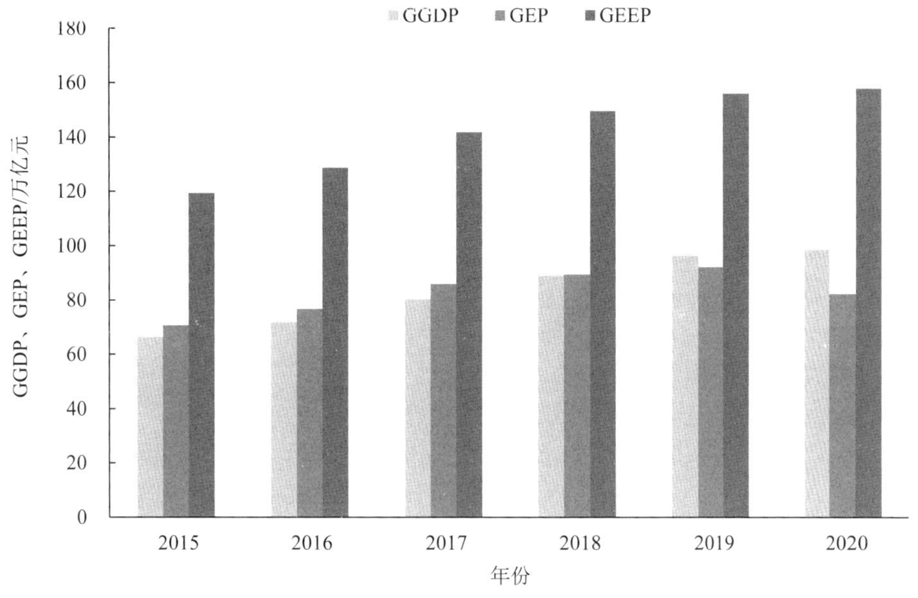

图 39　2015—2020 年我国 GGDP、GEP、GEEP

5　结论和建议

5.1　主要结论

（1）我国环境质量改善明显，环境退化成本步入下降通道

当前，我国经济进入新常态，经济增长由高速增长阶段转向高质量发展阶段。在《大

气污染防治行动计划》《打赢蓝天保卫战三年行动计划》《水污染防治行动计划》《土壤污染防治行动计划》等一系列环境污染治理政策的作用下，我国环境治理改善明显。2020 年，全国地表水优良（Ⅰ～Ⅲ类）水质断面比例同比上升 8.5 个百分点，劣Ⅴ类断面比例同比下降 2.8 个百分点。全国地级及以上城市空气质量年均优良天数比例为 87%，细颗粒物（$PM_{2.5}$）未达标城市年均浓度同比下降 7.5%。在大气环境和水环境同步改善的情况下，我国环境退化成本也呈现下降趋势。2004—2017 年，我国环境退化成本持续增加，从 5 118.2 亿元增加到 22 256.5 亿元，2018—2020 年，环境退化成本步入下降通道，2018 年我国环境退化成本为 22 114.1 亿元，比 2017 年降低 0.6%；2019 年环境退化成本为 20 480 亿元，比 2018 年降低 7.4%，2020 年环境退化成本为 18 862.9 亿元，比 2019 年下降 7.9%。我国环境退化成本的库兹涅茨倒 U 曲线初步形成。《中国 2015—2018 年城市环境治理与经济发展关系实证研究》研究结果显示，环境治理开始步入与经济协调发展的阶段，我国环境治理力度加大并未制约我国经济增长。

（2）我国 GEP 呈现波动增加趋势，湿地生态系统提供的气候调节占比高

通过对 2015—2020 年共 6 年的 GEP 核算结果显示，我国 GEP 从 2015 年的 70.6 万亿元上升到 2020 年的 82.2 万亿元，年均增速 3.1%。从不同的生态系统来看，我国湿地生态系统的生态服务价值相对最大，为 46.0 万亿元，占比为 62.2%；其次是森林生态系统，为 11.6 万亿元，占比为 15.6%；草地生态系统为 5.05 万亿元，占比为 6.84%；农田生态服务价值为 11.0 万亿元，占比为 14.9%；荒漠和城市生态系统提供的生态服务价值最小，分别为 0.25 万亿元和 0.08 万亿元，占比为 0.33%和 0.11%。从 GEP 三大指标来看，产品供给服务为 14.5 万亿元，占比为 17.7%；调节服务为 59.3 万亿元，占比为 72.2%；文化服务为 8.29 万亿元，占比为 10.1%。在调节服务中，气候调节服务价值最大，为 39.2 万亿元；其次是水流动调节，为 12.5 万亿元，土壤保持价值为 3.7 万亿元。与 2019 年相比，供给和调节服务的生态服务价值占比略有上升，文化旅游占比有所下降。

（3）我国 GEEP 持续增加，“金山银山”价值和“绿水青山”价值同步增加

我国 GEEP 呈现持续增加趋势，从 2015 年的 119.3 万亿元增加到 2020 年的 157.9 万亿元，年均增速为 5.8%；其中，体现“金山银山”价值的绿色 GDP 从 2015 年的 66.2 万亿元增加到 2020 年的 98.6 万亿元，年均增速为 8.3%；体现“绿水青山”价值的 GEP 从 2015 年的 70.6 万亿元增加到 2020 年的 82.2 万亿元，年均增速为 3.1%，“绿水青山”价值增速略低于“金山银山”价值增速。我国大力推进大规模国土绿化行动，森林资源持续增加，森林惠民成效显著。2015 年我国森林覆盖率为 21.66%，2020 年我国森林覆盖率达 22.96%。2020 年我国全年共完成造林 677 万 hm^2、森林抚育 837 万 hm^2，种草改良草原 283 万 hm^2。我国已全面停止天然林商业性采伐，国有天然商品林全部纳入停伐管护补助。全国沙化土地封禁保护区面积扩大到 177.17 万 hm^2，荒漠化沙化面积和程度持续降低。发布《2020 年国家重要湿地名录》，新增国家重要湿地 29 处。80 处国家湿地公园试点通过验收，国家湿地公园建设成效明显。①

（4）我国 GEEP 空间分布不均，基于 GEEP 省份排名变幅较大

2020 年，我国东部、中部和西部 GEEP 占全国 GEEP 比重分别为 40.1%、29.4%和 30.5%。

---

① 来源：2020 年中国国土绿化状况公报。

与 GDP 的区域分布相比，西部地区的 GEEP 占比明显高于其 GDP 占比，2020 年西部 GDP 占比仅为 21.1%。基于 GEEP 排名和 GDP 排名相比，变化幅度较大。GEEP 排名比 GDP 排名降低幅度大的省份主要有上海、北京、陕西、重庆等省（市）。北京从 GDP 排名第 13 位降低到 GEEP 排名第 21 位，上海从 GDP 排名第 10 位降低到 GEEP 排名第 19 位，陕西从 GDP 排名第 14 位降低到 GEEP 排名第 22 位，重庆从 GDP 排名第 17 位降低到 GEEP 排名第 23 位。内蒙古从 GDP 排名第 22 位上升到 GEEP 排名第 8 位。黑龙江从 GDP 排名第 25 位上升到 GEEP 排名第 3 位。青海从 GDP 排名第 30 位上升到 GEEP 排名第 15 位。西藏从 GDP 排名第 31 位上升到 GEEP 排名第 9 位。从 GEEP 年均增速来看，福建、重庆、四川、贵州、北京、上海、海南等省（市）的 GEEP 年均增速相对较高，均在 9.5%以上。其中，北京、上海、重庆、四川、福建 GEEP 是在 GGDP 和 GEP 双高增速情况下，助推其 GEEP 快速增加。贵州和海南 GEEP 增速中 GEP 的贡献度相对较高。

（5）受核算数据和参数影响，GEEP 核算结果存在一定的不确定性

GEEP 核算是一个相对综合且复杂的核算系统，从学术研究的角度，无论是 GGDP 还是 GEP，在核算体系、核算方法、关键参数以及核算结果等方面仍存在一定不确定性，直接影响了核算结果的合理性。首先，从方法的标准化方面，GEEP 核算涉及 10 多个指标，每个指标无论是实物量还是价值量，都有多种核算方法，不同的核算方法，核算结果存在一定差异性，导致同一地区不同人的核算结果存在数量级的差别。其次，从数据角度，GEEP 核算涉及经济、环境、生态、气象、水文、资源、旅游等不同的数据来源，一些自然因素如温度、降雨、水文等气象因素会对结果产生一定影响，往往对到底是“人努力”还是“天帮忙”区分度不高。最后，从关键参数角度，GEEP 核算中每个指标都会涉及多个参数，参数的合理性和区域差异性，直接影响结果的合理性，但目前我国对关键参数的本地化工作相对滞后，还有很大的改进空间。

5.2 政策建议

（1）加快建立规范统一的生态系统核算框架体系，为各地实践提供技术指导

GEEP 核算报告由绿色 GDP、GEP 和 GEEP 三部分内容组成。建议在国家层面，制定存量与流量兼顾、价值量与实物量并重的核算技术指南，推动我国 GEEP 核算工作的标准化和规范化；在地方层面，以国家发布的技术指南为基础，结合区域特征，进一步细化，构建本地化技术参数，提升地方核算的可操作性，为生态效益评估、生态资产管理与生态产品可持续供给提供技术支撑；在具体应用领域，开发等量赔偿、交易指数、等价交换、环境效益指数、生态资产评级等不同政策和制度需求的生态资产或生态产品评价方法，为促进生态产品价值实现提供方法指导。

（2）构建监测体系，实现核算数据精细化

构建网格化的持续监测体系，是保障 GEP 和 GEEP 核算结果科学性的基础工作。目前，我国水环境和大气环境质量监测体系已经构建，但生态系统的监测网格标准化建设还不尽完善。需加快建立与国民经济行业分类相衔接的 GEP 分类目录，支持 GEP 统计、核算和评估。进一步加大森林生态站的空间覆盖率，加大森林生态站观测体系构建、观测站

点建设、观测标准体系构建和观测数据采集系统建设，采用构建国家技术标准统筹、区域流域技术监督、地方推进落实、社会共同参与的生态监测网络，推进生态环境多源遥感与地面观测相结合的监测网络标准化建设，形成覆盖森林、草原、湿地、农田、海洋、矿产、水资源等重要自然生态要素的调查监测体系。

（3）将 GEEP 核算纳入综合决策的主流化程序，推动核算进规划、进决策、进项目

研究建立综合生态环境与经济核算统计体系，将衡量经济发展和生态保护的综合性指标、重要生态系统类型的数量和质量指标、生态环境保护建设成效指标，作为约束性强制指标分别纳入国民经济和社会发展规划、国土空间规划和生态环境保护规划中，发挥核算工作对于社会经济可持续发展的引领作用。将经济发展与自然生态协调性分析纳入主流化决策程序，规范规划、政策和项目层面基于生态环境经济核算的实施评估，通过规划统筹解决区域发展与自然生态平衡、减污降碳与气候变化适应、生态建设与生物多样性保护等全球性生态环境问题，提升国家生态文明建设国际影响力。从生态系统完整性出发，打好生态补偿与生态环境损害赔偿“组合拳”，创新生态环境保护修复机制。

（4）加强核算结果政策应用，促进生态产品第四产业可持续发展

生态产品第四产业指以生态资源为核心要素，与生态产品价值实现相关的产业形态，从事生态产品生产、开发、经营、交易等经济活动的集合。狭义上的生态产品第四产业主要指通过生态建设提升生态资源本底价值的相关产业及通过市场交易、生态产业化经营等方式将生态产品所蕴含的内在价值转化为经济价值的产业集合，包括生态保护和修复、生态产品经营开发、生态产品监测认证、生态资源权益指标交易、生态资产管理等产业形态。目前，生态产品第四产业缺乏有效的生态产品定价依据、利益分配体制以及相应的交易平台。而绿色 GDP、GEP 的核算结果可为上述内容提供技术参考。基于 GEP 核算结果，可以开展生态补偿标准制定，研究基于“占补平衡”的生态补偿横向市场交易机制与交易平台，推动建立生态产品第四产业交易市场。总结排污权和碳交易试点经验，基于综合生态环境经济核算开展排污权、生态权定价标准研究，研究提出生态产品交易市场体系与制度保障体系，提高生态环境治理的价值转化效率。利用 GEP 核算结果，鼓励将生态环境保护修复与生态产品经营开发权益挂钩，建立生态建设反哺机制，确保生态产品开发经营实现的经济收益要按一定的比例反哺村民，确保村民获益的同时实现生态系统服务保值增值。

参考文献

[1] PEARCE D，BARBIER E. Blueprint for Sustainable Economy[M]. London：Earthscan Pulication Ltd，2000.

[2] EDWARDS J G，DAVIES B，HUSSAIN S. Ecological Economics：An Introduction[M]. Oxford：Blackwell Science Ltd，2000.

[3] TISDELL C. Conditions for Sustainable Development：weak and strong[M]. Sustainable Agriculture and Env. Cheltenham：Edward Elgar Publishing Ltd，1999.

[4] PERMAN R，MA Y，MCGILVRAY J，et al. Natural Resources and Environmental Economics[M]. 2 nd edition. Pearson Education Ltd，1999.

[5] SAGAR A D，NAJAM A. The Human Development Index：A Critical Review[J]. Ecological Economics，1998，25（3）：249-264.

[6] COMMON M S，PERRINGS S C. Toward an Ecological Economics of Sustainability[J]. Ecological Economics，1992，6（1）：7-34.

[7] MARQUES M J，BIENES R，JIMENEZ L，et al. Effect of vegetal cover on runoff and soil erosion under light intensity events[J]. Rainfall simulation over USLE plots. Science of the Total Environment，2007，378（1-2）：161-165.

[8] DIODATO N，BELLOCCHI G. Estimating monthly（R）USLE climate input in a Mediterranean region using limited data[J]. Journal of Hydrology，2007，345（3-4）：224-236.

[9] COSTANZA R，D'ARGE R，GROOT R D，et al. The value of the world's ecosystem services and natural capital[J]. Nature，1997，387（6630）：253-260.

[10] ASSESSMENT M E. Ecosystems and human well-being：general synthesis[M]. Island Press：Washington D.C.，2005.

[11] United Nations. The System of Environmental-Economic Accounting 2012 Experimental Ecosystem Accounting[M]. New York，2014.

[12] MA G X，WANG J N，YU F，et al. Framework construction and application of China's Gross Economic-Ecological Product accounting[J]. Journal of Environmental Management，2020，264：1-10.

[13] World Bank. 2009．Cost of pollution in China. Washington，D.C：World Bank Publications.

[14] 高敏雪．资源环境统计[M]．北京：中国统计出版社，2004.

[15] 罗杰•珀曼，马越，詹姆斯•麦吉利夫雷，等．自然资源与环境经济学[M]．侯元兆，译．北京：中国经济出版社，2002.

[16] 生态环境部环境规划院，中国科学院生态环境研究中心．陆地生态系统生产总值（GEP）核算技术指南[R]. 2020.

[17] 於方，王金南，曹东，等．中国环境经济核算技术指南[M]．北京：中国环境科学出版社，2009.

[18] 朱文泉，潘耀忠，张锦水．中国陆地植被初级生产力遥感估算[J]．植物生态学报，2007，31（3）：413-424.

[19] 朱文泉，潘耀忠，何浩，等．中国典型植被最大光利用率模拟[J]．科学通报，2006，51（6）：700-706.

[20] 国家林业局．森林生态系统服务功能评估规范：LY/T 1721—2008[S]．2008.

[21] 国家林业局．自然资源（森林）资产评价技术规范：LY/T 2735—2016[S]．2017.

[22] 欧阳志云，王效科，苗鸿．中国陆地生态系统服务功能及其生态经济价值的初步研究[J]．生态学报，1999，19（5）：607-613.

[23] 欧阳志云，朱春全，杨广斌，等．生态系统生产总值核算：概念、核算方法与案例研究[J]．2013，33（21）：6747-6761.

[24] 谢高地，张彩霞，张昌顺，等．中国生态系统服务的价值[J]．资源科学，2015，37（9）：1740-1746.

[25] 傅伯杰，于丹丹，吕楠．中国生物多样性与生态系统服务评估指标体系[J]．生态学报，2017，37（2）：341-348.

[26] 李文华，欧阳志云，赵景柱．生态系统服务功能研究[M]．北京：气象出版社，2002.

[27] 马国霞，於方，王金南，等．中国 2015 年陆地生态系统生产总值核算研究[J]．中国环境科学，2017，37（4）：1474-1482.

[28] 於方，马国霞，齐霁，等．中国环境经济核算研究报告（2007—2008）[M]．北京：中国环境出版社，2012.

[29] 於方，马国霞，杨威杉，等．中国环境经济核算研究报告（2009—2010）[M]．北京：中国环境出版社，2019.

[30] 於方，马国霞，周颖，等．中国环境经济核算研究报告（2011—2012）[M]．北京：中国环境出版社，2019.

[31] 马国霞，於方，周颖，等．中国环境经济核算研究报告（2013—2014）[M]．北京：中国环境出版社，2019.

[32] 马国霞，周夏飞，彭菲，等．2015 年中国生态系统生态破坏损失核算研究[J]．地理科学，2019，39（6）：1008-1015.

[33] 王金南，刘苗苗，毕军，等．中国 2015—2018 年城市环境治理与经济发展关系实证研究 2020，16（18）：1-28.

[34] 全国绿化委员会办公室．2020 年中国国土绿化状况公报[EB/OL]．（2020-03-12）．http://fangtan.china.com.cn/ zhuanti/2020-03/12/content_75804637.html.

[35] 王金南，王志凯，刘桂环，等．生态产品第四产业理论与发展框架研究[J]．中国环境管理，2021，13（4）：5-13.

[36] 王金南，马国霞，王志凯，等．生态产品第四产业发展评价指标体系的设计及应用[J]．中国人口 •资源与环境，2021，31（10）：1-8.

附录 1　2020 年各地区 GEEP 核算结果

地区	省份	GDP/亿元	环境退化成本/亿元	环境退化指数/%	生态环境成本/亿元	生态环境成本指数/%	绿色GDP/亿元	GEP/亿元		绿金指数	GEEP/亿元
									生态调节服务/亿元		
东部	北京	36 102.6	520.4	1.4	522.0	1.45	35 580.6	3 500.0	885.2	0.1	36 465.7
	天津	14 083.7	532.8	3.8	534.1	3.79	13 549.6	2 925.0	1 378.6	0.2	14 928.3
	河北	36 206.9	1 658.0	4.6	2 046.1	5.65	34 160.8	18 286.2	8 763.4	0.5	42 924.2
	辽宁	25 115.0	733.8	2.9	1 176.4	4.68	23 938.6	19 833.2	13 188.4	0.8	37 126.9
	上海	38 700.6	632.7	1.6	653.9	1.69	38 046.7	3 163.8	535.1	0.1	38 581.8
	江苏	102 719.0	2 457.4	2.4	2 761.8	2.69	99 957.2	30 929.8	16 652.7	0.3	116 609.9
	浙江	64 613.3	822.6	1.3	896.8	1.39	63 716.5	20 696.2	11 087.5	0.3	74 804.0
	福建	43 903.9	299.1	0.7	415.9	0.95	43 488.0	18 009.7	9 267.2	0.4	52 755.2
	山东	73 129.0	1 346.6	1.8	1 465.1	2.00	71 663.9	24 391.1	10 127.0	0.3	81 790.9
	广东	110 760.9	1 325.3	1.2	1 457.1	1.32	109 303.8	29 983.8	18 269.4	0.3	127 573.3
	海南	5 532.4	18.0	0.3	20.2	0.37	5 512.2	6 907.3	4 458.9	1.2	9 971.0
	小计	550 867	10 346.8	1.9	11 949.5	2.17	538 918	178 626.2	94 613.5	0.3	633 531.2
	占全国比	54.4	55.4		45.3		54.7	21.7	15.9		40.1
中部	山西	17 651.9	466.8	2.6	509.2	2.88	17 142.7	8 363.5	4 291.3	0.5	21 434.1
	吉林	12 311.3	307.5	2.5	349.8	2.84	11 961.5	20 649.9	15 632.3	1.7	27 593.8
	黑龙江	13 698.5	624.8	4.6	736.9	5.38	12 961.6	100 567.0	92 617.1	7.3	105 578.7
	安徽	38 680.6	676.4	1.7	797.6	2.06	37 883.0	24 432.7	15 501.4	0.6	53 384.4
	江西	25 691.5	341.0	1.3	699.7	2.72	24 991.8	38 296.8	30 366.3	1.5	55 358.1
	河南	54 997.1	1 274.6	2.3	1 351.7	2.46	53 645.3	22 235.6	8 610.8	0.4	62 256.2
	湖北	43 443.5	576.3	1.3	636.5	1.47	42 807.0	39 737.1	29 220.2	0.9	72 027.2
	湖南	41 781.5	610.9	1.5	1 792.6	4.29	39 988.9	39 534.0	26 112.2	0.9	66 101.1
	小计	248 256	4 878.2	2.0	6 874.0	2.77	241 382	293 816.5	222 351.7	1.2	463 733.5
	占全国比	24.5	26.1		26.0		24.5	35.8	37.5		29.4
西部	内蒙古	17 359.8	306.5	1.8	620.8	3.58	16 739.0	57 454.0	51 637.0	3.3	68 376.0
	广西	22 156.7	273.0	1.2	524.1	2.37	21 632.6	31 510.5	20 267.6	1.4	41 900.2
	重庆	25 002.8	273.1	1.1	336.4	1.35	24 666.4	9 773.2	5 340.1	0.4	30 006.5
	四川	48 598.8	684.6	1.4	1 278.0	2.63	47 320.7	43 235.3	28 703.8	0.9	76 024.5
	贵州	17 826.6	142.1	0.8	271.3	1.52	17 555.3	18 166.0	9 762.0	1.0	27 317.2
	云南	24 521.9	396.5	1.6	649.7	2.65	23 872.2	30 725.0	20 100.7	1.3	43 972.9
	西藏	1 902.7	9.2	0.5	248.8	13.07	1 654.0	65 148.3	64 606.4	34.2	66 260.3
	陕西	26 181.9	460.8	1.8	584.6	2.23	25 597.3	11 795.7	5 772.6	0.5	31 369.9
	甘肃	9 016.7	139.9	1.6	249.3	2.76	8 767.4	13 428.7	10 131.4	1.5	18 898.8
	青海	3 005.9	78.8	2.6	1 898.7	63.16	1 107.3	46 183.8	45 424.5	15.4	46 531.8
	宁夏	3 920.6	139.8	3.6	151.0	3.85	3 769.5	2 435.9	1 506.1	0.6	5 275.6
	新疆	13 797.6	551.8	4.0	759.0	5.50	13 038.6	19 375.4	13 102.7	1.4	26 141.3
	小计	213 292	3 456.1	1.6	7 571.7	3.55	205 720	349 231.9	276 354.8	1.6	482 075.0
	占全国比	21.1	18.5		28.7		20.9	42.5	46.6		30.5
全国		1 012 415	18 681	1.8	26 395.2	2.61	986 020	821 674.6	593 319.9	0.81	1 579 339.7

注：环境退化成本中的污染事故损失是全国总量数据，缺少分地区数据，所以附表中的环境退化成本未包含污染事故损失。

我国 2004—2019 年环境退化成本核算与变化分析

The Valuation of China's Environmental Degradation from 2004 to 2019

彭菲 马国霞 於方 杨威杉 周颖 周夏飞
曹东 蒋洪强 王金南 景立新 敬红 何立环 高敏雪

摘　要　2004—2019 年我国环境经济核算结果显示，我国环境退化成本由 2004 年的 5 118.2 亿元，增长到 2019 年的 16 850.1 亿元，占 GDP 比重由 3.05%下降到 1.71%。为体现近年来污染防治攻坚战及生态文明建设的成效，反映各项生态环境保护措施的效果，本报告在环境规划院多年核算工作的基础上，从环境退化成本的角度，对我国 2004—2019 年全国和地区环境退化成本进行分析，总结我国环境退化成本的变化情况。

关键词　环境经济核算　环境退化成本　全国　地区

Abstract　The results of China's environmental economic accounting from 2004 to 2019 show that the cost of environmental degradation in China has increased from 511.82 billion yuan in 2004 to 1 685.01 billion yuan in 2019, and its proportion in GDP has decreased from 3.05% to 1.71%. In order to reflect the achievements of pollution prevention and control and ecological civilization construction in recent years, and reflect the effects of various ecological environmental protection measures, this report, based on years of accounting work of the Environmental Planning Institute, analyzes the national and regional environmental degradation costs from 2004 to 2019 from the perspective of environmental degradation costs, and summarizes the changes of environmental degradation costs in China.

Keywords　environmental economic accounting; the cost of environmental degradation; national　regional

现有国民经济核算体系没有考虑经济增长的资源环境代价，无法反映资源环境代价对真实国民福利减少的影响。国际上从 20 世纪 70 年代开始研究建立绿色国民经济核算体系，在传统的 GDP 核算体系中扣除自然资源耗减成本和环境退化成本，更真实地衡量经济发展成果和国民经济福利。联合国统计署（UNSD）于 1993 年、2003 年和 2012 年先后发布并修订了《综合环境与经济核算体系（SEEA）》，为建立绿色国民经济核算提供了基本框架。Pearce 在 1993 年第一次利用绿色国民核算体系对 20 个国家进行了核算，得出多数国家的经济发展是不可持续的。Hamilton 等通过计算环境退化成本和资源消耗损失，得出低收入国家的资源损失占 GDP 的比重为 7.8%，中等收入国家约为 5.6%，发达国家为 0.8%，指出中东和北非国家的资源环境成本最高，占 GDP 比重的 20.7%。

我国从 20 世纪 90 年代开始就逐步关注经济发展的资源环境代价。过孝民和张慧勤等 1990 年首次计算了我国的环境退化成本和生态破坏损失，得出 1981—1985 年平均每年损失占其国民生产总值（GNP）的 6.75%。进入 20 世纪 90 年代，郑易生、李金昌、世界银行、夏光、雷明等分别对我国环境退化成本进行了货币化评价，计算结果占当年国内生产总值（GDP）的比重为 3%～10%。2004 年，中央人口、资源和环境工作座谈会召开，时任国家领导人胡锦涛提出要研究绿色国民经济核算方法，并在党的十七大报告中指出，我国社会经济发展的突出问题是“经济增长的资源环境代价过大”。2012 年，党的十八大报告又提出加强生态文明制度建设，要把资源消耗、环境损害、生态效益纳入经济社会发展评价体系，建立体现生态文明要求的目标体系、考核办法、奖惩机制。

1 环境退化成本核算框架和方法

1.1 环境退化成本核算历程

为持续定量反映我国经济发展的资源环境代价，以生态环境部环境规划院为代表的技术团队在 2004 年国家环保总局和国家统计局联合开展的“绿色 GDP”核算工作的基础上，构建了我国环境经济核算体系。该核算体系基本遵循联合国发布的 SEEA 体系，包括环境退化成本核算和生态破坏损失核算两部分，环境退化成本核算包括环境污染实物量和价值量核算，价值量核算采用治理成本法和污染损失法分别得到环境污染虚拟治理成本和环境退化成本，并持续开展了 2004—2019 年共 16 年的我国环境经济核算研究工作，核算结果显示，我国环境退化成本由 2004 年的 5 118.2 亿元增长到 2019 年的 16 850.1 亿元，占 GDP 比重由 3.05%下降到 1.71%。为体现近年来污染防治攻坚战及生态文明建设的成效，反映各项生态环境保护措施的效果，本报告在环境规划院多年核算工作的基础上，从环境退化成本的角度，对我国 2004—2019 年全国和地区环境退化成本进行分析，总结我国环境退化成本的变化情况。

专栏 1 环境退化成本核算主要数据来源

环境退化成本核算主要需要两部分数据，一是常规统计或监测数据，主要包括：①2004—2019 年，大气、水环境的质量监测数据，来源于中国环境监测总站；②固体废物贮存量、排放量数据来源于《中国环境统计年报（2004—2019）》；③GDP、城镇人口、农村人口、户规模、主要农产品产量、水资源量、用水量等社会经济数据来源于《中国统计年鉴（2005—2020）》；④住院人数来源于《中国卫生统计年鉴（2005—2020）》；⑤标准运营车辆数、出租车数量、道路面积、建成区面积、生活垃圾无害化处理量来源于《中国城市建设统计年鉴（2005—2020）》；二是核算技术参数，主要来源于调查、统计年鉴及《中国环境经济核算技术指南》。

1.2 环境退化成本核算框架

环境退化成本主要包括大气污染导致的大气环境退化成本、水污染导致的水环境退化成本、固体废物造成的环境退化成本。其中，大气污染导致的环境退化成本主要包括大气污染导致的人体健康损失、种植业产值损失、室外建筑材料腐蚀损失、生活清洁费用增加成本 4 部分。水污染导致的环境退化成本主要包括水污染导致的人体健康损失、污水灌溉导致的农业损失、水污染造成的工业用水额外治理成本、水污染造成的城市居民生活经济损失以及水污染导致的污染型缺水 5 部分（图 1）。

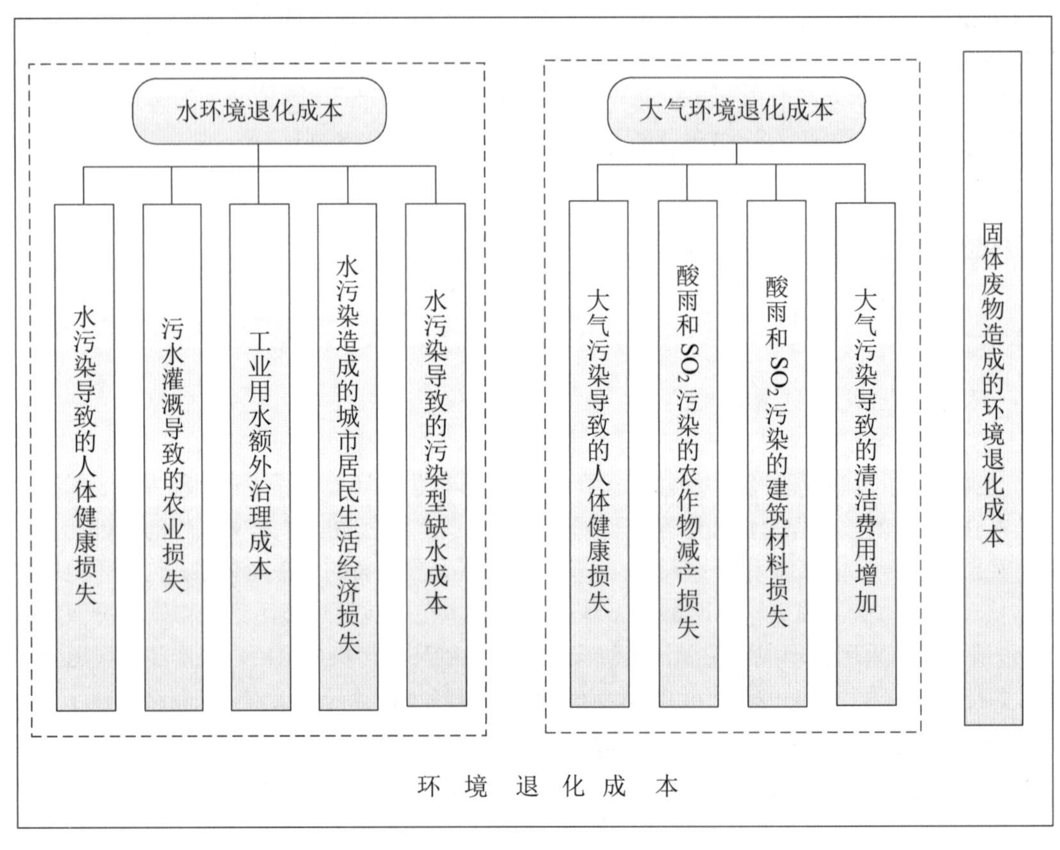

图 1　环境退化成本核算框架

1.3 环境退化成本核算方法

1.3.1 水环境退化成本核算方法

1.3.1.1 水污染导致的人体健康损失

以取水方式（自来水和非自来水）作为水污染评价因子，危害终端包括：一是生物性污染物引起的健康损害：肝炎、痢疾、伤寒和霍乱4类介水性传染病；二是化学性污染物引起的健康损害：循环系统和消化系统癌症，主要包括胃癌、肝癌、食管癌、结肠癌、膀胱癌等恶性肿瘤疾病总计。

（1）饮用水污染带来的介水性传染病发病造成的经济损失

由于缺乏可靠的取水方式与介水性传染病发病率相关关系的研究，增加的发病人数难以估算，本报告以接受改水所带来的发病人数减少所产生的效益，即以改水产生的效益作为没有安全饮用水可能造成的损失。饮用水污染带来的介水性传染病发病造成的经济损失（EC_{w1}）的计算模型为

$$EC_{w1}=\sum_{i=1}^{31}\text{各省（区、市）农村人口}\times\text{各省农村自来水普及率}\times\text{人均收益} \quad (1)$$

（2）饮用水污染带来的恶性肿瘤死亡造成的经济损失

$$P_{ed}=(f_p-f_t)\times P_e$$

$$f_p=f_p\times OR$$

$$P_{ed}=\left(\frac{OR-1}{OR}\right)\times f_p\times P_e$$

$$EC_{W2}=P_{ed}\times HC_{mr}=P_{ed}\times\sum_{i=1}^{t}GDP_{pci}^{pv} \quad (2)$$

式中，P_{ed}为现状水污染条件下造成的恶性肿瘤过早死亡人数；f_p为水污染条件下恶性肿瘤的现状死亡率；f_t为清洁条件下恶性肿瘤的死亡率；OR为饮用水污染引起的恶性肿瘤相对危险比值比；t为水污染引起的恶性肿瘤早死的平均损失寿命年数，根据分年龄组的恶性肿瘤死亡率，恶性肿瘤早死的平均损失寿命年数为21年；HC_{mr}为农村人口的人均人力资本；GDP_{pci}^{pv}为第i年的农村人均GDP。

1.3.1.2 污水灌溉导致农业损失

评价水污染造成的农业经济损失有两种方法。第一种是根据污灌水水质与农作物之间的剂量反应关系，评价农作物减产和降质的产量及其经济损失；另一种直接利用不符合农业生产水质的水量和水资源的农业生产影子价格来计算水污染造成的农业经济损失。本报告采用了第二种方法。采用劣V类农业用水量与农业用水的影子价格对水污染造成的农业经济损失进行估算。

$$EC_c=Q_{ce}\times P_c \quad (3)$$

式中，EC_c为水污染造成的农业经济损失；Q_{ce}为劣V类水质农业用水量；P_c为农业用水的影子价格。

1.3.1.3 污染造成的工业用水额外治理成本

工业用水额外治理成本是指由于供水水质超标，某些对水质要求较严格的特殊行业（如食品加工和制造业、医药制造业、纺织印染业、化工制造业）需要额外安装预处理设施或添加特殊药剂额外增加的治理成本。如果水源水污染严重，自来水厂的常规水处理工

艺无法生产出满足水质质量标准的自来水，也需要增加额外的水处理设施、药剂或净水剂。额外增加处理设施的成本或增加的处理费用即为水污染的直接经济损失。

$$EC_i = Q_{ie} \times P_i \tag{4}$$

式中，EC_i为水污染造成的工业用水额外治理成本；Q_{ie}为劣Ⅳ类水质工业用水量；P_i为工业用水平均额外治理成本。

1.3.1.4 水污染造成的城市居民生活经济损失

水污染引起的城市居民生活经济损失为城市居民因为担心水污染而增加的家庭纯净水和自来水净化装置防护成本。

$$EC_h = \sum_{i=1}^{3} P_i \times H \times C_i \times a \tag{5}$$

式中，EC_h为水污染造成的家庭用洁净水替代防护成本；i 表示桶装水、净化饮水机和自来水过滤装置 3 种家庭洁净水替代方式；P_i为 3 种替代方式的平均成本；H 表示城市总户数；C_i为城市家庭选用 3 种装置的比例；a为因为健康卫生因素选用家庭替代洁净水的比例。

1.3.1.5 水污染导致的污染型缺水成本

当地方水质监测断面水质均在Ⅳ类水质以上（含Ⅳ类水质），认为水环境质量较好，则不存在污染型缺水；若水质监测断面存在劣Ⅳ类水质时，并存在缺水情况，则认为存在污染型缺水。

一个地区的缺水量为需水量与实际供水量之间的差值。

$$Q_L=Q_R-Q_A \tag{6}$$

式中，Q_L为缺水量；Q_R为需水量，由水利部门提供或通过模型计算获得；Q_A为实际供水量，由水利部门提供，这里的供水量不包括超采的地下水供水量。

确定缺水量后，根据可供水资源量和缺水量指标，确定污染型缺水量。首先确定可供水资源量，其中水资源开发利用率来源于水利部门。

$$Q_S=Q_I-Q_A$$

$$Q_I=Q_w \times R_e$$

$$R_e=\frac{Q_u}{Q_w} \times 100\% \tag{7}$$

式中，Q_S为可供水资源量；Q_I为可开发水资源量；Q_A为实际供水量；R_e为水资源开发利用率；Q_u为取水量；Q_w为水资源量。

（1）当可供水资源量大于 0 时，也就是说在水资源量充沛的情况下，仍存在缺水情况：

$$Q_{Lw}=Q_S \times R_w \tag{8}$$

（2）当可供水资源量小于 0 时，即现有水资源量出现不足时，认为缺水是由污染造成的：

$$Q_{Lw}=Q_L \tag{9}$$

式中，Q_{Lw} 为污染型缺水量；Q_L 为缺水量；R_w 为劣Ⅳ水质占比，%。

$$EC_p = Q_{Lp} \times P_s \tag{10}$$

式中，EC_p 代表污染型缺水造成的经济损失；Q_{Lp} 代表污染型缺水量；P_s 代表水资源的影子价格。

1.3.2 大气污染环境退化成本核算方法

大气污染导致的环境退化成本主要包括大气污染导致的人体健康损失、种植业产值损失、室外建筑材料腐蚀损失、生活清洁费用增加成本 4 部分。

1.3.2.1 大气污染导致的人体健康损失

大气污染对人体健康的影响非常复杂，表现为急性效应和慢性效应两类。急性效应指大量污染物排出，使空气中污染物浓度急剧增加，产生急性中毒事件。慢性效应指低浓度的污染长期作用于人体，引起眼、鼻黏膜刺激、咳痰、哮喘、慢性支气管炎、肺气肿、肺癌及因生理机能障碍而加重心脑血管等疾病。目前，我国城市空气污染的主要污染物是可吸入颗粒物（PM_{10}）、细颗粒物（$PM_{2.5}$）、SO_2 和 NO_2。因已有剂量反应关系的研究多为单一污染物与健康终端的一一对应关系，为避免重复，只计算颗粒物对人体健康造成的损失。其中，2014 年之前采用 PM_{10}，2014 年及以后采用 $PM_{2.5}$，计算范围为城市人口。

PM_{10}、$PM_{2.5}$ 对人体健康造成的损失主要有三项：①与大气污染 PM_{10}、$PM_{2.5}$ 有关的全死因造成的损失（EC_{a1}），采用修正的人力资本法评价，修正的人力资本法是指应用人均 GDP 作为一个统计生命年对 GDP 贡献的价值，作为估算污染引起的早死的经济损失；②与大气污染 PM_{10}、$PM_{2.5}$ 有关的呼吸系统和循环系统疾病病人的住院损失及休工损失（EC_{a2}），利用疾病成本法评价；③大气污染 PM_{10}、$PM_{2.5}$ 导致慢性支气管炎带来的失能损失（EC_{a3}），以人力资本的 40%作为患病失能损失。

（1）大气污染造成的全死因过早死亡率经济损失

$$EC_{a1} = P_{ed} \times GDP_{pc0} \times \sum_{i=1}^{t} \frac{(1+a)^i}{(1+r)^i}$$

$$P_{ed} = \left[(RR-1)/RR\right] \times f_p \times P_e$$

$$RR = \left[(C+1)/16\right]^{\beta} \tag{11}$$

式中，P_{ed} 为现状大气污染水平下造成的全死因过早死亡人数；GDP_{pc0} 为基准年的人均 GDP；t 为人均损失寿命年，本文取 18 年；a 为人均 GDP 增长率，本文取 7.3%；r 为社会贴现率，本文取 8%；f_p 为大气污染水平下全死因死亡率；P_e 为暴露人口；RR 为全死因相对危险归因比；C 为 PM_{10} 或 $PM_{2.5}$ 浓度，当 C 为 PM_{10} 时，β=0.073；当 C 为 $PM_{2.5}$

时，β =0.072 17。

（2）大气污染造成的相关疾病住院和休工经济损失

$$\mathrm{EC_{a2}} = P_{\mathrm{eh}} \times (C_{\mathrm{h}} + \mathrm{WD} \times C_{\mathrm{wd}})$$

$$P_{\mathrm{eh}} = \sum_{i=1}^{n} f_{\mathrm{p}i} \times \frac{\Delta c_i \beta_i / 100}{1 + \Delta c_i \beta_i / 100} \tag{12}$$

式中，P_{eh} 为现状大气污染水平下的超住院人次；C_{h} 为疾病住院成本；WD 为疾病休工天数；C_{wd} 为疾病休工成本，按人均 GDP 计算；n 为大气污染相关疾病；$f_{\mathrm{p}i}$ 为大气污染水平下的住院人次；β_i 为回归系数，即单位污染物浓度变化引起健康危害 i 变化的百分数；Δc_i 为实际污染物浓度与健康危害污染物浓度阈值之差。

1.3.2.2 **酸雨和 SO_2 污染的农作物减产损失**

根据我国国家重点科研课题对酸雨和 SO_2 对农作物、森林和材料影响的剂量反应关系研究表明，我国南方硫酸型酸雨引起受试的几种农作物减产 5%的阈值为 pH 3.6，而酸雨与 0.1 mg/m^3 SO_2 复合污染农作物减产 5%的阈值为 pH4.6，pH5.6 与 0.1 mg/m^3 SO_2 复合污染与 SO_2 单独存在的影响是一致的。

$$L = \sum_{i=1}^{i} a_i \times P_i \times S_i \times Q_i \tag{13}$$

式中，L 为环境污染引起的农作物减产损失的价值；P_i 为 i 种农作物的种植面积；Q_i 为对照区 i 种农作物的单位面积产量；a_i 为环境污染引起 i 种农作物减产的百分数；S_i 为农作物 i 的种植面积。

1.3.2.3 **酸雨和 SO_2 污染的建筑材料损失**

暴露在户外大气中的各种材料受到自然和大气污染两类因素的影响。大气污染因素如酸雨和 SO_2 等污染进一步加剧了材料的损坏。根据国家 SO_2 标准和酸雨与材料破坏作用之间的研究，SO_2 和酸雨的材料损害阈值分别取 pH=5.6，SO_2=0.015 mg/m^3。

$$C_{\mathrm{p}i} = (1 / L_{\mathrm{p}i} - 1 / L_{0i}) \times C_{0i} \tag{14}$$

式中，$C_{\mathrm{p}i}$ 为酸雨和 SO_2 污染的材料损失；$L_{\mathrm{p}i}$ 为污染条件下 i 种材料的寿命；L_{0i} 为不污染条件下 i 种材料的寿命；C_{0i} 为 i 种材料一次维修或更换的费用。

1.3.2.4 **大气污染导致的清洁费用增加**

$$P = S \times C_{\mathrm{s}} + B \times C_{\mathrm{b}} + T \times C_t + H \times C_{\mathrm{h}} \tag{15}$$

式中，P 为污染条件下的清洁费用；S 为污染条件下新增的需清洁的街道面积；C_{s} 为污染条件下单位道路面积平均增加的清洁和劳务费用；B 为污染条件下新增的需清洁的公交车数量；C_{b} 为污染条件下平均每台公交车增加的清洁和劳务费用；T 为污染条件下新增的需清洁的出租车数量；C_t 为污染条件下平均每台出租车增加的清洁和劳务费用；H 为污染条件下新增的需清洁的建筑面积；C_{h} 为污染条件下单位建筑物暴露面积平均增加的清洁费用。

1.3.3 固体废物占地损失核算方法

土地用于种植农作物、植树造林等每年将获得一定的收益，而堆放固体废物则失去了这项使用价值。这部分的经济损失采用“机会成本法”进行核算，即将种植农作物获得的效益作为固体废物占用土地造成的经济损失。

$$L=\frac{1}{1-\alpha}\times\sum_{i=1}^{n}E_i\times S_i \tag{16}$$

式中，L 为固体废物占地造成的经济损失；E_i 为第 i 种土地类型每年生产作物的经济价值系数；S_i 为当年固体废物贮存、排放占用第 i 种土地类型的面积，hm^2；α 为社会贴现率。

2 环境质量分析

2004—2019 年，从“可持续发展”到“生态文明建设”，我国逐步建立起了科学系统完整的生态文明建设和生态环境保护制度体系，为我国环境质量的持续改善提供了坚实的制度基石。2016 年以来，新制（修）订的《中华人民共和国大气污染防治法》《中华人民共和国水污染防治法》《中华人民共和国环境影响评价法》《中华人民共和国环境保护税法》《中华人民共和国核安全法》《中华人民共和国土壤污染防治法》陆续施行。最高人民法院、最高人民检察院多次出台司法解释、工作办法、意见文件等，加强环境保护行政执法与刑事司法的衔接。全国人大常委会、最高人民法院、最高人民检察院对环境污染和生态破坏界定入罪标准，加大惩治力度，形成高压态势。在责任落实上，2016 年第一个工作日，中央环保督察组进驻河北。两年时间，中央环保督察覆盖全国 31 个省（区、市）。行政体制改革方面，从 2004 年以来，国家环境保护总局于 2008 年升格为环境保护部，成为国务院组成部门。又于 2018 年整合环境保护部等多个部门担负的多项相关职责，组建生态环境部。每一项制度、每一个政策、每一份文件，都共同构筑了新时代环境保护的治理体系，正是这一系统的、综合的治理体系，有力保障了我国环境质量的持续改善，让我们能守护住一个“看得见山，望得见水，记得住乡愁的家园”。

2.1 水环境质量分析

2000 年以来，我国陆续颁布《地表水环境质量标准》等一系列法规和标准，制订实施重点流域水污染防治计划，切实加大水污染防治力度，同时，2015 年《水污染防治行动计划》出台，使得主要水污染排放量不断下降，地表水优良水质断面比例不断提升，劣Ⅴ类水质断面比例持续下降，大江大河干流水质稳步改善。2004 年全国地表水Ⅰ～Ⅲ类比例为 38.1%，2019 年为 74.9%，比 2014 年增加 36.8 个百分点；2004 年全国地表水劣Ⅴ类水质比例为 29.7%，2019 年为 3.4%，比 2004 年降低 26.3 个百分点，与优良水质比例相比，2004—2019 年劣Ⅴ类水质比例下降幅度较小（图 2）。

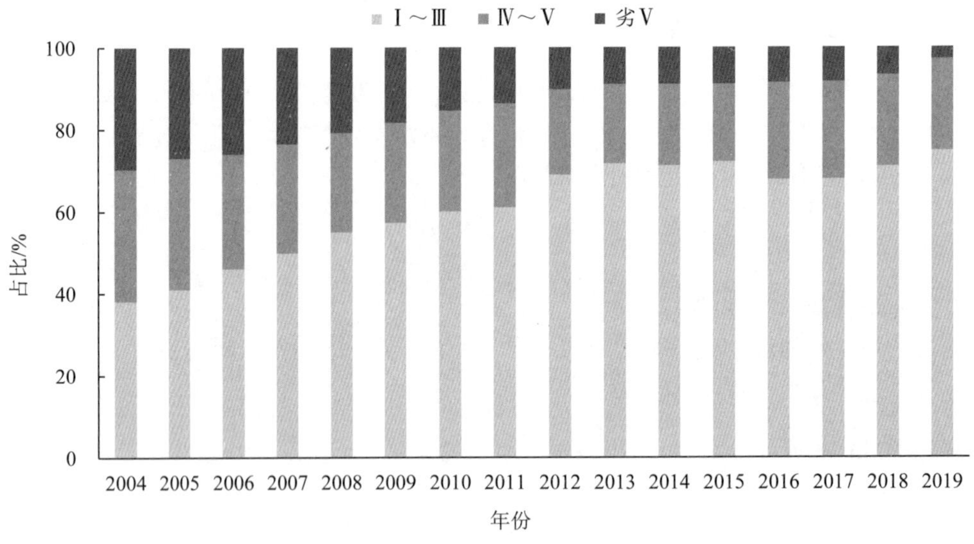

图 2　2004—2019 年全国地表水水质情况

长江、黄河流域水质改善明显，海河、辽河流域水环境形势依旧严峻。长江流域 2004 年为轻度污染，2019 年长江流域干流和支流水质均为优。长江流域监测断面Ⅰ～Ⅲ类比例由 2004 年的 72.1%提高到 2019 年的 91.7%，劣Ⅴ类水质比例由 9.6%下降到 0.6%（图 3）。黄河流域 2004 年为中度污染，2019 年黄河流域干流水质为优，支流水质为轻度污染。黄河流域监测断面Ⅰ～Ⅲ类比例由 2004 年的 36.4%提高到 2019 年的 72.9%，劣Ⅴ类水质比例由 29.5%下降到 8.8%（图 4）。但是海河、辽河流域水环境形势依旧严峻，2019 年海河流域劣Ⅴ类水质比例 7.5%，干流 2 个水质断面，三岔口为Ⅱ类，海河大闸为Ⅴ类，主要支流为轻度污染（图 5）。辽河流域劣Ⅴ类水质比例为 8.7%，干流水质为轻度污染，支流水质为中度污染（图 6）。另外，全国重点湖泊（水库）水质有所改善，重点湖泊（水库）监测能力不断提高。全国湖泊（水库）监测个数由 2004 年的 27 个增长到 2019 年的 110 个。全国湖泊（水库）Ⅰ～Ⅲ类水质比例由 2004 年的 25.9%增长到 2019 年的 69.1%，劣Ⅴ类水质比例由 37%下降到 7.3%（图 7）。

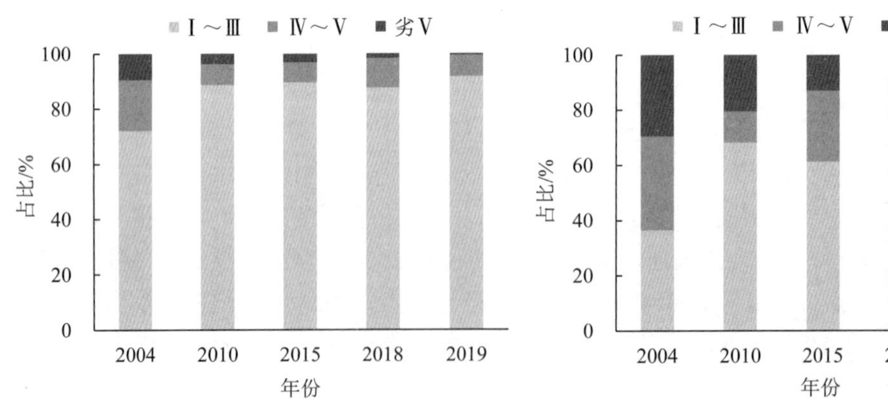

图 3　2004—2019 年长江流域水质变化情况

图 4　2004—2019 年黄河流域水质变化情况

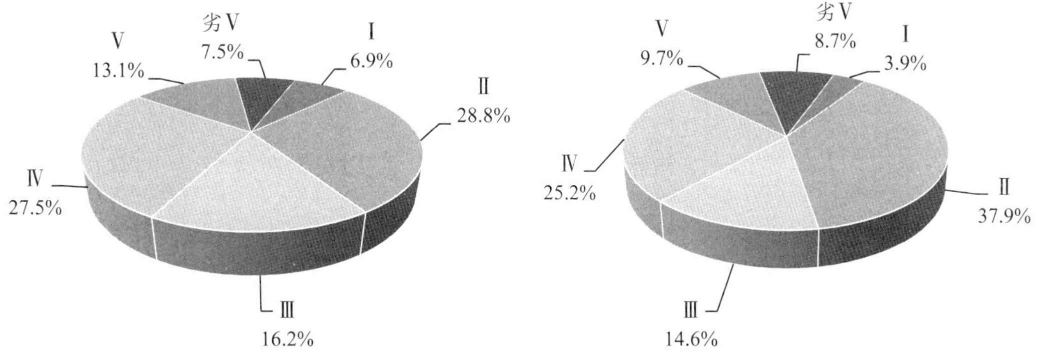

图 5　2019 年海河流域水质情况

图 6　2019 年辽河流域水质情况

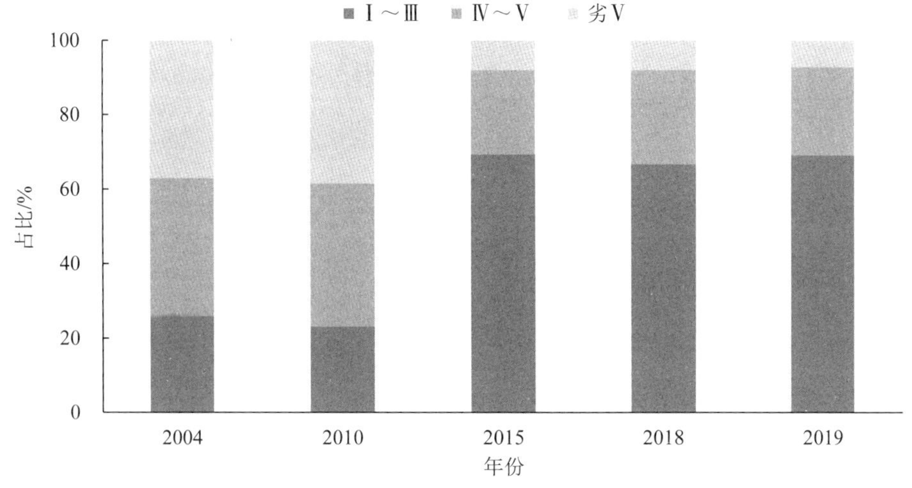

图 7　2004—2019 年全国湖库水质情况

2.2　大气环境质量分析

2004—2019 年，我国大气污染防治工作经历了多个发展阶段，2004—2010 年实施了主要大气污染物总量控制，修订《火电厂大气污染物排放标准》和《锅炉大气污染排放标准》，其间二氧化硫排放量有所下降，2010 年以后，实施空气质量新标准，控制目标转变为关注总量控制与环境质量改善相协调，特别是 2013 年实施《大气污染防治行动计划》以来，通过加大综合治理力度、调整优化产业结构、加快企业技术改造、调整能源结构、优化产业布局、完善环境经济政策、健全法律法规体系、统筹区域环境治理、建立监测预警应急体系、明确政府企业和社会责任十项措施的实施，使大气环境质量得到了明显改善和提升。2004—2012 年，全国地级以上城市空气达标比例提高 52.8 个百分点，2013 年开始实施空气质量新标准后，空气达标比例由 2013 年的 4.1%提高到 2019 年的 46.6%，2013—2019 年，$PM_{2.5}$ 年均浓度下降 50%，PM_{10} 年均浓度下降 46.6%，SO_2 年均浓度下降 72.5%

（图 8），其中京津冀、长三角等大气污染防治重点地区的 $PM_{2.5}$ 年均浓度分别下降 46.2%、38.8%（图 9、图 10）。

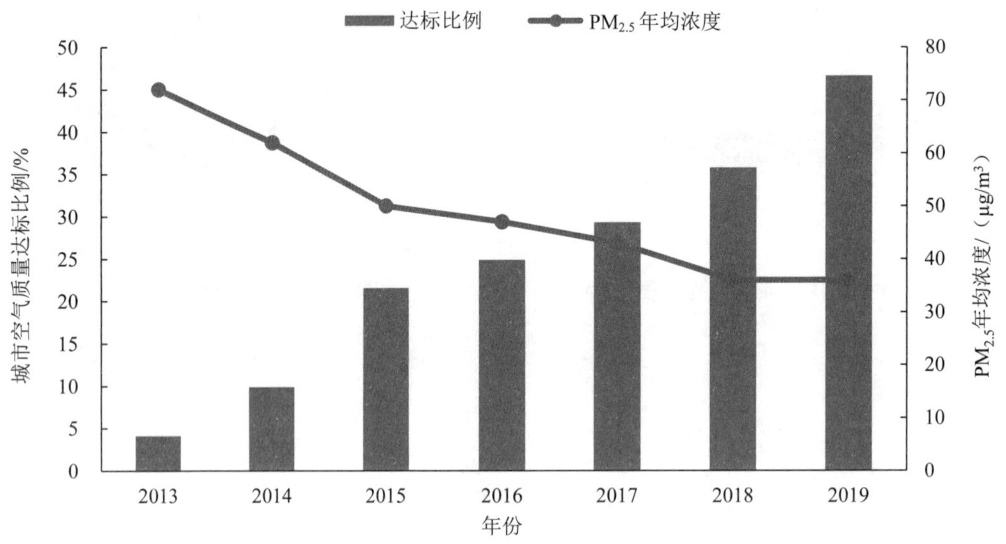

图 8　2013—2019 年空气质量变化情况[①]

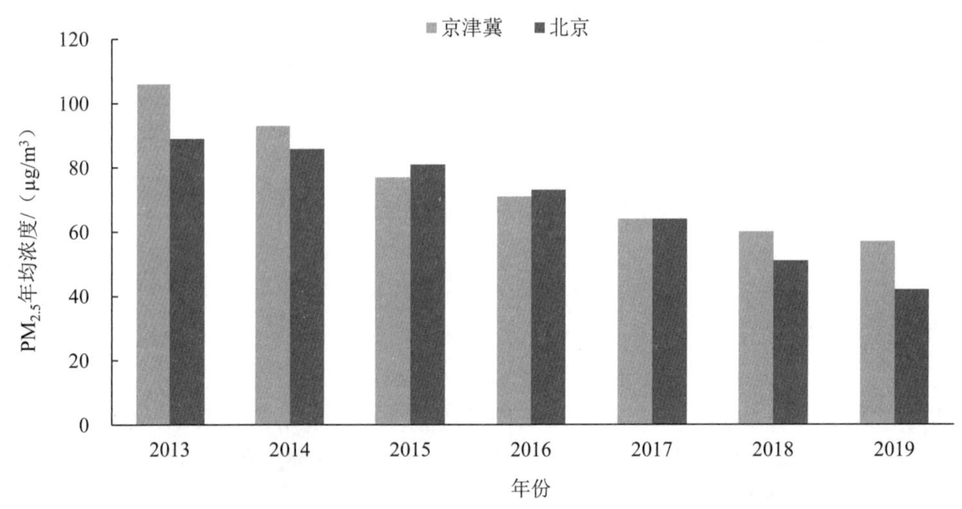

图 9　2013—2019 年“京津冀”$PM_{2.5}$ 年均浓度变化情况

① ①2013 年我国开始实施空气质量新标准，2013 年仅有 74 个城市采用新标准监测，所以 2013 年 $PM_{2.5}$ 浓度为 74 个城市的年均浓度，2014 年新增 87 个城市，所以 2014 年 $PM_{2.5}$ 浓度为 161 个城市的年均浓度，2015 年以后全国 338 个地级以上城市全部开展空气质量新标准监测。

②为客观评估和反映大气污染治理成效，2017 年生态环境部制定了《受沙尘天气过程影响城市空气质量评价补充规定》，要求在全国地级及以上城市环境空气质量评估、考核和排名过程中剔除沙尘天气过程的影响。

③2018 年生态环境部发布《环境空气质量标准》及配套环境监测标准修改单，提出 2019 年 1 月 1 日起发布监测状态转换后的监测数据，并为保持监测数据的一致性和可比性，环境空气污染物质量浓度的历史数据也将进行回溯。

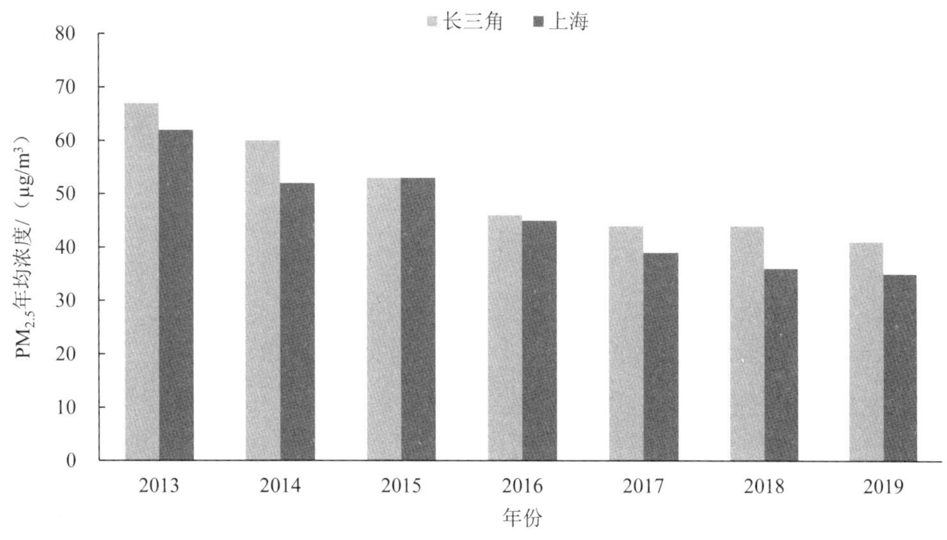

图 10　2013—2019 年“长三角”$PM_{2.5}$ 年均浓度变化情况

从重点区域来看，京津冀地区是大气污染防治的重点区域之一，2013 年年初北京雾霾围城，持续性、大范围、高浓度的空气重污染，引起了国内外的高度关注。随着《大气污染防治行动计划》《打赢蓝天保卫战三年行动计划》接续发力，时任北京市市长陈吉宁介绍：“北京已经从过去的‘APEC 蓝’到‘阅兵蓝’再到 2020 的‘常态蓝’。”同时，京津冀整个区域大气环境质量也明显改善，2013—2019 年，京津冀地区 $PM_{2.5}$ 年均浓度由 106 $\mu g/m^3$ 下降到 57 $\mu g/m^3$，降幅 46.2%，其中北京由 2013 年的 89 $\mu g/m^3$ 下降到 42 $\mu g/m^3$，降幅 52.8%。

长三角地区土地面积占全国的 3.7%，聚集了全国 14%的人口，2019 年创造了全国 23.9%的经济总量，是我国经济贡献强度最高的地区之一，同时也承受着资源能源消耗和污染物高排放的困扰。长三角地区通过联防联控，共护蓝天白云。

2013—2019 年长三角地区 $PM_{2.5}$ 年均浓度由 67 $\mu g/m^3$ 下降到 41 $\mu g/m^3$，降幅 38.8%，其中上海由 2013 年的 62 $\mu g/m^3$ 下降到 35 $\mu g/m^3$，降幅 43.5%。

2.3　问题与挑战

（1）我国水环境安全仍面临威胁，水环境保护任重道远

2004 年以来，我国水环境质量虽然大幅改善，但是支流水质仍然较差，七大流域中黄河、淮河流域支流水质为轻度污染，海河、辽河、松花江流域均为中度污染。2019 年，全国 336 个地级及以上城市 902 个集中式生活饮用水水源监测断面（点位）中，仍有 8%的断面不达标。同时，全国地下水水污染防治形势严峻。2019 年，全国 10 168 个地下水监测点中，Ⅰ～Ⅲ类水质监测点占 14.4%，Ⅳ类占 66.9%，Ⅴ类占 18.8%[①]。湖泊海域富营养化问题仍十分突出。适合蓝藻生长的营养环境短时间内不会改变，大面积暴发“水华”的风

① 2019 年全国环境状况公报。

险长期存在。2019 年我国 107 个监测营养状态的重要湖泊（水库）中，中营养状态以上的湖泊（水库）占比 62.6%。太湖、巢湖和滇池为轻度污染。近岸海域水质仍需改善，2019 年天津和福建近岸海域水质一般，上海和浙江近岸海域水质极差。另外，我国湿地、海岸带、湖滨、河滨等生物生存空间不断减少。第二次全国湿地资源调查已经完成调查的 21 个省份统计数据显示，近 10 年来，湿地面积共减少 2.9%，湿地功能持续下降，水生态空间不足。所以，仍需继续落实“减总量、反退化、防风险、护生态”的水环境与水生态保护任务，全面改善全国水环境物理、化学和生态状况，保障水安全。

（2）我国大气环境治理进入深水区，大气污染防治仍需更加精准化

21 世纪以来，我国大气污染的区域性、复合型特征日渐凸显，我国大气污染防治工作的控制目标、控制对象、管理模式等发生了重大转变，推动了大气环境质量的加快改善。特别是 2013 年以来，《大气污染防治行动计划》《打赢蓝天保卫战三年行动计划》接续发力，大气污染防治行动不断深化升级，成效逐渐显现，2019 年全国 337 个地级及以上城市平均优良天数比例 82%。虽然我国大气污染治理取得了阶段性进展，但是 2019 年我国尚有 4 成以上城市的 $PM_{2.5}$ 年均浓度仍未达到环境空气质量标准要求，即 35 $\mu g/m^3$，与世界卫生组织 10 $\mu g/m^3$ 的准则值有较大差距。北方地区秋冬季重污染天气仍旧多发频发，我国大气污染治理工作已进入“深水区”。同时，有关专家认为“随着区域空气质量明显改善，大气污染物减排空间也进一步收窄，治理难度越来越大。以重化工为主的产业结构、以煤为主的能源结构、以公路货运为主的运输结构尚未根本转变。”另外，O_3 超标城市比例快速增加，大城市 NO_2 尚未达标，城市空气质量综合日达标率相对较低。臭氧前体物是 NO_x 和挥发性有机物（VOCs），目前这两种污染物的排放量居高不下，享受“清洁空气”还需要积极开展 VOC_S 防治工作，突出“精准治污”，加强含 VOCs 物质的全方位、全链条、全环节管理。

3　环境退化成本核算结果

3.1　环境退化成本变化趋势分析

在我国生态环境质量逐渐趋好的形势下，2004—2019 年我国环境退化指数不断下降，由 2004 年的 3.05%下降到 2019 年的 1.71%。2004—2013 年，环境退化成本增长速度呈现波动态势，基本在 15%左右浮动，2013 年以后环境退化成本增速不断下降，2015 年以来已下降到 5%以下（图 11）。2014 年以来我国已基本遏制住环境退化成本的增长趋势，2019 年我国环境退化成本首次出现下降，我国环境退化成本由 2004 年的 5 118.2 亿元增长到 2014 年的 18 218.8 亿元，达到峰值，是 2004 年的 3.6 倍，2014—2019 年，环境退化成本下降 7.5%（图 12）。可见，2013 年以后我国采取严格的水、大气污染防治措施，对我国整体环境退化的趋势起到了有效的遏制作用。

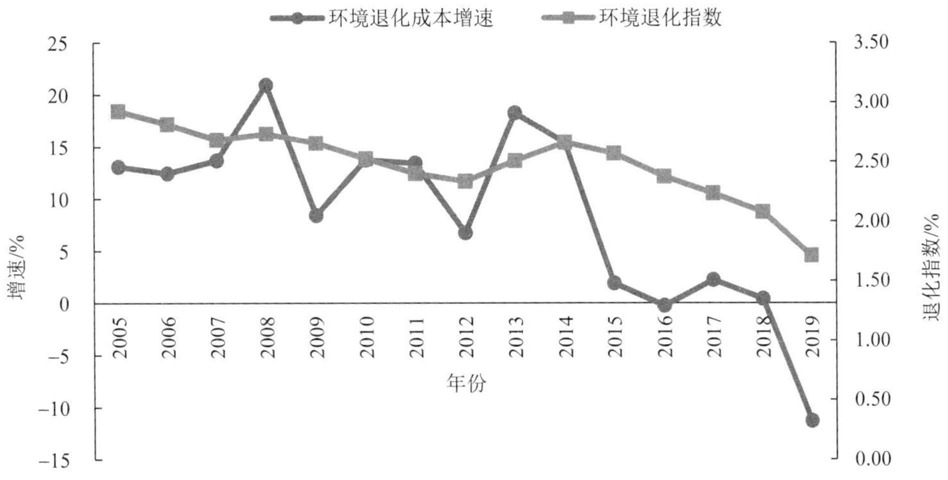

图 11　2004—2019 年环境退化成本增速和退化指数

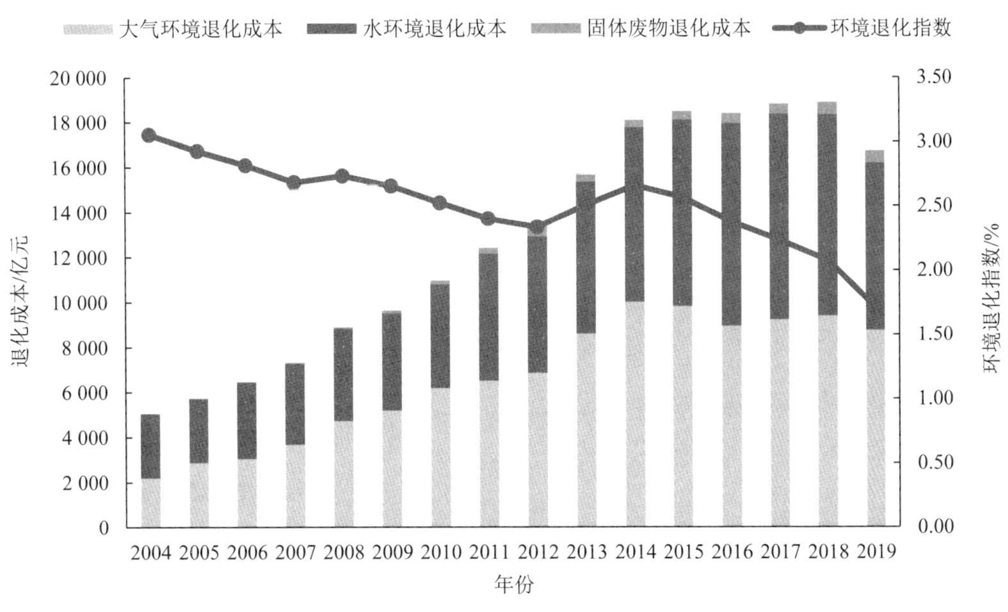

图 12　2004—2019 年环境退化成本

3.2　水环境退化成本分析

在我国水环境质量整体不断改善的背景下，2004—2019 年水环境退化指数不断下降，由 2004 年的 1.71%下降到 2019 年的 0.75%。2004—2014 年，水环境退化成本增长速度呈现波动态势，基本在 10%左右浮动，2014 年以后水环境退化成本增速下降到 10%以下（图 13），2018 年水环境退化成本首次出现下降，为 8 945.5 亿元，比 2017 年下降 2%；

2019 年水环境退化成本继续下降，为 7 431.6 亿元，比 2018 年下降 16.9%。主要由于 2015 年《水污染防治行动计划》（以下简称“水十条”）的出台，使我国水污染治理实现了历史性和转折性变化，其最大亮点是系统推进水污染防治、水生态保护和水资源管理，即“三水”统筹的水环境管理体系。2017 年 10 月，环境保护部、国家发展改革委、水利部联合印发《重点流域水污染防治规划（2016—2020 年）》，有力保障了“水十条”的实施。

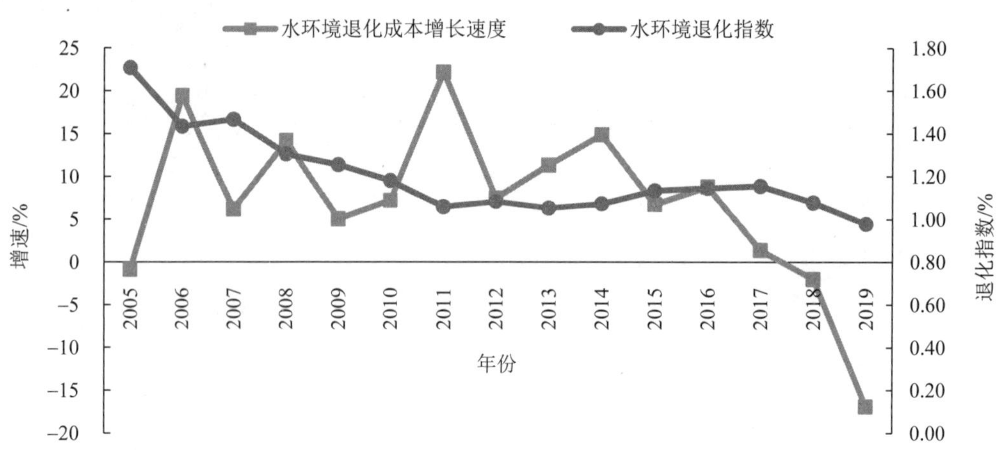

图 13　2004—2019 年水环境退化成本退化指数和增长速度

2004 年以来，我国水环境质量虽然逐步改善，但是支流水质改善尚不明显，2019 年黄河流域主要支流水质为轻度污染，淮河、海河流域整体为轻度污染，辽河流域整体都处于中度污染状态。由水环境质量引起的污染型缺水损失，是水环境退化成本的主要组成部分。具体来看，2004—2019 年污染型缺水损失占水环境退化成本的比例由 51.7%提高到 58.9%，污水灌溉造成的农业损失占比基本在 17%左右，其他三类水污染退化成本占比在 20%左右（图 14）。

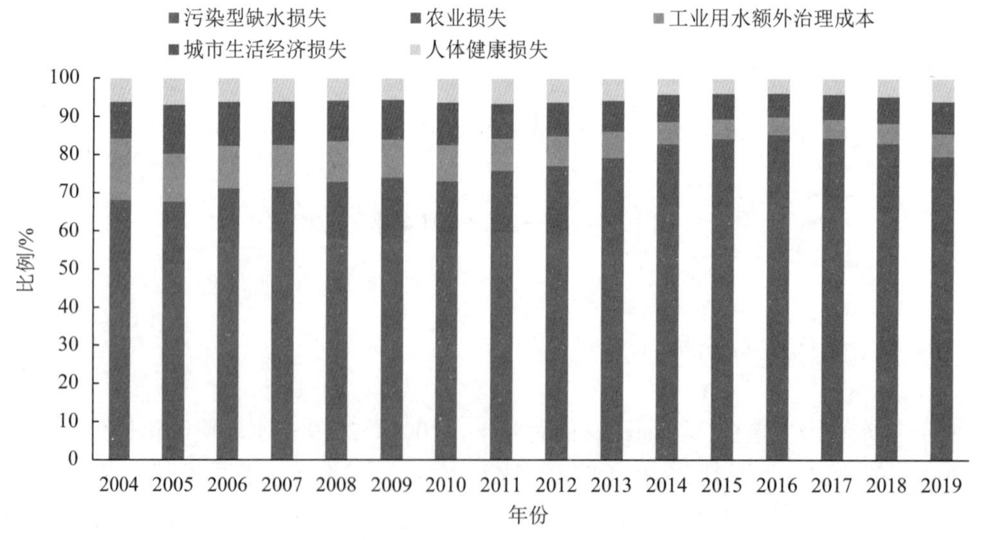

图 14　2004—2019 年水环境退化成本

2004—2019 年，我国污染型缺水量呈现波动变化，近年来随着“水十条”的大力推进，我国污染型缺水量从 2016 年逐步下降，由 2016 年的 568.6 亿 t 下降到 2019 年的 444 亿 t，下降 21.9%。与 2016 年以来污染型缺水量下降趋势相比，污染型缺水损失从 2018 年出现下降，主要由于污染型缺水损失计算过程中使用水资源影子价格作为价值化指标，同期水资源影子价格受我国经济发展影响而逐渐提高，所以水环境退化成本的下降滞后于水环境质量改善的趋势。若按照相同的水资源影子价格，水环境退化成本 2016 年达到峰值，之后逐渐下降。

专栏 2　2004 年以来淮河流域的水环境变迁

1993 年，国家环保总局局长，时任全国人大环境与资源保护委员会主任委员曲格平先生提出倡议，在相关部委和新闻媒体的支持下，推出“中华环保世纪行”活动，第一届活动通过电视报道了河南小造纸厂污染河流、毁坏农业生产、使淮河两岸居民无水可饮的严重情况，在社会上引起很大震动，国务院马上做出了“治理淮河的决定”。2006 年以来，淮河治理进入新的阶段，国家发布了大量规划和工作方案，主要有 2006 年发布的《淮河流域水污染防治“十一五”规划》、2012 年发布的《淮河水污染联防工作方案》、2018 年印发的《淮河生态经济带发展规划》等。整体来看，2006—2010 年淮河流域治理主要从污水产生源头减少污废水的产生，实现重污染流域水质显著改善；2011—2015 年主要是加强工业废水治理设施与生活污水处理设施建设，逐步推进产业结构调整，实现河流水质稳定达标或显著改善；2016—2020 年主要以全面改善淮河流域水环境质量目标，着力修复和逐步恢复淮河水生态功能与河流生物多样性。

经过环保人的多年努力，淮河水质出现明显改善，2004—2019 年，淮河流域Ⅰ～Ⅲ类水质比例由 19.8%提高到 63.7%，劣Ⅴ类水质比例由 32.6%下降到 0.6%。淮河整体水质由 2004 年的中度污染，改善到 2019 年的轻度污染。淮河流经河南、安徽、江苏及山东等省，以上 4 省水环境退化成本占水环境退化总成本比例由 2004 年的 30%下降到 2019 年的 25%，其中污染型缺水量占全国污染型缺水量的比例下降显著，由 2004 年的 34.4%下降到 2019 年的 18.2%，说明通过系统化的淮河水污染综合治理，有效改善了淮河流域居民用水紧张的问题，保障了人民健康。

3.3　大气环境退化成本分析

随着我国大气环境质量的不断改善，2004—2019 年，大气环境退化指数不断下降，由 2004 年的 1.31%下降到 2019 年 0.89%。2004—2014 年，大气环境退化成本增长速度呈现波动态势，平均增长速度 15%左右，2014 年以后大气环境退化成本增速不断下降，2019 年比 2018 年下降 6.8%。同期，大气环境退化指数也不断下降，由 2014 年的 1.46%下降到 2019 年的 0.89%（图 15）。大气环境退化成本由 2004 年的 2 198 亿元，增长到 2014 年的 10 011.9 亿元，达到峰值，之后逐渐下降，2019 年为 8 763.1 亿元（图 16）。由于 2013 年初我国整个东部地区出现了长时间、大面积的雾霾污染过程，其影响波及我国东北、华北、华中和四川盆地的大部分地区，随后我国迅速出台了史上最为严格的《大气污染防治行动计划》，进一步加快产业结构调整、能源清洁利用和机动车污染防治。同时，在这一时期我国还修订了多个大气环境保护法律和标准，对《中华人民共和国环境保护法》《中华人民共和国大气污染防治法》《中华人民共和国防沙治沙法》《中华人民共和国节约能源法》进行了修改、完善和补充，为大气污染治理提供了坚实的法律保障。这些有力措施，为我国大气环境质量改善做出重要贡献。

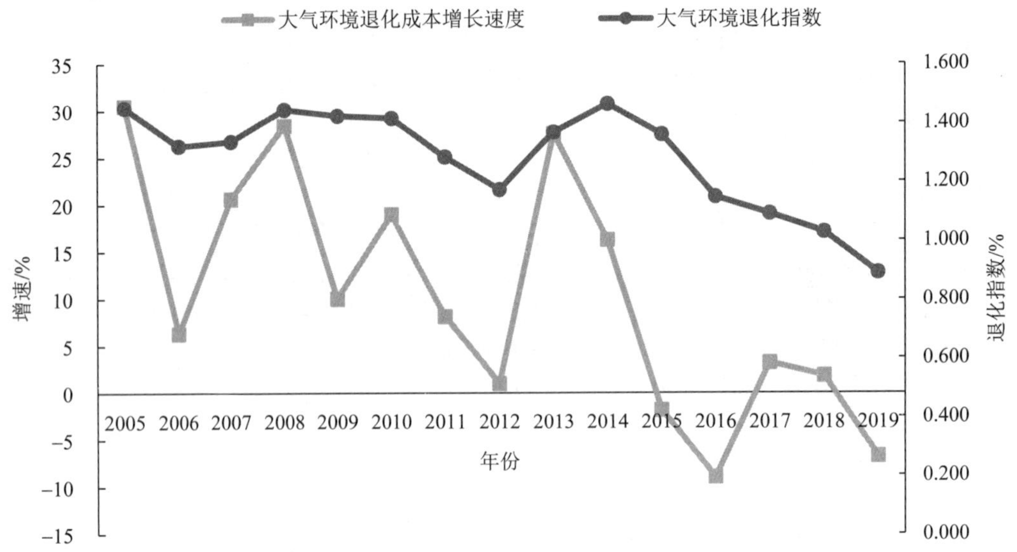

图 15　2004—2019 年大气环境退化成本退化指数和增长速度

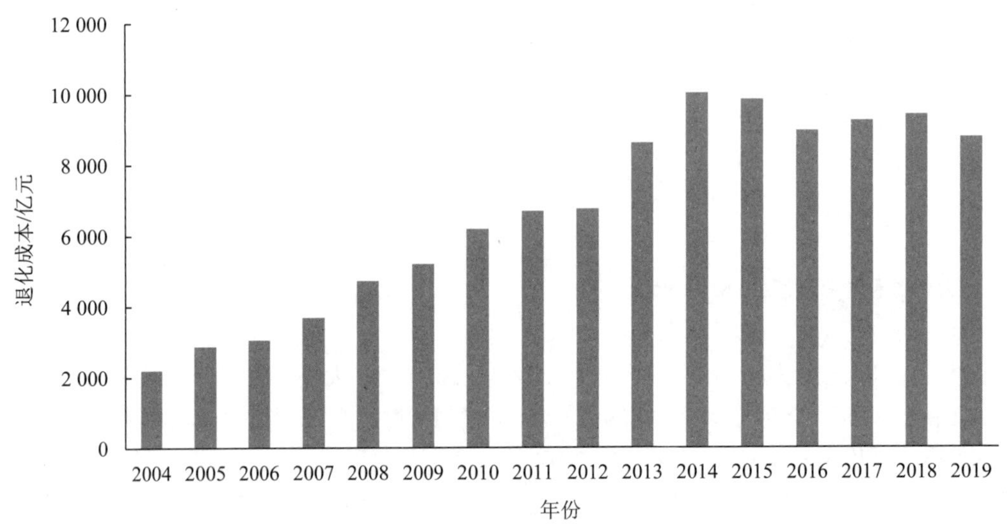

图 16　2004—2019 年大气环境退化成本

在“大气十条”“蓝天保卫战”等多项措施共同发力的作用下，我国大气环境质量虽然出现了显著改善，但是大气污染防治还远没有到高枕无忧的时候，当前大气环境质量改善的成效还不稳固，末端治理减排潜力逐渐收窄，一些深层次问题仍没有得到解决。从环境质量来看，2015 年，我国 338 个地级以上城市按照空气质量新标准开展监测后，全国城市空气质量达标比例仅为 20%～30%，2019 年全国 $PM_{2.5}$ 平均浓度为 36 μg/m^3，仍高于国家空气质量二级标准（35 μg/m^3），是世界卫生组织安全值 10 μg/m^3 的 3.6 倍，大气污染对人体健康的影响依旧较大。所以，人体健康损失仍是大气环境退化成本的主要部分，所占比例由 2004 年的 69.5%增加到 2019 年的 82.1%（图 17）。但是，2004—2019 年，由于环境污染导致的概率意义城市范围过早死亡人数先升后降，由 2004 年的 35.8 万人增长到 2014 年的 52.4 万人，之后逐渐下降，2019 年过早死亡人数为 46.21 万人，2019 年过早死亡人数比 2014 年降低 11.7%（图 18）。2014 年后，项目组在城市大气环境质量监测数据的基础上，利用 $PM_{2.5}$ 遥感影像解译方法，反演得到全国（包括城市和农村）的 $PM_{2.5}$ 数据，以 10 μg/m^3 的 $PM_{2.5}$ 浓度为健康阈值，重新构建了 $PM_{2.5}$ 与人体健康的剂量反应关系，并把人口、人均 GDP 等其他数据都以插值的方法进行了网格化处理，对全国范围的大气污染导致的过早死亡人数和人体健康损失进行核算。此种方法核算 2014—2019 年全国过早死亡人数也呈下降趋势，由 112.7 万人下降到 74.3 万人，降幅 34.1%。

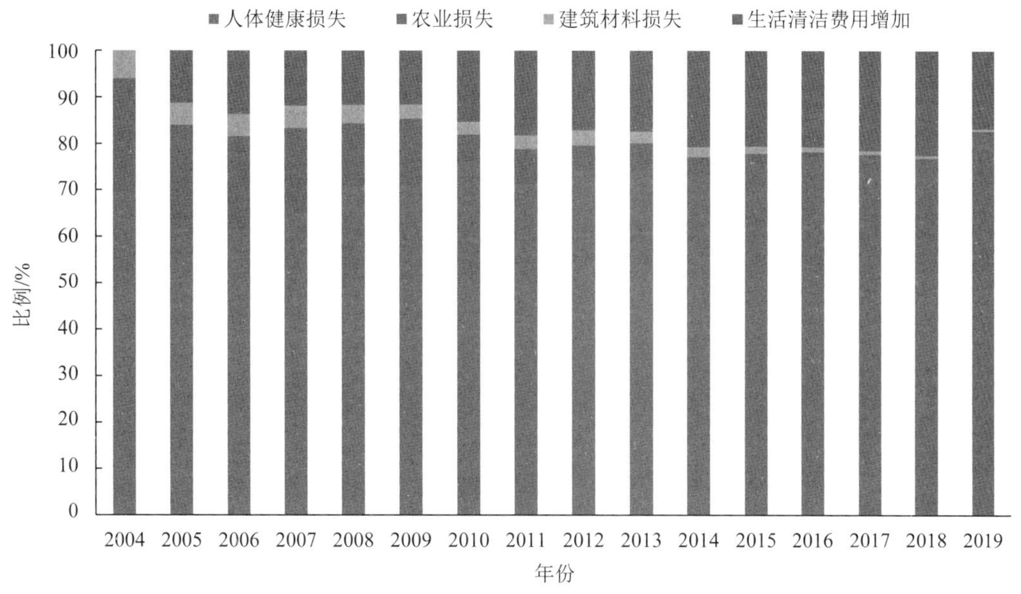

图 17　2004—2019 年大气环境退化成本

整体来看，2014 年以来我国大气污染造成的过早死亡人数呈下降趋势，但是人体健康损失自 2016 年出现下降，2016 年后基本维持稳定状态，人体健康损失下降滞后于过早死亡人数下降趋势，主要原因是人体健康损失采用人力资本法，随着我国经济水平的不断提高，人力资本不断上升，2015 年人体健康损失达到峰值，为 7 445.4 亿元，2016 年出现下降，2019 年人体健康损失比 2015 年下降 3.4%。另外，除人体健康外，2004—2019 年我国酸雨发生频率由 56.5%下降到 10.2%，由于酸雨和 SO_2 污染造成的农业和建筑材料损失也明显下降，两项损失占大气环境退化成本的比例由 2004 年的 30.5%下降到 2019 年的 1.1%。

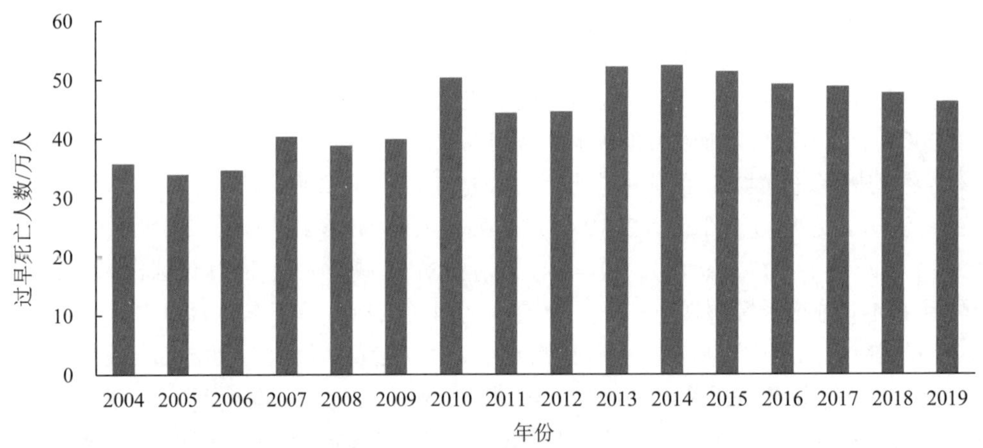

图 18　2004—2019 年大气污染造成的概率意义过早死亡人数

3.4　环境退化成本区域特征分析

环境退化成本主要分布在东部地区，西部地区环境退化成本增速较快。与 2004 年相比，2019 年东部、中部、西部地区环境退化成本年均增速分别为 8.3%、8.9%、7.3%，中部地区增速最快。其中，大气环境退化成本东部、中部、西部地区年均增速分别为 9.1%、10.3%、10.5%，水环境退化成本东部、中部、西部地区年均增速分别为 7.1%、7.3%、3.3%。从地区来看，河北、山东、江苏、河南、广东、浙江 6 个省是我国环境退化成本较高的地区，2019 年环境退化成本均在 1 000 亿元以上，占全国环境退化成本的比例分别为 6.9%、7.4%、11%、6.7%、10.9%、4.0%。与 2004 年相比，山东、河北和浙江环境退化成本所占比例有所下降，河北降幅最大，为 3.4 个百分点，江苏、广东和河南环境退化成本所占比例出现增加（图 19）。从年均增长速度来看，浙江环境退化成本年均增速较低，为 5.4%，广东环境退化成本年均增速较高，为 10.8%以上。

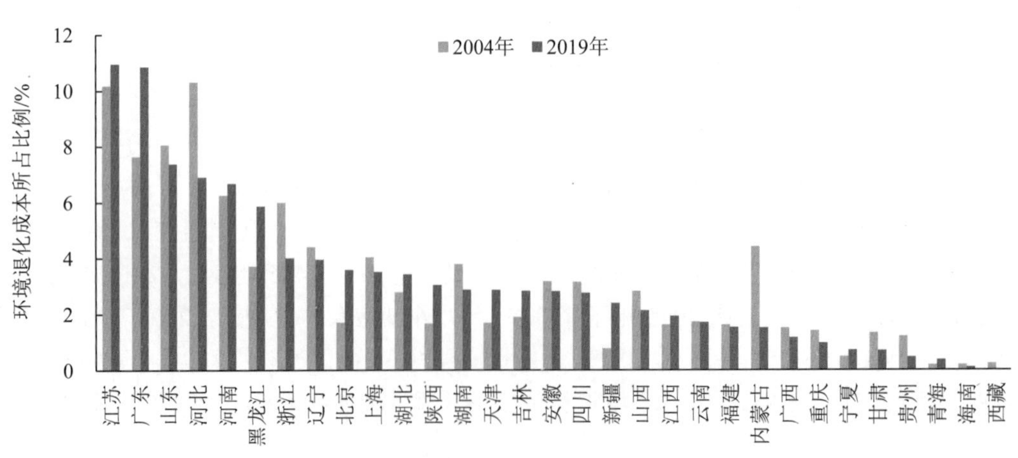

图 19　2004—2019 年各地区环境退化成本占全国环境退化成本的比例

从全国来看，环境退化成本年均增速较快的 5 个省（区）分别是青海、宁夏、陕西和新疆，主要集中在西部地区。2019 年环境退化指数较高的 4 个省（区、市）分别是吉林、天津、河北、宁夏，分别为 4.0%、3.4%、3.3%、3.2%，与 2004 年相比，河北、宁夏的环境退化指数出现下降，吉林、天津的环境退化指数有所增加。31 个省（区、市）中 25 个省（区、市）的环境退化指数出现下降，环境退化指数增加的省份有吉林、天津、黑龙江、新疆、青海和北京（图 20）。其中吉林、黑龙江主要由于经济增长较慢，2004—2019 年黑龙江、吉林、天津 GDP 年均增速分别为 7.3%、9.2%、10.6%，分别位于全国最后 1 位、倒数第 3 位和倒数第 5 位，而环境退化成本增速分别为 11.6%、11.2%、12.2%，高于全国环境退化成本增速 8.3%，所以环境退化指数出现上升，具体来看黑龙江增加最高，2019 年环境退化指数比 2014 年增加 3.25 个百分点，吉林增加 0.95，天津增加 0.64。而新疆、北京和青海主要由于环境退化成本增长较快，2004—2019 年环境退化成本增速分别为 16.7%、13.8%和 13.5%，分别位于全国前三位，同期 GDP 增速分别位于全国第 18 位、第 19 位和第 15 位，所以造成环境退化指数略有上升，2019 年比 2004 年分别增加 1.2、0.27 和 0.1。其中北京市主要是由于城镇人口大量增加，造成 2004—2019 年过早死亡人数的增加，2004—2019 年北京市城镇人口由 1 092.9 万人增长到 1 865 万人，增长 70%，由此北京因大气污染造成的过早死亡由 8 106 人增长到 10 825 人，增长 33.5%。同时北京经济总量在全国位于前列，人均 GDP 较高，最终造成北京市环境退化成本增速较快。现阶段，北京市大气环境质量虽然取得不少改善，但是 2019 年 $PM_{2.5}$ 年均浓度（42 μg/m^3）仍高于全国水平（36 μg/m^3），2019 年北京全年仍有 125 d 空气质量未达标，所以仍要继续加强大气污染防治工作，从精细化管理出发，聚焦移动源、扬尘源、生产生活源等，科学治污、精准治污。

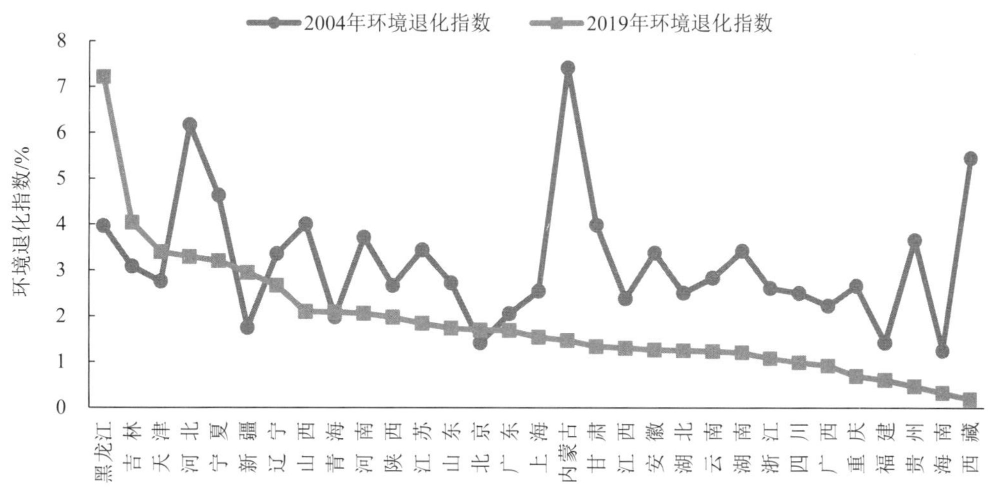

图 20　2004—2019 年各地区环境退化指数

从水环境退化成本来看，2019 年广东和江苏水环境退化成本较高，分别为 979.7 亿元和 891.6 亿元，占全国水环境退化成本的比例分别为 13.2%和 12%，2004—2019 年水环境退化成本年均增长速度分别为 12.1%和 7.8%。其次是河北，为 710.3 亿元，占比为 9.6%。同时，江苏和广东也是污染型缺水较严重的地区，2019 年缺水量占总缺水量的比例分别为 10.4%和 9.1%。另外，河北水环境退化成本占比下降明显，2004 年河北水环境退化成本占比为 14.3%，位于全国第 1 位，2019 年河北水环境退化成本占比下降到 9.6%，位于全国第 4 位（图 21）。水环境退化成本较低的地区主要是海南、青海、广西和贵州。

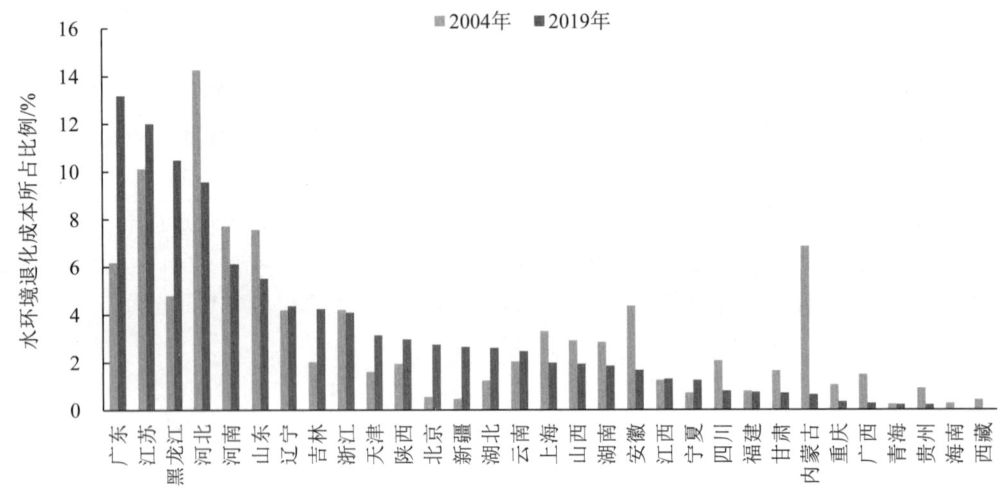

图 21　2004—2019 年各地区水环境退化成本占全国水环境退化成本的比例

从大气环境退化成本来看，2019 年江苏和广东大气环境退化成本较高，分别为 940.1 亿元和 818.4 亿元，占全国大气环境退化成本的比例分别为 10.7%和 9.3%，2004—2019 年，大气环境退化成本年均增长速度分别为 10.0%和 9.5%。其次是山东，为 764 亿元，占比为 8.7%。从大气环境退化成本年均增长速度来看，浙江、贵州年均增长速度最低，分别为 4.7%和 3.0%，浙江大气环境退化成本占全国大气环境退化成本的比例从 2004 年的 8.3%下降到 2019 年的 4.2%，下降明显；贵州大气环境退化成本所占比例从 2004 年的 1.6%下降到 2019 年的 0.6%（图 22）。大气环境退化成本较低的地区主要是青海、宁夏、海南和西藏，但青海 2004—2019 年大气环境退化成本年均增长速度较高，位于全国第 1 位（17.4%）。

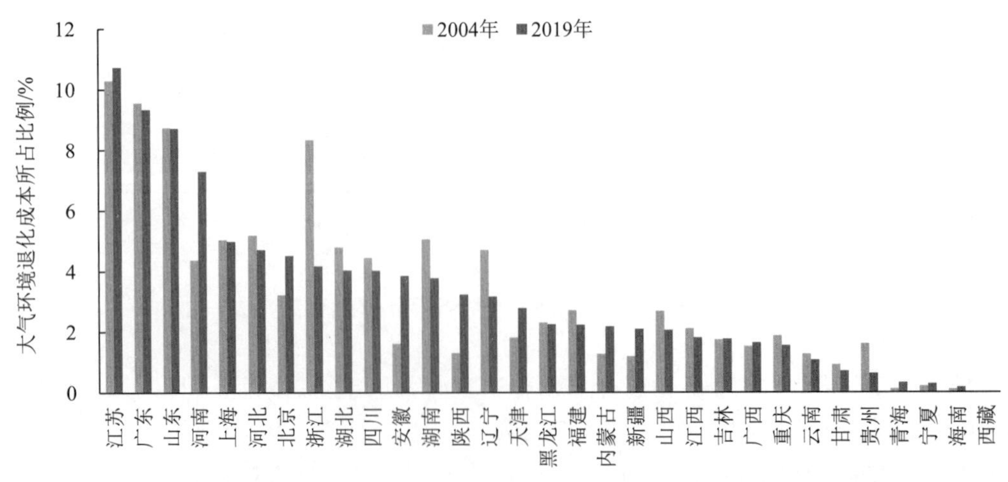

图 22　2004—2019 年各地区大气环境退化成本占全国大气环境退化成本的比例

4 结论与建议

（1）随着生态文明建设战略的全面推进，全国环境退化成本增速呈现加速下降趋势，环保投入的经济效益日渐显现

2004—2019 年，我国 GDP 增速由 11.4%下降到 8.9%，同期环境退化成本增加逐渐下降，2014 年之后，全国环境退化成本增速呈现加速下降趋势，2018 年增速仅为 0.4%，远低于同期 GDP 增速，2019 年环境退化成本出现下降，2019 年比 2018 年下降 11.3%，说明随着生态文明建设战略的全面推进，生态环境保护和治理投入的不断增加，正不断还清经济发展的环境“欠账”。以环境退化指数表征我国经济发展的绿色程度，2004—2019 年，环境退化指数由 3.05%下降到 1.71%，说明近年我国经济的发展更加“绿色”（图 23）。

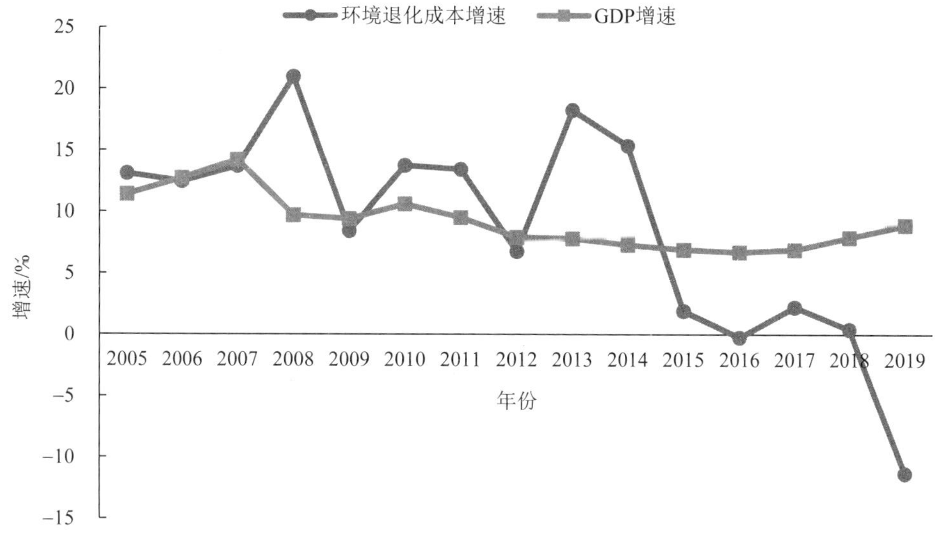

图 23　2005—2019 年地区环境退化成本

（2）产业结构调整效果初显，多数省份环境退化成本增速放缓

我国以供给侧结构性改革为主线，深入推进“三去一降一补”，超过 1 亿 t 粗钢产能和 4 亿 t 煤炭产能退出市场，提高全要素生产率已成为改革共识，经济发展对生态环境破坏的程度降低。2004—2019 年，全国 24 个省（区、市）的环境退化成本年均增速低于 GDP 增速，新疆、黑龙江、吉林、北京、天津和青海等省（区、市）的环境退化成本年均增速快于 GDP 增速。环境退化成本较高的省份中，河南、河北、江苏的环境退化成本增速与 GDP 年均增速相比，降幅较大，分别降低 4.4 个百分点、4.5 个百分点、4.6 个百分点，产业转型的环境效益开始显现（图 24）。

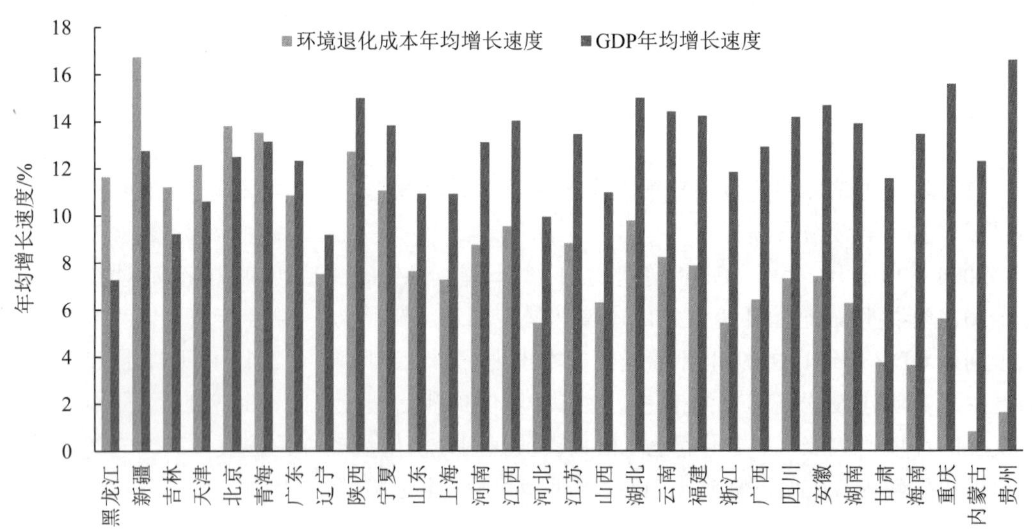

图 24　2004—2019 年地区环境退化成本和 GDP 年均增长速度

（3）环境治理能力明显提升，但环境污染防治任务仍然艰巨

随着生态文明建设制度相继出台，一批具有标志性、支柱性的生态环保领域的改革举措陆续推出，环境治理体系逐步完善。《中华人民共和国环境保护法》《中华人民共和国大气污染防治法》《中华人民共和国水污染防治法》《中华人民共和国环境影响评价法》《中华人民共和国环境保护税法》等法律完成制（修）订，中央生态环境保护督察的开展推动解决了一大批突出环境问题。但是环境改善程度与人民群众对美好生活向往还存在一定的差距，大气环境污染防治进入“深水区”，全国主要城市空气质量达标率不高，主要流域支流水质优良率较低，全国环境退化成本仍居于高位，西部地区大气环境退化成本增长较快，青海、宁夏、新疆、陕西大气环境退化成本增速均在 10%以上。

（4）利用环境退化成本的计算方法开展“十三五”生态环境保护规划实施与“十四五”规划情景的效益成本评估

国务院于 2016 年 11 月印发《“十三五”生态环境保护规划》。规划以提高环境质量为核心，统筹部署“十三五”生态环境保护总体工作。特别在规划思路上，坚持以改善生态环境质量为核心，将三大计划的路线图转变为施工图，贯彻环境质量管理的概念。2021 年科学全面地开展“十三五”生态环境保护规划评估工作既是政府部门环境管理的需要，也是社会公众关注的热点内容。在评估规划实施前后的环境质量改善效益方面，可以应用本文总结的环境退化成本方法进行核算，水、大气等方面环境退化成本的降低，可作为规划实施后的环境效益。另外，2021 年作为“十四五”的开局之年，合理评估“十四五”期间各项规划情景的效益成本，是能够科学编制“十四五”规划的重要保障，本文提供的各种方法也可在该方面进行应用。

（5）夯实环境退化成本核算数据基础，开展相关基础调查，将土壤环境退化成本纳入核算范围

环境退化成本涉及基础数据较多，主要包括环境质量数据、GDP、城镇人口、农村人

口、户规模、主要农产品产量、水资源量、用水量等社会经济数据，以及相关核算技术参数。随着我国环境治理能力的不断提高，工业企业的污染处理方式、运行费用等都发生了较大变化，水、大气环境退化成本核算过程中的核算参数也亟待更新，为了能更好核算我国环境退化成本，建议开展相关调查，完善核算基础数据库。另外，目前环境退化成本核算主要包括水、大气环境退化成本核算和固体费用占地损失核算，对土壤环境退化成本未进行核算，根据 2017 年我国开展的土壤污染状况详查初步结果，我国农用地土壤环境状况总体稳定，但部分区域土壤污染风险依旧突出，《“十三五”生态环境保护规划》也提出了打好大气、水、土壤污染防治三大战役等七项主要任务，所以建议将土壤环境退化成本纳入核算范围，完善我国环境退化成本核算框架。

参考文献

[1] HARTWICK J M. Natural Resources，National Accounting and Economic Depreciation[J]. Journal of Public Economics，1990，43（3）：291-304.

[2] HAMILTON K. Sustainability，the Hartwick Rule and Optimal Growth[J]. Environmental and Resource Economics，1995（5）：393-411.

[3] COSTANZA R. Time to leave GDP behind[J]. Nature，2014，505（16）：283-285.

[4] United Nations. Handbook of National Accounting：integrated environment and economic accounting 1993（SEEA 1993）[M]. New York：United Nations，1993：67-88 United Nations.

[5] Handbook of National Accounting：integrated environmental and economic accounting 2003（SEEA 2003）[M]. New York：United Nations，2003：1-5.

[6] United Nations. System of environmental-economic accounting 2012：Central Framework - white cover publication[M]. New York：United Nations，2012：1-8.

[7] PEARCE D W，ATKINSON G. Capital theory and the measurement of sustainable development：an indicator of weak sustainability[J]. Ecological Economics，1993，8（2）：103-1081.

[8] HAMILTON K. Genuine Saving as a Sustainability Indicator[J]. Environment Department Papers，2000（77）：1-15.

[9] 过孝民，张慧勤．公元 2000 年中国环境预测与对策研究[M]．北京：清华大学出版社，1990.

[10] 郑易生，阎林，钱薏红．90 年代中期中国环境污染经济损失估算[J]．管理世界，1999（2）：10.

[11] 李金昌．资源经济新论[M]．重庆：重庆大学出版社，1995.

[12] 世界银行．碧水蓝天——21 世纪的中国环境[M]．北京：中国财政经济出版社，1997.

[13] 夏光．中国环境污染损失的经济计量与研究[M]．北京：中国环境科学出版社，1998.

[14] 雷明．绿色投入产出核算——理论与应用[M]．北京：北京大学出版社，2000.

[15] 於方，王金南，曹东，等．中国环境经济核算技术指南[M]．北京：中国环境科学出版社，2009.

[16] 王金南，曹东，於方，等．中国环境经济核算研究报告 2004[M]．北京：中国环境科学出版社，2009.

[17] 王金南，於方，曹东，等．中国环境经济核算研究报告 2005—2006[M]．北京：中国环境科学出版社，2013.

[18] 於方，马国霞，齐霁，等．中国环境经济核算研究报告 2007—2008[M]．北京：中国环境科学出版社，2013.

[19] 於方，杨威杉，马国霞，等．中国环境经济核算研究报告 2009—2010[M]．北京：中国环境科学出版社，2018.

[20] 过孝民，环境污染成本评估理论与方法[M]．北京：中国环境科学出版社，2009.

[21] 于紫萍，许秋瑾，魏健，等．淮河 70 年治理历程梳理及“十四五”展望[J]．环境工程技术学报，2020（5）：1-18.

[22] 徐敏，张涛，王东，等．中国水污染防治 40 年回顾与展望[J]．中国环境管理，2019，11（3）：65-71.

[23] 徐曼，汪凯凡．壮丽 70 年 回首中国特色环境保护之路——访新中国第一代环保人、原国家环境保护局局长曲格平先生[J]．环境保护，2019，47（17）：10-13.

[24] 秦昌波，李新，容冰，等．我国水环境安全形势与战略对策研究[J]．环境保护，2019，47（8）：20-23.

[25] 王文兴，柴发合，任阵海，等．新中国成立 70 年来我国大气污染防治历程、成就与经验[J]．环境科学研究，2019，32（10）：1621-1635.

污染减排与空气质量

- 中国 NO_x 与 VOCs 中长期减排路线图
- 中国碳减排路径的空气质量改善协同效益研究
- 基于《全球空气质量指导值（2021）》的中国环境空气质量评价与启示

中国 NO_x 与 VOCs 中长期减排路线图

Pathway of Reductions in NO_x and VOCs Emissions in China

薛文博　史旭荣　雷宇　刘鑫　郑逸璇　严刚

摘　要　回顾和分析了我国空气质量现状及面临的挑战，利用 WRF-CAMx 空气质量模型研究了我国中长期 NO_x 和 VOCs 总量减排对 $PM_{2.5}$ 和 O_3 的协同控制效果。结果表明 NO_x 和 VOCs 减排均可显著降低 $PM_{2.5}$ 和 O_3 浓度；但当 NO_x 减排比例较小时，部分地区 O_3 浓度可能升高；对于 VOCs，随着减排力度加大，VOCs 对 O_3 的改善效果逐步低于 NO_x 减排。建议中长期将全国层面的 NO_x 持续深度减排作为核心，将重点区域 VOCs 减排作为重要支撑，以实现 $PM_{2.5}$ 与 O_3 的协同控制；"十四五"期间除 NO_x、VOCs 外，并强化一次 $PM_{2.5}$、SO_2、NH_3 等多污染物协同减排，以实现空气质量改善目标。

关键词　O_3　$PM_{2.5}$　协同控制　减排路径

Abstract　This study analyzes the challenges of air quality improvement in China, and applies WRF-CAMx air quality model to study the synergistic control effect of NO_x and VOCs cut on $PM_{2.5}$ and O_3 in the medium and long term. Results showed that the emission reduction of NO_x and VOCs both can significantly reduce $PM_{2.5}$ and O_3 concentration. Besides, small NO_x emission reduction probably lead to increased O_3 concentration in some areas; while with the increase of emission cut ratio of VOCs, the improvement effect of VOCs on O_3 is gradually lower than NO_x. To achieve the coordinated control of $PM_{2.5}$ and O_3, in the medium and long term, it is recommended to deeply reduce NO_x emission from the national perspective, and also pay attention to the VOCs emission cut in key regions. During the "14 th Five-Year Plan", to achieve the air quality goal, in addition to NO_x and VOCs, it's also important to reduce the emission of multiple pollutants such as $PM_{2.5}$, SO_2 and NH_3.

Keywords　O_3; $PM_{2.5}$; synergistic control; reduction-pathway

虽然我国环境空气质量呈现持续快速改善态势，但与保护人体健康的要求相比，仍有较大差距。2020 年全国 $PM_{2.5}$ 平均浓度为 33 $\mu g/m^3$，为世界卫生组织指导值的 3.3 倍，337

个城市中仍有 135 个城市 $PM_{2.5}$ 年均浓度超标；2015 年以来全国 O_3 污染呈现波动上升态势，2020 年全国 O_3 第 90 百分位数浓度为 138 μg/m^3，有 56 个城市 O_3 年评价值超标，超标天中 O_3 为首要污染物占比从 2015 年的 12.5%增加到 2020 年的 36.8%，对优良天数的影响接近 $PM_{2.5}$。NO_x 和 VOCs 是 $PM_{2.5}$ 与 O_3 的共同前体物，同时 NO_x 排放也是环境 NO_2 污染的主要来源，因此减排 NO_x 和 VOCs 是实现我国环境空气质量全面达标的重要路径，也是实现 2035 年“美丽中国”空气质量改善目标的关键所在。控制 $PM_{2.5}$ 污染，大幅减排 NO_x 和 VOCs 将带来持续收益。针对 O_3 污染，由于其生成机制复杂，与前体物浓度变化呈现复杂的非线性关系：在 NO_x 减排初期很可能导致部分地区 O_3 浓度升高，但进一步减排 NO_x 可快速降低 O_3 浓度；在 VOCs 减排初期可有效降低 O_3 浓度，但由于天然源排放量可观，进一步减排人为源 VOCs 对控制 O_3 污染的效果将收窄。因此，平衡好 NO_x 与 VOCs 减排在局地与区域、短期与长期上的收益，并基于此探讨我国 NO_x 与 VOCs 减排的中长期路线图，对于开展 $PM_{2.5}$ 和 O_3 协同控制至关重要。

针对上述问题，生态环境部环境规划院基于全国空气质量模拟系统，结合环境空气质量监测数据、污染源排放清单，分析了不同 NO_x、VOCs 减排情景对协同控制 $PM_{2.5}$ 与 O_3 的效果，提出了我国 NO_x 和 VOCs 减排中长期路线图，同时论证了“十四五”期间 NO_x、VOCs 减排对降低 $PM_{2.5}$ 与 O_3 污染的效果。

1 数据和方法

1.1 数据来源

1.1.1 排放清单

考虑到 2020 年较为特殊，以及 2019 年排放清单的可获得性，将 2019 年作为基准情景。CAMx 模型所需排放清单的化学物种主要包括颗粒物（PM_{10}、$PM_{2.5}$ 及其组分）、SO_2、NO_x、NH_3 和 VOCs 等多种污染物。清单获得方法：在清华大学 MEIC 排放清单的基础上（中国多尺度排放清单，http://www.meicmodel.org），统筹考虑 2018 年“2+26”城市排放清单，结合 2019 年主要减排措施，建立 2019 年人为源排放清单，得到 2019 年 PM_{10}、$PM_{2.5}$、SO_2、NO_x、NH_3、BC、OC、VOCs（含主要组分）等污染物的人为源排放清单。生物源 VOCs 排放清单通过 MEGAN 天然源排放清单模型计算获得。

1.1.2 空气质量监测数据

空气质量监测数据包括 2019 年 1 月 1 日—12 月 31 日全国 337 个城市的实际观测 $PM_{2.5}$ 日均浓度（数据来源：中华人民共和国生态环境部数据中心）。

1.2 模型设置

1.2.1 模拟时段

考虑到 O_3 年评价值浓度逐年升高，2019 年是 2015 年以来全国 O_3 污染最重的年份，且 2020 年受新冠疫情和气象影响较为特殊。因此，选择 2019 年 1 月 1 日—12 月 31 日为研究时段，模拟分析 NO_x 和 VOCs 总量减排所产生的 $PM_{2.5}$ 和 O_3 协同控制收益。

1.2.2 模拟区域

本研究模拟范围涵盖全国。CAMx 模型水平模拟范围：*X* 方向为 –2 690～2 690 km、*Y* 方向为 –2 150～2 150 km，网格间距为 20 km，共将全国划分成 270×216 个网格。垂直方向共设置 14 个气压层，层间距自下而上逐渐增大。投影坐标系采用 Lambert 投影，中心点经纬度为 103°E、37°N，两条平行纬度分别为 25°N 和 40°N。

1.2.3 气象模拟

中尺度气象模型 WRF 为 CAMx 模型提供所需要的气象场，其模拟时段和空间投影坐标系与 CAMx 设置保持一致，垂直方向共 35 个气压层，层间距自下而上逐渐增大。WRF 模型的初始场与边界场数据采用美国国家环境预报中心（NCEP）提供的 FNL 全球分析资料（6 h 一次、1°分辨率，http://rda.ucar.edu/datasets/ds083.2），每日对初始场进行初始化，每次模拟时长为 30 h，Spin-up 时间为 6 h，并利用 NCEP ADP 观测资料进行客观分析与资料同化（http://rda.ucar.edu/datasets/ds461.0）。

1.2.4 模型验证

本研究采用 WRF-CAMx 空气质量模型进行模拟，该模型已在空气质量预报等领域被广泛使用。将模型模拟的 $PM_{2.5}$ 日均值、O_3 日最大 8 h 滑动平均值与实测数据进行比对验证，验证结果表明：

京津冀及周边地区、汾渭平原、长三角、珠三角模拟和实测 $PM_{2.5}$ 浓度的标准化平均误差（NME）分别为 35%、36%、39%、51%；标准化平均偏差（NMB）分别为 16%、–6%、27%、40%；相关系数分别为 0.81、0.76、0.81、0.71。

京津冀及周边地区、汾渭平原、长三角、珠三角模拟和实测 O_3 浓度的标准化平均误差（NME）分别为 21%、29%、22%、28%；标准化平均偏差（NMB）分别为 –9%、0.4%、2%、4%；相关系数分别为 0.88、0.74、0.80、0.76。因此排放清单较为可靠，模型模拟合理。具体验证参数及验证结果见图 1、表 1、表 2。

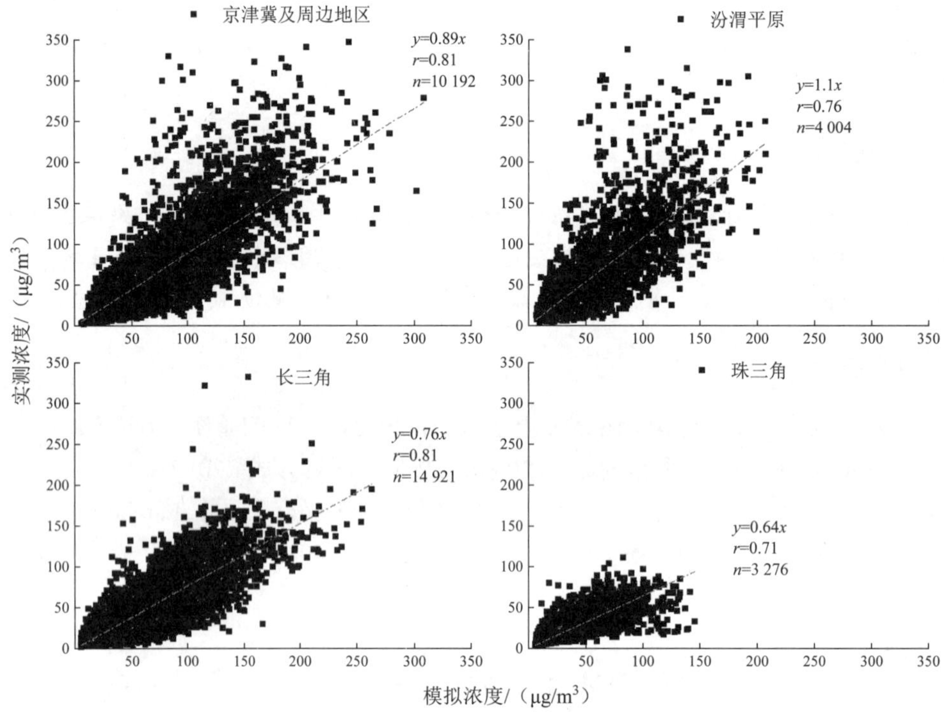

（a） 模拟和实测$PM_{2.5}$日均值浓度相关性

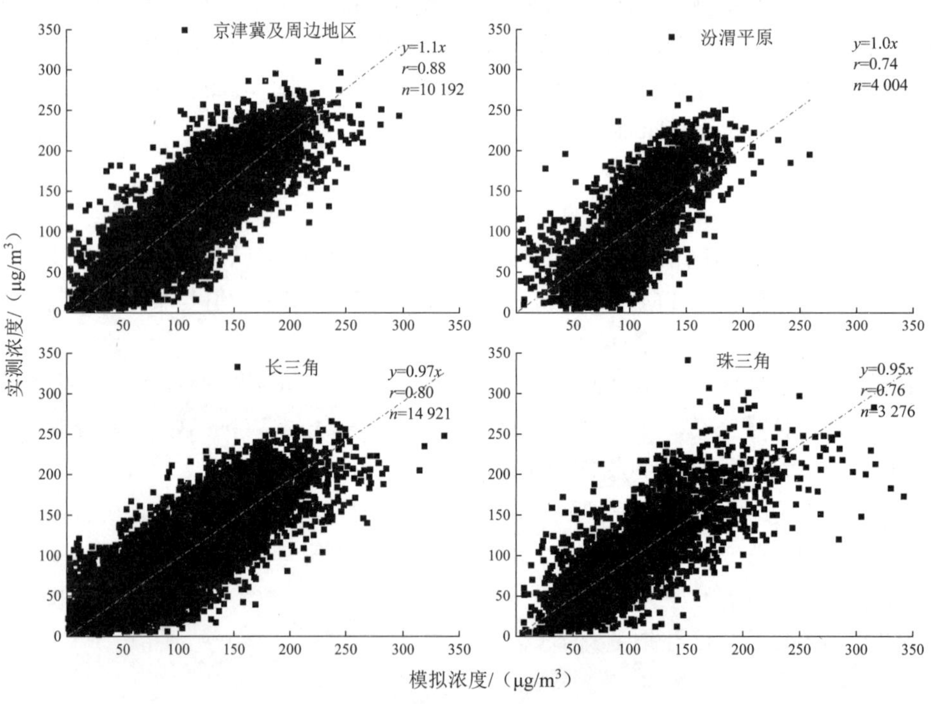

（b）模拟和实测 O_3日最大 8 h 浓度相关性

图 1　模拟和实测浓度相关性

表 1　模型验证结果——O_3

区域	样本数（n）	NME	NMB	r
“2+26”城市	10 192	21%	–9%	0.88
汾渭平原	4 004	29%	0.4%	0.74
长三角	14 921	22%	2%	0.80
珠三角	3 276	28%	4%	0.76

表 2　模型验证结果——$PM_{2.5}$

区域	样本数（n）	NME	NMB	r
“2+26”城市	10 192	35%	16%	0.81
汾渭平原	4 004	36%	–6%	0.76
长三角	14 921	39%	27%	0.81
珠三角	3 276	51%	40%	0.71

1.2.5　情景设置

针对“十四五”“十五五”“2035 美丽中国”等目标年限设置不同的 NO_x 和 VOCs 单项减排情景、NO_x 和 VOCs 协同减排 20%情景，研究我国中长期 NO_x 和 VOCs 总量减排对 $PM_{2.5}$ 和 O_3 的协同控制效果。按照每 5 年 NO_x 和 VOCs 排放量下降 20%进行推断，具体情景设置见表 3。

表 3　NO_x 和 VOCs 减排情景设置

减排情景	基准情景	削减 10%	削减 20%	削减 30%	削减 40%	削减 50%	削减 60%
目标年限	2019 年	—	2025 年	—	2030 年	2035 年	2040 年
政策节点		—	“十四五”	—	碳达峰	美丽中国	—

2　NO_x 减排对 $PM_{2.5}$ 与 O_3 的协同效应

2.1　与 $PM_{2.5}$ 浓度间的响应关系

2.1.1　全国总体

随着 NO_x 减排深入，$PM_{2.5}$ 浓度改善幅度增大，尤其在河南省、湖北省和湖南省等 NH_3 排放量较大的省份 $PM_{2.5}$ 浓度降幅较高。主要因为与 NH_3 相比，这些地区硝酸盐（$PM_{2.5}$ 中重要的组分）生成主要受到 NO_x 排放约束，因此 NO_x 减排在这些地区会带来 $PM_{2.5}$ 浓度大幅下降。例如 NO_x 削减 20%、40%、50%、60%时，全国 $PM_{2.5}$ 浓度分别下降 4.9%、10.7%、

13.9%、17.4%；河南省 $PM_{2.5}$ 浓度分别下降 5.5%、12.7%、16.9%、21.4%；湖北省 $PM_{2.5}$ 浓度分别下降 7.0%、14.8%、18.8%、22.9%；湖南省 $PM_{2.5}$ 浓度分别下降 7.2%、14.8%、18.6%、22.4%。

2.1.2 重点区域

NO_x 减排带来的 $PM_{2.5}$ 近、远期效益均较大，NO_x 深度减排对于降低 $PM_{2.5}$ 浓度效果明显。随着 NO_x 削减程度增大，全国及各重点区域 $PM_{2.5}$ 浓度基本为线性下降，其中“2+26”城市和长三角地区随着 NO_x 减排 $PM_{2.5}$ 浓度呈现略微加速下降的特征（图 2）。长三角随着 NO_x 减排 $PM_{2.5}$ 浓度降幅最大，当 NO_x 减排 60%时，$PM_{2.5}$ 浓度下降 20.3%；汾渭平原、“2+26”城市次之；珠三角降幅最小，当 NO_x 减排 60%时，$PM_{2.5}$ 浓度下降 11.8%。

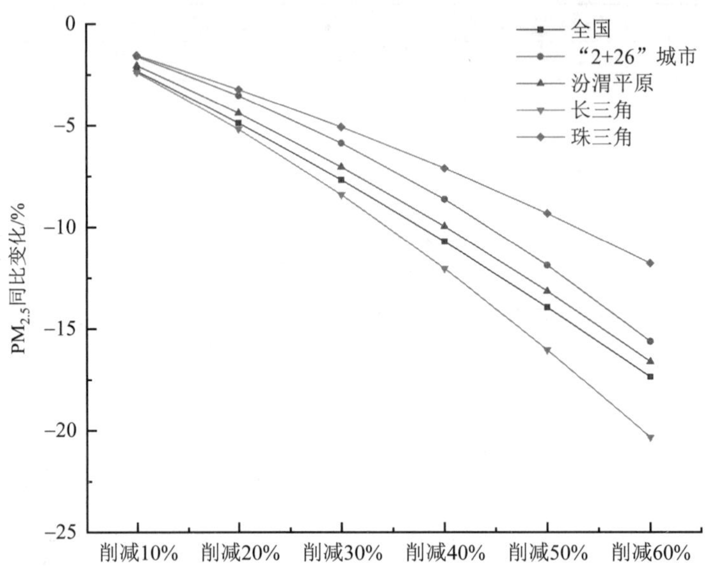

图 2 全国及重点区域不同 NO_x 削减情景下 $PM_{2.5}$ 浓度变化

2.2 与 O_3 浓度间的响应关系

2.2.1 全国总体

NO_x 削减 10%、20%、40%、50%、60%时，全国 O_3 浓度分别下降 1.5%、3.3%、8.4%、11.7%、15.6%。NO_x 减排力度较小时，全国 O_3 浓度改善效果较小，且部分城市市中心 O_3 浓度上升。但随着 NO_x 减排力度增大，全国 O_3 浓度大幅改善，NO_x 减排初期部分 O_3 浓度上升的城市 O_3 浓度开始下降。可能因为当前部分城市市区 NO_x 排放相对较高，O_3 生成相对郊区偏向 VOCs 控制型，市区减排 NO_x 会使得 NO 对 O_3 滴定作用减弱从而使得 O_3 浓度上升；但随着 NO_x 排放量下降，O_3 生成逐步向 NO_x 控制型转变，减排 NO_x 会减弱 NO_2 光解与 O_2 生成 O_3 的强度，从而使得 O_3 浓度下降。

2.2.2 重点区域

NO_x 减排可有效并持续加速改善 O_3 浓度，全国及重点区域（除珠三角）O_3 浓度随着 NO_x 深入减排加速下降。珠三角在 NO_x 减排初期（NO_x 削减 10%、20%）O_3 浓度轻微上升，之后随着 NO_x 削减力度加大 O_3 浓度开始加速下降；而广东省随着 NO_x 减排 O_3 浓度一直保持加速下降趋势。该结果可能与珠三角城市数量较少且离海近，模型模拟不确定性较大有关。长三角、京津冀及周边地区 O_3 浓度降幅较大，NO_x 削减 60%时，O_3 浓度分别下降 18.6%、18.1%，高于汾渭平原和珠三角 O_3 浓度降幅。此外，当 NO_x 减排比例高于 40%时，长三角减排速度超过“2+26”城市，可能与长三角夏季天然源 VOCs 排放量大，O_3 生成相对北方对 NO_x 减排更敏感有关（图 3）。

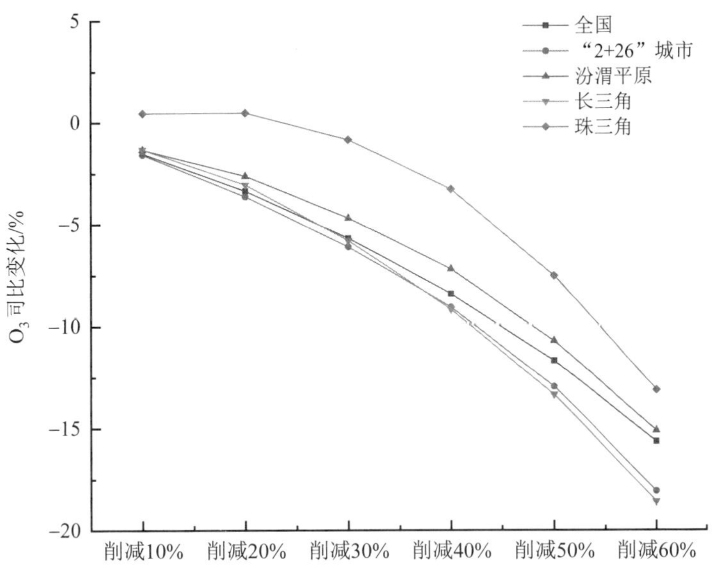

图 3 全国及重点区域不同 NO_x 减排情景下的 O_3 浓度变化

3 VOCs 减排对 $PM_{2.5}$ 与 O_3 的协同效应

3.1 与 $PM_{2.5}$ 浓度间的响应关系

3.1.1 全国总体

VOCs 减排也可改善 $PM_{2.5}$ 浓度，改善区域主要集中在京津冀及周边地区和长三角地区，减排初期对 $PM_{2.5}$ 的改善幅度较小，随着减排力度加大，对 $PM_{2.5}$ 浓度改善效果加强。例如，VOCs 削减 10%时，全国 $PM_{2.5}$ 浓度并未有明显下降趋势（同比下降 0.5%）；削减

20%、40%、50%、60%时，全国 $PM_{2.5}$ 浓度分别下降 1.0%、2.3%、3.1%、4.0%。VOCs 排放对 $PM_{2.5}$ 浓度变化有重要影响，主要因为 VOCs 是直接生成二次有机气溶胶（$PM_{2.5}$ 的重要组分）的重要前体物，此外 VOCs 通过影响 O_3 生成从而影响大气氧化性，大气氧化性越强越利于 SO_2、NO_2、VOCs 等前体物向二次无机盐和二次有机气溶胶（均为 $PM_{2.5}$ 的重要组分）转化。

3.1.2 重点区域

VOCs 减排可持续改善全国及各重点区域 $PM_{2.5}$ 浓度，随着 VOCs 削减，$PM_{2.5}$ 浓度基本呈现线性下降特征。“2+26”城市 $PM_{2.5}$ 浓度随着 VOCs 减排降幅最大，当 VOCs 减排 60%时，$PM_{2.5}$ 浓度下降 7.5%；长三角次之（同比下降 6.9%）；汾渭平原降幅最小，当 VOCs 减排 60%时，$PM_{2.5}$ 浓度下降 4.9%（图 4）。

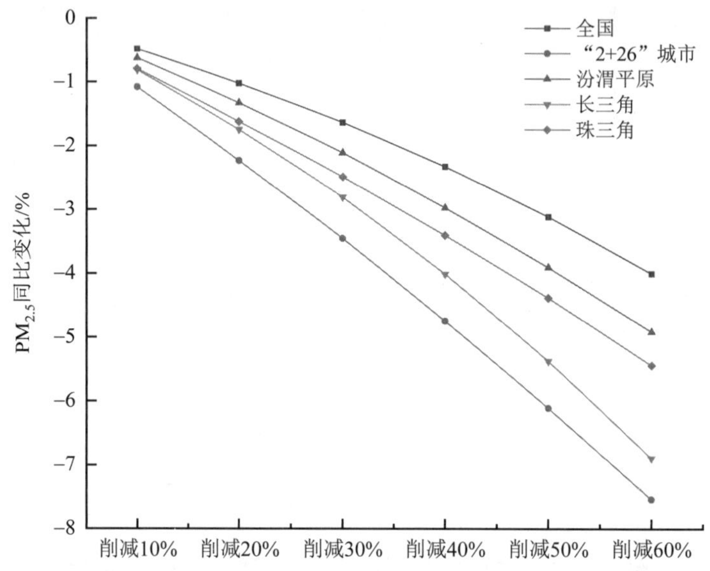

图 4 全国及重点区域不同 VOCs 削减情景下 $PM_{2.5}$ 浓度变化

3.2 与 O_3 浓度间的响应关系

3.2.1 全国总体

VOCs 削减 20%、40%、50%、60%时，全国 O_3 浓度分别下降 2.6%、5.7%、7.3%、9.1%。VOCs 减排可持续降低 O_3 浓度，随着 VOCs 减排力度加大，O_3 浓度改善效果加强。O_3 浓度改善主要集中在京津冀及周边地区、长三角和珠三角等发达地区，主要因为这些地区大部分城市 O_3 生成处于 VOCs 控制区或 VOCs-NO_x 协同控制区，减排 VOCs 会使得 O_3 浓度大幅下降。

3.2.2 重点区域

O_3 浓度随着 VOCs 减排线性下降，VOCs 减排可有效并持续改善全国及各重点区域 O_3 浓度。长三角、珠三角、京津冀及周边地区随着 VOCs 减排 O_3 浓度降幅最为明显，其中珠三角 O_3 浓度下降幅度最大，VOCs 削减 60%时，O_3 浓度同比下降 23.2%；长三角、京津冀及周边地区次之；汾渭平原降幅最小，当 VOCs 减排 60%时，O_3 浓度下降约 10.5%（图 5）。

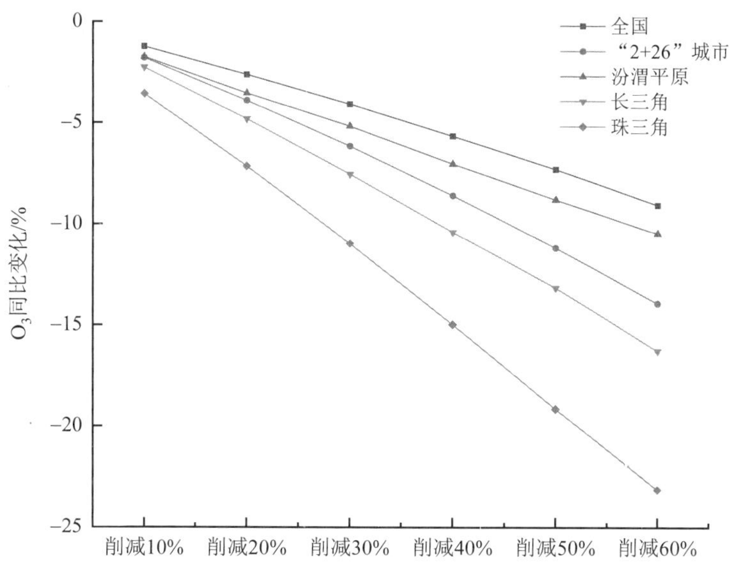

图 5 VOCs 减排对 O_3 日最大 8 h 第 90 百分位数的影响

4 NO_x 和 VOCs 减排对 $PM_{2.5}$ 与 O_3 的协同效应对比分析

4.1 与 $PM_{2.5}$ 浓度间的响应关系对比分析

NO_x 减排对全国及各重点区域 $PM_{2.5}$ 浓度的改善效果明显强于 VOCs 减排所带来的效果。随着减排力度增大，相较于 VOCs，NO_x 减排会使得 $PM_{2.5}$ 浓度加速下降。如 NO_x 削减 20%、40%、50%、60%，全国 $PM_{2.5}$ 浓度下降 4.9%、10.7%、13.9%、17.4%；VOCs 削减 20%、40%、50%、60%时，全国 $PM_{2.5}$ 浓度仅下降 1.0%、2.3%、3.1%、4.0%。重点区域 $PM_{2.5}$ 浓度降幅见图 6。

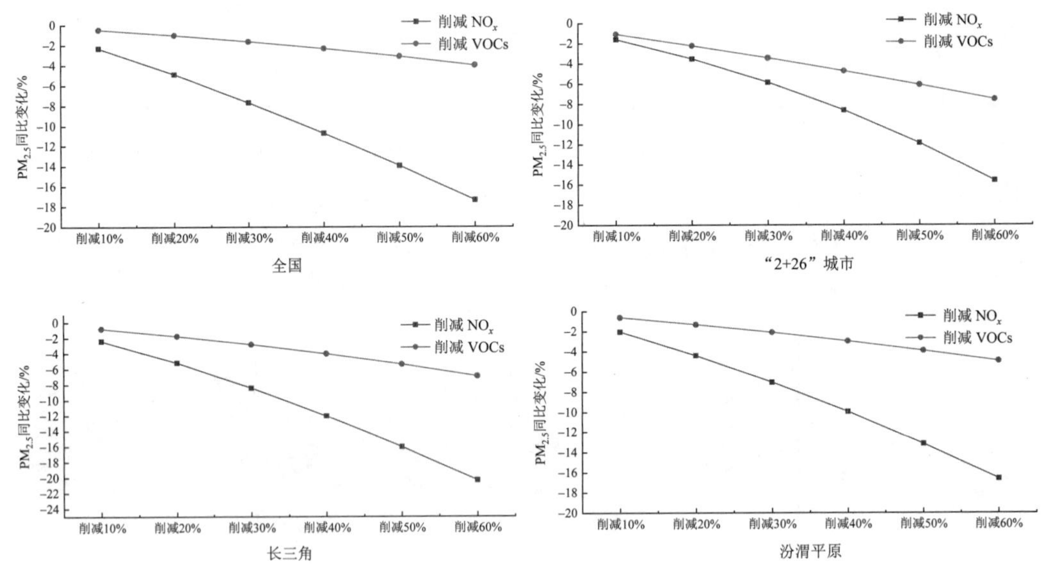

图 6　NO_x 和 VOCs 减排对 $PM_{2.5}$ 浓度产生的影响

4.2　与 O_3 浓度间的响应关系对比分析

全国尺度削减 NO_x 引起的 O_3 浓度降幅要高于 VOCs 减排，并且随着 NO_x 削减幅度加大，O_3 浓度呈加速下降特征（图 7）。重点区域中，“2+26”城市、长三角和汾渭平原减排初期 VOCs 带来的 O_3 浓度改善效果高于 NO_x 减排，但随着 VOCs 减排力度加大，人为源 VOCs 排放在 VOCs 排放总量中占比逐步降低，VOCs 减排对 O_3 的改善效果逐步低于 NO_x 减排，该特征在南方地区尤为明显。例如“2+26”城市 NO_x-VOCs 削减比例大于 30%、长三角削减比例大于 50%、汾渭平原削减比例大于 40%时，NO_x 减排对 O_3 浓度的改善效果将超过 VOCs 减排。

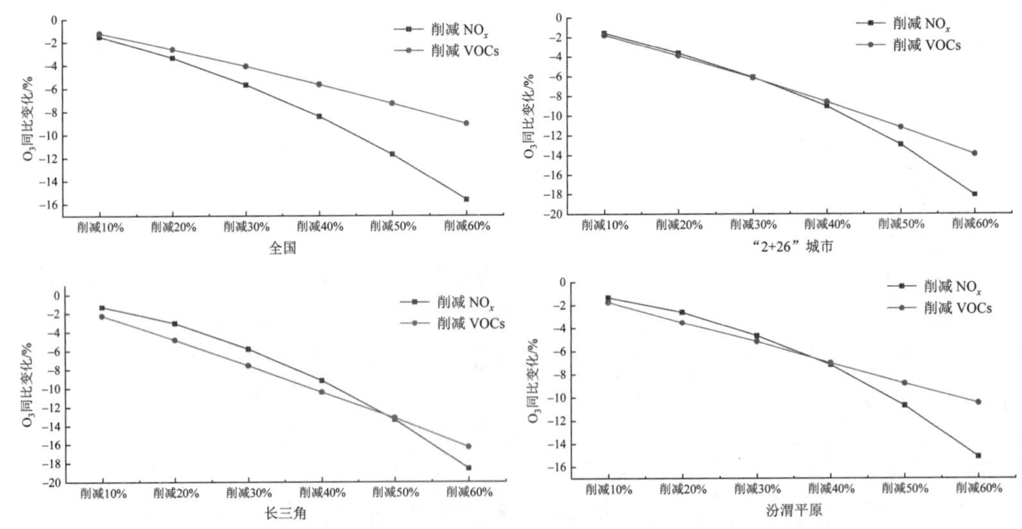

图 7　NO_x 和 VOCs 减排对 O_3 日最大 8 h 第 90 百分位数产生的影响

5 “十四五”时期 NO_x 和 VOCs 协同减排的环境效果

依据“十四五”规划前期研究，如果要确保“十四五”期间全国 $PM_{2.5}$ 浓度下降 10%左右，SO_2、NO_x、一次颗粒物、VOCs 等主要大气污染物排放总量总体需减排 15%左右，其中 SO_2 需减少 12%左右、颗粒物需减排 15%左右，考虑到 O_3 污染控制的需求，NO_x、VOCs 排放总量需下降 18%～20%。本研究仅考虑 NO_x、VOCs 减排带来的环境影响，假设“十四五”期间全国 NO_x、VOCs 排放总量分别下降 20%，$PM_{2.5}$ 年均浓度、O_3 第 90 百分位数浓度将分别降低 5.5%、5.4%左右。如 NO_x、VOCs 排放总量分别减少 12%，则 $PM_{2.5}$ 年均浓度、O_3 第 90 百分位数浓度将分别降低 4%、3%左右；NO_x 和 VOCs 减排对 $PM_{2.5}$ 年均浓度下降 10%的目标贡献率约为 40%，超过硝酸盐和二次有机气溶胶在我国 $PM_{2.5}$ 中的占比（约 30%）。以上结果表明 NO_x、VOCs 减排对 $PM_{2.5}$ 浓度降低的效益可能大于其他前体物减排的效益，但即便如此，由于 $PM_{2.5}$ 污染受到 NO_x、VOCs、一次颗粒物、SO_2、NH_3 等多种前体物影响，实现 $PM_{2.5}$ 年均浓度下降 10%的目标，除了大幅减排 NO_x 和 VOCs，同样需要持续深入加强一次颗粒物、SO_2 和 NH_3 等污染物的排放控制（表 4）。

表 4　NO_x 和 VOCs 同时减排 20%对重点区域与全国 $PM_{2.5}$、O_3 浓度的影响

指标	全国	“2+26”城市	汾渭平原	长三角	珠三角
$PM_{2.5}$	–5.5%	–5.2%	–5.2%	–6.3%	–4.6%
O_3	–5.4%	–6.7%	–5.5%	–7.1%	–5.9%

6 结论与建议

1）我国 $PM_{2.5}$ 污染控制取得显著成效，但污染水平依然较高，同时 O_3 浓度呈现波动上升态势，NO_2 污染尚未得到有效控制，因此强化 NO_x 与 VOCs 协同减排将是实现 2035 年“美丽中国”空气质量改善目标的关键。

2）NO_x 减排可显著降低 $PM_{2.5}$ 和 O_3 浓度。减排比例较小时，$PM_{2.5}$ 浓度下降，但部分地区 O_3 浓度可能升高；减排比例加大后，$PM_{2.5}$ 和 O_3 浓度均呈现加速下降趋势。

3）减排 VOCs 同样可降低 $PM_{2.5}$ 和 O_3 浓度，但随着 VOCs 减排力度加大，VOCs 对 O_3 的改善效果逐步低于 NO_x 减排，在南方地区尤为明显。

4）建议在中长期大气污染物减排路线的设计中，将全国层面的 NO_x 持续深度减排作为核心，将重点区域 VOCs 减排作为重要支撑，以实现 $PM_{2.5}$ 与 O_3 的协同控制。

5）建议在“十四五”期间进一步加大 NO_x 和 VOCs 减排力度，同时深入推进一次颗粒物、SO_2、NH_3 等多污染物减排力度，以保障空气质量目标顺利实现。

参考文献

[1] 严刚，薛文博，雷宇，等. 我国臭氧污染形势分析及防控对策建议[J]. 环境保护，2020，15. DOI：10.14026/j.cnki.0253-9705.2020.15.003.

[2] 蒋美青，陆克定，苏榕，等. 我国典型城市群 O_3 污染成因和关键 VOCs 活性解析[J]. 科学通报，2018，63：1130-1141.

[3] 陆克定，张远航，苏杭，等. 珠江三角洲夏季臭氧区域污染及其控制因素分析[J]. 中国科学：化学，2010，40：407-420.

[4] GUENTHER A，KARL T，HARLEY P，et al. Estimates of global terrestrial isoprene emissions using MEGAN（Model of Emissions of Gases and Aerosols from Nature）[J]. Atmospheric Chemistry and Physics，2006，6（11）：3181-3210.

[5] OU J M，YUAN Z B，ZHENG J Y，et al. Ambient Ozone Control in a Photochemically Active Region：ShortTerm Despiking or Long-Term Attainment？[J]. Environmental Science and Technology，2016，50：5720-5728.

[6] YU D，TAN Z F，LU K D，et al. An explicit study of local ozone budget and NOx-VOCs sensitivity in Shenzhen China [J]. Atmospheric Environment，2020，224.

[7] TAN Z F，LU K D，JIANG M Q，et al. Daytime atmospheric oxidation capacity in four Chinese megacities during the photochemically polluted season：a case study based on box model simulation [J]. Atmospheric Chemistry and Physics，2019，19：3493-3513.

[8] EMMERSON K M，CARSLAW N，PILLING M J. Urban atmospheric chemistry during the PUMA campaign 2：Radical budgets for OH，HO_2 and RO_2 [J]. Journal of Atmospheric Chemistry，2005，52：165-183，https://doi.org/10.1007/s10874-005-1323-2.

[9] GOLIFF W S，STOCKWELL W R，LAWSON C V. The regional atmospheric chemistry mechanism，version 2 [J]. Atmospheric Environment，2013，68：174-185，https://doi.org/10.1016/j.atmosenv.2012.11.38.

[10] HOFZUMAHAUS A，ROHRER F，LU K，et al. Amplified Trace Gas Removal in the Troposphere [J]. Science，2009，324：1702-1704，https://doi.org/10.1126/science.1164566.

附表 1 NO_x 单独减排对重点区域与全国 $PM_{2.5}$、O_3 浓度的影响

区域	指标	NO_x 排放总量削减					
		10%	20%	30%	40%	50%	60%
“2+26”城市	$PM_{2.5}$	−1.6%	−3.5%	−5.9%	−8.6%	−11.9%	−15.6%
	O_3	−1.6%	−3.6%	−6.1%	−9.0%	−12.9%	−18.1%
汾渭平原	$PM_{2.5}$	−2.0%	−4.4%	−7.0%	−10.0%	−13.2%	−16.6%
	O_3	−1.3%	−2.6%	−4.7%	−7.2%	−10.7%	−15.1%
长三角	$PM_{2.5}$	−2.4%	−5.2%	−8.4%	−12.0%	−16.0%	−20.3%
	O_3	−1.3%	−3.0%	−5.8%	−9.2%	−13.3%	−18.6%

区域	指标	NO_x 排放总量削减					
		10%	20%	30%	40%	50%	60%
珠三角	$PM_{2.5}$	−1.5%	−3.2%	−5.1%	−7.1%	−9.3%	−11.8%
	O_3	0.5%	0.5%	−0.8%	−3.3%	−7.5%	−13.1%
全国	$PM_{2.5}$	−2.3%	−4.9%	−7.7%	−10.7%	−13.9%	−17.4%
	O_3	−1.5%	−3.3%	−5.7%	−8.4%	−11.7%	−15.6%

注：$PM_{2.5}$ 指年均浓度，O_3 指全年第 90 百分位数浓度；以上结果基于国控站点统计获得。

附表 2　VOCs 单独减排对重点区域与全国 $PM_{2.5}$、O_3 浓度的影响

区域	指标	VOCs 排放总量削减					
		10%	20%	30%	40%	50%	60%
“2+26”城市	$PM_{2.5}$	−1.1%	−2.2%	−3.5%	−4.7%	−6.1%	−7.5%
	O_3	−1.8%	−3.9%	−6.2%	−8.6%	−11.2%	−13.9%
汾渭平原	$PM_{2.5}$	−0.6%	−1.3%	−2.1%	−3.0%	−3.9%	−4.9%
	O_3	−1.7%	−3.5%	−5.2%	−7.0%	−8.8%	−10.5%
长三角	$PM_{2.5}$	−0.8%	−1.7%	−2.8%	−4.0%	−5.4%	−6.9%
	O_3	−2.3%	−4.8%	−7.5%	−10.4%	−13.2%	−16.3%
珠三角	$PM_{2.5}$	−0.8%	−1.6%	−2.5%	−3.4%	−4.4%	−5.4%
	O_3	−3.6%	−7.1%	−11.0%	−15.0%	−19.1%	−23.1%
全国	$PM_{2.5}$	−0.5%	−1.0%	−1.6%	−2.3%	−3.1%	−4.0%
	O_3	−1.2%	−2.6%	−4.1%	−5.7%	−7.3%	−9.1%

注：$PM_{2.5}$ 指年均浓度，O_3 指全年第 90 百分位数浓度；以上结果基于国控站点统计获得。

中国碳减排路径的空气质量改善协同效益研究*

Air Quality Benefits of Achieving Carbon Neutrality in China

薛文博　雷宇　史旭荣　郑逸璇　许艳玲　刘鑫　王金南　严刚　蔡博峰

摘　要　利用空气质量模型模拟了碳减排驱动下我国 2030 年、2035 年和 2060 年 $PM_{2.5}$和 O_3日最大 8 h 第 90 百分位数浓度。结果表明，与 2019 年相比，预计 2030 年 SO_2、NO_x、一次 $PM_{2.5}$和 VOCs 的排放量将分别减少 42%、42%、44%和 28%，2035 年分别减少 57%、58%、60%和 42%，2060 年分别减少 93%、93%、90%和 61%。届时全国年均 $PM_{2.5}$浓度将分别为 27 μg/m^3、23 μg/m^{3}和 11 μg/m^3；O_3浓度分别为 129 μg/m^3、123 μg/m^{3}和 93 μg/m^3。按照我国现行空气质量标准，预计 2030 年、2035 年全国空气质量达标城市占比将达到 82%、94%。到 2060 年，全国约有 48%的城市 $PM_{2.5}$年均浓度不高于 10 μg/m^3，69%的城市 O_3浓度不高于 100 μg/m^3。在 2035 年前空气质量改善主要由末端治理措施驱动；2035 年后，碳排放量的快速降低将为空气质量改善提供强劲动力。

关键词　空气质量　碳中和　低碳政策　末端措施　$PM_{2.5}$　O_3

Abstract　The air quality model is used to simulate the $PM_{2.5}$ and O_3 concentration in China in 2030, 2035 and 2060 driven by carbon emission reduction. Results show that compared with 2019, emissions of SO_2, NO_x, primary $PM_{2.5}$, and VOCs are projected to reduce by 42%, 42%, 44%, and 28% in 2030, by 57%, 58%, 60%, and 42% in 2035, by 93%, 93%, 90% and 61% in 2060 respectively. Subsequently, in 2030, 2035, and 2060, the national annual mean $PM_{2.5}$ concentration will be 27 μg/m^3, 23 μg/m^3, and 11 μg/m^3; and the O_3-8 h 90th will be 129 μg/m^3, 123 μg/m^3, and 93 μg/m^3. Besides, 82% and 94% of 337 municipal cities will reach the current national air quality standard in 2030 and 2035 respectively. By 2060, the $PM_{2.5}$ concentration in about 48% of the cities will not higher than 10 μg/m^3, while the O_3 concentration of about 69% cities is not higher than 100 μg/m^3. By 2035, the air quality improvement is mainly driven by end-of-pipe measures; while after 2035, the rapid reduction of carbon emissions will substantially contribute to air pollutants emissions reduction.

Keywords　air quality; carbon neutrality; low-carbon policies; end-of-pipe controls; $PM_{2.5}$; O_3

* 基金项目：国家重点研发计划项目（2016YFC0207505）、大气重污染成因与治理攻关项目（DQGG0302）。

我国大气污染治理取得了阶段性进展，产业、能源、交通三大结构优化调整和末端治理措施是推动空气质量改善的重要手段。但是，目前我国大气污染形势依然严峻，空气质量整体水平与发达国家存在较大差距。与大气污染防治相比，我国 CO_2 控制起步较晚、基础相对薄弱，要实现习近平主席在第七十五届联合国大会上宣布的“二氧化碳排放力争 2030 年前达到峰值，努力争取 2060 年前实现碳中和”的愿景，任务艰巨。鉴于温室气体与大气污染物具有同根同源性，把降碳作为源头治理的“牛鼻子”，协同控制温室气体与污染物排放，有助于支撑深入打好大气污染防治攻坚战和 CO_2 排放达峰行动。在碳减排和空气质量改善共同要求下，以 CO_2 排放达峰目标与碳中和愿景为牵引，以协同增效为着力点，统筹三大结构调整和末端治理措施，进一步优化空气质量改善排放路径，对实现中国碳减排和与空气质量改善至关重要。为此，生态环境部环境规划院基于《中国 2060 碳中和目标下的二氧化碳排放路径研究》中提出的 2020—2060 年 CO_2 排放路径（Chinese Academy of Environmental Planning Carbon Pathways，CAEP-CP），研究了中国碳减排路径与空气质量改善之间的协同关系。

1 数据和方法

1.1 技术路线

根据生态环境部环境规划院提出的中国 2020—2060 年 CO_2 排放路径（CAEP-CP），以全国、分省、分部门的碳达峰、碳中和路径情景为约束，参考能源相关研究/规划，设定能源消费情景；基于能源消费情景，考虑碳减排与末端治理技术等因素，计算不同情景下 SO_2、NO_x、一次 $PM_{2.5}$、VOCs、NH_3 的排放量，分析减污与降碳之间的协同关系；利用空气质量模型，模拟了不同情景下空气质量改善情况，分析了碳排放路径与空气质量改善之间的协同关系。技术路线如图 1 所示。

1.2 数据来源

1.2.1 排放清单

本研究将 2019 年作为基准情景。CAMx 模型所需排放清单的化学物种主要包括颗粒物（PM_{10}、$PM_{2.5}$ 及其组分）、SO_2、NO_x、NH_3 和 VOCs 等多种污染物。清单获得方法：在清华大学 2017 年 MEIC 排放清单的基础上（中国多尺度排放清单，http://www.meicmodel.org），通过时间分配、空间分配、化学分配，结合“2+26”城市的 2018 年的排放清单和 2019 年主要的污染减排措施，得到 2019 年 PM_{10}、$PM_{2.5}$、SO_2、NO_x、NH_3、BC、OC、VOCs（含化学组分）等污染物高时空分辨率排放清单。生物源 VOCs 排放通过 MEGAN 天然源排放清单模型计算获得。

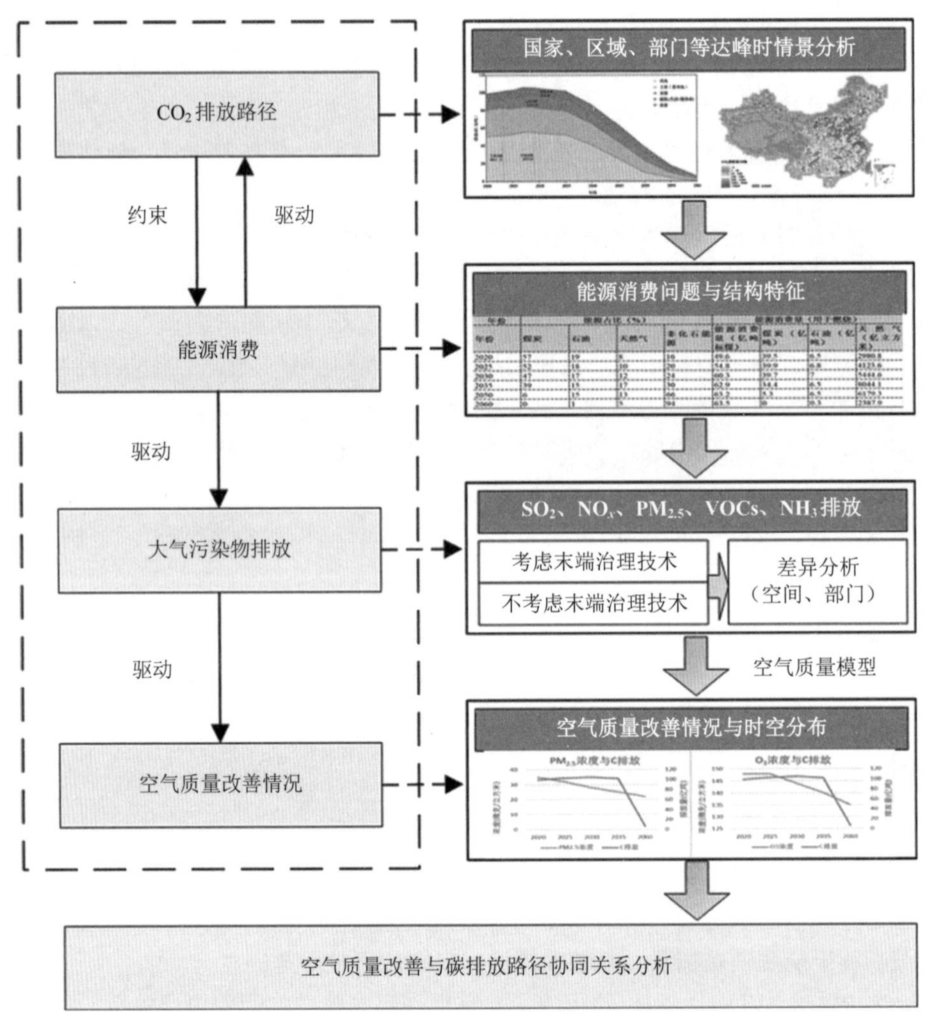

图 1　技术路线

1.2.2　监测数据

空气质量监测数据包括 2019 年 1 月 1 日—12 月 31 日全国 337 个城市的实际观测 $PM_{2.5}$ 日均和臭氧日最大 8 h 第 90 百分位数（MDA8）浓度（数据来源：中华人民共和国生态环境部数据中心）。

1.3　模型设置

1.3.1　模拟时段

选择 2019 年 1 月 1 日—12 月 31 日为研究时段，开展模型模拟。

1.3.2 模拟区域

本研究模拟范围涵盖全国。CAMx 模型水平模拟范围：*X* 方向为 –2 690～2 690 km、*Y* 方向为 –2 150～2 150 km，网格间距为 20 km，共将全国划分成 270×216 个网格。垂直方向共设置 14 个气压层，层间距自下而上逐渐增大。投影坐标系采用 Lambert 投影，中心点经纬度为 103°E、37°N，两条平行纬度分别为 25°N 和 40°N。

1.3.3 气象模拟

中尺度气象模型 WRF 为 CAMx 模型提供所需要的气象场，其模拟时段和空间投影坐标系与 CAMx 设置保持一致，垂直方向共 35 个气压层，层间距自下而上逐渐增大。WRF 模型的初始场与边界场数据采用美国国家环境预报中心（NCEP）提供的 FNL 全球分析资料（6 h 一次、1°分辨率，http://rda.ucar.edu/datasets/ds083.2），每日对初始场进行初始化，每次模拟时长为 30 h，Spin-up 时间为 6 h，并利用 NCEP ADP 观测资料进行客观分析与资料同化（http://rda.ucar.edu/datasets/ds461.0）。

1.3.4 模型验证

本研究采用的排放清单、气象模型以及空气质量模型已在前期研究过程中得到大量验证。模型验证结果表明，采用的排放清单可靠，模型模拟结果合理。

1.4 情景设置

1.4.1 碳排放路径

生态环境部环境规划院《中国 2060 碳中和目标下的二氧化碳排放路径研究》提出了中国 2020—2060 年 CO_2 排放路径（CAEP-CP 1.0）。在 CAEP-CP 1.0 排放路径下，中国 CO_2 排放在 2027 年达到峰值（约 106 亿 t），2035 年排放约 102 亿 t，2035—2050 年快速下降，2060 年排放量约为 6 亿 t（表 1）。火电行业排放将在 2029 年前后达峰（约 55.6 亿 t），工业（非火电）部门排放在 2023 年前后达峰（约 31.0 亿 t），交通和建筑部门排放都将在 2030 年前后实现达峰（峰值分别为 13.97 亿 t 和 8.11 亿 t）（表 2）。

表 1　CAEP-CP 1.0 CO_2 排放分析

年份	IPCC-SSP1 情景/亿 t	CAEP-CP 1.0/亿 t
2020	108	99
2025	103	103
2027—2028	—	106
2030	97	105
2035	80	102
2050	39	39
2060	19	6

表 2 CAEP-CP 1.0 分部门排放数据 单位：亿 t

年份	火电	工业	交通	建筑	农业	总量
2020	50.63	29.41	9.41	7.58	1.98	99.00
2023	51.60	31.00	10.31	7.70	0.97	101.59
2025	53.06	29.57	11.36	7.72	1.29	103.00
2027	55.39	28.89	12.46	7.78	1.47	106.00
2029	55.60	28.44	13.32	7.95	0.32	105.63
2030	54.03	28.40	13.97	8.11	0.50	105.00
2035	52.48	27.34	13.56	7.87	0.75	102.00
2040	41.06	23.95	12.92	7.43	1.04	86.40
2050	10.00	13.40	9.65	5.34	0.61	39.00
2060	0.00	2.68	1.93	1.07	0.32	6.00

1.4.2 能源情景

基于 CAEP-CP 1.0 情景，参考《中长期能源发展战略规划纲要 2035》（征求意见稿）、《BP 世界能源展望》、《2050 年世界与中国能源展望》等报告，明确中国能源消费结构（表 3）。

表 3 CAEP-CP 1.0 对应的能源消费量

年份	能源占比/%				能源消费量（用于燃烧）			
	煤炭	石油	天然气	非化石能源	能源消费量（标准煤）/亿 t	煤炭/亿 t	石油/亿 t	天然气/亿 m^3
2020	57	19	8	16	49.6	39.5	6.5	2 980.8
2025	52	18	10	20	54.8	39.9	6.8	4 123.6
2030	47	17	12	24	60.3	39.7	7.0	5 444.6
2035	39	15	17	30	62.9	34.4	6.5	8 044.1
2050	6	15	13	66	63.2	5.3	6.5	6 179.3
2060	0	1	5	94	63.5	0.0	0.3	2 387.9

1.5 目标年浓度模拟

根据基准年（2019 年）$PM_{2.5}$ 和 O_3 监测浓度，结合空气质量模型模拟的目标年与基准年 $PM_{2.5}$ 和 O_3 浓度的相对变化率，预测目标年 $PM_{2.5}$ 和 O_3 浓度，该方法可显著降低空气质量模型的系统误差。计算公式如下：

$$C_o = C_b \times \frac{C'_o}{C'_b} \tag{1}$$

式中，C_o 为目标年 $PM_{2.5}$（O_3）预测浓度；C_b 为基准年 $PM_{2.5}$（O_3）监测浓度；C'_b 为基准年 $PM_{2.5}$（O_3）模拟浓度；C'_o 为目标年 $PM_{2.5}$（O_3）模拟浓度。

2 碳排放路径下的大气污染物排放量

2.1 考虑末端治理技术对污染物排放影响

在 CAEP-CP 1.0 碳排放路径下，考虑末端治理技术进步等因素，预计 2030 年全国 SO_2、NO_x、一次 $PM_{2.5}$ 和 VOCs 的排放量分别为 394 万 t、1 146 万 t、426 万 t 和 2 055 万 t，相较于 2019 年分别降低 42%、42%、44%和 28%；至 2035 年，在碳中和目标和“美丽中国”建设目标的共同推动下，全国 SO_2、NO_x、一次 $PM_{2.5}$ 和 VOCs 的排放量进一步下降到 292 万 t、836 万 t、302 万 t 和 1 659 万 t。2019—2035 年，工业和民用部门减排是 SO_2 排放量下降的主要推动力；交通和工业部门减排则是 NO_x 减排的主要推手；民用和工业部门主导了一次 $PM_{2.5}$ 的减排；工业、交通和民用部门减排均对 VOCs 总量减排有较大贡献。

在碳中和目标的持续推动下，预计至 2060 年全国 SO_2、NO_x、一次 $PM_{2.5}$ 和 VOCs 的排放量分别下降到 50 万 t、143 万 t、79 万 t 和 1 107 万 t，相较于 2019 年分别降低 93%、93%、90%和 61%。至 2060 年，除 VOCs 外，其他主要污染物排放量均降低至 100 万 t 左右的水平，将大幅推动空气质量改善。至 2060 年，工业是 SO_2、一次 $PM_{2.5}$ 和 VOCs 排放的重要来源；民用源对一次 $PM_{2.5}$ 也有较大贡献；交通源对 NO_x 有一定比例的贡献（图 2）。

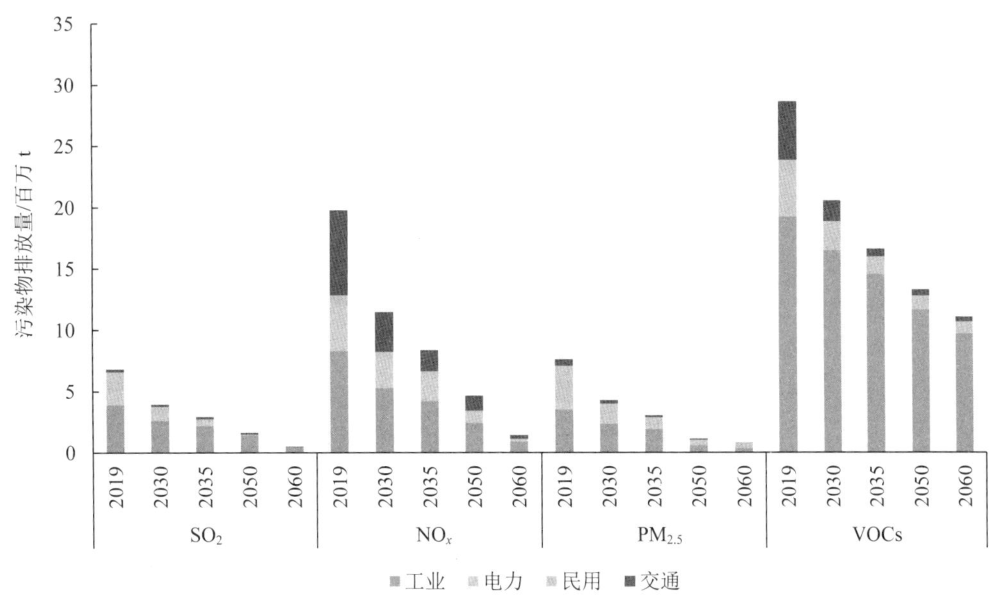

图 2 碳排放路径下的大气污染物排放量未来变化趋势预测

2.2 碳减排政策与末端治理对污染物减排的贡献

碳达峰和碳中和推动的气候政策主要通过结构调整推动大气污染物源头控制，而大气污染防治政策主要通过末端治理措施推动大气污染物末端减排。本研究通过分解结构调整和末端减排对大气污染物减排的贡献来分析碳减排政策和大气污染治理政策对未来我国主要大气污染物排放量的影响。在 CAEP-CP 1.0 碳排放路径下，预计 2035 年前空气质量改善政策的力度将强于碳减排政策，末端措施可有效降低大气污染物的排放；而 2035 年之后碳减排政策力度将强于空气质量改善政策的力度，深度低碳能源转型将在未来中长期的持续减排中发挥更重要作用（图 3）。

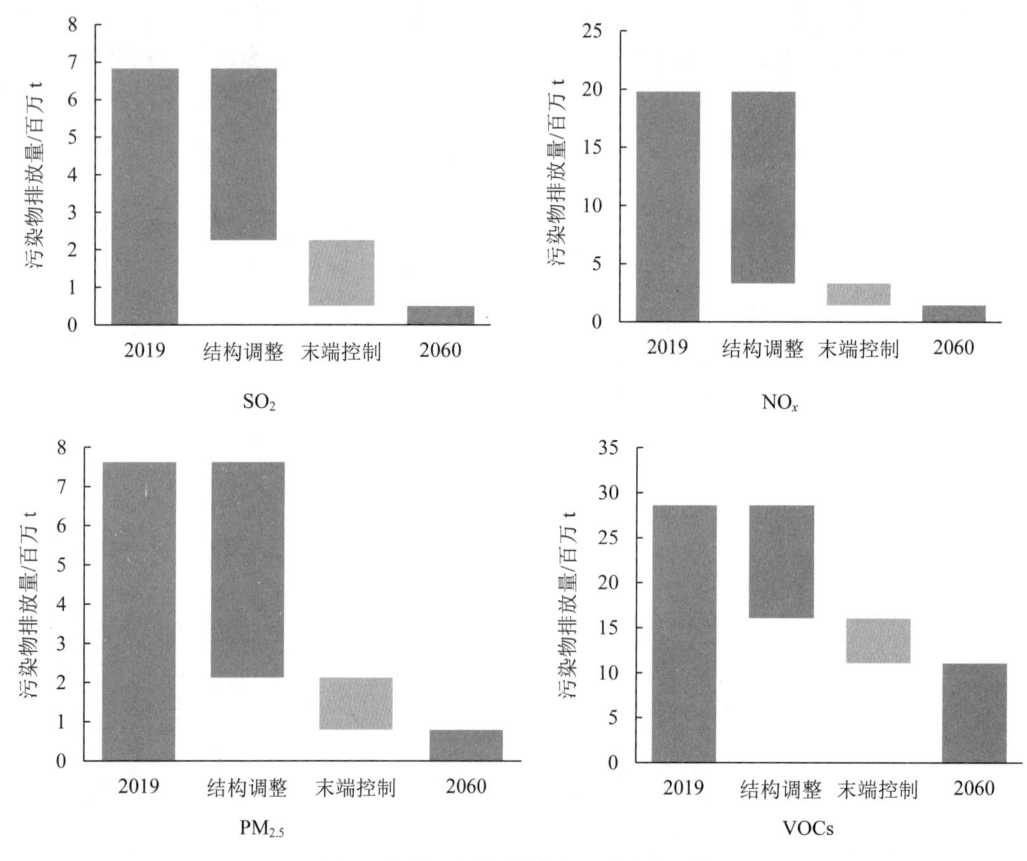

图 3　结构调整与末端治理对减排贡献

3　碳排放路径下的空气质量改善分析

在空气质量改善方面，2035 年“美丽中国”总体目标为生态环境得到根本好转，城市环境空气质量基本达标（地级以上城市达标比例 90%以上），全国 $PM_{2.5}$ 平均浓度达到世界卫生组织第二阶段标准（25 μg/m^3），消除重污染天气，优良天数比率达到 90%以上。在气候应对方面，习近平主席在第七十五届联合国大会上首次提出，力争于 2030 年前 CO_2 排放达到峰值，努力争取 2060 年前实现碳中和。为此，本研究设置了 2030 年碳达峰情景、2035 年“美丽中国”情景和 2060 年碳达峰情景，以探讨 CAEP-CP 碳排放路径下中国中长期空气质量改善情况，进一步研究了中国碳减排路径与空气质量改善之间的协同关系。

3.1 $PM_{2.5}$ 年均浓度

在 CAEP-CP 1.0 碳排放路径下，考虑碳减排政策、末端治理技术进步等因素，预计 2030 年碳达峰情景下全国 $PM_{2.5}$ 年均浓度为 27 μg/m^3，超标城市数量为 44 个；京津冀及周边地区、汾渭平原、长三角和珠三角 $PM_{2.5}$ 年均浓度分别为 36 μg/m^3、35 μg/m^3、28 μg/m^3 和 17 μg/m^3。2035 年“美丽中国”情景下全国 $PM_{2.5}$ 年均浓度为 23 μg/m^3，超标城市数量为 13 个；京津冀及周边地区、汾渭平原、长三角和珠三角 $PM_{2.5}$ 年均浓度分别为 30 μg/m^3、30 μg/m^3、25 μg/m^3 和 15 μg/m^3。2060 年碳中和情景下全国 $PM_{2.5}$ 年均浓度为 11 μg/m^3，337 个城市年均 $PM_{2.5}$ 浓度全面达到我国现行空气质量标准，有望达到世界卫生组织第四阶段过渡值 10 μg/m^3；京津冀及周边地区、汾渭平原、长三角和珠三角 $PM_{2.5}$ 年均浓度分别为 16 μg/m^3、14 μg/m^3、12 μg/m^3 和 11 μg/m^3（表 4）。

表 4　CAEP-CP 碳排放路径下 $PM_{2.5}$ 年均浓度　　单位：μg/m^3

区域	2020 年	2030 年	2035 年	2060 年
京津冀及周边地区	51	36	30	16
汾渭平原	48	35	30	14
长三角	35	28	25	12
珠三角	21	17	15	11
全国	33	27	23	11

本研究结果表明，2030 年能源消费增加使得 $PM_{2.5}$ 浓度相较于 2020 年增加 3%，末端减排使得 $PM_{2.5}$ 浓度相较于 2020 年减少 21%，末端治理措施有效抵消了能源消费增加对 $PM_{2.5}$ 的影响。2035 年、2060 年碳减排使得 $PM_{2.5}$ 浓度相较于 2020 年分别减少 3%、55%；末端减排使得 $PM_{2.5}$ 浓度相较于 2020 年分别减少 27%、12%。到 2060 年，碳减排和末端减排的贡献占比为 82%和 18%。

3.2 O_3 年评价浓度

在 CAEP-CP 1.0 碳排放路径下，考虑碳减排政策、末端治理技术进步等因素，2030 年碳达峰情景下 O_3 日最大 8 h 第 90 百分位数浓度为 129 μg/m^3，32 个城市 O_3 年评价值超标；京津冀及周边地区、汾渭平原、长三角和珠三角 O_3 年评价浓度分别为 161 μg/m^3、145 μg/m^3、140 μg/m^3 和 135 μg/m^3。2035 年“美丽中国”情景下 O_3 日最大 8 h 第 90 百分位数浓度为 123 μg/m^3，仅有 8 个城市 O_3 评价值超标；京津冀及周边地区、汾渭平原、长

三角和珠三角 O_3 年评价浓度分别为 152 μg/m^3、137 μg/m^3、132 μg/m^3 和 128 μg/m^3。2060 年碳中和情景下 O_3 日最大 8 h 第 90 百分位数浓度为 93 μg/m^3，337 个城市 O_3 年评价值全面达到我国现行空气质量标准；京津冀及周边地区、汾渭平原、长三角和珠三角 O_3 年评价浓度分别为 105 μg/m^3、100 μg/m^3、98 μg/m^3 和 97 μg/m^3（表 5）。

表 5　CAEP-CP 碳排放路径下 O_3 日最大 8 h 第 90 百分位数浓度　　单位：μg/m^3

区域	2020 年	2030 年	2035 年	2060 年
京津冀及周边地区	180	161	152	105
汾渭平原	160	145	137	100
长三角	152	140	132	98
珠三角	148	135	128	97
全国	138	129	123	93

本研究结果表明，2030 年、2035 年能源消费增加使得 O_3 年评价值浓度相较于 2020 年分别增加 2%、2%，末端减排使得 O_3 年评价值浓度相较于 2020 年分别减少 9%、13%，末端治理措施有效抵消了能源消费增加对 O_3 的影响。2060 年碳减排政策使得 O_3 浓度相较 2020 年下降 28%，末端贡献为 5%；碳减排和末端治理的贡献占比分别为 84%和 16%。整体来看，2035 年前 O_3 浓度改善主要取决于末端治理技术进步；2035 年后末端技术带来的改善效益逐步收窄，碳减排政策逐步成为 O_3 浓度改善的主要驱动力。

3.3　城市年评价值达标率

预计在中长期影响我国城市空气质量达标的主要因素为 $PM_{2.5}$ 与 O_3 两项指标，因此假定 $PM_{2.5}$ 与 O_3 均达标认为该城市空气质量达标。按照我国现行空气质量标准，在 CAEP-CP 碳排放路径下，综合考虑能源消费变化和末端治理技术进步等因素，2030 年碳达峰情景下全国 337 个城市空气质量达标率为 82%，京津冀及周边地区、汾渭平原和长三角城市达标率分别为 18%、45%和 78%，珠三角城市稳定达标。2035 年“美丽中国”情景下全国城市空气质量达标率为 94%，京津冀及周边地区、汾渭平原和长三角城市达标率分别为 79%、91%和 95%，珠三角城市稳定达标。2060 年碳中和情景下全国和重点区域城市均全面达标（表 6）。

表 6　CAEP-CP 碳排放路径下城市达标率　　单位：%

区域	2030 年	2035 年	2060 年
京津冀及周边地区	18	79	稳定达标
汾渭平原	45	91	
长三角	78	95	
珠三角	稳定达标	稳定达标	
全国	82	94	

注：预计在中长期影响我国城市空气质量达标的主要因素为 $PM_{2.5}$ 与 O_3 两项指标，因此假定 $PM_{2.5}$ 与 O_3 均达标认为该城市空气质量达标。$PM_{2.5}$ 与 O_3 两项指标达标与否判定依据为我国现行空气质量标准（$PM_{2.5}$ 年均浓度达到 35 μg/m^3，O_3 日最大 8 h 第 90 百分位数达到 160 μg/m^3）。

4 CAEP-CP 碳减排路径与空气质量改善协同关系

本研究在 CAEP-CP 碳排放路径下，综合考虑末端技术进步，探讨了中国中长期空气质量改善情况，进一步研究了中国碳减排路径与空气质量改善之间的协同关系。在 2035 年前空气质量改善主要依赖于末端治理技术，末端治理措施有效抵消了能源消费阶段性增长的影响；2035 年之后碳减排政策逐步成为驱动空气质量改善的主要因素，对空气质量改善的贡献快速增加。

总体来看，碳减排政策将明显加速空气质量改善进程，全国或将提前实现 2035 年“美丽中国”空气质量改善目标（$PM_{2.5}$浓度为 25 μg/m³）；全国 $PM_{2.5}$浓度均值有望在 2060 年前后达到世界卫生组织第四阶段过渡值（10 μg/m³），O_3浓度有望在 2060 年前后达到世界卫生组织准则值（100 μg/m³），届时碳减排政策对空气质量改善的累计贡献将超过 80%（图 4、图 5）。

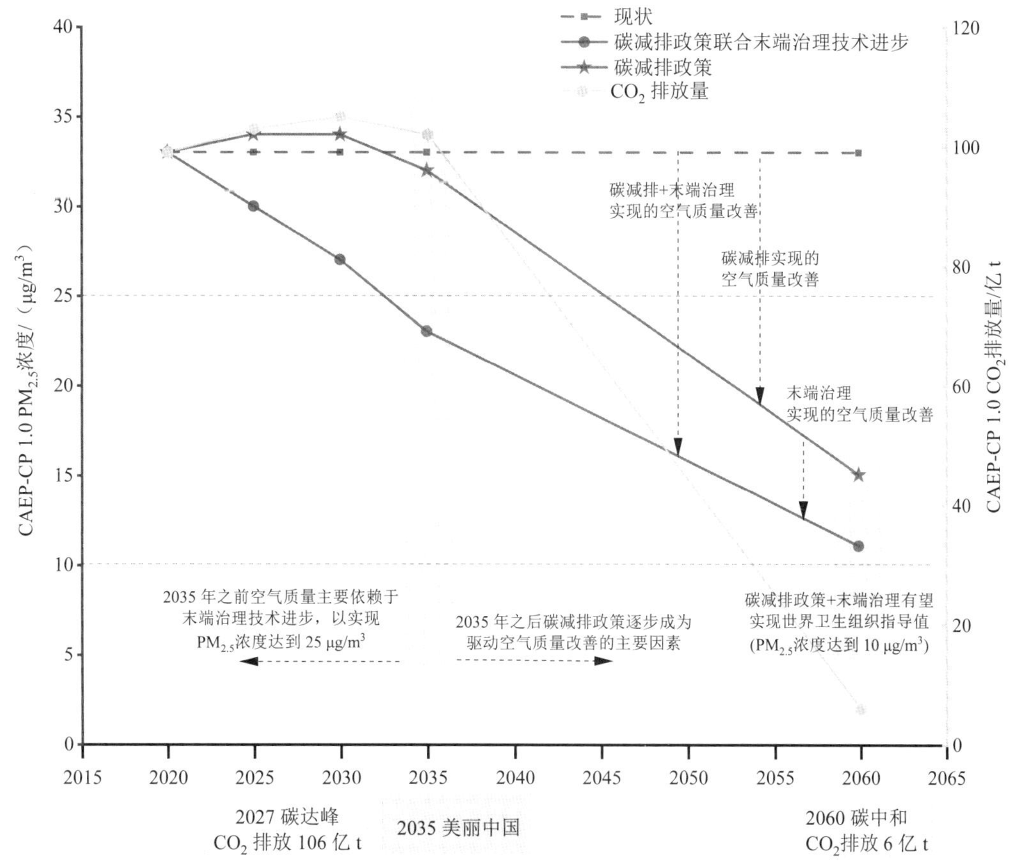

图 4 CAEP-CP 碳排放路径下我国中长期 $PM_{2.5}$浓度

注：CAEP-CP 1.0 下我国碳排放 2027 年达峰，排放量为 106 亿 t；2025 年 $PM_{2.5}$浓度参考生态环境部环境规划院“十四五”规划相关研究。

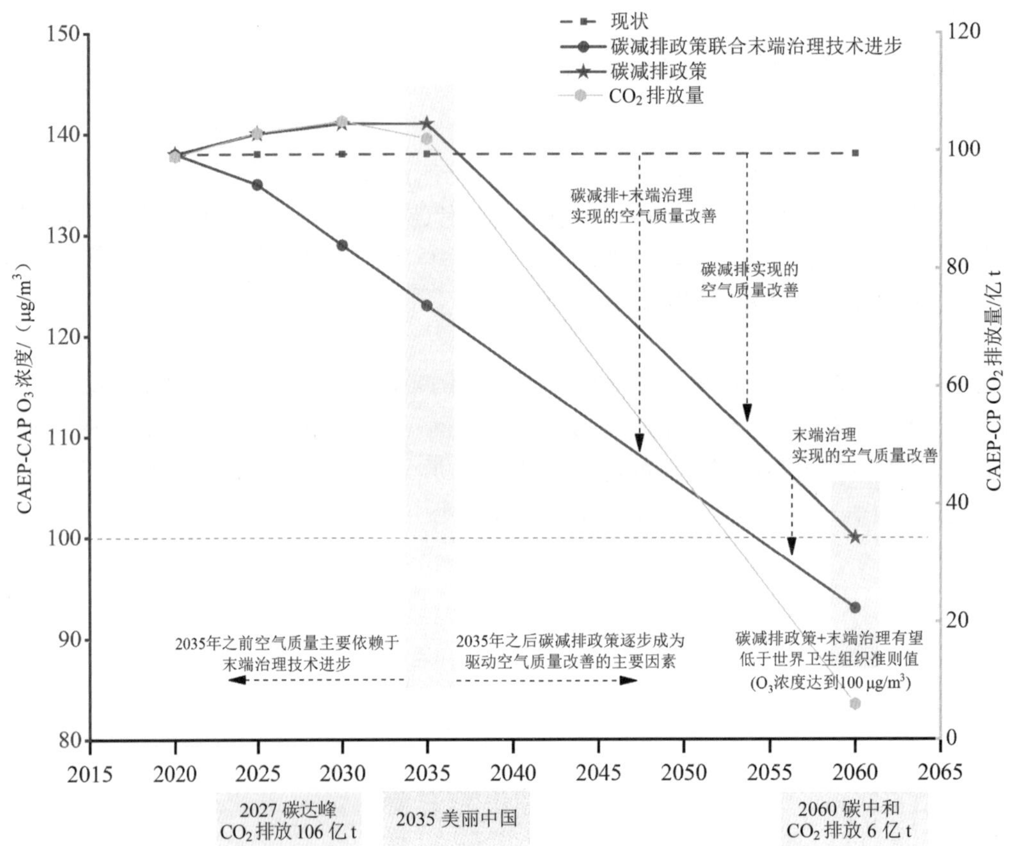

图 5　CAEP-CP 碳排放路径下我国中长期 O_3 年评价值浓度

注：CAEP-CP 1.0 下我国碳排放 2027 年达峰，排放量为 106 亿 t；2025 年 O_3 浓度参考生态环境部环境规划院“十四五”规划相关研究。

5　结论与建议

1）在 CAEP-CP 1.0 碳排放路径下，预计全国煤炭、石油、天然气消费量将分别在 2025 年、2030 年、2035 年达峰，消费峰值分别约为 40 亿 t、7 亿 t、8 000 亿 m^3；全国 CO_2 排放量将在 2027 年前后达峰，排放峰值约 106 亿 t。

2）在 CAEP-CP 1.0 碳排放路径下，预计 2030 年全国 SO_2、NO_x、一次 $PM_{2.5}$ 和 VOCs 的排放量分别为 394 万 t、1 146 万 t、426 万 t 和 2 055 万 t；2035 年分别为 292 万 t、836 万 t、302 万 t 和 1 659 万 t；2060 年分别为 50 万 t、143 万 t、79 万 t 和 1 107 万 t。

3）在 CAEP-CP 1.0 碳排放路径下，预计 2030 年、2035 年、2060 年全国 $PM_{2.5}$ 平均浓度分别为 27 μg/m^3、23 μg/m^3、11 μg/m^3，或将提前实现 2035 年“美丽中国”目标，有望在 2060 年达到世界卫生组织准则值。

4）预计 2030 年、2035 年、2060 年全国 O_3 第 90 百分位数浓度分别为 129 μg/m^3、123 μg/m^3、93 μg/m^3，2060 年将低于世界卫生组织准则值。

5）按照我国现行空气质量标准，预计 2030 年、2035 年和 2060 年全国空气质量达标城市占比将分别达到 82%、94%和 100%。

6）CAEP-CP1.0 碳排放路径未过多考虑碳捕集、利用与封存（CCUS）技术对碳减排的贡献。如果考虑 CCUS 技术成本快速下降，同时较好地解决安全问题，碳达峰、碳中和目标对能源结构、产业结构与交通结构调整的约束力将变弱，进而对空气质量改善的协同效益也将明显降低。

参考文献

[1] 生态环境部环境规划院．中国 2060 碳中和目标下的二氧化碳排放路径研究[R]．生态环境部环境规划院，2020.

[2] 生态环境部环境规划院．关于美丽中国建设生态环境保护目标分析报告[R]．生态环境部环境规划院，2020.

[3] 生态环境部环境规划院．我国氮氧化物与挥发性有机物中长期减排路线图[R]．生态环境部环境规划院，2021.

[4] 薛文博，史旭荣，严刚，等．气象条件和排放变化对 2020 年春节前后华北地区重污染过程的影响[J]．中国科学：地球科学，2020，doi:10.1360/SSTe-2020-0068.

[5] TONG D，CHENG J，LIU Y，et al. Dynamic projection of anthropogenic emissions in China：methodology and 2015-2050 emission pathways under a range of socio-economic，climate policy，and pollution control scenarios[J]. Atmospheric Chemistry and Physics，2020，20：5729-5757.

[6] XING J，LU X，WANG S X，et al. The quest for improved air quality may push China to continue its CO_2 reduction beyond the Paris Commitment[J]. Proceedings of the National Academy of Sciences of the United States of America，2020，doi:10.1073/pnas.2013297117/-/DCSupplemental.

[7] QIAN H Q，XU S D，CAO J，et al. Air pollution reduction and climate co-benefits in China's industries[J]. Nature Sustainability. https://doi.org/10.1038/s41893-020-00669-0.

[8] LU Z，HUANG L，LIU J，et al. Carbon dioxide mitigation co-benefit analysis of energy-related measures in the air pollution prevention and control action plan in the Jing-Jin-Ji region of China[J]. Resources Conservation Recycling，2019，https://doi.org/10.1016/j.rcrx.2019.100006.

[9] PENG W，YANG J，WAGNER F，et al. Substantial air quality and climate cobenefits achievable now with sectoral mitigation strategies in China[J]. Science of Total Environment，2017，598：1076-1084.

附表 1　2030 年碳达峰情景下空气质量情况

区域	$PM_{2.5}$/（μg/m³）	O_3/（μg/m³）	两项达标率/%
京津冀及周边地区	36	161	18
汾渭平原	35	145	45
长三角	28	140	78
珠三角	17	135	100
全国	27	129	82

注：表中 $PM_{2.5}$ 为年均浓度；O_3 为日最大 8 h 第 90 百分位数浓度；预计在中长期影响我国城市空气质量达标的主要因素为 $PM_{2.5}$ 与 O_3 两项指标，因此假定 $PM_{2.5}$ 与 O_3 均达标认为该城市空气质量达标。$PM_{2.5}$ 与 O_3 两项指标达标与否判定依据为我国现行空气质量标准（$PM_{2.5}$ 年均浓度达到 35 μg/m³，O_3 日最大 8 h 第 90 百分位数达到 160 μg/m³）。

附表 2　2035 年“美丽中国”情景下空气质量情况

区域	$PM_{2.5}$/（μg/m³）	O_3/（μg/m³）	两项达标率/%
京津冀及周边地区	30	152	79
汾渭平原	30	137	91
长三角	25	132	95
珠三角	15	128	100
全国	23	123	94

注：表中 $PM_{2.5}$ 为年均浓度；O_3 为日最大 8 h 第 90 百分位数浓度；预计在中长期影响我国城市空气质量达标的主要因素为 $PM_{2.5}$ 与 O_3 两项指标，因此假定 $PM_{2.5}$ 与 O_3 均达标认为城市空气质量达标。$PM_{2.5}$ 与 O_3 两项指标达标与否判定依据为我国现行空气质量标准（$PM_{2.5}$ 年均浓度达到 35 μg/m³，O_3 日最大 8 h 第 90 百分位数达到 160 μg/m³）。

附表 3　2060 年碳中和情景下空气质量情况

区域	$PM_{2.5}$/（μg/m³）	O_3/（μg/m³）	两项达标率/%
京津冀及周边地区	16	105	100
汾渭平原	14	100	100
长三角	12	98	100
珠三角	11	97	100
全国	11	93	100

注：表中 $PM_{2.5}$ 为年均浓度；O_3 为日最大 8 h 第 90 百分位数浓度；预计在中长期影响我国城市空气质量达标的主要因素为 $PM_{2.5}$ 与 O_3 两项指标，因此假定 $PM_{2.5}$ 与 O_3 均达标认为城市空气质量达标。$PM_{2.5}$ 与 O_3 两项指标达标与否判定依据为我国现行空气质量标准（$PM_{2.5}$ 年均浓度达到 35 μg/m³，O_3 日最大 8 h 第 90 百分位数达到 160 μg/m³）。

基于《全球空气质量指导值（2021）》的中国环境空气质量评价与启示

Evaluation and Enlightenment of Air Quality Status in China Based on *WHO Global Air Quality Guidelines* (2021)

刘伟　郑逸璇　冯悦怡　雷宇

摘　要　2021 年 9 月，世界卫生组织发布了《全球空气质量指导值（2021）》，在国际上引起了政府、社会组织和公众的广泛关注。本文梳理了全球空气质量指导值 2021 版相较于 2005 版的主要更新内容，以及全球空气质量指导值与我国环境空气质量标准之间的差异。基于我国 2017 年以来 337 个城市的空气质量监测数据，比较了使用我国环境空气质量标准和全球空气质量指导值对我国空气质量进行评价的结果差异。同时，分析了全球不同国家空气质量现状和全球空气质量指导值要求的差距，以及我国空气质量在全球国家中的位次。评价结果显示：如果将 2021 版指导值作为评价标准，则 2021 年全国 337 个城市日评价达标比例仅为 19.8%，所有城市的年评价指标均不能达标，我国 $PM_{2.5}$ 和 O_3 暴露水平在全球 203 个国家中均处于世界中后水平。本文建议结合全球空气质量指导值的新要点，适时启动我国环境空气质量标准修订及相关大气环境质量管理制度的研究工作，引导我国城市空气质量持续改善。

关键词　空气质量指导值　空气质量评价　环境空气质量标准

Abstract　The World Health Organization released the new *WHO Global Air Quality Guidelines* in September 2021, which has aroused widespread concern among the governments, social organizations and the public. This study first points out the main updates of the 2021 version relative to the previous version released in 2005, as well as the differences between Global air quality guidelines and China's ambient air quality standards. Based on the air quality monitoring data of 337 cities in China since 2017, the differences between the evaluation results of China's air quality using China's ambient air quality standards and Global air quality guidelines were compared. At the same time, the gap between the air

资助项目：国家自然科学基金面上项目“区域公平视角下的 $PM_{2.5}$ 污染控制效果评价方法研究”（72171157）。

quality status of different countries and Global air quality guidelines were analyzed，as well as the ranking of China's air quality among global countries. The assessment results show that if the Global air quality guidelines is taken as the standard for the air quality evaluation of 337 cities in China in 2021，only 19.8% of days can meet the 24-hour standard; and the annual evaluation index of all cities cannot reach the standard. The exposure level of $PM_{2.5}$ and O_3 in China is at the middle to lower level among 203 countries in the world. This study suggests that the revision of air quality standards and related policies in China should be initiated to guide the continuous improvement of air quality.

Keywords Global air quality guidelines; air quality assessment; ambient air quality standard

引言

2021 年 9 月 22 日，世界卫生组织（World Health Organization，WHO）发布了《全球空气质量指导值（2021）》（*Global Air Quality Guidelines*，以下简称 AQG 2021 版）。[1] 这是继《全球空气质量指导值（2005）》（以下简称 AQG 2005 版）后，WHO 结合近年来全球空气污染影响人群健康的新情况，采用系统方法进行梳理和评估，从避免空气污染对人群健康影响的角度出发提出的对空气质量控制的新建议。AQG 2021 版发布后，引起了各国政府、社会组织和公众的广泛关注。2012 年，我国修订发布了《环境空气质量标准》（GB 3095—2012，以下简称国家标准），在国家标准制定过程中参考了 AQG 2005 版[2]，其主要大气污染物浓度的二级标准限值与 AQG 第一阶段过渡目标相当。随着国家标准的发布，以及《大气污染防治行动计划》《打赢蓝天保卫战三年行动计划》的实施，我国大气环境质量显著改善，空气质量全面达标的城市逐年增加。2020 年，我国 337 个城市中已有 202 个城市达到现行国家标准，现行国家标准对已达标城市持续改善空气质量的促进作用将逐步减弱。为了指导我国城市持续改善空气质量，保护人体健康，国家标准的修订工作也将提上日程。[3-6] 本文在梳理 AQG 2021 版主要更新内容的基础上，分析了我国城市的空气污染特征和在全球国家中的位次，以期为推动我国空气质量标准修订和大气环境质量管理提出政策建议。

1 AQG 2021 版的特点及与国家标准的对比

AQG 2021 版在分析主要大气污染物对人体健康的风险基础上，沿用 AQG 2005 版的指标框架，对细颗粒物（$PM_{2.5}$）、可吸入颗粒物（PM_{10}）、臭氧（O_3）、二氧化氮（NO_2）、二氧化硫（SO_2）、一氧化碳（CO）6 种主要空气污染物给出了空气质量的指导值（AQG），并针对污染物的特点给出了不同的过渡阶段目标值（interim targets，IT）。AQG 是基于科学研究结果判断的人群暴露于空气污染引致健康风险的空气污染最低浓度值；IT 是基于不同空气污染浓度下健康受到影响的风险水平，为制定空气质量管理阶段性目标提供的参考值。对于每一种污染物，AQG 2021 版分别考察了人体在长期暴露下和短期暴露下的健康风险，根据人体健康对于不同污染物的反应机制，选择了不同时间尺度的评价指标，最长的时间尺度为年，最短的时间尺度为小时。总体而言，AQG 本身反映的是“大气污染物的浓度低到什么程度，才可能对人体健康没有影响”的科学认知，是一个从公共卫生角度出发所提出的概念。

国际流行病学证据和我国空气质量评价结果均表明，在所有大气污染物中，$PM_{2.5}$ 和 O_3 是影响人体健康的主要因素。2019 年全球疾病负担（global burden of disease，GBD）研究成果显示，我国环境 $PM_{2.5}$ 暴露造成的过早死亡人数约占全球总数的 1/3，O_3 暴露造成的过早死亡人数约占全球总数的 1/4，[7] $PM_{2.5}$ 相关过早死亡人数是 O_3 的 15 倍，其暴露导致的不良影响要显著高于 O_3。$PM_{2.5}$ 暴露的健康风险主要体现在呼吸系统和心血管系统，大量研究结果显示，长期暴露于 $PM_{2.5}$ 对我国人群的慢性健康影响要远大于短期暴露的急性健康影响[8-10]。对于 $PM_{2.5}$，表征长期暴露的年均浓度指标比表征短期暴露的日均浓度更为重要。基于保护人体健康的核心目标，$PM_{2.5}$ 的长期暴露指标仍是当前我国空气质量评价最为重要的指标。

1.1 污染物评价指标与指标值的变化

在评价指标方面，与 AQG 2005 版相比，AQG 2021 版增加了 CO 的 24 h 均值、NO_2 的 24 h 均值及 O_3 的峰季值（6 个月）3 项污染物评价指标。其中，CO 的 24 h 均值、NO_2 的 24 h 均值这两项指标体现了近年来流行病学研究中提出的 CO 和 NO_2 短期暴露对人群健康急性影响的新证据，属于短期暴露指标。针对 O_3 暴露的健康效应，以前的研究大多集中在急性健康影响上，近年来越来越多的研究证实了 O_3 长期暴露对我国居民健康的显著影响；[11-12] 国际上的流行病学证据也同样指出，对于 O_3 污染，需要更加关注长期暴露的健康影响。因此，AQG 2021 版增加了 O_3 峰季值（6 个月）这一表征长期暴露的指标。新增的这项指标提示各国对于 O_3 的关注应当不仅限于高值期间，这将在很大程度上影响各国未来的 O_3 污染防治策略和工作重心。

在指标值方面，AQG 2021 版收严了 $PM_{2.5}$、PM_{10}、NO_2 的指导值（表 1），增设了过渡期目标值，放宽了 SO_2 的指导值，其核心依据主要是基于污染物低浓度水平下对人群健康影响的最新证据。对于 $PM_{2.5}$ 和 PM_{10}，$PM_{2.5}$ 年均浓度指导值由 10 $\mu g/m^3$ 调整为 5 $\mu g/m^3$，PM_{10} 年均浓度指导值由 20 $\mu g/m^3$ 调整为 15 $\mu g/m^3$；同时，对于这两种污染物的日均浓度指导值，都根据年均值和日均值间的统计关系进行了调整。对于 O_3，AQG 2021 版增设了 O_3 日最大 8 h 均值的 IT-2 过渡期目标值（120 $\mu g/m^3$）。对于 NO_2，AQG 2021 版收严了 NO_2 年均浓度指导值，由 40 $\mu g/m^3$ 调整为 10 $\mu g/m^3$，并增加了 IT-1、IT-2、IT-3 过渡期目标值，分别为 40 $\mu g/m^3$、30 $\mu g/m^3$、20 $\mu g/m^3$。对于 SO_2，AQG 2021 版放宽了 24 h 均值的指导值，由 20 $\mu g/m^3$ 调整为 40 $\mu g/m^3$，主要是考虑到 AQG 2005 版在确定指导值时所采用的研究证据和方法存在较大不确定性。

表 1　AQG 2005 版、AQG 2021 版及我国国家标准中不同污染物浓度指标的比较

污染物	指标	国家标准		AQG 2005 版					AQG 2021 版				
		二级	一级	IT-1	IT-2	IT-3	IT-4	AQG	IT-1	IT-2	IT-3	IT-4	AQG
$PM_{2.5}$/（$\mu g/m^3$）	年平均	35	15	35	25	15	无	10	35	25	15	**10**	5↓
	24 h 平均	75	35	75	50	37.5	无	25	75	50	37.5	**25**	15↓
PM_{10}/（$\mu g/m^3$）	年平均	70	40	70	50	30	无	20	70	50	30	**20**	15↓
	24 h 平均	150	50	150	100	75	无	50	150	100	75	**50**	45↓
O_3/（$\mu g/m^3$）	季峰值（6 个月）	无	无	无	无	无	无	无	**100**	**70**	无	无	**60**
	日最大 8 h 平均	160	100	160	无	无	无	100	160	**120**	无	无	100
	1 h 平均	200	160	无	无	无	无	无	无	无	无	无	无
NO_2/（$\mu g/m^3$）	年平均	40	40	无	无	无	无	40	**40**	**30**	**20**	无	10↓
	24 h 平均	80	80	无	无	无	无	无	**120**	**50**	无	无	**25**
	1 h 平均	200	200	无	无	无	无	200	无	无	无	无	200
SO_2/（$\mu g/m^3$）	年平均	60	20	无	无	无	无	无	无	无	无	无	无
	24 h 平均	150	50	125	50	无	无	20	125	50	无	无	40↑
	1 h 平均	500	150	无	无	无	无	无	无	无	无	无	无
	10 min 平均	无	无	无	无	无	无	500	无	无	无	无	500
CO/（mg/m^3）	24 h 平均	4	4	无	无	无	无	无	**7**	无	无	无	**4**
	8 h 平均	无	无	无	无	无	无	无	无	无	无	无	**10**
	1 h 平均	10	10	无	无	无	无	无	无	无	无	无	**35**
	15 min 平均	无	无	无	无	无	无	无	无	无	无	无	**100**

注：粗体数字代表 2021 版较 2005 版的新增目标，↓代表 2021 版指导值较 2005 版下降，↑代表 2021 版指导值较 2005 版上升。

1.2　AQG 与我国国家标准的比较

从评价指标来看，除 AQG 2021 版新增的 O_3 峰季值指标外，我国国家标准已囊括了其他所有指标（表 1）。从标准限值来看，我国国家标准中 $PM_{2.5}$、PM_{10} 的年均/日均浓度、O_3 的日最大 8 h 浓度、NO_2 的年均浓度限值均与 AQG 2021 版的 IT-1 目标值相当（表 1），NO_2 日均浓度限值介于 IT-1 与 IT-2 之间，SO_2 日均浓度限值大大宽松于 IT-1 目标值。

从评价方法来看，AQG 2021 版中对于 $PM_{2.5}$、PM_{10}、NO_2、SO_2 和 CO 的 24 h 均值、O_3 日最大 8 h 均值的评价方法均采用日均值浓度序列的第 99 百分位数，即日均浓度达标要求为一年允许的超标天数不超过 4 d。而我国《环境空气质量评价技术规范（试行）》（HJ 663—2013）中规定的 SO_2、NO_2、PM_{10}、$PM_{2.5}$、CO 日均浓度和 O_3 日最大 8 h 均值的达标评价方法分别采用第 98、第 98、第 95、第 95、第 95 和第 90 百分位数。百分位数越高，允许超标的天数就越少，因此即便浓度限值相同，AQG 2021 版所采用的第 99 百分位数相较于我国国家标准以及评价规范中规定的评价方法也更为严格。为了便于在同一尺度下进行国际对比，建议在未来的空气质量评估中，除了使用我国的评价方法外，也同步使用 AQG 2021 版的评价方法，并将其结果作为空气质量长期趋势分析的依据。

综上所述，我国国家标准距离世界卫生组织给出的保障人体健康的污染物浓度基准仍

有较大差距。我国需要在促使全国绝大多数城市空气质量达到现行国家标准的基础上，适时提升空气质量标准要求，推进空气质量的持续改善，以进一步保护居民的人体健康。

2 基于 AQG 2021 版的我国空气质量评价

以 AQG 2021 版提出的指导值和不同过渡期目标值为准绳，对我国 337 个地级及以上城市的环境空气质量进行评价，在此基础上分析我国环境空气中各项污染物浓度与保护人体健康的基准浓度之间的差距。

对各项污染物达标评价的指标选取和计算方法：

（1）对于污染物的日评价，按照我国《环境空气质量指数（AQI）技术规定（试行）》（HJ 633—2012）中对评价项目和计算方法的要求，将 SO_2、NO_2、PM_{10}、$PM_{2.5}$、CO 的 24 h 平均，O_3 的日最大 8 h 6 项作为污染物浓度日评价的指标，对国家标准和 AQG 2021 版污染物浓度限值下的达标天数进行对比分析。

（2）对于污染物年评价，按照我国《环境空气质量评价技术规范（试行）》（HJ 663—2013）中对评价项目和计算方法的要求，选取常规 SO_2、NO_2、PM_{10}、$PM_{2.5}$ 的年平均值，CO 24 h 平均第 95 百分位数，O_3 日最大 8 h 平均第 90 百分位数 6 项作为污染物浓度年评价的指标，对国家标准和 AQG 2021 版污染物浓度限值下的达标城市数量进行对比分析。

需要说明的是，本文分析的空气质量数据均符合《环境空气质量标准》（GB 3095—2012）修改单要求，其中 2017 年和 2018 年数据均根据当时的温度、气压等气象参数进行了折算。国家环境空气质量标准中，一级标准适用于一类环境空气功能区，即自然保护区、风景名胜区和其他需要特殊保护的区域，本文为对比国家标准和 AQG 2021 版，将一级标准同样作为城市评价限值标准之一。

2.1 对主要污染物浓度水平的评价

2.1.1 对 $PM_{2.5}$ 污染的评价

2021 年，全国 337 个地级及以上城市 $PM_{2.5}$ 浓度日均值（保留沙尘）达到国家标准二级限值的天数比例为 93.8%（图 1a），达到一级限值的天数为 71.2%；如果分别使用 AQG 2021 版中 IT-1、IT-2、IT-3、IT-4 和指导值进行评价，则达到对应标准的天数比例分别为 93.8%、84.9%、73.8%、54.1%、27.6%。共有 236 个城市的 $PM_{2.5}$ 年均浓度（扣除沙尘）达到国家二级（同 AQG IT-1）标准（图 1b）；123 个城市达到 AQG IT-2 标准，主要分布在东南沿海、西北和西南地区；19 个城市达到国家一级（同 AQG IT-3）标准，主要分布在西南等边疆地区；仅 10 个城市达到 AQG IT-4 标准；无城市达到 AQG 标准。101 个城市超过国家二级标准的城市主要分布在华北、华中和新疆等地区（图 1）。

2.1.2 对 PM_{10} 污染的评价

2021 年全国 337 个地级及以上城市 PM_{10} 浓度日均值（保留沙尘）达到国家标准二级限值的天数比例为 95.0%（图 1c），达到一级限值的天数为 56.1%；对应 AQG 2021 版中 IT-1、IT-2、IT-3、IT-4 和指导值的达标天数比例分别为 95.0%、86.6%、76.2%、56.1%和 50.0%。共有 276 个城市的 PM_{10} 年均浓度（扣除沙尘）达到国家二级（同 AQG IT-1）标准（图 1d）；79 个城市达到国家一级标准；有 152 个城市达到 AQG IT-2 标准；22 个城市达到 AQG IT-3 标准；仅有 6 个城市达到 AQG IT-3 标准；2 个城市（昌都和林芝市）达到 AQG 标准。61 个城市超过国家二级标准的城市主要分布在华北和新疆等地区。

2.1.3 对 NO_2 污染的评价

2021 年全国 337 个地级及以上城市 NO_2 浓度日均值达到国家标准二级限值（同一级限值）的天数比例为 99.8%（图 1e）；对应 AQG 2021 版中 IT-1、IT-2 和 AQG 进行评价的达标天数比例分别为 100%、94.8%和 64.7%。共有 336 个城市能达到国家二级（同国家一级和 AQG IT-1）标准；270 个城市可以达到 AQG IT-2 的浓度限值（图 1f）；121 个城市可以达到 AQG IT-3 浓度限值；仅有以西南边疆为主的 15 个城市可以达到 AQG 浓度限值。仅兰州市 1 个城市超过国家二级标准。

2.1.4 对 SO_2 和 CO 污染的评价

随着大气污染防治工作推进，传统煤烟型大气污染物已大幅改善。在国家标准和 AQG 2021 版各阶段的浓度限值下，全国 337 个地级及以上城市 SO_2 和 CO 日均浓度达标天数比例均超过 99%（图 1g 和图 1i），仅有个别天数超标。2021 年，SO_2 全国 337 个地级及以上城市均能达到国家二级标准（图 1h）；331 个城市达到国家一级标准。AQG 2021 版并未设置 SO_2 年平均浓度限值。全国 337 个地级及以上城市 CO 日均值第 95 百分位数浓度均能达到国家和 AQG 2021 版限值（图 1j）。

2.1.5 对 O_3 污染的评价

2021 年全国 337 个地级及以上城市 O_3 达标天数比例在国家二级（同 AQG IT-1）和一级（同 AQG）标准限值下分别达到 95.6%和 65.9%（图 1k）。在 AQG IT-2 限值下，达标天数比例为 81.2%；在 AQG 限值下，达标天数比例为 65.9%。287 个城市 O_3 日最大 8 h 浓度的第 90 百分位数达到国家二级标准限值要求（同 AQG IT-1 的浓度值）；68 个城市达到 AQG IT-2 的浓度值（图 1l）；呼伦贝尔市、伊春市、黑河市、恩施土家族苗族自治州、达州市、甘孜藏族自治州、黔东南苗族侗族自治州等 8 个城市达到国家一级标准（同 AQG 的浓度值）。

需要注意的是，虽然我国关于 O_3 浓度的限值和 AQG 能够对应，但是我国国家标准的评价方法是第 90 百分位数（可以有 36 d 的浓度超过限值），而 AQG 评价所要求的是第 99 百分位数（只有 3 d 的浓度可以超过限值），因此我国的标准要求和 AQG 的要求存在较大差异。若采用 AQG 2021 版的评价方法，使用 O_3 日最大 8 h 浓度的第 99 百分位数进行评价，则 O_3 的达标城市数量将大幅下降。2021 年，全国 337 个地级及以上城市中，仅有 115 个城市达到 AQG IT-1 的浓度限值要求（同国家二级标准限值）；仅林芝市、塔城地区、阿勒泰地区 3 个城市达到 AQG IT-2 的浓度限值要求；我国所有城市均未达到 AQG 的浓度限值要求（同国家一级标准限值）。

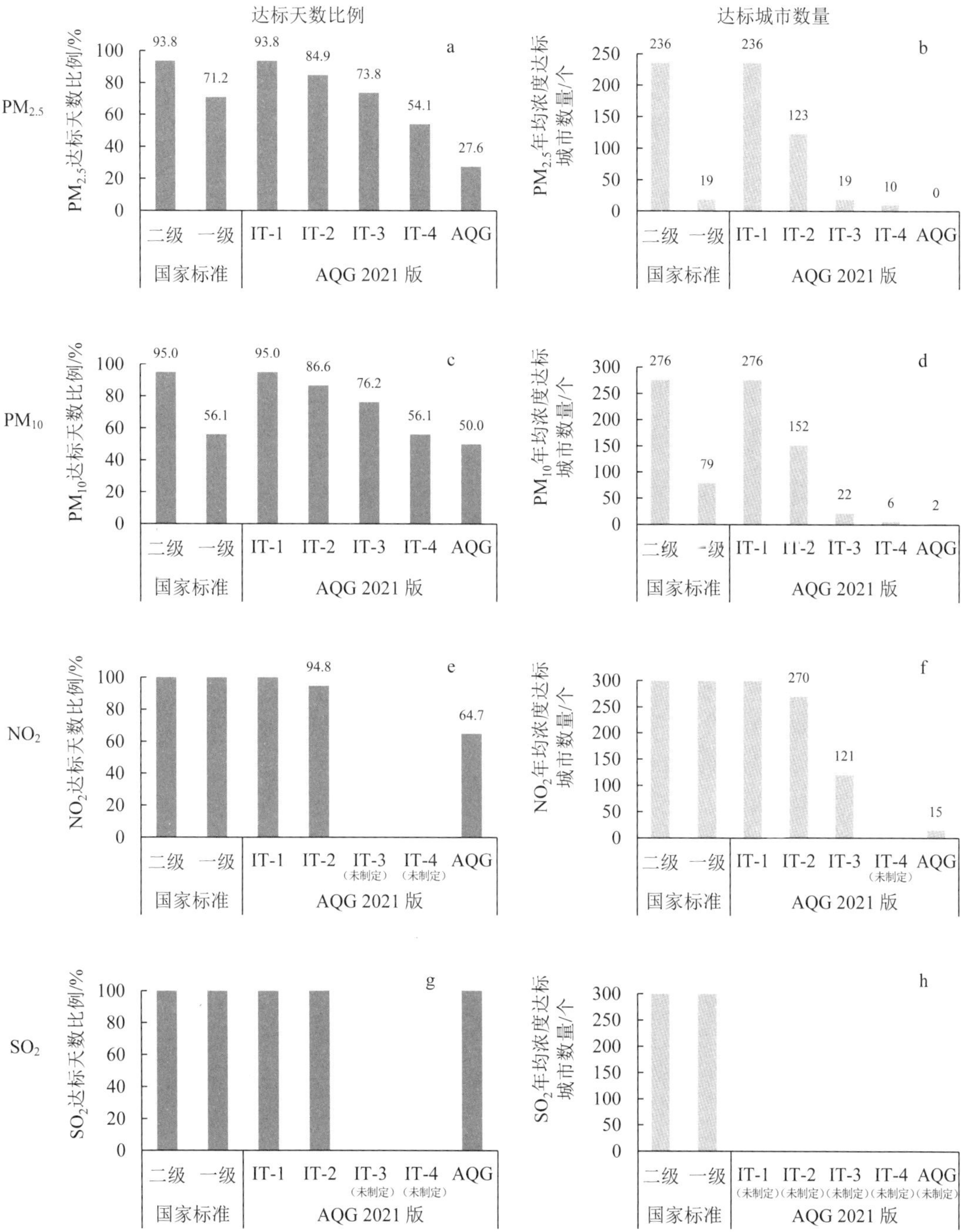

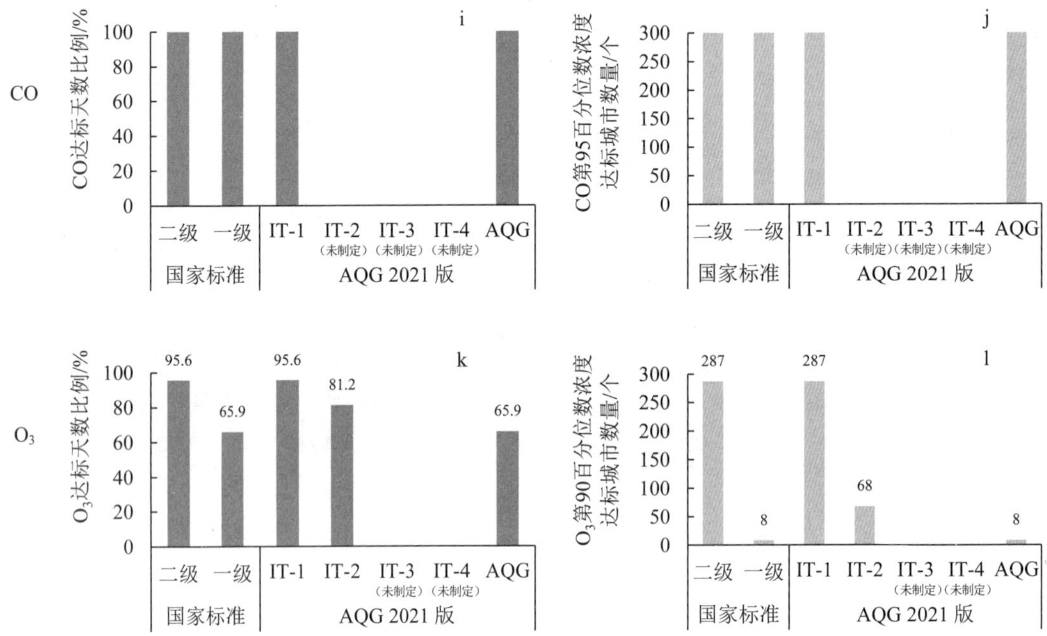

图 1　2021 年全国 337 个地级及以上城市 6 项污染物在国家标准和 AQG 2021 版的达标天数比例和达标城市数量

2.1.6　对 O_3 日最大 8 h 浓度峰季值的评价

AQG 2021 版的一个重大创新在于首次提出了 O_3 峰季值指标。AQG 2021 版中 O_3 峰季值指标的定义为“连续 6 个月的 O_3 日最大 8 h 平均值的最大值”。对于我国而言，绝大多数城市的 O_3 浓度高值出现在夏季（5—9 月），但是仍存在部分城市，在冬季出现 O_3 的高值，因此对于我国而言，不同城市的 O_3 浓度峰季所对应的月份并不一致。

采用 2017—2020 年我国各城市的 O_3 浓度逐日数据，分析 337 个城市在不同年份的 O_3 浓度峰季值出现的月份，结果如图 2 所示：我国 48%的城市 O_3 浓度峰季值出现在 4—9 月，20%的城市 O_3 浓度峰季值出现在 3—8 月；90%的城市 O_3 浓度峰季落在日历年内；10%的城市 O_3 浓度峰季存在跨日历年的情况，主要落在 12 月—次年 5 月。

从空间分布情况来看，O_3 峰季所覆盖的月份呈现出明显的地域特征。全国绝大部分地区的 O_3 峰季值起始月份在 3 月、4 月或 5 月；但东北、西南和华南沿海地区的城市 O_3 峰季值起始月份处于秋季和冬季，显示这些地区的夏季 O_3 浓度并不显著高于冬季。对于东北地区而言，主要原因是夏季 O_3 浓度不高；对于西南和华南沿海地区，主要原因是冬季气温也比较高，导致冬季也会出现 O_3 浓度较高的情况。

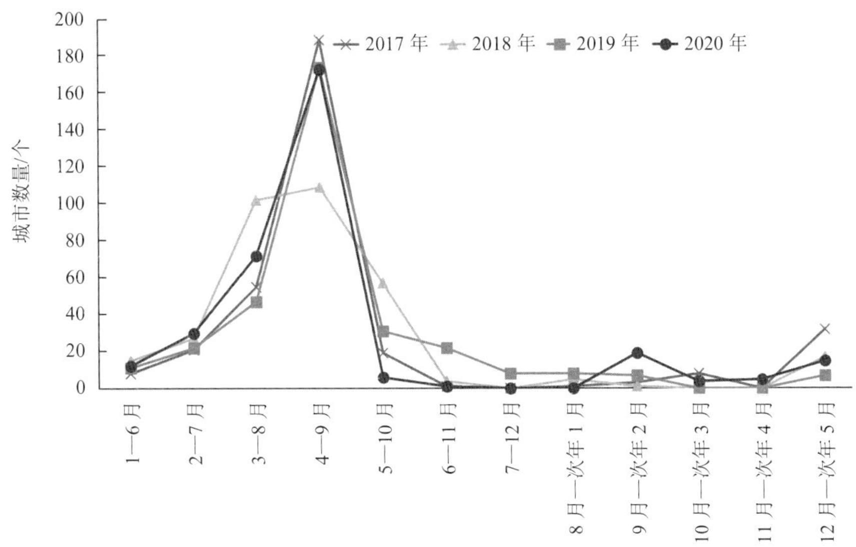

（a）2017—2020 年分年度

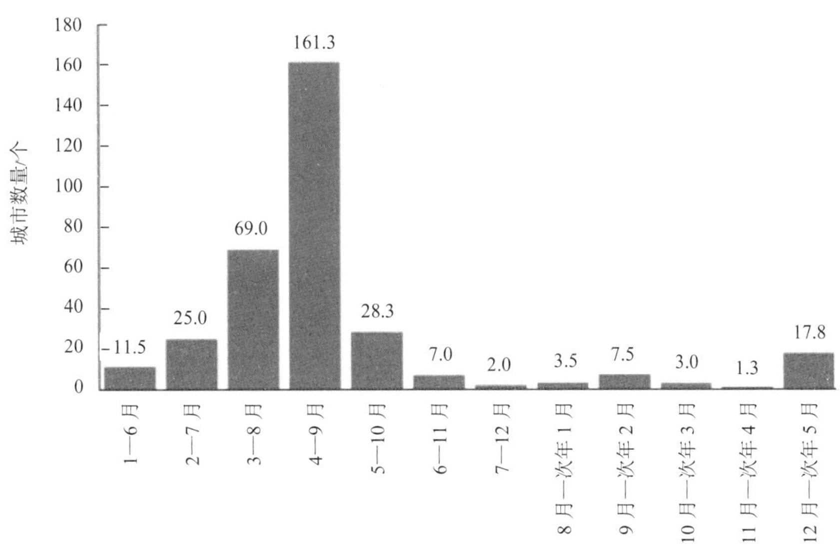

（b）2017—2020 年平均

图 2　2017—2020 年 337 个城市 O_3 浓度峰季所覆盖的月份分布情况

AQG 2021 版对 O_3 峰季的定义指出，峰季通常是一个日历年（北半球）或跨越两个日历年（南半球）的暖季，在赤道附近这种明显的季节性模式可能并不明显，但可从监测数据或建模数据中识别出 6 个月峰季滑动均值。对于我国而言，如果仅考虑一个日历年内的 O_3 峰季值，O_3 浓度达到 AQG 2021 版的城市数量会高于考虑跨年的 O_3 峰季值达标城市数量，这个差异在 2017—2020 年为 3～13 个城市（图 3）。

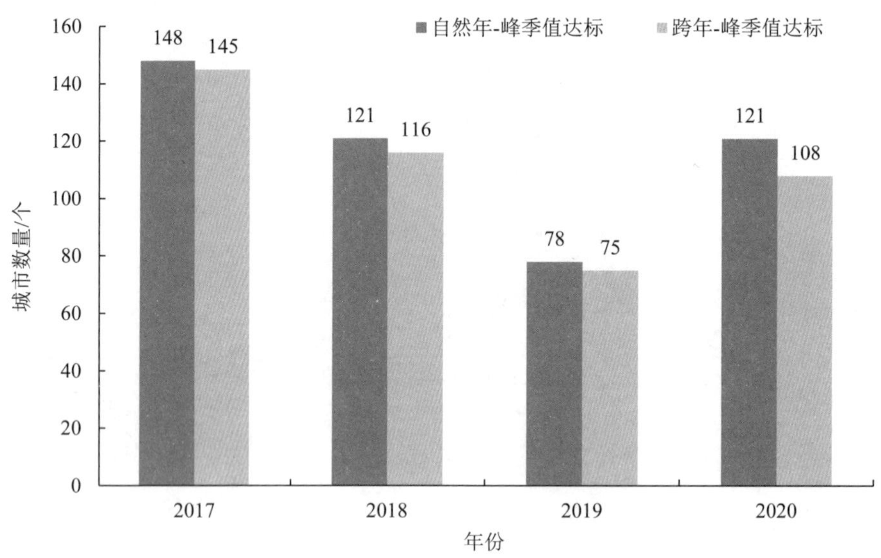

图 3　我国 337 个城市中 O_3 自然年和跨年峰季值达标城市数量对比

使用 O_3 日最大 8 h 浓度第 99 百分位数和 O_3 日最大 8 h 浓度峰季值这两项指标进行比较，两者的超标城市在空间分布有巨大差异。2018—2021 年，O_3 日最大 8 h 浓度第 99 百分位数超标的城市主要分布在胡焕庸线以东，对人类活动影响的反映较为直接；而 O_3 日最大 8 h 浓度峰季值的超标城市有相当一部分分布在胡焕庸线的西侧。如图 4 所示，西北地区［陕西、甘肃、青海、宁夏、新疆 5 个省（区）］的城市主要分布第二象限，即 O_3 第 99 百分数浓度达标，但 O_3 峰季值浓度超标，造成这一情况的原因可能与西北地区 O_3 背景浓度较高，且缺乏 NO_x 进行滴定有关。这一现象提醒我们在下一步进行 O_3 浓度标准的修订时，需要审慎地选择指标项和指标值，尽量通过标准的修订，引导空气质量改善向更大发挥保护人体健康的作用倾斜。

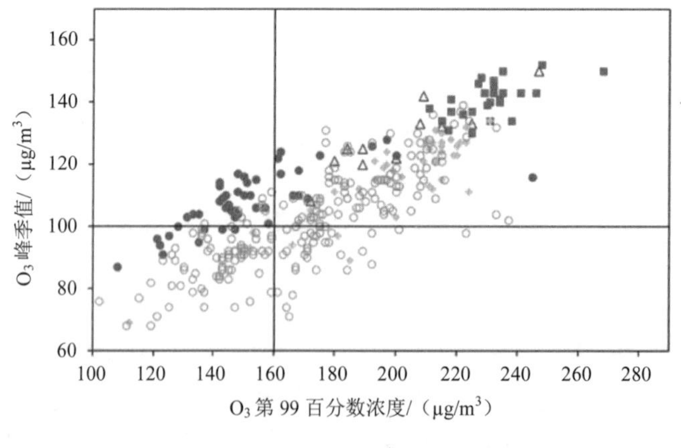

（a）2018 年

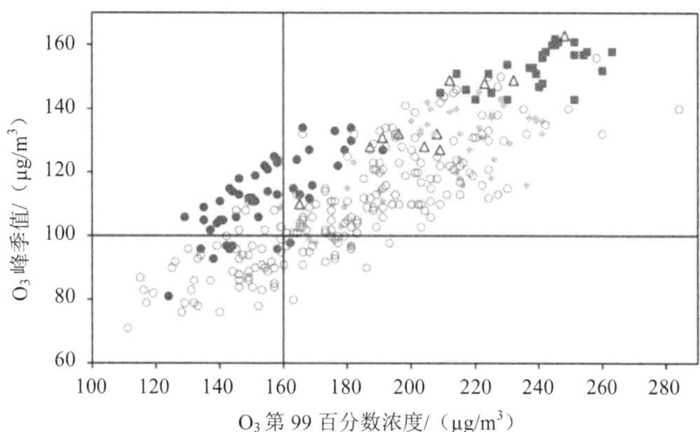

（b）2019年

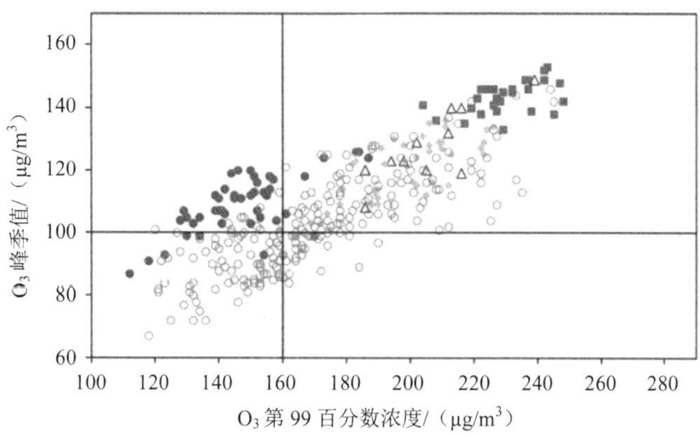

（c）2020年

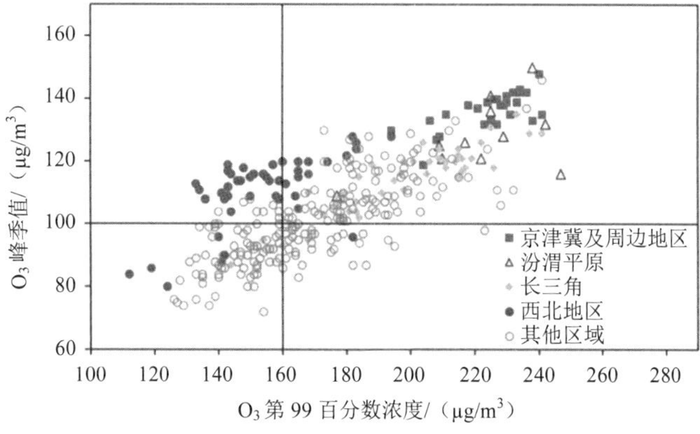

（d）2021年

图4　我国337个城市O_3峰季值与O_3第99百分位数浓度散点图

2.2 对城市空气质量达标情况的年评价

从 6 项污染物综合达标情况来看，2021 年我国 337 个地级及以上城市的空气质量优良天数（6 种大气污染物浓度均低于日评价标准限值的天数）比例为 87.4%，如果使用国家标准中一级标准的限值进行评价，则达标天数将为 37.9%，颗粒物（$PM_{2.5}$ 和 PM_{10}）以及 O_3 超标是影响优良天数的核心因素。如采用 AQG 2021 版中的 AQG 限值进行评价，则 2021 年我国 337 个城市的空气质量优良天数为 19.8%，对空气质量达标率影响最大的污染物是颗粒物，O_3 和 NO_2 超标也将成为影响空气质量达标率的重要因素，SO_2 和 CO 对空气质量达标基本不产生影响（表 2）。

表 2　2021 年全国 337 个城市大气污染物日评价达标天数比例　　单位：%

污染物	GB 3095—2012		AQG 2021 版				
	二级	一级	IT-1	IT-2	IT-3	IT-4	AQG
$PM_{2.5}$	93.8	71.2	93.8	84.9	73.8	54.1	27.6
PM_{10}	95.0	56.1	95.0	86.6	76.2	56.1	50.0
O_3	95.6	65.9	95.6	81.2			65.9
NO_2	99.8	99.8	100.0	94.8			64.7
SO_2	100.0	99.8	100.0	99.8			99.5
CO	100.0	100.0	100.0				100.0
综合达标天数	87.4	37.9	87.5	63.9	55.5	41.3	19.8

2021 年，仅考虑年评价并使用我国评价方法的情况下，全国 337 个地级及以上城市中，有 216 个城市 6 项污染物均能达到国家二级标准限值要求（表 3），仅 3 个城市能达到国家一级标准限值要求，所有城市均无法达到 AQG 2021 版的指导值，$PM_{2.5}$ 浓度无法达到指导值是其中最大的短板。

表 3　2021 年全国 337 个城市大气污染物年评价达标城市数量　　单位：个

污染物	GB 3095—2012		AQG 2021 版				
	二级	一级	IT-1	IT-2	IT-3	IT-4	AQG
$PM_{2.5}$ 年均值	236	19	236	123	19	10	0
PM_{10} 年均值	276	79	276	152	22	6	2
O_3-8 h 的第 90 百分位数	287	8	287	68			8
NO_2 年均值	336	336	336	270	121		15
SO_2 年均值	337	331					
CO 日均值第 95 百分位数	337	337	337				337
综合	216	3	216	46	15	5	0

3 世界各国 $PM_{2.5}$ 和 O_3 污染与 AQG 2021 版的比较

AQG 2021 版修订的指导值给世界各国的空气质量管理提出了新的挑战。在分析我国空气质量和 AQG 2021 版差距的同时，也通过横向对比分析我国空气质量在全球的水平。由于不同国家的空气质量监测体系存在较大差别，基于监测数据的直接比较存在较大困难，因此，结合地面监测数据、空气质量模型和卫星遥感等数据，并经过人口加权处理后的污染物人群暴露水平通常被用于跨国别的空气质量比较，世界卫生组织等单位联合开展的 GBD 研究为各国的横向比较提供了较为客观公正的第三方数据基础。[13]

3.1 $PM_{2.5}$ 浓度水平

根据 GBD 研究发布的数据，2019 年，全球 203 个国家中，没有任何一个国家的人口加权 $PM_{2.5}$ 年均浓度达到 AQG 2021 版的指导值，有 5 个国家 $PM_{2.5}$ 浓度低于 6 μg/m^3，34 个国家 $PM_{2.5}$ 浓度达到 IT-4 目标值；152 个国家 $PM_{2.5}$ 浓度达到 IT-1 目标值；51 个国家 $PM_{2.5}$ 浓度仍未达到 IT-1 目标值［图 5（a）］。

GBD 研究发布的我国人口加权的 $PM_{2.5}$ 暴露水平为 47.7 μg/m^3，在全球 203 个国家中位于第 175 位，比我国 $PM_{2.5}$ 污染更严重的 28 个国家主要分布在非洲、中东（主要是沙尘影响）以及南亚。需要指出的是，考虑到 GBD 数据获取的多源性和差异性，我们也根据我国 2019 年 337 个城市 $PM_{2.5}$ 监测数据计算了全国人口加权浓度，约为 40 μg/m^3，按此排名处于全球第 165 位，依然排名靠后。

3.2 O_3 浓度水平

根据 GBD 研究发布的数据，2019 年，全球 203 个国家中，28 个国家的人口加权 O_3 浓度峰季值低于 30×10^{-9}（体积浓度），接近 60 μg/m^3 AQG 2021 版的指导值；52 个国家低于 35×10^{-9}（体积浓度），接近 70 μg/m^3 这一第二阶段目标值；164 个国家低于 50×10^{-9}（体积浓度），接近 100 μg/m^3 这一第一阶段目标值；39 个国家的 O_3 浓度仍高于第一阶段目标值［图 5（b）］。需要说明的是，GBD 提供的 O_3 浓度单位为 ppbv①，为将相关结果与 AQG 2021 提供的指导值和过渡阶段目标值进行对比，需要将 O_3 浓度单位换算为 μg/m^3。考虑到各国空气质量标准中的参考温度、气压等气象条件不一致，无法统一折算，此处为了简化计算，选择参考温度为 20℃，大气压力为 1 013.25 hPa 时的状态，折算系数设置为 2。

GBD 研究显示，我国人口加权的 O_3 暴露水平为 48.9 ppbv，约等于 98 μg/m^3，在全球 203 个国家中位于第 158 位，污染程度高于纬度较高的欧美国家。比我国 O_3 污染更严重的 45 个国家主要是非洲和亚洲的中低纬度国家。需要指出的是，根据 2019 年 337 个城市 O_3

① 1 ppbv=1 nl/L=10^{-9}。

监测数据，计算出全国人口加权 O_3 浓度约为 58 ppbv，按此排名处于全球第 195 位，处于全球后 10 位。

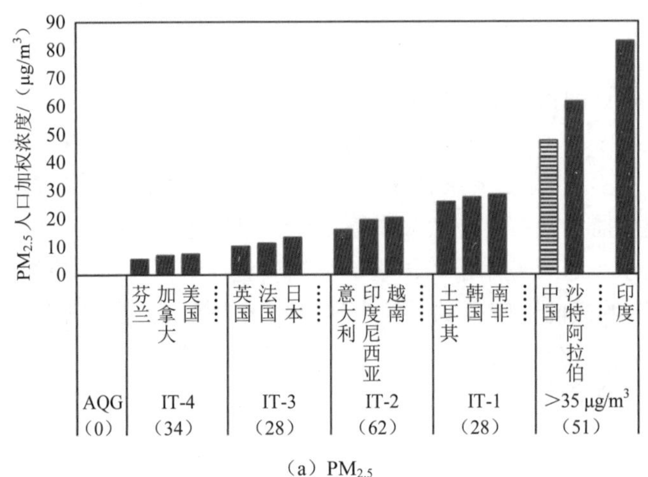

（a）$PM_{2.5}$

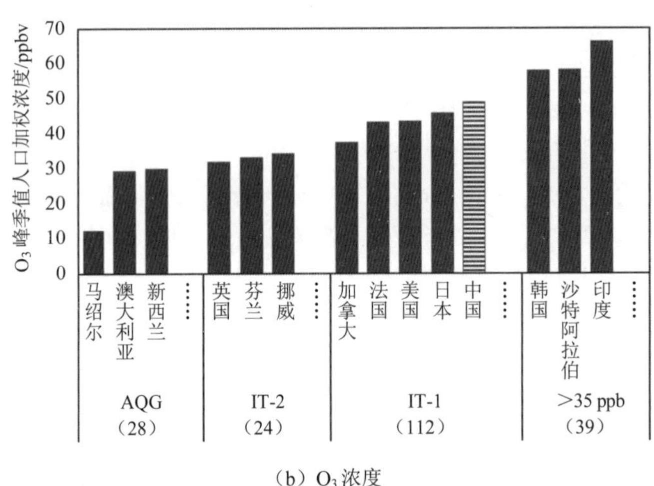

（b）O_3 浓度

图 5　2019 年世界各国 $PM_{2.5}$ 浓度和 O_3 峰季值排名情况

注：括号内数字为达到各阶段目标的国家数量，数据来源：2019 年 GDB。

4　主要政策建议

4.1　空气质量全面达标更加任重道远，应持续推动空气质量改善

AQG 2021 版加严了 $PM_{2.5}$、PM_{10}、NO_2 等污染物浓度的指导值，增设了 O_3 浓度峰季值指标。总体而言，"清洁空气"的要求较 AQG 2005 版有所提高，我国国家标准与其要

求有较大差距，大多与其第一阶段过渡期目标值相当。此外，AQG 2021 版采用第 99 百分位数进行评价，比我国评价规范中要求的评价方法更为严格。

若将 AQG 2021 版中的指导值作为标准来评价我国空气质量，则 2021 年全国 337 个城市达标天数比例仅为 19.8%，所有城市的年评价指标均不能达标。我国人口加权的 $PM_{2.5}$ 和 O_3 暴露水平在全球 203 个国家中均处于世界中后水平，与我国经济发展水平在全球的排名并不匹配。京津冀及周边地区和汾渭平原等大气污染防治重点区域，区域内城市达到 AQG 的天数平均比例仅为 8.1%和 8.5%。因此，我国仍需进一步加大力度，坚定不移推动空气质量持续改善。

4.2 建议适时启动环境空气质量标准修订及相关管理制度研究工作

AQG 2021 版沿用了不同阶段目标值的设计，用以鼓励空气质量较差的地区通过逐步改善达到阶段目标，不断接近并最终达到指导值。建议在综合评估不同污染物达标情况的基础上，结合 AQG 2021 版提出的新要求，研究我国下一阶段环境空气质量标准中各项污染物的浓度限值要求。需要强调的是，AQG 2021 版的编制原则单纯基于对人体健康保护，并未全面考虑社会、经济、控制成本等因素，如何选取符合我国社会、经济发展阶段的评价指标和评价方法，需要深入的思考和研究。AQG 2021 版制定中所采用的流行病学证据表明，大多数污染物长期暴露的慢性健康影响高于短期暴露的急性健康影响，从保护人体健康的角度出发，建议在空气质量标准修订和大气环境管理中突出年均浓度等反映长时间大气环境质量的指标，相对弱化日均浓度等短期指标。针对 AQG 2021 版新增的 O_3 浓度峰季值和 O_3 浓度百分位数，虽然我国达到两项标准的城市数量总体相当，但达标城市的空间分布存在巨大差异，建议进行 O_3 浓度标准的修订时，审慎地选择指标项和指标值，尽量通过标准的修订，引导空气质量改善向更大发挥保护人体健康的作用倾斜。结合空气质量标准的修订，根据《中华人民共和国大气污染防治法》的要求，推动地方政府进一步改善空气质量，是实现“美丽中国”大气环境改善目标的重要手段。建议将空气质量达标管理制度化，要求城市研究、编制、实施空气质量限期达标规划，推动空气质量持续改善。

参考文献

[1] World Health Organization. WHO Global Air Quality Guidelines：Particulate Matter（$PM_{2.5}$ and PM_{10}），Ozone，Nitrogen Dioxide，Sulfur Dioxide and Carbon Monoxide[EB/OL].（2021-09-22）[2021-10-11]. https://apps.who.int/iris/bitstream/handle/10665/345329/9789240034228-eng.pdf.

[2] 《环境空气质量标准》编制组.《环境空气质量标准》（二次征求意见稿）编制说明[Z]. 2011.

[3] 生态环境部．中国生态环境状况公报（2013—2020）[EB/OL]. [2022-03-01]. https://www.mee.gov.cn/hjzl/sthjzk/zghjzkgb/.

[4] 雷宇，严刚．关于“十四五”大气环境管理重点的思考[J]．中国环境管理，2020，12（4）：35-39.

[5] 朱彤，万薇，刘俊，等．世界卫生组织《全球空气质量指南》修订解读[J]．科学通报，2022，67（8）：697-706.

[6] 柴发合．解读《环境空气质量标准》[J]．大众标准化，2012（10）：12-15.

[7] Institute for Health Metrics and Evaluation（IHME）．GBD Compare Data Visualization[DB/OL]. [2021-10-12]. http://vizhub.healthdata.org/gbd-compare.

[8] LI T，GUO Y，LIU Y，et al. Estimating mortality burden attributable to short-term $PM_{2.5}$ exposure：A national observational study in China[J]. Environment International，2019，125：245-251.

[9] XUE T，LIU J，ZHANG Q，et al. Rapid improvement of $PM_{2.5}$ pollution and associated health benefits in China during 2013-2017[J]. Sci. China Earth Sci.，2019，62：1847-1856.

[10] LIANG F，XIAO Q，GU D，et al. Satellite-based short- and long-term exposure to $PM_{2.5}$ and adult mortality in urban Beijing，China[J]. Environmental Pollution，2018，242（PT.A）：492-499.

[11] LIU J，YIN H，TANG X，et al. Transition in air pollution，disease burden and health cost in china：a comparative study of long-term and short-term exposure[J]. Environmental Pollution，2021.

[12] WANG Y，WILD O，CHEN X，et al. Health impacts of long-term ozone exposure in China over 2013–2017[J]. Environment International，2020，144.

[13] Health Effects Institute. State of Global Air 2020. Data source：Global Burden of Disease Study 2019[EB/OL]. [2021-04-21]. https://www.stateofglobalair.org/data/#/air/table.

绩效评估与风险评价

- 我国生态环境资金绩效管理评价与政策完善研究
- 2018 年度上市公司环境绩效评估报告
- 借鉴国际经验建立健全我国环境健康风险评估制度
- 土壤污染生态风险评估国际经验及其对我国的启示
- 基于财政支出能力的流域水环境治理项目经济可持续性研究
- 长江经济带水生态环境保护可持续投融资机制研究

我国生态环境资金绩效管理评价与政策完善研究

Study on Performance Management of Ecological and Environmental Funds in China：Evaluation and Policy Improvement

宋玲玲　王兆苏　程亮　武娟妮　严刚　叶扬[①]　张军莉[②]　王佳　孙钰如

摘　要　完善生态环境资金绩效管理有助于精准支撑"十四五"深入打好污染防治攻坚战，有利于缓解资金供需矛盾，有利于提高生态环境治理能力现代化水平。本文总结分析了"十三五"期间中央生态环境资金绩效管理建设进展与问题、地方生态环境资金绩效管理做法与经验，调研了水利、农业农村部门的做法与经验，并在此基础上提出生态环境资金绩效管理的思路与有关政策建议：进一步提高项目储备质量，强化资金分配与重点任务的衔接，健全资金绩效管理制度，理顺绩效管理分工与流程，完善绩效管理技术工具，开展能力建设等。

关键词　生态环境资金　绩效管理　政策建议

Abstract　A better performance management policy for ecological and environmental funds will provide effective support for in-depth fight against pollution during the 14 th Five-Year Plan（FYP） period while alleviating the contradiction between supply and demand of funds，thus contributing to the modernization of environmental governance capacity. The paper reviews the progress and problems in performance management of central environmental funds during the 13 th FYP period，and examines the practices and experiences at the local level and in water conservancy，agricultural and rural sectors. On this basis，basic principles and policy recommendations are proposed for performance management of environmental funds: establishing high-quality project reserves，strengthening the allocation of funds in alignment with key tasks，improving the fund performance management system，streamlining the responsibilities and processes of performance management，refining the technical toolkit for performance management，and carrying out capacity building.

Keywords　ecological and environmental funds；performance management；policy recommendations

① 四川省生态环境投资评估与绩效评价中心（610071，成都）。
② 云南省环境科学研究院（650034，昆明）。

全面实施预算绩效管理是推进国家治理体系和治理能力现代化的内在要求，是深化财税体制改革、建立现代财政制度的重要内容，是优化财政资源配置、提升公共服务质量的关键举措。在全面实施预算绩效管理政策要求下，“十三五”期间，生态环境部会同财政部积极推进中央生态环境资金（以下简称生态环境资金）绩效管理工作，逐步建立绩效管理体系，提升资金使用成效，为污染防治攻坚战的实施提供有力支撑。为了精准支撑深入打好污染防治攻坚战，推动生态环境领域治理能力现代化，生态环境部环境规划院组织开展了生态环境资金绩效管理政策研究，梳理了实施生态环境资金绩效管理的政策背景与意义，总结分析了生态环境资金绩效管理现状与问题，总结了地方、有关部委在资金绩效管理方面的做法与经验，在此基础上，提出了生态环境资金绩效管理有关政策建议。

1 背景与意义

1.1 实施生态环境资金绩效管理的背景

2018 年 9 月，中共中央、国务院印发《关于全面实施预算绩效管理的意见》（中发〔2018〕34 号），从构建全方位预算绩效管理格局（政府预算、部门和单位预算、政策和项目预算）、建立全过程预算绩效管理链条（事前绩效评估机制、绩效目标管理、绩效运行监控、绩效评价和结果应用）、完善全覆盖预算绩效管理体系（一般公共预算、政府性基金预算、国有资本经营预算、社会保险基金预算）3 个方面勾勒了预算绩效管理改革的“全轨图”。同年 11 月，财政部印发《关于贯彻落实〈中共中央　国务院关于全面实施预算绩效管理的意见〉的通知》（财预〔2018〕167 号），提出要用 3～5 年的时间构建“全过程、全方位、全覆盖”绩效预算体系。为落实党中央、国务院全面实施预算绩效管理的政策要求，2019 年 4 月，生态环境部党组印发《生态环境部贯彻落实〈中共中央 国务院关于全面实施预算绩效管理的意见〉实施方案》（环党组〔2019〕37 号），提出力争到 2020 年年底在生态环境部系统基本建成全方位、全过程、全覆盖的预算绩效管理体系，实现预算和绩效管理一体化。

生态环境资金属于中央对地方专项转移支付，是环保投资的重要组成部分，是实施污染防治攻坚战的重要基础保障。目前，生态环境部参与管理的生态环境资金主要有大气污染防治资金、水污染防治资金、土壤污染防治资金、农村环境整治资金 4 项。生态环境资金绩效管理是预算绩效管理全方位中的重要方面，是落实党中央、国务院关于全面实施预算绩效管理意见的必然要求。

1.2 实施生态环境资金绩效管理的意义

有助于污染防治攻坚战目标与任务的实现。“十三五”期间，中央财政安排生态环境资金共计 2 248.56 亿元，其中，2020 年 523.12 亿元，相比 2016 年增长 36.2%。在中央财政资金的支持下，《打赢蓝天保卫战三年行动计划》《水污染防治行动计划》《土壤污染防治行动计划》等规划、计划各项重点任务顺利实施，“十三五”生态环境保护 9 项约束性指标和污染防治攻坚战阶段性目标全面超额完成，全国城市空气质量、水环境质量显著改善，区域土壤污染加重的趋势得到遏制，“十三五”时期是迄今为止生态环境质量改善成效最大的五年。但是，由于我国生态环境保护“欠账”较多，生态环境质量从量变到质变的拐点还未到来，“十四五”污染防治攻坚战任务繁重，实施生态环境资金绩效管理，通过绩效管理贯彻全过程绩效意识，加强资金分配与使用的目标导向，将资金有效地投入污染防治攻坚战重点任务中去，不断提升资金使用成效，更有助于精准支持污染防治攻坚战目标的实现。

有利于缓解深入打好污染防治攻坚战资金供需矛盾。我国生态环境保护仍处于压力叠加、负重前行的关键期，生态环境质量改善成效并不稳固，稍有松懈就有可能出现反复，犹如逆水行舟，不进则退。在现有形势下，“十四五”期间生态环境保护工作仍需要大量资金投入。然而，随着我国经济发展进入经济调整阵痛期、经济增速换挡期，在一定时期内经济增长相对平稳，财政资源有限，生态环境资金规模增长速度势必放缓。实施生态环境资金绩效管理，通过事前绩效评估减少不必要项目的资金支出，通过做好绩效运行监控，对绩效目标实现程度和预算执行进度实行“双监控”，发现问题及时纠正，通过建立健全绩效评价结果应用机制，把绩效评价结果与预算调整和政策调整挂钩，低效无效资金一律削减，长期沉淀的资金一律收回，统筹用于亟须支持的支出方向，使有限的财政资源更加聚力增效。因此，实施生态环境资金绩效管理是缓解深入打好污染防治攻坚战资金供需矛盾的重要举措。

有利于提升生态环境治理能力现代化。在国家财权下放和事权明晰的条件下，地方政府承担了更多生态环境保护责任，相应也承担了更多的支出责任以及资金管理责任。绩效管理是一种以结果为导向的管理方式，全面实施预算绩效管理要求在各级政府和各部门各单位建立起一种“花钱必问效，无效必问责”的管理机制。全面实施预算绩效管理通过“激励相容”的制度供给增强地方落实绩效的主动性，在地方拥有适度财权和事权的条件下，促进地方更好地发挥管理的主动性，增强“善治”，从根本上提升生态环境治理能力的现代化。

2 生态环境资金绩效管理现状与问题

生态环境资金绩效管理是其资金管理的重要组成部分。在全面实施预算绩效管理政策要求下，生态环境资金绩效管理体系逐步建立起来，但仍存在一些问题。

2.1 资金管理制度与绩效管理现状

2.1.1 资金管理流程与制度

“十三五”期间，生态环境资金管理逐步形成了一套覆盖项目储备、资金分配、项目实施与监督管理的全过程资金管理体系，如图 1 所示。①自 2016 年以来，生态环境资金逐步建立健全了项目储备制度，特别是 2020 年，在《关于加强生态环保资金管理　推动建立项目储备制度的通知》的要求下，生态环境部编制印发了《中央生态环境资金项目储备库入库指南（2020 年）》，提出“大气、水、土壤污染防治资金及农村环境整治资金支持的项目，均应纳入中央生态环境资金项目储备库管理范围。未入库项目原则上不得安排资金支持。确需安排的，应向生态环境部、财政部履行必要的补库手续”，一定程度上避免了“资金等项目”。在项目储备环节，各地按照资金支持方向、项目储备要求并结合地方污染防治任务及需求开展项目储备，将成熟的项目提交至生态环境部，生态环境部组织专家对材料进行审核，审核通过的项目纳入中央生态环境资金项目储备库。②在资金分配过程中，财政部会同生态环境部确定资金分配方案，财政部将中央预算下达给省级财政部门后，省级生态环境部门会同财政部门在中央生态环境资金项目储备库中择优选择项目予以资金支持，形成拟支持项目清单及区域绩效目标表，经财政部、生态环境部审核备案后拨付资金并组织项目实施。③在实施阶段，生态环境资金管理实施定期调度制度。各省定期上报项目实施进展、资金预算执行率，生态环境部及时掌握资金使用情况，对于预算执行率偏低、项目进展缓慢的及时寻找原因，必要时进行通报。同时，在实施过程中，项目若有变更地方可及时提出调整申请，经生态环境部审核确定后予以调整。④在项目实施过程中，生态环境部每年例行开展项目监督检查，并配合财政部开展资金绩效评价，相关结果反馈用于资金分配。

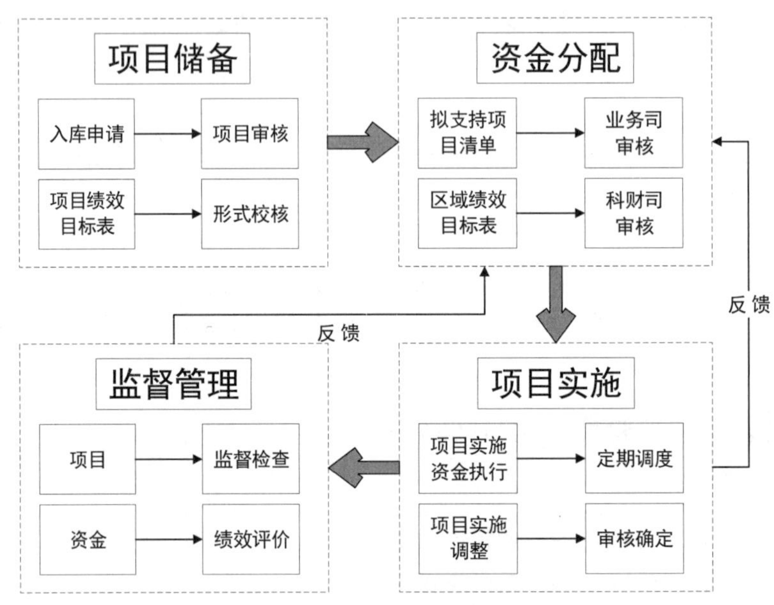

图 1　中央生态环境资金管理流程

2.1.2　资金绩效管理现状及成效

在全面实施预算绩效管理的背景下，生态环境资金绩效管理以“提升资金使用成效，精准支撑污染防治攻坚战”为目标，逐步建立了全过程的绩效管理制度，将绩效意识贯穿到资金使用与管理的全过程，主要包括：在项目储备环节，关注项目储备质量的提升、项目绩效目标的审核；在资金分配环节，关注资金分配效率的提高、区域绩效目标的审核、绩效评价结果的合理应用；在资金使用过程中，关注资金使用绩效的充分发挥。资金绩效管理现状及成效如下：

（1）提高了项目储备质量

《中央生态环境资金项目储备库入库指南（2020 年）》明确了各专项资金入库项目范围、项目类型及不予入库的情况，通过“黑白名单”明确项目储备标准，提高项目储备质量。同时，入库项目范围与类型与党中央、国务院决策部署以及生态环境保护相关规划等重点任务相衔接，储备项目更加聚焦污染防治攻坚重点任务，能够实现对污染防治的精准支撑。

（2）加快了资金下达效率

通过“拟支持项目清单”备案审核制度直接将资金分解到项目，减少了资金的层层分解，大大缩短了资金下达时间，提高了资金下达效率。如在 2020 年 12 月韶关市土壤污染防治项目调研发现，2019 年 11 月下达的土壤污染防治专项资金，经广东省分解下达到韶关市，再由韶关市择优选择项目，近半年后才将中央资金下达到项目上，采用“拟支持项目清单”备案制度后，2020 年 11 月提前下达的 2021 年土壤污染防治专项资金，当年 12 月已有 5 个省将资金直接分解到项目上。

（3）逐步建立了资金绩效管理制度

绩效管理办法是资金绩效管理的重要文件。2018 年，针对大气污染防治资金中的北方地区冬季清洁取暖试点奖补资金，编制印发了《北方地区冬季清洁取暖试点城市绩效评价办法》，作为年度资金绩效评价的重要依据；水污染防治资金早在 2017 年就编制印发了《水污染防治专项资金绩效评价办法》，2020 年 12 月，财政部、生态环境部根据全面实施预算绩效管理新要求对原有办法进行了修订，联合印发了《水污染防治资金绩效管理办法》；2020 年 3 月，财政部、生态环境部联合印发了《土壤污染防治专项资金绩效评价管理暂行办法》。

（4）初步建立了绩效目标审核制度

绩效目标是资金绩效管理的重要基础。为了加强资金绩效管理，为后续绩效跟踪监测和绩效评价奠定基础，生态环境资金于 2020 年年初步建立了绩效目标审核制度，主要包括对区域绩效目标的审核和对项目绩效目标的形式校核。区域绩效目标从完整性、相关性、适用性和可行性 4 个方面开展审核。其中，完整性主要审核区域绩效目标是否按照规范化的格式填报，产出数量指标、质量指标、时效指标、生态效益指标、服务对象满意度等绩效指标是否填报完整；相关性主要审核区域绩效目标是否与资金支持方向和任务密切相关，是否选取了最能体现总体目标实现程度的关键指标并明确了具体指标值，是否能够支撑整体绩效目标表；适用性主要审核绩效目标与资金规模的匹配性；可行性主要审核绩效指标是否全面、充分、细化、量化，难以量化的，定性描述是否充分、具体，绩效指标数据是否易监测或获得。项目绩效目标主要从完整性、相关性和可行性 3 个方面开展审核。完整性、可行性审核内容与区域绩效目标完整性审核内容一致；相关性审核主要审核绩效指标是否与项目相符合，切实反映项目实施产出与效果，体现资金效益；由于项目绩效目标管理主体在地方，中央对项目绩效目标的审核侧重形式审核，对于适用性，即绩效目标与资金规模的匹配性，尚未开展实质性审核。经过审核，2020年度各省资金的区域绩效目标表的编制质量得到了大幅提升。

（5）开展了整体与区域绩效自评工作

2018—2019年，各省财政部门、生态环境部门按照财政部关于中央对地方专项转移支付预算绩效自评通知要求，开展上年度水、大气、土壤污染防治以及农村环境整治资金绩效自评工作，在各省提交的自评报告的基础上，生态环境部配合财政部汇总编制了各专项资金整体绩效自评报告。2020年，水、大气以及农村环境整治资金仍以自评为主，土壤污染防治资金被财政部确定为重点绩效评价对象，由财政部监督评价局会同资环司委托各地监管局对各省资金开展绩效评价。2018年以来，北方地区冬季清洁取暖试点城市作为大气污染防治资金重点支持方向每年均开展了资金绩效评价工作。

（6）逐渐将评价结果与年度资金分配挂钩

按照《北方地区冬季清洁取暖试点城市绩效评价办法》中的“对年度绩效评价不合格的试点城市，暂停拨付清洁取暖相关补贴资金，并限期整改，整改合格后再恢复拨付”要求，清洁取暖试点城市绩效评价结果一直作为年度资金清算的依据。2018年度以来，水污染防治资金安排时，将年度绩效评价结果作为一项重要因素，根据相关结果进行奖优惩劣。2021年，全面开展绩效评价结果运用，在2021年度第二批资金分配时，根据2019年度绩效评价结果按照奖优罚劣、约束激励、公平性原则对2021年各生态环境资金（第二批）初始分配金额进行调整，扣减了绩效评分靠后的省份，将扣减的资金平均奖励绩效评分靠前的省份。

（7）提高了资金使用成效

通过资金全过程绩效管理，生态环境资金使用成效显著。一方面，资金规模得到稳步增长，2016—2020年，生态环境资金共计下达2 248.56亿元，2020年下达523.12亿元，相比2016年增长36.2%，2021年大气污染防治资金、水污染防治资金、土壤污染防治资金规模较2020年又分别增长了10%、10.2%、10%；另一方面，资金投入直接带动了地方和社会资本投入，为污染防治攻坚战任务的实施直接提供了资金保障，有力支撑了污染防治攻坚战任务的顺利实施以及目标的成功实现。

2.2 绩效管理存在的问题

2.2.1 项目储备质量有待进一步提升

（1）项目储备区域不均衡

目前，各类生态环境资金储备项目投资均超过中央财政资金安排规模，但项目储备区域不均衡，部分省份项目储备明显不足，甚至无项目储备。例如，作为土壤污染防治先行区的台州和韶关，土壤污染治理任务较重，2018年分别仅有2个和1个污染地块治理项目入库，2019年均无任何项目入库。

（2）部分项目储备质量不高，对污染防治攻坚战缺乏精准支撑

目前，项目储备主要依靠自下而上报送项目，省级部门缺乏对项目的统筹规划，缺乏

自上而下的项目顶层设计与布局谋划，导致部分污染防治攻坚重点任务缺乏项目支撑，而部分入库的项目与污染防治重点任务关联性不强，入库项目与污染防治重点任务“两张皮”。同时，部分项目前期工作不扎实、技术方案论证不充分，地方政府为满足入库要求而仓促批复项目可研，导致项目实施过程中调整变化大，影响对污染防治攻坚战的精准支撑。

2.2.2 部分地方资金使用成效有待进一步提高

（1）部分地方资金分配不合理，未将资金投入到污染防治攻坚重点任务上

一方面，资金分配结构不合理。某省 2020 年将 5.25 亿元大气污染防治资金（占比超过 20%）投向能力建设，而工业污染治理源头项目投入占比较低，未将资金重点投入到污染防治攻坚重点任务上，影响了该省大气约束性指标的完成。另一方面，个别地方将资金化整为零，项目遍地开花，有限的资金支持项目多、体量小，资金投向分散、缺乏合力。如 2016 年土壤污染防治专项资金下达某省 1.63 亿元，该省将其安排到 167 个项目上，平均每个项目获得支持额度 97.6 万元。

（2）部分项目建成后可持续性不足

2017 年以来，大气污染防治资金将大量资金用于北方地区冬季清洁取暖试点城市的散煤替代，由于后续运行补贴压力等问题，实施“煤改气”“煤改电”部分居民的清洁取暖能源用量很低，存在取暖设备闲置现象。农村污水处理项目建设中存在零敲碎打、相互脱节问题，建设和运维割裂，导致部分设施建成后闲置。如某县农村分散型污水处理示范工程项目主要建设污水收集主管网和支管网，但入户管网建设尚无计划，项目设计及实施过程中也未考虑与入户管网的有效衔接，项目建成短期内不能投入使用，无法发挥环境效益。

2.2.3 绩效管理制度不健全

（1）部分专项绩效管理办法缺失

目前，仅水污染防治资金和土壤污染防治专项资金出台了绩效管理办法，大气污染防治资金、农村环境整治资金的绩效管理办法尚未制定，缺乏统一、科学的绩效评价指标体系，导致绩效评价缺乏针对性，评价结果缺乏可比性，难以保障绩效管理的标准科学、方法合理、结果可信。

（2）绩效监控及调整机制缺失

目前，生态环境资金绩效管理主要包括绩效目标管理、绩效评价与结果应用，注重项目实施前的绩效目标确定及实施后的绩效评价。虽然在资金使用中调度预算资金执行率、项目进展情况，但是绩效目标的实现情况缺乏跟踪监测及调整机制，导致部分项目变更后，项目绩效目标未及时调整，对后续绩效评价工作造成一定影响。

（3）绩效管理职责分工和流程不够明确

目前，虽然各专项资金管理办法对绩效管理职责分工做了统一规定，但是各层面的管理分工细节尚不够清晰，绩效管理流程不够明确。例如，财政部每年在开展中央对地方专项转移支付绩效自评通知中要求“财政部各地监管局按照财政部统一安排，适时对绩效自

评结果开展抽查复核”，同时要求“中央主管部门督促地方各级主管部门提高工作效率，按时完成绩效自评，必要时通过补充资料、现场确认等方式进行核实”，财政部各地监管局、中央主管部门均需要对地方自评情况开展核实，如何有效地协调开展现场核实尚不明确。绩效管理涉及各级财政部门以及地方监管局、生态环境部门，在缺乏细化分工和明确管理流程情况下，各级相关部门的绩效管理工作势必缺乏系统性、协同性。

（4）绩效目标审核机制有待健全

目前，生态环境部针对项目绩效目标开展的是形式校核，项目绩效目标的审核工作应主要由省级部门负责，但从实际情况来看，多数省份并未开展项目绩效目标的审核，上报到生态环境部的项目绩效目标的质量总体上仍较差，根本无法为后续项目绩效管理工作提供基础。

2.2.4 绩效目标设置科学性不足

（1）绩效目标设置与重点任务、资金量不匹配

部分地区绩效目标设置缺乏针对重点任务的相关指标，未能有效衔接中央及地方生态环境保护规划，绩效目标指向模糊，与年度工作计划和规划之间衔接不够紧密，绩效目标的设定缺乏系统性、全局性的考虑，局部与整体的逻辑关系不够清晰。此外，各地在制定目标值时为保障能够顺利完成绩效目标，指标值设置偏低，与资金规模不匹配，未对绩效目标设置的科学性、合理性进行充分的调研和论证。

（2）不同层级绩效目标缺乏关联性

绩效目标分为项目绩效目标、区域绩效目标和整体绩效目标三级，项目绩效目标应支撑区域绩效目标，区域绩效目标应支撑整体绩效目标。目前，项目绩效目标、区域绩效目标、整体绩效目标的编制主体不同，各编各的，虽然初步建立了绩效目标审核制度，但是重点是审核绩效目标本身对于不同层级之间的关联性尚难以保障。

2.2.5 绩效评价结果不实、应用力度不足

（1）绩效评价结果不实

一方面，现行的绩效评价主要采用地方自评+中央主管部门或财政部各地监管局复核的方式开展，多数省份评价结果仍以自评为主。由于绩效评价结果与后续资金挂钩的原因，各地在开展自评时不能完全做到实事求是，导致自评结果往往高于实际绩效，如 2018 年、2019 年北方地区冬季清洁取暖试点城市绩效评价结果显示，相比自评结果，现场绩效核查一般能够核减 20 分左右。另一方面，项目实施周期与绩效评价周期不一致导致绩效不实。多数生态环境项目需要 1～2 年才能实施完毕（土壤污染防治项目实施周期则更长），当年资金下达后往往经过 2～3 年才能完成全部支出，进行年度绩效评价时多数污染防治项目仍在实施中，加之生态环境质量效益往往有一定的滞后性，导致资金使用成效与专项资金年度支持项目是不匹配的，当年的生态环境质量效益往往是过去 2～3 年资金投入的共同结果而非当年资金投入结果，使得评价结果与当期资金绩效“脱钩”。

（2）评价结果应用力度不足

在中央层面，现阶段绩效评价结果仅作为预算资金调整的依据之一，2021 年第二批预

算资金分配时，扣减的资金仅是初始分配资金的 5%，挂钩力度较小。在地方层面，部分地区将绩效评价结果仅用作部分项目结果反馈或者削减、取消部分项目的预算。评价结果应用力度不足导致绩效评价尚未对地方形成有效的激励约束，各地对绩效评价重视不足，不能充分发挥绩效管理的作用。

2.2.6 绩效管理技术基础较为薄弱

（1）绩效目标指标体系尚不健全

目前，区域绩效目标主要依靠地方自行编制，由于缺乏统一规范的绩效指标体系，区域绩效目标指标设置差异较大，导致在开展整体绩效评价时，各省绩效之间无法横向比较，各省的绩效无法综合形成有效的资金整体绩效。尽管《土壤污染防治专项资金绩效评价管理暂行办法》给出了资金绩效评价指标体系，但评价指标体系不同于绩效目标指标体系，另外，有些省份反映在区域绩效目标申报表填报时，评价指标体系中的部分绩效指标并不适用。

（2）缺乏行业绩效标准

绩效标准是设定绩效指标时所依据或参考的标准，包括历史标准、行业标准和计划标准。目前，各专项资金整体绩效目标和区域绩效目标一般依据计划标准编制，即预先制定的目标、计划、预算、定额等数据，缺乏行业标准，导致绩效目标编制和审核缺乏有效依据，影响绩效指标目标值的合理确定。比如，技术成本是土壤污染防治项目一项关键的绩效指标，由于目前行业内缺乏治理成本标准，项目绩效目标确定时往往无法将技术成本作为产出成本指标，产出成本指标往往是缺失的。

2.2.7 绩效管理人员缺乏、对绩效管理认识不足

（1）支撑资金绩效管理工作的人员缺乏

从人员角度来看，地方特别是区县存在机构不健全、人少事多的问题，实施项目绩效管理专业支持不足的困难。绩效管理工作人员既要熟悉项目业务、财务、效益，又要了解财政预算相关规定和流程，同时还需要掌握一定的政策法律法规，专业技术力量薄弱。同时，目前绩效评价主要委托会计师事务所开展，评价人员往往由财务、会计人员构成，对于绩效的理解往往局限在资金执行的规范性上，不利于资金整体成效的判断。

（2）资金管理人员对绩效管理认识不足

一方面，将绩效评价混淆于监督检查。部分省份开展绩效评价将其等同于监督检查工作，过度强调过程性指标、资金规范性，对于本应重点关注的环境效益、可持续影响等指标未给予足够关注，绩效评价发现的问题也主要是过程性、合规性问题，不能体现资金绩效特点。另一方面，对绩效目标缺乏正确的理解，难以建立科学有效、合理的绩效目标。比如，某省备案的 2019 年区域绩效目标，将产出质量指标与生态效益指标混淆，将受污染耕地安全利用率、污染地块安全利用率作为土壤的产出质量指标，将地级及以上城市集中式饮用水水源水质达到或优于Ⅲ类比例作为水污染防治资金的区域产出质量指标，明显不符合产出质量指标的含义。同时，很多地方管理人员不清楚绩效目标的重要管理属性，只是在上级部门要求时填报绩效目标，年度结束后开展绩效自评，对于绩效目标可以在管

理上发挥什么作用、怎么有力地指导开展资金管理工作均不理解，更不会用好绩效目标管理工具。

3　地方生态环境资金绩效管理做法与经验

在党中央、国务院全面实施预算绩效管理的政策要求下，各省均提出了全面实施预算绩效管理意见的实施方案，明确细化任务措施，推动各项绩效管理工作落地落实。生态环境资金作为地方重要预算资金，是全面实施绩效管理的重要对象。目前，全国省级生态环境部门均按照有关要求开展了资金绩效管理工作，四川、广东、云南等省份专门印发了生态环境资金绩效管理办法，积极探索并实践了一系列新的做法，取得了较好的经验和成效。

3.1　四川省

健全管理制度体系。为推进全面实施预算绩效管理、落实《中共四川省委、四川省人民政府关于全面实施预算绩效管理的实施意见》，四川省生态环境厅及时出台《四川省省级环保资金支出绩效评价管理暂行办法》《四川省政府与社会资本合作环境保护类示范项目资金管理办法》《四川省生态环境保护专项资金管理办法》等十多项制度。创新出台“两办法、一平台”，印发《四川省环境保护项目储备库管理办法（试行）》《四川省环境保护专项资金项目管理系统运行管理暂行办法》《四川省环境保护专项资金项目管理职责分工和运行流程暂行规定》。同时，中共四川省纪委监委驻厅纪检监察组创新监督模式，印发《四川省环境保护专项资金项目管理系统规范运行监督办法（试行）》。

机构能力建设实现“两个率先”。2016 年 12 月，经中共四川省委机构编制委员会批复，四川省设立四川省生态环境投资评估与绩效评价中心，率先在全国生态环境系统设立生态环境投资评估与绩效评价专门工作机构，率先在省级部门设立投资评估与绩效评价专门工作机构（除财政厅），目前仍是全国生态环境系统、全省省级部门（除财政厅）唯一的投资评估与绩效评价专门工作机构。

注重人才队伍建设。为加强绩效管理的技术支持，2016 年以来四川省生态环境部门组织更新了 4 批生态环境投资评估和绩效评价专家库，涵盖生态环保、会计审计、工程造价、信息技术应用、工程管理等多领域专家 400 多名。此外，四川省还通过委托第三方机构等手段，为绩效管理业务提供有力支撑。

规范绩效评价过程。抓好评价前培训，每次赴现场开展绩效评价前，均对承担具体任务的第三方机构——会计审计事务所、生态环境专家和单位工作人员进行技术业务培训。在绩效评价过程中，要求评价人员按指标解释及评分标准逐一书面反映具体情况，取得完整的技术评价支撑材料，做到得分有详情、扣分有支撑。同时，创新执行一书一卡一表的“三个一”制度，要求每位人员签订“个人廉洁自律承诺书”，开展现场工作时主动将“纪律红线告知卡”“纪律红线情况反馈表”交相关地方和单位，主动接受监督。

加强评价结果反馈与应用。一方面，积极探索预算安排与绩效管理的挂钩机制，把绩效评价结果和项目绩效运行监控情况作为下一年度预算申请、安排和分配生态环境资金的重要依据。对绩效评价结果较好的项目予以持续资金支持，对项目运行监控和绩效评价发现问题较多、达不到绩效目标、评价结果较差的项目予以暂停拨款或调减、取消。根据重点区域（流域）污染防治资金项目绩效评价结果，2015—2016 年累计扣减省级专项资金 8 211 万元，2017—2019 年连续三年对未开工的项目暂停拨付资金，2020 年收回中央和省级资金 1.87 亿元。另一方面，利用资金绩效评价结果督促相关单位立即纠正、限期整改。通过评价结果应用减少了项目资金沉淀，提高了生态环境项目资金使用效益和效率。

3.2 广东省

健全制度，全面落实绩效管理要求。2018 年 12 月，为规范省级财政专项资金管理，广东省以人民政府文件形式印发了《广东省省级财政专项资金管理办法（试行）》，要求预算执行完毕后，市县主管部门和用款单位要开展专项资金使用自评，同时省业务主管部门对部分项目或市县开展绩效评价，绩效评价结果汇总报省政府。2019 年 11 月，广东省生态环境厅印发《广东省省级生态环境专项资金管理细则》，明确资金绩效管理职责和任务，要求项目单位提交备案项目绩效目标表，作为项目实施跟踪、绩效评价和考评的依据，并明确了省（市）生态环境部门及项目单位的绩效评价工作职责。2020 年，通过《广东省省级生态环境专项资金项目库管理实施细则（试行）》《关于加强市级项目库建设的通知》文件，对省、市两级项目库建设与管理提出绩效方面的要求，指出项目库管理应当遵循“绩效导向”，对绩效目标申报表的申报提交、绩效目标的制定、绩效目标审核提出了明确的要求，并通过《广东省生态环境专项资金市级项目库建设指引（2020 年版）》文件对不同资金使用方向明确了初步绩效目标要求。2020 年，广东省生态环境厅印发《广东省省级生态环境专项资金绩效管理细则（试行）》，对新增支出政策事前绩效评审、绩效目标管理、绩效运行“双监控”、绩效评价、评价结果应用和公开、第三方机构管理等提出明确要求。

夯实责任，落实全过程绩效管理。广东省生态环境厅出台了绩效管理实施方案，覆盖了绩效目标编制、事前绩效评估、绩效运行监控、绩效评价、结果应用全过程 11 个环节的管理要求，并对每一个环节提出了明确的目标和任务分工，将责任落实到相关处室。《广东省省级生态环境专项资金绩效管理细则（试行）》明确了省市两级生态环境部门、项目单位在绩效管理中的职责。绩效管理任务明确、分工清晰、责任清晰。

注重审核，加强事前评估和目标管理。广东省对于新增支出政策提出了明确的事前绩效评审要求，通过集体研究、专家论证、第三方服务等方式对新增支出政策的必要性、经济性、合理性等方面进行绩效评审，保证资金投入合理、有效，防止资金浪费。在绩效目标方面，提出了明确的审核要点，要求对于绩效目标审核不通过的项目，原则上不得入库，不得安排预算资金。

提高能力，加强技术支撑和培训指导。在绩效管理各个环节引入第三方机构参与绩效管理，明确管理要求与规范。依托省环境技术中心按照不同领域建设了绩效指标和标准体系，纳入《广东省财政预算绩效指标体系》进行动态更新和管理，提高绩效目标编制质量。依托省环境技术中心、信息中心，将绩效信息化管理与“数字政府”建设相结合，完善生态环境专项资金管理信息系统，加强绩效信息化管理，动态掌握资金项目绩效信息。同时，定期组织开展绩效管理培训，加强政策宣传。

3.3 云南省

加强组织领导，强化技术指导。成立了由分管副厅长担任组长的云南省生态环境厅预算绩效管理工作领导小组，对进一步加强环保专项资金和项目管理工作进行了总体部署和安排，形成了常态化的资金和项目调度管理工作机制，要求各相关业务处室抓好、抓实资金和项目的绩效管理工作，每半年开展一次业务领域范围内的项目调研，加强对地方的督促和技术指导。

健全制度，全面落实绩效管理要求。印发了《云南省环保专项资金项目管理办法（试行)》，对项目绩效管理的要求和绩效评价结果运用等进行了详细规定，明确了绩效评价结果将作为以后年度分配资金的重要因素，与资金分配挂钩，作为下一步改进管理、完善政策的重要依据。

针对中央水污染防治和土壤污染防治专项资金，云南省生态环境厅配合省财政厅印发《云南省水污染防治资金管理实施细则》和《云南省土壤污染防治专项资金管理实施办法》，明确要求对中央资金建立绩效评价工作机制。云南省生态环境厅联合省财政厅印发《云南省中央水污染防治资金绩效管理办法》和《云南省中央土壤污染防治专项资金绩效管理办法》，对中央财政安排的水污染防治、土壤污染防治专项资金从绩效目标设定、执行绩效跟踪、绩效评价、评价结果运用的绩效管理全过程进行了详细规定，形成了水污染防治、土壤污染防治绩效评价指标体系框架。

为贯彻落实《云南省省级部门预算绩效运行监控管理暂行办法》要求，切实加强省级环保专项资金的绩效运行监控管理工作，云南省生态环境厅印发《云南省省级环保专项资金绩效运行监控实施方案》，提出对省生态环境厅部门整体支出和年度预算下达的项目支出要按照“全面覆盖、权责对等、结果应用、动态调整”的原则，对绩效目标实现程度和资金预算执行情况开展监督、控制和管理，并制定了绩效运行监控的考核评价方式和内容，对预算执行单位的绩效运行监控工作的执行情况进行考核，明确将考核评价结果作为下一年度预算安排的重要依据。

积极利用第三方力量，加强绩效评价力度。要求所有项目的实施单位均需要开展自评工作，完成自评报告，作为实地评价的基础，并组织第三方对所有项目进行绩效评价，做到中央对地方转移支付资金的全覆盖。

加强绩效评价结果应用，探索结果应用新做法。一方面，在绩效评价工作完成后，要求各单位针对存在问题，按时提交整改报告，限期完成整改工作。整改期限后，抽取部分项目开展了现场监督检查，督促各州市限期完成绩效评价发现问题的整改。另一方面，开展生态环境资金和项目管理调研帮扶。通过省级帮扶，及时对各州（市）存在的项目管理问题和困惑进行解答，对发现问题的整改情况进行督促，加强了省级部门与州（市）、区（县）各级部门的有效沟通，充分发挥省级部门的指导职能，督促绩效评价结果的应用。

4 水利和农业部门专项资金绩效管理做法与经验

为落实中共中央、国务院全面实施预算绩效管理的意见、提高资金使用绩效，中央各部委大力推进预算绩效管理工作。本文选择了水利部的水利发展专项资金和农业农村部的农业相关转移支付资金开展资金绩效管理做法及经验研究（仅梳理有益的绩效管理经验，不代表认同其所有管理做法），为生态环境资金绩效管理提供参考与借鉴。

4.1 水利发展专项资金

4.1.1 专项资金基本情况

水利发展专项资金于 2016 年 12 月设立，该资金整合有关水利建设和改革的专项资金，包括江河湖库水系综合整治资金、农田水利设施建设和水土保持补助资金、中央财政山洪灾害防治经费、小Ⅱ型病险水库除险加固项目中央专项资金、重点小型病险水库除险加固项目资金、重点小型病险水库除险加固项目财政专项补助资金等，资金为中央财政预算安排用于支持有关水利建设和改革的专项资金。根据《水利发展资金管理办法》，资金主要支持中小河流治理、地下水超采综合治理、小型水库建设及除险加固、中型灌区节水改造、水土保持工程建设、淤地坝治理、河湖水系连通、水资源节约与保护、山洪灾害防治、水利工程设施维修养护 10 个方向。

4.1.2 资金绩效管理做法与经验

（1）重视资金分配的科学性，精准支撑水利重点任务

一方面，将有关规划目标任务作为资金因素分配的重要依据。地方水利部门编制本地区以水利发展资金为主要资金渠道的相关规划和实施方案，并充分征求地方同级财政部门意见后提交水利部，水利部汇总形成全国的规划或实施方案并印发各省，规划或实施方案中明确分省任务量（或投资额），并将分省任务量（或投资额）作为资金分配的重要因素（权重为 50%）。另一方面，采取“大专项+任务清单”的管理方式。每年 10 月底财政部将下一年度水利发展资金预计数和任务清单初步安排情况提前下达省级财政部门，在全国人民代表大会审查批准中央预算后 30 日内将水利发展资金正式预算、任务清单下达省级财政部门。任务清单主要包括水利发展资金支持的年度重点工作、支出方向、具体任务指标等。任务指标包括约束性任务和指导性任务，约束性任务一般包括党中央、国务院明确要求的涉及国计民生的事项、重大规划任务、新设试点任务等，省级部门在分解下达水利发展资金时要优先保证完成约束性任务。

（2）项目储备库建设主体为省级部门，以规划或实施方案约束地方谋划储备项目

水利发展资金实施项目库管理，建设主体为省级部门，各级水利部门督促项目单位提前做好项目前期工作。根据《甘肃省水利厅、省财政厅关于做好水利财政补助资金项目库

建设工作的通知》，省级部门要求地方按照项目储备筛选原则和申报要求开展项目前期工作，为了确保储备项目与重点任务衔接，申报要求中列明水利部或省级水利部门编制的有关规划或实施方案中的省级部门的重点任务及任务量，作为地方开展项目储备的重要依据。地方部门待项目前期工作审批完成后将有关材料上报省水利厅，省水利厅对报送的项目绩效目标和前期材料进行审核，审核通过的进入项目储备库。省级部门在接到中央预算后，根据入库项目分解下达预算资金，及时将水利发展资金预算落实到具体项目上。

（3）建立绩效管理制度，规范绩效管理工作

在全面实施预算绩效管理国家政策出台之前，2017 年 4 月，财政部联合水利部印发了《中央财政水利发展资金绩效管理暂行办法》，明确了“分级负责、权责统一、公平公正、程序规范”的绩效管理工作原则，明确规定地方财政部门负责本地区绩效管理总体工作，包括本地区绩效目标设定、分解下达及汇总后的复核，执行监控，复核绩效自评结果等，规定地方水利部门负责本地区绩效管理具体工作。办法还明确了绩效评价范围、评价内容、评价重点，设置了统一的评价指标体系和评价方法。

（4）坚持严谨互动，科学开展绩效评价工作

在全面实施预算绩效管理背景下，水利部在原有的基础上进一步加强专项资金的绩效评价常态化机制建设，规范水利发展资金绩效管理。2020 年，财政部、水利部印发了《关于开展 2019 年度水利发展资金绩效评价工作的通知》，各省级财政、水利部门按照下发通知要求，结合本地实际情况，指导本辖区市县财政、水利部门有序开展绩效评价工作，适时组织市县自评结果抽查，对市县自评成果审核汇总，形成省级自评材料并按时报送财政部、水利部。绩效评价采取绩效自评和他评相结合，通过材料核查、座谈询问、现场勘查等方式，综合运用对比分析、专家评议等方法进行评价。

（5）完善绩效评价指标，真实反映绩效优劣

随着绩效评价工作的逐年开展，水利部坚持问题导向，对《中央财政水利发展资金绩效管理暂行办法》个别适用性不强的指标予以完善。为更好地体现绩效评价结果的激励约束作用，在资金分配指标中增加了“分配挂钩”因素，引导各地将绩效评价结果与资金分配挂钩。将各类稽查检查、绩效评价复核发现的问题，纳入绩效评价扣分事项。

（6）细化工作流程，着力提高评价质量

形成了省级主管单位组织自评，中央委托第三方单位进行复核打分，水利部工作组对水利发展资金绩效情况进行全面分析、综合评价，汇总分析年度绩效情况，提出总体评价结论和建议。绩效评价按照“一统一、两集中、三核定、全覆盖”原则开展，即统一评分标准、两次集中会审、三次核准评价结果。评价流程规范，采取“初步复核—反馈—反馈后复核—现场复核—终审”流程。组织工作组对各省进行交叉复核，减少错评、误评的问题。制定了不同评价阶段的工作手册、表格、表单等，实施模式化作业。

（7）建立激励机制，注重评价结果应用

将结果与资金分配挂钩，将评价结果以适当形式向各省通报，作为财政部和水利部完善改革和加强预算管理的重要依据，督促地方强化绩效理念，规范资金和项目管理。比如，2019 年，水利部联合财政部印发《关于 2018 年度中央财政水利发展资金绩效评价结果的通报》，对绩效评价结果进行通报，并针对绩效评价中发现的问题提出了具体要求。

4.2 农业相关转移支付资金

4.2.1 农业相关转移支付资金基本情况

农业相关转移支付资金主要包括农业生产发展资金、农业资源及生态保护补助资金、动物防疫等补助经费、农田建设补助资金等。其中，农业生产发展资金主要支持耕地地力保护、适度规模经营、农机购置补贴、优势特色主导产业发展、绿色高效技术推广服务、畜牧水产发展、农村一二三产业融合、农民专业合作社发展、农业结构调整、地下水超采区综合治理、新型职业农民培育等支出方向，以及党中央、国务院确定的支持农业生产发展的其他重点工作；农业资源及生态保护补助资金主要用于耕地质量提升、草原禁牧补助与草畜平衡奖励、草原生态修复治理、渔业资源保护等支出方向；动物防疫等补助经费用于重点动物疫病国家强制免疫补助、强制扑杀补助、养殖环节无害化处理补助的专项转移支付资金；农田建设补助资金支持用于高标准农田及农田水利建设，资金优先扶持粮食生产功能区和重要农产品生产保护区，农田建设以农民为受益主体，扶持对象包括小农户、农村集体经济组织、家庭农场、农民合作社、专业大户以及涉农企业与单位等。

4.2.2 资金绩效管理做法与经验

（1）建章立制，构建绩效管理体系

2019 年 5 月，财政部联合农业农村部印发《农业相关转移支付资金绩效管理办法》，主要包括资金绩效目标设定、审核与监控，绩效评价与结果运用，组织实施等内容。在资金绩效目标设定、审核与监控方面，详细规定了资金绩效目标类型、分工、编制与审核的依据以及要求；在绩效评价与结果运用方面，明确了评价分工、绩效自评和评价内容以及依据、结果应用要求等；在组织实施方面，明确区域绩效目标与整体绩效目标编制、审核、下达流程，绩效自评与评价的流程等。

2020 年，针对农业相关转移支付项目、中央预算内投资农业项目部门预算项目，农业农村部统一出台了《农业农村部项目支出绩效评价实施办法》，规范项目支出绩效评价工作，提高绩效评价工作质量和水平。办法规定了“谁支出、谁自评”，对单位自评内容、自评指标以及一级指标权重等做出要求；要求对未完成绩效目标或偏离绩效目标较大的项目要分析并说明原因，研究提出改进措施；提出绩效评价结果是安排预算、完善政策和改进管理的重要依据，将评价结果应用到预算安排当中。

（2）强化宣贯，树立绩效意识

通过召开全面绩效管理工作会议宣传绩效管理相关要求，定期对相关单位、有关省市进行绩效管理培训。2019 年 4 月、2020 年 11 月，农业农村部组织两次预算绩效管理培训班，邀请有关专家讲解了全面实施预算绩效管理和绩效目标设置、绩效评价有关工作要求，并围绕《农业农村部预算绩效管理实施办法》，交流了有关预算资金绩效管理的做法经验，通过系统培训，实现“领导干部要熟悉、计财干部要掌握、其他干部要了解”的目标。

（3）夯实基础，设定科学指标

农业农村部总结出“4321”绩效目标指标设定方法。其中，4 是指产出、预算、时间、效益“4 个要素”；3 是指研提绩效指标、提炼关键指标、审核绩效指标“3 个步骤”；2 是指标应做到定性与定量的“2 个结合”；1 是指“1 个指标库”，构建了符合农业农村领域、项目特点的“N+X”（项目共性+个性指标）指标体系。通过“4321”方法形成了一套绩效指标设定的完善方法和步骤。

（4）动真碰硬，加大结果应用

一方面，加大绩效评价结果与预算安排的挂钩力度，根据 2019 年度绩效评价结果，直接削减部分绩效不佳项目的 2020 年度资金，如农业技术试验示范与服务支持项目资金支持削减了 37%，农业生产发展资金中的信息进村入库政策资金支持削减了 83%，削减力度很大。另一方面，依据绩效评价发现的问题对政策进行完善，改进管理制度。

5 生态环境资金绩效管理思路与政策完善建议

5.1 基本思路

生态环境资金绩效管理应坚持系统观念，注重结果导向，强调成本效益，硬化责任约束，在资金管理全过程中贯彻绩效意识，实现专项资金管理和绩效管理的一体化，提升专项资金配置效率和使用效益，精准支撑深入打好污染防治攻坚战。生态环境资金绩效管理的原则应包括：

总体设计、统筹兼顾。按照中共中央、国务院、财政部关于全面实施预算绩效管理的总体要求，统筹谋划生态环境资金绩效管理的制度体系建设。既聚焦解决当前资金管理和绩效管理存在的问题，又着眼健全以目标管理为导向的管理机制；既关注现有制度的完善，又关注新制度的建立；既关注中央和省级部门绩效管理的需求，又兼顾地方基层部门绩效管理的需求；既关注业务部门和财政部门的协同分工，又关注部门上下工作的协调一致。

过程全面、重点突出。抓紧完善预算绩效管理制度，涵盖事前绩效评估、绩效目标编制与审核、绩效监控、绩效评价、结果应用等全过程管理流程。同时，重点围绕作为绩效管理基础的绩效目标编制、影响评价结果应用的绩效评价开展制度的设计与完善，确保规范、客观地评价出专项资金的经济性、效益性、效率性，体现“绩效”本质。

科学规范、公开透明。坚持绩效目标编制、绩效评价的科学性，健全共性的绩效指标框架和细分领域的绩效指标体系，推动资金绩效管理标准科学、程序规范、方法合理、结果可信。大力推进绩效信息公开透明，主动向同级人大报告、向社会公开，自觉接受人大和社会各界监督。

权责对等、约束有力。建立责任约束制度，明确各方预算绩效管理职责，清晰界定权责边界。健全激励约束机制，实现绩效评价结果与预算安排和政策调整挂钩，调动地方和部门的积极性、主动性。

5.2 政策建议

5.2.1 进一步提高项目储备质量

一是探索建立省级部门项目储备的统筹谋划制度。生态环境部指导省级生态环境部门从上至下开展项目储备库建设，结合“十四五”生态环境保护规划以及有关专项规划，编制年度或多年度项目储备规划或实施方案，以目标导向、问题导向、任务导向为原则统筹谋划项目储备布局，组织地市、区县重点储备对污染防治攻坚任务支撑作用大、环境效益显著的项目。

二是强化落实省级部门项目储备主体责任。借鉴水利部项目储备经验，强化省级生态环境、财政部门项目储备的主体责任，加强事前绩效评估和项目论证，结合编制的年度或多年度项目储备计划认真审核把关，夯实项目实施基础。

三是严格入库要求，提高项目储备质量。生态环境部指导各地以生态环境质量改善为核心加强项目谋划与整合，鼓励整体立项、一体化推进重大工程项目储备，避免储备小而散的项目。逐步提高中央项目储备库入库要求，减少各地小散项目，加强重大项目储备。

5.2.2 强化资金分配与重点任务的衔接

一是进一步加强资金安排与项目储备、重点任务的衔接。强化拟支持项目清单审核备案，指导省级部门将中央资金用于污染防治攻坚重点区域重点任务上，重点加大对项目成熟度高、环境效益显著项目的支持，确保资金分配结构合理。

二是强化项目和资金投向整合，确保精准有效投资。指导各地优化项目实施模式，拓宽融资渠道，整合财政资金投向，支持重大生态环境治理项目，避免遍地开花、大水漫灌，确保精准有效投资，形成资金合力。

5.2.3 健全资金绩效管理制度

一是强化事前绩效评估制度。在省级以及中央部门组织开展项目储备入库审核环节中，强化事前绩效评估方面的审核，重点论证项目必要性、对污染防治攻坚战的支撑性、投入经济性、绩效目标合理性、实施方案可行性、筹资合规性等。对于项目必要性不足、对污染防治攻坚战的支撑性较差、投入经济性较差、实施方案不合理的直接不予入库，对于绩效目标合理性不足、筹资合规性欠缺的返回修改，从源头上直接有效避免不合理项目入库。

二是进一步强化绩效目标审核制度。首先，增加整体绩效目标审核制度。根据经验，各省编制区域绩效目标表时习惯性参考整体绩效目标的指标设置，整体绩效目标是区域绩效目标编制的参考和基础，提升整体绩效目标编制质量是提升区域绩效目标甚至项目绩效目标编制质量的关键。建议在生态环境部业务司局编制完成整体绩效目标后，生态环境部会同财政部组织开展审核工作，从完整性、相关性、适用性和可行性等方面开展审核。其次，强化区域绩效目标审核。目前区域绩效目标审核主要侧重绩效指标设置是否合理，对于绩效指标值是否合理、设置过高还是过低，审核不足且缺乏审核依据，后续应逐步积累绩效指标的行业经验或标准，逐步加大对绩效指标值的合理性审核。最后，督促地方开展项目绩效目标审核。目前，项目绩效目标编制的责任主体主要是地市部门，应督促省级部门建立项目绩效目标审核制度，夯实项目绩效管理基础。

三是建立中长期绩效评价制度。为了避免绩效评价结果不能如实反映当期资金使用绩效的情况，建议生态环境部商财政部在整体和区域层面建立中长期绩效评价制度，即将绩效评价周期由年度拓展至中长期，相应绩效目标包括长期绩效目标与年度绩效目标，在生态环境保护规划五年规划期结束后对长期绩效目标开展整体绩效评价，过程中开展一次中期绩效评价，每年结束后基于年度绩效目标实施绩效跟踪，根据中期绩效评价和绩效跟踪结果可调整长期绩效目标。

四是完善评价结果反馈与应用制度。生态环境部联合财政部及时将绩效跟踪或评价结果反馈给地方有关部门，特别向地方提出存在问题以及整改建议，同时，将结果反馈给所在生态环境部门内部有关部门，作为资金管理政策调整与完善、预算安排的依据。

五是强化责任与激励约束机制。一方面，完善资金绩效管理的责任约束机制，地方生态环境部门以及有关单位是资金绩效管理的责任主体，在资金管理过程中应切实发挥主动性，确保资金使用发挥实效，项目责任人对项目绩效负责，切实做到“花钱必问效、无效必问责”。另一方面，强化绩效管理的激励约束，加大绩效评价结果与资金分配的挂钩力度，通过增强信息公开力度，逐步将绩效评价报告结果对人大、社会公开，通过人大监督、公众监督约束倒逼地方重视绩效。

5.2.4 理顺绩效管理分工与流程

一是建立分工明确、层次清晰的绩效管理分工机制。生态环境资金绩效管理对象包括整体资金（专项资金整体）、区域资金（分配给各省的资金）和项目 3 个层次。为了提高管理效率、形成管理合力，应建立分工明确、层次清晰的绩效管理分工：财政部负责整体资金的绩效目标审核、绩效跟踪、绩效评价以及评价结果应用；财政部地方监管局在财政部有关司局委托下开展绩效评价工作；生态环境部负责整体资金的绩效目标编制、绩效监控和绩效自评，负责区域绩效目标的审核和绩效评价以及评价结果应用；省级生态环境部门负责区域资金的绩效目标编制、绩效监控和绩效自评，负责项目绩效目标的审核和绩效评价以及评价结果应用；地方生态环境部门负责项目绩效目标的编制和绩效自评等。

二是完善资金管理流程与协调沟通机制。绩效管理是一个以结果为导向的管理行为，而现实中一些地方更看重项目过程管理，为提高管理效果，进一步理顺现有管理流程，基于现有管理现状及问题建立一套流畅、协调、透明的管理流程。这套流程应涵盖财政部业务司局与绩效管理司局、生态环境部业务司局与绩效管理司局、省级以及地方生态环境部门与财政部门的管理工作衔接，应把结果导向的绩效管理和过程导向的管理有机融合。同时，绩效管理全流程需要各级财政部门、生态环境部门协调把控，绩效管理和其他管理工作并不是割裂开来的，一定要和其他的管理工作有协作、有融合，加快探讨协作与融合机制，确保绩效管理与其他管理实现统一协调。

5.2.5 完善绩效管理技术工具

一是分专项建立绩效指标库。目前，我国财政部门已经建立项目、部门以及财政预算绩效指标体系，但都是共性指标，缺乏行业指标。建立分专项绩效指标库是对行业指标体系的有效补充，将绩效目标填报由“填空题”变成“选择题”，是规范资金绩效目标编制、保证绩效信息一致性和有效性、提高绩效评价质量的关键。绩效指标库建设主要从完整性、相关性、政策符合性和可行性 4 个方面考虑。绩效指标库的建设应是动态积累过程，一方面，通过目标编制应用和绩效评价，根据应用反馈情况再修正，通过不断的“修正—应用—反馈—修正”循环慢慢地积累；另一方面，专项资金支持的项目类型以及内容有变化或有其他新的政策要求，绩效指标库也应及时调整更新。

二是逐步完善行业绩效标准。绩效标准是设定绩效指标时所依据或参考的标准，主要包括行业标准、历史标准、计划标准和经验标准等。绩效标准是科学合理设置绩效指标值的前提。由于生态环境资金绩效管理工作刚刚起步，各专项普遍缺乏行业绩效标准，导致绩效目标设置和绩效目标审核时缺乏有效依据，因此建议针对绩效指标库中各项指标逐步建立绩效标准，为科学合理确定绩效指标值奠定基础。

三是建立绩效目标编制案例库。在区域绩效目标编制与审核过程中，建议中央部门选择典型区域深度参与区域绩效目标编制，根据审核结果指导省级部门完成区域绩效目标编制，树立区域绩效目标编制的典范供参考。在项目绩效目标方面，根据生态环境资金支持范围与项目类型，选择不同类型项目，指导地方编制完成项目绩效日标，建立不同类型项目的绩效目标编制案例。

四是完善资金绩效评价指标体系。为了提高绩效评价质量，建议建立健全绩效评价指标框架，逐步形成涵盖各项支出的绩效评价指标体系，现阶段尽快研究建立大气污染防治资金、农村环境整治资金绩效评价指标体系。

5.2.6 开展绩效管理能力建设

一是提升地方主管领导和资金管理人员绩效意识与能力。考虑到生态环境部门主要领导的绩效管理理念对资金管理工作具有深刻影响，地方主管领导应深入理解中央关于实施预算绩效管理的政策精神，充分认识绩效评价及其结果应用的客观需求，掌握有关的基本知识和实施方法。资金管理相关人员应在重大项目储备、资金分配、管理和使用全过程中贯彻绩效意识，掌握绩效管理工具，以绩效评价及结果运用为抓手，带动各项行为和业务工作水平的提升。

二是加强技术支撑队伍建设。在省级以及地市层面强化专项资金绩效管理技术支撑团队建设，保障能够有效贯彻落实绩效管理有关政策、制度，深入开展绩效管理有关研究，支撑专项资金绩效管理工作，开展有关培训，为专项资金绩效管理提供全面有力的技术支撑。同时，各级生态环境部门应充分借助社会资源组建生态环境领域的绩效管理专家库，为专项资金绩效目标审核、绩效评价等工作以及绩效管理制度建设与完善提供有力的技术支撑。

三是推进绩效管理的信息化建设。对中央生态环境资金项目管理系统进行系统化改造、整体化升级，根据行业绩效指标库开发绩效指标智能推荐、绩效监控，构建指标库管理、各类绩效结果预算应用、反馈整改等功能，将绩效管理的信息化建设融入现有系统中，实现事前绩效评估、绩效目标管理、指标库管理、绩效运行监控、绩效评价、结果应用等各项模块内化于项目管理中，实现资金项目管理与绩效管理的深度融合。

参考文献

[1] 中共中央、国务院关于全面实施预算绩效管理的意见[EB/OL].（2018-09-25）. http://www.gov.cn/zhengce/2018-09/25/content_5325315.htm.

[2] 财政部．关于贯彻落实《中共中央　国务院关于全面实施预算绩效管理的意见》的通知[EB/OL].（2018-11-17）. http://www.gov.cn/xinwen/2018-11/17/content_5341300.htm.

[3] 孙金龙．持续改善环境质量（深入学习贯彻党的十九届五中全会精神）[N]. 人民日报，2021-01-07（09）.

[4] 高敬．推动生态环境质量持续改善——生态环境部部长黄润秋谈“十四五”环境保护发力点[EB/OL].（2021-08-18）. http://www.mee.gov.cn/xxgk/hjyw/202101/t20210102_815789.shtml.

[5] 王泽彩．预算绩效管理是推进国家治理现代化的内在要求[N]．经济观察报，2020-07-06（005）.

[6] 王泽彩．健全预算绩效管理制度体系的十个关键点[J]．新理财（政府理财），2019（7）：31-34.

[7] 王泽彩．预算绩效管理：新时代全面实施绩效管理的实现路径[J]．中国行政管理，2018（4）：6-12.

[8] 程亮，陈鹏，徐顺青，等．生态环境保护财政支出绩效管理制度研究[J]．生态经济，2020，36（12）：131-134.

[9] 宋玲玲，王兆苏，武娟妮，等．生态环保专项资金的绩效管理体系构建——基于全面预算管理的视角[J]．会计之友，2020（24）：36-41.

[10] 冯宇鹏，丁志宏，程增辉．全国水利发展资金绩效评价工作的若干思考[J]．海河水利，2020（6）：55-57.

[11] 杨晓茹，陈艺伟，黄火键，等．基于中央财政水利发展资金绩效评价工作的若干思考[J]．水利发展研究，2019，19（10）：37-39，43.

[12] 孟庆强，吴程量，蒋毅．中央转移支付资金绩效管理实践及启示——以中央财政水利发展资金为例[J]．中国财政，2019（10）：27-29.

[13] 张淑敏．财政水利资金支出项目绩效评价指标探究[J]．市场研究，2019（4）：71-73.

[14] 水利部财务司．加强水利发展资金绩效评价 推动水利事业高质量发展[J]．中国财政，2021（3）：16-17.

[15] 叶扬．生态环境资金绩效评价管理应注重七个环节[N]．中国环境报，2020-11-16（003）.

[16] 四川省环境环保厅．关于印发《四川省环境环保项目储备库管理办法（试行）》的通知：川环办发〔2017〕57 号[EB/OL].（2017-04-18）. https://www.neijiang.gov.cn/zwgk/document/201802/20180201171536-871084-00-000.html.

[17] 中共四川省纪委驻环境保护厅纪检组．关于印发《四川省环境保护专项资金项目管理系统规范运行监督办法（试行）》的通知[EB/OL].（2018-08-01）. http://sthjt.sc.gov.cn/sthjt/c103985/2018/8/1/9c85f3b0da70464ea04458372aa867ed.shtml.

[18] 广东省生态环境厅．关于印发《广东省省级生态环境专项资金管理细则》的通知：粤环函〔2019〕1135 号[EB/OL].（2019-11-15）．http://gdee.gd.gov.cn/shbtwj/content/post_2703452.html.

[19] 广东省生态环境厅．关于印发《广东省省级生态环境专项资金项目库管理实施细则（试行）》的通知：粤环办〔2020〕3 号[EB/OL].（2020-01-20）．http://gdee.gd.gov.cn/shbtwj/content/post_2877208.html.

[20] 云南省财政厅．关于印发《云南省水污染防治资金管理实施细则》的通知：云财资环〔2019〕24 号[EB/OL].（2019-11-28）．https://www.chinaacc.com/qtjjfg/zh191128117.shtml.

[21] 云南省财政厅．关于印发《云南省土壤污染防治专项资金管理实施办法》的通知：云财资环〔2019〕25 号[EB/OL].（2019-11-29）．https://www.chinaacc.com/qtjjfg/zh191129115.shtml.

[22] 财政部．关于印发《中央财政水利发展资金使用管理办法》的通知：财农〔2016〕181 号[EB/OL].（2016-12-02）．http://nys.mof.gov.cn/czpjZhengCeFaBu_2_2/201612/t20161208_2477670.htm.

[23] 财政部．关于印发《水利发展资金管理办法》的通知：财农〔2019〕54 号[EB/OL].（2019-08-01）．http://nmg.mof.gov.cn/lanmudaohang/zhengcefagui/201908/t20190801_3345138.htm.

[24] 财政部．关于印发《中央财政水利发展资金绩效管理暂行办法》的通知：财农〔2017〕30 号[EB/OL].（2019-04-18）．http://nys.mof.gov.cn/czpjZhengCeFaBu_2_2/201705/t20170502_2591182.htm.

[25] 中国财经报．农业农村部出台项目支出绩效评价实施办法[EB/OL].（2020-05-13）．https://www.sohu.com/a/395011930_120205519.

2018 年度上市公司环境绩效评估报告

Environmental Performance Assessment Report of Listed Companies in 2018

李晓亮　吴嗣骏　冀云卿　李婕旦　贾真　王青　葛察忠　董战峰　张炳　王琪[①]

摘　要　企业环境绩效是反映企业污染排放情况、环境治理水平、环境守法表现和绿色发展程度的综合性指标，是向社会传递企业环境总体表现的直观性指标。近年来，国内关于固定源环境表现数据来源增多，同时诸多管理部门、市场主体、社会主体针对企业环境绩效差异采取差别化监管措施与市场行为意愿强烈，但现有评价方法无法提供有效支撑。为此，生态环境部环境规划院基于固定源核心监管数据，构建了“结果表现型”企业环境绩效评价体系，对 A 股主板 1 843 家上市公司开展了实证评估，对完善评估方法和强化评估结果运用提出了建议。

关键词　上市公司　环境绩效　评估

Abstract　The environmental performance of enterprises is a comprehensive indicator that reflects the pollution emission of enterprises, the level of environmental governance, the performance of environmental compliance and the degree of green development. It is an intuitive indicator that transmits the overall performance of the enterprise environment to the society. In recent years, the number of sources of data on fixed source environmental performance has increased in China. At the same time, many management departments, market entities and social entities have strong willingness to take differentiated regulatory measures and market behavior in view of the differences in enterprise environmental performance, but the existing evaluation methods cannot provide effective support. To this end, based on the core regulatory data of fixed sources, our institute has built a “results-based” enterprise environmental performance evaluation system, conducted an empirical evaluation of 1 843 listed companies on the A-share main board, and put forward suggestions on improving the evaluation methods and strengthening the application of evaluation results.

Keywords　environmental performance; listed companies; evaluation

① 南京大学环境管理与政策研究中心（210023，南京）。

企业是污染治理主要责任主体，是环境管理主要对象。上市公司的环境治理更加受到社会的关注和重视。根据近年《全国生态环境统计公报》，企业是我国污染物排放的主要贡献主体，2019 年工业源 SO_2 排放占比为 86.46%、NO_x 排放占比为 44.42%、颗粒物排放占比为 85.06%。同时，绝大多数有毒有害物质、危险废物等严重危害群众健康和生态健康的污染物也主要是由企业排放。从法定义务和责任上来讲，《中华人民共和国环境保护法》《中华人民共和国水污染防治法》《中华人民共和国大气污染防治法》《排污许可管理条例》等法律法规中，也明确界定了企业（包括上市公司）在污染治理等方面的主体责任，各项生态环境管理制度、政策、标准、规范等也均将企业作为最主要管理和约束对象。

1 研究背景

我国现有环境管理制度体系对企业提出了全面系统的环境责任和治理要求。一是形成了以排污许可为核心的固定源监管体系，从审批、准入等环节规范企业源头减排。二是建立健全水、气、声、土壤、固体废物与化学品等排放标准、污染控制要求等，形成全要素管控体系。三是进一步针对企业生产经营全流程，完善了在线监测、排放监管、违规处罚、损害赔偿、信息公开等多项制度，全方位、多角度规范企业污染物排放行为。

现有众多固定源管理制度、信息系统，分别形成记录了大量能够表征企业和上市公司某方面环境守法、环境履责的基础信息，但尚未系统整合使用，无法全面展示企业环境守法结果。排污许可、环境统计、污染源普查、在线监测、自行监测等多套数据能够反映企业污染物排放行为；生态环境行政处罚、投诉举报信访等能够反映企业环境守法与违规情况；环保信用评价等能够从一定程度上反映企业实际环境表现；固体废物、危险废物、新化学物质登记等信息能够反映企业有毒有害物质产生与处理处置情况等，但是多项制度多套数据目前未开展系统整合使用。

差别化环境监管、市场调控、社会监督措施，均需要企业环境守法表现作为基础，但是目前缺乏精准有效支撑。近年来，为提高政策对于环保奖优惩劣的精细化程度和针对性，各级地方政府、各管理部门均出台了诸如绿色信贷、绿色保险、绿色证券、差别准入、淘汰落后、差异税费等众多差别化政策，为确保相关政策措施落地，需要更为精准且直观的环境信息，帮助政府部门高效决策的同时，也便于识别环保优秀企业。同时，市场主体、社会公众在开展生产经营决策和社会监督时，也需要高质量的环境信息作为支撑。但是目前缺乏关于企业实际环境表现数据的全面整合与系统评估，从而给使用者造成使用障碍，最终无法有效满足各地区、各部门、各主体对环境信息的精细化需求。

在此背景下，本研究综合在线监测、监督性监测以及环境违法处罚数据库等固定源数据，构建表征企业守法结果的“结果表现型”企业环境绩效评价指标体系，并对上市公司的环境绩效进行评价，一方面可以为环境政策的执行和环境部门的监管决策提供信息支持，提高监管的效率，同时可以剖析企业超标排污的原因，提供针对性的解决方案。另一方面，本研究可以为环境管理部门在进行决策和日常监管工作时提出相应的优化建议，对于解决具体问题有较大帮助。

2 国内外研究进展

2.1 国内外研究现状

环境绩效评价的过程就是利用适当的指标，将企业的环境绩效转化为简单易懂的信息的过程，这是组织展现对环境管理所做努力程度的一项必要程序。国外学者在研究环境绩效评价指标体系的构建和评价方法方面取得了诸多成果：Daniel Tyteca[1]提出环境绩效评价指标应从产品输入、产品输出和污染物（非产品的输出）3 个角度构建环境绩效指标体系；Egana P D[2]从可持续发展的角度研究了环境绩效评价指标；Dtiz Daryl[3]提出了 4 个方面的环境绩效评价指标：原料的使用、能源的消耗、非产品的输出和污染物的排放；Johan Thoresen[4]认为环境绩效评价指标应分为产品生命周期绩效、操作绩效和环境状况指标。

国内众多学者也对企业环境绩效评价开展了众多研究与探索[5]：杨佳丽等[6]认为环境绩效评价指标应考虑排污超标率、环境事故发生率、环境投诉案件数、工业废水排放量、固体废物处理量等信息；黎文靖等[7]将包括环境治理、污水处理、环保设计与节能、“三废”回收等环境资本支出作为衡量企业环境绩效的指标数据，对相关重污染行业上市公司进行了环境绩效评价分析；温素彬等[8]从物料、能源、水、生物多样性、废气排放、污水和废弃物、产品和服务、合规性、交通运输、整体情况、供应商、申诉机制等指标出发，分析对比了宝钢和武钢 2012—2014 年的环境绩效。而针对环境绩效评价存在问题的分析，也有研究表明应进一步量化体现企业的环境效益[9]。

综上可以看出，我国不同学者对环境绩效评价指标体系的研究虽不相同，但是污染物排放、环境守法等情况都是研究的主要关注点，同时，诸如超标排放程度、处罚轻重等同类行为的不同细分结果也是众多研究关注的重点。

2.2 我国环境绩效评价方法短板

首先，现行评价体系的指标设置对企业实际环境表现关注不足。在我国现有环境管理体系下，原环境保护部印发的《企业环境信用评价办法（试行）》是对企业环境绩效评价工作的重要指导，该文件既对排污许可、排污申报、环境风险管理以及内部环境管理情况等环保能力建设信息进行了规定，也对污染物排放、污染防治设施运行、行政处罚等实际结果表现信息明确了有关评价要求。但是，信用评价体系仍存在实际结果表现信息重视不足、指标不完备、针对性有待提高等问题，一方面，《企业环境信用评价指标及评分方法（试行）》21 项指标中仅 6 项表征企业“实际结果表现”；同时，工信部于 2018 年印发的《绿色工厂评价通则》（GB/T 36132—2018）也存在类似问题，该通则的 26 项指标中仅 6 项表征企业“实际结果表现”。由此可见，现行的企业环境绩效评价方法普遍存在重“前端能力建设”、轻“实际结果表现”的问题。另一方面，相关指标设置针对性严重不足。以环境执法信息为例，《企业环境信用评价办法（试行）》中仅对罚款金额和受到环境行政处罚的次数进行了规定，但是对于一般性罚款、“较大数额罚款”、重大行政处罚、四项处罚（按日计罚、查封扣押、限制生产、停产整治）、被追究刑事责任等不同情形却并未予以进一步区分细化；又如超标排放行为，也未针对诸如超标种类、程度、原因、涉及污染物情况、超标频次等不同情形予以区分。

其次，由于上述欠缺，导致无法真实准确评价企业实际环境表现，致使“似绿实非”的企业享受到鼓励性政策。为促进企业绿色转型，相关管理部门制定了多项鼓励政策。但前文提到的技术欠缺，叠加有效信息难以全面系统获取，导致管理部门无法准确掌握企业真实环境表现，难以有效识别浑水摸鱼、违规申报的“非绿”企业。工信部绿色工厂评价工作，第 2、3、4 批共 1 210 家授牌绿色工厂名单中，至少 85 家企业在获评称号前一年内受到环境行政处罚累计 204 次。上市公司包钢股份，2017 年共受环保处罚 62 次，其中重大处罚 37 次，罚款累计 698 万元，单次最高 200 万元，而该公司《2018 年度社会责任报告》披露，被工信部授予绿色工厂，被中国环境报颁发“2017 年度绿色企业管理奖”，被中钢协授予“2018 年度中国钢铁工业清洁生产环境友好企业”，在“2018 年国内国际双十大环境新闻发布暨中国环保产业论坛”上荣获“节能减排先锋企业”称号等所谓荣誉。上海青悦对 2019 年上半年发行的 21 只绿色债券进行跟踪，发现其中 3 只产品的发行企业存在环境违法行为。上海青悦还发现有千余家企业存在违反环保法律法规却享受增值税退税优惠政策情况。

3 评价指标体系构建

3.1 构建思路

为实现全面、科学、真实地评价企业环境绩效，本研究主要遵循以下思路构建评价指标体系。

一是重点关注现有生态环境管理体系下的守法核心要求。目前，我国已基本建成以排污许可制度为核心的固定源环境管理制度，在此制度下，涵盖了企业源头审批、过程控污、末端减排以及违法处罚等全流程环境管理要求。其中，能否实现达标排放、是否因违反生态环境领域法律法规受到行政处罚是最能体现企业履行生态环境保护主体责任、遵守生态环境领域法律法规的重要指标，也是现有生态环境管理体系下的核心要求。据此，重点关注企业的污染物排放行为及受到的环境行政处罚是评价企业环境绩效的核心内容。

二是通过细化企业环境行为尤其是环境违法行为的差异性，实现精准表征企业环境绩效。为实现更加精准的企业环境绩效定量化表征，有必要针对企业环境行为结果进行进一步细化。其中，企业污染物排放行为可细分为达标排放和超标排放，超标排放情景下，又可以根据超标时段、超标倍数、超标次数、最大超标浓度、超标持续时长进行细分；针对环境行政处罚，可根据处罚次数、是否属于重大行政处罚等进行细分。结合以上划分原则，使用赋值权重的形式，更直观展现企业环境行为的差异化。

三是保证相关环境信息、数据的全面性、可比性、可得性。为方便进行不同企业环境绩效的横向比较，以及企业同一指标的纵向比较，在环境绩效评价工作开展过程中，需要对相关数据的来源进行统一，即同一指标使用的评价数据来源唯一，以避免不同数据间因统计方法、统计标准等不同导致的差异。因此，相关数据应当使用生态环境主管部门在生态环境管理工作中产生的官方数据，确保数据准确性的同时，也能保证相关数据的可比性、可得性。

四是确保评价结果能够满足不同主体的信息需求。各地区、各部门以及企业、公众等主体均对企业环境绩效有不同需求，各地区制定产业发展规划、各部门制定差别化政策、企业选取合作伙伴或者进行经营决策、公众参与社会监督等过程，均需直观了解企业实际环境行为及表现，从而更有针对性地开展工作。因此，环境绩效评价结果应当能够科学、直观地展示企业环境行为，从而更好地满足不同主体对于环境信息的需求。

3.2 指标体系构建

为建立能够直观展现企业实际环境表现的指标体系，本研究以企业环境守法为基础，以达标排放、环境行为合规为关注重点，以全面衡量企业超标形式（在线监测、监督性监测、执法监测等）、程度（超标时段、超标倍数、超标次数、最大浓度、连续时长等）和行为结果（处罚次数、是否重大等）为重要抓手，探索建立能够展示企业环境守法核心要求差异的指标体系。因此，本研究从目前我国环境管理的 3 个主要维度自动监测、监督性监测以及环境执法监察出发对在线监测数据、监督性监测数据和企业环境违法数据进行了匹配整合，从污染物排放状况和违法处罚方面对企业的环境绩效进行评估。一方面污染物排放直接反映了企业生产活动对环境的影响；另一方面企业的违法处罚行为是企业合规性的直接反映。往往企业为了降低生产成本，逃避环境治理的投入，从而导致污染物超标排放和环境违法事件发生。基于此，本研究建立了由目标层（企业环境表现指标体系）、准则层（在线监测系统、监督性监测系统、企业环境违法处罚系统）、指标层（企业环境表现评估二级指标）组成的阶梯层次模型，从企业超标频率、企业超标程度、企业违法频率、企业违法程度多个方面对企业环境绩效进行了尽可能综合全面的评价。本研究构建的企业环境绩效评价指标体系如表 1 所示。

表 1　企业环境绩效评价指标体系

目标层	准则层	权重	措施层	权重
企业环境绩效综合评估	在线监测系统	40	企业年度超标率	10
			污染物最大超标倍数	10
			污染物平均超标倍数	10
			企业最大连续超标时长	10

目标层	准则层	权重	措施层	权重
企业环境绩效综合评估	监督性监测系统	30	企业超标次数	10
			污染物最大超标倍数	10
			污染物平均超标倍数	10
	环境违法处罚系统	30	违法处罚次数	10
			重大环境违法处罚次数	10
			罚款总金额	10

表 1 中措施层各二级指标的定义如下：

- 企业年度超标率：指该企业特定污染物全年小时浓度超标次数之和（某一排口小时浓度超标 1 次计 1 次，有其他排口小时均值同时超标可累计）/该企业（所有排口）全年有效监测次数之和，以此来表征企业的超标频率，超标率越高，说明企业违规排放的行为越频繁，产生的环境损害就越大。
- 污染物最大超标倍数：指该企业特定污染物当年小时监测浓度/小时监测浓度标准的最大值，以此来表征企业的超标最高严重程度。
- 污染物平均超标倍数：指该企业特定污染物当年小时监测浓度/小时监测浓度标准的平均值，以此来表征企业的超标平均严重程度。
- 企业最大连续超标时长：指该企业当年监测浓度连续超标小时数的最大值，以此来表征企业超标排放的连续性。企业超标次数：指该企业当年监督性监测超标记录次数，以此来表征在监督性监测系统中企业的超标频数。
- 违法处罚次数：指该企业当年受到环境违法处罚的次数，以此来表征在环境违法处罚系统中企业的超标频数。
- 重大环境违法处罚次数：综合现有一系列中央和地方的规定，本研究中所指的重大环境违法处罚是指该企业当年被责令停产、相关负责人被拘留、吊销许可证以及单次罚款金额 10 万元以上的次数，以此来表征在环境违法处罚系统中企业重大违法处罚的情况。
- 罚款金额：指该企业当年由于环境违法处罚所罚没的金额总数，以此来从另一个角度度量企业的环境违法程度。

本研究的评价采取百分制评分，各企业的最后综合评价得分为百分制，各评估项目单项基础得分总和为 100 分。措施层中各项指标的得分系数参考《企业绩效评价操作细则（修订）》将其划分为如表 2 所示的 5 个档次水平，并根据匹配得到的最终评价所需数据集，分别对在线监测系统、监督性监测系统和环境违法处罚系统内各二级指标进行描述性统计，按照数据的分布情况对档次水平进行划分，但考虑到未来该标准的适用性和严格性原则，档次水平的划分可能需要合理地略微严格。

表 2 企业环境绩效评价档次水平划分

等级	A	B	C	D	E
得分系数	1	0.8	0.6	0.4	0.2

企业环境表现指数的计分方法如下所示：

- 单项指标得分=单项指标权重×得分系数
- 准则层得分=∑准则层内单项指标得分
- 总得分=准则层得分×准则层权重

由于本次评价中所使用到的监督性监测数据是开展的所有监督性监测中的超标记录，所以其同环境违法处罚数据一样仅包含了存在违规现象的企业而非所有目标企业，因此这两个数据集中所包含的数据量相对而言较小，因此在得分评价过程当中，在对 3 个系统的得分进行匹配汇总时，如果企业存在准则层得分缺失的情况，则认为该企业的该项得分应得分数为满分。

与此同时，由于在线监测系统和监督性监测系统中均涉及不同污染物的超标情况，因此对于在线监测系统和监督性监测系统，本研究拟分别对不同的污染物因子计算其单项指标得分，并根据严格性原则取各项污染物因子得分中的最低得分作为该企业该单项指标的最终得分。

在计算出总得分的基础之上，本研究进一步根据总得分将企业划分为五个等级，分别为：

- 优（A）：评价得分达到 85 分以上（含 85 分），其中 85～90 分为 A，91～95 为 A+，96～100 为 A++。
- 良（B）：评价得分达到 70～85 分（含 70 分），其中 70～74 分为 B-，75～79 分为 B，80～84 分为 B+。
- 中（C）：评价得分达到 50～70 分（含 50 分），其中 50～59 分为 C-，60～69 分为 C。
- 低（D）：评价得分在 40～50 分（含 40 分）。
- 差（E）：评价得分在 40 分以下。

3.3 指标体系特点

本套企业环境绩效评价指标体系，主要的特点与优势体现在：

一是技术层面，以直观结果展现企业在固定源环境守法核心要求方面的合规程度差异。首先，该方法主要优先关注固定源环境守法核心要求，即在线监测、监督性监测和环境处罚等目前制度要求下企业达标排放与环境合规的主要法规要求，其执行情况能够较为全面有效地表征企业固定源环境核心要求实际表现。其次，全面考虑企业超标的形式（在线监测、监督性监测、执法监测等）、程度（超标时段、超标倍数、超标次数、最大浓度、连续时长等）和行为结果（处罚次数、是否重大等）等差异，将评价结果区分为百分制及 A～E 5 个等级，细致又直观地展示企业环境守法核心要求的差异。

二是政策应用层面，企业真实环境绩效的细致区分和直观展现能够有效服务于精准治企、科学治企、依法治企的监管需求。企业真实环境绩效评价结果，能够服务地方政府制定差别化准入、监管、淘汰等政策，也能够服务各相关部门制定绿色金融、绿色财税、绿色贸易等差别化环境经济、市场监管等政策，还能够服务于市场机构识别投资标的与商业合作中的由环境因素引发的金融风险，提高上述筛选识别的精度与准确度。还能够有效杜绝企业“漂绿”的不合理现象。能够顺应深化“放管服”趋势中进一步加强对重点对象监管力度的要求。

三是促进社会自律方面，能够推动形成政府监管与社会自律的合力，推动建立激发企业履行环境保护主体责任内生动力的长效机制。在借助市场自身驱动力、助推市场自律方面，市场机构识别投资标的与商业合作中的由环境因素引发的金融风险时、公众开展环境监督和选择绿色消费品牌与企业时，相关企业的实际环境绩效状况是重要参考之一，本研究建立的“结果表现型”环境绩效评价指标体系均能够提高上述筛选识别的精度与准确度，从而通过市场机制的作用发挥“奖优惩劣”的作用，推动形成政府监管与社会自律的合力，全面激发企业主动改善环境表现的长效机制。

4 数据结构、整合与绩效档次水平划分

4.1 数据来源与清理

由于在企业环境绩效指标体系评价的过程当中用到了非常多不同来源的数据，因此首先对包括企业在线监测数据、企业监督性监测数据、企业环境违法处罚数据和企业外部环境数据在内的不同数据及其清理过程进行介绍和说明。

研究所用的企业在线监测数据是 2018 年固定污染源在线监测数据库。首先使用 SQL Server 2014 软件进行清理工作。最初要把原始的备份文件还原成 mdf 格式和 ldf 格式的文件，附加到数据库当中。这样就可以看到原始监控记录构成的表格。对于在线监测小时数据，首先，根据表格当中的污染物排放标准，生成一张污染物检查表（ExamRecord），通过这张表来判别企业是否达标排放，根据企业停产记录表（StopRecord），确定各家企业停产的日期和时间。其次，用初始表格（FacDayData）和以上两个表格进行合并，就可以得到任一条记录对应的工厂是否停产的状态以及对应的排放记录，在排放记录当中去除停产时间段内的数据，根据变量（AvailableStatus）确认数据是否有效。这样每一条排放记录就能和标准值匹配起来（StandardValue）。再次，考虑到部分企业要用折算数据，而烧结厂无须折算，把折算数据记录（FacDayData）和初始表格进行合并，这样既有原始记录，也有折算记录，然后根据变量（WhetherSintering）去除烧结厂的数据。对于烧结厂单独进行判别，和上述合并结果合并。最后一个步骤是筛选，对于一些不纳入考虑范围的特殊企业（例如部分军工企业），均从数据库中对其进行剔除。随后将整理得到的在线监测记录文件（csv 格式）导入 STATA 中（dta 格式）进行进一步的整理，以便后续指标的计算与回归分析。整理得到的在线监测小时数据集中包括了污染源编码（pscode）、排口编码（outputcode）、监测污染物类型（pollutantcode）、在线监测时间（monitortime）、污染物浓度（revisedstrength）、污染物标准值（standardvalue）等变量，通过对污染物标准值和污染物浓度之间进行比较，就可以判断出该企业、该排口、该污染物、该监测时间是否超标排放。

研究所用的企业监督性监测数据是 2018 年全国监督性监测超标记录数据，该数据中包含了 2018 年污水处理厂、国控废气和国控废水企业全部的 1 000 余条监督性监测存在超标情况的记录。将原始文件（xlsx 文件）中的污水处理厂、国控废水、国控废气三张工作表分别导入 STATA 中（dta 格式），以便后续指标的计算与回归分析。整理得到的监督性监测数据集中包含了监测日期、企业名称、监测设备、监测项目、污染物浓度以及超标倍数等信息。

研究所用的企业环境违法处罚数据是 2018 年全国环境违法处罚清单，该数据中包含了 2018 年全国数万条环境违法处罚记录。同样地，将原始文件（xlsx 文件）导入 STATA 中（dta 格式），以便后续指标的计算与回归分析。整理得到的环境违法处罚数据集中分别包含了处罚主体、处罚时间、处罚原因、处罚依据、罚款金额、处罚类型等信息。

在对企业环境绩效进行评价的基础之上，需要进一步对不同性质企业的环境绩效特征及其影响因素进行进一步的探究与分析，因此，这需要进一步通过不同渠道尽可能更加完整地获取企业相关的数据。在研究当中，进一步利用 2013 年工业企业数据库以及排污许可证系统中企业基本信息数据库对企业特征变量的缺失情况进行了进一步的补充，并将这些信息纳入企业环境绩效的分析当中。

4.2 数据整合与可视化

在研究过程当中，依据不同的需求分别对属于重点排污单位的上市公司、不属于重点排污单位的上市公司以及汇总至股票代码级别的上市公司的企业环境绩效进行了评价，评价对象选取过程不尽相同，因此其评价范围存在差异。

在对属于重点排污单位的上市公司进行评价的过程当中，首先对上市公司与重点排污单位的名称进行核对，从中选出属于重点排污单位的上市公司。根据筛选的结果，属于重点排污单位的共有 1 092 家上市公司企业，其中包括仅母公司为重点排污单位的企业 254 家，母公司和至少一家子公司均为重点排污单位的企业 238 家，以及仅子公司属于重点排污单位的企业 600 家；由于企业环境绩效的评价是以在线监测系统为基础的，因此随后进一步将这些属于重点排污单位的企业清单同在线监测系统进行匹配，最终评价了 620 家属于重点排污单位的上市公司（母公司及其子公司）的企业环境绩效。

在对不属于重点排污单位的上市公司进行评价的过程当中，首先从上市公司清单中剔除属于重点排污单位的上市公司，并将剩余的被参控公司/母公司名称同 2018 年在线监测数据库相匹配，最终得到有效匹配与评价的不属于重点排污单位的上市公司（母公司及其子公司）共有 867 家。

在此基础上，将重点排污单位企业和非重点排污单位企业合并，在得到 1 487 家被参控公司/母公司环境绩效得分情况的基础上，以相同股票代码下企业的营业收入占比情况对其赋予权重，通过加权平均的方式得到 1 487 家被参控公司/母公司所属的 501 家股票代码级别上市公司的环境绩效得分。

在确定了需要评价环境绩效的企业清单之后，需要将其同在线监测数据库、监督性监测数据库以及环境违法数据库进行匹配。由于同一家企业在不同数据库内的企业名称可能会存在差异，这种差异的存在将导致无法对同一家企业在不同数据库内进行有效的识别，因此首先需要对企业名称进行核对和校正。基于此，将上市公司（及其子公司）清单分别与在线监测数据库、监督性监测数据库与环境违法处罚数据库中企业名称对比的结果，在该表中列出了被参控公司/母公司的名称、最匹配公司、同名部分以及匹配度 4 个变量。其中被参控公司/母公司是上市公司的名称，最匹配公司是目标数据库（在线监测数据库、监督性监测数据库、环境违法处罚数据库）中名称与上市公司名称最接近的企业名称，同名部分是上市公司名称与目标数据库中最匹配公司相同的部分，而匹配度则是指同名部分字符个数同被参控公司/母公司名称字符总个数的比值。

在数据整合之前，首先对企业名称对比结果进行了进一步的核对，对于其中匹配度为 1 的企业认为其在两个系统中企业名称完全匹配，而对于匹配度在 0.5 以下的企业，则认为该企业没有匹配成功，而对于匹配度在 0.5～1 的企业，手工对两个系统间企业名称进行了比较核查从而进一步确认该企业是否匹配成功。最后，将手工核对的结果与匹配度为 1 的企业进行整合，形成最终的对比结果数据集。

在数据整合的过程之中，首先将对比结果同属于重点排污单位的上市公司清单进行匹配，保留属于重点排污单位的上市公司，再进一步以保留结果为基础分别对在线监测数据、监督性监测数据库和环境违法数据库进行匹配与整合。

数据匹配与整合流程如图 1 所示。

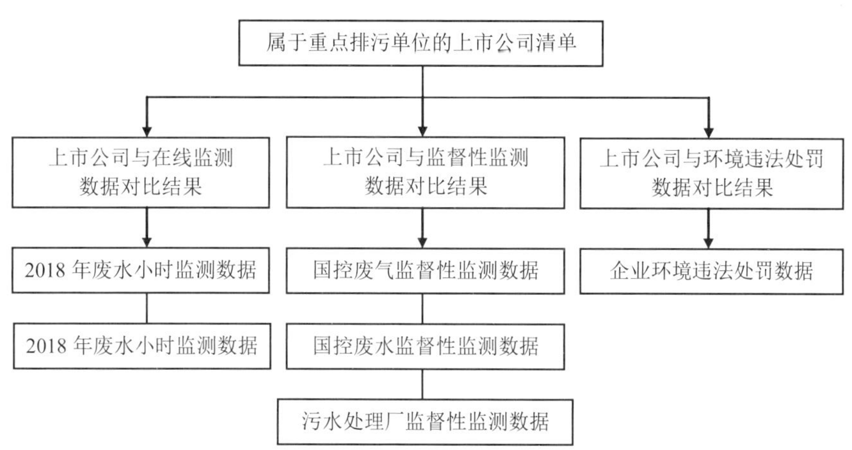

图 1　数据匹配与整合流程

在对数据进行了清理与整合之后，还需要对数据进行可视化操作，使之能够更加直观简洁地反映其中所蕴含的信息。对于企业特征分布情况通过利用 STATA 绘制条形图、直方图、饼图等方式对其加以展示；对于企业地级市水平特征的描述则通过使用 ArcGIS 来实现：首先利用 STATA 对所要进行可视化描述的变量进行处理与汇总，然后将数据库中 regioncode（地区编码）进行处理后同中华人民共和国国家统计局截至 2018 年 10 月 31 日统计用区划代码和城乡划分代码进行匹配，以明确各企业所属地级市；然后利用 ArcGIS 中国地级市界矢量地图将 STATA 数据与 ArcGIS 矢量地图属性表通过地级市名称进行匹配，最后通过 ArcGIS 中 Layer Properties 操作下 Quantities 中的 Graduated Colors 选项选取要进行可视化描述的变量按照其取值范围在不同地级市区域中用不同的颜色进行表征。其中没有数据的地级市统一用白色进行表示。

4.3 企业分布

在完成了数据清理与整合的基础之上，首先要对评价企业的特征和分布情况加以了解，因此利用在线监测数据库中的 2018 年企业基本信息、监督性监测数据库以及环境违法处罚数据库中的企业基本信息，同时还整合了排污许可证系统中的企业基本信息以及 2013 年工业企业数据库，尽可能多地获取了企业的特征变量，并分别从地区、行业、所有制类型以及规模四个角度对企业的分布情况加以描述和刻画。

就地区分布情况而言，依据在线监测数据库中的企业基本信息对企业的地区分布情况进行统计发现，在线监测数据库中的企业绝大部分分布于东部和中部地区，西部地区较少，且涵盖的企业数量呈现由西向东渐进增多的规律。同时，西南地区几乎尚未纳入在线监测体系，“两北”（东北、西北）地区纳入的企业数量相对东南地区也较少。随后按照省份对所有企业信息进行了汇总统计，山东、江苏、浙江、河北被纳入在线监测数据库中的企业数量最多，分别为 74 家、69 家、69 家和 65 家，占比分别达到 7.58%、7.07%、7.07%和 6.66%，总占比高达 28.38%。其中，仅有鲁、苏、浙、冀 4 省超过了 60 家，这与 4 省工业企业较多有较大关联。同时，西藏及港澳台尚未纳入在线监测数据库。黑龙江和海南纳入企业最少，均少于 10 家。少于 15 家企业的省（区、市）还有吉林、青海、广西、天津和北京。

更具体地，在市级层面根据不同地级市企业数量的个数，划分了 5 个等级，对纳入在线监测数据库中的企业的分布情况进行了统计，并绘制企业数量根据不同省份企业数量的分布情况，划分了 5 个级别，对企业数量的分布情况进行分析。

整体来看，大部分地级市被纳入在线监测数据库的企业数量都在 5 家以下。超过 5 家企业的地级市主要位于东部地区，中部和西部仅有重庆市和鄂尔多斯市超过了 5 家（分别为 16 家和 8 家）。此外，只有重庆、上海、唐山市纳入在线监测数据库的企业数量超过了 10 家，根据统计情况，分别为 16 家、13 家和 12 家企业。

依据企业基本信息中的行业类别编码这一变量，结合《国民经济行业分类》（GB/T 4754—2017）对精确到 2 位行业代码的企业行业分类进行了统计。由于企业的行业类型分布较为广泛且一些行业在数据库中包含的数量非常少，因此为了方便展示与描述进一步对行业分类进行了一定的修改，具体操作主要如下：将除采矿业、制造业以及电力、热力、燃气及水生产和供应业外其他行业类型的企业全部归类为“其他”，将制造业企业根据企业数量分布进一步细化为黑色金属冶炼和压延加工业，有色金属冶炼和压延加工业，石油、煤炭及其他燃料加工业，化学原料和化学制品制造业，非金属矿物制品业以及其他制造业 6 类，在此基础上绘制企业行业分布如图 2 所示。

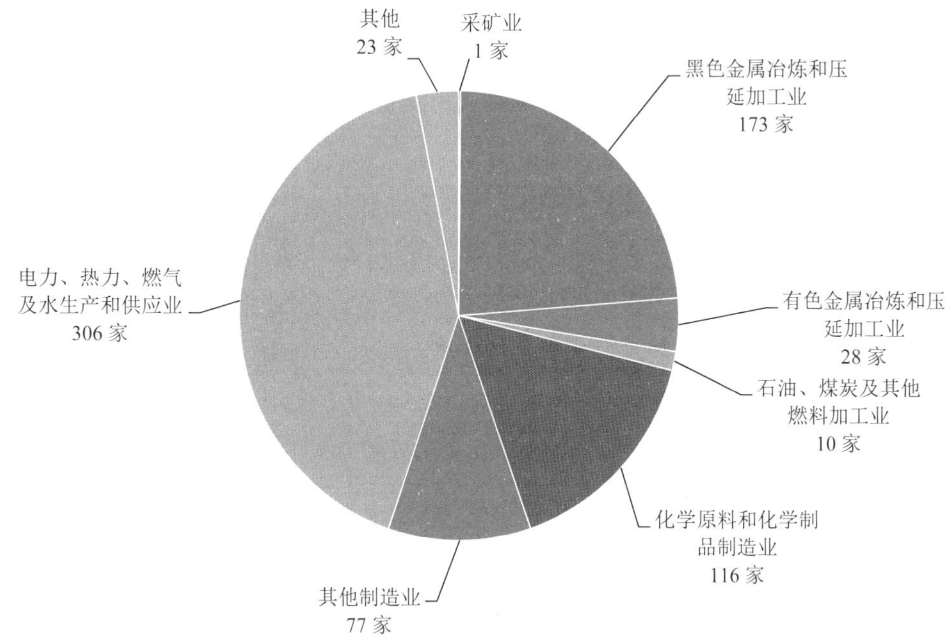

图 2　行业分布统计

从图 2 中可以看到，识别出的 734 家企业中，电力、热力、燃气及水生产和供应业共有企业 306 家，在所有行业中占比最大，高达 41.69%；其次黑色金属冶炼和压延加工业、化学原料和化学制品制造业以及其他制造业的企业数量较多，分别有 173 家、116 家和 77 家，占总体的 23.57%、15.80%和 10.49%，而有色金属冶炼和压延加工业，其他，石油、煤炭及其他燃料加工业以及采矿业的数量相对而言则非常少，分别为 28 家、23 家、10 家和 1 家，其占总体的比例分别仅为 3.81%、3.13%、1.36%和 0.14%。

为了展示待评价企业的所有制分布情况，进一步对企业的所有制类型进行划分。2006 年中国国家统计局发布的《关于划分企业登记注册类型的规定》以工商行政部门对企业登记注册的类型为依据，将在工商行政管理机关登记注册的各类企业划分为内资企业，港、澳、台商投资企业和外商投资企业三大类，并对每一大类进行了进一步的细分。使用企业登记注册类型及其代码识别得到的所有制类型具有清晰透明的优点，因此目前有大量的研究通过企业的登记注册类型对企业的所有制类型进行分类，以这些研究为依据，通过整合后的企业基本信息中登记注册代码这一变量对企业的所有制类型进行了区分。

具体的分类方法如下：将登记注册代码为 110、120、141、142、143 以及 151 的企业识别为公有制企业，将登记注册代码小于 200 的非公有制企业识别为其他内资企业，将登记注册代码为 200、210、220、230、240 的企业识别为港澳台资企业，将登记注册代码为 300、310、320、330 以及 340 的企业识别为外资企业。

在得到最终得分的 976 家企业当中，内资企业占绝大多数，占总体的 96%，其中尤以非公有制的其他内资企业的个数最多，达到 756 家，占所有企业的 77.46%，其次为公有制企业，共有 181 家，占总体的 18.55%，外资企业和港澳台资企业的数量则相对而言少得多，分别仅有 26 家和 13 家，占所有企业的 2.66%和 1.33%。

进一步对评价企业的企业规模分布情况加以了解与刻画，根据在线监测数据库中企业基本信息中的企业规模这一变量，对企业规模的分布情况进行统计与描述。在企业规模不为空值的 603 家企业当中，中型规模的企业数量最多，其次是大型规模和特大型规模的企业，小型规模的企业和其他企业则最少。具体来讲，规模为大型一档和中一型的企业数量最多，分别为 150 家和 142 家，占到了所有企业的 24.88%和 23.55%；其次企业数量较多的企业规模分为别中二型和大型二档，分别有 96 家和 80 家企业，占样本总体的 15.92%和 13.27%；特大型、小型和其他规模的企业数量则最少，分别仅有 75 家、38 家和 22 家企业，仅占到所有企业的 12.44%、6.30%和 3.65%。

4.4 企业环境绩效档次水平划分

如前文在评价方法部分所提到的，在评价企业环境绩效之前需要对企业的环境绩效档次水平进行合理的划分，而这种划分要以企业环境绩效各项指标计算结果的分布情况为依据。因此在这一部分，在计算出企业环境绩效措施层各项指标的基础之上对各指标的分布情况进行分析和统计，并对各项指标的评价档次水平进行划分。其结果如表 3 所示。

表 3 企业环境绩效评价档次水平划分

准则层	措施层	污染物类别	档次水平划分				
			A	B	C	D	E
在线监测系统	企业年度超标率	烟（粉）尘	=0	>0，≤0.5	>0.5，≤1	>1，≤5	>5
		SO_2	=0	>0，≤0.5	>0.5，≤1	>1，≤5	>5
		NO_x	=0	>0，≤0.5	>0.5，≤1	>1，≤5	>5
		COD	=0	>0，≤0.2	>0.2，≤0.5	>0.5，≤1	>1
		NH_3-N	=0	>0，≤0.2	>0.2，≤0.5	>0.5，≤1	>1
	最大超标倍数	烟（粉）尘	≥0，≤1	>1，≤2	>2，≤5	>5，≤10	>10
		SO_2	≥0，≤1	>1，≤2	>2，≤5	>5，≤10	>10
		NO_x	≥0，≤1	>1，≤2	>2，≤5	>5，≤10	>10
		COD	≥0，≤1	>1，≤2	>2，≤3	>3，≤5	>5
		NH_3-N	≥0，≤1	>1，≤2	>2，≤3	>3，≤5	>5
	平均超标倍数	烟（粉）尘	≥0，≤0.1	>0.1，≤0.2	>0.2，≤0.5	>0.5，≤1	>1
		SO_2	≥0，≤0.1	>0.1，≤0.2	>0.2，≤0.5	>0.5，≤1	>1
		NO_x	≥0，≤0.1	>0.1，≤0.2	>0.2，≤0.5	>0.5，≤1	>1
		COD	≥0，≤0.1	>0.1，≤0.2	>0.2，≤0.5	>0.5，≤1	>1
		NH_3-N	≥0，≤0.1	>0.1，≤0.2	>0.2，≤0.5	>0.5，≤1	>1
	最大连续超标时长	烟（粉）尘	=0	>0，≤12	>12，≤24	>24，≤96	>96
		SO_2	=0	>0，≤12	>12，≤24	>24，≤96	>96
		NO_x	=0	>0，≤12	>12，≤24	>24，≤96	>96
		COD	=0	>0，≤12	>12，≤24	>24，≤96	>96
		NH_3-N	=0	>0，≤12	>12，≤24	>24，≤96	>96

准则层	措施层	污染物类别	档次水平划分				
			A	B	C	D	E
监督性监测系统	企业超标次数	烟（粉）尘	=0	＞0，≤1	＞1，≤2	＞2，≤3	＞3
		SO_2	=0	＞0，≤1	＞1，≤2	＞2，≤3	＞3
		NO_x	=0	＞0，≤1	＞1，≤2	＞2，≤3	＞3
		COD	=0	＞0，≤1	＞1，≤2	＞2，≤3	＞3
		NH_3-N	=0	＞0，≤1	＞1，≤2	＞2，≤3	＞3
	企业最大超标倍数	烟（粉）尘	≥0，≤1	＞1，≤1.5	＞1.5，≤2	＞2，≤3	＞3
		SO_2	≥0，≤1	＞1，≤1.5	＞1.5，≤2	＞2，≤3	＞3
		NO_x	≥0，≤1	＞1，≤1.5	＞1.5，≤2	＞2，≤3	＞3
		COD	≥0，≤1	＞1，≤1.5	＞1.5，≤2	＞2，≤3	＞3
		NH_3-N	≥0，≤1	＞1，≤1.5	＞1.5，≤2	＞2，≤3	＞3
	企业平均超标倍数	烟（粉）尘	≥0，≤1	＞1，≤1.5	＞1.5，≤2	＞2，≤3	＞3
		SO_2	≥0，≤1	＞1，≤1.5	＞1.5，≤2	＞2，≤3	＞3
		NO_x	≥0，≤1	＞1，≤1.5	＞1.5，≤2	＞2，≤3	＞3
		COD	≥0，≤1	＞1，≤1.5	＞1.5，≤2	＞2，≤3	＞3
		NH_3-N	≥0，≤1	＞1，≤1.5	＞1.5，≤2	＞2，≤3	＞3
环境违法处罚系统	企业违法处罚次数		=0	=1	=2	＞2，≤4	＞4
	企业重大违法处罚次数		=0	=1	＞1，≤3	＞3，≤5	＞5
	企业罚款总金额		=0	＞0，≤5	＞5，≤10	＞10，≤30	＞30

5　属于重点排污单位的企业环境绩效得分情况

5.1　总得分情况

在本次评估当中最终计算出得分的企业共有 976 家上市公司（包含母公司及其子公司），其环境绩效的均分为 83.08 分（满分 100 分），标准差为 10.69。从总体来看企业的环境绩效水平较为良好，但环境绩效在不同企业间的差异非常大，在所有评价企业当中，有部分表现非常良好的企业能得到满分，而总得分最低的企业仅有 32 分。企业环境绩效得分分布如图 3 所示。

从图 3 可以看到，大量企业的环境绩效得分集中在 80 分以上，其中尤以 81～90 分的企业个数最多。此外，绝大部分企业的得分能达到 60 分以上的水平，这表明就评价的 976 家企业而言，环境绩效水平较为良好，但需要注意的是，仍有少数企业的环境绩效得分在 60 分以下，甚至有极个别企业的环境绩效得分不到 40 分，应该重点加强对这些企业的环境监督与管理，以实现其环境绩效水平的提高与改善。

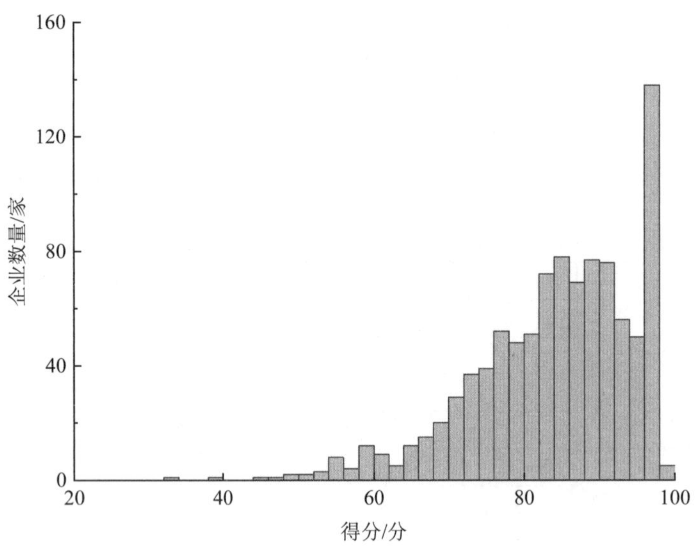

图 3　企业环境绩效得分分布

更进一步将企业划分为 A～E 即优、良、中、低、差 5 个等级。绝大多数企业的环境绩效得分等级都在中及以上，其中得分等级为优的企业个数近半，其次得分等级为良的企业也占到了所有评价企业中的约 40%，而其余 10%的企业当中，得分等级为中的企业占大多数，仅有个别企业的得分等级为低或者差。

因此总体来看，参与评价企业的环境绩效水平为良好，整体处于较高的水平，但仍有个别企业的环境绩效水平极低，对于这些企业环境管理水平的加强仍然不能懈怠。在得分等级为低的 4 家企业和得分等级为差的 2 家企业中得分最低的企业为宁夏和宁化学有限公司，其总得分仅有 32 分，且得分最低的 6 家企业中，分别有 1 家企业分别来自宁夏、安徽、湖北和上海，而有 2 家企业则来自重庆，这些省（区、市）政府及环境管理部门应当提高对这些企业环境水平的要求，加大其环境管理的力度，努力实现其环境绩效的改善。与此相对应的，丽珠集团宁夏新北江制药有限公司、叶城天山水泥有限责任公司以及杭州华电半山发电有限公司 3 家企业的环境绩效总得分为满分，针对这些环境表现非常良好的企业，相关部门应当制定有效的奖励机制予以嘉奖与宣传，以带动和激励其他企业环境表现水平的提升。

5.2　以在线监测系统为基准的总得分情况

在上述分析当中，利用之前所介绍的分析方法对 3 个数据库进行了合并，对于某个准则层得分缺失的情况采取了赋值为满分的处理方式。由于监督性监测系统和在线监测系统中记录的数据仅包含了存在违规现象的企业而非所有目标企业，因此可以认为在系统中没有加以录入的企业不存在违规现象，可以对其赋值为满分，这种处理方式对于监督性监测系统和环境违法处罚系统而言是较为合适的；然而对于在线监测系统来讲，有些企业的在线监测系统得分缺失并不是由于有关部门并未对其在线监测做出要求而导致的，而是由于企业没有及时安装在线监测设备、数据传输等其他问题所导致的，因此对缺失在线监测系统得分的企业赋值为满分的处理方式可能失当。基于这样的考虑，在之前分析的基础之上，进一步选取在线监测系统得分不为零的企业进行分析，以期能够更加贴近企业环境表现的真实情况。后续分各项指标以及分特征对企业环境绩效结果的分析都将以此为基础展开。

在线监测系统得分不确实的企业共有 620 家（包含母公司及其子公司），其环境绩效平均得分为 78.41 分（满分 100 分），标准差为 10.27，相较于包含全部评价企业的结果而言，其平均得分水平略有下降，但企业的分布更加集中。同样地，为了更清晰地展示企业环境绩效得分的分布情况，绘制了以在线监测系统为基准的总得分分布如图 4 所示。

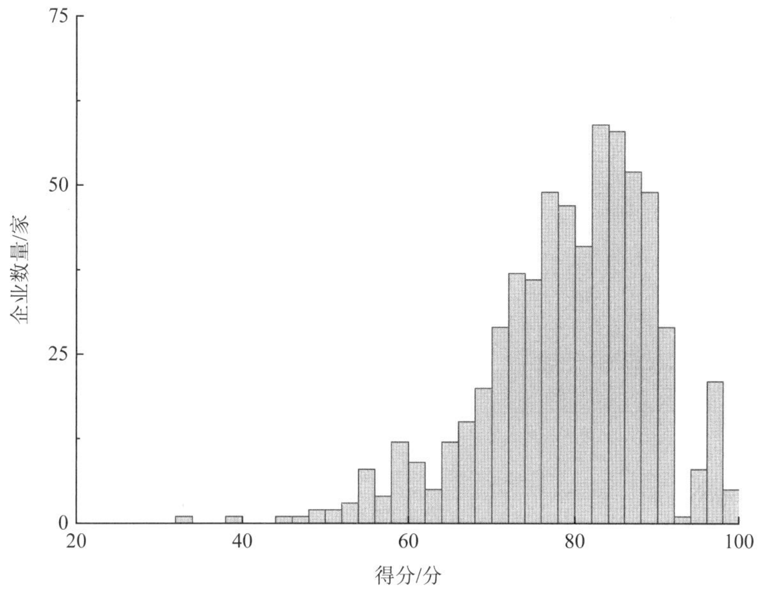

图 4　企业环境绩效得分分布

根据图 4 可以看到，相较于所有评价企业的得分分布情况，以在线监测系统为基准的得分结果中得分在 96～100 分的企业个数大幅减少。具体来讲，大量企业的环境绩效得分集中在 70 分以上，其中尤以 81～90 分的企业个数最多，但仍有少量企业的环境绩效得分在 60 分以下，甚至有极个别企业的环境绩效得分不到 40 分。

更进一步地，同样对企业的得分等级进行了划分。同全部企业的评价结果相比，得分等级的分布发生了较大的变化。具体而言，绝大多数企业的环境绩效得分等级都在中及以上，其中得分等级为良的企业超过半数，占到了全部企业的 57.42%，其次得分等级为优和中的企业也分别占到了所有评价企业中的 27.10%和 14.52%，而得分等级为低和差的企业仅分别占总体的 0.65%和 0.32%。因此总体来看，参与评价企业的环境绩效水平较为良好，整体处于较高的水平，但仍有个别企业的环境绩效水平极低，对于这些企业环境管理水平的加强仍然不能懈怠。得分等级为低的 4 家企业、得分等级为差的 2 家企业以及环境绩效得分为满分的 3 家企业同全部企业的结果完全相同，因此不再赘述。此外，在所有企业中得分等级为 A++（环境绩效总得分为 96～100 分）的企业共有 29 家，这些企业在所有企业当中环境绩效水平最高，应当制定合理的奖励机制对其进行嘉奖，同时这些企业也可以成为其他企业学习和借鉴的对象，以推动和实现所有企业整体环境绩效水平的改善与提高。在这 29 家企业中有 6 家企业来自广东，占到所有得分等级为 A++企业的近 1/5，其次有 5 家企业来自浙江、4 家企业来自天津、3 家企业来自山东、2 家企业来自江苏，内蒙古、辽宁、安徽、河南、四川、宁夏和新疆则各有 1 家企业入选。因此对于地方环境管理相关部门来讲，一方面应当在地区内部展开宣传教育活动，形成有效的奖惩机制，使地区内企业向环境表现最为良好的企业看齐；另一方面也应当借鉴包括广东、浙江等企业环境表现突出的省（区）的优秀经验，更进一步推动本地区企业环境绩效水平的改善和提高。

5.3 各项指标得分情况以在线监测系统为基准的总得分情况

在对总得分的整体分布情况进行分析的基础之上，进一步对措施层各项指标的得分情况进行了描述性统计，为了更直观地展示措施层各项指标的得分情况，绘制了措施层指标得分均分的分布如图 5 所示。

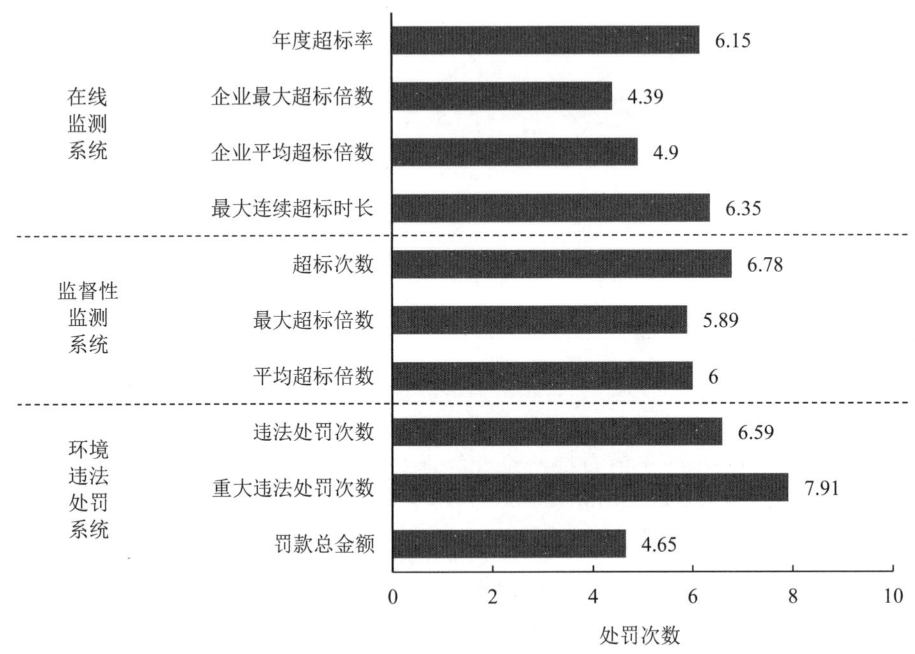

图 5　措施层各项得分均分比较

根据图 5 可以看到，在所有的 10 项措施层指标当中，均分最高的是“重大违法处罚次数”为 7.91 分，其次分别为“超标次数”和“违法处罚次数”，这两项指标的平均分分别为 6.78 分和 6.59 分，不难发现，均分最高的 3 项指标分别来自环境违法处罚系统和监督性监测系统，正如前文中所提到的，这两个数据库中记录的均是存在违规现象的企业而非所有目标企业，这表明存在违规现象的企业违规程度总体而言比较低；与此相对应的，平均得分最低的 3 项指标分别为“企业最大超标倍数”“罚款总金额”“企业平均超标倍数”，其平均得分均在满分（10 分）的一半以下，分别为 4.39 分、4.65 分、4.90 分，这 3 项指标中有两项均来自在线监测系统，而在线监测系统中的另外两项指标“年度超标率”和“最大连续超标时长”的平均得分分别为 6.15 分和 6.35 分，相对而言得分较高，这说明虽然总体来讲以连续超标时长和超标次数表征的企业超标频率方面表现较为良好，但其超标的程度则较为严重，需要进一步治理与改善。

5.4 地区分布

由于不同省（区、市）在产业结构、经济发展、福利水平、居民受教育程度等方面存在很大的差异，这些因素有可能会使得不同省（区、市）企业的环境绩效水平出现差异。因此，依据企业所在省份的省份代码，对企业环境绩效总得分情况进行了描述性统计，为了更直观地展示各省（区、市）的差异，绘制了各省内企业环境绩效的平均得分的比较图，其结果如图 6 所示。

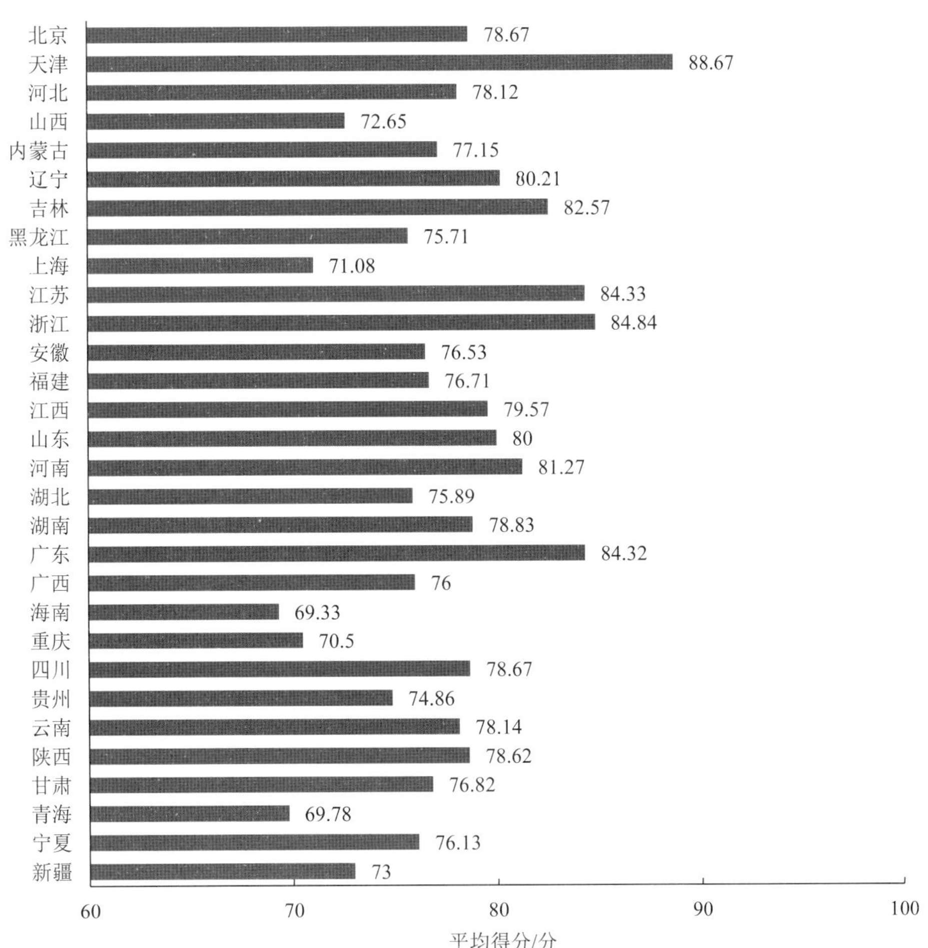

图 6　各省（区、市）企业环境绩效平均得分情况比较

从图 6 来看，企业环境绩效得分排名前五的省（区、市）分别为天津、浙江、江苏、广东和吉林，得分分别为 88.67 分、84.84 分、84.33 分、84.32 分和 82.57 分，其中浙江和江苏同时也是拥有评价企业最多的省份之一，这表明尽管这两省的企业众多，但它们的环境绩效水平总体而言均处在较高的水平。与此相对应的，企业环境绩效得分排名最后五名的省（区、市）分别为山西、上海、重庆、青海和海南，得分分别为 72.65 分、71.08 分、70.50 分、69.78 分和 79.33 分，这 5 个省（区、市）除上海之外，大多来自我国的中部和西部地区，因此环境管理相关部门应当加强对于包括这几个省（区、市）在内的中西部地区环境绩效的提高与改善，以实现中部与西部地区经济与环境的共同发展。

更进一步地，对地级市一级的企业环境绩效平均得分进行了统计，并将平均得分划分为 4 个等级。

总体来讲，环境绩效平均得分相对较低的地区集中分布于我国的中部与西部，环境绩效平均得分相对较高的地区则集中于东南沿海地区，这表明我国的企业环境表现水平存在明显的地区差异，且东南沿海地区企业的环境表现水平显著高于中部和西部地区，这更进一步表明了环境管理相关部门应当将环境表现水平改善的重点聚焦于我国的中部和西部地区，努力实现中西部地区企业环境绩效的改善与提高。

5.5 行业分布

由于不同行业企业的生产性质、生产特征存在差异，因此其受环境管理相关部门关注的程度有所不同，清洁生产水平也不尽相同，并最终有可能导致不同行业企业的环境绩效水平存在显著差异。因此，对不同行业企业环境绩效平均得分情况进行了统计，并绘制分行业企业平均得分情况如图 7 所示。

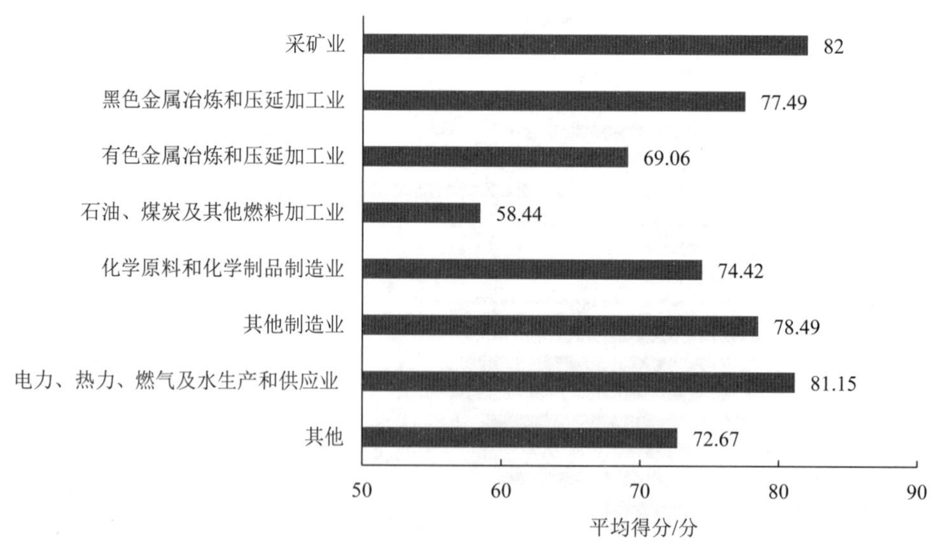

图 7 分行业企业平均得分情况

根据图7，在对行业类别根据行业代码和分布情况进行汇总所得到的8个行业分类当中，得分最高的行业分别为采矿业，电力、热力、燃气及水生产和供应业以及其他制造业，其企业环境绩效平均得分分别为82分、81.15分以及78.49分，但其中需要注意的是，采矿业这一行业类别下仅有一家企业参与了环境绩效评价，其得分为82分，因此并不具有代表性，无法对采矿业企业环境绩效水平的整体状况做出有效的判断；而这8个行业分类当中得分最低的行业为石油、煤炭及其他燃料加工业，其均分仅有58.44分，相较于排名倒数第2位的有色金属冶炼和压延加工业的69.06分整整低了10分之多，因此有关部门应该提高对于石油、煤炭及其他燃料加工业企业的重视程度，通过定期督查、突击检查、限期治理、清洁生产等多种渠道和方式促进其环境表现水平的提高。

5.6 所有制特征分布

由于不同所有制企业受政府管理与控制的程度有所不同，因此面对政府和环境管理部门对于企业环境表现要求的提出，不同所有制类型的企业的响应和合规程度可能会有所不同，因此其环境表现可能会存在显著的差异。根据企业的登记注册代码对企业的所有制类型进行了划分，并对不同所有制类型企业环境绩效的平均得分进行了描述性统计，其结果如图8所示。

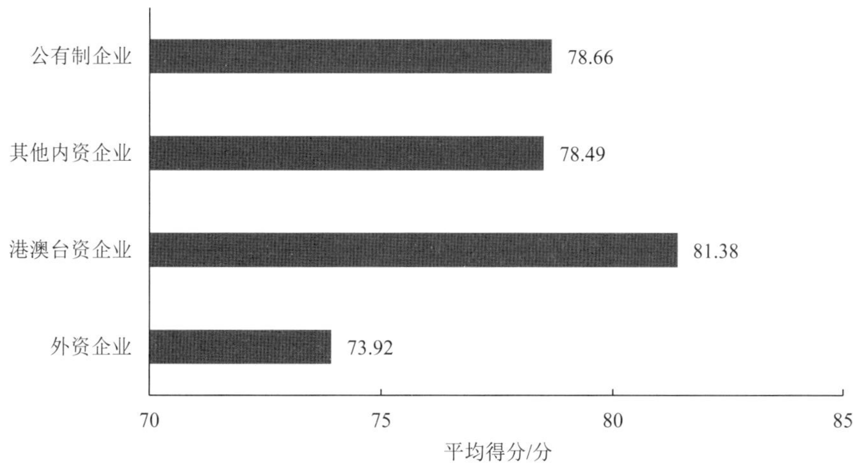

图8 按照所有制分类的企业平均得分情况

根据图8，在4种所有制类型当中，港澳台资企业的环境绩效平均得分最高，为81.38分，其次为公有制企业，平均得分为78.66分；而与此相对，其他内资企业和外资企业的环境绩效得分相对而言则较低，分别仅有78.49分和73.92分，因此，对于公有制企业和外资企业，尤其是外资企业环境表现的改善应当成为接下来环境管理相关部门所关注的重点。

5.7 规模分布

由于不同规模企业的生产效率、对环境管理的重视程度等可能存在差异，因此它们所表现出来的环境绩效可能也会有所不同。利用在线监测数据库中企业规模这一变量，对不同规模企业的环境绩效进行了描述性统计，其结果如图 9 所示。

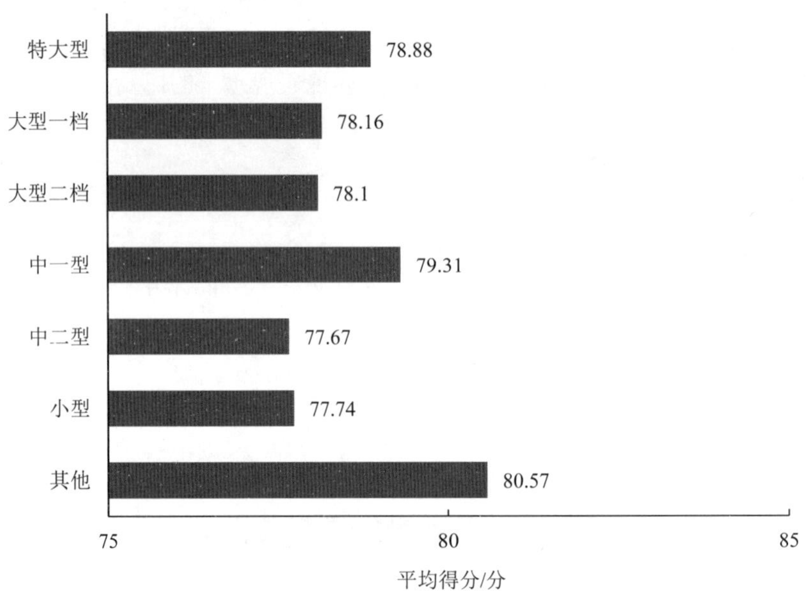

图 9 按照规模分类的企业平均得分情况

根据图 9，可以看到在 7 种规模类型当中，其他类的环境绩效平均得分最高，为 80.57 分，其次为中一型和特大型，平均得分分别为 79.31 分和 78.88 分，小型和中二型企业的环境绩效平均得分相较则较低，平均得分分别仅为 77.74 分和 77.67 分。其中，由于其他类包含了大量难以判别其所属规模的企业，因此无法进行有效的识别与分析，而剩余六类企业规模之中，除中一型企业环境表现格外良好之外，总体而言规模较大企业的环境表现优于规模较小的企业，因此对于规模较小企业的环境表现应予以较高的重视与关注。

6 非重点排污单位上市公司得分情况

在对属于重点排污单位的上市公司进行分析的基础之上，进一步对不属于重点排污单位的上市公司的环境绩效水平进行了评价。

同样地，以在线监测系统为基准，首先提取出 2018 年有在线监测数据的企业清单，并从中剔除属于重点排污单位上市公司的企业，随后将该企业清单同上市公司与在线监测数据库企业名称对比的结果数据集相匹配，保留其中匹配度为 1 的企业，删除匹配度在 0.5 以下的企业，并对匹配度在 0.5～1 之间的企业进行了手工核查，筛选出了最终评价的 867 家不属于重点排污单位的上市公司。在此基础上利用同属于重点排污单位的上市公司相同的评价方法得到其环境绩效得分。接下来分别从地区分布、行业分布、所有制特征分布和规模分布 4 个方面对非重点排污单位上市公司的企业环境绩效进行描述与分析。

6.1 地区分布

非重点排污单位上市公司的企业环境绩效的地区分布情况。对地级市一级的非重点排污单位上市公司的企业环境绩效平均得分进行了统计，并将平均得分划分为 4 个等级。

总体来讲，同重点排污单位企业环境绩效的区域分布类似，非重点排污单位企业环境绩效平均得分相对较低的地区集中分布于我国的中部与西部，相对较高的地区则集中于东南沿海地区，这表明无论是重点还是非重点排污单位企业，我国的企业环境绩效表现水平均存在明显的地区差异，且东南沿海地区企业的环境表现水平显著高于中部和西部地区，这更进一步表明了环境管理相关部门应当将环境表现水平改善的重点聚焦于我国的中部和西部地区，努力实现中西部地区企业环境绩效的改善与提高。此外，与前文对比可以进一步发现，非重点排污单位企业环境绩效平均得分较高的企业显著多于重点排污单位企业。这也为下一阶段着力增强对重点排污单位企业环境绩效的监督和把控提供了佐证。

6.2 行业分布

从行业来看，对不同行业非重点排污单位企业环境绩效平均得分情况进行了统计，并绘制了分行业非重点排污单位企业平均得分情况如图 10 所示。

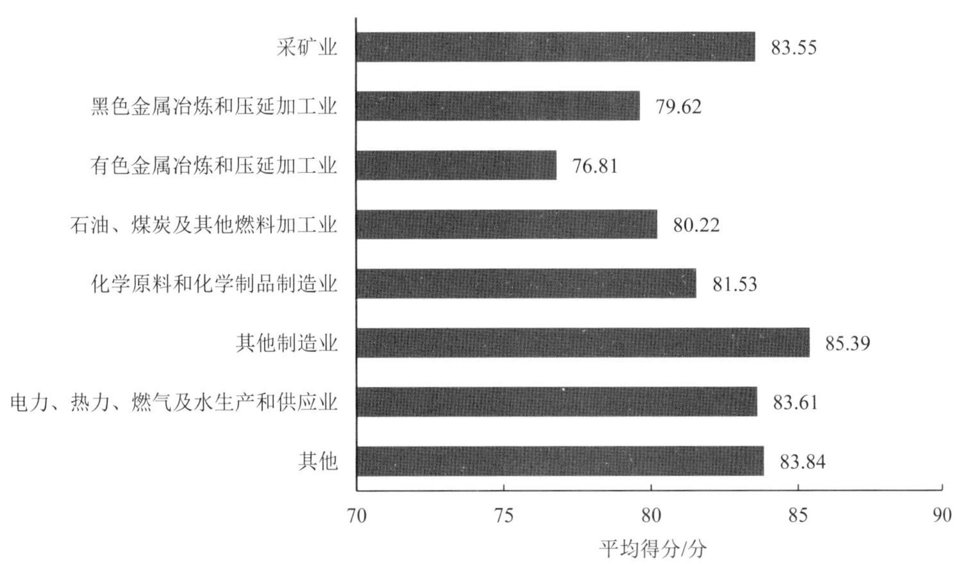

图 10　非重点排污单位企业分行业企业平均得分情况

根据图 10，在对行业类别根据行业代码和分布情况进行汇总所得到的 8 个行业分类当中，得分最高的前三类行业分别为其他制造业、其他以及电力、热力、燃气及水生产和供应业，其企业环境绩效平均得分分别为 85.39 分、83.84 分以及 83.61 分；而这 8 个行业分类当中得分最低的行业为有色金属冶炼和压延加工业，其均分仅有 76.81 分，相较于排名倒数第 2 位的黑色金属冶炼和压延加工业的 79.62 分整整低了 10 分之多，因此有关部门应该提高对于有色金属冶炼和压延加工业企业的重视程度，通过定期督查、突击检查、限期治理、清洁生产等多种渠道和方式促进其环境表现水平的提高。此外，与重点排污单位企业相比，非重点排污单位企业环境绩效评的平均水平在所有 8 个行业中均表现更优，最低分行业有色金属冶炼和压延加工业亦比重点的高出近 10 分。

6.3 所有制类型分布

从所有制来看，根据企业的登记注册代码对企业的所有制类型进行了划分，并对非重点排污单位不同所有制类型企业环境绩效的平均得分进行了描述性统计，结果如图 11 所示。

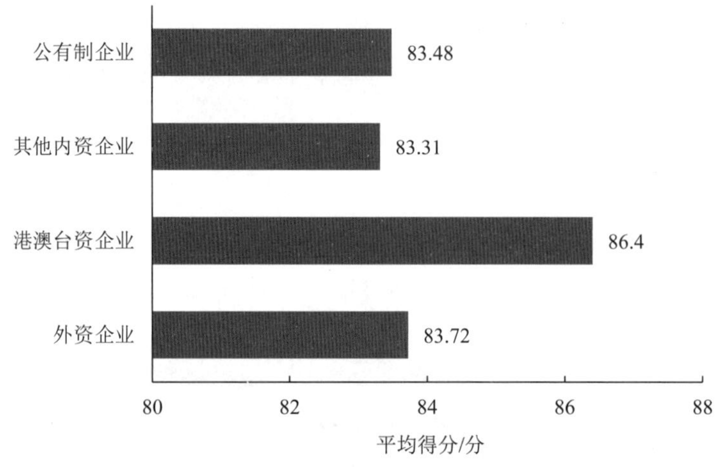

图 11 非重点排污单位企业按照所有制分类的企业平均得分情况

根据图 11，在 4 种所有制类型当中，在非重点排污单位企业中，港澳台资企业的环境绩效平均得分最高，为 86.4 分，同重点排污单位企业一样，但得分高出 6.12 分。其次为公有制企业，平均得分为 83.48 分；而与此相对，其他内资企业和外资企业的环境绩效得分相对而言较低，分别仅有 83.31 分和 83.72 分，因此对于公有制企业和外资企业，尤其是外资企业环境表现的改善应当成为接下来环境管理相关部门所关注的重点。通过与重点排污单位企业的对比不难发现，二者在所有制的得分分布上一致，但非重点的得分状况同样优于重点排污单位企业。此外，最高得分与最低得分间的差距，非重点要比重点的低，非重点排污单位企业，除最高分港澳台资企业外，其他三类得分仅有微弱差异。

6.4 规模分布

从规模分布情况来看，利用在线监测数据库中企业规模这一变量，对非重点排污单位的不同规模企业的环境绩效进行了描述性统计，其结果如图 12 所示。

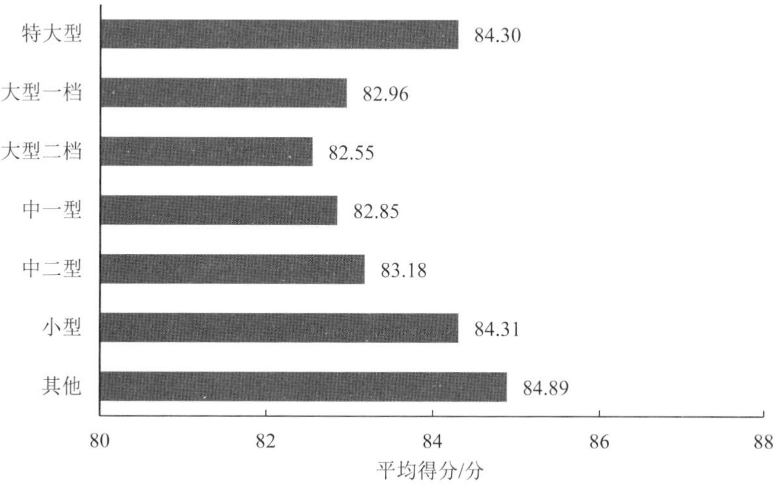

图 12 非重点排污单位企业按照规模分类的企业平均得分情况

根据图 12 可以看到，对于非重点排污单位，在 7 种规模类型当中，其他类的环境绩效平均得分最高，为 84.89 分，其次为小型和特大型，平均得分分别为 84.31 分和 84.30 分，而中一型和大型二档企业的环境绩效平均得分相较而言则较低，平均得分分别仅为 82.85 分和 82.55 分。同样，非重点排污单位的企业环境绩效，在规模分布上也全面优于重点排污单位企业。

7 汇总至股票代码级别的得分情况

在计算出重点排污单位上市公司及非重点排污单位上市公司的企业环境绩效得分的基础之上，进一步以营业收入为权重将得分汇总至股票代码级别，得到各股票代码下的企业环境绩效得分。

首先，通过上海证券交易所和深圳证券交易所网站中的信息披露平台下载各上市公司的 2018 年年报，从年报中获取所评价的共 1 487 家企业的营业收入数据，经过整理与格式转换形成数据处理可用的数据集。随后，将该数据集同评价结果数据集相匹配，计算相同股票代码级别下各企业应占权重，具体的操作方式如下：第一，对于相同股票代码下所有评价企业营业收入数据均缺失的情况，对每家企业赋予相同的权重；第二，对于相同股票代码下不存在营业收入数据缺失的情况，按照该企业营业收入占所有相同股票代码下评价企业营业收入总和的百分比为其赋予权重；第三，对于相同股票代码下部分评价企业营业收入数据存在缺失的情况，由于公司年报大多对主要控股公司的营业收入予以公开，因此认为这些营业收入数据缺失的企业处于相对次要的地位，所以为这些营业收入数据缺失的企业所赋的权重为5%，以总权重100%减去各缺失营业收入数据企业的总权重之后将剩余权重按照各企业的营业收入占比计算其权重。经过这样的处理，相同股票代码下各评价企业的权重之和应为 100%。在计算出各评价企业的权重之后，通过加权平均的方式计算出了汇总至股票代码级别的上市公司环境绩效得分。接下来将对汇总后的上市公司企业环境绩效得分情况进行描述与分析。

在本次评估当中最终计算出得分的上市公司共有 501 家，其环境绩效的均分为 81.01 分（满分 100 分），标准差为 9.06。从总体来看上市公司的环境绩效平均水平较为良好，但其在不同上市公司间的差异同样非常大，在所有评价公司当中，有部分表现非常良好的公司能得到满分，而总得分最低的公司仅有 40.59 分，但需要注意的是，由于上市公司的环境绩效得分是通过企业加权汇总的，因此最终的上市公司环境绩效得分极大程度上会受到相同股票代码下评价企业个数及其环境表现的影响，对于某些上市公司来讲，该得分可能并不具有代表性。在评价的所有上市公司当中，有 268 家来自上海证券交易所，有 233 家则来自深圳证券交易所，其中上海证券交易所中上市公司的环境绩效总得分平均为 80.28 分，而深圳证券交易所中上市公司的环境绩效总得分平均为 81.85 分，总体而言，深圳证券交易所中上市公司的环境绩效水平要优于上海证券交易所，其具体情况如表 4 所示。

表 4　按照证券交易所分类的描述性统计

证券交易所	企业个数	平均值	标准差	最小值	最大值
上海证券交易所	268	80.28	8.98	40.59	100
深圳证券交易所	233	81.85	9.10	50	100

为了更清晰地展示企业环境绩效得分的分布情况，分别统计了各分段上市公司个数的分布表并绘制了总得分的分布如图 13 所示。

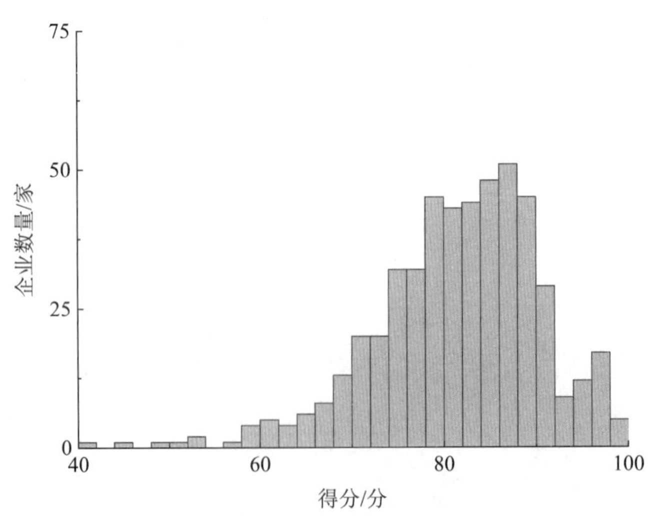

图 13　上市公司环境绩效得分分布

根据图 13 可以看出，大量上市公司的环境绩效得分集中在 71～90 分段，其中尤以 81～90 分的企业个数最多。此外，绝大部分上市公司的得分能达到 60 分以上的水平，这表明就评价的 501 家上市公司而言，环境绩效水平较为良好，但仍有少数公司的环境绩效得分在 60 分以下，甚至有极个别企业的环境绩效得分不到 50 分，环境管理有关部门在工作中应当着重加强对这些公司的管理与监督。

更进一步地，同样将上市公司环境绩效总得分划分为 A～E 即优、良、中、低、差 5 个等级，其具体分布情况如图 14 所示。

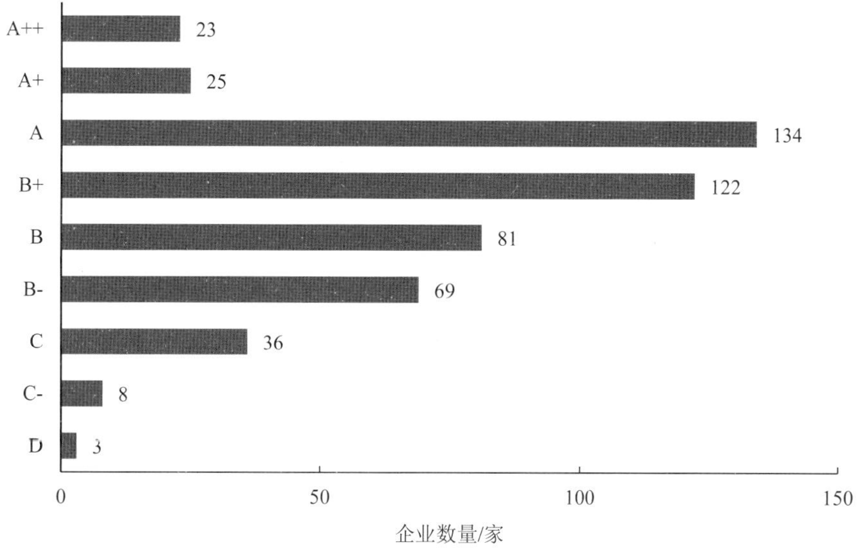

图 14　上市公司环境绩效得分等级分布

从图 14 可以看出，绝大多数上市公司的环境绩效得分等级都在中及以上，其中得分等级为良的上市公司占比超过了 50%，其次得分等级为优的上市公司也占到了所有评价上市公司中的 30%以上，而得分等级为中和低的企业则相对而言较少，且没有上市公司的得分等级为差。因此从总体来看，参与评价上市公司的环境绩效水平较为良好，整体处于较高的水平，但仍有个别上市公司的环境绩效水平极低，应当引起有关管理部门的重视。除此之外，在每个得分等级内部进行了进一步细分，同企业环境绩效得分等级分布情况相类似的，在所有参与评价的上市公司当中，得分等级为 A 的上市公司个数最多，有 134 家，其次分别为 B+、B 和 B-，公司个数分别为 122 家、81 家和 69 家；得分等级较高和较低的上市公司相对而言则较少，得分等级为 A++和 A+的公司分别仅有 23 家和 25 家，得分等级为 C-和 D 的公司则分别仅有 8 家和 3 家。

更进一步分别列出了评价的上市公司中环境绩效表现最好（环境绩效得分等级为 A++，即环境绩效得分为 96～100 分）以及环境绩效表现最差（环境绩效得分低于 60 分）的公司清单，如表 5 和表 6 所示。

表 5　环境绩效得分等级为 A++的上市公司名单

代码	名称（简称）	公司全称	环境绩效得分
002378.SZ	章源钨业	崇义章源钨业股份有限公司	100
601608.SH	中信重工	中信重工机械股份有限公司	100
002461.SZ	珠江啤酒	广州珠江啤酒集团有限公司	98
601038.SH	一拖股份	第一拖拉机股份有限公司	98
002012.SZ	凯恩股份	浙江凯恩特种材料股份有限公司	98
002240.SZ	威华股份	广东威华股份有限公司	98
000060.SZ	中金岭南	深圳市中金岭南有色金属股份有限公司	98
600031.SH	三一重工	三一重工股份有限公司	97.4
300433.SZ	蓝思科技	蓝思科技股份有限公司	97.2
000761.SZ	本钢板材	本钢板材股份有限公司	97.2
601233.SH	桐昆股份	桐昆集团股份有限公司	96.6
300132.SZ	青松股份	福建青松股份有限公司	96
002391.SZ	长青股份	江苏长青农化股份有限公司	96
603628.SH	清源股份	清源科技（厦门）股份有限公司	96
000100.SZ	TCL 集团	TCL 集团股份有限公司	96
600971.SH	恒源煤电	安徽恒源煤电股份有限公司	96
002311.SZ	海大集团	广东海大集团股份有限公司	96
002246.SZ	北化股份	四川北方硝化棉股份有限公司	96
000999.SZ	华润三九	华润三九医药股份有限公司	96
600488.SH	天药股份	天津天药药业股份有限公司	96
000039.SZ	中集集团	中国国际海运集装箱（集团）股份有限公司	96
300187.SZ	永清环保	永清环保股份有限公司	96
603198.SH	迎驾贡酒	安徽迎驾贡酒股份有限公司	96

从表 5 中可以看出，在 501 家评价的上市公司当中，共有 23 家公司的环境绩效得分等级达到 A++，其中有 15 家属于深圳证券交易所，另外 8 家则属于上海证券交易所，从这个层面来讲，深圳证券交易所的环境绩效水平仍优于上海证券交易所。此外，崇义章源钨业股份有限公司和中信重工机械股份有限公司两家上市公司的环境绩效总得分为满分，环境表现水平尤为突出。针对这些环境表现非常良好的上市公司，相关部门应当制定有效的奖励机制予以嘉奖与宣传，以推动和激励上市公司整体环境表现水平的提升。

表 6　环境绩效得分低于 60 分的上市公司名单

代码	名称（简称）	公司全称	环境绩效得分
600170.SH	上海建工	上海建工股份有限公司	58
600793.SH	宜宾纸业	宜宾纸业股份有限公司	58
002340.SZ	格林美	格林美股份有限公司	58
002513.SZ	蓝丰生化	江苏蓝丰生物化工股份有限公司	58
600123.SH	兰花科创	山西兰花科技创业股份有限公司	56.935 5
000755.SZ	*ST 三维	山西三维集团股份有限公司	52
600256.SH	广汇能源	广汇能源股份有限公司	52

代码	名称（简称）	公司全称	环境绩效得分
002087.SZ	新野纺织	河南新野纺织股份有限公司	50
601005.SH	*ST 重钢	重庆钢铁股份有限公司	48
600293.SH	三峡新材	湖北三峡新型建材股份有限公司	44

从表 6 中可以看出，在所有评价的上市公司当中，共有 10 家的环境绩效总得分低于 60 分，其中有 4 家上市公司来自深圳证券交易所，有 6 家公司则来自上海证券交易所。其中得分最低的上市公司为湖北三峡新型建材股份有限公司，其总得分仅有 44 分，对于这些环境绩效得分较低的上市公司，环保有关部门和公司管理人员应当予以高度重视，通过定期抽查、清洁生产等方式敦促其实现环境表现的改善。

8 政策建议

基于上述对于企业环境绩效得分情况的分析，不同特征企业之间的环境表现水平存在显著差异，针对上述情况，提出以下政策建议。

（1）完善环境绩效评价体系，丰富指标设置

我国关于环境绩效的研究起步较晚，通过文献综述部分，可以发现目前的环境绩效评价标准都是国外的机构组织发布的，我国没有统一的标准与体系，这种现象导致了企业不重视环境绩效，相关环境监管部门也无法对企业进行统一的评价与管理。我国继续建立一套系统化的环境绩效评价体系，为环境管理与监督提供依据。主要从拓展数据来源、细化技术方法方面着手，将企业多要素、多领域、多指标环境守法情况全面纳入，深化评价体系，更全面系统反映企业守法表现。此外，政府应定期对企业进行绩效考核，调动企业进行环境管理的积极性，充分发挥企业的作用，维护正常的市场秩序，提高企业整体守法水平。

（2）完善环境信息强制性披露，强化政策协同联动

以前，我国对环境信息披露没有清晰的法律界定与强制性要求，很多企业站在自身利益的角度，考虑到成本、社会影响等因素，往往不会自愿披露环境信息。上市公司被要求披露的社会责任报告中，也只是对环境情况进行了整体说明，披露的环境数据不规范、不全面。没有真实详细的环境信息作支撑，有关部门无法对环境绩效进行客观公正的评价。鉴于我国正在制定企业环境信息披露制度与技术规范体系，应考虑加强环境绩效评价与环境信用、环境信息强制性披露等相关政策间协同联动，将环境绩效评估所需环境信息纳入强制性披露信息内容范畴，绩效评估尽量采用企业披露的环境信息；将环境信用、环境绩效评价结果与等级等情况，纳入企业强制性信息披露要求中。

（3）拓展和深化评价结果应用，辅助各项差别化环境准入、环境监管、环境经济、市场监管等政策的精准制定

将环境绩效总体评价结果、分项评价结果中较差的企业、行业，作为日常环境监管、环境准入、强化督察的重点，提升环境监管精准化水平。强化行政激励政策，引导和鼓励

生态环境、工商、市场监管、银行保险监督管理等部门在市场准入、行政审批、金融信贷、日常监管等领域实施基于环境绩效差异的奖惩措施。强化市场激励措施，如树立行业标杆企业，开展广泛宣传、推行责任消费，进一步调动企业强化环境治理积极性。

（4）进行差异化管理，重点强化环境绩效落后企业的监督力度

我国上市公司的环境绩效情况在区域、行业、所有制和规模上均存在明显的不均衡现象。由前述分析可知，在区域上，环境绩效较低的地区集中分布于我国的中部与西部；在行业上，得分最低的行业为石油、煤炭及其他燃料加工业，其均分仅有 58.44 分；在所有制上，其他内资企业和外资企业的环境绩效得分相对而言较低；在规模上，总体而言规模较小企业的环境表现劣于规模较大的企业。在下一阶段的监督管理工作中，有关部门应当着重加强对上述环境绩效落后企业的监管力度，建立完善重点监督企业名录，强化环境监管的针对性和有效性。

（5）制定环境绩效奖励与惩罚机制，调动企业进行环境管理的积极性

为了提高企业环境管理水平，仅仅靠强制性的制度并不能达到长期高效的作用，必须让企业从根本上意识到进行环境管理的重要性，主动进行环境信息披露与提高环境绩效水平，从而树立良好的企业形象，提高企业竞争力。此外，为了把环境绩效评价落实到实处，政府应该制定环境绩效评价奖惩机制，对环境信息披露及时全面或环境绩效表现好的企业给予奖励与支持，对披露不及时不全面或绩效水平差的企业给予警告与处罚，从而形成较好的约束机制。

参考文献

[1] TYTECA D. On the Measurement of the Environmental Performance of Firms-A Literature Review and a Productive Efficiency Perspective[J]. Journal of Environmental Management，1996：46.

[2] EAGNA P D，Joeres E. Development of a facility-based environmental Performance indicator Related to sustainable development[J]. Journal of Cleaner Product，1997.

[3] DITZ D，RANGANATHAR J. Global Developments on Environmental performance Indicators [J]. Corporate Environmental Strategy，1998.

[4] THORESEN J. Environmental Performance evaluation-a tool of industrial improvement [J]. Journal of Cleaner Production，1999.

[5] 李玲，陈琦．国内外环境绩效评价研究综述[J]．合作经济与科技，2014（10）：29-30.

[6] 杨佳丽，王秋，王云云，等．民营企业环境绩效评价指标体系研究[J]．江苏科技信息，2015（11）：25-27.

[7] 黎文靖，路晓燕．机构投资者关注企业的环境绩效吗？——来自我国重污染行业上市公司的经验证据[J]．金融研究，2015（12）：97-112.

[8] 温素彬，曹歆辰．管理会计工具及应用案例——GRI 环境绩效评价工具及应用[J]．会计之，2016（17）：132-136.

[9] 姬晓梅．企业环境绩效评价体系研究[J]．中国乡镇企业会计，2018（1）：76-77.

借鉴国际经验建立健全我国环境健康风险评估制度

Drawing on International Experience to Improve the Environmental Health Risk Assessment System in China

张衍燊　只艳　徐伟攀　於方　白阳　窦妍

摘　要　梳理借鉴了美国和欧盟在环境健康风险评估法律法规要求、机构设置、技术规范体系构建、数据库与模型工具开发、基于环境健康风险评估的管理决策等领域的工作经验，分析了我国环境健康风险评估制度建设待解决的问题，研究环境健康风险评估制度建设的内涵、建设思路、与现行生态环境管理制度的关系，提出了推进我国环境健康风险评估制度建设的政策建议。

关键词　环境健康风险评估　风险管理　生态环境和健康管理　制度建设

Abstract　Learning from the experience on laws and regulations，institutional settings，technical guidelines system construction，database and model tool development，and decision-making related to environmental risk assessment in America and Europe. The key issues to be resolved concerning construction of environmental health risk assessment system in China was analyzed. Which included the connotation，of the construction of the environmental health risk assessment system，the construction ideas，and the relationship with the current environment management system. Policy recommendations for the construction of environmental health risk assessment system in China are brought forward.

Keywords　environmental health risk assessment; risk management; ecological environment and health management; system construction

伴随我国经济的发展，环境污染和生态破坏事件频繁发生，导致的环境健康问题日益严重。环境污染对公众健康造成的损害具有长期性、复杂性、隐蔽性和不可逆转性的特点，外加环境污染引起的人体健康损害相关数据匮乏，致使标准制定存在一定的滞后性，最终导致工业园区和工厂排放的污染物在符合排放标准、安全标准和卫生标准的情况下，仍有可能发生儿童血铅中毒、化学品泄漏、“癌症村”等涉及公众健康的环境污染事件。

2014 年修订的《中华人民共和国环境保护法》要求“国家建立、健全环境与健康监测、调查和风险评估制度”。“环境健康风险指环境污染（生物、化学和物理）对公众健康造成不良影响的可能性，对这种可能性进行定性或定量的估计称为环境健康风险评估”[1]。通过环境健康风险评估准确评价环境污染对公众健康的影响，明确应管控的污染物种类及其浓度，采取可行的干预措施，正逐步成为处理各类环境污染健康危害事件、制定生态环境相关政策与标准、与媒体及公众进行风险交流的有效工具和手段。因此，系统研究环境健康风险评估制度迫在眉睫，对于支撑当前环境管理业务需求，推动落实环境健康风险管理具有重要意义。

1 国外环境健康风险评估经验借鉴

1.1 美国环境健康风险评估

1.1.1 起源

美国环境健康风险评估始于化学品人体健康风险评估，医学背景奠定了以公众健康为核心的工作基础。20 世纪早期，健康学家和工厂管理层意识到工厂常用的化学品会引起职业暴露危害，对定性健康风险评估的认识不断加深；[2] 20 世纪 40 年代，科学家开始研究危险物质的暴露限值并提出阈值理论，[2,3] 随后美国食品与药品管理局（FDA）的科学家基于阈值理论提出了制定杀虫剂残留和食品添加剂的每日允许摄入量方法。1970 年，美国集中农业、健康、教育等部门的环境保护职能成立国家环境保护局（EPA），其中约 40% 的工作人员有医学背景。20 世纪 70 年代中期，FDA 和 EPA 开始运用定量风险评估方法评价致癌物的健康风险。EPA 在 1975 年完成了首项风险评估文件《氯乙烯社区暴露的定量风险评估》[4]，并开始加强风险-收益决策过程的工作，于 1976 年 5 月发布《疑似致癌物健康风险评估的暂行程序和指南》[5]，构建了致癌作用数据在致癌物监管中应用的理论体系和基本框架，是人体健康风险评估发展的里程碑。

1.1.2 明确的法律法规要求

美国法典第 42 卷“公共健康与福利”中，于 1969 年颁布的《国家环境政策法》（*National Environmental Policy Act of United States*）明确立法目的为：宣贯国家政策，促进人类与环境之间的和谐，提倡防止或减少对环境与自然生命物的伤害，促进人类的健康与福利。该法实现了一系列立法创新，为美国当代环境法治建设奠定了基础。[6]

1970 年，美国颁布《清洁空气法》（*Clean Air Act*），该法授权 EPA 制定《国家环境空气质量标准》（*National Ambient Air Quality Standards*，NAAQS）以保护公众健康和控制有害大气污染物的排放。1990 年《清洁空气法》修订，推动成立风险评估与风险管理国会和总统委员会（Congress and Presidential Committee's for Risk Assessment and Management），赋予全面调查风险评估与风险管理在监管项目中的政策意义并授权其合理使用，并实施基于风险管控项目改善部分 NAAQS 标准。《清洁空气法》第 108 节和第 109 节规定了污染物 NAAQS 的制（修）订程序，包括规划、综合科学评估、风险/暴露评估和政策评估，并由“清洁空气科学咨询委员会”（Clean Air Scientific Advisory Committee’s）进行审查，将污染物健康风险评估结果作为标准制定中的一项重要依据。《清洁空气法》还要求工业企业设置基于最佳可行技术安装设备后的有害空气污染物排放等级。

1972 年颁布的《清洁水法》（*Clean Water Act*）设定了工业废水标准和地表水中污染物的国家水质标准推荐值。《清洁水法》要求 EPA 制定有害污染物排污上限时采取“经济上可实现的最佳可行控制技术”，同时将制定的水质标准作为基于技术的排污上限的备用方法或安全阈值。[7]

《安全饮用水法》要求在制定最大污染水平（Maximum Contaminant Levels，MCL）时将普通人群和敏感人群（婴儿、儿童、孕妇等）的定量风险作为成本-效益分析的一部分。

1976 年美国国会通过的《有毒物质控制法》（*Toxic Substances Control Act*）面向化学品管理建立了基于风险的安全标准。《有毒物质控制法》要求制造商在生产新的化学品前向 EPA 提交该化学品“不存在任何不合理危险”的数据，现有化学品由 EPA 按“优先级排序—风险评价—风险管理”的流程进行安全评价。

1.1.3 专业的研究机构

EPA 专门设立了研究和发展办公室（Office of Research and Development，ORD）开展环境健康风险评估工作。ORD 下设计算毒理学和暴露中心（Center for Computational Toxicology and Exposure，CCTE）、公众健康与环境评估中心（Center for Public Health and Environmental Assessment，CPHEA）两个研究中心，开展环境健康风险评估技术研发、技术指南制修订和风险评估。CCTE 通过开展人体和生态的化学物质定量暴露研究、开发化学安全性和生态数据的数据库与软件工具，以用于人体健康和环境风险快速评估，为 EPA 的决策提供支撑。CPHEA 开展人体健康和环境评估，进行毒理学、临床、生态学、流行病学和公民科学研究，评估环境中化学物质和其他暴露对人体和生态系统的影响，提出支持评估或计划决策的统计方法、评估分析方法和模型，以支持 EPA 项目和区域政策与决定。CPHEA 下设的健康和环境影响评估室（Health and Environmental Effects Assessment Division，HEEAD）由位于北卡罗来纳州的有害污染物评估和系统组、综合环境评估组、综合监控评估组，以及位于华盛顿州的综合环境评估组构成，致力于人体健康风险和生态风险评估以及风险评估技术方法与工具的改进，通过开展风险评估修订国家环境空气质量标准和优先管控化学品名录，实施全国性的评估项目和计划以识别和表征气候、土地利用变化等多种因素对整个陆地和水生态系统的影响。

1.1.4 系统的技术规范文件

美国构建了健全的环境健康风险评估技术规范体系，形成强有力的技术支撑。1981 年，美国国会下令 FDA 组织美国国家科学院下属的美国研究委员会（NRC）开展健康风险评估在政策制定中的应用研究，研究成果《联邦政府的风险评价：管理程序》于 1983 年出版，[8] 构建了相对完善的健康风险评估技术理论，提出的“四步法”已被众多国家和国际组织广泛采纳，成为许多国家开展健康风险评估的指导性技术文件。自 1986 年起，

EPA 陆续发布健康风险评估技术导则和技术文件，1997 年美国总统/国会风险评价与管理委员会发布的《环境健康风险管理框架》（*Framework for Environmental Health Risk Management*），是现今最有影响力的风险管理框架。[9] 2014 年，美国 EPA 系统梳理了健康风险评估的程序、内容和要求，发布《支持决策的人体健康风险评估框架》（*Framework for Human Health Risk Assessment to Inform Decision Making*），有机整合了已发布的各项健康风险评估技术导则。美国 EPA 已发布 100 余项环境健康风险评估相关技术导则和技术文件，构建了完善的技术规范体系，且该体系处于不断更新完善中。

1.1.5 完善的数据库和模型工具

美国自 1967 年实施毒理学信息规划，相继建立了十几个与毒理学相关的数据库，其中有害物质数据库（Hazardous Substances Data Bank，HSDB） 包括了应急处理程序、环境归趋、人类暴露、检验方法、法规等数据，由国立职业安全卫生研究所（National Institution for Occupational Safety and Health，NIOSH）构建的化学物质毒性作用数据库（Registry of Toxic Effects Chemical Substances，RTECS）是应用最为广泛的卫生数据库之一，其中的信息被广泛用于环境健康风险评估。[10] 1985 年，美国 EPA 环境健康评估办公室创建了综合风险信息系统（Integrated Risk Information System，IRIS），提供了环境中化学物质的人体健康风险评估的毒性数据库，进一步加强污染物毒性评价结果的一致性。[11] 为确保评估的统一和规范，美国 EPA 制定了含 17 类系数的《暴露参数手册》（*Exposure Factors Handbook*），包括吸入途径、皮肤接触途径、体重、预期寿命、植物食品摄入、肉及奶类摄入、鱼类摄入等，广泛用于水质和控制标准制（修）订。[12] 美国 EPA 还发布健康效应预警摘要表格（Health Effect Assessment Summary Table，HEAST）和暂行同行评议毒性值（Provisional Peer Reviewed Toxicity Values，PPRTVs），便于环境健康风险评估工作者查询收集剂量-反应相关资料。[13] 此外，美国 EPA 构建并在其官方网站上即时共享数十种环境健康风险评估的模型和工具，涉及排放估计、污染物的环境归趋、环境流体动力学、药代动力学、空气污染暴露、化学品和污染物风险筛选、食物链暴露、风险综合方法等方面的内容。

1.1.6 环境健康风险评估支撑环境管理决策

EPA 结合水、气、土和化学品管理需求，在各业务领域设置环境健康风险评估和风险管理机构（表 1），支撑环境管理决策。美国 EPA 的空气和辐射办公室（Office of Air and Radiation）、水办公室（Office of Water）、国土和应急管理办公室（Office of Land and Emergency Management）、化学安全和污染预防办公室（Office of Chemical Safety and Pollution Prevention）均分别设置环境健康风险管理相关机构，通过开展污染物的人体健康和生态风险评估，并基于评估结果制（修）订常规大气污染物含量限值、有毒有害大气污染物空气质量标准，制（修）订水体中污染物最高污染水平目标（Maximum Contaminant Level Goal，MCLG）、水环境质量基准（Ambient Water Quality Criteria，AMQC）等限值标准和水环境质量标准，制（修）订超级基金场地区域清理管理水平值（Regional Removal Management Levels，RMLs）和区域筛选值（Regional Screening Levels，RSLs）等标准和技术规范制（修）订，进行化学品风险评估技术审查等工作，实现环境健康风险管理。

表 1 美国 EPA 下设的环境健康风险评估相关机构

一级机构	二级机构	三级机构
空气和辐射办公室（Office of Air and Radiation）	空气质量规划与标准办公室（Office of Air Quality Planning and Standards）	环境和健康影响处（Health and Environmental Impacts Division）
水办公室（Office of Water）	地下水和饮用水办公室（Office of Ground Water and Drinking Water）	标准和风险管理处（Standards and Risk Management Division）
	科学技术办公室（Office of Science and Technology）	标准和健康保护处（Standards and Health Protection Division）
		健康和生态基准处（Health and Ecological Criteria Division）
国土和应急管理办公室（Office of Land and Emergency Management）	超级基金修复和技术创新办公室（Office of Superfund Remediation and Technology Innovation）	评估和修复处（Assessment and Remediation Division）
化学安全和污染预防办公室（Office of Chemical Safety and Pollution Prevention）	污染预防和毒物办公室（Office of Pollution Prevention and Toxics）	风险评估处（Risk Assessment Division）
	科学协调与政策办公室（Office of Science Coordination and Policy）	暴露评估协调与政策处（Exposure Assessment Coordination and Policy Division）
研究和发展办公室（Office of Research and Development）	计算毒理学和暴露中心（Center for Computational Toxicology and Exposure）	生物分子和计算毒理学室（Biomolecular and Computational Toxicology Division）
		化学物质表征和暴露室（Chemical Characterization and Exposure Division）
		五大湖毒理学和生态学室（Great Lakes Toxicology and Ecology Division）
		科学计算和数据管理室（Scientific Computing and Data Curation Division）
	公众健康与环境评估中心（Center for Public Health and Environmental Assessment）	化学品和污染物评估室（Chemical and Pollutant Assessment Division）
		公共卫生与环境系统室（Public Health and Environmental Systems Division）
		公共卫生和综合毒理学室（Public Health and Integrated Toxicology Division）

环境健康风险评估在为美国 EPA 保护人体健康的管理决策提供科学支撑方面发挥着核心作用，被美国 EPA 和其他联邦与地方环保机构广泛用于管理决策制定。EPA 最初通过环境健康风险评估，结合化学物质的潜在毒性和人体暴露情况，量化确定安全的数字监管阈值。[14] 1997 年，美国发布《环境健康风险管理框架》（*Framework for Environmental Health Risk Management*）和《立法决策中的风险评价与风险管理》（*Risk Assessment and Risk Management in Regulatory Decision-making*）两卷环境健康风险管理文件。前者阐述了公众

面临的健康和环境问题的复杂性，用于解决与标准制定和污染控制有关的问题。[15]

在水体和大气环境管理中，美国 EPA 以保障公众健康为出发点，基于环境健康风险评估结果，开展相应的风险管理决策。1980 年，EPA 首次开发和使用定量评估方法对大量致癌物进行评估，[16] 并基于环境健康风险评估和生态风险评估结果发布了 64 种污染物的水质基准文件，用于支撑《清洁水法》中识别出的污染物的监管决策。EPA 将环境健康风险评估用于设置饮用水中致癌污染物的等级和工业企业向地表水排放致癌物质的等级，并将相应的等级分别列入《安全饮用水法》和《清洁水法》。1990 年修订的《清洁空气法》第 112 章中要求对 189 种有毒有害大气污染物进行重点控制，EPA 之后根据化学物质的毒性、健康危害和环境暴露等方面修订该有毒有害污染物名录，共纳入 187 种污染物。此外，EPA 基于环境健康风险评估制定 6 种污染物的基础标准和二级标准 NAAQS，分别保护敏感人群（婴儿、儿童和老人）和公众福祉（包括防止可见度降低以及对动物、农作物、植被和建筑物的破坏），每 5 年更新一次。EPA 通过风险和技术审查（Risk and Technology Review，RTR）的形式对大气工业排放源实施最大可实现控制技术标准后的风险和技术进行评估，截至 2019 年已完成 52 个行业的审查，通过审查确定各行业可接受情况和对监管措施（包括排放限值）进行修订的必要性。[17]

美国 EPA 结合环境健康风险评估结果开展土壤污染环境风险防控工作，在特定废弃场所清理的超级基金项目审批中基于环境健康风险评估结果开展决策。[18] 1986 年，EPA 发布的《超级基金场地公众健康评价手册》（*Superfund Public Health Evaluation Manual*），要求在超级基金场地修复可行性研究中开展公众健康评价。[19] EPA 自 2002 年起针对挥发性有机污染物和半挥发性有机污染物室内蒸汽入侵的健康危害进行了评估，据此推荐暴露参数和相应技术规范研究；2011—2018 年，基于环境健康风险评估结果发布了六氯丁二烯、萘、全氟辛烷磺酸的健康效应科学研究报告。[20] 除超级基金修复体系外，美国多数州都采用了基于风险管理的方法治理土壤污染，佛罗里达州于 2003 年发布的《基于风险管理的矫正行动》（*Global Risk-Based Corrective Action*）要求基于暴露的化学物质对人体健康产生的潜在影响，结合默认的假设条件和污染场地的特定数据，确定污染物目标修复标准（contaminate target cleanup levels，CTLs）和以风险为基础的目标浓度，据此实施治理行动。[21]

此外，美国致力于环境健康风险评估技术研究与创新，以便更好地服务于环境管理决策。2004 年 EPA 提出的《人体健康研究战略》明确了 2006—2013 年提高人体健康风险评估科学基础的战略研究方向。[22] 2014 年发布的《支持决策的人体健康风险评估框架》进一步强调了风险评估与管理需求的结合，在评估之前的方案制定阶段根据管理需求划定评估范围和明确评估目的，并在评估中开展同行评审和利益相关方参与活动。2015 年，EPA 发布《2016—2019 年人体健康风险评估战略研究行动计划》（*Human Health Risk Assessment Strategic Research Action Plan 2016—2019*），旨在通过结合新的科学、方法和技术，识别关键问题、完善风险评估和分析方法，评估化学物质暴露造成的人体健康和环境风险，最终改善环境决策。

1.1.7 小结

经过数十年的发展，美国以化学物质暴露的健康危害为切入点，立足于环境健康风险评估，逐步构建了较完善的评估体系，强有力地支撑环境管理科学决策，为环境法律法规和政策的制定提供重要技术支撑。为推动环境健康风险评估工作开展，美国 EPA 制定并发布 100 余项环境健康风险评估技术指南和技术文件，开发了 IRIS、数十种模型工具、毒性/暴露参数数据库，还单独设置计算毒理学和暴露中心、公众健康与环境评估中心两个专门的机构以及结合环境管理需求在 EPA 的空气、水、国土和应急、化学安全和污染预防 4 个业务部门下设立相应的办公室开展环境健康风险评估与管理工作，构建了系统完善的环境健康风险评估技术力量体系。美国 EPA 在环境管理中，将环境健康风险评估作为核心工具识别重点管控有毒有害化学物质/污染物，基于环境健康风险评估制定和发布环境基准，为相应的环境质量标准/污染物排放标准制（修）订、污染物减排、污染场地修复、饮用水保护等环境管理决策提供科学依据。美国 EPA 在法律法规和政策制定中，一方面明确规定环境健康风险评估的责权主体、工作程序、评估方法或技术要点等方面的具体要求；另一方面要求针对基于环境健康风险评估制定的有毒有害物质名录及其基准、标准，采取管控措施，防范风险以保障公众健康。

1.2 欧盟环境健康风险评估

1.2.1 明确的法律法规要求

欧盟《单一欧洲法》（*Single European Act*）、《欧洲联盟条约》（*Treaty of Maastricht*）强调“保持、保护和改善环境质量，保护人类健康，节约和合理利用自然资源”。[23] 1993 年欧盟议会（European Parliament and of the Council）通过了已有物质的健康风险评估和危险物质对人类健康风险评估的“Council Regulation（EEC） No. 793/93”和“Commission Directive 93/67/EEC”两项指令，[24] 是欧盟进行环境健康风险评估的法律基础，[25] 开启了化学品风险管理征程。

2007 年，《化学品注册、评估、许可和限制》（*Registration，Evaluation，Authorization and Restriction of Chemicals*，REACH）法规实施，该法规融入了风险预防的原则，高关注物质和具有致癌、致突变等性质的物质制定了一套授权程序，该程序包含了申请授权物质的可替代性方面的要求，[26] 对化学品进行全面的风险管理。[27] REACH 要求欧盟各国针对新化学品和现有化学品进行注册和评估，识别化学品对人体健康的风险，通过授权和限制，管理其可能导致的风险。

2008 年 12 月 16 日，欧洲议会和欧盟理事会通过了全球第一部基于联合国《全球化学品统一分类和标签制度》（*Globally Harmonized System of Classification and Lablling of Chemicals*，GHS）的法规《欧盟关于物质和混合物分类、标签和标准的法规》（*Regulations on Classification，Labelling and Packaging of Substances and Mixtures，Amending and Repealing*，CLP）（1272/2008/EC）。CLP 在 GHS 规定的基础上，要求对化学品可能引起人体健康损害

和生态环境损害的不同效应结局进行分类评级，用于指导各国对化学品进行分类和标签，以保护人类健康与生态环境安全。

2000 年，欧盟颁布的《水框架指令》（2000/60/EC）（*Water Framework Directive*，WFD）要求欧盟委员会基于风险评估对水环境中可能引起重大风险的物质进行优先级排序，并据此制定优先污染物（priority pollutants）和优先危害物质清单（priority hazardous substances），[28] 依据欧洲经济共同体理事会条例第 793/93 号“现有物质的评价和风险控制”开展有针对性的水生生态风险和人体健康风险评估。优先污染物通过经由环境的人体健康靶向风险评估或结合水生暴露途径导致的健康毒性危害证据等信息评估确定，主要从持久性有机物、已被证明具有致癌/致突变/影响类固醇激素、甲状腺激素、生殖或其他内分泌干扰作用的物质以及持久性/生物蓄积性/有毒物质（persistent bio-accumulative toxic substances，PBT）等物质中筛选。优先危害物质具有 PBT 特性及同等关注程度，主要从国际公约管控物质、三致效应（致突变、致癌、致畸形）物质等具有严重危害的物质中筛选。

1.2.2 专业的风险评估委员会

欧洲化学品管理局（European Chemical Agency，ECHA）是欧盟化学品风险评估与管理的核心机构，负责化学品注册、审查、风险评估和许可相关工作，并结合风险评估结果向欧盟委员会提议应重点关注的化学物质。ECHA 下设风险评估委员会（Risk Assessment Committee），负责提出有关评估、授权申请、限制建议以及分类和标签相关的意见。1997 年，欧盟通过 97/579/EC 决议，成立毒性、生态毒性和环境科学委员会（Scientific Committee on Toxicity，Ecotoxicity and the Environment），开展生态风险评估和环境健康风险评估所需的毒理学研究评估工作。2004 年 3 月，该委员会由新成立的环境与健康风险科学委员会（Scientific Committee on Health and Environmental Risks，SCHER）（2004/210/EC）取代，开展环境污染物可能引起不良健康效应和杀菌剂相关健康与安全问题的研究与评审、生态风险和人体健康风险评估相关工作。

1.2.3 完善的技术规范要求

1996 年，欧盟发布了适用于现有化学物质和新化学物质的《风险评估技术指南文件》（第一版）（*Technical Guidance Document on Risk Assessment*，TGD 1），详细规定了开展化学物质风险评估的技术要求，包括标准方法、数据来源、参数选择与模型应用等方面内容。2003 年，《风险评估技术指南文件》（第二版）（TGD 2）发布实施，对原技术指南中的部分内容进行了修订，总结了风险评估体系的总体思路、整体框架和数据标准。修订后的 TGD 2 文件分为 4 册（PART I～IV），共 7 章内容，分别是总论、人体健康风险评估、生态风险评估、定量构效关系（Quantitative Structure-Activity Relationship，QSARs）使用、用途类别、风险评估报告形式、排放场景文件等，是进行风险评估的技术基础。[29] 2008 年欧盟发布了《关于信息要求与化学物质安全评估（CSA）指南》文件，该文件以 TGD 文件为基础，详细阐述了 REACH 法规框架下开展化学物质风险评估的技术方法，指南文字多达数千页，包括简明指南和支持性参考指南两部分：简明指南包括 7 个方面内容（PART A～G）；支持性指南包括 19 个章节（R.2～20），每一章节独立成册。

1.2.4 模型开发与数据库建设

1997年，欧盟为保证各国政府有效开展风险评估，开发了风险评估模型工具：欧盟物质评估系统（European Union System for the Evaluation of Substance，EUSES）。通过在该系统中输入化学物质的物理化学性质和危害性数据，可以推测化学物质的排放量及分布，推算暴露水平，并结合危害性数据进行风险判断，从而评估化学物质对生态环境和人体健康的风险。欧盟的环境健康风险评估主要从化学品全生命周期角度进行评估，与美国和其他国家的环境健康风险评估不同的是 EUSES 中不仅考虑环境间接暴露，还包含化学品的排放信息模拟和分布信息模拟，可以对职业暴露和消费者暴露进行局部或全局的模拟，与此同时设定"最差环境"参数值，以便更合理地评估环境间接暴露风险。[30-32]

为落实 REACH 法规，欧盟开发了欧洲化学品管理局（European Chemicals Agency，ECHA）数据库。化学品制造商和进口商需要尽可能收集化学品性质相关资料，并录入 ECHA 数据库，ECHA 对可疑化学品进行生态风险和人体健康风险评估，根据评估结果和风险可接受程度分别发布授权物质清单、限制物质清单、高关注度物质（Substances of Very High Concern，SVHC）清单，为欧盟化学品风险管理提供依据。

1.2.5 环境健康风险评估服务于环境管理决策

欧盟结合化学物质对人体健康和环境的危害，针对重大风险物质进行优先级排序，并在此基础上首次发布了包含 33 种物质的优先污染物清单（Decision 2455/2001/EC），随后发布 2008/105/EC 指令明确地表水中 33 种优先控制物质和 8 种其他污染物及其含量限值。[33] 经过化学物质的环境和人体健康风险识别与筛选，欧盟于 2013 年发布 Directive 2013/39/EC 指令，将优先污染物种类调整为 45 种，其中包含 21 种优先危害物质。[34] WFD 规定在优先污染物识别后 2 年内制定地表水、沉积物和生物体环境质量标准以及排放削减和控制措施，要求在 20 年内停止释放或逐步淘汰优先危害物质。

欧盟理事会和欧洲议会发布的《欧洲环境空气质量与清洁空气指令》（2008/50/EC）（*Air Quality Directive*）要求到 2020 年实现"空气质量的水平，不会对人类健康和环境产生重大的不利影响和风险"，[35] 列出了二氧化硫、悬浮颗粒物、铅等 13 种物质的空气质量标准，并要求欧盟成员国对这些物质进行监测和报告，当污染物浓度超过"警报阈值"（alert thresholds）时，短期暴露也可能对人体健康造成威胁，要求采取紧急恢复措施。

欧盟将风险评估方案用于化学品管控的众多方面，并对不同的化学品进行健康风险评估，根据评估结果推行相应的政策方案，在 REACH 法规之前，欧盟就已经对 $C_4H_{10}O_2$、$(CH_3O)_2SO_2$ 等 141 种化学品进行健康风险评估。[36]

为预防和控制重大事故造成对环境及人类健康危害的影响，欧盟议会于 2003 年实施了"Directive 96/82/EC on the Control of Major Accident Hazards Involving Dangerous Substances"，[37] 同时开展了"欧盟环境与健康战略"（EU Strategy on Environment and Health）以及针对儿童等特定人群的《国家环境健康行动计划》（*National Environmental Health Action Plans*，NEHAPs）和《2004—2010 年欧洲环境和健康行动计划》（*European Environment and Health Action Plan* 2004—2010）等环境健康战略行动计划和政策实施行动计

划。[38] 欧盟于 2012 年发布的《第七个环境行动规划草案》要求基于环境健康指标开展监测和采取削减措施，降低环境污染对人体健康的影响。[39]

1.2.6 小结

欧洲从化学品风险管理入手，开展化学物质的环境健康风险评估工作。欧盟的 REACH 法规、CLP 法规和 WFD 指令从化学品风险管控的角度出发，明确要求针对现有和新化学品进行环境健康风险评估与风险分级工作，列出了相应的程序和技术要求，为出台相关管理政策和技术规范文件提供依据，有力地夯实了环境健康风险评估的工作基础。欧盟设立了欧洲化学品管理局和环境与健康风险科学委员会，专门开展化学品环境健康风险评估技术规范制定、评估结果审查与相关研究工作，开发的欧盟物质评估系统（EUSES）和相应的环境健康风险评估基础数据库（如各类健康效应终点的毒作用参数和毒性数据以及人群活动时间、膳食结构、摄入量等暴露数据）为环境健康风险评估工作提供了有力支撑。欧盟将化学物质的环境健康风险评估结果有效地用于水污染管控中优先污染物和优先危害物质的筛选、空气污染物质量标准制定、化学品风险识别及其高关注物质筛选以及各项环境管理行动计划制定，为环境管理决策提供科学依据。

2 关于我国环境健康风险评估制度建设的思考

2.1 环境健康风险评估制度内涵

世界卫生组织（WHO）将环境与健康定义为：关注物理性、化学性和生物性等外在环境因素以及其他相关行为影响因素，通过评估和控制影响人体健康的潜在环境危险因素，达到“预防疾病、创造有益健康的环境”的目的。风险是指遭受破坏或损失的可能性。[40] 环境健康风险评估是对人群暴露于环境污染因素而发生有害效应的可能性进行评估的过程。

环境健康风险评估制度是基于生态环境管理需求，针对人群暴露于环境污染因素产生的风险进行评估，以确定健康风险水平，从而为相应的风险管理决策提供科学依据的制度。环境健康风险评估制度的基础是评估技术规范、毒理学/流行病学等基础数据资料以及专家委员会等专业技术能力；制度的目的是确定生态环境污染导致的人群健康风险水平；制度的核心是风险评估结果对生态环境管理决策的支撑，即环境健康风险评估结果在生态环境管理中的应用；制度的宗旨是保障公众健康。

2.2 环境健康风险评估制度建设的关键问题

2.2.1 法律法规落实困难，缺乏系统完善的顶层设计

我国现行生态环境法律法规要求建立健全环境健康风险评估制度，但相关的零星规定

多为原则性条款（表 2），缺乏可操作性。建立健全环境健康风险评估制度是落实生态环境保护法律法规中风险管理有关规定的重要举措。2015 年 1 月 1 日实施的《中华人民共和国环境保护法》明确了“保障公众健康”是其立法目的之一，并要求建立、健全环境健康风险评估制度。随后发布实施的《中华人民共和国大气污染防治法》《中华人民共和国水污染防治法》《中华人民共和国土壤污染防治法》等法律均明确了保障公众健康的立法目的。同时，规定环境质量标准的制定应以保障公众健康和生态环境为宗旨，根据污染物对公众健康和环境的危害和影响制定污染物名录和风险管控标准。然而，如何根据环境健康风险评估的结果制定污染物名录、质量标准、排放标准、风险管控标准等未作要求；同时，环境质量标准、污染物名录和风险管控标准等管理措施仅仅是风险评估制度中管理实践环节的内容，环境健康风险评估工作什么情况下开展、由谁开展、如何开展等要求也未在法律法规中体现，环境健康风险评估制度建设的路径尚不明确。

表 2　环境健康风险评估制度相关规定

法律法规	条款	有关环境健康风险的规定
《中华人民共和国环境保护法》	第三十九条	国家建立、健全环境与健康监测、调查和风险评估制度
《中华人民共和国大气污染防治法》	第八条	国务院生态环境主管部门或者省、自治区、直辖市人民政府制定大气环境质量标准，应当以保障公众健康和保护生态环境为宗旨，与经济社会发展相适应，做到科学合理
	第七十八条	国务院生态环境主管部门应当会同国务院卫生行政部门，根据大气污染物对公众健康和生态环境的危害和影响程度，公布有毒有害大气污染物名录，实行风险管理
《中华人民共和国水污染防治法》	第三十二条	国务院环境保护主管部门应当会同国务院卫生主管部门，根据对公众健康和生态环境的危害和影响程度，公布有毒有害水污染物名录，实行风险管理
《中华人民共和国土壤污染防治法》	第十二条	国务院生态环境主管部门根据土壤污染状况、公众健康风险、生态风险和科学技术水平，并按照土地用途，制定国家土壤污染风险管控标准，加强土壤污染防治标准体系建设
	第二十条	国务院生态环境主管部门应当会同国务院卫生健康等主管部门，根据对公众健康、生态环境的危害和影响程度，对土壤中有毒有害物质进行筛查评估，公布重点控制的土壤有毒有害物质名录，并适时更新
《危险化学品安全管理条例》	第六条	环境保护主管部门负责废弃危险化学品处置的监督管理，组织危险化学品的环境危害性鉴定和环境风险程度评估，确定实施重点环境管理的危险化学品，负责危险化学品环境管理登记和新化学物质环境管理登记

我国环境健康风险评估制度缺乏系统完善的顶层设计。现有法律法规要求建立环境健康风险评估制度，但未明确其具体要求，也尚未制定相关管理条例或办法推动落实制度建设工

作。虽已印发《国家环境保护环境与健康工作办法（试行）》《“健康中国 2030”规划纲要》《健康中国行动（2019—2030 年）》等文件，但其法律效力层级不够且有关责权划分、实施要求、能力建设等方面的部分规定不够清晰或涵盖不全，难以推动落实。亟须从制度内涵和理念、制度框架、制度内容、建设路径等方面开展顶层设计、构建系统完善的风险评估制度。

2.2.2 技术研发体系不健全，技术能力待提升

我国环境健康风险评估机构设置比较分散，难以形成合力。中国环境科学研究院、中国环境科学学会、生态环境部华南环境科学研究所、环境规划院、环境与经济政策研究中心等机构均设立了实验室或研究中心开展环境健康风险评估工作，[41] 但各实验室和研究中心的同质化程度较高，彼此缺乏明确定位和协作机制，大量研究成果无法直接作为生态环境部管理决策的依据。

环境健康风险评估研究力量薄弱，基于生态环境管理需求的环境健康风险评估能力不足。我国从“十五”开始将环境污染与人体健康的研究列入国家环境保护规划，但在“十五”和“十一五”计划中均未明确具体研究内容，直至“十二五”开始才将环境健康作为单独的重点领域明确具体任务。然而，环境健康风险评估是一项综合性极强的工作，需要化学、毒理、公共卫生、统计分析等多学科的知识作为支撑，历经十多年的发展，大部分的研究成果仍属于基础技术的创新，研究工作主要集中在毒理学、流行病学和相关模型构建与优化，以及国际上关注度较高的持久性有机污染物、内分泌干扰物、抗生素等物质的健康影响上，在利用毒理学和流行病学研究结果开展危害识别和危害表征的技术方法以及不确定性分析、证据权重评价等领域缺乏系统的研究，难以形成系统完善的环境健康风险评估理论体系和技术方法，风险评估能力无法满足管理需求。

2.2.3 标准规范不完善，模型工具缺失

现有环境健康风险评估技术规范体系的科学性、合理性和完善程度都不足以为解决我国当前面临的环境健康问题提供足够支持。[42] 表现在以下几个方面[43]：①现有的技术规范从环境管理具体需求出发，缺乏宏观层面的引导和未雨绸缪的预判，未能清晰划分各类技术规范的内容边界及其之间的联系，可能导致技术规范之间缺乏合理衔接或存在自相矛盾；②已经发布或正在制定的技术规范无论是从数量还是从质量上，都不足以支撑环境健康风险管理；③与欧美发达国家和地区相比，技术规范主要集中在具体应用领域（如污染场地）对国外技术规范的引进，在危害识别、危害表征、不确定性分析等关键环节的基础方法类技术规范基本处于空白。

我国在环境健康风险评估模型工具和数据库构建方面尚处于起步阶段。虽然中国科学院计算机网络信息中心建成了化学物质毒性数据库，但存在数据信息量少、操作界面不友好、数据结构设计简单等问题。[44] 国家层面仍缺乏相对完善的适用于开展环境健康风险评估工作的数据库和评估系统，进行环境健康风险评估时，只能借鉴引用欧美已开发的评估工具和数据库中的数据。

2.2.4 决策支撑力度弱，管理需求难满足

生态环境管理对环境健康风险评估的核心需求是确定管理对象（包括化学物质或污染物、区域、行业、企业等）、管理目标（浓度水平）和管理措施（如总量控制、排污许可、环境修复或恢复等）。但是，我国的环境健康风险评估制度建设尚处于起步阶段，环境健康风险评估对生态环境管理决策的支撑力度尚显薄弱，难以满足生态环境管理的需求，部分领域仍有待加强。主要体现在：①环境影响评价和环境保护规划相关技术标准规范文件虽要求开展环境健康风险评估工作，但未明确规定评估的具体技术方法和技术要点，鲜有在环境影响评价和环境保护规划中开展环境健康风险评估的实践案例；②新化学品申报登记虽然要求开展风险评估，但现有化学物质环境健康风险评估及风险管理方面尚未开展相关工作；③环境基准制定工作起步较晚，研究基础薄弱，[45] 已制定发布的基准值主要基于环境生物，尚未发布基于人体健康的基准值；④现行的水和大气环境质量标准以及污染场地风险管控和修复目标往往直接引用 WHO、欧洲、美国等已有的标准值或在已有标准值的基础上结合国内污染现状和技术可行性制定，由于我国与其他国家在饮食习惯和活动模式等方面有一定差异，直接引用可能导致所制定标准无法有效保护公众健康；⑤突发环境事件的快速环境健康风险评估，以及基于评估结果的应急处置指导限值的制定方面尚处于空白。

2.3 我国环境健康风险评估制度建设思路

从完善制度保障、提升技术能力和强化管理实践 3 个方面逐步建立我国环境健康风险评估制度（图 1）。

（1）构建法律保障：环境健康风险评估制度以法律法规和政策规定为制度保障。在相关的法律、法规和政策规定中对环境与健康风险评估制度作出明确规定，包括具体目标和措施。

（2）提供技术保障：第一，构建环境健康风险评估技术指南体系，为风险评估人员开展环境健康风险评估提供技术依据；第二，推动污染物毒理学、流行病学等基础研究工作，为危害识别和危害表征（剂量-反应评估）提供技术参数；第三，开展我国人群环境健康暴露调查，为环境健康风险评估中暴露评估所需的暴露参数提供依据；第四，构建环境健康风险评估数据库，开发通用的环境健康风险评估工具。

（3）强化管理实践：第一，在化学品管理、污染物排放许可、环境基准和标准制（修）订、建设项目行业准入、污染场地修复与管理、突发事件应急等生态环境管理中，应紧密围绕需要解决的具体环境问题制定环境健康风险评估方案进行评估；第二，通过环境健康风险评估确定人群因环境污染产生健康危害的潜在风险水平；第三，结合生态环境管理的目标确定风险可接受水平，在此基础上筛选应重点管理的污染物种类、浓度限值、高风险人群、高风险区域/行业等，并制定相应的管理措施。

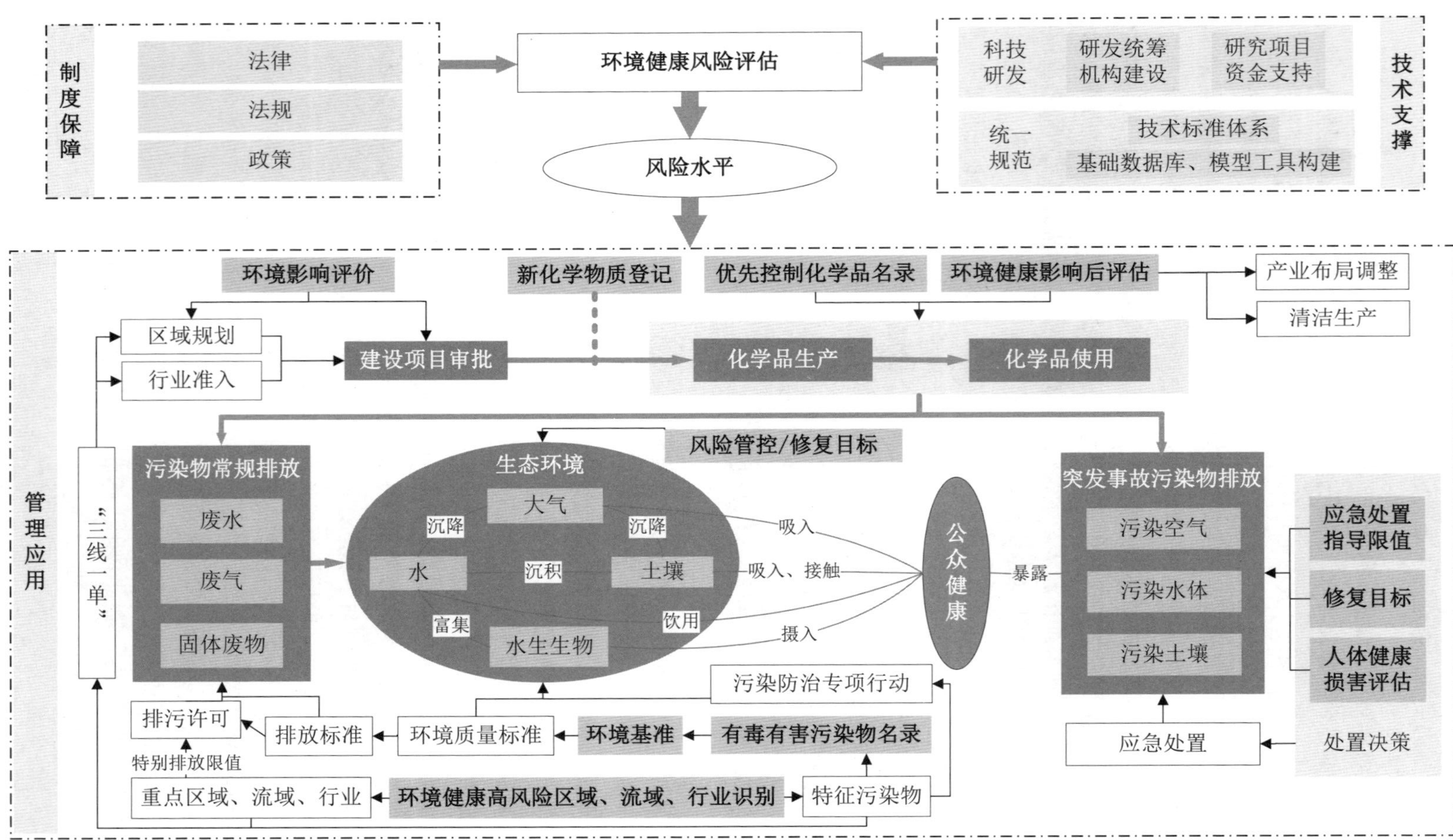

图1 环境健康风险评估制度建设思路

2.4 环境健康风险评估制度构建要求

2.4.1 法律法规政策

明确法律要求，推动环境健康风险评估制度落实。借鉴美国经验，在《中华人民共和国环境保护法》《中华人民共和国水污染防治法》《中华人民共和国大气污染防治法》《中华人民共和国土壤污染防治法》等法律修订中进一步明确环境健康风险评估制度建设要求：在相应的法律条文中明确环境健康风险评估工作的权责主体，要求生态环境管理部门将环境健康风险评估应用于优先控制化学品/有毒有害污染物名录制定、新化学物质申报登记、排污许可、污染场地风险管理等生态环境管理政策制定，将环境健康风险评估作为环境标准、政策、规划制定的依据之一。通过明确法律要求，将环境健康风险评估制度融入生态环境管理，为切实解决影响广大人民群众健康的突出问题提供法治保障。

结合生态环境管理需求，适时制定环境健康风险管理条例。在管理条例中将“政府主导、企事业单位参与”作为环境健康风险评估制度建设的基本原则，强化环境健康风险评估对生态环境管理决策的支撑。在管理条例或办法中进一步明确环境健康风险评估制度建设要求，包括开展环境健康风险评估制度建设各项工作的责任主体、开展环境健康风险评估的工作依据、环境健康风险评估技术能力建设（完善技术规范体系、专家委员会/机构设置、开展技术培训等）、明确环境健康风险可接受水平或等级等内容。通过管理条例或办法，统筹建立环境健康风险评估相关部门和技术力量工作机制，贯彻落实环境健康风险评估制度。

完善相关政策，促进环境健康风险评估制度建设有序开展。在 2018 年发布的《国家环境保护环境与健康工作办法（试行）》的基础上，从以下 3 个方面修订完善：①变试行文件为正式实施文件，提升该办法的执行效力；②完善环境健康风险评估制度建设相关内容，将健康风险评估结果作为决策依据纳入化学品/污染物名录、环境基准、质量标准、排放标准和技术指南等标准规范的制（修）订程序；③补充环境健康风险评估基础数据库建设、模型工具开发、基础信息共享等工作的责权划分，以及环境健康风险评估专家委员会在毒性数据筛选和重点关注/优先控制化学品或污染物名录制定中的作用等内容。同时，在生态环境保护规划中纳入环境健康风险评估制度建设相关内容，明确开展环境健康风险评估科学研究、基础数据库构建、人才队伍建设等工作内容，推动将环境健康风险评估结果用于生态环境管理决策。

2.4.2 科研技术力量

（1）机构设置

整合环境健康风险评估技术力量，将环境健康风险管理融入生态环境部门的日常管理。环境健康风险评估的目的根据生态环境管理的需求设定，因此环境健康风险评估团队或机构设置可采取以下 3 种方式：

一是借鉴美国经验，根据管理需求，在生态环境部各业务司局分别下设相应的环境健康风险管理处，分别开展各自领域的环境健康风险评估工作，以支持环境基准、环境质量标准、污染物排放标准等标准规范的制（修）订和风险管控工作。

二是成立国家环境健康风险评估中心，专门开展环境健康风险评估技术研究，包括新化学物质和现有化学物质的毒理学研究、剂量-反应关系水平确定、环境健康相关流行病学研究、开发暴露评估等模型工具、构建环境健康风险评估基础数据库等工作，为完善生态环境法律法规、标准规范等文件制（修）订中健康风险管理相关内容提供技术支持。

三是构建新的运行机制充分调动现有机构的技术力量，确保环境健康风险评估结果更好地服务于生态环境管理。生态环境部结合管理需求直接组织相关科研院所开展环境健康风险评估技术支持工作。在此基础上，通过定期联席会议的形式确定生态环境管理中在环境健康风险评估方面的需求，根据管理需求确定工作计划，组织现有科研机构有序开展环境健康风险评估相关法律法规、规范文件、技术标准制（修）订以及数据库建设、危害表征、暴露评估等基础工作。

在现有体制机制下按第一种方式增设机构不太现实；短期内成立国家环境健康风险评估中心的可能性也较小，远期随着生态环境管理思路的转变和风险防范理念的深入或许可行；第三种方式实施起来较为烦琐，组织协调工作量较大，但可以直接实现。因此，短期内建议构建新的运行机制，充分调动现有机构的技术力量开展环境健康风险评估，同时加强全国范围内环境健康风险评估专业队伍建设，为生态环境管理决策提供依据；长期而言，视生态环境部对环境健康风险评估的需求情况，适时成立国家环境健康风险评估中心。

（2）加强科技研发力度

统筹现有科研力量，强化科研成果对生态环境管理的支撑力度。在现有毒理学和流行病学研究的基础上，结合生态环境部的管理需求，在环境健康风险评估技术创新和应用实践领域设立相应的科技研究专项，加大研发资金支持力度，充分利用现有科研条件，吸引各实验室和研究中心不同专业背景、不同研究领域的技术专家相互配合、有系统地围绕环境健康风险评估技术、具体污染物的健康风险评估以及评估结果在生态环境管理中的应用开展研究工作，逐步形成我国环境健康风险评估研究体系，推动研究成果落地应用。

有序推进研究工作，提升环境健康风险评估基础研究、技术创新、管理应用方面的研究水平。优先解决环境健康风险评估技术储备不足的问题，开展基于污染物健康效应和毒性作用机制研究结果的危害识别和危害表征的技术方法以及不确定性分析、证据权重评价等基础方法研究工作。适时开展环境健康风险评估相关新技术和新方法研究，包括多种污染物暴露健康效应、多暴露途径模型、生物可利用度、国内外重点关注污染物（持久性有机污染物、内分泌干扰物等）等。在此基础上，结合生态环境管理需求，针对具体污染物开展环境健康风险评估工作，为化学品/污染物名录和环境基准制（修）订、环境健康高风险区域/流域/行业确定等生态环境管理决策提供技术支撑。

2.4.3 技术、数据和模型

（1）完善技术规范体系

技术规范是支撑环境健康风险评估制度的核心保障。我国应基于生态环境管理的业务需求和环境健康风险评估的关键环节，遵循系统性、科学性、完整性和开放性的原则，结合发达国家和地区环境健康风险评估技术体系构成与实践经验，逐步构建以“总纲+基础方法类技术规范+应用领域类技术规范”为总体架构的环境健康风险评估技术规范体系。

基于已发布实施的《生态环境健康风险评估技术指南　总纲》（HJ 1111—2020），适时制修订基础方法类和具体应用领域的环境健康风险评估技术规范，构建完善的环境健康风险评估技术规范体系。建议优先制定危害识别、危害表征、暴露评估和风险表征专项技术规范，对于专项技术规范中需要进一步扩展但技术条件不成熟的内容，制定支持性参考技术规范，待条件成熟时将其与专项技术规范修订、整合后发布统一完整的技术规范。由生态环境部根据管理需求，按照总纲和基础方法类技术导则的相关要求，制定应用领域风险评估技术规范。

（2）开发基础数据库与模型工具

从国家层面统筹构建统一的环境健康风险评估基础数据库并适时更新和公开相关数据信息，减少各项评估所用数据的差异，支撑和规范环境健康风险评估。环境健康风险评估需要环境监测数据、人群患病死亡等健康数据、环境污染导致健康损害相关科研基础数据、地理信息、气象等数据的支持，[46] 重点建立基于化学物质的剂量-反应关系及由此推导的致癌和非致癌毒性数据库、建立基于人群暴露调查所得的暴露参数数据库、或建立同时涵盖化学物质毒性和人群暴露参数的数据库，之后再根据评估需求建立其他必要的数据库。构建环境健康风险评估数据库时，在建立基本数据集的基础上，通过组织调查或公众自行提交收集相关数据信息，经由专业机构或专业委员会评估审核满足数据质量要求后，数据方可入库。建议由同时具备环境健康风险评估与数据库构建经验的机构或团队，借鉴美国、欧盟的环境健康风险评估数据库建设经验，构建我国的环境健康风险评估基础数据库并对外免费共享。

我国应着手开发基础模型和工具，统一和规范环境健康风险评估技术，为开展环境健康风险评估奠定技术基础。从国家层面优先开发暴露评估模型，在单一污染物和单一途径暴露的基础上，逐步增加多种污染物暴露或多途径暴露的评估模型，明确各模型的适用范围和假设条件并编制使用说明，对公众开放免费下载使用权限。根据生态环境管理需求，适时开发环境健康风险评估模型系统，整合环境健康风险评估所需的污染物环境归趋模型、污染物时空分布模型、暴露评估模型、剂量-反应关系模型等，逐步发展和完善环境健康风险评估模型系统。

2.4.4 管理应用

环境健康风险评估结果在生态环境管理中的应用是环境健康风险评估制度的核心。环境健康风险评估结果对生态环境管理决策的支撑作用主要体现在两个方面：①生态环境管理目标的确定，包括环境健康高风险的化学品、污染物、区域、流域、行业等；②基于环境健康风险可接受水平，结合现行生态环境管理制度，明确风险管控措施。

（1）化学品管理

通过环境健康风险评估，在化学品生产使用前的审批登记阶段进行相应的风险管控，降低化学品生产使用对周边人群的健康影响。一是针对新化学物质开展环境健康风险评估，根据评估结果对新化学物质进行科学分类和登记许可。二是合理评估化学品生产和使用阶段的环境健康风险，结合化学品迁移转化特性、毒理特性、环境含量水平等因素，制定优先控制化学品名录，适时限制和禁止环境健康高风险化学品的生产和使用，鼓励替代产品的研发、生产和使用。三是适时开展化学品生产和加工使用建设项目以及化工园区的环境健康影响后评估工作，确定相应的环境健康风险水平，为化学品管理、产业布局调整、清洁生产等管理决策提供依据。

（2）污染物排放管理

基于环境健康风险评估结果开展有毒有害污染物名录、环境基准、质量标准和排放标准制修订以及排污许可等工作，是推动化学物质常规排放管理精准化和科学化的重要举措。化学物质在化学品生产、使用和废弃过程中随废水、废气或固体废物排放到环境中变为污染物，通过环境健康风险评估确定各种污染物在不同环境介质中的最高允许浓度，即基于保护人体健康的环境基准；在环境基准的基础上，结合环境健康风险水平和当前的环境质量状况，制定各种污染物的环境质量标准；进一步考虑经济和技术可行性，基于环境质量标准制定相应的污染物排放标准；基于环境质量标准和排放标准的排污许可，能有效减少环境健康高风险污染物的排放。最终形成完善的以保护公众健康为核心的污染物排放管理体系。

（3）环境质量管理

污染物进入环境中后，基于污染物导致的人体健康和生态环境风险水平现状制（修）订有毒有害污染物名录和环境质量标准，将环境健康高风险物质纳入管控并明确相应的管控水平。环境中的污染物可能通过多种暴露途径导致人群暴露，具体包括：污染物排放到大气中后，通过吸入途径进入人体，或沉降到水环境和土壤环境中；进入水环境中的污染物通过饮用水摄入或皮肤接触途径进入人体，或经水生生物（鱼、虾等）富集后通过饮食摄入途径进入人体，或沉淀到土壤环境中；进入土壤环境中的污染物可能通过皮肤接触或吸入途径进入人体。结合环境健康风险评估结果制（修）订有毒有害污染物名录，以减少人群暴露。推动现行的由经济成本或监测技术可行性等因素决定的事后管理“能管”思路转变为事前管理的“风险预防”理念，科学管控环境健康高风险污染物。对于列入有毒有害污染物名录的物质，根据生态风险和人体健康风险水平的高低依次启动各种污染物基于人体健康风险的环境基准制定工作，弥补该领域的空白。

（4）高风险区域、流域、行业管理

每五年或十年定期组织开展全国范围的环境健康风险评估，识别有较高环境健康风险的区域、流域和行业，界定其主要污染源及特征污染物。在此基础上，开展相应的风险管理：将特征污染物纳入有毒有害污染物名录，推动基于人体健康的环境基准制（修）订，从而推动相应的环境质量标准和排放标准的制（修）订；对有较高环境健康风险的重点区域、流域和行业的主要污染源和特征污染物，在排污许可中设定特别排放限值，并结合风险可接受水平适时更新；在“三线一单”编制中重点考虑环境健康高风险区域、流域和行业，制定合理的环境健康风险管控措施，考虑将特征污染物纳入环境准入负面清单；基于环境健康风险约束性指标，分析产业的协调性，科学制定产业发展规划、区域规划、行业准入要求和污染物削减目标；结合建设项目环境影响评价中的环境健康风险评估结果，明确其潜在的环境健康风险，基于环境健康风险可接受水平采取必要的风险控制措施（污染治理、工艺改进、人员搬迁、场址变更等），最终按照区域规划目标、行业准入要求和建设项目环境健康风险可接受水平开展建设项目审批；在重点区域、流域和行业开展重污染天气应急、行业减排、水源地保护、水体清淤、湖泊治理等污染防治专项行动，减少污染物的人群暴露，降低环境健康风险，实现保障公众健康的目的。

（5）突发环境事件应急处置

针对化学品生产、使用和废弃中因突发环境事件排放到周边环境中的污染物，基于环境健康风险水平确定相应的削减措施，在必要时启动人群健康损害评估工作。在大气、水环境突发事件处置中，结合水环境功能、气象和水文扩散、水生生物和周边人群分布等因素开展快速健康风险评估，制定相应的应急处置指导限值。在固体废物倾倒、土壤污染突发环境事件中，结合污染状况调查和周边人群分布，评估环境健康风险并制定修复目标。在突发大气环境事件发生后，根据人群健康风险评估，确定人群健康影响水平以及是否需要开展救治、搬迁等工作，为突发环境事件应急处置提供决策支持。

3 结论和建议

3.1 结论

环境健康风险评估制度是基于生态环境管理需求，针对人群暴露于环境污染因素导致的风险进行评估，以确定健康风险水平，从而为相应的管理决策提供科学依据的制度。环境健康风险评估是基于环境管理决策需求开展的，因此评估对象（某种/几类化学品、某种/几种污染物等）和范围（全国、省、市、县/区、化工园区、流域、行业、建设项目、污染场地、生态环境事件等）应结合具体的管理需求确定。环境健康风险评估技术方法主要采用国际通用的四步法（危害识别、危害表征、暴露评估、风险表征）。环境健康风险评估制度的核心是通过评估确定生态环境管理目标，推动现行的由经济成本或监测技术可行性等因素决定的事后管理“能管”思路转变，实现环境健康风险事前管理的“风险预防”。

欧美环境健康风险评估工作历经数十年发展，成功将环境健康风险评估融入环境管理，形成精准、科学、有效的管理决策体系。一是法律法规要求明确。在《清洁水法》《清洁空气法》《水框架指令》等法律法规中要求针对污染物/化学品开展环境健康风险评估，明确了环境健康风险评估的执行机构、评估方法和技术要点等内容，有力地夯实了环境健康风险评估的工作基础。二是设立专门机构开展环境健康风险评估。美国单独设置计算毒理学和暴露中心、公众健康与环境评估中心两个专业机构，并结合环境管理需求在 EPA 的空气、水、国土和应急、化学安全和污染预防 4 个业务部门下设立相应的办公室开展环境健康风险评估与管理工作，欧盟设立了欧洲化学品管理局和环境与健康风险科学委员会专门开展化学品环境健康风险评估技术规范制定、评估结果审查与相关研究工作。三是构建了完善的技术体系。为支撑环境健康风险评估工作，美国 EPA 制定并发布 100 余项环境健康风险评估技术指南和技术文件，同时开发了 IRIS 以及数十种模型工具、毒性/暴露参数数据库。欧盟也发布了环境健康风险评估技术指南，开发了 EUSES 和相应的基础数据库（如各类健康效应终点的毒性作用参数和毒性数据以及人群活动时间、膳食结构、摄入量等暴露数据），奠定了环境健康风险评估的技术基础。四是欧美基于环境健康风险评估结果开展环境管理决策。在水体、大气和土壤重点关注和管控污染物名录和高关注化学品清单制（修）订、环境基准制（修）订、基于基准的环境质量标准制（修）订、污染物减排、污染场地修复、饮用水保护等环境管理决策中充分考虑了环境健康风险，并通过行动计划、研究战略等项目定期或不定期开展区域或全国的环境健康风险评估工作，为环境管理决策提供科学依据。

我国虽然已开展部分环境健康风险评估工作，但环境健康风险评估制度建设仍处于起步阶段，缺乏系统宏观的顶层设计，对生态环境管理的支撑力度薄弱。具体表现在：一是我国环境保护法律法规中环境健康风险评估制度相关规定多为原则性条款，缺乏可操作性；二是现有环境健康风险评估研究机构同质化程度较高，缺乏明确定位和协作机制，研究工作和管理应用存在一定程度的脱节，研究成果无法直接服务于生态环境管理决策，同时环境健康风险评估技术规范体系不够完善，相关基础数据库和模型构建方面基本处于空白，难以支撑解决当前面临的环境健康问题；三是保障公众健康的理念尚未在生态环境管理中得到充分体现，环境健康风险评估对生态环境管理各项决策的支撑作用尚显薄弱且往往被忽视。

3.2 建议

借鉴欧美环境健康风险评估工作经验，结合我国生态环境管理现状，建议从以下方面建设环境健康风险评估制度：

（1）完善法律法规和政策规划制定

在环境保护相关法律法规条文中明确环境健康风险评估工作的权责主体，要求将环境健康风险评估用于生态环境管理决策。根据管理需求，适时制定环境健康风险管理条例，进一步明确环境健康风险评估制度建设要求。推动《国家环境保护环境与健康工作办法（试行）》修订，变试行文件为正式实施文件，将环境健康风险评估纳入标准规范制（修）订程序，补充基础数据库建设、模型工具开发、基础信息共享，以及专家委员会在毒性数据筛选和化学品/污染物名录制定中的角色等内容。此外，在生态环境保护规划中列明环境健康风险评估科学研究、基础数据库构建、人才队伍建设等工作内容。

（2）提升健康风险评估研究能力和技术水平

通过定期联席会议的形式确定相关法律法规、规范文件、技术标准制（修）订以及数据库建设、危害表征、暴露评估等基础工作方面的需求，根据生态环境管理需求确定工作计划，组织现有科研机构有序开展相关工作。必要时成立国家生态环境与健康风险评估中心，为管理决策提供全力支持。统筹科研资金加大环境健康风险评估技术创新和应用实践领域的研发资金支持，支持开展危害识别和表征等环境健康风险评估基础方法研究工作，提升环境健康风险评估基础研究、技术创新、管理应用方面的技术水平。逐步构建以“总纲+基础方法类技术规范+应用领域类技术规范”为总体框架的环境健康风险评估技术规范体系。从国家层面统筹具备环境健康风险评估、数据库建设和模型开发经验的团队构建环境健康风险评估基础数据库和开发评估模型与工具，重点建立化学物质的致癌和非致癌毒性参数数据库和人群暴露参数数据库，从暴露评估模型着手逐步构建和完善污染物环境转归和时空分布以及剂量-反应关系等模型工具，适时更新和免费公开共享相关数据和模型工具。

（3）推动环境健康风险评估结果在生态环境管理中的应用

环境健康风险评估制度建设的核心是基于环境健康风险评估结果明确应重点管理的化学品和污染物种类、高风险区域/流域/行业以及相应的管理应管到什么水平等，从而科学、精确地制定生态环境管理决策。基于环境健康风险评估开展化学品环境管理，一是新化学物质登记中基于环境健康风险评估结果对申报登记的新化学物质进行科学合理分类与标识；二是针对化学品生产使用过程可能导致的环境健康风险进行评估，将具有潜在环境健康高风险的化学品纳入优先控制化学品名录进行限制、禁止、替代和清洁生产；三是对化学品生产使用进行环境健康影响后评估以确定环境健康风险水平，支撑产业布局调整、清洁生产等决策制定。

化学物质生产、使用中排放和释放到环境中成为污染物的过程中，通过污染物排放管理、环境质量管理、高风险区域/流域/行业管理和突发事件应急处置管理，减少人群暴露、降低环境健康风险，具体从以下几个方面开展工作：第一，通过环境健康风险评估，开展基于保护人体健康的环境基准和环境质量标准制（修）订工作；第二，每五年或十年定期开展全国性的环境健康风险评估，识别环境健康高风险区域、流域、行业和相应的特征污染物，制定相应的排放标准或对其设定特别排放限值，实行排污许可管理；第三，将环境健康高风险区域、流域、行业的特征污染物纳入有毒有害大气、水污染物名录和场地风险管控/修复要求；第四，在“三线一单”编制中重点考虑环境健康高风险区域、流域、行业和相应的特征污染物；第五，基于环境健康约束指标，科学制定经济发展规划、区域规划、行业准入要求和污染物削减目标；第六，在建设项目环境影响评价中开展环境健康风险评估明确潜在的风险，风险不可接受时采取必要的风险防控措施，包括污染治理、工艺改进、人员搬迁、厂址选择等，最终结合行业准入要求进行建设项目审批；第七，在具有较高环境健康风险的区域、流域和行业开展重污染天气应急、行业减排、水源地保护、水体清淤、湖泊治理等污染防治专项行动，阻断污染物的暴露途径；第八，针对化学物质的突发事故排放，开展突发环境事件快速健康风险评估，科学制定应急处置指导限值和修复目标，必要时开展人群健康损害评估，以确定损害水平和进行疏散、救治、搬迁的必要性，为应急处置提供决策支持。

参考文献

[1] 环境保护部．国家环境保护环境与健康工作办法（试行）[EB/OL].（2018-01-30）．http://www.mee.gov.cn/gkml/hbb/bgt/201801/t20180130_430549.htm?keywords=.

[2] PAUSTENBACH D J. The practice of health risk assessment in the united states（1975–1995）：How the

U.S. and other countries can benefit from that experience[J]. Human and Ecological Risk Assessment：An International Journal，1995，1（1）：29-79，DOI：10.1080/10807039509379983.

[3] National Research Council. Science and Judgment in Risk Assessment[R]. Washington，DC：The National Academies Press，1994，Http://doi.org/10.17226/2125.

[4] U.S. Environmental Protection Agency，About risk assessment[EB/OL]. http://www.epa.gov/risk/about-risk-assessment#tab-2.

[5] U.S. Environmental Protection Agency．Interim procedures and guidelines for health risk and economic impact assessment of suspected carcinogens[S]. Federal Register 41：21-402（May 25），1976.

[6] 万里．环境法视野下的公共健康保护研究[D]．南京：南京大学，2013.

[7] [美]詹姆斯·萨尔兹曼，[美]巴顿·汤普森，许卓然，等．美国环境法（第四版）[M]．北京：北京大学出版社，2016.

[8] U.S. National Research Council. Risk assessment in the federal government：managing the process[M]. Washington，D.C.：National Academy Press，1983.

[9] U.S. Presidential/Congressional Commission on Risk Assessment and Risk Management. Framework for environmental health risk management. Washington，D. C.：13. S. Presidential/Congressional Commission，1997.

[10] 霍本兴，宋艳梅．毒物信息数据库的建立与应用[J]．环境与健康杂志，1996，13（4）：180-182.

[11] U.S. Environmental Protection Agency. Integrated Risk Information System [EB/OL]. https://www.ep.gov/iris/basic-infrmation-about-intergrated-risk-information-system.

[12] 吕忠梅，杨诗鸣．控制环境与健康风险：美国环境标准制度功能借鉴[J]．中国环境管理，2017（1）：52-58.

[13] 张翼，杜艳君，李湉湉．环境健康风险评估方法 第三讲剂量-反应关系评估（续二）[J]．环境与健康杂志，2015，32（5）：450-453.

[14] 孙佑海，朱炳成．美国环境健康风险评估法律制度研究[J]．吉首大学学报（社会科学版），2018，39（1）：15-25.

[15] KREWSKI D，TURNER M C，TYSHENKO M G. Risk management in environmental health decision[J]. Encyclopedia of Environmental Health，2011：868-877. doi：10.1016/b978-0-444-52272-6.00621-8.

[16] U.S. Environmental Protection Agency. Methodology for deriving ambient water quality criteria for the protection of human health[R]. EPA 822-B-00-004. Washington，D.C，2000.

[17] 蒋玉丹，王建生，黄炳昭，等．国外环境健康风险管理实践与启示[J]．环境与可持续发展，2019，44（5）：9-14.

[18] ROBERT R. Kuehna. The environmental justice implications of quantitative risk assessment[J]. University of Illinois Law Review，1996.

[19] Office of Emergency and Remedial Response，Office of Solid Waste and Emergency Response. Superfund public health evaluation manual[R]. Washington：EPA，1986.

[20] 葛峰，徐坷坷，刘爱萍，等．国外土壤环境基准研究进展及对中国的启示[J]．土壤学报，2021，58（2）：13.

[21] MILLS Ⅲ C F. Global RBCA：its implementation，foundation in risk-based theory，and implications[J]. Journal Land Use & Environmental Law，2006，22（1）.

[22] 胡习邦．国内外环境健康风险评价框架研究[J]．环境与可持续发展，2016，41（1）：25-28.

[23] 万里．环境法视野下的公共健康保护研究[D]．南京：南京大学，2013.

[24] European Parliament and of the Council. Council Regulation（EEC）No. 793/93，Commission Directive 93/67/EEC[EB/OL]. https://eur-lex.europa.eu/eli/reg/1993/793/oj.

[25] 李潍，于相毅，史薇，等．欧盟健康风险评估技术概述[J]．生态毒理学报，2019，14（4）：43-53.

[26] LAHL U，HAWXWELL K A. REACH-The new European chemicals law[J]. Environmental Science & Technology 2006，40（23）：7115-7121DOI：10．1021/es062984j.

[27] 姚薇．取其精华补己不足：欧盟化学品管理的实践及对我国的启示[J]．环境保护，2009（7）：52-53.

[28] European Parliament and of the Council. Directive 2000/60/EC of the European Parliament and of the Council of 23 October 2000establishing a framework for community action in the field of water policy[EB/OL]．https://eur-lex.europa.eu/eli/dir/2000/60/oj.

[29] YOUNES M. Specific issues in health risk assessment of endocrine disrupting chemicals and international activities [J]. Chemosphere，1999，39（8）：1253-1257.

[30] TSAI P J，SHIEH H Y，LEE W J，et al. Health-risk assessment for workers exposed to polycyclic aromatic hydrocarbons（PAHs）in a carbon black manufacturing industry [J]. Science of the Total Environment，2001，278（1-3）：137-150.

[31] 青达罕，许宜平，王子健．基于环境逸度模型的化学物质暴露与风险评估研究进展[J]．生态毒理学报，2018，13（6）：13-29.

[32] 周林军，古文，刘济宁，等，化学品环境暴露评估模型研究进展[J]．生态毒理学报，2018，13（1）：61-74.

[33] European Commission. Priority substances under the Water Frame Directive [EB/OL]. https://ec.europa.eu/environment/water/water-dangersub/pri_substances. htm#list.

[34] 周林军，张芹，石利利．欧盟优先水污染物与环境质量标准制定及其对我国的借鉴作用[J]．环境监控与预警，2019，11（1）：1-9.

[35] European Council and European Parliament.（EC）Decision 1600/2002/EC laying down the Sixth Community Environmental Action Programme，Art. 7（1），2002.

[36] SAMUEL O，PHILIP Y，SHILOH O，et al. Human health risk assessment of artisanal miners exposed to toxic chemicals in water and sediments in the PresteaHuni valley district of Ghana[J]. International Journal of Environmental Research and Public Health，2016，13（1）：139.

[37] European Union. European Environment and Health Action Plan 2004-2010.[EB/OL]. http://europa.eu/legislation summaries/public health/health determinants environment/l28145en.htm.

[38] European Parliament and of the Council. Directive 96/82/EC on the Control of Major Accident Hazards Involving Dangerous Substances[EB/OL]. http://data.europa.eu/eli/dec/1996/82（1）/oj.

[39] 王恩泽．我国环境与健康监测法律制度研究[D]．上海：华东政法大学，2018.

[40] 王永杰，贾东红．健康风险评价中的不确定性分析[J]．环境工程，2003，21（6）：66-69.

[41] 于云江，李琴，孙朋，等．环境与健康的主要研究进展与管理模式[M]．北京：中国环境出版社，2014.

[42] 吕忠梅．环境法学研究的转身——以环境与健康法律问题调查为例[J]．中国地质大学学报（社会科

学学报），2010，10（4）：23-29.

[43] 张衍燊，徐伟攀，只艳，等. 我国环境健康风险评估技术规范体系初探[J]. 环境与可持续发展，2019，44（5）：15-17.

[44] 李树娟，钟焕荣，于亮，等. 危险化学品数据库的发展现状与展望[J]. 合成材料老化与应用，2020，49（1）：120-122.

[45] 郭海娟，龚雪，马放. 我国水质基准现状及发展趋势研究[J]. 环境保护科学，2017，43（4）：32-35.

[46] 陈孟，杜雪杰，金丽珠，等. 环境健康风险评估信息系统建设分析[J]. 中国数字医学，2015，10（8）：64-66.

土壤污染生态风险评估国际经验及其对我国的启示

International Experience of Ecological Risk Assessment in Soil Pollution and Its Enlightenment to China

赵丹　吴畏达　於方　孙倩

摘　要　本文系统调研了发达国家土壤污染生态风险评估及生态风险筛选值制定的技术方法、标准和案例，总结了生态风险评估及筛选值制定的技术流程及对我国构建相关技术标准的启示；基于对土壤污染生态风险评估研究进展的梳理，识别了生态风险评估中准确定量、因果关系归因、复合污染风险评估等重点难点问题；结合我国土壤环境管理现状和需求，从精准化评估方法建立、标准制定、参数库构建等方面提出了如何加快我国土壤污染生态风险评估体系建设的建议。

关键词　土壤污染　生态风险评估　筛选值制定

Abstract　This paper systematically investigates the technology methods, standards and cases for assessing ecological risk and establishing screening value for soil pollution in developed countries, and summarizes the technical process for ecological risk assessment, screening value establishment and its enlightenment to our construction of related technical standards. Based on the review of the research progress of ecological risk assessment of soil pollution, the key and difficult problems in ecological risk assessment such as accurate quantification, causal attribution and compound pollution risk assessment were identified. Based on the current situation and demand of soil environmental management, suggestions on how to promote the construction of soil pollution ecological risk assessment system were proposed from the aspects of establishing accurate assessment methods, establishing standards and constructing parameter database.

Keywords　soil pollution; ecological risk assessment; soil screening value

我国早在 1999 年就发布了《工业企业土壤环境质量风险评价基准》，以保护企业工作人员或附近人群健康。随着工业企业搬迁力度的加大以及对污染场地管理水平的日益提升，2014 年发布了《污染场地风险评估技术导则》（HJ 25.3—2014），对污染场地人体健康风险评估流程和方法进行了规范，并于 2019 年进行了修订。基于人体健康风险的污染场地管理制度已经基本构建，对于生态受体的保护却未提上日程。从 2018 年科技部设立的重点研发计划开始支持研究污染场地生态效应和生态环境风险，2019 年的重点研发计划提出了构建复合污染土壤生态风险评估方法的研究任务。

目前我国针对土壤污染生态风险评估方法的研究处于起步阶段，主要围绕土壤中典型污染物的生态毒性效应展开，未形成统一的土壤污染生态风险评估技术框架和标准体系，基于生态风险的土壤污染风险筛选值缺失，针对敏感生态受体、生物可利用性和有效性等暴露参数、毒性参考值、风险表征方法、复合污染生态效应等核心问题缺少系统研究，无法支撑土壤污染状况的系统评价和土壤污染风险的全面有效管控，亟须在现有基于健康风险的土壤环境管理制度的基础上，研究构建土壤污染生态风险评估技术方法和标准，确保对人体健康和生态受体的全面保护。

早在 1997 年美国就专门针对超级基金场地构建了《超级基金生态风险评估方法》，加拿大、澳大利亚、欧盟多个国家或地区也陆续颁布了针对土壤生态风险评估的指南规范，并制定了用于土壤生态风险初步评估的筛选值。本文重点对发达国家构建的土壤污染生态风险评估框架进行了调研，分析了土壤污染生态风险评估的关键环节和重点内容，并提出了我国在构建土壤污染生态风险评估方法过程中需要重点突破的难点问题，为我国场地土壤污染生态风险评估方法的构建进一步指明了方向。

1　发达国家土壤污染生态风险评估框架

1.1　生态风险评估基本框架

美国是世界上最早开展生态风险评估方法制定的国家。美国国家科学院（National Academy of Science，NAS）早在 1983 年就提出了风险评估的 4 个步骤，即危害识别、剂量-效应关系、暴露评价和风险表征。在这 4 个基本步骤的基础上，美国国家环境保护局（USEPA）于 1992 年编制了《生态风险评估框架》。在《生态风险评估框架》中，生态风险被定义为由于暴露于一个或多个污染因子而产生或可能产生不利生态效应的可能性。污染因子包括可以引起不利生态效应的任何物理、化学或生物实体，不利生态效应的范围从单个生物的亚致死性慢性效应到生态系统功能丧失。在该框架的基础上，USEPA 于 1998 年发布了《生态风险评估指南》。[1] 考虑到学术界对生态风险评估的认识还将持续发展，USEPA 将《生态风险评估指南》定位为确定生态风险评估框架，并在后续推出一系列配套的技术文件，不断补充完善生态风险评估体系。

在 USEPA 的《生态风险评估指南》中，生态风险评估主要分为 3 个阶段：问题描述、问题分析和风险表征。

问题描述阶段的重点是评估终点的选取和概念模型的构建。评估终点指物种、种群或生态系统的特定指标，包括生长、死亡、生存或物理性质的变化等。概念模型是把污染因子、暴露、评价终点之间的关系视觉化，提出一个关于风险的假设，即基于已知的污染状况，假设它们对生物、种群或生态系统的影响。

问题分析阶段需要进行数据收集、暴露分析和生态效应分析。数据包括实验室模拟数据、实地调查数据或模型输出数据。暴露分析主要是基于所收集的数据，明确暴露强度、空间、时间等暴露特征，描述环境中污染因子的时空分布，描述污染因子与受体共存或接触的程度和方式，总结污染因子从源到受体的途径，并总结不确定性，得出产生暴露的可能性。暴露分析阶段需要考虑污染物浓度、接触频率、生物有效性等参数。生态效应分析阶段主要是评价不同浓度的污染是如何影响效应的，提供污染因子与效应的因果关系，然后把效应和评价终点联系起来。这一阶段主要是基于实验数据，进行曲线拟合，得到中位效应水平（如 24 h、48 h 的 LC_{50}、LD_{50}、EC_{50} 或 ED_{50}）等代表性数据，中位值代表最小的不确定性。因果关系分析可以基于观察到的证据（如鸟的死亡与杀虫剂有关）或实验数据。因果关系确定的原则包括：①有证据表明受影响的生物确实接触过有毒物质；②有毒物质所导致的伤害、功能障碍或其他效应必须与该有毒物质的暴露有关；③在受控条件下，当有机体或群落暴露于有毒物质时，必须观察到毒性作用；④在现场，必须观察到与受控条件下同样的结果。有时候评估终点并不能直观地被测量，所以需要对效应进行外推，常见的外推包括跨种群外推、跨效应外推、从实验室外推到场地等，如果没有足够的数据来进行外推，可以借助专业人员的判断或经验模型，乘以不确定因子，也可以用较为复杂的模型外推。

风险表征是评价者通过问题分析阶段的结果来评价对生态受体的风险，可以通过实地观察研究、定性（高、中、低）表征、单点暴露量和危害商计算、模型模拟等方式实现。完成评价后，评估者就评估终点风险进行解释和说明，通过对证据链的研究来支持或推翻之前的风险评价结论，识别并总结风险评估中的不确定性，并将结论报告给风险管理者。

USEPA 的三阶段生态风险评估框架不但在美国以及世界范围内被广泛应用，也对其他国家生态风险评估框架的制定产生了重要影响。

1.2 基于筛选值比对和定量风险计算的生态风险评估

1.2.1 美国超级基金生态风险评估

为了使生态风险评估更具针对性，在 USEPA 生态风险评估框的基础上建立了《超级基金生态风险评估方法》，以指导超级基金场地的生态风险评估。生态风险评估常用于 USEPA 超级基金场地管理中的修复调查/可行性研究（RI/FS）阶段，是评估危险物质场地的污染物释放或者场地修复过程对人类和家养动物以外的动植物的实际或潜在影响，从而为风险管理决策提供依据。评价的主要目的：①明确并表征由危险物质释放所造成的当前及潜在的环境危害；②确定可满足自然资源保护目标的清理修复目标水平。《超级基金生态风险评估方法》与《生态风险评价指南》的原则一致，但作为直接针对超级基金场地的规范，具有更强的强制性、规范性和可操作性。

《超级基金生态风险评估方法》规定，完整的生态风险评估过程分为 8 个步骤，如图 1 所示，归纳起来可分为筛选和详细评估两个阶段。

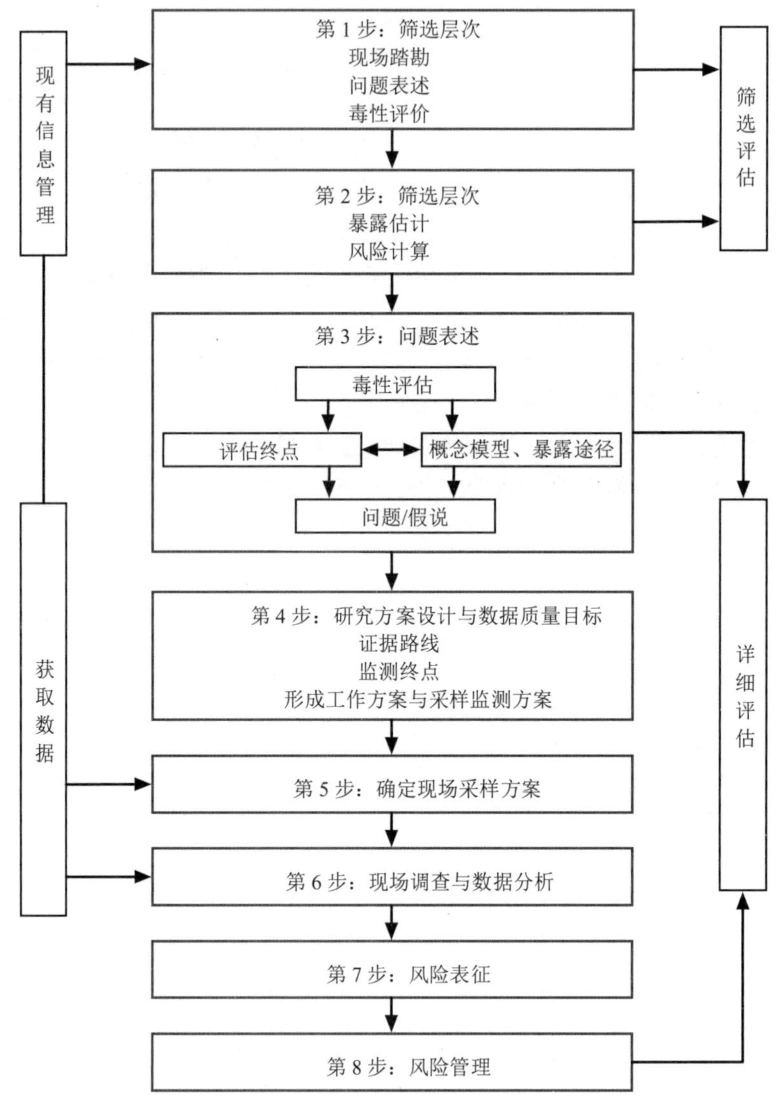

图1 美国超级基金生态风险评价指南

筛选阶段主要是进行问题描述及生态效应评价。在这一步中不需要大量使用场地数据，只需要描述当地物种、珍稀物种和栖息地情况等现状，描述各种环境介质中可能存在的污染物及其最大浓度水平，可能存在的污染物传输与归趋，污染物对特定生态风险受体造成危害的机理，可能存在的暴露途径，并基于保守估计提出相当于慢性无可见有害效应水平的生态筛选值。将场地内的最大暴露浓度与生态筛选值进行比较，进行风险的初步估算。基于计算结果，风险管理者判断筛选阶段的生态风险评价是否足以证明场地的生态风险可以忽略，或是应该进行更深入的评价。

详细评估阶段问题描述是在筛选阶段问题描述的基础上，综合各利益相关方意见，提炼出场地上值得关注的生态问题，并确定生态风险评价工作内容及场地概念模型应包含的内容。场地概念模型应包含关于危险物质怎样通过暴露途径对生态系统造成不利影响的一系列假设。基于场地概念模型，提出补充调查、采样分析和补充研究方案，并明确数据质量目标。依据制定的方案，进行场地调查，收集信息与数据。风险表征阶段，根据生态受体的暴露特征并结合胁迫-响应关系，开展生态风险评价，定量或定性地表征污染物对生态物种或生态系统的风险，并总结相关的不确定性，对风险评价结果中关键信息进行解读，筛选确定对评估终点造成不利影响的污染物，并明确提出基于保护整个生态系统物种或筛选出来具有保护价值的生态物种的污染物阈值。最后根据风险评价结论，场地风险管理者综合当地背景浓度、修复技术可行性和修复成本等相关因素，提出可行的风险管理措施。

与生态风险评价基本框架相比，超级基金生态风险评价程序实现了层次化的评价，首先通过与生态筛选值的对比进行风险初筛，使后续工作的重点集中到对决策最为重要的污染物、暴露途径和终点上来，大大提高了生态风险评估的效率，避免每个场地都进入烦琐的评估程序。

1.2.2 加拿大土壤污染生态风险评估

加拿大在 1996 年颁布了《生态风险评估框架》[2]，并于 2010—2012 年发布了一系列指导文件，这些文件既有对上述框架的补充，也有具体的技术指南文件。根据该框架，加拿大的生态风险评估共分为 3 个层次，分别为筛选评估、初步生态风险评估、详细生态风险评估（图 2）。在实际操作中，通常还有两个额外的步骤，即制定评估规划和评估报告。评估规划是在实施评估之前所进行的重要步骤，包括选择合适的风险评估人员、建立评估人员和风险管理者之间的联系、场地描述、制定目标、构建场地概念模型、选取评估终点、选取测量终点、选取对照场地等。评估报告是在评估的每个阶段都将结果详细地记录下来，并汇总成报告的形式，以便为之后的资料查询提供数据来源。

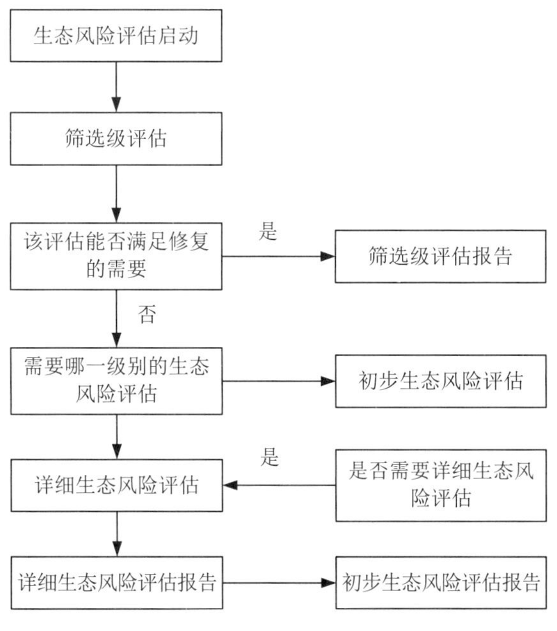

图 2 加拿大土壤生态风险评估框架

筛选评估是通过查询历史数据、相关文献及场地资料，确定暴露途径、关注污染物及受体，更新场地概念模型及评估、测量终点，并决定是否需要进行下一层次的风险评估。

初步生态风险评估是通过收集场地特定数据，来更新上一阶段的概念模型及测量、评估终点，并通过暴露评估、危害评估、风险表征等过程，形成一个初步的结论，从而判断是否需要进行下一层次的风险评估。

详细生态风险评估的目的主要是减少上一阶段的不确定性，使评估结果更为精确。因此，该阶段需要实施更详细的场地调查，建立更为复杂的场地概念模型。通过暴露评估、危害评估、风险表征等过程，评估场地中污染物对周围生态系统现在及未来的风险，为风险管理者制定修复目标提供支撑。

加拿大的生态风险评估虽为三层次评估，但本质上与美国的两层次评估一致，都体现了不断迭代的评估过程，以提高评估的效率。

1.3 基于筛选值更新的生态风险评估

在美国生态风险评估框架的基础上，澳大利亚于 1992 年制定了适用当地的生态风险评估框架，并于 1999 年颁布了《国家环境保护办法　场地污染评估》（NEPM），2013 年进行了修订，形成了层次化的评估框架，包括初步评估和确定性评估两个阶段（图 3）。

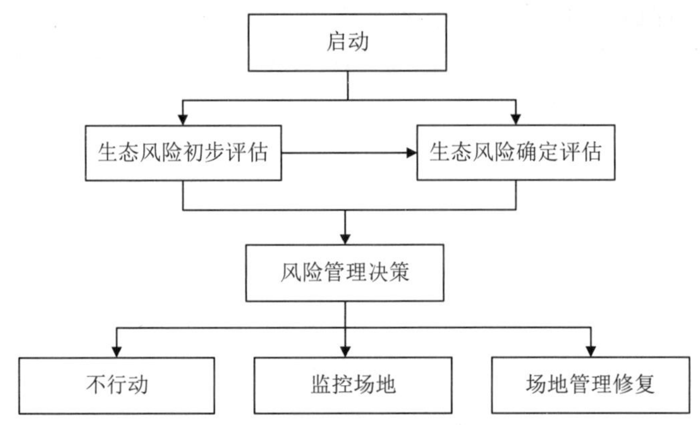

图 3　澳大利亚生态风险评估流程

澳大利亚的生态风险评估框架中提到了生态调查值（EIL）这一概念，与前面提到的生态筛选值类似。初步评估的第一步是问题发现，这一步需要确定评估目标，查询场地历史，明确场地污染的程度和范围并构建场地概念模型，选取最适用于土地用途的 EIL。第二步是确定受体，分析物种是否都被用于 EIL 的推导，如果场地中某些重要物种没有被包含在 EIL 推导的受体中，就需要进行确定性评估。第三步是暴露评估，分析是否所有重要的暴露途径都在 EIL 的推导过程中被考虑或者充分考虑了，如果没有，就需要进行确定性评估。第四步是毒性评估，需要分析用于推导 EIL 的毒性数据和推导方法是否能够保护场地中的生态受体，如果不是，那么需要进行确定性评估。第五步是风险表征，即将检测到的土壤污染物浓度和 EIL 进行对比，如果没有超过 EIL，那么不太可能对生态受体产生不良影响；如果超过 EIL，则有可能对生态受体产生不良影响。评估过程中污染物浓度的不确定性、EIL 的不确定性和其他有争议的结果都应包含在最后的初步评估报告中。最后由风险管理者做出决策，如果初步评估的分析结果显示不太可能有不可接受的生态风险，管理者需要决定是不采取行动，还是进行监控；如果显示可能存在不可接受的生态风险或者没有找到特定的EIL 并且污染物的浓度超过背景值，那么管理者需要决定是进行场地修复，还是进行下一步的确定性评估。

确定性评估的步骤和初步评估类似，其重点是通过现场调查和使用复杂的计算机模型来量化暴露水平，并收集详细的、场地特定的信息，来确定受体，进行暴露评估和毒性评估。根据场地的特定信息，推导新的针对特定场地的 EIL，然后将污染物浓度与新的 EIL 进行比对。问题发现阶段主要是要基于初步评估结果调整评估目标。第二步是确定受体，对可能受到关注污染物迁移影响的场地和周围区域进行生物学调查，以确定受到污染物不利影响的关键生态系统、生态过程和物种。第三步是暴露评估，可以通过定量模型来描述所关注污染物当前和未来的迁移和转化，也可以从实际场地的数据中获取有关食物、土壤、水、摄食率、呼吸率等信息。第四步是毒性评估，通过查询文献，并结合场地数据，对毒性数据进行更新。风险表征是将前几个步骤获取的更新后的数据用于推导新的 EIL，然后将场地污染物浓度与新的 EIL 进行比对。如果小于新的 EIL，则不太可能对生态受体造成不利影响；如果大于新的 EIL，则会对生态受体造成不利影响。确定性评估的风险表征方法与初步评估完全一致。最后由管理者做出决策，如果风险表征的结果为不太可能对生态受体造成不利影响，那么管理者需要决定是不行动还是进行监控，如果结果为可能对生态受体造成不利影响，那么管理者需要提出修复计划。

澳大利亚生态风险评估分为初步评估和确定性评估。初步评估是将调查获取的信息与推导 EIL 用到的参数进行比对，判断是否需要进行详细评估，通常采用更保守的评估方法，执行相对严格的评估标准。确定性评估是考虑更复杂真实的环境过程，根据调查获取详细的、场地特定的信息，使用复杂的计算机模型来量化暴露水平，对 EIL 进行修正，从而获得更贴近实际情况的结果。

1.4　基于因果关系归因的生态风险评估

在参考了美国、加拿大、澳大利亚等国家制定的生态风险评估框架后，英国环境保护署与食品部等多个部门于 2008 年联合颁布了《针对土壤污染物的生态风险评估框架》。[3]

英国的生态风险评估框架也分为 3 个层次（图 4）。在开展正式的生态风险评估工作前，需要进行“第 0 层”工作，即进行资料汇总分析（案头分析），审阅场地和污染相关信息，判断污染物与生态损害之间是否存在可能的关系。第一层为筛选步骤，通过比较场地污染物的检测值与土壤筛选值（SSV），确定关注污染物；第二层通过工具（生态调查和生物监测）来获取场地生态受体受到损害的证据；第三层是建立化学污染与生态损害之间的因果关系。对每个层次的具体工作内容和方法，英国环境保护署都建立了相应的导则和标准方法对其进行指导，针对整个生态风险评估体系，共编制了 5 个技术导则和 1 个标准方法作为支撑。该框架强调层次性、迭代式的评价过程，依据现实证据评价潜在风险，低层级的筛选过程是为了确保只有在确定生态系统存在受损的可能时，才投入人力、物力资源，开展深入的评价工作，随着评价的细化和深入，逐步提高对结论可验证性的要求。通过这种层次递进的评价方法，保证评价者做出理性、稳健且透明的决策，促进生态保护各相关方的充分交流。

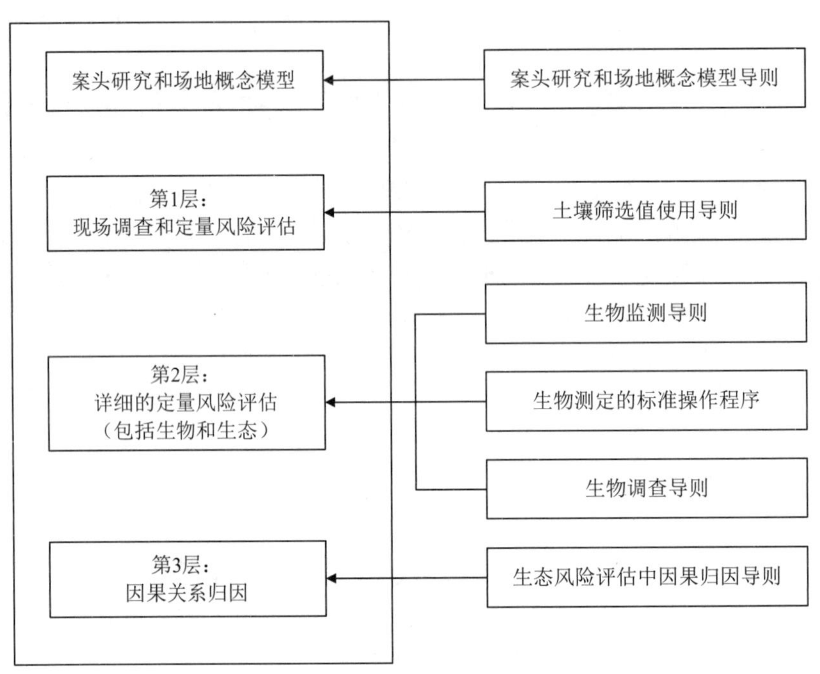

图4 英国生态风险评估框架

英国的生态风险评估特别强调土壤污染与不良生态效应之间的联系是否真实存在，如蚯蚓种群数量的减少是否是由农药化肥的过量使用直接造成的。通过这种因果关系的分析，英国风险管理层能够更准确快速地找到对生态系统造成不良影响的污染物或使该污染物暴露于环境的行为，从而通过最少的人力和物力，来减少该污染物或该行为所造成的不良生态影响。

1.5 发达国家生态风险评估框架总结

从各个国家土壤污染生态风险评估结果的应用来看，生态风险评估的目的主要有两个方面：一是确定场地土壤污染的生态风险是否可接受，为决策是否需要进行后续的评估或修复工作提供支撑；二是确定修复目标值，为具体风险管理目标的确定和风险管理措施的制定提供支撑。

发达国家生态风险评估框架主要分为3种类型，包括：①基于筛选值比对和定量风险计算的生态风险评估；②基于筛选值更新的生态风险评估；③基于因果关系归因的生态风险评估。美国、加拿大的生态风险评估框架主要分为筛选值比对和基于场地特定条件的定量风险计算两个阶段；澳大利亚的生态风险评估主要围绕筛选值开展，第一阶段的筛选值确定过程基于保守的默认的参数，第二阶段的筛选值确定过程则基于场地特定的具体的参数；英国的生态风险评估则更强调土壤污染与生态效应之间的因果关系归因，更体现了评估的科学性。

以上 3 种类型的风险评估框架，都可以归纳为初步评估和基于特定场地信息的详细评估两个层级。初步评估的重点是生态风险筛选值的确定，将土壤中污染物浓度与筛选值进行比对，得出是否需要进行详细评估的结论；基于特定场地信息的详细评估重点是对场地参数开展全面调查，对筛选值进行修正，或者直接进行暴露评估、毒性评估和风险计算，其本质都是基于特定场地参数使风险评估结果更加精准化。

2 发达国家土壤污染生态风险筛选值

土壤污染生态风险筛选值是保护与土壤接触或以生活在土壤中及土壤之上的生物为食物的生物受体的土壤污染物浓度值。生态风险筛选值通常是一个保守值，以确保在初步生态风险评估阶段识别出所有可能带来不可接受风险的污染物。目前，已有多个国家和组织颁布了生态风险筛选值，作为初步判断和识别土壤污染的依据，包括美国的生态筛选值（SSL）、加拿大的土壤质量指导值（SQG）、澳大利亚的生态调查值（EIL）和英国的生态风险筛选值（SSV）。

2.1 土地利用类型、生态受体和暴露途径

美国的 SSL 推导未区分不同土地利用类型，主要针对不同的受体（植物、无脊椎生物和野生生物，其中野生生物包括鸟类和哺乳动物）。植物和无脊椎生物的暴露途径主要为通过摄取或被动吸附的方式与土壤、土壤中的水或空气发生直接接触，而野生生物存在不小心摄入土壤的暴露途径，也会通过食物链使污染物在食物链高层累积。每种污染物有 4 个 SSL 值，分别对应不同的受体，在实际场地的生态风险评估中，通常使用最低的 SSL 值。

澳大利亚的 EIL 不仅考虑了植物、土壤无脊椎生物、陆生生物，还考虑了水生生物。暴露途径大致可以归为 3 类，直接接触、生物累积和浸出。生物累积主要指水生捕食者或陆生捕食者通过摄取水生生物或陆生生物，以食物链的形式向上累积；浸出则多发生在土壤中的污染物迁移到地下水中的情景，这种暴露方式一般在特定场所的生态风险评估才会考虑。

加拿大在推导 SQG 的时候，考虑了 4 种不同的土地类型，即农业用地、住宅/公园、商业用地和工业用地，每种土地类型考虑了不同的受体，涉及 4 种方式的暴露途径，包括直接接触、摄入土壤和食物、摄取被污染的水、与被污染的水接触等（表 1）。

表 1　加拿大 SQG 推导考虑的生态受体和途径

暴露途径	农业用地	住宅/公园	商业用地	工业用地
土壤接触	无脊椎生物、庄稼/植物、家畜/野生生物	无脊椎生物、植物、野生生物	无脊椎生物、植物、野生生物	无脊椎生物、植物、野生生物
土壤和食物的摄取	食草动物、第二级和第三级消费者	食草动物、第二级和第三级消费者	—	—
摄取被污染的水	家畜	—	—	—
与被污染的水接触	淡水生物、庄稼	淡水生物	淡水生物	淡水生物

综上所述，发达国家在推导土壤污染生态筛选值时，普遍考虑了植物、无脊椎动物、野生生物等受体，以及直接暴露和基于食物链暴露等暴露途径，对于不同暴露途径，污染物的生态风险筛选值推导方法不同。

2.2　生态受体保护水平

澳大利亚国家公园或具备高生态值的地方（原始森林）保护程度最高，保护水平为 99%，城市住宅或公共区域保护水平为 80%，商业或工业用地保护水平为 60%。如果污染物质具备生物放大特性，对应的保护程度会更高一点。比如同是商业用地，不具备生物放大特性的污染物对应的保护程度是 60%，具备生物放大特性的则为 65%。加拿大对农业或住宅/公园用地优先选择 25%效应浓度（EC_{25}）或 25%抑制浓度（IC_{25}），或最低可观察效应浓度（LOEC）和 50%效应浓度（EC_{50}）的 25%百分位数，保护水平为 75%；对商业和工业用地，优先选择 EC_{25} 或 IC_{25}，或 LOEC 和 EC_{50} 的第 50 百分位数，保护水平为 50%。

可见，澳大利亚和加拿大根据场地类型的不同，设定了差异化的生态受体保护水平，以顺应不同土地利用类型的管理需求。

2.3　直接接触途径的生态风险筛选值

直接接触途径的生态风险筛选值推导程序通常包括文献搜索、筛选、数据处理和数据外推。

美国对植物和土壤无脊椎的 SSL 推导主要涉及两大步骤：①文献搜索、获取、筛选和评价，文献通常源于线下查询到的出版资料，以及线上查询的 1988 年以后发表的论文，基于 22 条标准排除不适用于推导 SSL 的文献，基于 11 条标准筛选可接受的文献，根据特定标准对每项实验研究进行评分，只有大于 10 的实验数据才能用来推导 SSL；②按照特定程序获取 SSL。至少由两名专家对筛选出的实验进行质量检测，然后对这些研究中的毒性数据取几何平均值，得到 SSL。对于土壤无脊椎，生态评价终点是繁殖、数量和生长；对于植物，生态评价终点是生长（生物量）和生理机能。如果一个实验有多个毒性参数，通常按照 20%效应浓度（EC_{20}）＞MATC（最大无效应浓度 NOAEC 和最低效应浓度 LOAEC

的几何平均数）＞10%效应浓度（EC_{10}）的优先序进行选择。如果已发表的文献中没有足够的数据用来推导 SSL，则可以通过完成适当的土壤毒性研究来获得更多的植物或土壤无脊椎数据。针对土壤无脊椎，有几种国际标准化的毒性测试可用于获取 SSL 的数据；对于植物，可以使用 USEPA 针对幼苗早期生长和活力的指南，以及类似的美国材料实验协会（ASTM）方法（如 ASTM E 1963-98）。美国、英国和荷兰等国家常见的生态毒性数据库见表 2。

表 2　常用生态毒性数据库

国家	数据库	链接或说明
美国	ECOTOX	https://cfpub.epa.gov/ecotox/
	DIALOG 中的 AGRICOLA	http:www.nal.usda.gov（美国国家农业图书馆）
	BIOSIS Previews	http://www.isinet.com/isi/products/biosis/index.html
	ChemAbstract 目标数据库	https://scifinder.cas.org/
	SilverPlatter 数据库	基于 Windows 的检索软件
	Ovid 数据库	https://ovidsp.ovid.com/autologin.cgi
	Toxnet	https://toxnet.nlm.nih.gov/
	Current Contents Connect	基于 ISI Web of Knowledge
英国	IUCLID 国际统一化学品信息数据库	https://iuclid6.echa.europa.eu/
荷兰	TOXLINE	https://toxnet.nlm.nih.gov/newtoxnet/toxline.htm
	e-tox	http://www.e-toxbase.com

英国 SSV 的制定主要是根据欧盟的相关技术文件（European Commission Technical Guidance Document，TGD）来获得预计无效应土壤浓度（PNECsoil）。其推导步骤主要包括数据获取、数据选择、数据归一化、数据外推、SSV 值确定等。TGD 推荐毒性测试数据应包括初级生产者（植物）、消费者（如无脊椎动物）和分解者（如微生物），并规定了如何评价生态毒性数据的可靠性和相关性。对于一些不是采用国际标准化组织（ISO）或经济合作与发展组织（OECD）方法得到的毒性试验结果，只要有足够证据证明其可靠性与相关性，也可以用于制定 SSV。TGD 还推荐在可能的情况下，将毒性数据进行归一化处理，使在不同土壤条件下获得的毒性数据具有可比性。数据外推阶段，当可获取生产者、消费者和/或分解者的数据时，采用评估因子法，选用相应较低的 AF 值（小于或等于 50），计算 SSV，一般数据量越少，不确定性越高，AF 的值越大；当数据充足时，可采用统计外推方法，或物种敏感度曲线（SSD）方法，SSD 方法是一种统计方法，用于计算理论上可以保护指定百分比的物种和/或土壤过程的土壤浓度。不是所有的 PNEC 都可以用来推导 SSV：①不能使用 AF＞50 的 PNEC；②当 PNEC 低于周围环境背景浓度时，需要谨慎使用；③当 SSV 与现有的监管框架发生冲突时，需要谨慎使用。

澳大利亚 EIL 的制定相较于美国和英国而言，区别主要在于：

（1）毒性数据获取和评价方式不同。澳大利亚主要是基于 Hobbs 提出的 20 个问题，对数据进行评分，得分＞50%的数据为可接受数据。对于毒性数据少的有机物，通过定量结构-活性相关性（QSARs）或定量活性-活性相关性（QAARs）等模型来预测它们的毒性。

QSARs 是污染物对特定测试生物的毒性与污染物的一种或多种物理化学性质之间的经验关系，常见的公式是 $\log EC_{50}= -0.72\log K_{OW}+3.37$，主要是用来推导陆地植物和无脊椎动物的 EIL。QAARs 使用另一物种的毒性数据对具有相同作用机理的物种的污染物毒性进行建模，也是通过将污染物的某个特征数据代入公式中，来获取毒性数据。

（2）关于数据处理的考虑更全面。数据处理包括 3 个方面：①毒性数据标准化。对获得的毒性数据从以下几个方面进行标准化：a）毒性数据类型转换，即将研究报告中的毒性数据转换为 LOEC 和 EC_{30} 数据；b）从总浓度到添加浓度的转换，当毒性数据未用添加的污染物浓度表示，应尽可能将其转换为该形式，即通过减去环境背景浓度来实现；c）本地或外来物种毒性数据的使用。通常优先使用本土数据而不是外来物种的毒性数据，也可以使用地方性和海外物种的毒性数据，结合一定的转换系数来推导 EIL。②纳入老化和浸出因子（ALF）。当土壤中污染物老化时间大于 2 年时，应在推导 EIL 的过程中使用 ALF。如果没有 ALF，应进行研究以得出所关注污染物的 ALF 或者使用被评估场地的土壤直接进行毒性评估。③基于澳大利亚参考土壤，将毒性数据进行归一化。如果已证明污染物的毒性数据受土壤特性的影响［毒性数据和土壤特性之间的统计学有显著性归一化关系（$p\leqslant 0.05$）］，且当有足够的数据可以使用 SSD 方法时，必须将毒性数据标准化为澳大利亚参考土壤，使土壤特性对毒性数据的影响最小化，得到的毒性数据更能准确反映出测试物种对污染物的固有敏感性。

（3）排除了背景浓度的风险。澳大利亚认为当地自然条件下背景浓度中的污染物浓度不会造成不可接受的生态风险，而构成不可接受的生态风险的应该是高于背景水平的这部分污染物，因此，在推导特定场地的 EIL 时，考虑周围背景浓度（ABC）。通常应在未受污染的参考点直接测量 ABC，其土壤类型应与被评估点位的土壤类型相似。对于金属污染物，如果无法获取可靠的 ABC，则可以使用 Hamon 等的估算方法或 Olszowy 等提出的 ABC 值。大多数场地有机污染物是外来污染，没有自然本底浓度，因此，必须通过直接测量来生成 ABC，或者默认 ABC 为零。采用 SSD 方法或评估因子法计算得到添加的污染物浓度限值（ACL）后，与 ABC 相加得到 EIL。

澳大利亚在推导生态风险筛选值时对土壤中污染物的背景浓度、不同土壤性质对污染物生物有效性的影响以及外来物种与本地物种的差异性等内容进行了全面考虑，对于我国土壤污染生态风险筛选值的制定具有借鉴意义。

2.4 食物链暴露途径的生态风险筛选值

2.4.1 基于暴露量模拟的筛选值计算

对于具有生物富集作用的污染物，食物链中营养级越高的物种体内污染物的累积量越大，风险也越高，因此对于食物链暴露途径的生物，其生态筛选值的推导主要基于暴露量模拟。美国野生生物 SSL 的推导主要采用以下模型：

$$HQ_j = \left\{ \left[\text{Soil}_j \times P_s \times \text{FIR} \times \text{AF}_{js} \right] + \sum_{i=1}^{N} B_{ij} \times P_i \times \text{FIR} \times \text{AF}_{ij} \right\} \times \text{AUF} / \text{TRV}_j \tag{1}$$

式中，HQ_j 为污染物 j 的危害商；Soil_j 为土壤中污染物 j 的浓度，mg/kg；N 为不同种野生生物数量；B_{ij} 为污染物 j 在生物 i 体内的浓度，mg/kg；P_i 为摄食生物 i 的百分比；FIR 为食物摄入量，kg 食物（干重）/［kg（鲜重）·d］；AF_{ij} 为从被食用的生物 i 吸收的污染物 j 的吸收比例；AF_{js} 为从土壤直接吸收的污染物 j 的吸收比例；TRV_j 表示毒性参考值，mg/（kgbw·d）；P_s 为土壤摄入占饮食的比例；AUF 为面积利用率。

由于 SSL 是一个保守的筛选值，因此将式（1）中的一些参数默认为 1（AUF、AF_{sj}、AF_{ij}、P_i 和 N），即假定生物仅在受污染场地上和内部居住、觅食，假定土壤和食物中污染物的生物可利用性与污染物的生物可利用性相当，饮食仅包含一种食物类型。计算当危害商为 1 时的污染物浓度，即生态风险筛选值。

$$\text{Eco} - \text{SSL} = \frac{\text{TRV}_j}{\text{FIR}} \times (P_s + \text{BAF}_{ij}) \tag{2}$$

式中，BAF_{ij} 为生物富集系数。

加拿大规定了初级消费者、次级消费者和三级消费者的筛选值推导方法，对于需要考虑多级消费者的情形，最后的筛选值为不同层级消费者对应的筛选值的最低值。SQG 采用以下公式计算得到：

$$\text{SQG} = 0.75 \times \text{DTED} \times \text{BW} / \left[(\text{SIR} \times \text{BF}) + (\text{FIR} \times \text{BAF}) \right] \tag{3}$$

式中，DTED 为每日最大摄入量，mg/（kg 体重/d）；BW 为体重，kg；SIR 为土壤摄入率，kg 土壤（干重）/d；BF 为生物可利用性；FIR 为食物摄入率，kg 食物/d；BAF 为生物富集系数。考虑到还有饮用水、皮肤吸附/吸入等暴露途径，土壤和食物摄入的最大接触量不应超过 DTED 的 75%。

综上所述，基于暴露量模拟的筛选值计算重点在于代表性生态受体的选择、TRV 的推导和生物富集系数的确定：

（1）由于每个污染场地的生物物种都不同，因此推导 Eco-SSL 时，美国针对哺乳动物和鸟类分别考虑了 3 个营养类别，即草食类、食昆虫类与肉食类，每一类选择一个专一物种作为该营养类别和相似食物结构的代表性物种。代表性物种选择时遵循以下原则：①通常考虑采用体型较小的代表性物种，因为具有更高的代谢速率和更小的生存范围；②暴露途径与土壤直接或间接相关；③代表物种必须是在陆地环境摄食的；④可以被划分到草食类、食昆虫类及肉食类 3 种之一，因为依赖单一食物来源的动物，在其食物来源受到污染时，其受到的生态风险更大。

（2）TRV 的推导与生态筛选值的推导类似，即查找与剂量效应相关的文献，对检索到的文献研究进行审查并提取数据，对提取的数据评分，最后进行 TRV 推导。生物富集系数通常采用文献中的数据，优先选用现场数据而非实验室数据，如果存在多个有效数据，计算其几何平均值参与计算。

2.4.2 基于提高保护水平和生物放大因子的筛选值计算

绝大多数生态毒理学数据来自周围环境的直接暴露，而不是食物，因此，如果污染物被生物放大，那么正常毒性数据和使用此类数据得出的 EIL 可能会低估污染物对周边环境的影响。澳大利亚指南规定，如果使用 SSD 方法得出具有生物放大作用的污染物的 EIL，则保护水平（要保护的物种和/或土壤过程的百分比）应提高 5%（表 3）。如果 EIL 是使用评估因子法得出的，则必须应用生物放大因子（BMF），即 $ACL_{放大型}$=ACL/BMF。对于有机物，$K_{OW}<4$，取 1；$4<K_{OW}<5$，取 2；$5<K_{OW}<8$，取 10；$8<K_{OW}<9$，取 3；$K_{OW}>9$，取 1。如果有多个 BMF 数据可用于有机污染物，则应在以上公式中使用这些值的第 80%百分位数。对于没有 BMF 值的有机污染物，应采用化学结构相似的有机污染物的 BMF 值的第 80 百分位数作为新的 BMF 值。对于无机污染物，采用文献中查找到的生物富集系数（BAF）或 BMF，无法查找到相关数据时，使用保守的系数。

表 3　考虑生物放大效应后的保护比例

土地利用类型	保护比例/%	考虑生物放大效应的百分比例/%
住宅用地	80	85
公共开放区域	80	85
商业用地	60	65
工业用地	60	65
农业用地	95/80	98/85
生态敏感区	99	99

英国对可能产生生物富集作用的污染物，会有两个 PNEC，一个是 $PNEC_{sp}$，即食物中的预测无效应浓度，另一个是 $PNEC_{oral}$，即土壤中的预测无效应浓度。对于食物链上的高等生物而言，重要的是它们食物中污染物的浓度而不是土壤中污染物的浓度，因此风险管理者通常会将食物中的污染物浓度和 $PNEC_{sp}$ 进行比较，可以利用式（4）来实现从 $PNEC_{oral}$ 到 $PNEC_{sp}$ 的转化：

$$PNEC_{SP}=PNEC_{oral}/BAF \tag{4}$$

2.5 发达国家土壤污染生态风险筛选值总结

土壤污染生态筛选值的推导主要有两类，一类是通过直接接触暴露于污染物的生物生态筛选值，另一类是通过食物链途径暴露于污染物的高等生物生态筛选值。

直接暴露的生态筛选值推导主要涉及生态受体和毒性终点的确定、毒性数据查询和筛选、保护水平的确定和毒性数据外推 3 个过程。各国在推导生态筛选值时，普遍考虑了植物、微生物、无脊椎动物等生物类型，美国、英国、荷兰等建立了较为完善的毒性数据库，各国均针对毒性数据的筛选制定了自己的规则，数据外推方法主要包括物种敏感性分析法、排序分布法、评估因子法等。澳大利亚针对不同的土地利用类型，设定了不同的保护水平，筛选值推导过程中，考虑了土壤中污染物背景值。澳大利亚和英国考虑了土壤性质对污染物的生物有效性的影响，规定在筛选值推导过程中要对毒性数据进行归一化处理。加拿大针对不同的土地利用类型，采用了不同的筛选值推导方法。

基于食物链暴露的生态筛选值推导方法主要有3类，第一类是模型计算法，第二类是生物放大因子法，第三类是提高保护水平的方法。美国和加拿大均采用模型计算法。澳大利亚综合运用生物放大因子法和提高保护水平的方法。英国也采用生物放大因子法。如果有必要的数据集，应该优先考虑模型法计算野生动物的生态筛选值。与直接接触生物的筛选值推导过程相比，野生动物的筛选值推导过程中，重要的是代表性生态受体的确定、TRV的推导和生物富集系数的确定。

对比不同国家的重金属生态筛选值（表4），差别较大，有的甚至相差2～3个数量级，因此，我国应在充分借鉴发达国家生态筛选值制定经验的基础上，充分结合我国土壤环境管理需求，研究制定适合我国土壤污染特征和场地生态受体特征的生态筛选值，支撑我国场地土壤环境风险评估和风险管控，保障场地生态安全。

表4　各国针对几种主要重金属的生态筛选值　　单位：mg/kg

<table>
<tr><th rowspan="3">污染物</th><th colspan="4">美国</th><th colspan="2">荷兰（2000）</th><th colspan="2">加拿大质量指导值</th><th colspan="2">英国</th><th colspan="3">澳大利亚（LOEC&EC$_{30}$）</th></tr>
<tr><th rowspan="2">植物</th><th rowspan="2">无脊椎动物</th><th colspan="2">野生动物</th><th rowspan="2">干预值</th><th rowspan="2">目标值</th><th rowspan="2">居住</th><th rowspan="2">商业/工业</th><th rowspan="2">直接暴露</th><th rowspan="2">二次毒性</th><th rowspan="2">重要生态区</th><th rowspan="2">居住/公共开放空间</th><th rowspan="2">商业/工业区</th></tr>
<tr><th>鸟类</th><th>哺乳动物</th></tr>
<tr><td>Cd</td><td>32</td><td>140</td><td>0.77</td><td>0.36</td><td>—</td><td>—</td><td>—</td><td>—</td><td>0.62</td><td>0.9</td><td>—</td><td>—</td><td>—</td></tr>
<tr><td>Cr^{6+}</td><td>—</td><td>—</td><td>—</td><td>130</td><td>—</td><td>—</td><td>—</td><td>—</td><td>—</td><td>—</td><td>—</td><td>—</td><td>—</td></tr>
<tr><td>As</td><td>18</td><td>—</td><td>43</td><td>46</td><td>29</td><td>—</td><td>12</td><td>—</td><td>—</td><td>—</td><td>40</td><td>100</td><td>160</td></tr>
<tr><td>Cu</td><td>70</td><td>80</td><td>28</td><td>49</td><td>36</td><td>—</td><td>63</td><td>91</td><td colspan="2">35.1</td><td>—</td><td>—</td><td>—</td></tr>
<tr><td>Pb</td><td>120</td><td>1 700</td><td>11</td><td>56</td><td>530</td><td>85</td><td>140</td><td>260/600</td><td>—</td><td></td><td>470</td><td>1 100</td><td>1 800</td></tr>
<tr><td>Zn</td><td>160</td><td>120</td><td>46</td><td>79</td><td>720</td><td>—</td><td>200</td><td>—</td><td colspan="2">35.6</td><td>—</td><td>—</td><td>—</td></tr>
<tr><td>Ni</td><td>38</td><td>280</td><td>210</td><td>130</td><td>210</td><td>35</td><td>50</td><td>50</td><td colspan="2">28.2</td><td>—</td><td>—</td><td>—</td></tr>
</table>

3 生态风险评估常用方法和典型案例

3.1 生态风险评估方法

生态风险评估方法主要包括指数法、商值法和概率法等，Hakanson潜在生态风险指数法、地累积指数法、内梅罗指数法、风险评价指数法等各类指数法是重金属生态风险评价应用较多的方法，有机污染物生态风险评价应用最多的是商值法，概率法近年来逐渐被广泛应用。

内梅罗指数法[4]和地累积指数法[5]都是将土壤中污染物浓度与特定评价标准（如背景

值）进行比较得到风险指数的方法。Hakanson 潜在生态风险指数法则综合考虑了重金属背景值和毒性响应系数，进行风险定量。[6] 风险评价指数法是利用重金属元素活性形态含量占重金属总含量的比例定量评价重金属生物有效性及其生态风险。[7] 这类方法的过程相对简单，只需要获取土壤中污染物浓度，即可通过公式进行风险计算，在多个实际案例中被应用。[8-13,4,7] 但是，这几种方法都是相对风险评估方法，并未考虑生态受体的差异性和实际暴露情况，是相对粗放的风险评估方式。此外，也有人采用相对复杂的指数表征生态风险，[14] Dagnina 等提出了综合考虑包括污染物本身风险、生物个体水平生态毒性参数、污染物亚致死水平上的生物生理生化参数以及有关生物种群、群落结构和功能的生态学参数，将每个参数与相应的参考值进行比较，获得相应的风险指数，即化学风险指数（ChemRI）、生态毒理学风险指数（EcotoxRI）以及生态系统风险指数（EcoRI），最后根据各自权重获得整体生态风险指数。

商值法是将实际监测或由模型估算出的暴露浓度与表征该物质对受体危害程度的毒性参考值（预测无效应浓度，PNEC）相比，得到风险商值（RQ）的方法。这类方法对于植物、无脊椎动物等生物而言，重点是获取毒性数据并推导参考值，而对于具有食物链途径的高等动物而言，还需要计算其实际暴露量。跟指数法相比，商值法的计算结果是一个确定的值，能够起到评估绝对生态风险的作用，应用较为广泛。[15-17] 但是，该方法无法体现种群内不同个体暴露的差异、受暴露物种效应的差异等不确定性的因素，不能客观反映实际的风险水平。

概率法是将暴露浓度和物种敏感度当作来自概率分布的随机变量，利用其概率分布来量化风险。运用概率风险分析方法，考虑了污染物暴露和毒性效应的变异性，更为合理，更符合实际。概率法又可分为安全浓度阈值法、概率密度函数重叠面积法、概率曲线分布法、蒙特卡罗分析法等。安全浓度阈值法是物种敏感度或毒性数据累积分布曲线上 10%处的浓度与环境暴露浓度累积分布曲线上 90%处浓度之间的比值，其表征量化暴露分布和毒性分布的重叠程度。[18] 概率密度函数重叠面积法是将表征化合物暴露浓度和毒性参数的概率密度曲线置于同一坐标系下，并计算其重叠部分面积来表述生物受不利影响的概率。[19] 概率曲线分布法是以暴露浓度超过相应效应的概率作为纵轴，以毒性效应的累积概率作为横轴作图得到的，该曲线可以描述超过产生特定危害效应的浓度概率，曲线下部的面积代表了化学物质潜在的生态风险的大小。[20,21] 蒙特卡罗分析法是将生态评估模型中的一些变异和不确定性的参数用其概率密度函数替代，然后从概率密度函数出发进行随机抽样，将这些抽样结果代入模型中得到模拟结果，最后对模拟结果的概率分布进行统计分析的一种方法。[19,22]

无论是哪一种生态风险评估方法，其核心在于实际暴露量或者暴露浓度概率曲线的确定以及毒性参考值或者毒性参数概率曲线的确定。实际暴露量或者暴露浓度概率曲线与土壤污染物浓度及其可被生物利用并产生效应的比例有关，而毒性参考值或者毒性参数概率曲线则与污染物本身的特性、生态受体的特性、污染物与生物受体本身的作用机制等有关。

3.2 生态风险评估案例

3.2.1 USEPA 生态风险评估

第一个案例来自美国的一个垃圾场生态风险评估。[17] 贝内特垃圾场位于印第安纳州。20 世纪 60 年代和 70 年代，现场丢弃了大量含有多氯联苯（PCB）的电容器。1983 年，门罗县发现了该场地，并要求 USEPA 立即进行清理。USEPA 于 1998 年启动了清挖工作，共清理出 4 万 t 被 PCB 污染的土壤。然而，在清挖污染土壤前，受 PCB 污染的沉积物很可能被冲进了基岩含水层，并通过地下水渗漏，流入现场的两个泉眼，并最终排入斯托特溪，从而产生生态风险。因此，USEPA 针对 PCB 对斯托特溪周边可能产生的负面生态影响进行了系统的评估。

根据 USEPA 颁布的《生态风险评估指南》，第一步是问题描述。在这一阶段，需结合场地模型，明确生态受体、暴露途径、污染介质等内容。海豹、水貂和迁徙水禽的生殖效应与 PCB 暴露有关，包括早产、后代畸形和行为影响等。随着多氯联苯在食物链中的生物积累，营养水平较高的消费者将更多地接触多氯联苯。根据氯化程度的不同，水生物种的生物浓缩系数可以在 500～300 000（美国毒物与疾病登记署，2000）。因此，猎物（鱼或小龙虾）中的浓度预计比水中的浓度高 500～300 000 倍。因此，以鱼为食的动物将比其消耗的猎物（鱼）具有更高的多氯联苯含量。由于评估终点是保护斯托特溪中的食鱼性受体，评估机构选取了水貂和翠鸟，分别代表食肉类哺乳动物和食肉类鸟类。选择这两个受体的原因：①污染场地 Stout's Creek 为这两个受体提供栖息地；②自然历史信息（饮食组成和活动范围）显示：水貂和翠鸟的饮食构成可以在很大程度上增加其暴露；③水貂和鸟类食肉动物（由翠鸟代表）对 PCB 暴露的影响很敏感。而暴露途径主要包括水生生物从水中直接吸收（生物浓缩）污染物和通过食用多氯联苯污染的食物（鱼和小龙虾）而引起的饮食暴露（营养转移或生物放大），两种途径都称为“生物富集”。污染介质主要考虑沉积物、地下水和地表水。

框架的第二步是暴露分析。饮食中的暴露量是根据 Stout's Creek 鱼中 PCBs 的场地特定测量以及对小龙虾中 PCBs 浓度的测量和建模估算的。USEPA 首先明确了水貂和翠鸟的饮食成分，根据调查，水貂的饮食由 66%的鱼类和 13%的小龙虾组成，而翠鸟的饮食中包含 80%的鱼类和 20%的小龙虾。之后，USEPA 调查了水貂和翠鸟的活动范围，并计算了他们的场地面积使用系数（AUF)。最后是暴露量计算，USEPA 选取了 3 个站点（1、2、3）（图 5），在每个站点至少采集了 3 种鱼类（太阳鱼、洗盘鱼和小溪鲢鱼），并通过气相色谱法分析鱼样品中的 PCB 浓度，然后将前面得到的数据代入公式，分别计算得出水貂和翠鸟的 PCB 剂量浓度。USEPA 风险评估指南建议，对于具有 4 个或 4 个以上样本的数据集，采用算术平均值的 95%置信上限（95UCL）作为暴露浓度，以评估合理的最大暴露情景（RME）下的风险，对于少于 4 个样品的数据集，采用最大检测浓度；将鱼类平均 PCB 浓度用作暴露浓度，以评估集中趋势暴露（CTE）情景下的风险。

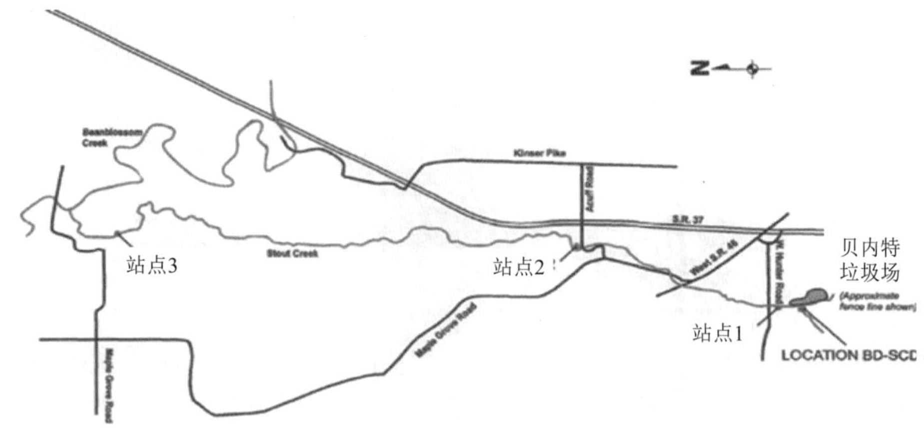

图 5　场地采样点位置

$$C_{\text{diet-mink}} = (0.66 \times C_{\text{fish}}) + (0.13 \times C_{\text{crayfish}}) \tag{5}$$

式中，$C_{\text{diet-mink}}$ 为貂饮食中的 PCBs 浓度；C_{fish} 为鱼体内测得的 PCBs 浓度；C_{crayfish} 为龙虾体内测得的 PCBs 浓度。

$$C_{\text{diet-kingfisher}} = (0.80 \times C_{\text{fish}}) + (0.20 \times C_{\text{crayfish}}) \tag{6}$$

式中，$C_{\text{diet-kingfisher}}$ 为翠鸟饮食中的 PCBs 浓度；C_{fish} 为鱼体内测得的 PCBs 浓度；C_{crayfish} 为龙虾体内测得的 PCBs 浓度。

$$\text{DOSE} = C_{\text{diet}} \times \text{IR} \tag{7}$$

式中，DOSE 为暴露剂量；C_{diet} 为饮食中的浓度；IR 为食物摄入率。

框架的第三步是风险表征。USEPA 采取了危害商（HQ）的表征方式，通过将污染物暴露剂量浓度和毒性参考值（TRV）进行比对，若该值大于 1，则生态风险不可接受，若该值小于 1，则不存在不可接受的生态风险。TRV 来自文献数据，是基于最大无效应浓度（NOAEC）、最低效应浓度（LOAEC）、最大无效应水平（NOAEL）、最低效应水平（LOAEL）、无效应水平（No Effect）、低效应水平（Low Effect）计算得到的一个参考值（表 5）。根据计算结果，USEPA 得出了以下 3 个结论：①每个站点都存在不可接受的生态风险；②离污染源越远，生态风险越小；③PCB 对翠鸟产生的不良影响超过水貂。

表 5　所用到的毒性参考值

物种	毒性参考值					
	NOAEC	LOAEC	NOAEL	LOAEL	No Effect	Low Effect
	μg/kg$_{\text{diet}}$		μg/（kg$_{\text{bw}}$.day）			
水貂	500	600	—	—	—	—
翠鸟	—	—	110	1 120	400	500

注：对于水貂，毒性参考值是基于生殖效应的；对于翠鸟，基于无效应和低效应水平的毒性参考值是由鸡的生殖效应外推的，基于最大无效应水平和最低无效应水平的毒性参考值是基于鸽子的行为效应外推的。

$$HQ = C_{\text{diet}} / \text{TRV} \tag{8}$$

式中，HQ 为危害商；C_{diet} 为饮食中 PCBs 浓度；TRV 为毒性参考值。

3.2.2 黄渤海周边生态风险评估

第二个案例来自黄渤海周边的生态风险评估。[21] 该案例提出了区域内多种污染物的风险空间分布进行量化和分区的方法。通过利用大量可用信息来探索单一和多种污染物的风险空间分布，基于当前污染物浓度和毒性数据对多种污染物的总体风险进行了综合的定量评估。

研究团队在黄海和渤海周围收集了来自农业、工业、森林和城市用地等多种土地类型的 446 个土壤样品（0～10 cm），采样点分布在黄海和渤海沿岸 21 个城市的网格（20 km×20 km 网格）中，覆盖面积约 213 000 km^2。然后通过分析样品中重金属（As、Cd、Cr、Hg 和 Pb）的含量来评估其对周边生态系统的风险。土壤中的 As、Cd、Cr、Hg 和 Pb 的浓度范围分别为 0.4～1 268.44 mg/kg、未检出～14.90 mg/kg、未检出～583.80 mg/kg、未检出～0.54 mg/kg 和 0.47～4 915.70 mg/kg。As、Cd、Cr、Hg 和 Pb 的中位数浓度分别为 60.86 mg/kg、0.90 mg/kg、58.74 mg/kg、0.06 mg/kg 和 233.08 mg/kg。

设定了两个级别的保护水平，级别Ⅰ（基于 NOEC/LOEC）和级别Ⅱ（基于 LC/EC/IC$_{50}$）。NOEC/LOEC 表示没有或只有最低毒性效应的保护水平，而 LC/EC/IC$_{50}$ 表示有一半目标产生效应的水平。使用概率风险评估法（PRA），将土壤中污染物暴露浓度的概率分布与本地陆生物种的毒性数据进行比较，确定了土壤中每个区域和子区域的单一金属暴露分布。然后使用终点 NOEC/LOEC 和 LC/EC/IC$_{50}$，从筛选的本地物种毒性数据中得出了用于不同污染物的两级物种敏感分布曲线（SSD）。然后，通过比较暴露频率分布和从相应 SSD 得出的生态风险评估阈值，使用联合概率曲线（JPC）方法评估每种污染物的生态风险的两级概率。As 和 Cr 的生态风险高于所有其他重金属；盘锦 As 的一级生态风险最大，为 47.83%，其次是沧州为 47.43%，滨州为 41.43%。Cd 对陆地生态系统的前三大风险分别为Ⅰ级的葫芦岛＞丹东＞连云港。Cr 的风险连云港最大，其次是盘锦、盐城、滨州和唐山。

引入污染物的权重，以评估多种污染物的综合生态风险。Ⅱ级生态风险等级排名前三的城市是沧州＞连云港＞盘锦，而Ⅰ级生态风险等级排名前三的城市是沧州＞盘锦＞连云港（图 6）。

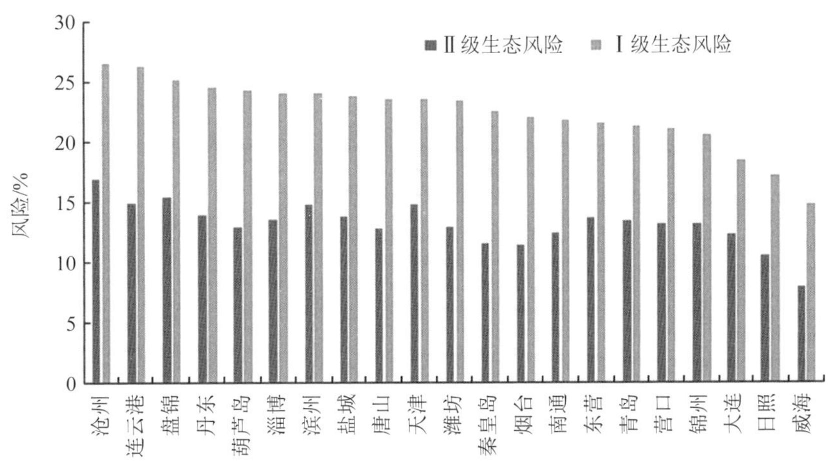

图 6　不同城市多种重金属复合污染的风险[21]

$$R_{\text{total}} = \sum_{i=1}^{n} R_i \times W_i \tag{9}$$

式中，W_i 为污染物 i 的权重；R_i 为污染物 i 的风险。

通过以上方法，实现了多种重金属污染物的区域风险表征，将每个城市进行了生态风险等级的排名，为环渤海和黄海地区的风险管理提供了技术支撑和理论依据。

3.2.3 案例总结

目前的一些土壤污染生态风险评估案例普遍采用商值法，获取特定的参数，即可根据计算模型得出定量风险评估结果，但这种方法没有考虑参数的一些变异性和不确定性。基于概率的方法可以克服这一问题，但是对于复合污染情形，上述采用的是简单的权重法，未考虑复合污染对污染物生物有效性和生态效应的联合作用，可能无法反映实际的风险状况。

4 土壤污染生态风险评估中的难点问题识别

在土壤生态风险评估的层次化框架中，重点在于第一层次风险筛选值的推导和第二层次筛选值的修正、风险商或概率风险的计算（图 7）。不论是在筛选值推导、修正过程中，还是在风险商或概率风险计算过程中，生物有效性均是主要的难点，因为生物有效性不仅影响筛选值推导和修正过程中毒性数据筛选，也影响风险商或概率风险计算过程中污染物生物暴露量的确定。此外，复合污染情形下，污染物的生物暴露、生态效应都会变得更为复杂，如何定量表征这种复合效应是另一难点。因果关系归因是从污染源—环境介质—生物体—效应部位的全过程示踪，决定了是否能对不同源的生态效应进行准确定量表征，也是土壤生态风险评估的难点。

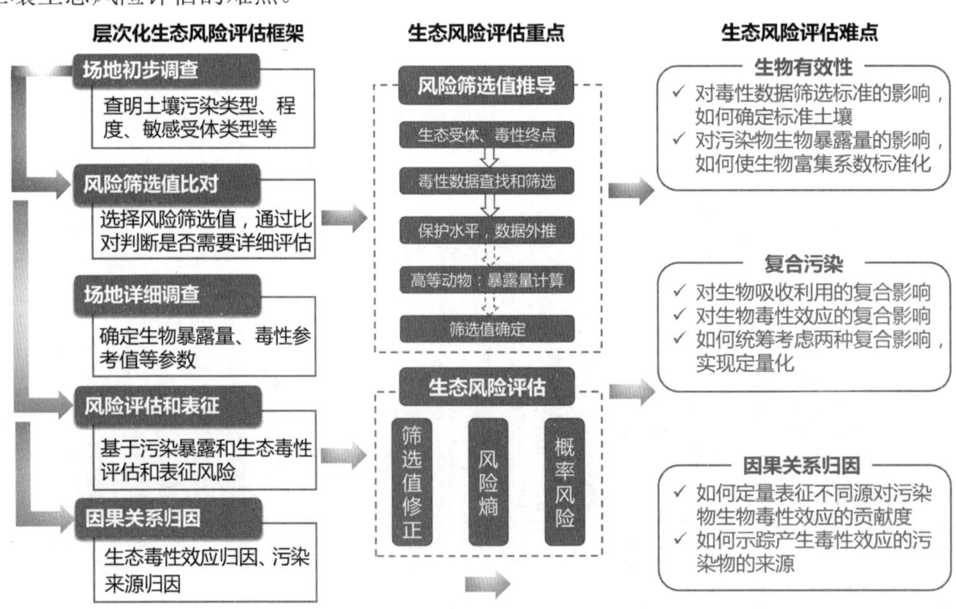

图 7 土壤生态风险评估重点、难点

4.1 生物有效性是生态风险准确定量的关键参数

土壤中的重金属等污染物并不能百分之百被生物吸收并对生物体产生毒性效应，用于表征能被生物吸收并对生物体产生毒性效应的污染物比例的方法有很多，包括重金属形态分析方法、体外模拟方法、体内模拟方法、植物指示法[27-29]、微生物指示法[30,31]、模型综合评价法[23-26]等。

土壤中不同形态重金属污染物的生物可利用性及其对生物的毒性效应有很大区别，土壤中重金属的总含量并不能直观反映对生物的潜在影响。以 As 为例，根据 As 与土壤胶体的结合形式，大致可分为水溶性 As、吸附性 As 和不溶性 As 3 类。其中，水溶性 As 和吸附性 As 通常合称为可利用 As 或有效态 As，具有较高的生物利用性，易被生物特别是农作物所吸收，危害性较大。相对而言，不溶性 As（铝型 As、铁型 As、钙型 As 和闭蓄型 As）生物可利用性较差，危害性相对较弱。重金属的存在形态是评价土壤中重金属风险的重要指标，通常采用分级提取的方法定量。

土壤中生物可利用性是指可溶解于肠胃液中能被潜在吸收的部分，这部分主要是通过体外模拟得到的，通常用 BAc（%）表示，即体外肠胃液模拟溶出的重金属量与样品中重金属总量的比值。[32] 体外模拟方法包括 PBET（physiologically based extraction test）、IVG（in vitro gastrointestinal method）、SBRC（solubility bioavailability research consortium）和 UBM（unified barge method）等[33-35]，主要针对 As、Cd 和 Pb 等重金属。[36] 生物可利用性与土壤中污染物本身的赋存形态以及模拟的肠胃液的条件有直接关系。[37] 对多项研究的统计发现，不同的模拟方法、不同的土壤类型得到的同一种污染物的 BAc 差异很大，BAc 范围在 0.46%～107%，绝大部分都低于 100%。[36]

土壤中污染物的生物有效性是指污染物通过皮肤接触、摄入或吸入途径被吸收进入生物体的量[38]，这部分是通过体内模拟得到的，即生物中污染物浓度与土壤中污染物浓度的比值。利用动物模型开展体内实验常被应用于评价土壤中重金属暴露对生物体的影响，也是目前评价重金属生物有效性最可靠的方法，土壤中重金属生物有效性研究最常用的动物模型为啮齿类，包括兔子[39]、猪[40]、小鼠[6]等。

无论哪一种方法，在风险评估中的应用有两个方面：一是用于毒性数据筛选，即确定什么情形下土壤中污染物的生物可利用性和有效性最高；二是用于暴露量计算，即通过生物富集系数，通过测量土壤中污染物浓度，推导进入生物体内能产生毒性效应的污染物浓度。由于不同方法得出的生物有效性和可利用性结果不同，在风险评估过程中，如何根据生物有效性与土壤环境条件和污染物形态等参数的相关关系调整毒性参数筛选标准，以及如何根据污染物和受体类型选择最优和最有效的方法确定生物富集系数是主要的难点问题。

4.2 因果关系归因是生态风险靶向管控的重要环节

生态风险评估针对的生态受体是一个范围很广的概念，包括个体、种群、群落、生态系统、生物过程等，污染物对这些生态受体的毒性终点也很复杂，包括生长、繁殖、死亡、生理、生化、代谢、种群变化等，每种毒性终点的影响因素众多，因果关系归因显得尤为重要。我国在制定土壤污染生态风险评估框架时应该充分借鉴英国的经验，强调因果关系归因在土壤污染生态风险评估中的作用，确保评估结果的精准化，避免过度修复。

土壤污染生态风险评估中的因果关系归因主要是通过建立一系列证据链，判定毒性效应是否由土壤中的特定污染物引起。因果关系归因的方法很多，包括流行病学方法[41,42]、健康诊断法[43]等。流行病学方法是通过一系列判定标准，证明环境因素增加了某种生物效应的发生概率。[44] 健康诊断法是指运用污染指纹、同位素示踪、生物标志物、生物指示物等多种手段对效应的来源进行解析。[45]

指纹图谱技术最早常见于对各种溢油事件中油的来源进行鉴别[46-48]，以及对中药、食品等的产地、成分、质量等进行识别、评价或控制[39,49-51]，近年来其概念也逐渐扩展到不同样品中污染物的特征比对和溯源中[52,53]。由于生物体内的稳定性同位素比值可作为一种天然标记示踪营养物质在生态系统中的流动，也可以用来示踪具有生物富集特性的污染物在动物体内的累积，因此，同位素示踪在生物领域的应用主要集中在 N 循环转化[54,55]、Hg 的生物富集[40,56,57]等方面。由于指纹图谱可以用于环境介质和生物样品中的污染特征比对，同位素可以示踪污染物在环境介质—生物体中的迁移归趋，因此这两种技术都能在生态风险的因果关系归因中发挥作用，即通过污染物在环境介质—生物体—效应部位的示踪或特征比对，定性分析毒性效应是否与暴露于污染物中有关。其难点在于如何将上述方法与定量风险评估结果相结合，即如何定量表征污染物、生物体其他暴露等不同源对污染物生物毒性效应的贡献度。生物标记物通常被定义为暴露于应急源的功能性指标在生物组织亚有机水平上的表达，[58] 是指细胞、亚细胞、分子、基因等水平上的对单个污染物和复合污染产生效应的生化指标[59,60]，如酶、蛋白质、代谢产物等。生物指示物可以是前哨物种或群落等结构实体的效应，如器官病理、生殖受损、生长减慢等，也可以是较高水平组织的生物效应。[45] 运用生物标志物和生物指示物的特定组合，能够提供相对独特的效应概况，从而识别特定的污染来源。[45, 61,62]

4.3 复合污染土壤评估方法构建是生态风险评估的核心

复合污染的效应主要表现在两个方面，一是生物有效性的复合效应，二是毒性的复合效应。关于生物有效性效应的研究较少，XIA 采用 UBM（Unified Bioaccessibility Research Group of Europe Method）评估了 As 和 Cd 对 Pb 的生物可利用性的影响，研究结果表明，As 和 Cd 对 Pb 的生物可利用性都没有影响，说明 As 和 Pb（Cd 和 Pb）混合物的生物可利用性为简单加和效应。[63]

关于复合污染的研究主要集中在毒性效应上，其中污染物类型以重金属/重金属复合污染、重金属/农药/兽药/抗生素复合污染、重金属/多环芳烃复合污染、农药/农药复合污染等为主；受体主要包括植物、无脊椎动物、水生生物、微生物等，少量涉及高等动物；而毒性终点主要为植物种子萌发、幼苗生物量、芽长、根长，蚯蚓死亡率、体重、酶活性、细胞凋亡率、膜质损伤，微生物数量、呼吸强度、多样性、群落功能和丰度等。复合污染的效应主要包括加和作用、协同作用、拮抗作用等类型[64-66]，受污染物类型、暴露浓度水平、暴露浓度比例、暴露时间、受体结构性质、土壤环境条件等因素影响，这些因素主要通过影响污染物的生物有效性、污染物的直接毒性、生物体代谢机能等产生上述联合效应。[64-67]

复合污染毒性效应的表征通常采取两种方式。一种是通过开展复合污染的生物试验，选用合理的指标（包括常规指标和生物标记物等）来表征复合效应；[68] 另一种是根据联合效应预测方程表征复合污染物的毒性，后者更适合与生态风险定量评估相结合使用，常用表征模型见表 6。Plackett 和 Hewlett 早在 1952 年就提出了用浓度加和（也称简单相似的联合作用）和效应加和（也称独立的联合作用）两种方式表征复合污染物的毒性效应。[69] 后来，浓度加和（CA）和独立作用（IA）两类预测方程广泛被用来表征复合污染的毒性，[70,71] CA 适用于所有化学物质具有相同作用机理且不影响彼此生物活性的情形，而 IA 则适用于化学物质具有不同作用机理且影响彼此生物活性的情形。这两类模型都假设污染物在靶标位点不会发生交互作用，因而效应是可以被加合的。[72] 由 Junghans（2004）、Altenberger（2004）以及 De Zwart 和 Posthuma（2005）等独立提出的两步混合模型，在理论上优于用浓度加和法来估计混合物的毒性。[71,73,74] Chen Chen（2015）研究发现，对于多研究的多种复合污染物，与使用 CA 或 IA 方法相比，根据 CI 方法预测的毒性更接近实验毒性值。[75] 但目前对复合污染毒性效应的表征主要是针对农药等化学品或者水环境中的污染物，较少涉及土壤等较为复杂的环境介质。

表 6　复合污染毒性效应表征模型

序号	复合污染毒性效应表征模型	参数说明
1	$EC_{x,\mathrm{mix}}=\left(\sum_{i=1}^{n}\frac{p_i}{EC_{xi}}\right)^{-1}$	式中，$EC_{x,\mathrm{mix}}$ 是引起 x%效应的混合物的效应浓度，EC_{xi} 表示第 i 个成分单独存在并引起与混合物相同的效应（x%）时的浓度，p_i 是第 i 种成分在混合物中的相对质量比例。在本研究中，对于生存数据，只需将 EC_x 换成 LC_{50}（50%致死浓度）即可
2	$E(c_{\mathrm{mix}})=1-\prod_{i=1}^{n}[1-E(c_i)]$	式中，c_{mix} 和 $E(c_{\mathrm{mix}})$分别是混合物的总浓度和总效应。$E(c_i)$表示第 i 个成分对混合物中 c_i 浓度的影响
3	$EC_{x,\mathrm{mix}}=\left(\sum_{i=1}^{n}\frac{p_i}{EC_{xi}\times CI_{x\mathrm{comp}}}\right)^{-1}$	$CI_{x\mathrm{comp}}$ 是从混合物的实验毒性曲线）起，在 x 值影响水平（x%）下计算出的混合物的组合指数值

虽然对于复合污染生物毒性效应的研究较多，但对于其生态风险的表征均采用了简单的处理方式。Shi 等（2018）的研究中采用了对不同污染物赋以不同权重，利用表 7 公式 3 计算总风险的方法。[21] 澳大利亚的生态风险评估框架中，考虑到对于大多数复合污染，毒性均为浓度加和（占 70%～90%），只有一小部分是拮抗和协同效应，提出了通过加和方式评价复合污染的生态风险，即采用表 7 公式 1 计算总风险。[2] 陈瑾等（2014）采用效应加和的方法计算微囊藻毒素与 NH_3-N、亚硝态氮的复合生态风险，即先根据不同污染物的浓度评估其对生物的影响，确定物种损害比例，然后利用表 7 公式 2 计算三者的复合潜在影响比例。[76] Backhaus 和 Faust（2012）提出了三层次的复合污染风险评估方法：①计

算预测环境浓度（PEC）/预测无效应浓度（PNEC）的总和；②计算有毒物质单元总和；③混合物测试。[72] Dyer 等（2010）提出了另一种三层次框架：①使用 CA 来估算混合物毒性；②采用混合模型 CA 和 IA 来评估混合物毒性；③将组织残留（TR）数据与“多物质潜在影响比例”（ms-PAF）方法集成，以便得出可以保护特定百分比的所关注水生生态系统生物物种的 TR 含量（如 5%效应浓度）。[77]

由于土壤复合污染普遍存在，且复合污染情形下，污染物的生物有效性、毒性效应都会与单一污染情形不同，且其加和、拮抗、协同作用与诸多因素有关，因此如何统筹考虑复合污染情形下生物有效性的联合效应和毒性的联合效应，表征生态风险的联合效应，是生态风险评估的另一个难点问题。

表 7 复合污染生态风险评估方法

序号	风险表征方法	参数说明
1	$HI=HQ_A+HQ_B+HQ_C$	HQ_A、HQ_B 和 HQ_C 分别为污染物 A、B、C 的风险
2	$ms\text{PAF}=1-\prod_{i=1}^{3}(1-\text{PAF}_i)$	PAF_1、PAF_2、PAF_3 分别为 3 种污染物产生的潜在影响比例
3	$R_{\text{total}}=\sum_{i=1}^{n}R_i\times W_i$	R_i 为污染物 i 的风险；W_i 为污染物 i 的权重（Cr 为 2，As、Cd、Hg 和 Pb 为 3）

5 加快建立我国土壤污染生态风险评估体系

5.1 建立精准化的土壤污染生态风险评估技术方法

（1）加强生物有效性在土壤污染生态风险评估中的应用研究

生物可利用性和生物有效性是影响土壤中污染物生态风险的关键参数，也是影响生态风险评估结果准确性的核心内容。受 pH、有机质等各种因素的影响，不同类型土壤中同一种污染物的赋存形态、生物可利用性、生物有效性可能存在较大差异，如何准确表征土壤中污染物的生物可利用性和生物有效性，是生态风险评估方法构建首先要解决的难点问题。目前的评估方法以形态分析和体外模拟为主，形态分析可以作为生物可利用性的参考，但是不能作为准确定量的依据，体外模拟目前主要模拟人体的唾液和胃肠环境，模拟的主要是人体可利用的污染物，因此，应针对我国污染土壤生态风险评估需求，加强对不同污染物、不同生物体对应的生物可利用性和生物有效性影响因素、模拟方法、评价方法和定量模型研究，提高对生物体中污染物浓度及其毒性效应预测的准确性，确保风险评估结果的可靠性。此外，加大对不同类型土壤和生物中污染物的生物可利用性和生物有效性的研究，确定不同类型污染物的标准土壤和生物条件（生物有效性最高的条件），以便对不同类型土壤中获取的毒性参数进行归一化处理，为精细化评估提供支撑。

（2）研究因果关系归因技术手段与定量风险评估的结合方法

英国的生态风险评估框架中，因果关系归因是其中重要的环节，美国的生态风险评估指南中也提到了因果关系归因的一般原则和要求。我国现阶段开展生态风险评估技术方法研究，应充分吸收发达国家好的经验和做法，将因果关系归因纳入评估方法体系。目前能用于因果关系归因的技术手段很多，包括指纹图谱方法、同位素示踪方法、生物标记物、生物指示物等，但这些方法普遍被用于构建因果关系证据链，即定性分析生态受体的效应是否由污染或者复合污染导致，而没有与生态风险定量评估结果相关联。下一阶段应重点针对生物效应不同来源贡献度的定量分析方法开展研究，充分考虑不同的因果关系归因技术手段的特点和适用性，研究其与定量风险评估的结合方式，实现多种压力源共存等复杂情形下，特定污染源导致的生态风险的准确定量。

（3）研究复合污染土壤生态风险的评估和表征方法

复合污染是我国各类污染场地普遍的污染存在形式，不同污染物共存情况下可能会对各自的生物有效性、生物毒性等产生加和、协同、拮抗等作用，污染物之间的相互作用使污染风险更具复杂性和不确定性，而目前对于这种复合效应，普遍采用保守的简单加和方式，无法反映复合污染情形下污染物进入生物体并产生效应的真实情况，可能造成风险的夸大或缩小。现阶段应充分利用现代仪器分析和计算机辅助分析新技术，联合运用微宇宙和中宇宙生态模拟、野外长期定位试验等研究方法，加强对不同污染物、不同污染水平、不同环境条件、不同生态受体、土壤-生物和生物-生物等不同环节生物有效性和生态效应联合作用机制的研究，构建复合污染情形下污染物的生物有效性和生物毒性效应定量表征方法和模型，为复合污染生态风险评估和表征提供支撑。

5.2 制定适用于我国管理需求的土壤污染生态风险评估标准体系

我国目前的污染场地风险评估和风险管控主要是基于人体健康风险，未考虑污染物对生态受体的潜在影响。事实上，对于《城市用地分类与规划建设用地标准》（GB 50137—2011）中的公园绿地、防护绿地等城市建设用地以及采矿用地等城乡建设用地，动植物都是需要重点关注的生态受体，其他以居住、办公为主要功能的建设用地，通常也有一定的绿化面积。因此，对于这类由污染场地开发而成的公园绿地、防护绿地或者受污染的矿山，在进行污染评价和治理修复时，应统筹考虑污染物对人体健康和生态受体的影响。因此，随着我国污染场地管理水平的提升，应由主要考虑人体健康逐步过渡到综合考虑人体健康和生态安全，加快研究土壤污染生态风险筛选值，并制定土壤污染生态风险评估技术指南，指导从业人员开展污染风险评价、制定风险管控目标，也为管理者的风险管理决策提供支撑。风险评估技术指南的制定应重点考虑以下内容：

（1）沿用层次化的生态风险评估框架

发达国家土壤污染生态风险评估指南普遍采用层次化的评估框架，我国生态风险评估应沿用该思路，通过筛选值比对进行风险初筛，评估判断是否需要进入下一步详细风险评估，避免所有场地都进入烦琐的调查程序。在详细风险评估阶段，基于特定场地条件的补充调查，考虑不同情形，选用筛选值修正/商值法或概率风险评估等不同方法进行风险评估和表征，为风险管理提供更为准确的结论。

（2）分级分类研究制定生态风险筛选值

不同土地利用类型对应的生态受体类型和物种丰富度差异很大，工业、商业用地几乎没有植被覆盖，居民区通常有少量植被，公园、绿地的植被覆盖度较高，矿山及其他生态用地的生物物种丰富度最大，植被覆盖度也最高。因此，在制定土壤生态风险筛选值时，应充分考虑生态受体本身的差异及因此导致的生态重要性的差异，分不同土地利用类型制定土壤生态筛选值，管住关键因素。此外，由于风险是一个比例的概念，风险筛选值是基于保护特定比例的生物不受污染物影响而制定的，低于筛选值并不代表处于一个绝对安全的状态，因此，在制定土壤污染生态风险筛选值时，应该尽可能考虑不同的保护级别，为不同层级的管理需求提供决策支持。

（3）评估过程充分考虑土壤环境背景值

土壤中本身含有一定浓度的重金属，且不同地区土壤中重金属含量具有较大差异性。《建设用地土壤环境调查评估技术指南》（环境保护部公告　2017 年第 72 号）指出，如对于土壤背景值较高的污染物（如重金属），考虑成本效益、技术可操作性以及修复后存在被更高背景的周边区域再次污染的可能性，原则上不要求清理到背景水平之下。因此，在制定土壤污染生态风险筛选值和进行土壤污染生态风险评估时也应充分考虑土壤中污染物的环境背景值，避免过度管控或修复。

（4）结合土壤污染责任认定需要开展因果关系归因分析

生态风险评估涉及个体、种群等不同层级以及生理、生化等不同维度，每一种响应都可能有多种复杂的来源，为了确保结果的准确性，应将因果关系归因作为评估的必要环节，以量化不同责任人排放污染导致的风险及需要承担的责任。此外，由于污染物空间异质性和生态受体本身暴露和效应的差异，风险评估过程存在诸多不确定性，应借鉴健康风险评估框架，设置不确定性分析模块，或者通过概率风险评估，实现对评估过程不确定性的考虑，确保风险评估结果更具合理性，更接近实际情况。

5.3　构建本土化的土壤污染生态风险评估参数库

（1）构建本土化的生物有效性数据库

随着认知的提升，采用土壤污染物总浓度作为生物毒性效应的暴露浓度缺乏科学性和准确性已经成为共识。因此，无论是在筛选值制定环节还是在详细风险评估阶段，生物可利用性和生物有效性都是最为重要的一个参数。已经有诸多学者致力于研发经济有效的重金属生物可利用性和生物有效性分析方法，并将其应用到土壤重金属的风险评估中，其中形态分析和体外模拟方法已经被用于很多人体健康风险评估中生物可利用性的研究，但由于生物可利用性的影响因素众多且复杂，该方法还没有纳入相关的标准规范，体内模拟是准确定量生物有效性的一种可靠方法，但是需要的周期往往较长，应用也受到限制。因此，亟须构建针对不同生物的污染物可利用性和有效性模拟测试方法，识别影响土壤和动植物中污染物生物可利用性和生物有效性的关键因素，研究不同形态重金属含量、生物可利用性、生物有效性的相关关系，在此基础上，建立生物可利用性和有效性经验预测模型，构建本土化的生物富集系数等生物可利用性和有效性参数库，为生态风险的准确定量提供支撑。

（2）构建本土化的毒性参数库

生态风险筛选值的推导主要是基于对生物毒性数据的查询、筛选、外推得到的，而生态风险定量评估结果也是要将污染物的生物暴露量与污染物的毒性参考值进行比对得到的，因此毒性数据对生态风险评估过程的重要性不言而喻。从我国水质基准研究来看，很大程度上依赖的是国外数据库，这些数据大多是从英文文献或者具有英文摘要的非英语文献中获得的，主要研究的是国外生物的毒理性质，我国本土生物毒性数据很少。但由于地域间物种差异性、生物暴露途径和暴露量差异性等原因，单纯依靠国际上已有的毒性数据库无法满足我国土壤污染生态风险评估工作的需要。我国应针对一些高关注的典型污染物和新型污染物，加大本土物种的生物毒性效应及其预测模型研究，结合我国已有的数据资源，综合运用大数据云计算等手段，充分借鉴美国、荷兰等国家的经验，构建本土化的满足土壤污染生态风险评估需求的生物毒性数据库，为科学开展生态风险评估提供保障。

参考文献

[1] US Environmental Protection Agency（USEPA）. Ecological Risk Assessment Guidance for Superfund[R]. EPA 540-R-97-006.1997.

[2] National Environment Protection. Guideline on Ecological Risk Assessment[R]. 2011.

[3] Environment Agency. Ecological Risk Assessment Framework for Contaminants in Soil[R]. 2008.

[4] NEMEROW N L. Stream，lake，estuary，and ocean pollution [M]. New York：Van Nostrand Reinhold Publishing，1985.

[5] MULLER G. Index of geoaccumulation in sediments of the Rhine River [J]. Geo Journal，1969，2：108-118.

[6] LARS HAKANSON. An ecological risk index for aquatic pollution control. A sedimentological approach [J]. Water Research，1980，14（8）：975-1001.

[7] MARTLEY E，GULSON B，LOUIE H，et al. Metal partitioning in soil profiles in the vicinity of an industrial complex，New South Wales，Australia [J]. Geochem Explor Environ Anal，2004，4：171-179.

[8] 贾琳，杨林生，欧阳竹．典型农业区农田土壤重金属潜在生态风险评价[J]．农业环境科学学报，2009，28（11）：2270-2276.

[9] 何玉生．海口城市土壤重金属污染特征与生态风险评估[J]．生态学杂志，2014，33（2）：421-428.

[10] 孙海，王秋霞，李腾懿．林下参土壤中 Cu 和 Zn 的形态组成及其生态风险评估[J]．西北农业学报，2014，23（5）：158-163.

[11] 周其文，师荣光，韩允垒．天津市郊不同利用方式农田土壤镉的累积特征及生态风险评估[J]．中国农学通报，2014，30（36）：182-187.

[12] LIU J，ZHANG X H，TRAN H，et al. Heavy metal contamination and risk assessment in water，paddy soil，and rice around an electroplating plant [J]. Environmental Science & Pollution Research，2011，18

（9）：1623-1632.

[13] HUANG S，WANG L Y，ZHAO Y. Ecological risk assessment from the perspective of soil heavy metal accumulations in Xiamen city，China [J]. International Journal of Sustainable Development & World Ecology，2018，25（5）：411-419.

[14] DAGNINO A，SFORZINI S，DONDERO F，et al. A weight-of-evidence approach for the integration of environmental "triad" data to assess ecological risk and biological vulnerability [J]. Integrated Environmental Assessment and Management，2008，4：314-326.

[15] 涂棋，徐艳，李二．典型养鸡场及其周边土壤中抗生素的污染特征和风险评估[J]．农业环境科学学报，2020，39（1）：97-107.

[16] 彭秋，王卫中，徐卫红．重庆市畜禽粪便及菜田土壤中四环素类抗生素生态风险评价[J]．环境科学，2020，4（10）：4754-4766.

[17] US Environmental Protection Agency（USEPA）. Focused Ecological Risk Assessment Bennett's Dump Site Bloomtngton，Monroe County，Indiana[R].

[18] 雷炳莉，黄圣彪，王子健．生态风险评价理论和方法[J]．化学进展．2009，21（2/3）：350-358.

[19] 杨宇，石璇，徐福留，等．天津地区土壤中萘的生态风险分析[J]．环境科学，2004，25（2）：115-118.

[20] SOLOMON K，GIESY J，JONES P. Probabilistic risk assessment of agrochemicals in the environment [J]. Crop Prot.，2000，19：649-655.

[21] SHI Y J，XU X B，LI Q F. Integrated regional ecological risk assessment of multiple metals in the soils：A case in the region around the Bohai Sea and the Yellow Sea [J]. Environmental Pollution，2018，242：288-297.

[22] US Environmental Protection Agency（USEPA）. Guiding Principles for MonteCarlo Analysis[R]. EPA/630/R-97/001. Washington，DC. 1997.

[23] ANTUNES P M，BERKELAAR E J，BOYLE D，et al. The biotic ligand model for plants and metals：technical challenges for field application [J]. Environ- Toxicol Chem，2006，25（3）：875-882.

[24] LOCK K，VAN-EECKHOUT H，DE-SCHAMPHELAERE K A C，et al. Development of a biotic ligand model（BLM）predicting nickel toxicity to barley（Hordeum vulgare）[J]. Chem，2007，66（7）：1346-1352.

[25] 罗小三，李连祯，周东美．陆地生物配体模型（t-BLM）初探：镁离子降低铜离子对小麦根的毒性[J]．生态毒理学报，2007，2（1）：41-48.

[26] HAANSTRA L，DOELMAN P，VOSHAAR J H O. The use of sigmoidal dose response curves in soil ecotoxicological research [J]. Plant Soil，1985，84（2）：293-297.

[27] 陈思宁，刘新会，侯娟，等．重金属锌胁迫的白菜叶片光谱响应研究[J]．光谱学与光谱分析，2007，27（9）：1797-1801.

[28] 韩桂琪，王彬，徐卫红，等．重金属 Cd，Zn，Cu 和 Pb 复合污染对土壤生物活性的影响[J]．中国生态农业学报，2012，20（9）：1236-1242.

[29] 孔文杰，鲁洪娟，倪吾钟．土壤重金属生物有效性的评价方法[J]．广东微量元素科学，2005，12（2）：1-6.

[30] IVASK A，FRANCOIS M，KAHRU A，et al. Recombinant luminescent bacterial sensors for the measurement of bioavailability of cadmium and lead in soils polluted by metal smelters [J]. Chem，2004，

（55）：147-156.

[31] 黄立章，金腊华，万金保．土壤重金属生物有效性评价方法[J]．江西农业学报，2009，21（4）：129-132.

[32] RUBY M V，DAVIS A，SCHOOF R，et al. Estimation of lead and arsenic bioavailability using a physiologically based extraction test [J]. Environmental Science & Technology，1996，30（2）：422-430.

[33] RUBY M V，DAVIS A，LINK T E，et al. Development of an in vitro screening test to evaluate the in vivo bioaccessibility of ingested mine-waste lead [J]. Environmental Science & Technology，1993，27（13）：2870-2877.

[34] RODRIGUEZ R R，BASTA N T. An in vitro gastrointestinal method to estimate bioavailable arsenic in contaminated soils and solid media [J]. Environmental Science & Technology，1999，33（4）：642-649.

[35] WRAGG J，CAVE M，BASTA N，et al. An inter-laboratory trial of the unified BARGE bioaccessibility method for arsenic，cadmium and lead in soil [J]. Science of the Total Environment，2011，409（19）：4016-4030.

[36] 唐文忠，孙柳，单保庆．土壤/沉积物中重金属生物有效性和生物可利用性的研究进展[J]．环境工程学报，2019，13（8）：1775-1790.

[37] 姜林，彭超，钟茂生．基于污染场地土壤中重金属人体可给性的健康风险评价[J]．环境科学研究，2014，27（4）：406-414

[38] NG J C，JUHASZ A，SMITH E，et al. Assessing the bioavailability and bioaccessibility of metals and metalloids [J]. Environmental Science and Pollution Research，2015，22（12）：8802-8825.

[39] 党晓月，朱志军，王永祥，等．生脉饮 HPLC 指纹图谱与化学模式识别研究[J]．中药材，2020，43（12）：2988-2991.

[40] Caille N，Vauleon C，Leyval C，et al. Metal transfer to plants grown on a dredged sediment：Use of radioactive isotope 203Hg and titanium [J]. Science of the Total Environment，2005，341：227-239.

[41] MAC M J，EDSALL C C. Environmental contaminants and the reproductive success of lake trout in the Great Lakes：an epidemiological approach [J]. Journal of Toxicology and Environmental Health，1991，33：375-394.

[42] GILBERTSON M. Advances in forensic toxicology for establishing causality between Great Lakes epizootics and specific persistent toxic chemicals [J]. Environmental Toxicology and Chemistry，1997，16：1771-1778.

[43] ADAMS S M. Biomarker/bioindicator response profiles of organisms can help differentiate between sources of anthropogenic stressors in aquatic ecosystems [J]. Biomarkers，2001，6：33-44.

[44] FOX G A. Practical causal inference for ecoepidemiologists [J]. Journal of Toxicology and Environmental Health，1991，33：359-373.

[45] ADAMS S M. Assessing cause and effect of multiple stressors on marine systems [J]. Mar. Pollut. Bull，2005，51：649-657.

[46] 韩彬，郑立，宋转玲．七种成品油中多环芳烃指纹特征与鉴别[J]．西安石油大学学报（自然科学版），2012，27（6）：100-104

[47] 周佩瑜，陈畅曙，胡平．多环芳烃油指纹应用于船舶溢油鉴别研究[J]．海洋学报，2014，36（12）：91-102.

[48] 张乐，宋小燕，吴哲健. 油指纹多元统计分析在鉴别地表水石油类污染来源中的应用研究[J]. 环境科学学报，2019，39（9）：3018-3024.

[49] 李海伦，李恒，孙飞. 经典名方大秦艽汤 HPLC 指纹图谱及含量测定方法研究[J]. 中草药，2021，52（1）：99-107.

[50] 赵丽丽，王赵改，史冠莹. 基于 GC-MS 指纹图谱及化学模式识别分析河南不同产地香椿挥发性成分[J]. 食品科学，2020：1-12.

[51] 廖紫玉，弘子姗，黄艾祥. 基于 3D- EEM 对不同品种咖啡液指纹图谱的研究[J]. 食品研究与开发，2020，41（42）：200-206.

[52] 万平玉. 超标偷排污水溯源的物证分析技术研究[J]. 北京化工大学学报（自然科学版），2014，41（1）：39-45.

[53] BENSKIN J P，SILVA A O D，MARTIN J W. Isomer profiling of perfluorinated substances as a tool for source tracking：A review of early findings and future applications[J]. Rev Environ Contam Toxicol，2009，208：111-160.

[54] 许堃，党秀丽，董旭，等. ^{15}N 示踪法研究生物碳施用对油菜氮素吸收和转运的影响[J]. 水土保持学报，2019，32（5）：197-201，207.

[55] 刘碧荣，王常慧，黄建辉. ^{15}N 库稀释法和 ^{15}N 示踪法在草地生态系统氮转化过程研究中的应用——方法与进展[J]. 草地学报，2014，22（6）：1153-1162.

[56] 许议元，何天容. 草海典型高原湿地食物链中汞同位素组成特征[J]. 环境科学，2019，40（1）：461-469.

[57] 童银栋，张巍，邓春燕. 海河干流水产品汞污染特征及摄入风险评估[J]. 环境科学，2016，37（3）：942-949.

[58] BENSON W H，DIGIULIO R T. Biomarkers in hazard assessment of contaminated sediments[M]//BURTON G A. Sediment Toxicity Assessment. Lewis Publishers，Boca Raton，FL. 1992.

[59] VAN DER OOST R，BEYER J，VERMEULEN N P E. Fish bioaccumulation and biomarkers in environmental risk assessment：a review [J]. Environ. Toxicol. Pharmacol. 2003，13：57-149.

[60] 王美娥，丁寿康，郭观林，等. 污染场地土壤生态风险评估研究进展[J]. 应用生态学报，2020，31（11）：3946-3958.

[61] ADAMS S M. Biological indicators of aquatic ecosystem stress：introduction and overview[M]//ADAMS S M. Biological Indicators of Aquatic Ecosystem Stress. American Fisheries Society，Bethesda，MD，2002，1-11.

[62] GALLOWAY T S，BROWN R J，BROWNE M A，et al. A multibiomarkers approach to environmental assessment [J]. Environmental Science & Technology，2004，38：1723-1731.

[63] XIA Q，PENG C，LAMB D，et al. Effects of arsenic and cadmium on bioaccessibility of lead in spiked soils assessed by unified BARGE method [J]. Chemosphere，2016，154：343-349.

[64] 郭强. 重金属复合污染对土壤微生物的影响机制[J]. 四川环境，2017，36（3）：167-172.

[65] 陈希超，韩倩，向明灯，等. 重金属和有机物复合污染对土壤酶活力的影响研究进展[J]. 环境与健康杂志，2016，33（9）：841-845.

[66] 潘攀，杨俊诚，邓仕槐. 重金属与农药复合污染研究现状及展望[J]. 农业环境科学学报，2011，30（10）：1925-1929.

[67] 关小红，谢嫔．环境中金属离子与有机污染物复合污染研究进展[J]．土木与环境工程学报，2019，41（1）：120-128.

[68] BEYER J，PETERSEN K，SONG Y，et al. Environmental risk assessment of combined effects in aquatic ecotoxicology：A discussion paper [J]. Marine Environmental Research，2014，96：81-91.

[69] PLACKETT R L，HEWLETT P S. Quantal responses to mixtures of poisons [J]. J Royal Stat Soc，1952，14（2）：141.

[70] FAUST M，ALTENBURGER R，BACKHAUS T，et al. Predicting the joint algal toxicity of multicomponent s-triazine mixtures at low-effect concentrations of individual toxicants [J]. Aquat. Toxicol. 2001，56：13-32.

[71] ALTENBURGER R，WALTER H，GROTE M. What contributes to the combined effect of a complex mixture？[J] Environ. Sci. Technol，2004，38：6353-6362.

[72] BACKHAUS T，FAUST M. Predictive environmental risk assessment of chemical mixtures：A conceptual framework [J]. Environmental Science & Technology，2012，46：2564-2573.

[73] JUNGHANS M. Studies on combination effects of environmentally relevant toxicants：validation of prognostic concepts for assessing the algal toxicity of realistic aquatic pesticide mixtures[D]. University of Bremen，Germany. 2004.

[74] DE ZWART D，POSTHUMA L. Complex mixture toxicity for single and multiple species：proposed methodologies [J]. Environ Toxicol Chem，2005，24：2665-2676.

[75] CHEN C，WANG Y，QIAN Y，et al. The synergistic toxicity of the multiple chemical mixtures：Implications for risk assessment in the terrestrial environment [J]. Environment International，2015，77：95-105.

[76] 陈瑾，刘奕梅，张建英．基于物种敏感性分布的微囊藻毒素与氮污染水体生态风险评估[J]．应用生态学报，2014，25（4）：1171-1180.

[77] DYER S，WARNE M S J，MEYER J S，et al. Tissue residue approach for chemical mixtures [J]. Integr. Environ. Assess. Manag. 2010，7：99-115.

基于财政支出能力的流域水环境治理项目经济可持续性研究

Study on Economic Sustainability of Watershed Water Environment Treatment Project based on Financial Affordability

程亮　陈鹏　徐顺青　刘双柳　高军　焦阔　金坦

摘　要　本文分析了现行流域水环境治理模式，识别了财政承受能力是影响流域水环境治理项目经济可持续性的关键因素。以县城为重点，研究了流域水环境治理项目财政承受能力。从“深绿行业”倾斜投融资政策、加大财力薄弱地区补偿力度、实施水环境治理全成本收费等方面，提出了提高流域水环境治理经济可持续性的对策建议，力求为各级政府环保投资决策与管理、激发环保产业市场活力等提供参考。

关键词　流域水环境治理项目　财政支出能力　经济可持续性

Abstract　The current water environment governance model of river basin are analyzed，that financial affordability is the key factor affecting the economic sustainability of water environment treatment projects in river basin is identified. Focusing on the county town，the financial affordability of water environment treatment projects in the basin is studied. From the aspects of preferential investment and financing policies on “deep green industry”，increasing the compensation for areas with weak financial resources，and implementing full cost charges for water environment treatment，countermeasures and suggestions are put forward to improve the economic sustainability of water environment treatment in the basin，and strive to provide reference for the decision-making and management of environmental protection investment of governments at all levels，and stimulate the market vitality of environmental protection industry.

Keywords　water environment treatment projects in river basin；financial affordability；economic sustainability

流域水环境治理工程建设内容通常可包括厂、网、河湖、岸等多项内容。而流域水环境治理实施模式可界定为厂、网、河湖、岸的不同组合方式。“厂”指污水处理厂，“网”指污水收集管网，“河湖”指清淤疏浚、生态修复、岸坡整治等直接作用于河湖的措施，“岸”指岸上的道路、停车场、路灯、垃圾收集处置等市政设施建设。流域水环境治理工程资金投入大，有限的使用者（污染者）付费难以满足投资人预期回报，地方财政支出能力成为影响流域水环境治理工程建设运营可持续的关键影响指标。基于此背景，本文锁定“财政支出能力”这一关键影响因素，开展流域水环境治理项目地方财政承受能力分析，并从拓宽资金渠道等角度提出增强流域水环境治理项目经济可持续性的政策措施，力求为各级政府环保投资决策与管理、激发环保产业市场活力等提供参考。

1 现行流域水环境治理模式分析

自 2014 年我国在公共产品和公共服务领域大力推行 PPP 模式，尤其是财政部、环境保护部《关于推进水污染防治领域政府和社会资本合作的实施意见》（财建〔2015〕90 号）和《关于政府参与的污水、垃圾处理项目全面实施 PPP 模式的通知》（财建〔2017〕455 号）等文件出台以来，我国流域水环境治理项目更多地采用 PPP 模式实施。

1.1 流域水环境治理 PPP 项目模式构成

截至 2019 年年底，从财政部政府和社会资本合作中心管理库中，筛选识别出流域治理相关 PPP 项目 1 200 个。根据项目建设内容将其划定为 14 种模式：厂网一体、纯污水处理、纯污水管网、河湖岸一体、网河湖岸一体、厂网河湖一体、厂网河湖岸一体、纯河湖治理、网河湖一体、厂河湖岸一体、厂网岸一体、网岸一体、厂岸一体、厂河湖一体（图 1）。

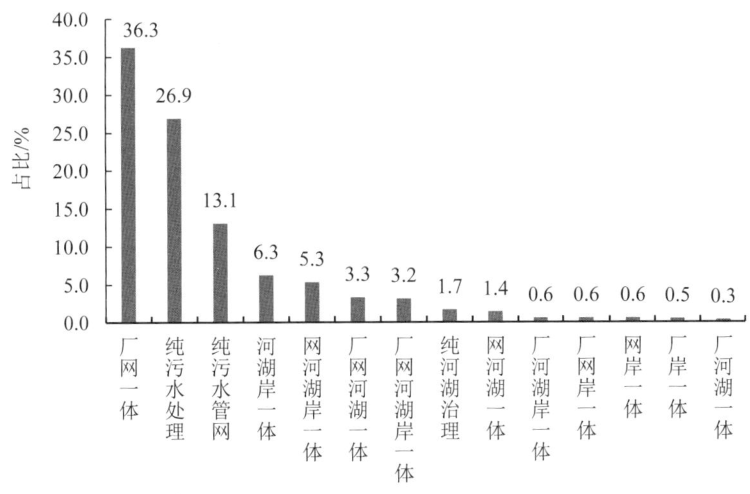

图 1 流域水环境治理 PPP 项目不同模式占比情况

数据来源：https://www.cpppc.org/。

（1）三类厂（网）主导模式占比超 70%

按照前述模式划分方式，1 200 个流域水环境治理 PPP 项目，厂网一体、纯污水处理、纯污水管网项目个数排在前 3 位，分别为 435 个、323 个、157 个，分别占项目总数的 36.3%、26.9%、13.1%，合计占比达 76.3%。厂、网两个要素对流域水环境治理项目环境效益的发挥具有至关重要的作用。2020 年 7 月，国家发展改革委、住房和城乡建设部联合印发《城镇生活污水处理设施补短板强弱项实施方案》，强调指出“中央预算内资金不再支持收集管网不配套的污水处理厂新改扩建项目”。厂网一体统筹兼顾污水收集和处理环节，可以系统性解决生活污水污染减排问题。纯污水处理项目和纯污水管网项目科学安排的前提分别是“网为存量”和“厂为存量”。实际上，绝大多数纯污水管网项目均拥有配套的存量污水处理厂，但有些纯污水处理项目并未配备完善的污水收集管网，由于厂网不配套，项目实施难以取得预期的环境效果。

（2）管网相关模式占比超 60%

中共中央、国务院《关于全面加强生态环境保护坚决打好污染防治攻坚战的意见》提出加快补齐城镇污水收集和处理设施短板，尽快实现污水管网全覆盖、全收集、全处理。生活污水是当前我国河流断面超标及黑臭水体形成的主要贡献者，而污水管网不完善、收集率不高成为突出短板。管网相关模式占比越高，越能够说明流域水环境治理抓住了主要矛盾。据统计，1 200 个流域水环境治理 PPP 项目中，管网相关模式包括 8 类：厂网一体、纯污水管网、网河湖岸一体、厂网河湖一体、厂网河湖岸一体、网河湖一体、厂网岸一体、网岸一体，此 8 类模式占比达 63.8%（图 2）。

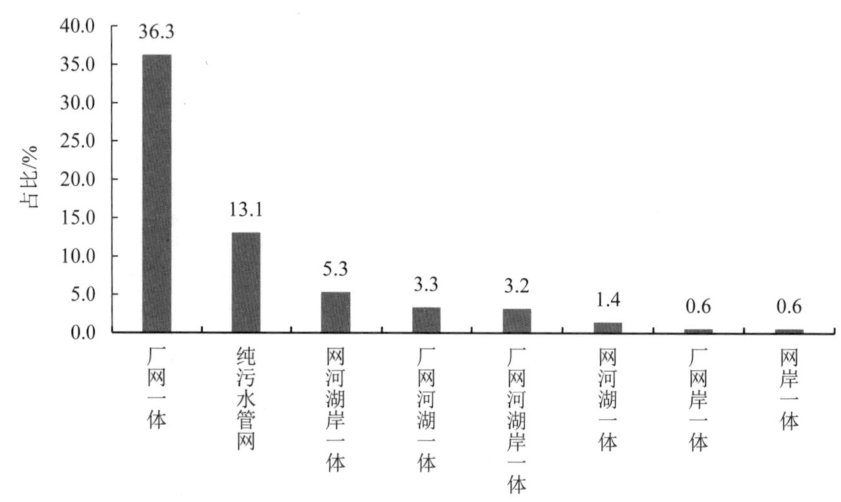

图 2　流域水环境治理 PPP 项目管网相关模式占比情况

数据来源：https://www.cpppc.org/。

（3）无厂（网）模式占比为 8%

无厂（网）模式包括河湖岸一体、纯河湖治理，对河湖采取的措施有清淤疏浚、生态修复、岸坡整治、景观、绿化等，占比为 8%（图 3）。该模式以生态建设与修复为主要建设内容，在一定程度上起到增容作用，但若没有相应的生活污水收集处置设施，大量的生活源污染进入河湖，由于治污跟不上，会显著抵消这种增容效果，导致水环境质量越来越恶化。当前，我国生活污水收集管网实现全覆盖的地区很少，加大管网建设力度应成为流域水环境治理的重中之重。

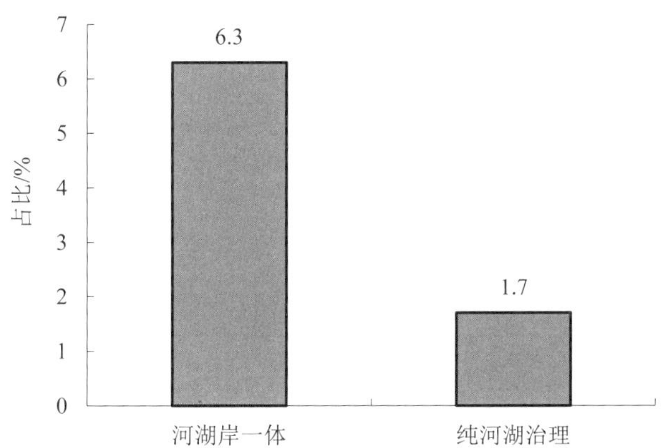

图 3　流域水环境治理 PPP 项目无厂（网）模式占比情况

数据来源：https://www.cpppc.org/。

（4）岸上相关模式占比近 20%

岸上相关模式包括河湖岸一体、网河湖岸一体、厂网河湖岸一体、厂河湖岸一体、厂网岸一体、网岸一体、厂岸一体。据统计，“岸”上相关模式占比总计为 17.1%（图 4）。因涉及“岸上”的建设内容包括道路、停车场、路灯、垃圾收集处置等市政设施建设，一般与流域水环境治理关系不大，此类模式占比越少越好，在单个项目中有关“岸上”的投资越少越好。

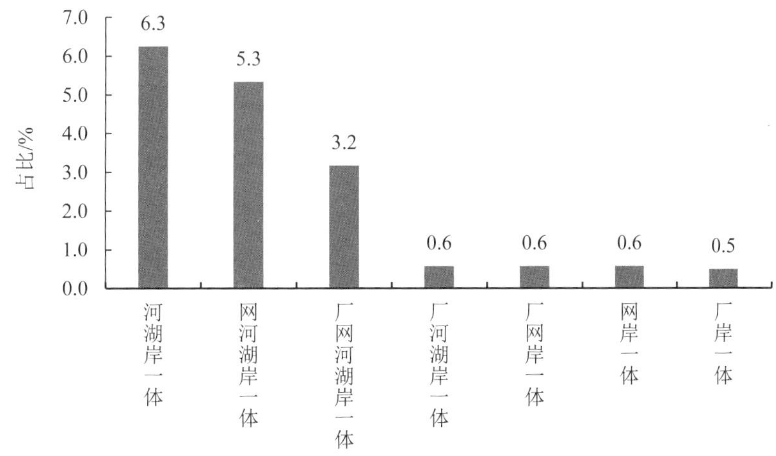

图 4　流域水环境治理 PPP 项目岸上相关项目占比情况

数据来源：https://www.cpppc.org/。

（5）河湖相关模式占比超 20%

河湖相关模式包括河湖岸一体、网河湖岸一体、厂网河湖一体、厂网河湖岸一体、纯河湖治理、网河湖一体、厂河湖岸一体、厂河湖一体。据统计，河湖相关模式占比总计为22.1%（图 5）。该模式在一定程度上起到增容作用，在财力相对充裕的地区，将减排和增容统筹考虑，系统科学地开展流域水环境治理是非常必要的。

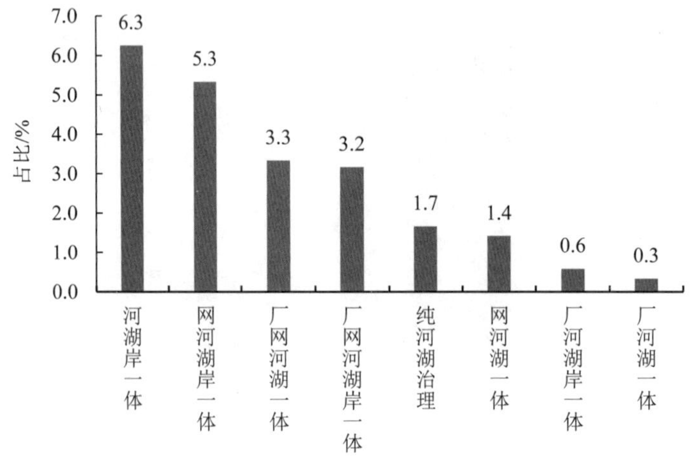

图 5　流域水环境治理 PPP 项目河湖相关项目占比情况

数据来源：https://www.cpppc.org/。

（6）组合模式占比近 60%

组合模式包括厂网一体、河湖岸一体、网河湖岸一体、厂网河湖一体、厂网河湖岸一体、网河湖一体、厂河湖岸一体、厂网岸一体、网岸一体、厂岸一体、厂河湖一体。组合模式占比总计为 58.4%（图 6）。从流域水环境治理主要矛盾来看，厂、网、河湖、岸建设的优先次序为厂（网）、河湖、岸。一个组合项目的建设内容若无厂（网），仅有河湖（岸），除非是流域内厂（网）已经建成，否则就没有抓住流域水环境治理的主要矛盾及关键“瓶颈”。若涉岸建设内容与流域水环境治理关联不大，应尽可能地减少相关投资。

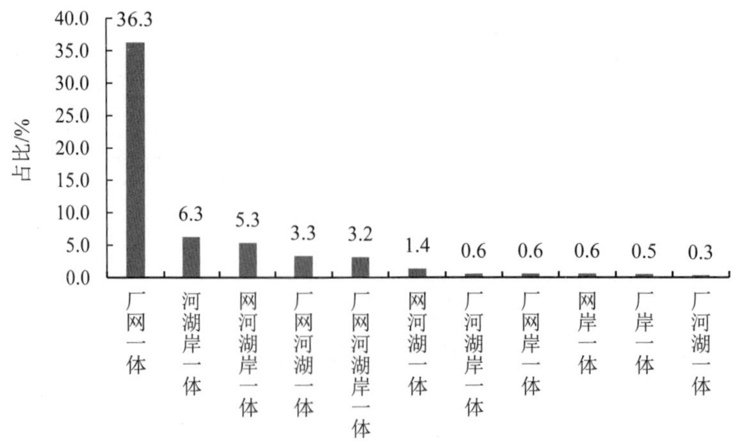

图 6　流域水环境治理 PPP 项目组合模式占比情况

数据来源：https://www.cpppc.org/。

1.2 流域水环境治理 PPP 项目共性特征

厂、网、河湖、岸的投资回报机制为政府付费或可行性缺口补助（表 1）。由于这两种机制都需要政府出资，因而无论这 4 个要素如何组合，均表现为“瘦型”组合。《关于推进水污染防治领域政府和社会资本合作的实施意见》（财建〔2015〕90 号）提出，“积极发掘水污染防治相关周边土地开发、供水、林下经济、生态农业、生态渔业、生态旅游等收益创造能力较强的配套项目资源，鼓励实施城乡供排水一体、厂网一体和行业‘打包’，实现组合开发，吸引社会资本参与”。当前，供排水一体、厂网一体和行业“打包”等瘦型组合在一些地区得到积极实践，而“肥瘦”搭配模式鲜见相关案例。

表 1　厂、网、河湖、岸投资回报机制分析

序号	要素	内容	投资回报机制
1	厂	污水处理厂	可行性缺口补助
2	网	污水收集管网	政府付费
3	河湖	清淤疏浚、生态修复、岸坡整治等	政府付费
4	岸	道路、停车场、路灯、垃圾收集处置、饮用水等	政府付费/可行性缺口补助

单体的厂、网、河湖、岸的投资回报机制均为政府付费或可行性缺口补助，组合模式显然还需要政府付费或可行性缺口补助，表现为瘦型组合。现有组合模式是水环境治理领域不同子项目之间或者与岸上其他公益性基础设施之间的组合，不是公益性环保项目与营利性商业项目之间的组合，后者难以组合实施的“瓶颈”在于：商业开发项目不属于 PPP 范畴，政府不负有提供责任，两者组合实施存在政策障碍。如国家发展改革委《关于开展政府和社会资本合作的指导意见》（发改投资〔2014〕2724 号）提出，“PPP 模式主要适用于政府负有提供责任又适宜市场化运作的公共服务、基础设施类项目。燃气、供电、供水、供热、污水及垃圾处理等市政设施，公路、铁路、机场、城市轨道交通等交通设施，医疗、旅游、教育培训、健康养老等公共服务项目，以及水利、资源环境和生态保护等项目均可推行 PPP 模式”。地产开发等商业项目，政府不负有提供责任，无法纳入 PPP 范畴。《关于政府参与的污水、垃圾处理项目全面实施 PPP 模式的通知》（财建〔2017〕455 号）提出，“拟对政府参与的污水、垃圾处理项目全面实施政府和社会资本合作（PPP）模式”。地产开发等项目不适合 PPP 模式，污水垃圾处理要求全面实施 PPP 模式，两者组合实施存在政策障碍。

2 流域水环境治理项目经济可持续因素识别

2.1 项目实施风险

当前，大量以 PPP 方式实施的流域水环境治理项目，项目实施面临的风险主要包括法律风险、政策风险、政府信用风险、市场风险、建设风险、运营风险、不可抗力风险、社会性风险等。对于政府方应承担的风险，实质上要求政府方提高行政能力和加强信用建设，提高行政能力表现为科学决策、及时审批、增强社会风险管理能力；加强信用建设表现为遵守合同约定，确保项目唯一性、禁止不适当干预、及时支付服务费用、按照约定给予补偿赔偿等。对于社会资本方（项目公司）应承担的风险，实质上要求在竞争中凸显优势脱颖而出的社会资本，应强化融资、成本、工期、质量、安全、运营等方面管理能力，消化税收和基准利率变动风险，降低项目运行不达标带来的社会风险。对于政府和社会资本（项目公司）共同承担的风险，主要通过启动调价机制、加强不可抗力风险管理等加以解决（表 2）。

表 2 流域水环境治理 PPP 项目实施主要风险

序号	风险类型	风险因素	风险定义	政府	社会资本	双方共担	风险应对措施
1	法律、政策及政府信用风险	政府信用	政府方违背与项目公司共同签署的 PPP 项目合同，或者政府换届后新任政府发展思路转变带来的履约风险	■			PPP 项目合同中约定对项目公司造成的损失给予赔偿
2		政府干预	政府通过行政权力，干预项目公司的正常投资、建设、运营活动等，必要的监管除外	■			在 PPP 项目合同中明确政府方的具体职责，政府方在职责范围内对项目进行监管，但不应对项目公司投资、建设及运营进行不适当的干预
3		决策及审批延误	由于政府决策和审批延后，导致项目难以如期开工建设	■			PPP 项目合同中约定对竣工验收日给予宽限以及对社会资本造成的损失给予补偿
4		税收政策风险	国家税收政策变化带来税率调整或优惠政策变动		•		PPP 项目合同中约定，税收政策风险由项目公司承担
5		项目唯一性	政府自建或者批准其他投资者在附近区域新建其他竞争性项目	■			PPP 项目合同中约定，政府不应当自建或者批准其他投资者在附近区域新建其他竞争性项目，除非本项目的处理能力不能满足现实需求

序号	风险类型	风险因素	风险定义	政府	社会资本	双方共担	风险应对措施
6	市场风险	基准利率风险	由于基准利率变动导致资金成本变化		●		PPP 项目合同中约定，由于基准利率变化导致资金成本变化，不调整政府可行性缺口补助
7		通货膨胀	通货膨胀对项目运维成本带来影响			★	PPP 项目合同中约定，人工成本、动力成本（电费和燃料费）、药剂成本及 CPI 指数同比四项因素综合变化比例超过一定幅度，触发调价机制
8	建设风险	工程建设内容变更（政府方提出）	在不影响项目正常发挥环境效益的情况下，经社会资本方同意，政府方对原有设计提出调整要求	■			根据竣工验收投资审计决算计算可用性服务费。PPP 项目合同中约定，政府方为完善项目功能而增加的工程内容社会资本应完全响应或接受
9		工程建设内容变更（项目公司提出）	项目公司对原有设计提出调整要求		●		PPP 项目合同中约定，若建设内容的调整非项目建设所必需，或者不利于项目环境效益的发挥，则该部分新增投资不予批准，进入施工阶段的，政府方有权要求项目公司进行整改，直到满足要求为止
10		项目资本金风险	项目资本金未能及时足额到位，影响项目建设进度		●		PPP 项目合同中约定，由于项目资本金未能及时足额到位等非政府方或不可抗力原因造成的关键节点工期延误，从建设期履约保函中按日扣除违约金
11		融资风险	社会资本/项目公司融资不及时、融资成本过高或融资失败		●		选择财务实力较强的社会资本
12		工期延误	由于项目施工进度安排不合理、资金筹措不及时、组织管理不到位等原因导致项目工期延误		●		项目公司应制订详细的施工进度计划，按时向政府方提交进度报告。PPP 项目合同中约定，项目公司原因造成工期延误时，通过提取建设期履约保函向政府方进行一定的赔偿
13		工程质量风险	项目工程质量不合格导致竣工验收无法通过		●		由第三方监理单位对施工过程、竣工验收、项目到期移交进行监督管理。政府方通过完工竣工验收以及移交验收确认项目的可用性

序号	风险类型	风险因素	风险定义	政府	社会资本	双方共担	风险应对措施
14	建设风险	工程成本风险	项目决算审计投资超过根据社会资本中标报价计算的投资		●		优先选择有施工经验的社会资本，项目公司应有工程建设管理制度
15		施工安全风险	项目施工建设期内的人员和财产安全		●		项目施工应严格按照相关安全生产制度执行，发生安全责任事故的，由项目公司承担相应赔偿责任，项目公司应按规定购买保险以减少损失
16		运营达标风险	项目设施是否正常运转，项目产出是否达到绩效目标		●		建立考核付费机制，要求购买有关商业保险，加强员工培训，提交运营期履约保函，在相关合同中明确固定资产维护与大修理的条款
17		运营成本变化（人工、电价、燃料价格）	人工和电价调整带来的运营成本变化			★	PPP 项目合同中约定，人工成本、动力成本（电费和燃料费）、药剂成本及 CPI 指数同比四项因素综合变化比例超过一定幅度，触发调价机制
18		运营成本超支（运管因素）	由于社会资本方运营管理效率不高，导致运营成本增加		●		督促社会资本加强管理；排除调价因素，政府对项目运营服务费的支付不超过招标控制价
19		增加服务内容，提高服务标准	服务内容增加、排放标准提高、废弃物处置技术规范加严带来的新增投资及运营成本增加风险	■			根据调整后的服务内容和服务标准计算可行性缺口补助
20		提前终止风险	政府方责任导致的提前终止	■			PPP 项目合同中约定，因政府方责任导致提前终止的赔偿方式
21			项目公司/社会资本方责任导致的提前终止		●		PPP 项目合同中约定，因项目公司/社会资本方责任导致提前终止的赔偿方式
22	移交风险	合作期初资产移交的风险	合作期初政府方将存量资产移交给项目公司的风险	■			要求政府方确保存量项目维持评估时的状态。妥善解决人员安置问题，办理好移交手续
23		合作期结束或提前终止时资产移交的风险	合作期结束或提前终止时，项目公司向政府方进行资产移交的风险		●		要求项目公司提交移交期履约保函，确保移交的项目设施能够正常运营，不存在任何抵押、质押等担保权益或所有权约束，不得存在任何种类和性质的索赔权

序号	风险类型	风险因素	风险定义	政府	社会资本	双方共担	风险应对措施
24	其他风险	不可抗力风险	不能预见、不能避免、不能克服的客观情况带来的风险，如地震、洪水等自然灾害			★	要求社会资本购买商业保险转移风险，同时约定应急处置程序，将损失控制到最小范围。合同中约定风险发生时双方分担风险的比例
25		社会性风险	政府方责任引起的群体事件	■			PPP 项目合同中约定，群体事件造成的损失由政府方承担
26			项目公司责任引起的群体事件		●		PPP 项目合同中约定，群体事件造成的损失由项目公司承担

2.2 经济可持续关键因素

在流域水环境治理项目所有风险中，税收变动、基准利率变动、通货膨胀、项目资本金风险、融资风险、运营成本变化、运营成本超支等因素，均与项目投入和成本密切相关，对项目经济可持续性具有一定影响。然而，若要大大提高流域水环境治理项目的经济可持续性，最重要的就是保障项目具有稳定的现金流，即项目应具有相对完善的投资回报机制。对于流域水环境治理 PPP 项目而言，其投资回报机制包括政府可行性缺口补助、政府付费、使用者付费 3 种，以政府付费和政府可行性缺口补助为主。财政部政府和社会资本合作中心管理库 1 200 个流域水环境治理 PPP 项目，政府付费和可行性缺口补助项目总计为 1 138 个，占比 95%（图 7）。可见，财政承受能力成为影响流域水环境治理项目经济可持续的关键因素。

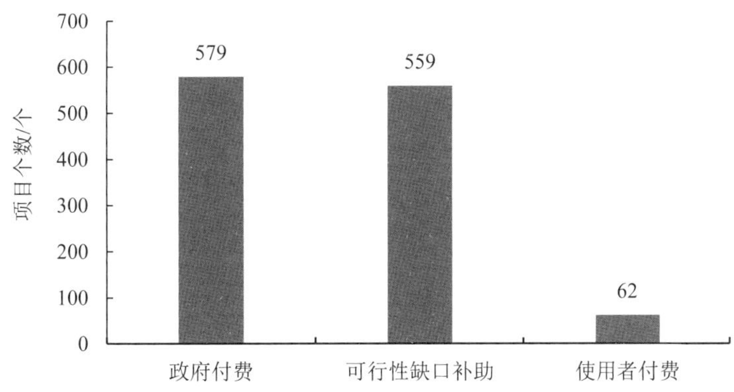

图 7　流域水环境治理 PPP 项目不同投资回报机制的项目个数

数据来源：https://www.cpppc.org/。

3 流域水环境治理项目财政承受能力分析

3.1 全国水环境治理项目财政支出分析

2010—2019 年，全国节能环保财政支出占一般公共预算支出的 2.4%～3.1%，平均为 2.6%（图 8）。其中，水环境治理财政支出占一般公共预算支出的 0.3%～0.8%，平均为 0.5%（图 9）。

图 8　全国节能环保财政支出占一般公共预算支出的比例

数据来源：财政部 2010—2019 年全国财政决算数据。

图 9　全国水环境治理财政支出占一般公共预算支出的比例

数据来源：财政部 2010—2019 年全国财政决算数据。

3.2 县级水环境治理项目财政承受能力分析

（1）县城水环境治理投资需求较大

2018 年中国城市排水管道长度为 68.3 万 km，是县城排水管道长度（19.98 万 km）的 3.4 倍（图 10）；城市污水处理能力为 1.69 亿 m^3/d，是县城污水处理能力（3 367 万 m^3/d）的 5 倍（图 11）。相较而言，财力雄厚的城市地区环境基础设施相对完善，而财力总体薄弱的县城地区环境基础设施补短板压力更大。从近两年水环境治理 PPP 项目落地情况来看，县城项目数量增长较快。

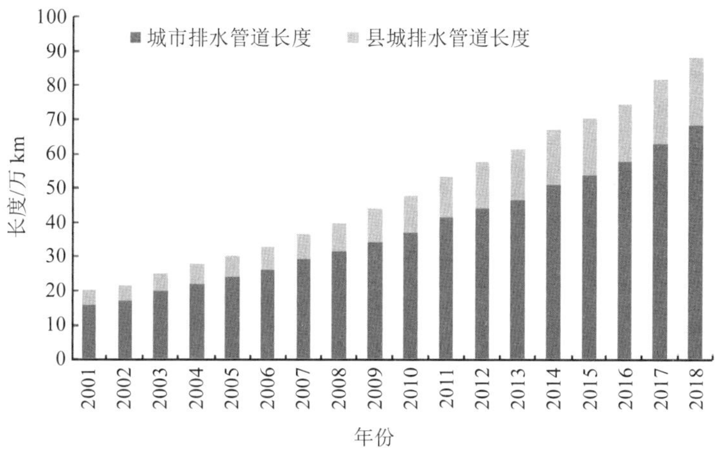

图 10　2001—2018 年中国城市和县城排水管道长度情况

数据来源：2018 年城乡建设统计年鉴。

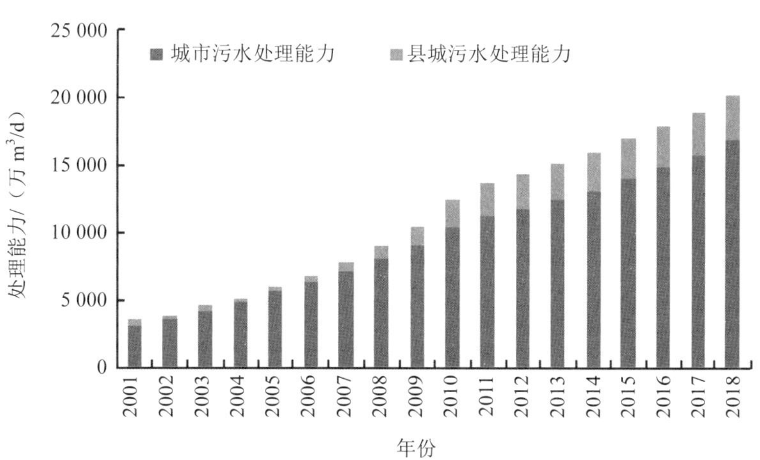

图 11　2001—2018 年中国城市和县城污水处理能力情况

数据来源：2018 年城乡建设统计年鉴。

从区域上看，不同省份县城污水处理能力差异较为明显。与全国平均水平相比，地处西部的贵州、青海、四川、海南、西藏5省（区）县城污水处理率分别为84.4%、81.4%、76.8%、74.7%、10.0%，与东部的山东（96.6%）、河北（96.5%）等省相差十几个百分点。且不少地方管网覆盖不足、错接漏接情况多，不仅影响收集率，且导致污水处理厂长期低负荷运行。例如，2021年和2020年中央生态环保督察反馈的天津、重庆的问题，均涉及县城和远郊区的污水收集率偏低问题，管网缺口大，污水溢流问题比较普遍。经济相对发达的地区尚且存在明显短板，中西部地区污水处理及管网问题则更加严峻，势必面临较大的提升空间和投资需求。

（2）县级政府财政承受能力分析

不同地区县级政府财力差异较大，有的县级政府财政收入低至1亿元以下，有的县级政府财政收入高达近500亿元。财力薄弱地区县级政府保基本工资、保基层运转、保基本民生的能力尚且不足，更无多余财力用于项目支出。PPP 项目财政承受能力以当年全部 PPP 项目财政支出不超出一般公共预算支出的10%为限。实际上，除与支出占比相关外，财政收入规模亦对 PPP 项目财政承受能力影响很大。财力薄弱的县级地区，即使当年全部 PPP 项目财政支出低于一般公共预算支出的10%，PPP 项目支出仍面临巨大风险。

2018年，我国10亿元以下财政收入的县（市、区）占比为58.9%，10亿～30亿元财政收入的县（市、区）占比为29.5%，30亿～50亿元财政收入的县（市、区）占比为5.7%，50亿元以上财政收入的县（市、区）占比为5.9%（图12）。50亿元以上财政收入的县（市、区）个数共123个，其中江苏、浙江、山东分别为35个、29个、16个，3省占比达65%；长江经济带50亿元以上财政收入的县（市、区）个数为80个，占比达65%（图13）。

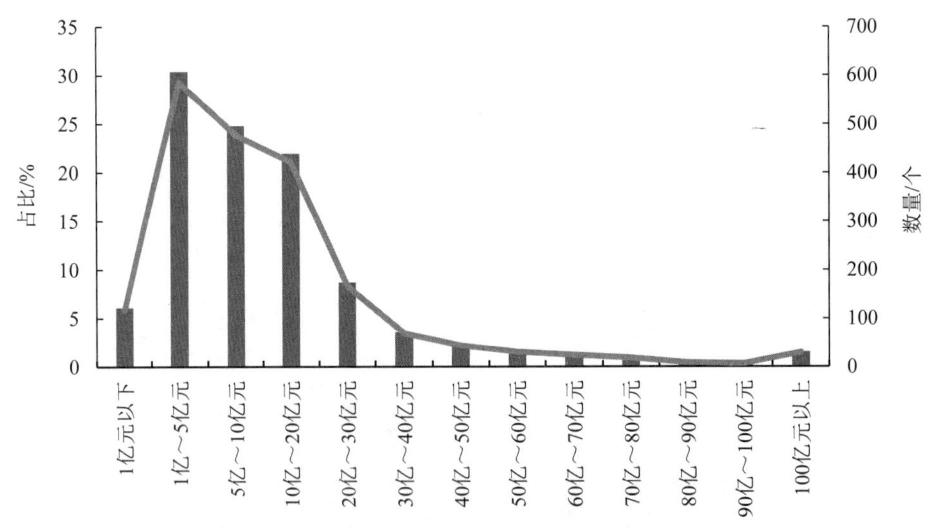

图12　2018年不同财政收入水平对应的县级地区数量及占比

数据来源：2019中国县城统计年鉴（县市卷）。

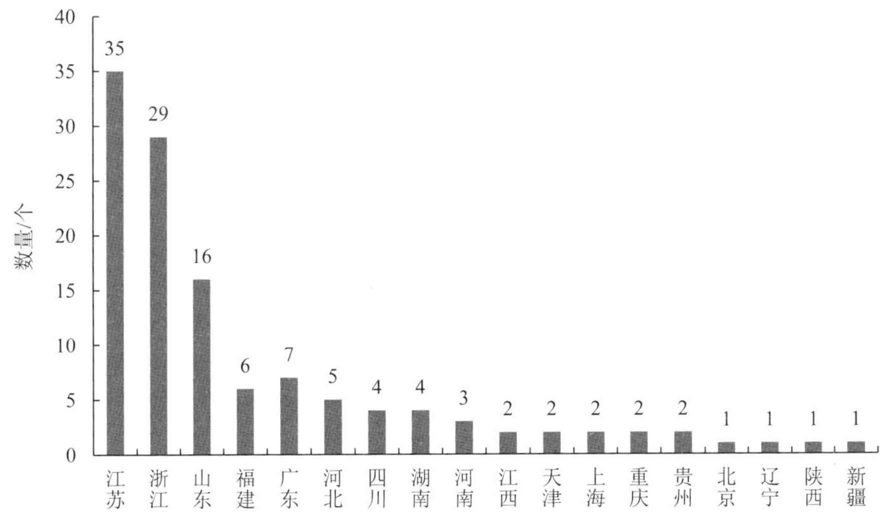

图 13　2018 年各省（区、市）财政收入超过 50 亿元以上的县（市、区）数量

数据来源：2019 中国县城统计年鉴（县市卷）。

不考虑其他因素影响，财政收入越高的县（市、区），项目支出的财政承受能力越强。我国 50 亿元以上财政收入的县（市、区）个数与百强县（市、区）数目接近。据了解，当政府付费或可行性缺口补助的 PPP 项目招标采购时，社会资本（尤其是民营企业）从规避支付风险的角度出发，更有信心承担百强县（市、区）内的 PPP 项目。2018 年，我国 5 亿元以下的县（市、区）个数为 730 个，占比为 35%左右，与已经脱贫摘帽的原 832 个国家级贫困县数目接近。这些地区在“三保”方面尚具有较大的财政支出压力，对流域水环境治理项目的财政承受能力更加不足。

4　提高流域水环境治理经济可持续的对策建议

“十四五”时期应坚持多手发力，通过“政府规划—企业主体—公众参与”机制，促进生态产品价值实现，拓展多元化投融资渠道，提高流域水环境治理项目经济可持续性。政府规划包括生活污水收集管网等基础设施建设及投入、横纵向生态保护补偿机制构建与引导、采用财政和金融等手段助力市场创建；企业作为生态产品价值实现的主体，基于政府构建的引导机制，进行技术创新，实现生态效益和经济效益“双赢”；公众参与是指履行污染者付费责任，如生活污水处理费缴纳。

4.1　进一步完善各级财政投入机制

（1）现有投资渠道

一般公共预算。2019 年全国一般公共预算水体污染防治支出 1 399.99 亿元，占一般公共预算支出的 0.6%。水体污染防治支出用于排水、污水处理、水污染防治、湖库生态环境保护、水源地保护、国土江河综合整治、河流治理与保护、地下水修复与保护等方面（表 3）。采取 PPP 方式推进的水体污染防治项目，受限于“每一年度全部 PPP 项目从预算中安排的支出责任占一般公共预算支出的比例应当不超过 10%”。

表 3　2019 年一般公共预算水体污染防治支出科目及支出说明

科目编码			科目名称	支出说明
类	款	项		
211			节能环保支出	反映政府节能环保支出
	03		污染防治	反映政府在治理大气、水体、噪声、固体废物、放射性物质等方面的支出
		02	水体	反映政府在排水、污水处理、水污染防治、湖库生态环境保护、水源地保护、国土江河综合整治、河流治理与保护、地下水修复与保护等方面的支出

政府性基金。政府性基金属于政府非税收入，全额纳入财政预算，实行“收支两条线”管理。政府性基金预算根据基金项目收入情况和实际支出需要，按基金项目编制，做到以收定支。流域水环境治理支出相关渠道包括国有土地使用权出让收入及对应专项债务收入安排的支出、城市基础设施配套费安排的支出、污水处理费安排的支出、城市基础设施配套费对应专项债务收入安排的支出、污水处理费对应专项债务收入安排的支出（表 4）。

表 4　2019 年政府性基金预算水体污染防治支出功能分类科目

科目代码			科目名称	支出说明
类	款	项		
212			城乡社区支出	反映政府城乡社区事务支出
	08		国有土地使用权出让收入及对应专项债务收入安排的支出	反映用不含计提和划转部分的国有土地使用权出让收入及对应专项债务收入安排的支出。不包括市、县级政府当年按规定用土地出让收入向中央和省级政府缴纳新增建设用地土地有偿使用费支出
		03	城市建设支出	反映土地出让收入用于完善国有土地使用功能的配套设施建设和城市基础设施建设支出
		04	农村基础设施建设支出	反映土地出让收入用于农村饮水、环境、卫生、教育以及文化等基础设施建设支出
	13		城市基础设施配套费安排的支出	反映城市基础设施配套费安排的支出
		01	城市公共设施	反映城市基础设施配套费安排用于城市道路、桥涵、公共交通、道路照明、供排水、燃气、供热等公共设施维护、建设和管理方面的支出
		02	城市环境卫生	反映城市基础设施配套费安排用于道路清扫、垃圾清运与处理、污水处理、园林绿化等方面的支出

科目代码			科目名称	支出说明
类	款	项		
212	14		污水处理费安排的支出	反映污水处理费安排的支出
		01	污水处理设施建设和运营	反映用污水处理费安排的用于污水处理设施建设和运营方面的支出
		02	代征手续费	反映用污水处理费安排的代征手续费支出
		99	其他污水处理费安排的支出	反映用污水处理费安排的其他支出
	17		城市基础设施配套费对应专项债务收入安排的支出	反映城市基础设施配套费对应专项债务收入安排的公益性资本支出
		01	城市公共设施	反映城市基础设施配套费对应专项债务收入安排用于城市道路、桥涵、公共交通、道路照明、供排水、燃气、供热等公共设施建设方面的公益性资本支出
		02	城市环境卫生	反映城市基础设施配套费对应专项债务收入安排用于道路清扫、垃圾清运与处理、污水处理、园林绿化等方面的公益性资本支出
	18		污水处理费对应专项债务收入安排的支出	反映污水处理费对应专项债务收入安排的公益性资本支出
		01	污水处理设施建设和运营	反映用污水处理费对应专项债务收入安排的用于污水处理设施建设方面的公益性资本支出
		99	其他污水处理费安排的支出	反映上述项目以外，污水处理费对应专项债务收入安排的公益性资本支出

2019 年国有土地使用权出让金收入安排的支出 74 366.08 亿元，其中 03 项（城市建设支出）和 04 项（农村基础设施建设支出）含生活污水收集处置建设内容。城市基础设施配套费安排的支出 1 819.01 亿元，其中 01 项（城市公共设施）和 02 项（城市环境卫生）含生活污水收集处置建设内容。污水处理费安排的支出 552.02 亿元，全部用于污水处理设施建设、运营以及管理。地方政府专项债券安排的支出 21 500 亿元，其中国有土地使用权出让对应专项债务收入安排的支出、城市基础设施配套费对应专项债务收入安排的支出以及污水处理费对应专项债务收入安排的支出，含生活污水收集处置建设内容（表 5）。

表 5　2019 年全国水体污染防治相关政府性基金支出决算

项目	决算数/亿元	备注
八、国有土地使用权出让金收入安排的支出	74 366.08	基于财政部公开数据，生活污水收集处置细项支出无法获取
十四、城市基础设施配套费安排的支出	1 819.01	基于财政部公开数据，生活污水收集处置细项支出无法获取
二十三、污水处理费安排的支出	552.02	
二十五、地方政府专项债券安排的支出	43 624	基于财政部公开数据，生活污水收集处置细项支出无法获取

专项债针对具有收益的生态环保项目发行，如具有收益来源的污水处理项目等。截至2020 年 3 月 20 日，全国各地 2020 年度发行专项债券 10 233 亿元，发行的专项债中用于环保领域的（部分债券并非全部用于生态环保项目）规模约为 1 189 亿元，是 2019 年的 2.24 倍。从资金投向来看，全国已发行环保专项债募集资金重点投向水污染防治（含城镇污水处理和流域水环境治理项目）、垃圾处理、环境综合治理和生态修复，其中水污染防治领域项目超过 60%（图 14）。2019 年 9 月财政部明确城镇污水垃圾处理纳入专项债可用于资本金的项目范围，水污染防治项目专项债新发规模增长显著，2020 年前两个月合计发行 691.3 亿元，其中城镇污水处理项目 435 亿元，是 2019 年该领域发行总规模的 2 倍左右（图 15）。

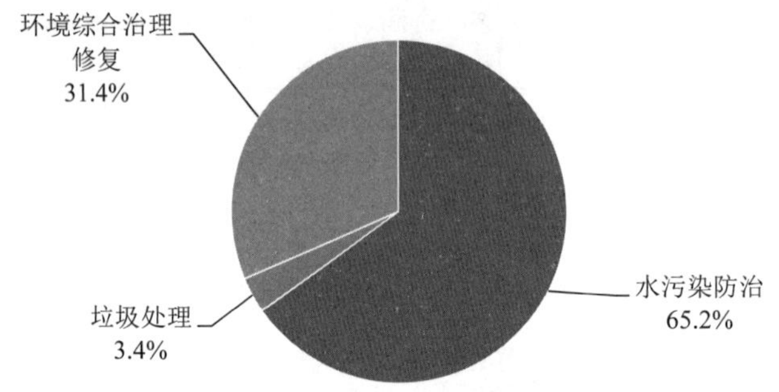

图 14　2019 年 1 月—2020 年 2 月不同领域专项债发行规模占比情况

数据来源：Wind 数据库。

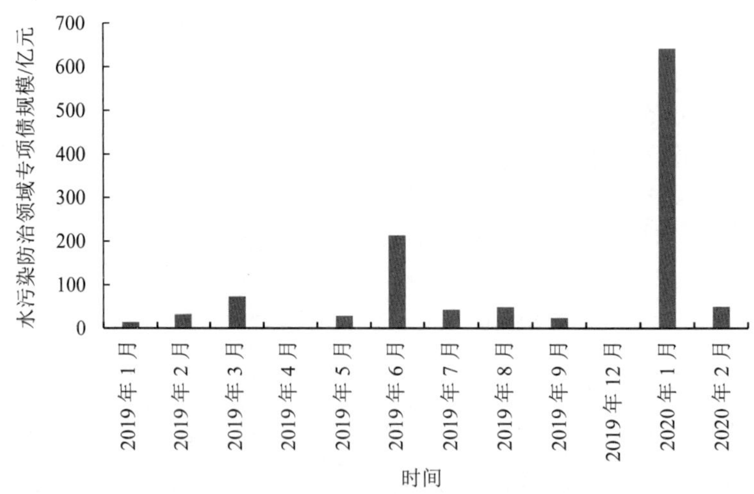

图 15　2019 年 1 月—2020 年 2 月水污染防治领域专项债发行规模

数据来源：Wind 数据库。

环保专项资金。与流域水环境治理相关的专项资金包括水污染防治资金、城市管网及污水处理补助资金。

2015 年 4 月，国务院印发《水污染防治行动计划》，为支撑行动计划重点工程任务落地实施，中央财政整合三河三湖及松花江流域专项、湖泊生态环境保护专项、江河湖泊治理与保护专项设立水污染防治资金。根据《水污染防治资金管理办法》（财资环〔2019〕10 号），资金重点支持范围包括：①重点流域水污染防治；②集中式饮用水水源地保护；③良好水体保护；④地下水污染防治；⑤其他需要支持的事项。2015—2019 年，中央财政累计安排水污染防治专项资金 713.5 亿元（图 16），支持全国开展重点流域水污染防治、良好水体生态环境保护、饮用水水源地生态环境保护、地下水环境保护及污染修复等水污染防治工作，资金向南水北调工程水源区、长江流域、黄河流域等重点地区、流域倾斜。

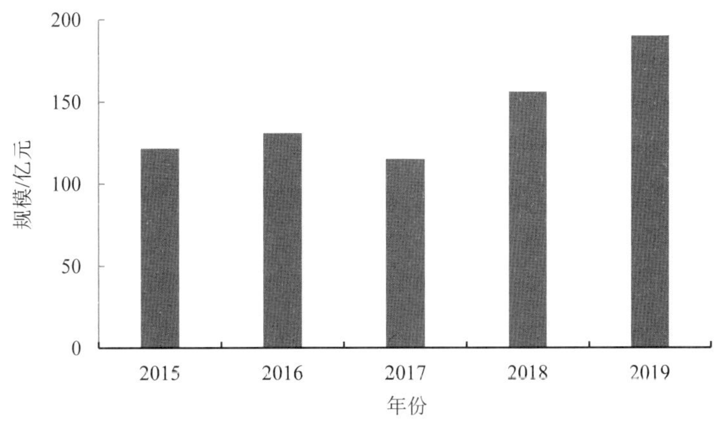

图 16　2015—2019 年水污染防治专项支出情况

数据来源：财政部 2015—2019 年中央财政决算数据。

城市管网及污水处理补助资金由“城镇污水处理设施配套管网建设以奖代补专项资金”整合而来，在此基础上新增了海绵城市建设试点、地下综合管廊试点及城市黑臭水体治理 3 项内容。2007 年为支持城镇污水处理设施建设，提高城镇污水处理能力，中央财政设立城镇污水处理设施配套管网建设以奖代补专项资金，采取以奖代补方式全部用于污水处理设施配套管网建设。根据《城市管网及污水处理补助资金管理办法》（财建〔2019〕288 号），补助资金用于支持以下事项：①海绵城市建设试点；②地下综合管廊建设试点；③城市黑臭水体治理示范；④中西部地区城镇污水处理提质增效。2008—2019 年，中央财政累计安排城市管网及污水处理补助资金 1 554.12 亿元（图 17），采取“集中支持”与“整体推进”相结合的方式，支持污水处理设施配套管网建设。

（2）未来优化建议

建立健全常态化、稳定的中央和地方流域水环境治理资金投入机制，落实中央和地方财政事权与支出责任，健全省以下流域水环境治理财政体制。中央财政加大水污染防治资金、城市管网及污水处理补助资金的支持力度，引导地方财政和社会资本投入。地方财政统筹一般公共预算、政府性基金、专项债等渠道，加大国有土地使用权出让收入及对应专项债务收入、城市基础设施配套费及对应专项债务收入、污水处理费及对应专项债务收入等对流域水环境治理的支持力度。

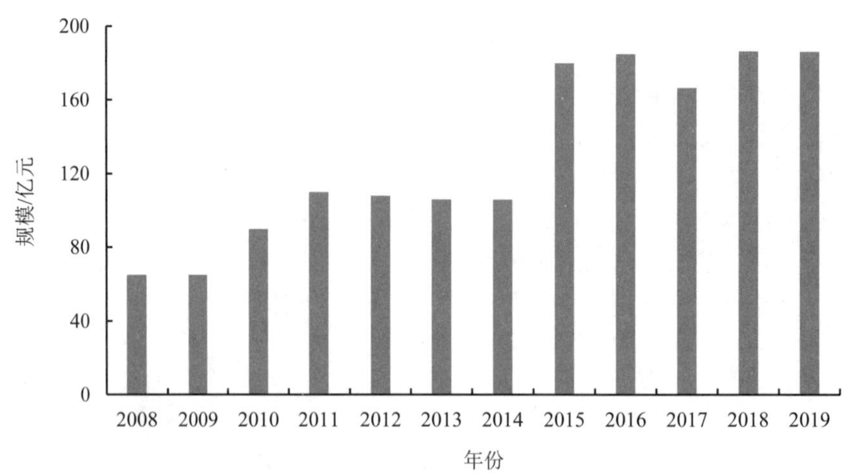

图 17　2008—2019 年城市管网及污水处理补助资金支出情况

数据来源：财政部 2008—2019 年中央财政决算，2012 年数据根据 2011 年、2013 年数据平滑而来。

4.2　积极发挥绿色金融助力作用

（1）绿色金融现状

截至 2019 年年末，我国绿色贷款余额达 10.22 万亿元，比同期企业及其他单位贷款增速高 4.9 个百分点，余额占企事业单位贷款余额的 10.4%，绿色贷款不良率仅为 0.73%，较 2020 年上半年全国贷款不良率平均水平 2.10%低 1.37 个百分点。[1]2020 年第一季度末，本外币绿色贷款余额 10.46 万亿元。其中，单位绿色贷款余额 10.43 万亿元，占同期企事业单位贷款余额的 10.0%。[2]

我国绿色债券发行量位居世界第二，仅次于美国。2019 年中国在境内外发行贴标绿色债券 228 只，发行金额 3 424.37 亿元人民币。其中，境内发行 219 只，发行金额 2 683.55 亿元人民币；境外发行 9 只，发行金额 740.82 亿元人民币。[3]

绿色金融为生态环保重大工程项目实施提供了重要保障。相比税收、财政、价格等政策对细分行业的精准调节，现有绿色金融政策对“绿色领域”未进一步区分。采用简单划分方式，把水污染防治、大气污染防治、土壤污染防治、固体废物污染防治等生态产业化活动称为“深绿行业”，把清洁能源、新能源汽车、绿色交通、绿色建筑等产业生态化活动称为“浅绿行业”。生态环保活动投资回报机制普遍不健全，“深绿行业”比“浅绿行业”更加不完善。从绿色信贷数据可以看出，“浅绿行业”绿色信贷占比近 90%，“深绿行业”绿色信贷占 10%左右。流域水环境治理属于“浅绿行业”，该类项目存在一定程度的融资难题。

（2）未来优化建议

发挥针对性、差异化绿色金融政策调节作用，优化“深绿行业”和“浅绿行业”在绿色信贷、绿色证券、绿色基金、绿色信托、绿色租赁、绿色保险等产品中的构成。采用财政贴息、建立财政生态风险补偿基金、绿色担保奖补等形式，降低融资成本，撬动金融机构和社会资本投入“深绿行业”。进一步完善宏观审慎评估体系，将再贷款和再贴现资金向“绿色领域”尤其是“深绿行业”倾斜，鼓励商业银行进一步推进未来收益权抵质押等信贷产品，为流域水环境治理项目融资创造有利条件。推动保险资金、养老金等长期资金投资“深绿行业”。支持开发绿色债券指数、绿色股票指数以及相关产品，推进绿色资产证券化，促进水务企业上市融资。鼓励国家绿色发展基金以及各级政府研究设立的政府引导型环保基金，加大对流域水环境治理项目的支持力度。

4.3 实施差异化生活污水收费机制

（1）污水收费现状

2014 年 12 月至 2018 年 6 月，国家层面有关城镇生活污水收费共出台 3 份主要文件，包括《污水处理费征收使用管理办法》（财税〔2014〕151 号）、《制定和调整污水处理收费标准等有关问题的通知》（发改价格〔2015〕119 号）、《关于创新和完善促进绿色发展价格机制的意见》（发改价格规〔2018〕943 号），涉及生活污水收费标准的要求基本一致，即“生活污水收费标准要补偿污水处理和污泥处置设施的运营成本并合理盈利，不含污水收集和输送管网建设运营成本以及污水处理厂建设成本”。上述收费文件的相继出台，说明国家对落实污染者付费（产生者付费）责任的高度重视，也间接表明生活污水收费标准落地实施尚存在一定“瓶颈”。

根据《城镇排水统计年鉴（2018 年）》，2017 年长江经济带 98 个污水处理厂中，59.2%的污水处理厂收费可以覆盖运行成本，40.8%的污水处理厂收费未完全覆盖运行成本。收费未覆盖部分，约 10.2%的污水处理厂差额在 20%以内，18.4%的差额在 20%～40%，11.2%的差额在 40%～60%，1%的差额在 60%～80%。考虑建设成本，除南京、上海极个别污水处理厂外（约 2%），绝大部分（约 98%）污水处理厂收费不能覆盖建设成本和运行费用，收费未覆盖部分，约 7.1%的污水处理厂差额在 20%以内，22.4%的差额在 20%～40%，53.1%的差额在 40%～60%，15.3%的差额在 60%～80%。

（2）未来优化建议

生活污水处置与供热、供水及供气等公共服务类似，都具有输配（收集）管道，但在收费机制上却存在较大差异，供热、供水及供气等收费标准考虑了全部环节的折旧费和运行维护费（仅考虑纳入收费范围内的管道）。而生活污水收费标准不包含任何环节的折旧费，只纳入污水处理厂和污泥处置厂的运行维护费，管网运行维护费亦没有考虑在内。当前我国生活污水收集处置普遍存在较大的资金“瓶颈”，亟须多渠道筹措资金。对于应该由公众承担的污染者付费责任，应确保应收尽收。“十四五”期间，建议有条件的地区，城镇生活污水收费标准要补偿污水处理、污泥处置设施、污水收集管网的运营成本并合理盈利。

4.4 构建生态产品价值实现机制

（1）投资回报现状

流域水环境治理项目大多为公益性项目，除污水处理类项目具有一定收费机制外，多数项目如岸线整治、水生态修复、污水管网等项目没有回报机制，以政府付费为主，对财政造成较大压力，极大制约社会资本和金融机构投入积极性。即使已建立收费机制的污水处理领域，也存在收费标准偏低的问题。农村污水处理普遍未建立收费机制，绝大多数污染治理设施建设和运行依赖政府付费。部分地区由于财政预算不足，环保设施建设投资缺口较大，一些污水处理中小型企业应收账款占营业收入的 50%以上，造成企业财务压力较大。2020 年 9 月以来，生态环境部、国家发展改革委、国家开发银行相继联合印发《关于推荐生态环境导向的开发模式试点项目的通知》（环办科财函〔2020〕489 号）、《关于同意开展生态环境导向的开发（EOD）模式试点的通知》（环办科财函〔2021〕201 号）。EOD 模式实施，对完善水环境治理领域投资回报机制、撬动社会资本环保投资、创新环保投资机制等具有重要意义。

（2）未来优化建议

城市或地区层面，通过完善横纵向生态保护补偿制度、区域综合开发模式促进生态价值转化。纵向生态保护补偿采用基于生态要素的一般性转移支付和生态环保专项转移支付引导地方政府加强流域水环境治理。以 2020 年为例，基于生态要素的中央财政转移支付包括重点生态功能区转移支付和海洋生态保护修复资金；生态环保专项转移支付包括重点生态保护修复治理专项资金、水污染防治资金、城市管网及污水治理补助资金、农村环境整治资金等。横向生态保护补偿由上级政府设定规制或管控目标创造补偿需求，在上下游、左右岸以及非毗邻地区开展。例如，在财政部和原环境保护部指导下，皖、浙两省开展新安江流域上下游横向生态补偿试点。又如，湖北省鄂州市探索生态价值核算方法，统一计量自然生态系统提供的各类服务和贡献，并将结果运用于各区之间进行生态补偿，让“好山好水”具有价值实现途径。区域综合开发模式是指对整个城市或地区环境保护与商业开发进行系统谋划，先期政府进行环境治理投入，待条件成熟时再导入生态旅游、生态文化、生态农业、地产开发等产业，用产业发展和土地升值带来的财政收入增长补偿先期环境治理财政支出。例如，福建省厦门市五缘湾片区开展陆海环境综合整治和生态修复保护，提升了生态价值，促进了土地升值溢价。从首次出让土地的 2005 年到 2019 年，扣除土地储备和生态修复等成本后，区域综合开发总收益达到 100.7 亿元。2019 年片区内财政总收入较 2003 年增加了 37.7 亿元左右，占本岛财政总收入的比重由 3.7%增长到 8.3%。[4]

项目或企业层面，继续探索开展企业主导的生态环境导向的开发（EOD）模式，鼓励有实力和条件的企业，努力创新技术和模式，推进流域水环境治理项目与土地开发、生态旅游、休闲娱乐等相关产业深度融合，实现经营性收益反哺生态环保公益性投入，促进生态环境保护外部经济性内部化。

“十四五”时期，流域水环境治理重点任务将向污水管网补短板和水生态建设转变，治理模式将以“纯污水管网”“纯河湖治理”“网河湖一体”等为主。由于污水管网补短板和水生态建设等工程项目缺少用户付费机制，亟须引导有条件的地区在城市或地区层面、项目或企业层面构建多元化投融资机制。

参考文献

[1] 每日经济新闻．绿色金融资金缺口逐年增大 2019 年新增缺口 6180 亿元[EB/OL].（2020-09-19）. http://finance.sina. com.cn/roll/2020-09-19/doc-iivhuipp5226082.shtml.

[2] 一季度末本外币绿色贷款余额 10.46 万亿元 比年初增长 5.3%[EB/OL].（2020-04-26）. http://greenfinance.xinhua08.com/a/20200426/1932780.shtml.

[3] 绿色金融-绿色债券数据库[EB/OL]. http://greenfinance.xinhua08.com/zt/database/.

[4] 自然资源部办公厅关于印发《生态产品价值实现典型案例》（第一批）的通知（自然资办函〔2020〕673 号）[EB/OL].（2020-04-23）. http://www.hxland.com/library/3535.html.

长江经济带水生态环境保护可持续投融资机制研究[①]

Study on Sustainable Investment and Financing Mechanism of Water Ecological Environment Protection in the Yangtze River Economic Belt

赵云皓　卢静　孙宏亮　辛璐　徐志杰　张田田[②]　丁锴　吕芳　王志凯　王亚平

摘　要　本文系统梳理、评估了长江经济带水环境治理投融资现状与成效，研究测算长江经济带高质量发展背景下“十四五”时期水生态环境保护设施投资需求。深入剖析当前水环境治理投融资存在项目实施系统性不强、未能形成治理合力、资金总体投入不足、投资回报机制不健全等突出问题，充分借鉴田纳西流域治理、湿地缓解银行等先进经验与实践，从科学规划并实施流域治理重大项目、拓宽政府资金筹措机制、破解社会资本参与生态环境治理“瓶颈”问题、强化绿色金融支持等方面提出建议，以期构建支撑长江经济带高质量发展的水环境治理投融资机制，助力形成全社会共同参与的共抓大保护、不搞大开发格局。

关键词　长江经济带　水环境治理　投资需求　可持续投融资机制

Abstract　This paper systematically evaluates the current status and effectiveness of investment and financing of water environment governance in the Yangtze River Economic Zone，and studies and calculates the investment demand for water ecological environmental protection facilities in the “14th Five-Year Plan” under the background of high-quality development of the Yangtze River Economic Zone. The author deeply analyzed the current water environment governance investment and financing problems in the project implementation is not strong，the governance synergy is not formed，the overall investment of funds is insufficient，the investment return mechanism is not sound. Fully learn from the advanced experience and practice of Tennessee Watershed Management，Wetland Mitigation Bank，etc.，scientifically plan and implement major river basin governance projects，broaden the government funding mechanism，and crack the society Capital participates in ecological environment governance bottlenecks，strengthens green financial support，and other aspects，with a view to building a water environment

① 基金项目：本报告主要依据亚洲开发银行技术援助合作项目《加强政府和社会资本合作中的财政治理和可持续性》关于 PPP 与 EOD 融合发展的专题研究（KSTA-TA9791）成果。

② 长江生态环保集团有限公司（武汉，430062）。

governance investment and financing mechanism that supports the high-quality development of the Yangtze River Economic Belt，and helping to form a joint protection and non-development of the whole society pattern.

Keywords Yangtze River Economic Belt; water environment governance; investment demand; sustainable investment and financing mechanism

长江是中华民族的母亲河，是中华民族永续发展的重要支撑。习近平总书记在推动长江经济带发展座谈会上[1]指出，要把修复长江生态环境摆在压倒性位置，共抓大保护、不搞大开发。在社会各界的共同努力下，长江生态环境明显改善。但在部分区域、领域依然存在突出的生态环境问题和治理短板。长江经济带水生态环境保护面临时间紧、任务重、问题多、难度大、涉及面广等诸多困难，资金支持是推进治理任务与项目落地实施的重要保障。在后疫情时期，仅靠中央和地方政府财政难以筹措足额资金，迫切需要充分调动社会资本和金融机构的力量。现阶段，长江经济带水生态环境保护项目存在投资体量大、运营属性弱、回款风险大、不确定因素多等问题，社会资本与金融机构参与“瓶颈”突出，投融资机制亟须创新突破。

1 长江经济带水生态环境保护投资现状与需求

1.1 长江经济带水生态环境保护背景

一是推动长江经济带发展是关系国家发展全局的重大战略。长江经济带覆盖沿江 11 省市，横跨我国东中西三大板块，人口规模和经济总量占据全国“半壁江山”，是我国经济重心所在、活力所在，发展潜力巨大，在践行新发展理念、构建新发展格局、推动高质量发展中发挥重要作用。长江经济带地区生态地位突出，是我国重要的生态宝库，是中华民族战略水源地，具有重要的水土保持、洪水调蓄和航运等功能，长江生态环境的安全关系到长江及我国经济社会发展。推动长江经济带发展是党中央做出的重大决策，是关系国家发展全局的重大战略，对实现“两个一百年”奋斗目标、实现中华民族伟大复兴的中国梦具有重要意义。习近平总书记亲自谋划、亲自部署、亲自推动，先后三次主持召开座谈会并发表重要讲话，为长江经济带发展明确了“生态优先、绿色发展”的战略指向和“共抓大保护、不搞大开发”的路径导向以及“以长江经济带发展推动经济高质量发展”的目标导向，奠定了长江经济带发展的理论和实践基础，是推动长江经济带高质量发展的行动指南。[2]

二是加快形成全社会共同参与的共抓大保护、不搞大开发格局。习近平总书记在武汉主持召开深入推动长江经济带发展座谈会上提到，推动长江经济带发展不仅是沿江各地党委和政府的责任，也是全社会的共同事业，要加快形成全社会共同参与的共抓大保护、不搞大开发格局。“十三五”期间，在中共中央、国务院的高位推动下，长江大保护政策体系不断健全。[3]《重点流域水污染防治规划（2016—2020 年）》《长江经济带生态环境保护规划》《长江保护修复攻坚战行动计划》《长江三角洲区域生态环境共同保护规划》等文件相继印发实施。近年来，生态环境部通过开展劣Ⅴ类国控断面整治、入河排污口排查整治、“三磷”排查整治、“绿盾”专项行动、“清废”专项行动、饮用水水源地保护、城市黑臭水体整治、工业园区污水处理设施整治等专项行动，积极推进长江生态环境保护修复。中央财政“十三五”期间，用于长江经济带生态保护修复的水污染防治资金逐年增加，累计安排 397.26 亿元。并由中央财政和长江经济带沿线 11 个省市地方财政共同出资设立国家绿色发展基金，聚焦长江经济带沿线绿色发展重点领域，推动建立多元共治的生态环境保护格局。2018—2020 年，三峡集团作为国家共抓大保护的骨干主力，运用政府和社会资本合作模式（Public-Private-Partnership，以下简称 PPP 模式）投资 1 100 亿元，实现污水处理能力达到 1 002.5 万 t/d（含权益污水处理能力 662 万 t/d），建设管网 1.6 万 km，带动行业上下游上百家企业共抓大保护，“十四五”期间将按照每年 1 000 亿～1 200 亿元投资规模持续推进长江经济带水环境治理。2021 年 3 月 1 日，我国第一部流域专门法律《中华人民共和国长江保护法》将正式施行，为我国加强长江流域生态环境保护和修复提供重要的法律保障。[4]

三是长江经济带水生态环境保护取得积极成效，但“十四五”期间保护任务依然艰巨，可持续的投融资机制亟须破解。在社会各界的共同努力下，长江生态环境明显改善，根据《2020 年中国生态环境状况公报》，2020 年长江干流历史性实现全优水体。监测的 510 个水质断面中，Ⅰ～Ⅲ类水质断面占 96.7%，同比上升 5.0 个百分点；无劣Ⅴ类，同比下降 0.6 个百分点。其中，干流和主要支流水质均为优。但在部分区域、领域依然存在突出生态环境问题和治理短板。生态系统保护整体性仍有不足，开发和保护矛盾仍未得到有效化解，局部水环境形势不容乐观，水环境综合治理任务依然艰巨。长江经济带水生态环境保护面临时间紧、任务重、问题多、难度大、涉及面广等诸多困难。[5]资金支持是推进治理任务与项目落地实施的重要保障。《生态环境领域中央与地方财政事权和支出责任划分改革方案》（国办发〔2020〕13 号），长江、黄河等重点流域治理为中央与地方共同财政事权，由中央与地方共同承担支出责任。在后疫情时期，经济逆周期调节下，仅靠中央和地方政府财政难以筹措足额的治理资金，迫切需要充分调动社会资本和金融机构的力量。河道治理、管网建设维护、生态修复等水生态环境保护项目多为纯政府付费类项目，普遍具有投资体量大、运营属性弱、回款风险大、不确定因素多等问题，市场主体与金融机构参与治理“瓶颈”突出，长江经济带水生态环境保护投融资机制不畅已成为长江大保护的重要制约，亟须解决。

1.2 长江经济带水生态环境保护设施投资情况

1.2.1 设施规模

随着社会经济发展水平及国民生态环境保护意识提升，我国水生态环境保护的定义逐步演变。早期的水生态环境保护多关注针对污染水体的“末端治理”，而后向“流域统筹、系统治理”的方向演变，发展为关注“水资源、水环境、水生态、水安全、水文化”的多方面综合治理。

根据现阶段我国水生态环境保护实际情况，本文重点关注政府事权下水生态环境保护设施投资与建设相关范围，主要包括城镇污水处理与污水管网、农村污水处理、污泥处理处置、黑臭水体治理、污水资源化等细分领域。根据 2019 年城乡建设统计年鉴，上述领域设施规模如表 1 所示。

表 1　长江经济带 11 省市水生态环境保护相关设施规模

序号	项目类别	厂站个数	规模		占全国比例/%	主要问题
			数量	单位		
1	城市污水处理能力	1 699	8 868	万 t/d	43.1	实际污水收集率低；能耗物耗较高
2	城市污水管道长度	—	203 809	km	48.4	总体投入不足；设施建设滞后；维护水平待提升
3	农村污水处理能力	7 232	1 254	万 t/d	48.5	设施建设滞后；价费机制缺失；技术路线、商业化模式不成熟
4	干污泥处理处置量	—	419	万 t/a	33.8	设施建设不足；资源化水平较低
5	再生水利用能力	—	1 015.0	万 t/d	22.9	受用户需求影响大；资源化技术经济性有待提高；配套设施不完善
6	黑臭水体治理（消除数量）	—	1 075	个	42.8	系统治理不足；缺少投资回报机制；市场化机制不健全

数据显示，长江经济带水生态环境保护细分领域设施建设不平衡，城市污水处理规模接近饱和，污水处理率总体处于较高水平；污水管网设施、农村污水处理短板较为突出；污水资源化处于起步阶段；黑臭水体治理进度总体略滞后于全国水平。

1.2.2　投资规模

根据城乡建设统计年鉴，2015—2019 年长江经济带 11 省市涉及水生态环境保护（包括污水处理、污泥处置和再生水利用）固定资产投资情况如图 1 所示。长江经济带 5 年累计投资额为 4 057.81 亿元，占全国总投资的 48.96%，年平均增长率为 15.47%，高于全国水平 11.49%。

从 11 省市来看，江苏、湖北、安徽 3 省投资额最高，分别占长江经济带地区的 17.22%、16.35%和 11.87%。从上、中、下游分布来看，下游地区投资额最高，占长江经济带地区总投资的 47.06%，中游地区投资额占长江经济带地区总投资的 32.50%，上游地区投资额占长江经济带地区总投资的 20.44%。

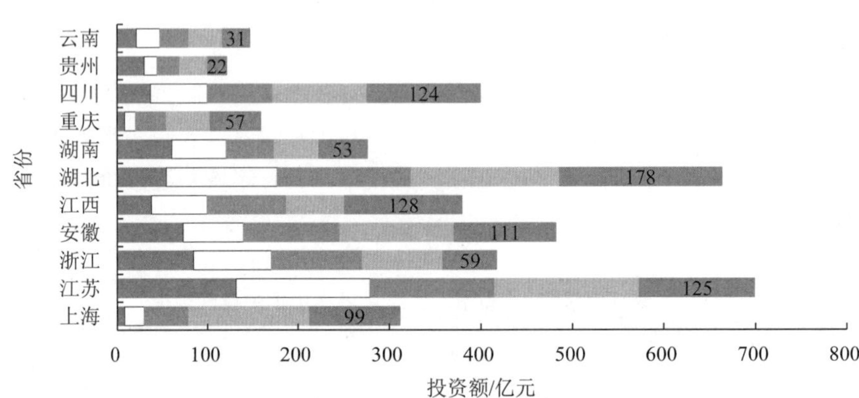

图 1　长江经济带各省水生态环境保护固定资产投资情况

1.3　长江经济带水生态环境保护投资需求预测

以长江经济带地市水生态环境保护要点为基础，经长江流域“十四五”水生态环境保护规划编制工作初步统计，“十四五”期间项目建设需求投资需求约 1.7 万亿元。项目类型共七大类：①污染减排项目投资需求 6 684 亿元，占 39.0%；②水生态保护修复项目投资需求 4 894 亿元，占 28.6%；③生态流量保障项目投资需求 2 666 亿元，占 15.6%；④饮用水水源保护项目投资需求 2 434 亿元，占 14.2%；⑤监测能力建设项目投资需求 62 亿元，占 0.4%；⑥水环境风险防控项目投资需求 269 亿元，占 1.6%；⑦水生态环境保护管理项目投资需求 113 亿元，占 0.7%。

依据《第十四个五年规划和 2035 年远景目标纲要》任务要求，预计“十四五”期间长江经济带水生态环境保护设施（口径包括城镇污水处理、污水管网、污泥处理处置、黑臭水体治理、污水资源化等）投资约为 3 500 亿元，测算假设条件及结果详见表 2。

表 2　“十四五”期间长江经济带水生态环境保护设施投资预测

细分领域	项目		测算假设条件	投资预测	
				规模	单位
城镇污水处理	新增	处置能力	“十四五”规划目标全国新增 2 000 万 t/d，按照长江经济带“十三五”处理量占全国 43%计	860	万 t/d
		投资	单位投资：0.32 万元/（t·d）	275.2	亿元
	提标改造	处置能力	30%一级 A 提标至Ⅳ类水，20%的一级 B 提标至一级 A，二级及其他类水提标至一级 B	2 806.1	万 t/d
		投资	单位投资：0.05 万～0.16 万元/（t·d）	793.7	亿元
污水管网	新增	长度	“十四五”规划目标新增/改造 8 万 km，按照长江经济带“十三五”占全国 47%计	37 600	km
		投资	单位投资：180 万/km	676.8	亿元

细分领域	项目		测算假设条件	投资预测	
				规模	单位
污泥处理处置	新增	处置能力	污泥产生量为污水处理量的0.8‰，“十四五”规模目标污泥处置率由提高至 90%	58 562.1	t/d
		投资	单位投资：50 万元/（t·d）	292.8	亿元
黑臭水体治理	新增	治理长度	“十四五”规划目标全国治理 1 500 个黑臭水体，按长江经济带治理数量占 50%，治理长度按“十三五”规模 2 296 km 估算	2 296	km
		投资	单位投资：4 400 万元/km	1 010.2	亿元
污水资源化	新增	处置能力	“十四五”地级及以上缺水城市污水资源化利用率超过 25%	4 252.3	万 t/d
		投资	单位投资：1 100 元/（t·d）	467.7	亿元

注：单位投资以《“十三五”全国城镇污水处理及再生利用设施建设规划》为参考依据。

2 长江经济带水生态环境保护投融资模式与政策

水生态环境保护具有较强的生态环境公共服务属性，是政府投资的重要领域。《生态环境领域中央与地方财政事权和支出责任划分改革方案》（国办发〔2020〕13 号）要求各级政府要始终坚持把生态环境作为财政支出的重点领域。水生态环境保护项目使用政府性资金，决定了其主要的投融资模式为两种。一是政府直接投资。政府筹措资金，采取政府直接投资建设的模式。二是政府和社会资本合作（PPP）。政府与社会资本合作成立项目公司，社会资本方控股项目公司，由项目公司完成项目融资建设。政府在项目建设期，以资本金注入、投资补助等方式投入，在项目运营期内按效付费，完成政府支出责任。

根据城乡建设统计年鉴，2016—2019 年长江经济带水生态环境保护固定投资额约为 3 505 亿元，同期运用 PPP 模式实施的水生态环境保护项目 191 个，总投资 2 421 亿元，PPP 模式已成为长江经济带水生态环境保护的主要模式。水生态环境保护投融资模式详见表 3。

表 3 水生态环境保护投融资模式

投资模式		运作方式	资金筹措	
			资本金筹措	融资渠道
一、政府直接投资	1. 纯政府投资	实行代建制，总承包（EPC）的方式委托专业公司实施	财政预算资金（本级预算、上级转移支付等）、发行专项债券等	
	2. 地方国资控股公司投资	资产划拨，特许经营、PPP 等	资产划拨、财政补贴、企业自有资金等	依托企业信用、资产抵押、项目现金收入等融资
二、政府和社会资本合作	1. 特许经营	建设—运营—移交（BOT）、移交—运营—移交（TOT）、改进—运营—移交（ROT）、租赁—运营—移交（LOT）、资产证券化（ABS）等	社会资本方自有资金投资，控股项目公司；政府以资金、资产入股或投资补助等方式投入	权益性融资采用基金和保险、ABS 融资等；债务性融资采用信贷资金、发行债券等
	2. 非特许经营			

2.1 政府直接投资及资金筹措举措

2.1.1 政府直接投资模式

早期的水生态环境保护项目均由政府直接投资，现阶段也仍然是水生态环境保护中很重要的投资模式。政府直接投资的情况下，由政府筹集水生态环境保护工程建设资金，采用政府作为投资主体直接投资，或者政府授权平台公司投资两种实施方式。前者通常由政府的行业主管部门作为实施主体，实行代建制，主要通过 EPC（总承包）招标的方式委托专业的水生态环境保护企业实施水生态环境保护工程建设，适用于财政实力较强的地区。后者为地方政府成立国资控股平台公司，委托平台公司筹措资金，组织实施水生态环境保护项目。但是，由于之前对地方政府举债规范不足，对平台公司缺乏全面系统的管理机制，政府债务风险颇高。为此，国务院印发《关于加强地方政府性债务管理的意见》（国发〔2014〕43 号），明确规定剥离平台公司政府融资职能，平台公司不得新增政府债务。采取平台公司直接投资的方式受到了限制。近年来，政府平台公司参与水生态环境保护除了原有水务资产划拨外，也多采用特许经营、PPP 等模式承接水生态环境保护新建项目。

2.1.2 政府资金筹措方式

在政府直接投资模式下，政府主要通过财政预算资金、发行专项债券等方式筹措水生态环境保护资金。财政预算资金既包括本级财政预算收入，也包括财政转移支付资金，如中央环保相关专项资金、横向生态保护补偿等经费。对于有一定政府性基金收入、专项收入的重大项目，可由地方政府向财政部、国家发展改革委申请发行专项债券融资建设。目前主要是城镇污水处理厂及厂网一体化的项目，而单一排水管网、黑臭水体治理、流域治理等主要依赖于政府付费的水生态环境保护项目则很难独立发行专项债券。

近年来，诸多地方政府组建环保投资公司，成为典型的剥离了政府融资功能的平台公司，如重庆环投、山东水发、川发环境（四川）、青岛水务等。该模式下，由政府向投资公司注入资金和优质资产，如供排水厂、垃圾处理厂、燃气公司、供热公司等。投资公司作为国资背景的市场主体，依托企业信用、资产抵押、项目现金收入等开展融资活动，主要通过私募股权融资、股票融资等权益类，以及政策性贷款、商业银行贷款、企业债券等债务类融资方式或工具筹集资金。平台公司作为承担政府水生态环境保护项目投融资建设与运维功能的经济实体，优势突出。一方面，在一定程度上解决了政府短期财政资金不足和建设资金需求之间的缺口矛盾，提高了政府投资效率，盘活了存量资产；另一方面，相较于以经济利益最大化为目标的市场主体，平台公司更具责任担当，适合承接公益属性较强、投资收益较低的水生态环境保护项目。优势竞争领域模糊、核心能力建设不足、缺乏投资运营经验也是大部分地方环投公司面临的问题和挑战。截至 2021 年 5 月底，长江经济带沿江省市中，除贵州外均设有省级生态环保投资公司，如表 4 所示。

表4 长江经济带省级生态环保投资公司组建情况

省份	公司名称	股权结构	成立时间	经营范围
上海	上海环境集团股份有限公司	上海城投83.41%，弘毅基金16.59%	2004年6月	环境科技和产品开发，固体废物处置、城市污水处理、土壤修复等环保项目和其他市政基础设施项目的投资、设计、建设、运营管理、综合利用开发及相关的咨询服务，环卫设施设备的检查、修理、维护及管理等
江苏	江苏省环保集团有限公司	汇鸿集团31.2%，长江环保20%，省环科院3.12%、监测中心0.88%等	2019年12月	环境基础设施、环境综合治理与生态保护修复工程的投资、建设和运营管理，环保新技术、新产品、新设备研发推广和生产经营；生态环境监测检测、调查评估，环保信息化研发，环保智库的研发及咨询；资源循环利用及绿色产业投资等
浙江	浙江省环保集团有限公司	杭钢集团100%	2016年11月	环保工程、市政工程项目的投资、规划、咨询、评估；水利工程、环境工程、公共设施工程的管理；热力生产和供应；再生资源回收；城市垃圾清运服务，清洁能源开发等
安徽	安徽环境科技集团股份有限公司	盐业投资38%，中煤矿山建设34%，交控资本18%，碧水源10%	2015年9月	环境科技领域及市政工程设计、咨询及相关技术服务；环保工程、市政工程、工业给排水工程及水生态环境保护等相关领域项目投资、施工以及运营管理；环保设备及环保软件的研发与制造；项目及股权投资，资产管理，管理咨询等
江西	江西省水利投资集团有限公司	江西国资委90%，江西行政事业资产集团10%	2008年2月	授权范围内水利国有资产的运营管理，水资源利用开发项目等水利建设项目的投融资；从事水利水电工程、污水处理以及与水利相关的土地资源综合利用开发等各类水利工程项目的投资建设、经营管理、设计咨询和中介服务等
湖北	湖北长投生态环境投资有限公司	湖北省生态保护和绿色发展投资60%，中信环境技术投资40%	2019年1月	对生态环境项目的投资，生态保护与环境治理；林业及绿化管理；水利工程建设与管理；供排水及其再生利用；土木工程建筑；水生态修复；土壤修复；固体废物、危险废物的处置；园林绿化工程施工及园林维护等
湖南	湖南省湘水集团有限公司	湖南省国资委100%	2020年6月	承担省政府交办的重大水利、水运、水务项目的投资、建设和运营管理；整合管理“一湖四水”和长江沿岸等土地与岸线资源；航电枢纽、船闸、航道、港口码头、物流园区的投资建设与运营管理；清洁能源投资运营与电力销售；原水、自来水、净水、中水、污水、污泥等相关产业投资建设与运营管理；砂石开采、加工、运输、销售等
重庆	重庆环保投资集团有限公司	重庆发展投资公司100%	2015年5月	环保技术咨询服务，环境影响评价，环境污染治理及设施设计、施工、运营，环境保护仪器、设备、药剂研发、生产及销售，环境保护大数据平台服务、运营，环境监测、检测，土壤生态修复，危险废物处置等
四川	四川省环保产业集团	四能投资52%，长江环保35%，中电建成都设计院13%	2017年10月	自来水生产与供应；污水处理及其再生利用；水资源管理；水污染治理；再生资源回收；土壤污染治理与修复服务；环境保护专用设备制造、销售；专用化学产品销售；水利相关咨询服务等
云南	云南水务产业投资有限公司	云南省康旅控股100%	2009年4月	水资源开发、原水供应及自来水的生产和销售、污水处理的基础设施建设及运营等

2.1.3 相关政策要点

促进水生态环境保护政府投资的相关政策如表 5 所示。一方面是增加地方政府资金筹措渠道，缓解地方投资资金不足的突出问题，包括：①持续加大中央财政资金在长江经济带城镇污水处理设施建设、城市黑臭水体治理、江河湖库整治、农村污水、规模化以下畜禽养殖污染治理、农村饮用水水源地环境保护，水源涵养及生态带建设、重点生态保护修复治理等领域的支持力度；②完善长江经济带污水处理收费机制，加大污水处理费征收力度，推行污水排放差别化收费，创新污水处理服务费形成机制，降低污水处理企业负担，增加污水处理政府性基金收入；③REITs 优先支持长江经济带城镇污水处理等基础设施补短板行业；④地方政府专项债券重点支持长江经济带发展水利工程、生态环保城镇基础设施、农业农村基础设施等领域的重大项目建设；⑤探索生态补偿，在长江、黄河等重要河流探索开展生态保护补偿试点。

另一方面是促进和规范地方环保投资公司发展，包括：①甄别筛选融资平台公司存量项目，对适宜开展 PPP 模式的项目要大力推广 PPP 模式，对甄别后纳入预算管理的地方政府存量债务，可申请发行地方政府债券置换，化解地方和平台公司债务；②推动国有企业混合所有制改革，通过出让股份、增资扩股、合资合作引入民营资本，重组水生态环境保护国有企业；③对于生态环保等补短板基础设施领域可适当降低项目最低资本金比例；④支持优质企业直接融资，提升债券资金使用灵活度，打通企业投融资环节。

表 5　政府直接投资长江经济带水生态环境保护的关键政策要点

政策类别		相关政策	政策主要内容
目的	举措		
增加地方政府资金筹措渠道	资金补贴（中央财政资金）	城镇污水垃圾处理设施建设中央预算内投资专项	资金支持城镇污水垃圾处理设施建设项目包括污水处理设施、污水管网、污泥处理处置设施、再生水回用设施等
		城市管网及污水处理补助资金	资金支持城市黑臭水体治理示范、中西部地区城镇污水处理提质增效等领域，根据绩效评价结果排名靠前及应用 PPP 模式效果突出的，按照定额补助总额的 10%给予奖励
		重点生态保护修复治理资金	中央资金支持山水林田湖草生态保护修复、废弃工矿地整治等
		江河湖库水系综合整治资金	资金支持江河湖库整治、水系连通等水生态文明建设与水资源节约保护
		水污染防治资金	资金支持水污染防治和水环境治理，包括流域上下游横向生态补偿机制奖励、长江经济带生态保护修复奖励等
		农村环境整治资金	资金支持农村污水和垃圾处理、规模化以下畜禽养殖污染治理、农村饮用水水源地环境保护，水源涵养及生态带建设等
		中央预算内投资资本金注入项目（征求意见稿）	中央预算内投资采取资本金注入方式，投向生态环境保护等项目，发挥中央投资引导和带动作用，促进社会投资
	价格机制	完善长江经济带污水处理收费机制	完善长江经济带污水处理成本分担机制、激励约束机制和收费标准动态调整机制
		创新和完善促进绿色发展价格机制	加快构建覆盖污水处理和污泥处置成本并合理盈利的价格机制，逐步实现城镇污水处理费基本覆盖服务费用

政策类别		相关政策	政策主要内容
目的	举措		
增加地方政府资金筹措渠道	发行专项债	推行地方政府专项债券发行及项目配套融资工作	鼓励地方政府和金融机构依法合规使用专项债券和其他市场化融资方式，重点支持长江经济带发展等重大战略和乡村振兴战略，以及推进生态环保等重大项目建设
	发行REITs	推进基础设施领域 REITs 试点	优先长江经济带等重点区域，城镇污水垃圾处理等污染治理项目开展不动产投资信托基金（REITs）试点
	生态补偿	健全生态保护补偿机制	在长江等重要河流探索开展横向生态保护补偿试点
		加快建立流域上下游横向生态保护补偿机制	到 2020 年，各省（区、市）行政区域内流域上下游横向生态保护补偿机制基本建立；到 2025 年，跨多个省份的流域上下游横向生态补偿试点范围进一步扩大
		建立健全长江经济带生态补偿与保护长效机制	中央财政加大政策支持，增加均衡性转移支付分配的生态权重，加大重点生态功能区转移支付对长江经济带的直接补偿，实施长江经济带生态保护修复奖励政策，加大专项对长江经济带的支持力度
促进和规范地方环保投资公司发展	化解地方和平台公司债务	加强地方政府性债务管理	对甄别后纳入预算管理的地方政府存量债务，各地区可申请发行地方政府债券置换，以降低利息负担
		地方政府存量债务纳入预算管理	甄别筛选融资平台公司存量项目，对适宜开展政府与社会资本合作（PPP）模式的项目，大力推广 PPP 模式，通过 PPP 模式转化为企业债务，不纳入政府债务
		加快运用 PPP 模式盘活基础设施存量资产	积极推广 PPP 模式，加大存量基础设施盘活力度、形成良性投资循环，有利于拓宽基础设施建设资金来源，减轻地方政府债务负担
	规范平台公司融资行为	进一步规范地方政府举债融资行为	全面组织开展地方政府融资担保清理整改工作，加强融资平台公司融资管理，进一步健全规范的地方政府举债融资机制
		规范金融企业对地方政府和国有企业投融资行为	进一步强调国有金融企业除购买地方政府债券外，不得直接或通过地方国有企事业单位等间接渠道为地方政府及其部门提供任何形式的融资；不得违规新增地方政府融资平台公司贷款；不得要求地方政府违法提供担保或承担偿债责任；不得提供债务性资金作为地方建设项目、政府和社会资本合作项目资本金
	促进国有企业混合所有制改革	进一步优化企业兼并重组市场环境	推动企业股份制改造，发展混合所有制经济，支持国有企业母公司通过出让股份、增资扩股、合资合作引入民营资本
		深化国有企业发展混合所有制经济	推进国有企业混合所有制改革，引入非国有资本参与国有企业改革，鼓励国有资本以多种方式入股非国有企业，探索实行混合所有制企业员工持股
	下调项目资本金比例	加强固定资产投资项目资本金管理	生态环保等领域的补短板基础设施项目，在投资回报机制明确、收益可靠、风险可控的前提下，降低项目最低资本金比例至 15%
	鼓励发行企业债券	支持优质企业直接融资，进一步增强企业债券服务实体经济	支持信用优良、经营稳健、对产业结构转型升级或区域经济发展具有引领作用的优质企业融资发展，提升审核效率和债券资金使用灵活度，进一步打通优质企业投融资环节
		支持政府和社会资本合作（PPP）项目发行专项债券	支持 PPP 项目公司或社会资本方发行企业债券，募集资金主要用于以特许经营、购买服务等 PPP 形式开展环境保护等领域项目建设、运营

2.2 政府和社会资本合作投融资

2.2.1 政府和社会资本合作模式

习近平总书记在全国生态环境保护大会上提出采取多种方式支持政府和社会资本合作项目。中共中央、国务院《关于全面加强生态环境保护 坚决打好污染防治攻坚战的意见》中提出规范支持政府和社会资本合作项目。PPP 是政府和社会资本共同推进基础设施建设、提供公共服务的治理创新。简言之，地方财政公共预算支出的 10%可依规采用 PPP 模式融资推进公共设施建设，是财政预算对公共基础设施建设运维的一项重要支持。

生态环境治理的公共服务属性，以及污染防治攻坚战的紧迫性，使生态环境领域成为 PPP 投资的重点领域之一。[6] 根据财政部政府和社会资本合作中心综合信息平台项目管理库的数据，截至 2020 年年底，全国生态环境 PPP 项目入库数量达 3 041 个，约占全国 PPP 项目总数的 1/3。

长江经济带“十三五”期间落地实施的水生态环境保护 PPP 项目 416 个（图 2），总投资 3 694 亿元（图 3），是同期中央水污染防治资金的 9 倍多。运用 PPP 模式，极大地推进了水生态环境保护项目落地实施的进程。但随着 PPP 项目陆续落地运行，地方政府 PPP 项目财政支出责任额度呈快速上升趋势，预计 2023 年将超过 1 万亿元，2025 年达到峰值。特别是当前经济处于下行区间，“十四五”时期地方政府将面临支出责任额度提高和财政收入下降的双重压力，新增 PPP 项目空间有限。

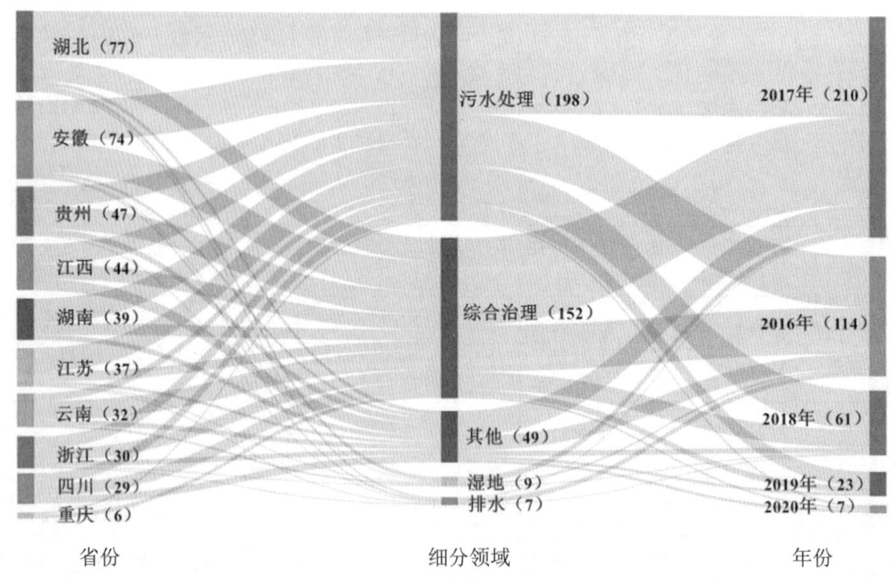

图 2 长江经济带“十三五”水生态环境保护 PPP 项目数量（个）

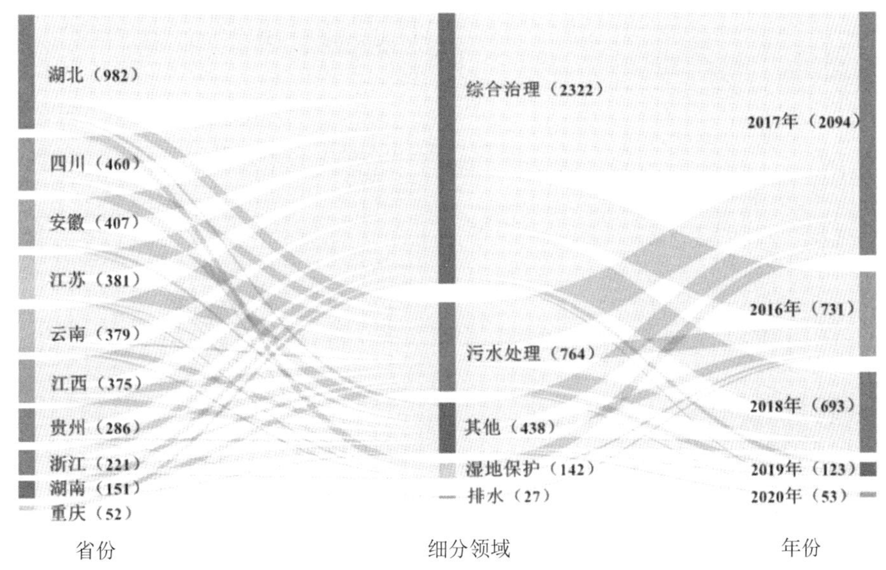

图 3　长江经济带"十三五"水生态环境保护 PPP 项目投资规模（亿元）

2.2.2　项目运作方式与融资渠道

2014 年以前，政府和社会资本合作的投资模式主要是通过特许经营的方式，即政府采用竞争方式依法授权法人或者其他组织，通过协议明确权利义务和风险分担，约定其在一定期限和范围内投资建设运营基础设施和公用事业并获得收益，提供公共产品或者公共服务。特许经营模式适用《基础设施和公用事业特许经营管理办法》的规定。2014 年以后，国家及相关部委密集发布了一系列政策文件，鼓励在公共服务、资源环境、生态保护、基础设施等领域，积极推广 PPP 模式，引入社会资本，增强公共产品供给能力。PPP 模式成为水生态环境保护项目的主要采用投融资模式，由财政部负责统筹管理，需遵循财政部相关文件的规定，项目付费责任纳入一般公共财政预算支出，对于社会资本而言具有较强的付费保障，对于金融机构而言极大地降低了资金风险。

（1）项目运作方式

近年来，由于 PPP 项目需严格受到一般公共预算支出 10%红线的限制。部分地方政府在环境治理工作压力大又缺少项目建设资金的情况下，重新采取特许经营模式来推进水生态环境保护项目落地实施，解决当下迫切的水生态环境保护任务。具体到项目层面，特许经营和 PPP 模式都可采用建设—运营—移交（BOT）、移交—运营—移交（TOT）、改进—运营—移交（ROT）、租赁—运营—移交（LOT）等方式实施。资产证券化（ABS）同以上 3 种方式不同，ABS 主要作为项目运营后的融资方式，并不参与项目的实际运营管理。运营期内，ABS 可以为已经采用 BOT、TOT、ROT 的项目进行再融资，改善资产的流动性。PPP 项目运作方式选择流程如图 4 所示。

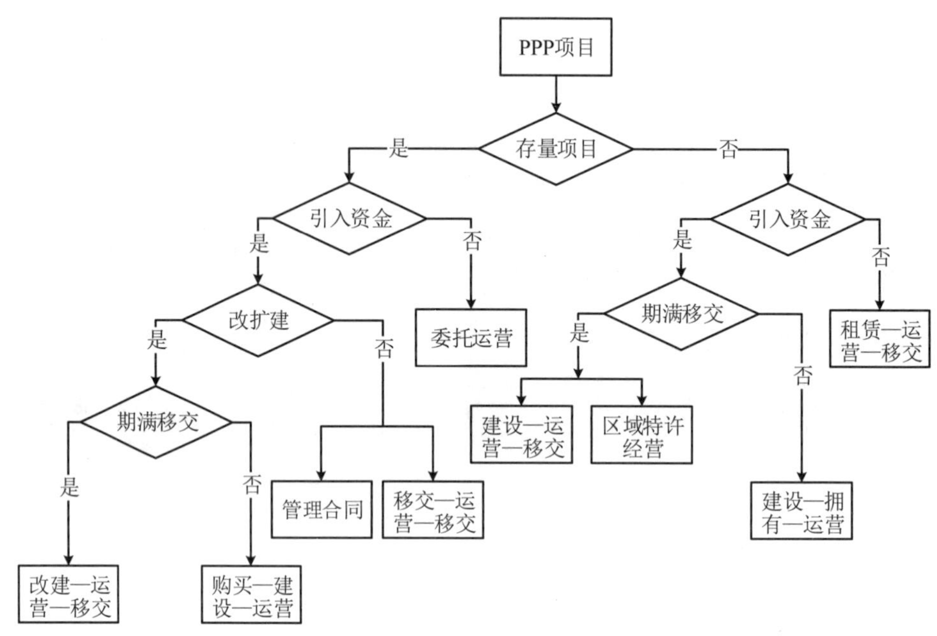

图 4　PPP 项目运作方式选择流程

（2）项目融资渠道

在政府和社会资本合作模式下，政府与社会资本合作成立项目公司，由社会资本方控股项目公司，项目公司完成项目融资。政府以资本金注入、资产作价入股、投资补助等方式投入。对于需要政府付费的项目，在项目运营期内按效付费，完成政府支出责任。水生态环境保护项目公司作为融资主体，融资的形式主要包括权益性融资和债务性融资，权益性融资工具常用的为基金和保险计划，以及形成项目存量资产后 ABS 融资等；债务性融资工具中主要为信贷资金、发行债券。各类金融机构对 PPP 项目予以的资金成本具有一定的差异。四川省 2017—2019 年共计 250 个 PPP 项目融资成本调查数据显示，政策性银行、国有大型商业银行贷款是 PPP 项目融资的主要渠道，融资成本相对较低，其中政策性银行更具有长周期的优势特点，不同融资渠道融资成本分析详见表 6。

表 6　PPP 项目融资成本分析

融资主体	2017 年		2018 年		2019 年		2020 年	
	平均融资成本	项目个数/个	平均融资成本	项目个数/个	平均融资成本	项目个数/个	平均融资成本	项目个数/个
银行业金融机构	5.50%	37	5.73%	44	5.55%	46	5.38%	123
政策性银行	—	—	6.28%	2	5.57%	4	5.58%	36
国有大型商业银行	4.96%	23	5.32%	23	5.48%	28	4.98%	35
全国性商业银行	4.75%	4	9.50%	1	6.12%	2	—	—
地方性商业银行	5.93%	10	5.98%	18	6.33%	6	6.84%	12
银团融资	—	—	—	—	8.8%	6	5.11%	40
非银行业金融机构	8.34%	5	7.14%	7	7.62%	3	—	—

融资主体	2017 年		2018 年		2019 年		2020 年	
	平均融资成本	项目个数/个	平均融资成本	项目个数/个	平均融资成本	项目个数/个	平均融资成本	项目个数/个
基金公司	8.10%	2	4.89%	1	—	—	—	—
租赁公司	—	—	6.21%	3	6.50%	1	—	—
财务公司	11.00%	1	8.83%	3	—	—	—	—
信托公司	8.50%	1	—	—	8.18%	2	—	—
证券公司	6.00%	1						
平均融资成本	5.84%	42	5.92%	51	5.67%	49	5.38%	123
最低融资成本	4.35%		4.35%		4.41%		4.05%	
最高融资成本	11%		8.50%		9.00%		8.80%	

数据来源：四川省财政厅政府和社会资本合作（PPP）项目融资成本分析报告。

水生态环境保护 PPP 项目中，融资成本对项目的收益水平有直接影响。通常情况下，资金使用成本较低的社会资本方，在 PPP 项目竞争中占有的优势较为突出。社会资本方项目融资优势主要体现在：一是 PPP 项目可以充分利用低成本、长周期的银行信贷资金，一般为国际贷款和国家政策性信贷，如国家开发银行、世界银行贷款等。二是社会资本方具有项目资本金募集成本较低的渠道，如引入低成本的基金投入，水生态环境保护也是国家绿色发展基金重点投向的领域之一；社会资本方为上市公司，通过配股、增发和发行可转换债券等，在证券市场上直接融资；信誉较好、评级较高的企业在海外发债等。近年来，诸多大型央企进入水生态环境保护领域，如三峡集团、中铁集团等，凭借其突出的资本运作能力，在 PPP 项目竞争中优势凸显。

2.2.3 相关政策要点

推行水生态环境保护政府和社会资本合作的相关政策如表 7 所示。①大力推行 PPP 实施。一方面鼓励地方运用 PPP 模式加快水生态环境保护项目落地实施，开拓市场化筹资渠道，缓解地方投资资金不足；另一方面鼓励盘活相关存量资产，有序推进存量项目转型为 PPP 模式，化解地方政府债务。②强化 PPP 规范实施。制定实施 PPP 模式操作指南、合同指南、政府采购管理办法、财承指引、工作导则，出台污水处理领域 PPP 项目合同示范文本等一系列规范性文件。加强信息平台、项目库、专家库和机构库的规范管理；强化水生态环境保护 PPP 项目绩效管理，山东、河北、贵州、安徽、四川等省份进一步规范污水处理、黑臭水体治理、垃圾焚烧、海绵城市等行业 PPP 项目全生命周期绩效管理工作。③防范 PPP 实施风险。严禁地方政府通过 PPP、政府投资基金等方式违规变相举债，规范地方政府融资行为，推动地方融资平台转型；进一步规范政府付费类项目，严格新项目入库标准，审慎开展政府付费类项目。

表 7　PPP 模式推进水生态环境保护的关键政策要点

政策类别		相关政策	政策主要内容
目的	举措		
大力推行 PPP 实施	鼓励运用 PPP 模式加快项目落地实施	在公共服务领域深入推进政府和社会资本合作工作	在垃圾处理、污水处理等公共服务领域，各地新建项目要“强制”应用 PPP 模式，中央财政将逐步减少并取消专项建设资金补助
		水污染防治领域推进政府和社会资本合作	在水污染防治领域大力推广运用 PPP 模式。纳入国家重点支持江河湖泊动态名录或相关专项资金支持的地区，率先推进 PPP 模式。水污染防治专项资金对采用 PPP 模式的项目予以倾斜支持
		运用 PPP 模式推进储备库项目建设	鼓励中央生态环境资金项目储备库入库项目积极创新投融资机制，通过 PPP 模式推动重大项目建设
		推行农村环境治理 PPP 项目	鼓励有条件的地区开展整县（区）或区域一体化农业农村环境治理 PPP 项目，培育发展农业面源污染治理、农村污水垃圾处理市场主体
		遴选 PPP 示范项目	对中央财政 PPP 示范项目中的新建项目，财政部将在项目完成采购确定社会资本合作方后，按照项目投资规模给予一定奖励
强化 PPP 规范实施	规范 PPP 合同	污水处理领域 PPP 项目合同示范文本	加强项目前期准备和合同管理工作，包括合同示范文本使用说明、PPP 项目合作协议、承继协议、项目合同、项目运营维护服务协议、垃圾处理 PPP 项目合同等
	强化 PPP 项目绩效管理	政府付费与项目绩效考核结果挂钩	严格新项目入库标准，审慎开展政府付费项目，政府付费与项目绩效考核结果挂钩，建设成本中参与绩效考核部分的占比不得低于 30%，强化 PPP 项目绩效管理
		PPP 项目绩效管理操作指引	明确 PPP 项目绩效管理的目的、内涵、分工、范围与原则，重点阐述绩效目标与绩效指标管理、绩效监控、绩效评价等方面的要求
		推行相关 PPP 项目绩效评价操作指南	山东、河北、贵州、安徽、四川等省份进一步规范污水处理、黑臭水体治理、垃圾焚烧、海绵城市等行业 PPP 项目全生命周期绩效管理工作
防范 PPP 实施风险	防控地方政府隐性债务风险	审慎开展政府付费类项目	财政支出责任占比超过 5%的地区，不得新上政府付费项目。按照“实质重于形式”原则，污水、垃圾处理等依照收支两条线管理、表现为政府付费形式的 PPP 项目除外
	强化监督管理与信息公开	规范项目库管理	实行分类管理，严格监管入库项目，严格新项目入库标准，审慎开展政府付费类项目，开展入库项目集中清理工作

3 长江经济带水生态环境保护投融资存在的问题

3.1 项目实施系统性不强，不易形成治理合力

流域水生态环境保护是一个完整的治理单元，要考虑协调流域的上下游、左右岸，根据当地对流域、城市生态环境的综合规划制定相应的流域治理工程对策。但在实际治理过程中，首先，技术方案的系统性和科学性较为缺乏。流域的水生态环境保护具有系统性、复杂性、持续性。技术方面，涉及环保、水利、市政、生态、景观等多个专业，包括防洪排涝、截污治污、生态修复等多项子工程。目前流域水生态环境保护虽形成了项目层面的打捆，但不同子项目实施的技术集成能力偏弱，流域水生态环境保护的综合技术体系尚未形成。2018 年 5—7 月，生态环境部、住房和城乡建设部联合对其中 30 个省（区、市）所属 70 个地级城市开展了专项督查并发现，部分城市黑臭水体治理方案缺少对区域污染源整体分析和系统化工程措施论证，方案存在调查不细、底数不清、措施不系统等问题。

其次，按照行政区域“割裂”实施较为普遍。大部分地区的水生态环境保护项目都是采取行政区域逐级下分工作任务的方式，以单一目标为导向进行单独治理，行政区划在空间上分割了流域系统，缺少对流域水系上下游等综合因素进行多目标系统实施，对水资源、水生态、水环境、水灾害的统筹兼顾不够。[7] 同时，各行政区水生态环境保护项目实施进度计划存在差异，产生项目实施在时间上进一步分散化。

另外，跨部门的协同保护机制尚不健全。与传统环境治理、防洪疏浚、水土保持为目标的河道治理相比，流域水环境系统治理有以多目标协同治理为导向，涵盖多种类型项目，需要水利、环境、规划、自然资源、金融等多部门共同配合、共同参与。既有中央与地方多个层级的纵向管理，又有多个部门职能的横向联动，涉及面广、责任主体多、资源力量分散。这种分离状态导致管理职能极易出现“冲突区”或“空白区”，导致部分项目重复建设或短板突出，治水工作仍存在碎片化治理、应急式治理、末端化治理、表面化治理的现象，投资效益难以充分发挥。

3.2 水生态环境保护投入不足，地方财力难以保障

长江经济带水生态环境保护总体投入不足。长江经济带地区环保投资总量距离环境质量改善的投资需求有一定差距。2013 年以来，长江经济带地区环保投资占 GDP 的比例呈下降趋势，2017 年占 GDP 的比例仅为 0.9%，低于全国 0.3 个百分点。据国际经验，当治理环境污染的投资占 GDP 的比例达到 1%～1.5%时，可以控制环境污染恶化的趋势；当该比例达到 2%～3%时，环境质量可有所改善，长江经济带地区距此还存在一定差距。

支持长江大保护的财政支出保障不足。长江经济带中央生态环境资金投入规模不稳

定，地方财政节能环保支出占一般公共预算支出规模增长趋缓。在地方政府面临“六保”、脱贫攻坚等带来的财政压力下，可用于长江大保护水生态环境保护的资金较为有限。地方财政收支矛盾、偿债压力大。从 2020 年地方债和城投债还本付息总额（一般公共预算收入+政府性基金收入）的指标来看，长江经济带 11 省市总体偿债压力为 39.2%。江苏、江西、湖南、重庆、四川、贵州、云南 7 个省市偿债压力均高于 40%，其中，贵州、云南超过 70%（图 5）。对于投资规模大、主要依靠政府付费的流域水生态环境保护项目来说，政府推进项目实施并按期付费较为困难。总体而言，财政难以足够承受长江经济带水生态环境保护的资金投入。

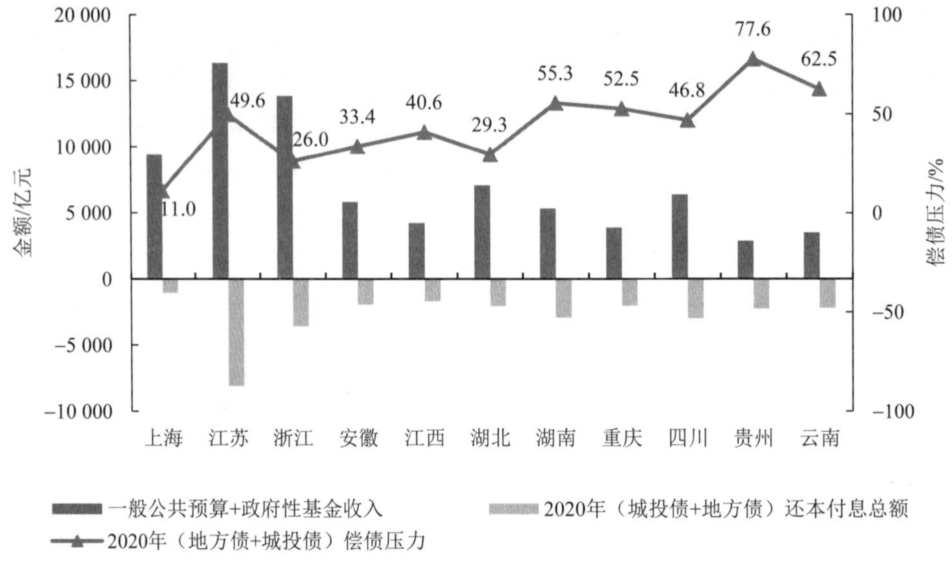

图 5 2020 年长江经济带各省财政偿债压力

3.3 投资回报机制不健全，市场化机制不完善

水生态环境保护除了污水处理、再生水循环利用具有收费机制，具备经营性外，黑臭水体治理、雨污管网、生态修复、面源防治等大多数项目属于非经营性或准经营性项目，项目盈利能力普遍较差，高度依赖政府付费。污水处理领域虽具有收费机制，尚不能有效覆盖成本和社会资本投资的合理收益。2020 年，长江经济带污水处理收费机制政策正式发布，但价格政策落地实施周期长、协调难度大，短时间内较难显现成效。此外，根据生态环境部与住房和城乡建设部的整治清单，“十三五”期间 1 789 个黑臭水体的治理项目投资总额近 2 400 亿元。缺乏投资回报机制，项目自身财务分析难以自平衡，是社会资本和金融机构难以参与长江经济带水生态环境保护项目的根本原因。

PPP 模式是明确政府治理项目支出责任，并纳入地方财政中长期规划和列支预算支出的模式，因此成为社会资本和金融机构参与水生态环境保护最主要的实施方式。但由于金融“去杠杆”、不规范项目退库、“财金〔2019〕10 号文”限制新增纯政府付费项目、地方财政余额不足、政府不按时不足额付费等原因，运用 PPP 模式推进新增水生态环境保护项目的数量越来越少。在地方财政压力加大，PPP 项目监管趋严、强化绩效考核的背景下，部分地方不再运用 PPP 模式推进项目实施。据统计，2017 年 4 月至 2020 年 11 月，财政部 PPP 项目库出库环保项目共计 2 091 个，约占出库 PPP 项目总数的 20%。

然而，水生态环境保护项目具有较好的外部效益，水环境质量改善对区域具有明显的价值提升作用。在推进生态文明建设的时代背景下，探索将水环境质量提升带来的生态价值转换为经济价值的市场化路径，建立“绿水青山”向“金山银山”转化的市场化机制，成为推进长江经济带水生态环境保护项目可持续实施的关键。就目前而言，一方面，生态环境治理改善与提升价值能否资产化、如何资产化、增值空间如何定量等具体问题，尚缺乏理论与实践支撑；另一方面，生态环境质量改善形成的生态产品价值实现通道还未打开。目前已将水权、排污权、碳排放权等环境资源权益纳入市场交易，而由生态环境治理改善形成的调节气候、涵养水源、生物多样性等生态产品服务权益价值进入交易市场且能切实补偿到项目投入尚存诸多“瓶颈”。短期内，为打通生态产品价值实现通道，生态环境部、国家发展改革委、国家开发银行联合开展的生态环境导向开发模式（Eco-environment-oriented Development，以下简称 EOD 模式）试点工作，探索将区域生态环境治理项目与资源产业开发项目有机融合的项目组织实施方式，突破生态环境治理项目缺乏投资回报的“瓶颈”问题，积极引入多元化的社会资金，加快推进生态环境治理项目落地实施。

4 国内外水生态环境保护投融资模式创新案例

国内外在推进水生态环境保护投融资模式创新方面，主要是将水生态环境保护带来的外部效益（环境质量改善）内部化，例如，美国田纳西流域治理实行开发者将区域开发、生态环境保护与治理一体化实施，将生态环境保护与治理作为区域发展有机的组成部分，开发者负责生态环境保护与治理投融资。又如，美国湿地缓解银行机制推进开发者补偿付费，实现生态产品服务价值市场化转化。再如，我国组建永定河流域投资公司，运用市场化投融资举措推进永定河流域治理与开发。此外，生态环境导向的开发模式在上海、重庆、武汉等地得到探索，推动实现“绿水青山”向“金山银山”转化。

4.1 田纳西流域治理：开发者一体化实施

（1）案例背景

田纳西河位于美国东南部，是密西西比河的二级支流，干流长 1 050 km，流域面积 10.6 万 km^2。原来拥有肥沃土地和大片森林的田纳西河流域，到了 19 世纪末，由于盲目地滥垦，土地变得日益贫瘠，洪涝灾害、水土流失严重，基础设施落后，居民普遍陷入贫困，平均收入只占全美平均国民收入的 45%。1933 年美国国会通过了《田纳西河流域管理局法》，成立田纳西流域管理局（TVA），明确授予其规划、开发、利用、保护流域内各种自然资源相关职责。TVA 既是联邦政府的一级组织机构，又是一个具有独立法人资格、进行独立经营、独立核算的经济实体，既有颁布流域管理行政法规、统一调度水资源的权力，又有直接从事流域开发（航运、水电、工农业用水、基础设施建设、旅游开发等）与生态环境整治的职能。[8]

（2）运作机制

TVA 以修建大坝及其他水利设施和发电站为中心，达到防洪、蓄水、提供能源、改善航运和提高流域总体经济水平的目的。并在长期规划和决策过程中，综合考虑对水质和水量的影响，保持河流系统基础设施的安全运行，减轻生产活动对水生态系统的影响。

田纳西河流域开发耗资巨大，TVA 通过各种渠道筹集流域建设项目所需要的巨额资金，为流域的开发提供经费保证。TVA 的开发与治理资金，1960 年以前主要由联邦政府拨款，截至 2014 年，TVA 按计划还清了联邦政府对田纳西流域管理局电力系统最初的 10 亿美元投资，每年仍对政府占有的股权进行利润分配。1960 年以后，发行债券成为主要的资金筹集渠道。《田纳西河流域管理局法》规定 TVA 有权发行总金额在 300 亿美元以内的债券及其他债券凭证，用于水利电力建设与开发等合法投资；TVA 发行的债券占其各年总投资的 59%～92%。此外，对于城市用水、生态旅游等以经济效益为主，但又兼有一定社会效益的项目，走市场化融资的路子，广泛采用发行债券、上市融资、银行贷款等方式，吸收社会资金以及外资投资和运营。

（3）成效与经验

经过 TVA 多年的实践，田纳西流域的开发和管理取得了辉煌的成就，从根本上改变了田纳西流域落后的面貌，TVA 的管理也因此成为流域管理的一个独特和成功的范例。日本制定“国土综合开发法”以及北上川等河流的治理，印度对达莫达尔河的治理乃至达莫达尔河流域管理局的成立，均借鉴了美国的经验。截至 2019 年 9 月 30 日，田纳西流域管理局总资产 504.67 亿美元，其中所有者权益 116.25 亿美元，负债 388.42 亿美元。2019 年 1—9 月，营收 113.18 亿美元，净收益 14.17 亿美元。在各大评级机构都有着较好的信用评级。[9]

田纳西流域的开发和管理的经验体现在以下几个方面：一是授权明确，统一规划。[10]这是田纳西河流域开发与治理取得成功的关键所在。《田纳西流域管理局法》对 TVA 的职能、开发各项自然资源的任务和权力作了明确规定，涉及流域开发和管理的重大举措（如发行债券等）都能得到相应的法律支撑。TVA 作为联邦一级机构，既享有政府的权力，又具有私人企业的灵活性和主动性。TVA 董事会成员由总统提名，经国会通过后任命，直接向总统和国会负责。TVA 成立之初，按照法案的要求，用了 3 年时间对全流域进行统一规划，制定了一系列流域开发建设的具体方案，为田纳西河流域的长期发展打下了良好的基础。[11]二是开发中保护，保护中开发，保障区域生态环境质量。TVA 开发风力、核电、火电（石油天然气或煤炭）、垃圾发电、太阳能等，既充分合理利用资源，又保证稳定供电，提高了电力产品的市场竞争力，同时开展大气污染物排放治理、土地复垦、水质管理等环境保护行动。三是充分利用各种自然资源，创造价值。首先，TVA 集中力量开发流域内丰富的水资源，大力生产电力，疏通航道，提供丰富而稳定的水源；其次，在利用当地原料的基础上，TVA 通过水运从外部运入大量原料，以为其在田纳西河两岸布局的冶金、化工和核工业等高耗能、耗水的产业提供生产条件；最后，TVA 积极开发当地的土地资源，发展林业、农业、工业和渔业等。四是建立充分市场化的资金筹措机制，保障持续投入。通过电力销售和电力系统债券融资为持续的建设和运营提供了资金，并将电力销售净收入再投资于区域经济发展举措。[12]

4.2 湿地缓解银行：开发者补偿付费

（1）案例背景

美国湿地缓解银行（Wetland Mitigation Bank）是美国促进湿地"零净损失"的一项非常重要的市场化机制。湿地缓解银行是指在一块或者几块地域空间上，恢复受损湿地、新建湿地、加强现有湿地的某些功能或保存湿地及其他水生资源，并将这些湿地以"信用"的方式通过合理的市场价格出售给湿地开发（占用、破坏等）者，从而达到湿地数量和功能在开发建设中不得减少。目前，湿地缓解银行已经拓展到溪流修复和雨洪管理等领域，不仅吸引了大量的企业投资参与建设与修复湿地等，还推动了湿地修复技术与产业的发展，有效地保障了湿地资源及其生态功能的动态平衡。[13]

（2）运作机制

美国湿地缓解银行机制基于权责清晰的三方体系：政府审批和监管部门、销售方、购买方，后两者构成了市场交易的主体。政府部门的权利和责任包括制定并执行与缓解银行相关的总体规则和政策、对每个缓解银行进行正式的审核批复、对其生态绩效进行长期监测 3 个方面，但不干预或影响具体的市场交易行为。缓解银行项目的规划设计、建设维护、定价或交易等，全部由市场主体自行完成。销售方一般是湿地缓解银行的建设者和生态修复公司，包括建立和管理缓解银行的企业、个人土地所有者，以及将缓解银行业务作为投资组合的投资基金或投资公司等。销售方享有对湿地信用进行定价、出售、转让和核销的权利，购买方是从事开发活动、对湿地造成损害的开发者。购买方通过从已经完成的湿地缓解银行中购买湿地信用后（对应具有一定生态功能的湿地面积），其补偿生态破坏的责任以及对缓解银行地块的绩效指标、生态系统长期维护和监测的责任全部转移给了销售方。这种责任转移机制让购买方的成本更低、获得开发许可的速度更快。

美国湿地缓解银行体系的市场化程度较高，其交易行为完全受市场供需情况的影响。实际交易过程中，湿地缓解银行一般在开发活动给湿地带来损害之前就已经建设完毕，目的是存蓄待售。但在湿地信用需求强劲的地区，缓解银行的经营商还可以采取"缓解信用预售"的机制，以便更快地收回成本。湿地缓解银行的运营商也必须确保缓解银行的生态功能并实现约定的生态成效，否则将要承担相应的违约责任。

（3）成效与经验

湿地缓解银行是一种有效的市场化补偿机制，交易的是对湿地补偿和后续维护的责任，也是湿地的生态价值。湿地缓解银行机制既保障了湿地生态功能的平衡，实现了湿地资源的严格保护与有序开发，又通过市场化机制促进了湿地生态价值与经济价值的转换，是生态产品价值实现的有效模式。2010 年以来，美国的湿地缓解银行业务每年以 18%的速度增长，2016 年交易总量达 36 亿美元，每年吸引 30 亿～40 亿美元的私人资金投入到基金和企业中开展缓解银行业务，并为投资者提供 10%～20%的年度收益，以及为地方政府带来长期稳定的财产税收入（购买土地所有权或地役权）。在缓解银行的推动之下，由生态修复企业引领的技术创新、新型生态修复项目和保护咨询业务不断涌现，促进了大量科学技术和规划专业知识的应用，私营领域环境投资的形式和规模也持续发展，每年通过新增收入和就业为美国贡献了数亿美元的 GDP。因此，包括美国在内的一些国家和地区已经将缓解银行列为首选的补偿模式。

美国湿地缓解银行的经验体现在以下两个方面：一是政府严格湿地保护政策与监督机制。美国对湿地补偿制度有明确的法律支撑，且在法律基础上配有一系列详细的实施细则，使其具有极强的可操作性，这也是美国湿地补偿制度得到快速发展的基础。1980 年美国《清洁水法》第 404 条首先提出湿地补偿概念，并规定了湿地开发项目须遵守。1983 年设立了第一批湿地补偿银行。1988 年美国联邦政府提出了湿地“零净损失”的目标，1993 年美国政府出台了“政府湿地计划”。2001 年 23 个州建立湿地补偿银行法规，8 个州建立湿地补偿银行准则。2002 年美国国家环境保护局、陆军工程兵团、农业部、交通部等联合发布了“国家湿地补偿行动计划”。2004 年提出了全面增加湿地数量和改善湿地质量的“总体增长”目标。2013 年，1 800 个银行全部纳入美国湿地替代费和银行管理跟踪系统（RIBITS），至此，美国湿地缓解银行进入了平稳发展阶段。二是充分的市场化机制。破解湿地保护与建设资金困境、规范湿地运维管理。湿地补偿银行在运行方式上同货币银行相似，建设者建立、存蓄相当量的湿地，并通过出售湿地“信用”给湿地开发者获得利益。

4.3 永定河流域治理：向流域公司配置资源

（1）案例背景

永定河流域面积 4.70 万 km^2，行政区划上分属北京、天津、河北、山西、内蒙古 5 个省（区、市），共涉及 51 个县（市、区），是京津冀区域重要的水源涵养区和生态屏障。为创新和完善永定河流域协同治理机制，加快建设永定河绿色生态河流廊道，推动京津冀协同发展在生态领域进一步实现突破，促进政府与市场有机结合、两手发力，2016 年 12 月国家发展改革委、水利部、国家林业局联合印发《永定河综合治理与生态修复总体方案》，提出了“按照‘区域协同、政府引导、明晰权责、市场运作’原则，推动永定河沿线各省市政府等方面协商成立永定河生态廊道建设投资公司，负责永定河流域综合治理与生态修复项目的总体实施和投融资运作，统筹管理国家和沿线各省市政府用于永定河综合治理与生态修复的资金，授权或受托管理运营流域内相关工程和资产，实施沿线土地及旅游等资源综合开发”。2017 年 6 月，国家发展改革委印发《关于组建永定河流域治理投资公司的指导意见》，明确由京、津、冀、晋 4 省市人民政府和战略投资方中国交通建设集团有限公司共同出资，组建永定河流域治理投资公司，负责永定河流域综合治理与生态修复项目的总体实施和投融资运作，解决生态环境治理缺乏资金来源渠道、总体投入不足、环境效益难以转化为经济收益等“瓶颈”问题，切实提高投资效益与公共服务水平。[14]

（2）运作机制

永定河流域投资公司是国内首家由国家顶层设计推动、以流域为单元、跨省级行政区划的流域治理投资公司，按照“产权明晰、权责明确、政企分开、管理科学”的原则实行市场化运作。流域投资公司负责永定河综合治理与生态修复项目总体实施和投融资运作，统筹管理国家和沿线各地方政府用于永定河治理与修复的资金，受托经营管理流域内有关工程、资产以及区域内相关水资源、土地、生态资源综合利用与开发，充分发挥政府资金的引导撬动作用，推动实现流域治理与生态修复投资主体多元化、资源资产化、资产资本化、资本证券化。

根据《永定河综合治理与生态修复总体方案》匡算，项目初期总投资约 370 亿元，初步测算项目资本金比例为 40%，其中中央资金总体补贴 20%，余下项目资本金由永定河流域投资公司注册资本金出资。流域投资公司注册资本暂定 80 亿元，北京、天津、河北、山西和中交集团认缴出资比例为 35%、5%、15%、15%、30%，2020 年完成全部出资，后续根据永定河治理需要增资扩股。剩余 60%资金由流域投资运用政策性贷款、融资租赁等金融工具筹措解决。永定河流域投资公司的税收由京津冀晋 4 省市按照出资比例分配。在后续具体项目落地中，在不偏离上述总体方式下，根据实际情况适度灵活地确定项目资金筹措方式。

由于永定河流域治理项目准公益性特点，流域投融资公司采用“一地一策”，通过以下 3 种方式实现资金平衡：一是依托区域生态环境改善带来的土地增值等收益，通过经营周边土地、商业等优质资源，建设特色小镇，发展健康养老服务、文化旅游、休闲体育产业等获取收益。二是 4 省市有关部门可通过单一来源采购方式向流域投资公司购买永定河流域治理与生态修复服务。流域投资公司以服务形成的应收账款作为质押担保，向金融机构申请贷款，以政府资金作为还款来源。流域投资公司获得合理收益，以此促进实现项目良性运行。三是根据流域治理特点，流域投资公司加强综合经营开发，实施区域供水、林业资源开发、碳汇等经营收益。[15]

（3）经验与成效

长期以来，流域治理领域存在“跨区域协调之痛、资本持续投入之痛、技术集成之痛和全流域运营管理之痛”“四大痛点”。2017 年启动永定综合治理与生态修复以来，永定河流域治理探索形成了“投资主体一体化带动流域治理一体化”的治理模式，有效化解了流域治理的难点、痛点，彻底走出了“边治理、边污染”的流域治理怪圈。两年多来，永定河流域治理政企合作不断深化，工程建设全面展开，开工建设 27 项，永定河河流水质显著改善，地下水位明显回升，状况持续好转，特别是 2020 年春季干涸 40 年永定河下游河道实现通水，京津冀晋实现水路联通，通水河长达 737 km，永定河全长 759 km，98%实现通水，较生态补水之前增加 400 多 km，京津冀晋实现水路联通，北京境内 170 多 km 河段实现全线通水，部分河段已经开始恢复清水绿岸、鱼翔浅底的美丽风光。

永定河流域治理采用公司化运作模式是推动永定河治理的关键之举，是流域协同治理的重大制度创新，流域投资公司作为平台纽带将流域上下游联系起来，将政府和市场联系起来，建立的新型流域治理协作关系，形成了“共商、共建、共治、共享”的流域治理新格局。[16]总结起来，具体经验体现在以下两个方面：一是明确了治理项目及投资规模，组建了市场化投融资主体。充分考虑了流域治理的系统性，制定了详细的永定河综合治理与生态修复总体方案，明确了项目及投资规模，并“量身”设立了永定河流域投资公司。二是资源配置向流域投资公司倾斜，实现项目资金平衡和投资公司合理回报。相关中央资金统筹用以补贴流域投资公司开展项目建设。同等条件下，永定河流域范围内的综合治理与生态修复、水域和土地的开发利用、特色小镇建设、健康养老服务、文化旅游与休闲体育产业开发、耕地占补平衡、铁路项目等优先由流域投资公司负责实施。

4.4 上海枫泾镇河网整治：生态环境导向开发

（1）案例背景

枫泾镇位于上海市金山区，与沪浙五区县交界，是上海通往西南各省最重要的“西南门户”，具有典型江南水乡古镇特色，水网遍布、河道纵横。河道作为重要的水资源和水环境载体，关系小城镇的生存、制约小城镇的发展。金山区具有良好农田基底，现状水网密布，同时紧邻海洋，生态空间潜力巨大。受产业开发的影响，金山区生态环境出现河网末端被填埋、生态岸线缺失、水体生态环境破坏、防洪除涝能力薄弱等诸多问题。另外，水产养殖业的不断发展导致水体环境污染持续加剧，严重影响区域稳定持续发展。为解决小城镇河网生态修复及其长效运行管理问题，金山区探索采用生态环境导向的开发模式，将水生态环境治理项目与生态农业开发项目有效融合，实现生态环境效益转化为经济收益，推动实现生态环境资源化、产业经济绿色化。

（2）运作机制

EOD 模式是以生态文明思想为引领，以可持续发展为目标，以生态保护和环境治理为基础，以特色产业运营为支撑，以区域综合开发为载体，采取产业链延伸、联合经营、组合开发等方式，推动公益性较强、收益性差的生态环境治理项目与收益较好的关联产业有效融合，统筹推进，一体化实施，将生态环境治理带来的经济价值内部化，是一种创新性的项目组织实施方式。枫泾镇河网整治项目由确定的社会资本方对枫泾镇河网生态环境问题进行治理修复，并在治理修复过程中一体化开发建设生态农业、生态旅游等产业项目，通过“三生”（生产、生活、生态）、“三产”（农业、加工业、服务业）的有机结合和关联共生，带动一二三产业融合发展，并通过产业开发项目收益反哺生态环境治理投入，实现区域整体溢价增值，进而实现可持续发展。

（3）成效与经验

枫泾镇河网整治通过产业收益反哺投入，实现了区域可持续发展。主要经验包括以下两个方面：一是将水生态环境保护与关联产业开发一体化实施。项目包含河网整治、生态修复等水生态环境保护项目，以及生态农业、生态旅游等产业开发项目，引入具有治理与开发能力的社会资本方，推动建设融合生态循环经济、物联网、有机种养等多项现代农业技术，建设集循环农业、创意农业、农事体验于一体的田园综合体，多种经营，不断增加项目收益，保障项目持续运营。二是组建项目基金，市场化运作，充分发挥资金效益。项目引入各方资本，成立项目基金，其中社会资本方投资 9.77 亿元，国家专项扶持资金 15 亿元，省、市政府配套资金 6 亿元。基金的管理采用多种混合管理方式与劣后管理相结合的形式，财政资金以“拨”改“投”，带动社会资本投入并保持资金投入收益。

5 推进长江经济带水生态环境保护可持续投融资建议

长江经济带水生态环境保护投资需求较大，投融资机制问题突出。研究建立可持续的投融资举措机制，为长江经济带协同推动生态保护和经济发展提供财力保障，具有重要的现实意义。《中华人民共和国国民经济和社会发展第十四个五年规划和2035年远景目标纲要》（以下简称《纲要》）在推进长江经济带水生态环境保护及生态环保投融资等方面提出了具体要求和举措，相关内容详见表8。依据《纲要》要求，结合长江经济带水生态环境保护投融资现状与问题，参考国内外案例经验，提出科学规划并推进实施重大项目、拓宽政府资金筹措机制并加大投资力度、着力突破社会资本参与治理的“瓶颈”问题、推进金融机构精准支持流域治理4个方面的相关建议。

表8 《纲要》中涉及长江经济带水生态环境保护投融资的相关要求

重点任务	具体内容
深入开展污染防治行动	完善水污染防治流域协同机制，加强重点流域、重点湖泊、城市水体和近岸海域综合治理，推进美丽河湖保护与建设，化学需氧量和氨氮排放总量均下降8%，基本消除劣V类国控断面和城市黑臭水体
全面提升环境基础设施水平	推进城镇污水管网全覆盖，开展污水处理差别化精准提标，推广污泥集中焚烧无害化处理，城市污泥无害化处置率达90%，地级及以上缺水城市污水资源化利用率超过25%
全面推动长江经济带发展	持续推进生态环境突出问题整改，推动长江全流域按单元精细化分区管控，实施城镇污水垃圾处理、工业污染治理、农业面源污染治理、船舶污染治理、尾矿库污染治理等工程
加快建立现代财政制度	建立权责清晰、财力协调、区域均衡的中央和地方财政关系，适当加强跨区域生态环境保护等方面事权，减少并规范中央和地方共同事权。完善财政转移支付制度，优化转移支付结构，规范转移支付项目。建立健全规范的政府举债融资机制
健全生态保护补偿机制	推动长江、黄河等重要流域建立全流域生态补偿机制。建立生态产品价值实现机制，在长江流域和三江源国家公园等开展试点
大力发展绿色经济	壮大节能环保、清洁生产、清洁能源、生态环境、基础设施绿色升级、绿色服务等产业，推广合同能源管理、合同节水管理、环境污染第三方治理等服务模式
构建绿色发展政策体系	大力发展绿色金融。健全自然资源有偿使用制度，创新完善自然资源、污水垃圾处理、用水用能等领域价格形成机制

5.1 科学规划并推进实施流域治理重大项目

长江经济带是一个有机整体，应统筹考虑长江经济带水生态环境保护的整体性、流域治理的全局性，转变以单要素、单目标为主设置工程项目思路，以改善长江生态环境和水域生态功能，巩固和提升生态系统质量和稳定性为根本目标，搞清资金项目层面的问题、症结、对策、落实“四个在哪里”，强化设计并推动实施重大水环境系统整治工程，各类工程举措互动协作、共同发力，推动长江上中下游、江河湖库、左右岸、干支流协同治理，推进实现水环境、水生态、水资源、水安全、水文化和岸线等有机融合。

根据《中华人民共和国长江保护法》，生态环境部和长江流域地方各级人民政府应当采取有效措施，加大对长江流域的水污染防治、监管力度，预防、控制和减少水环境污染。建议生态环境部统筹，沿江各省级层面策划并协调长江大保护重大项目落地实施，统筹“三水”，精准识别问题、深入分析症结、科学制定对策、切实抓好落实。[17]重点加强太湖、巢湖、滇池、丹江口水库、洱海、鄱阳湖、洞庭湖等重点湖库及其支流污染防治和生态修复，加强赤水河、嘉陵江、汉江、太浦河、新安江等跨省界河流及省域内跨市界河流的综合治理，强化建立省级协调实施机制，并强化运用市场化运作机制推进落地实施。研究推进长江大保护水生态环境保护数字化发展，建立长江大保护水生态环境保护项目信息化管理体系，实现项目实施效果模拟、全过程管理、监督绩效、信息公开等。地方层面，注重项目绩效，实事求是、因地制宜，精准、系统谋划大型项目，重点推进县城、县级市城区及特大镇污水处理设施补短板项目、环境敏感区农业面源污染综合治理项目等。各级政府加强资金投向统筹，集中资金支持重点区域重大项目实施，化零为整，以大工程带动大投入、大治理，做到资金精准投入，提高资金使用成效。

5.2 拓宽政府资金筹措机制，加大投资力度

针对长江经济带水生态环境保护总体投入不足，地方财政收支矛盾、偿债压力大，可用于水生态环境保护的资金较为有限等问题，积极拓宽政府资金筹措机制，加大财政投资力度。一是加大中央转移支付力度。充分发挥中央生态环境资金等财政资金定向投入和引导带动作用，“资金跟着项目走”，切实增加长江经济带地区水生态环境保护项目资金投入规模。针对环境管理目标支撑程度较高的重大工程项目，建议各级财政补贴资金予以优先支持。二是加快落实《关于完善长江经济带污水处理收费机制有关政策的指导意见》（发改价格〔2020〕561 号）。尽快将污水处理费标准调整至能够覆盖治理成本并保障市场主体收益的水平，建立收费动态调整机制。[18] 三是研究明晰管网资产所有权和收益权，提升管网可经营性。针对污水管网建设运营中的存在的“事权落实难、财权分配难、物权界定难、收益权核算难、监督权操作难”等突出问题，建立与事权匹配的管网资产所有权和管理权制度及规范，探索推进将污水管网运营维护成本纳入污水处理费，运用市场化投融资机制盘活管网资产。四是引导专项债向长江大保护倾斜。探索公益类水生态环境保护与经营性项目捆绑实施，发行专项债券，拓宽项目融资渠道，促进形成多元投入的格局。五是推进建立长江流域多元化、市场化生态补偿机制。建立长江全流域生态补偿机制。[19] 借鉴美国湿地缓解银行等先进经验做法，探讨“谁开发，谁保护”的开发者补偿机制的可行性，推动建立河湖湿地等生态系统提供生态产品价值的市场化实现机制。[20]

5.3 着力突破社会资本参与治理的“瓶颈”问题

针对水生态环境保护项目盈利能力普遍较差，缺乏市场化的投资回报机制，社会资本

参与难度大的问题，提出以下建议：一是践行“绿水青山就是金山银山”理念，创新生态环境综合治理项目经营模式。加大力度推进生态环境部、国家发展改革委、国家开发银行联合开展的生态环境导向开发模式试点工作，在长江经济带重点探索将水生态环境保护项目与土地开发、采砂、能源资源综合利用、清洁能源开发、生态农业与生态旅游等资源产业项目有机融合实施，突破生态环境治理项目缺乏投资回报的“瓶颈”问题，打造生态环保产业发展新模式新业态。在长江流域和三江源国家公园等开展生态产品价值实现机制试点。[21] 二是用好 PPP 模式，持续推进长江经济带水生态环境保护。调整优化地方财政支出结构，推行长江经济带省本级财政承受能力余额支持水生态环境保护重大项目。深入贯彻落实《优化营商环境条例》（国务院令 第 722 号）要求，加大政府拖欠市场主体账款清理力度，在中央环保督察中开展生态环境 PPP 项目地方政府和社会资本双方履约情况排查、督办与信息披露工作。探索建立政府拖欠账款补偿制度，将因拖欠款增加的财务费用纳入项目成本，明确政府付费责任。加快推进 PPP 立法。三是做强做优做大生态环保平台公司。充分发挥长江生态环保集团、地方环保投资公司等典型央企和地方平台公司服务于国家地方生态环境保护战略的骨干主力作用，鼓励平台公司加大行业资源整合力度，盘活地方存量环保设施资产；强化企业核心能力建设，加快推进水生态环境保护技术创新与新增项目落地实施，推动突破排水管网排查与修复、污水厂节能降耗与深度处理、河湖综合治理、智慧化管控等关键技术和系统化方案；提升资本运作能力，依托企业信用、资产抵押、项目现金收入等开展融资活动，灵活运用权益类和债务类融资工具，推进长江大保护投资多元化。

5.4 推进金融机构精准支持流域水生态环境保护

在提高金融支持长江经济带水生态环境保护项目的精准性方面，提出以下建议：一是生态环境部加快推动建立金融支持生态环保项目库，实现金融机构精准支持生态环境治理。尽快推进落实生态环境部、国家开发银行签署的《关于深入打好污染防治攻坚战 共同推进生态环保重大工程项目融资合作备忘录》，在中央生态环境资金项目库补充建立金融支持生态环保项目库，重点加强具备良好市场化投资回报机制的区域环境综合治理托管、生态环境导向开发、“无废城市”建设、应对气候变化等重大项目的储备与金融支持。二是充分发挥政策性金融的引导及撬动作用。国家及地方绿色发展基金应充分发挥在绿色发展方面的信息资源优势、增信和让利作用，切实支持一批长江经济带水生态环境保护重大项目、产业链重点企业、绿色发展子基金等，有效调动社会资本和金融机构投入生态环境治理的积极性。三是加大金融支持长江大保护力度。各级金融机构支持生态环保企业通过证券市场、PE/VC 等进行股权融资，切实降低企业融资成本。开展金融机构支持环保企业发展的创新试点，探索排污权、碳排放权等融资抵（质）押，研究建立环保项目贷款风险补偿机制。

参考文献

[1] 习近平. 在深入推动长江经济带发展座谈会上的讲话[N]. 人民日报，2018-06-14（2）.

[2] 成长春，何婷. 以长江经济带发展推动经济高质量发展[J]. 人民周刊，2019（17）：54-56.

[3] 王金南，孙宏亮，续衍雪，等. 关于“十四五”长江流域水生态环境保护的思考[J]. 环境科学研究，2020，33（5）：1075-1080.

[4] 黄德生，陈煌，张莉，等. 长江大保护环境与经济可持续发展问题及对策研究[J]. 环境科学研究，2020，33（5）：1284-1292.

[5] 王蒙徽. 2019 年水污染防治执法检查专题询问[EB/OL].（2021-02-07）. http://www.npc.gov.cn/npc/swrwt/201908/eb5cef73d0aa43788a67df920448ea7d.shtml.

[6] 逯元堂，赵云皓，卢静，等. 污水处理 PPP 项目投资回报指标研究——基于财政部 PPP 入库项目[J]. 生态经济，2019，35（3）：170-174.

[7] 逯元堂，王佳宁，赵云皓，等. 生态环境保护工程实施管理模式与财政资金使用优化[J]. 环境保护，2018，46（23）：37-40.

[8] 王如松，秀英. 美国田纳西河流域的开发和管理——农工党中央赴美考察团考察综述[J]. 前进论坛，2005（5）：9-13.

[9] 刘旭辉. 美国田纳西河流域开发和管理的成功经验[J]. 老区建设，2010（3）：57-58.

[10] 谢世清. 美国田纳西河流域开发与管理及其经验[J]. 亚太经济，2013（2）：68-72.

[11] 代鑫. “顶层设计+合作共治”流域治理模式构建与实践——从田纳西河到黄河[J]. 未来与发展，2020，44（9）：95-101.

[12] 席酉民，刘静静，曾宪聚，等. 国外流域管理的成功经验对雅砻江流域管理的启示[J]. 长江流域资源与环境，2009，18（7）：635-640.

[13] 自然资源部办公厅. 关于印发《生态产品价值实现典型案例》（第一批）的通知（自然资办函〔2020〕673 号）[Z]. 2020-04-23.

[14] 王彤宙. 集中优势 创新模式 助力永定河流域经济社会“升维发展”[J]. 中国水利，2021（1）：7-8.

[15] 苏伟. 发挥生态纽带文化纽带发展纽带作用 推动永定河流域生态保护和高质量发展[J]. 中国水利，2021（1）：4-8.

[16] 谷树忠. 将永定河流域打造成为“两山”双向转化的先行示范区[J]. 中国水利，2021（1）：19-20.

[17] 夏自钊. 巢湖综合治理“四大创新”[J]. 决策，2016（10）：22-24.

[18] 董战峰，陈金晓，葛察忠，等. 国家“十四五”环境经济政策改革路线图[J]. 中国环境管理，2020，12（1）：5-13.

[19] 刘桂环，王夏晖，文一惠，等. 以生态补偿助推新时期流域上下游高质量发展[J]. 环境保护，2019，47（21）：11-15.

[20] 王金南，刘桂环，文一惠. 以横向生态保护补偿促进改善流域水环境质量——《关于加快建立流域上下游横向生态保护补偿机制的指导意见》解读[J]. 环境保护，2017，45（7）：14-18.

[21] 王夏晖，朱媛媛，文一惠，等. 生态产品价值实现的基本模式与创新路径[J]. 环境保护，2020，48（14）：14-17.

环境管理与国际经验

新冠疫情防控下的医疗污水强化处理与监管对策研究

Study on Treatment and Supervision Strategies of Medical Sewage in COVID-19 epidemic period

张文静　彭硕佳　张鹏　王东　赵越　徐敏

摘　要　本文介绍了医疗污水的主要特征，从标准规范体系和基础设施建设水平两个方面分析了我国医疗污水收集处理的发展历程，基于新冠肺炎定点医院视频连线工作及 3 065 份医疗机构和环境监管部门调查问卷反馈结果分析，总结了医疗机构污水处理设施建设仍有缺口、运营管理有待进一步规范、基层环境监管能力水平亟须加强、应对重大突发公共卫生事件的能力不足等主要问题，相应提出了强化医疗污水处理和监管的建议。

关键词　医疗污水　收集处理　设施建设　运营管理

Abstract　The main characteristics of medical sewage were introduced，while the development process of medical sewage collection and treatment in China were analyzed from the aspects of standard establishment and infrastructure construction. Based on the data analysis of 3 065 questionnaire feedbacks from medical institutions and environmental supervision departments，as well as videoconferencing survey results of COVID-19 designated hospitals，salient issues such as deficiency of medical sewage treatment capability，lack of standardized operation，insufficient environmental supervision in frontline and shortages in public health emergency response were revealed. Corresponding suggestions on strengthening medical sewage treatment and supervision were proposed for relevant policymakers.

Keywords　medical sewage；collection and treatment；facility construction；operation management

医疗污水具有成分复杂、污染性强、危害性大等特点，是传播各种细菌、病毒等病原性微生物和有毒有害污染物的重要途径。为推动做好疫情防控期间水污染防治工作，在水生态环境司的指导下，环境规划院等单位累计视频连线 21 省 467 家医疗机构，帮扶地方规范医疗污水收集处理；向医疗机构和环境监管部门发放调查问卷 3 065 份（其中医疗机构污水处理设施运行、管理人员填写 1 502 份，基层环境管理人员填写 1 563 份），及时了解一线困难；并通过视频为地方答疑。我们发现部分医疗机构污水处理设施建设不到位、运行管理不规范等问题较为突出，日常监管方面也存在不少薄弱环节，亟须从污水收集处理、消毒灭菌、污泥处理处置、部门协作联动等方面，进一步规范医疗机构污水处理设施建设运行要求，并明晰相关部门监管职责，形成工作合力，进一步提升医疗污水处理基础能力和管理水平。

1 医疗机构污水的主要特征

医疗机构污水是指医疗机构门诊、病房、手术室、各类检验室、病理解剖室、放射室、洗衣房、太平间等处排出的诊疗、生活及粪便污水。医院污水来源及成分复杂，含有病原性微生物、有毒有害污染物和放射性物质等，具有空间污染、急性传染和潜伏性传染等特征，不经过有效处理会成为疫病扩散的重要途径，严重污染环境，威胁人体健康及公共安全。

与一般生活污水或工业污水相比，医疗污水有其明显的特征：①来源复杂，医疗污水来自医院的不同科室，不同科室产生的污水量和污染物也有明显差异；②污染物种类多，医疗污水主要污染物是各种细菌、病毒等病原性微生物；③具有空间污染、急性传染和潜伏性传染等特征；④污染物浓度较低，处理技术比较成熟。

2 我国医疗污水收集处理的发展历程

2.1 标准规范体系不断完善

我国医疗污水处理起步于 20 世纪 80 年代。[1,2] 1983 年，《医院污水排放标准》（GBJ 48—83）正式发布，规定了医院污水处理的总体要求、排放标准限值、污水处理设施设计要求和管理要求。该标准虽然填补了我国医疗污水处理监管的空白，但仍有不足。一是适用范围存在局限性，传染病科设置率高、设施较差的县级及以下医院未纳入管控范畴，加之这类医院大多地处排水管网不完善的乡镇地区，其污水直接排放对环境造成负面影响；二是对污水处理设施的设计要求和管理要求相对简单，只有原则性规定。

1988 年，医疗污水排放开始执行《污水综合排放标准》（GB 8978—88），该标准适用于一切排污单位，直至 1996 年才修订，由于该标准中针对医院污水只保留了粪大肠菌群数和总余氯两项特异性指标，大大削弱了对医院污水排放的精细化管控。同期，中国工程建设标准化委员会在总结医院污水处理工程运行经验、吸收相关科研成果的基础上，发布了《医院污水处理设计规范》（CECS07：88），从总体要求、处理流程及构筑物、消毒剂及投加设备、放射性污水处理、污泥处理、处理站等方面，对医院污水处理工程的设计、施工和使用提出指导建议。但该标准是团体标准，且只是推荐性标准，权威性和约束力偏低。

2001 年，《医疗机构污水排放要求》（GB 18466—2001）发布，相较于《医院污水排放标准》（GBJ 48—83），在适用范围、标准值、卫生要求和检验方法等方面做了较大修改，同时增加了标准监督执行内容。但该标准更侧重防范医疗机构污水致病风险，对致病菌类和消毒时间、总余氯提出了限值要求，仅将污水处理和消毒、禁止在饮用水水源防护地带排放污水和污泥、禁止通过渗井渗坑排放医疗污水和污泥作为强制性条文，强制性处理要求不足。

2003 年，非典疫情暴发后，控制病毒传播对医疗机构水污染物排放标准革新提出了新要求。2005 年，《医疗机构水污染物排放标准》（GB 18466—2005）发布，成为现行医疗机构污水排放管控核心要求。与以往标准相比，该标准明确了医疗机构污水、废气和污泥排放的污染物控制项目及排放限值，细化了处理工艺与消毒参数，规范了取样与监测、标准的实施与监督等方面的要求。具体表现在以下几个方面：一是不再实施传染病、结核病医疗机构水污染物排放分级管控，对排入水体和市政污水管网的该类污水按照同一标准实施监管，有效防止传染病通过下水道传播扩散；二是结合医疗污水特性及不同处理工艺差异，在以往主要实施生物学指标管控的基础上，增加了 pH、COD、BOD_5、SS、动植物油等 21 项物理化学指标的浓度限值，明确提出 COD、BOD_5、SS 3 项污染物还要执行以每床位每日最高允许排放量计的总量控制要求，对使用含氯消毒剂消毒的，提出了总余氯上限，对采用其他消毒工艺消毒的也制定了相应工艺控制要求；三是加严了核心指标粪大肠菌群数的控制要求，明确传染病、结核病医院污水采用二级处理（或深度处理）+消毒工艺，粪大肠菌群数排放限值为 100 MPN/L，综合医疗机构和其他医疗机构的排放标准和预处理标准分别为 500 MPN/L、5 000 MPN/L。

除了排放标准，2003 年以后，我国发布了一系列针对医疗废物的排放标准和技术规范，对医疗污水收集、处理、排放各个环节都进行了系统的规定。相关文件主要包括《医院污水处理技术指南》（环发〔2003〕197 号）、《氯气安全规程》（GB 11984—2008）、《医院污水处理工程技术规范》（HJ 2029—2013）、《疫源地消毒总则》（GB 19193—2015）等。其中，《医院污水处理技术指南》（环发〔2003〕197 号）、《医院污水处理工程技术规范》（HJ 2029—2013）详细规定了医疗污水处理的工艺选择和各工艺流程的设计参数，相较于《医院污水处理设计规范》（CECS07：88）具有更强的适用性和约束力。

新冠疫情发生后，生态环境部及时印发《关于做好新型冠状病毒感染的肺炎疫情医疗污水和城镇污水监管工作的通知》（环办水体函〔2020〕52 号）及《新型冠状病毒污染的医疗污水应急处理技术方案（试行）》，为接收新冠肺炎患者或疑似患者诊疗的定点医疗机构（医院、卫生院等）、相关临时隔离场所以及研究机构等指明了污水的管控思路和要求，特别针对以往不具备传染病污水处理能力的医院、临时隔离场所制定了污水应急处理技术方案。[3]

2.2 基础设施建设水平显著提高

世界卫生组织（WHO）对医疗污水处理主要有 5 个方面的要求：一是要求医院对污水实施“产生、处理、排放”全过程监管；二是要求医院对其化学物品及病人排泄物进行分类收集和处理，确保达到化学品安全和生物安全两方面要求；三是要求医院建设的污水设施必须包括初级处理、二级生物处理、深度处理和消毒工艺；四是要求医院对污水污泥进行厌氧消化处理或干燥后与医院其他固体废物一并焚烧处理；五是将医院污水监管范围扩大到下游城市污水处理厂，要求下游城市污水处理厂致病菌去除率达到95%以上，污泥必须经过厌氧消化无害化处理，污泥中寄生虫卵少于1个/L。

非典疫情暴发以前，我国医疗机构污水处理设施配套严重不足。2003年，国家环境保护总局对全国28个省（区、市）50床以上的医院污水处理情况进行调查，共统计到50床以上的医院8 515家，其中仅4 935家医院配套建设了污水处理设施，占比为58%。当时，城市污水处理设施建设也严重滞后，无法实现对医疗污水的收集处理。根据城市建设统计年鉴，2003年全国仅有城市污水处理厂466座，污水处理率仅为42.39%。相较于城市，县城的污水收集处理设施更加欠缺，2006年城乡建设统计年鉴首次公布的县城统计数据显示，全国仅有县城污水处理厂204座，污水处理率仅为13.63%。污水收集处理基础设施建设不足导致大量医疗污水未经处理直接进入环境水体，为疾病传播提供了通道。

非典疫情过后，我国医疗污水处理能力和水平显著提升，目前已经基本构建了三级防护体系，[4]防止病毒通过污水传播，基本满足了WHO对医疗污水处理的要求。第一道防线是医院防疫，即在病房内做源头分类，污水与病人排泄物分开处理处置，将排泄物等进行消毒处理，与其他废物一起纳入医院危险废物处理体系处理。在调查的613家含有传染病区的医疗机构中，433家将传染病区和非传染病区的污水分流处理，占比为70.64%。第二道防线是医院污水处理，即在各级医院，特别是传染病医院建立医院污水处理设施。在调查的1 487家医疗机构中，1 314家建设了永久性污水处理设施，64家建设了临时性污水处理设施，41家建设了污水应急处理设施，合计占比达95.43%。第三道防线是城市污水处理，即医院达标污水排入市政管网，再进入城市污水处理厂，通过城市污水处理厂消毒设施对污水进一步消毒排放。截至2018年年底，全国已建城镇污水处理厂6 762座，污水处理能力达2.15亿t/d，更重要的是，所有污水处理厂都按照标准要求加装了消毒设备。

3 医疗机构污水处理主要存在的问题

3.1 污水处理设施建设仍有缺口

小型医院污水处理设施欠账严重。按照《医疗机构水污染物排放标准》（GB 18466—2005）的相关要求，传染病和结核病医疗机构、县级及以上或20张床位及以上的综合医疗机构和其他医疗机构，须建设污水处理设施才能达到相应的水污染物排放限值要求。但从调查问卷反馈的结果来看，在1 487份有效问卷中，有173份表明医疗机构没有永久性的污水处理设施，占比为11.63%，其中有68份表明医疗机构根本没有污水处理设施，占比为4.57%。具体情况详见表1。从医院的规模来看，床位数在100床以下的小型医院污水处理设施建设欠账严重，成为医疗污水污染防治的薄弱环节，应作为重点加以关注。在所反馈的 740 份小型医院调查问卷中，有 152 份表明没有建设永久性的污水处理设施，占比高达 20.54%。具体情况详见表 2。

表 1　医疗机构污水处理设施建设及污水处理工艺调查分析

情形	处理工艺	调查问卷数量/份	占比/%
永久性污水处理设施	一级强化处理+消毒	610	41.02
	二级处理+消毒	504	33.89
	二级处理+深度处理+消毒	200	13.45
无永久性污水处理设施	没有污水处理设施	68	4.57
	临时性污水处理设施	64	4.30
	污水应急收集设施	41	2.76
总计		1 487	100

表 2　不同规模医疗机构污水处理工艺调查分析

医疗机构规模	一级强化处理+消毒	二级处理+消毒	二级处理+深度处理+消毒	没有污水处理设施	临时性污水处理设施	污水应急收集设施	总计
100 床以下	393	145	50	61	58	33	740
100～499 床	139	161	67	7	3	7	384
500 床及以上	78	198	83	0	3	1	363
总计	610	504	200	68	64	41	1 487

部分传染病医院污水处理工艺不满足要求。为防止传染病扩散，《医疗机构水污染物排放标准》（GB 18466—2005）对传染病医院的水污染物排放管控不分级，出水排入自然水体和城市下水道的，都统一执行最严格的限值要求。为保证处理效果，标准规定，“传染病医疗机构和结核病医疗机构污水处理宜采用二级处理+消毒工艺或深度处理+消毒工艺”。但从调查结果来看，在 74 份传染病医院反馈的调查问卷中，有 12 份表明传染病医院仍采用一级强化处理工艺处理医疗污水，占比为 16.22%。一级强化处理工艺主要能够去除污水中携带病毒、病菌等颗粒物，仅适用于处理最终排入城市污水处理厂的综合医疗机构污水和其他医疗机构污水，单纯采用该工艺处理传染病医院的污水，很难实现达标排放。各类医疗机构所有采用的污水处理工艺调查情况详见表 3。

表 3　不同医疗机构类型污水处理工艺调查分析

医疗机构类型	一级强化处理+消毒	二级处理+消毒	二级处理+深度处理+消毒	没有污水处理设施	临时性污水处理设施	污水应急收集设施	总计
综合性医院	454	415	148	45	42	32	1 136
卫生院	62	23	6	18	8	6	123
专科医院	59	31	8	2	11	2	113
传染病医院（含带传染病房的综合医院）	12	24	35	0	2	1	74
中医、中西医医院	14	9	2	1	0	0	26
其他医疗机构	9	2	1	2	1	0	15
总计	610	504	200	68	64	41	1 487

消毒剂投加设备配置总体不足。含氯消毒剂（如次氯酸钠、氯气、二氧化氯）消毒是医院污水最常采用的消毒工艺。为避免设备故障导致消毒过程中断，《医院污水处理技术指南》（环发〔2003〕197 号）和《医院污水处理工程技术规范》（HJ 2029—2013）均要求采用氯消毒工艺时，加药设备至少配备 2 台，做到一用一备。调查问卷反馈的结果表明，在 1 502 家医疗机构中，具备 2 台消毒剂投加设备，且一用一备的共 429 家，占比不足 1/3。其中，100 床以下、100～499 床、500 床及以上规模的医疗机构消毒剂投加设备为一用一备的分别为 96 家、127 家、206 家，分别占各自规模医疗机构总数的 12.77%、32.99%、56.44%。消毒剂投加设备配置总体不足，并且医疗机构规模越小，问题越突出。具体情况详见表 4。视频连线过程中也发现部分医疗机构没有备用消毒剂计量投加泵。

表 4　不同规模医疗机构消毒剂投加设备配置情况调查分析

医疗机构规模	1 台	2 台，一用一备	2 台，两用	总计	一用一备占比/%
100 床以下	607	96	49	752	12.77
100～499 床	213	127	45	385	32.99
500 床及以上	104	206	55	365	56.44
总计	924	429	149	1 502	28.56

3.2　运营管理有待进一步规范

栅渣、污泥等未按照危险废物处理处置。医疗污水的漂浮物、悬浮物中极易存在传染性病菌。《医疗机构水污染物排放标准》（GB 18466—2005）规定：“栅渣、化粪池和污水处理站污泥属危险废物，应按危险废物进行处理和处置。”但从调查问卷反馈的结果来看，在 1 502 家医疗机构中，仅 799 家将栅渣、化粪池和污水处理站污泥作为危险废物，交由有资质的单位处理处置，占比为 53.20%。其中，500 床及以上、100～499 床、100 床以下医疗机构规范处理处置栅渣、化粪池和污水处理站污泥的数量分别为 250 家、213 家、336 家，分别占其对应规模医疗机构总数的 68.49%、55.32%、44.68%。具体情况详见表 5。可以看出，栅渣、污泥未按照危险废物处理处置的问题在不同规模的医疗机构中均较为普遍。视频连线过程中还发现部分医疗机构将化粪池污泥定期交由无危险废物处理资质的环卫部门粪车抽走处理，还有医疗机构甚至将污泥在场站内进行自然晾晒，增加了疾病传播风险。

表 5　不同规模医疗机构栅渣、污泥处理处置方式调查分析

医疗机构规模	栅渣、污泥处理处置方式及问卷数量			总计	按照危险废物处理处置占比/%
	按照一般垃圾处理处置	按照固体废物处理处置	按照危险废物处理处置		
500 床及以上	24	91	250	365	68.49
100～499 床	59	113	213	385	55.32
100 床以下	197	219	336	752	44.68
总计	280	423	799	1 502	53.20

传染病与非传染病污水分类处理不彻底。为提升消毒效率、降低含有致病菌医疗污水传染疾病的概率，《医疗机构水污染物排放标准》（GB 18466—2005）规定："带传染病房的综合医疗机构，应将传染病房污水与非传染病房污水分开。传染病房的污水、粪便经过消毒后方可与其他污水合并处理。"传染病房的污水、粪便在进入污水处理设施前，需要进行消毒，以降低污水中病原微生物含量，减少病原微生物传播疾病的机会，将传染病区与非传染病区污水分流，是对传染病房的污水、粪便充分消毒的前提。但从调查问卷反馈的结果来看，在含有传染病区污水的 613 家医疗机构中，有 180 家未将传染病区和非传染病区的污水分流处理，占比为 29.36%，其中规模在 500 床及以上、100～499 床、100 床以下的医疗机构分别为 78 家、72 家、30 家，分别占其对应规模医疗机构总数的 31.33%、37.70%、17.34%。具体情况详见表 6。

表 6　不同规模医疗机构传染病区与非传染病区污水分流情况调查分析

医疗机构规模	传染病区污水与非传染病区污水是否分流		总计	分流占比/%
	是	否		
500 床及以上	171	78	249	68.67
100～499 床	119	72	191	62.30
100 床以下	143	30	173	82.66
总计	433	180	613	70.64

污水处理设施负荷过高或过低影响稳定运行。在 1 502 份有效问卷中，医疗污水处理设施运行负荷小于 50%、大于等于 50%但小于 80%、大于等于 80%但小于 100%、大于等于 100%的数量分别为 546 家、478 家、259 家、219 家，占比分别为 36.35%、31.82%、17.24%、14.58%。规模在 100 床以下、100～499 床、500 床及以上的医疗机构处理设施负荷小于 50%的数量分别为 375 家、93 家、78 家，分别占其对应规模医疗机构总数的 49.87%、24.16%、21.37%；负荷大于 100%的数量分别为 97 家、70 家、52 家，分别占其对应规模医疗机构总数的 12.90%、18.18%、14.25%。具体情况详见表 7。视频连线过程中也发现医疗机构污水处理设施处理能力远高于实际处理量的情况比较普遍，有的医疗机构污水处理设施负荷率甚至不足 10%。污水处理设施负荷过高或过低都不利于设施的稳定运行。负荷过低，按照污水处理能力选型的曝气装置、污水泵等设备因流量过低难以稳定运行，生物池溶解氧、回流比等工艺参数调控难度大，易出现过量曝气、微生物活性降低等问题。负荷过高，易造成医疗污水溢流或超标排放。

表 7　不同规模医疗机构污水处理负荷调查分析

医疗机构规模	小于 50%	大于等于 50%但小于 80%	大于等于 80%但小于 100%	大于等于 100%	总计
100 床以下	375	173	107	97	752
100～499 床	93	149	73	70	385
500 床及以上	78	156	79	52	365
总计	546	478	259	219	1 502

污水监测频次不符合标准要求。COD、SS 等理化指标是判断污水处理系统运行状况的重要指标，粪大肠菌群数、余氯是衡量消毒效果的重要参数，规范医疗污水监测，对保证污水处理系统正常运行、污水达标排放极为重要。《医疗机构水污染物排放标准》（GB 18466—2005）规定，“粪大肠菌群数每月监测不得少于 1 次。采用含氯消毒剂消毒时，接触池出口总余氯每日监测不得少于 2 次（采用间歇式消毒处理的，每次排放前监测）”，“COD 和 SS 每周监测 1 次”。但从调查结果来看，在 1 502 家医疗机构中，粪大肠菌群数每月至少监测 1 次的共 723 家，占比为 48.14%；余氯每日至少监测 2 次的共 526 家，占比为 35.02%；COD、SS 每周至少监测 1 次的共 358 家，占比为 23.83%。大多数医疗机构的污水监测频次不满足标准要求。从医疗机构的规模来看，500 床及以上、100～499 床、100 床以下的反馈问卷中，粪大肠菌群数每月至少监测 1 次的占比分别为 76.16%、60.52%、28.19%；余氯每日至少监测 2 次的占比分别为 65.48%、44.68%、15.29%；COD、SS 每周至少监测 1 次的占比分别为 33.70%、26.23%、17.82%。可以看出，规模大的医疗机构污水规范监测占比相对较高，规模小的医疗机构污水监测频次普遍偏低，无法满足标准要求。具体情况详见表 8～表 10。视频连线过程中也发现医疗污水监测频次方面的诸多问题，有的医疗机构粪大肠菌群数每季度监测 1 次，有的医疗机构余氯每天监测 1 次，有的医疗机构 COD 和 SS 每半年才监测 1 次。

表 8　不同规模医疗机构粪大肠菌群数监测频次调查分析

医疗机构规模	粪大肠菌群数监测频次及问卷数量				总计	每月监测不低于 1 次占比/%
	每月监测 1 次	每季度监测 1 次	半年监测 1 次	全年监测 1 次		
500 床及以上	278	66	15	6	365	76.16
100～499 床	233	104	30	18	385	60.52
100 床以下	212	233	124	183	752	28.19
总计	723	403	169	207	1 502	48.14

表 9　不同规模医疗机构余氯（余氧）监测频次调查分析

医疗机构规模	余氯（余氧）监测频次及问卷数量			总计	每日监测 2 次及以上占比/%
	每周监测 1 次及以上	每日监测 2 次及以上（含在线监测）	每日监测 1 次		
500 床及以上	37	239	89	365	65.48
100～499 床	80	172	133	385	44.68
100 床以下	438	115	199	752	15.29
总计	555	526	421	1 502	35.02

表 10 不同规模医疗机构 COD、SS 监测频次调查分析

医疗机构规模	COD、SS 监测频次及问卷数量			总计	每周监测 1 次及以上占比/%
	每周监测 1 次及以上（含在线监测）	每月监测 1 次及以上	每季度监测 1 次及以上		
500 床及以上	123	100	142	365	33.70
100～499 床	101	84	200	385	26.23
100 床以下	134	139	479	752	17.82
总计	358	323	821	1 502	23.83

污水处理设施运行管理人员水平有待提高。虽然医疗污水处理工艺相对成熟，仍需要加强污水处理设施的运维管理，才能确保其充分发挥效能。在视频连线过程中发现我国医疗污水处理设施运行管理人员技术水平良莠不齐，部分人员甚至不熟悉处理站基本运行参数、不会通过分析生化池污泥性状判断污泥活性、无法及时发现运行异常情况，由此导致有的预消毒阶段未进行脱氯，影响生化处理单元微生物活性；有的消毒剂投加量过低，接触消毒池出水余氯不能满足要求或出水粪大肠菌群数超标；有的消毒剂投加量过高，造成消毒剂浪费。

3.3 基层环境监管能力水平亟须加强

监管人员对卫生健康部门与生态环境部门权责划分不清晰。根据基层人员反馈的1 563 份问卷结果，51.9%的环境监管人员认为卫生健康部门与生态环境部门监管职责边界不清晰，是制约医疗污水监管工作稳步推进的重要因素。《中华人民共和国水污染防治法》规定，超过水污染物排放标准由生态环境主管部门进行行政处罚；《医疗废物管理条例》虽然对卫生行政主管部门、生态环境行政主管部门关于医疗机构监督管理工作提出了相应的要求，但仅从疾病防治和环境污染防治方面进行了区分，并未对具体情形进行详细的职责划分；《医疗卫生机构医疗废物管理办法》规定了卫生行政主管部门对医疗卫生机构产生的污水、传染病病人或者疑似传染病病人的排泄物等的监管要求，但对排入污水处理系统的污水未明确提出监管要求。导致在具体监管中，卫生健康部门与生态环境部门的职责难以界定，执法中如何使用相关法律法规，始终困扰着基层监管人员。

基层监管人员业务水平普遍偏低。问卷调查结果显示，约有一半的监管人员认为基层监管人员的技术水平有待提升，监管人员业务水平偏低已经成为推动医疗污水收集处理较为突出的短板。在视频连线过程中发现部分市、县级环境监管人员对医疗机构污水、污泥处理过程中的环境污染防治要求掌握不全面，不了解需要对医疗机构进行定期监督检查或者不定期的抽查，混淆传染病医疗机构和综合医疗机构水污染物排放管控要求，不了解采用含氯消毒剂消毒的医疗污水直接排入水体和间接排入市政管网对总余氯控制要求的区别，不清楚栅渣、化粪池和污水处理站污泥的收集、贮存、处置及监测要求，未能及时有效的学习和落实医疗污水监管工作的相关通知要求。

少数地区未将医疗机构污水处理设施纳入监督性监测范畴。监督性监测是国家及地方掌握各类污染源排污状况的重要手段，各省（区、市）每年筛选辖区内的需要重点关注的

污染源，开展监督性监测，并将监测结果向社会公布。调查结果显示，新冠疫情期间，大部分地区对其医疗机构开展了监督性监测，占比达 90%以上，其中一半以上的医疗机构每月至少开展一次监督性监测工作。但是仍有 148 家机构反馈，受疫情、监测条件不足等因素影响，未开展监督性监测工作，其中因监测能力和监测条件不足而未开展监督性监测的约占 50%。

具体情况详见表 11。

表 11　医疗机构监督性监测情况调查分析

监督性监测开展情况	监测频次及未开展原因	调查数据	合计	占比/%
已开展	每周 1 次	404	1 415	90.5
	每半月 1 次	166		
	每月 1 次	845		
未开展	监管不规范	39	148	9.5
	受疫情影响	7		
	无监测条件	71		
	其他	31		
合计		1 563		100

3.4　应对重大突发公共卫生事件的能力不足

新冠疫情发展快、势头猛，给我国的公共卫生体系带来了巨大压力。疫情初期，感染人数增长迅速，本着应收尽收、应治尽治的原则，临时隔离场所、方舱医院建立，大量非传染病医院转为新冠患者救治定点医院，其产生的污水参照传染病污水的管控要求进行处理。从污水的收集、处理、运输设施设备，到消毒药剂、安全防护物资的保障，传染性医疗污水达标排放的诸多环节面临挑战。部分医疗机构反映，在疫情暴发期，由于各地封闭管控，物资流通受限，出现了消毒剂等医疗污水处理物资短缺问题。

4　强化医疗污水处理和监管的建议

4.1　加强污水处理设施规范化建设与改造

根据医院性质、规模和污水排放去向，严格按照《医疗机构水污染物排放标准》（GB 18466—2005）、《医院污水处理技术指南》（环发〔2003〕197 号）、《医院污水处理工程技术规范》（HJ 2029—2013）的相关要求建设与改造污水处理设施。对于处理负荷过低的污水处理设施，应按照实际处理水量选择相适应的曝气、水泵等设备，以利于溶解氧、回流比等工艺参数调节；对于处理负荷过高的污水处理设施，应尽早进行扩建，防止污水溢流或超标排放。对处理工艺不能满足出水水质要求的进行改造，传染病医疗机构和结核病医疗机构污水处理采用二级处理+消毒工艺或深度处理+消毒工艺，综合医疗机构污水排放自然水体、执行排放标准时，采用二级处理+消毒工艺或深度处理+消毒工艺，排放市政管网进入污水处理厂、执行预处理标准时可采用一级处理或一级强化处理+消毒工艺。对于含有传染病区且未与非传染病区污水分流的医疗机构，应进行排水管路的改造，对传染病污水预消毒后再与其他污水合并处理。对于消毒剂投加设备不足的，应尽早加购，保证备用。[5]

4.2 强化处理设施运行管理

按照《医疗机构水污染物排放标准》（GB 18466—2005）的有关要求，规范消毒操作，保证污水接触消毒时间和接触消毒池出口余氯浓度，避免出水消毒剂含量不满足要求影响消毒效果或者过量投加造成药剂浪费。有预消毒及出水排入自然水体的，应进行脱氯，防止过量消毒剂进入生物处理单元影响处理效果或进入水体造成次生灾害。保证粪大肠菌群数、余氯、pH、COD、SS 等重要指标的监测频次，有条件的污水处理设施可以加装在线仪表进行监测。栅渣、污泥严格按照危险废物处理处置，落实危险废物转移联单管理。[6-9]

4.3 完善监督性监测体系

监督性监测工作应严格按照国家有关技术规范执行，医疗污水监测应落实《医疗机构水污染物排放标准》（GB 18466—2005）、《医院污水处理技术指南》（环发〔2003〕197 号）等标准规范的各项规定，监测频次、监测报告等要满足要求；各级生态环境部门应理顺自行监测和监督性监测的关系，不得以自行监测代替监督性监测，强化监督管理意识，加强监测规范性和全过程质量控制；市、县级生态环境部门要加强监督性监测能力建设，积极争取省、市两级财政支持，提高环境监测硬件、软件能力建设水平；县、区级生态环境部门要承担辖区内医疗机构环境质量监督性监测任务，加强环境执法监测力度；生态环境部门应当及时公开医疗机构污水监督性监测相关信息，确保监督性监测公布信息与监测原始记录一致，接受公众监督；各级生态环境部门还应加强对市场环境监测行为的监管，在资质审核、技术监督等方面发挥主导作用，建立环境监测机构管理体系。

4.4 加强基层环境监管人员业务培训

疫情期间，生态环境部就关于做好新冠疫情防控期间医疗污水监管工作，组织开展 2 次医疗污水应急处理及监管视频培训会，取得了良好的反响。各地生态环境部门应结合实际情况对基层环境监管人员及污水处理设施运行管理人员进行培训，认真贯彻《医疗废物管理条例》、《医疗机构水污染物排放标准》（GB 18466—2005）、《医院污水处理工程技术规范》（HJ 2029—2013）和《医院污水处理技术指南》（环发〔2003〕197 号）等标准规范中对医疗污水收集、处理、排放、监测及环境执法的要求，提升运行管理人员和环境监管人员的业务水平，提高监督核查、现场监测、分析判断的能力，进一步加强医疗污水收集、污染治理设施运行、污染物排放等监督管理。[10]

4.5 落实卫生健康部门与生态环境部门监管责任

卫生健康部门和生态环境部门应分工负责、形成合力，共同加强医疗污水收集、处理监管。卫生健康部门应与生态环境部门加强医疗机构消毒隔离和医疗废物产生、转移、处置等信息共享；指导和监督医疗机构污水收集、处理和消毒，督促医疗机构严格落实消毒隔离措施、规范管理各类废物处置；对消毒隔离管理不规范，未定期开展消毒灭菌效果检测，消毒设施设备不符合要求，医疗废物收集、贮存、处置、登记和交接不规范等违法违规行为依法查处。生态环境部门应与卫生健康部门共享医疗机构属性及污水、污泥处理处置信息；加强对医疗机构污水、污泥处理的环境监管和执法检查，落实医疗机构监督性监测、应急监测，督促指导医疗机构及时采取有效措施，确保产生的污水和污泥得到安全处理；对未收集处理污水、未定期开展水污染物监测、未严格落实污水及污泥消毒措施等违法违规行为依法查处。

参考文献

[1] 李霞，丁国际，王俊起，等. 医疗机构水污染物排放标准的修订[J]. 环境与健康杂志，2007（8）：641-642.

[2] 马世豪，何星海.《医疗机构水污染物排放标准》介绍[J]. 给水排水，2007（1）：122-126.

[3] 王凯军，郭慧. 新型冠状病毒污染医疗污水应急处理技术方案解读[J]. 城乡建设，2020（4）：14-15.

[4] 王凯军，常丽春，杨美娟，等. 从非典到新冠肺炎疫情我国医疗污水疫情三级防护体系建设与思考[J]. 给水排水，2020，56（3）：41-48.

[5] 杜红巧. 医疗污水污染防治任重道远[J]. 城乡建设，2020（8）：58-59.

[6] 王洪臣. 关于疫情防控期间医疗污水和城镇污水处理若干问题的建议[J]. 给水排水，2020，56（3）：35-40.

[7] 熊红松，万年红，张彬. 新冠肺炎疫情下污水处理厂运行探讨[J]. 给水排水，2020，56（4）：40-43.

[8] 丁红云. 医疗机构污水处置存在的问题及对策[J]. 中国卫生监督杂志，2006（3）：236-237.

[9] 文建鑫，孙杰，李佳. 2019-nCoV 疫区医疗污水处理现状与建议[J]. 中南民族大学学报（自然科学版），2020，39（2）：118-122.

[10] 武彦文. 医疗机构污水监管执法实践与探讨[J]. 中国卫生监督杂志，2019，26（2）：193-195.

我国城市餐饮浪费的生态环境影响及其对策分析

Study on Eco-environmental Impact of Restaurant Food Waste in China

董战峰 张力小[①] 赵元浩 郝春旭 熊欣 杨娜 于鑫[②] 葛察忠 王金南 陈孚[③]

摘 要 本文以城市餐饮浪费为研究对象，采用生命周期分析定量评估了我国餐饮浪费导致的生态环境影响。研究结果表明，我国城市居民餐饮浪费造成的生态环境影响巨大，每年浪费约 440 亿 m^3 水资源、460 万 hm^2 土地资源，排放约 550 万 t CO_2eq 温室气体，造成约 1 051 万 t 氮足迹和 290.7 万 ghm^2 生态足迹，经济损失约 3 000 亿元。肉类是导致环境足迹的主要食物，在不同环境足迹的占比达 53%～78%。从区域来看，呈现东部向西部减少的趋势。大型餐馆的餐饮浪费导致的环境足迹更大，而快餐店相对较少。建议深入推进生态文明建设，高度重视餐饮浪费问题，通过积极倡导践行绿色低碳生活，加强制止餐饮浪费的立法与实施，建立制止餐饮浪费激励制度，积极出台减少餐饮浪费的配套措施，引导全社会形成餐饮节约适度消费新风尚。

关键词 餐饮浪费 生命周期分析 生态环境影响 政策建议

Abstract This study analyzes the eco-environmental impact caused by water footprint, land footprint, carbon footprint, nitrogen footprint, ecological footprint and economic cost of restaurant food waste in China from the life cycle perspective. Results showed that restaurant food waste in China causes about 44 billion m^3 water footprint, 4.6 million hm^2 land footprint, 10.51 million t nitrogen footprint and 2.907 million ghm^2 ecology foodprint, and emits about 5.5 million t CO_2 eq greenhouse gases and causes about 300 billion yuan of economic losses. Meat is the main food that causes environmental footprint, accounting for 53%～78% of different environmental footprints. From a regional perspective, there is a decreasing trend from east to west. Food waste in large restaurants has a larger environmental footprint than fast food restaurants. It is recommended to further promote the construction of ecological civilization, focus on the problem of food waste, practice green and low-carbon life, explore the establishment of systems such as industry fixed deposits, and use taxation and other incentive policies to

① 北京师范大学环境学院（北京，100875）。
② 世界自然基金会（北京，100037）。
③ 联合国世界粮食计划署（北京，100600）。

guide the whole society to form a new trend of food saving and moderate consumption.

Key words restaurant food waste; life cycle assessment; eco-environmental impact; policy suggestion

2013 年年初，习近平总书记作出重要指示，强调“浪费之风务必狠刹”，号召“努力使厉行节约、反对浪费在全社会蔚然成风”。党的十八大以来，全国和各地区相继出台了相关文件，开展“光盘行动”等措施，大力整治浪费之风。2013 年年底，中共中央办公厅、国务院办公厅制定了《党政机关国内公务员接待管理规定》和《党政机关厉行节约反对浪费条例》，要求切实减压不必要的公款接待，加强接待费报销结算管控。党的十九大报告中明确提出要推进绿色发展方式和生活方式，反对食物浪费，厉行节俭，倡导绿色消费模式和生活方式。2020 年 8 月，习近平总书记对制止餐饮浪费行为作出重要指示，指出“餐饮浪费现象，触目惊心、令人痛心。尽管我国粮食生产连年丰收，对粮食安全还是始终要有危机意识，今年全球新冠肺炎疫情所带来的影响更是给我们敲响了警钟”。强调要加强立法，强化监管，采取有效措施，建立长效机制，坚决制止餐饮浪费行为，要进一步加强宣传教育，切实培养节约习惯，在全社会营造浪费可耻、节约为荣的氛围。[1]

食物浪费是全球关注的热点，联合国粮食及农业组织报告显示，全球每年大约有 13 亿 t 食物被白白浪费。[1-4] 餐饮浪费发生在食物消费阶段，其环境影响尤其值得关注。[5]从生命周期视角来看，餐饮浪费意味着生产、运输、加工和储存这些被浪费掉的食物过程中所投入的各种资源的浪费以及产生的环境影响。

1 制止餐饮浪费对生态环境保护的作用与意义

1.1 制止餐饮浪费是保障粮食安全的重大战略需求

制止食物浪费对保障粮食安全具有重要意义。经济快速发展和城市化发展使餐饮领域的浪费问题日益凸显。[6] 据统计，我国每年浪费的粮食达 3 500 万 t，接近每年我国粮食总产量的 6%。而浪费掉的粮食可以满足 3.5 亿人一年口粮的需要。粮食安全关乎国运民生，是国家安全的基本盘，是人民群众的生命线。粮食不是普通商品，假如粮食缺口达 30%，价格不是只上涨 30%，而是成倍上涨，引发社会恐慌，动摇国家安全基础。当前我国面临复杂的国际环境，为保障国家粮食安全，既要持续抓好粮食生产，又要大力提倡“厉行节约、反对浪费”的社会风尚。我国目前虽然可以满足传统意义上的口粮需求，但国内饲料粮较为短缺，尤其是饲料大豆，依赖进口。减少食物浪费意味着前端粮食生产的压力可以得到有效减小，不需要付出过多的资源环境代价。一旦国际供应链受挫，我国可以依靠国内开源节流，保障粮食安全。

1.2 制止餐饮浪费有利于改善环境质量与提高资源效率

餐饮业中的食物浪费问题越发突出，所引发的资源环境问题越发严重。餐饮业食物浪费的资源环境影响可以分为两个方面：一是前端生产食物所付出的资源环境代价；二是被浪费的食物进入城市环境系统后所引发的对新的资源环境、食物安全甚至城市居民健康的影响。餐饮浪费发生在消费阶段，餐桌上的食物经过储藏、运输、加工等一系列环节。这些过程需要消耗大量其他资源（水、天然气、电、食用油等）并经过厨师的精细烹饪，才能端上餐桌。[7,8] 消费者肆意挥霍却让这些凝聚着巨大资源环境、社会经济代价的努力成果白白浪费。食品在其整个供应链的过程都会产生温室气体排放，尤其是农业生产过程，是温室气体的重要来源之一。全球农业生产温室气体排放量占由人类活动引起的温室气体排放量的10%～12%。此外，农业生产资料（化肥、地膜等）的使用，储存、加工、运输等环节能源的消耗，丢弃食物的回收、焚烧、掩埋等都会导致温室气体排放。全球每年浪费和损失的食物在整个食物供应链条中所产生的温室气体排放为33亿t CO_2 eq。被浪费的食物进入城市环境系统，不仅加重了城市的负担，甚至可能会对人体健康产生威胁。[9-12] 这些食物一部分进入城市下水道系统，成为城市污泥的来源之一；一部分变成城市固体垃圾；一部分被深夜拉走成为家畜之食物；甚至还有一部分被非法加工为“地沟油”，影响人体健康。这些都越来越成为城市环境和居民健康的巨大压力和隐患。

表1 制止餐饮浪费能减少生态环境影响

影响指标	餐饮浪费与生态环境影响
碳足迹	北京市餐饮食物浪费总量为 39.97×10^4 t/a，产生的总碳足迹为 192.51×10^4～208.52×10^4 t CO_2 eq。其中，消费阶段的碳足迹为 77.96×10^4 t CO_2 eq，占食物浪费总碳足迹的37.39%[10]
磷足迹	北京市餐饮食物浪费总量为 39.97×10^4 t/a，其含磷量为 1.21×10^3 t/a；北京餐饮食物浪费的磷足迹为40.56 g P/kg，这意味着每浪费1 g食物，将向环境排放40.56 g P[10]
生态足迹	北京市餐饮业食物浪费的生态足迹高达29.47万 nhm^2（国家公顷），城镇居民餐饮业食物浪费的生态足迹为20.53万 nhm^2，占北京市餐饮业食物浪费总生态足迹的69.66%[10]

1.3 制止餐饮浪费是深入推进生态文明建设的重要举措

制止餐饮浪费，厉行节约，倡导绿色消费模式，是推进生态文明建设的一项重要举措。[13,14] 首先，必须在全社会树立浪费可耻、节约为荣的价值导向。勤俭节约是中华民族的传统美德，也是干事创业、兴国兴邦的重要基石。其次，厉行节约、反对浪费，关键是形成绿色生活方式。推进生态文明建设，必须改变包括餐饮浪费在内的不科学、不合理生活方式，构建绿色的消费模式。党的十九大报告指出，要倡导简约适度、绿色低碳的生活方式，反对奢侈浪费和不合理消费。2020年9月7日，生态环境部召开制止餐饮浪费行为工作部署会，会议指出制止餐饮浪费事关生态文明，倡导简约适度、绿色低碳的生活方式，是生态环保人义不容辞的责任。

2 全球食物浪费

2.1 全球食物浪费情况分析

全球食物浪费量惊人，发达国家人均食物浪费严重，全球每年大约有 13 亿 t 食物被白白浪费。[15] 全球不同国家和地区的食物浪费量较为相似，但是人均食物浪费量差距显著。如图 1 所示，人均浪费粮食最多的前 10 个国家里，以发达国家为主。澳大利亚、美国、土耳其排前三，澳大利亚每人每年浪费 361 kg 粮食，美国人均浪费 278 kg。而南亚的印度和东亚的中国每年人均食物浪费量分别为 51 kg 和 44 kg，美国是印度和中国的 5 倍左右。

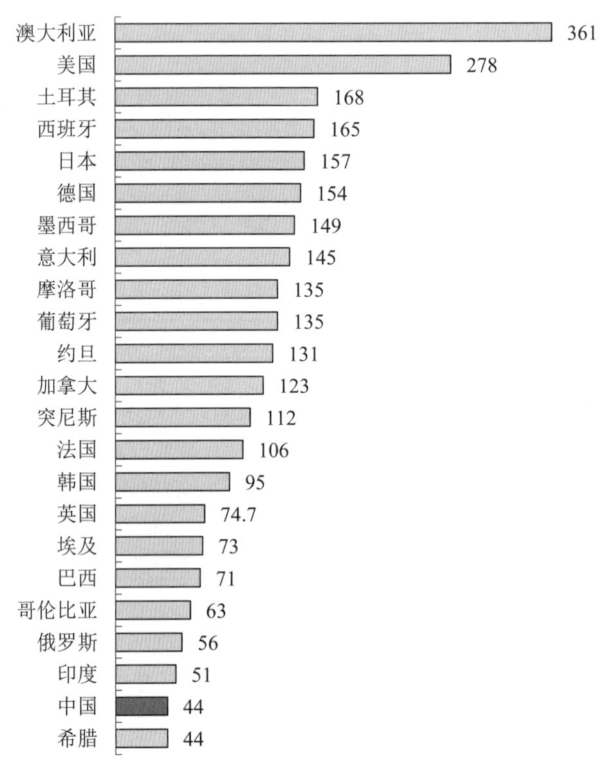

图 1 世界部分国家人均食物浪费情况（单位：kg/a）

世界各国食物浪费的主要阶段不同。如图 2 所示，拉丁美洲的食物农收造成的食物浪费情况较为严峻，农收占总食物浪费的比例达 39.4%左右。撒哈拉以南非洲仅 3.6%的食物浪费损失发生在消费阶段，而大部分发生在食物到达餐桌之前。而在北美、欧洲、中国、日本、韩国，情况则大相径庭。北美和大洋洲约 39.4%的食物浪费发生在消费阶段，欧洲则为 34.2%。中国、日本、韩国 3 国的消费阶段食物浪费也达到了 31.2%。

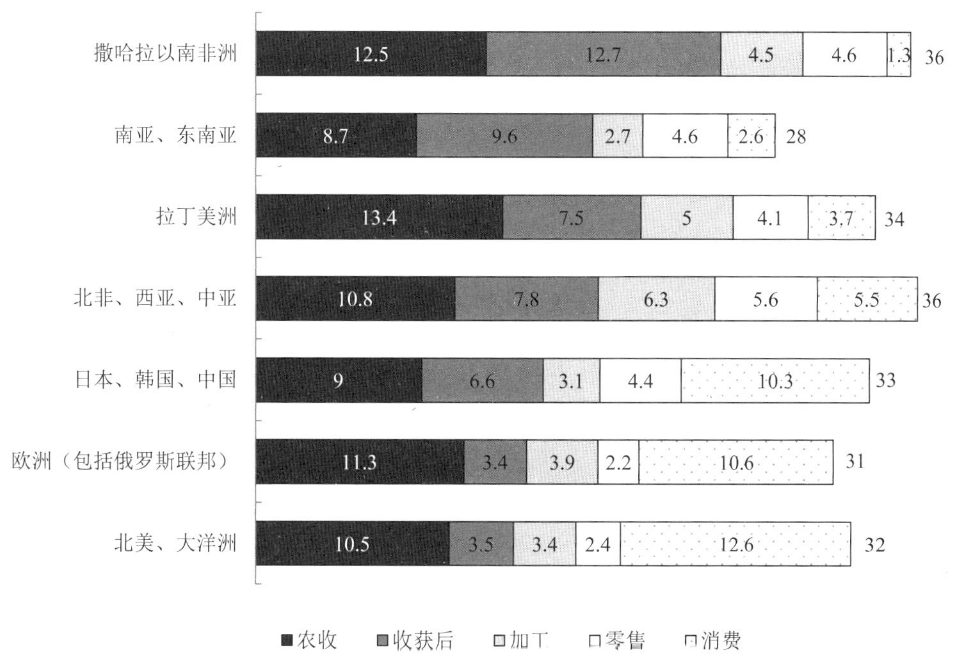

图 2　世界不同区域粮食浪费各阶段比例（单位：%）

2.2　措施与行动

为了减少食物浪费，很多国家采取了积极行动。这也为我国制止餐饮浪费提供了宝贵的经验和参考。

国外对食物浪费的研究起步较早。20 世纪 70 年代，欧美等国家就开始了对食物浪费问题的关注和研究，2014 年欧盟委员会启动了跨国合作研究项目“全产业链食物资源高效利用研究”；美国农业部（USDA）连续多年发布美国食物损失和浪费估算；在英国的“WRAP 计划”、日本的“4R 计划”（Reduce、Reuse、Recycle、Replace）等国家行动计划中，减少或高效利用剩余食物成为这些计划中的核心部分之一。[7]

部分国家为约束食物浪费出台了一系列法规和政策。法国是全球首个专门制定法律来禁止食物浪费的国家，2016 年通过的《食物浪费法案》规定：禁止超市扔掉或销毁未售出的食物。假如超市有剩余，须将其捐赠给慈善机构或食物银行。超市和慈善机构签订协议后，能获得捐赠 60%产品价值的税收减免。德国自助餐和点餐，均不能浪费，一旦发现浪费行为，可向相关机构举报。新加坡法律规定，在餐馆浪费食物，需加倍付费。顾客到饭店就餐，服务员会劝止客人点超过食量的饭菜。如果执意点了过多饭菜并弃于餐桌，将被加倍收费。新加坡绿色环境局公布的数据显示，新加坡执行此规定后，食品浪费率一年内下降了 6%。

一些国家为减少食物浪费，采取了一系列行动措施。美国政府在 2018 年 10 月展开了“减少食物浪费制胜计划”（Winning on Reducing Food Waste Federal Interagency Strategy），目标到2030年减少50%的粮食损失和浪费，具体行动包括加强机构间协调及与企业合作、减少整个供应链的粮食损失和浪费等。韩国餐厅点餐按人头计算，来几人就点几人份。有些地方点菜会标有大、中、小3种份量，在一般情况下，大餐不会剩余过多。一般韩国餐厅会免费赠送各种开胃小菜，少则几种，多则十几种，虽然份量很少，但浪费也主要出现在这些小菜上，一些不太受欢迎的小菜会被剩下，韩国针对这一现象做过专项整顿。韩国首尔市曾推广“半份饭”活动，菜和饭的量为正常分量的1/2～2/3，价格也相应下调。澳大利亚聚餐都靠“份儿饭”。如果是小型的宴请（10人以下），那通常情况会实行分餐制，由宾客根据菜单选择自己喜欢吃的食物，并根据自己的食量来决定主食之后是否还需要甜点以及咖啡，所以很少会产生浪费。如果是10个人以上，那么在活动中，参加者是没有座位的，需要站立着和别人进行沟通。而在饮食环节，往往会采取自助式，这种自助式也有别于中国的自助餐，所有食物并不都会堆放在现场，而是放在游走于餐厅里的侍者所托的托盘中，因此每次推出的菜并不是很多，而且吃完后才会准备新的端上来，所以可以大大减少浪费，再大的宴会都能够做到吃多少提供多少。

3 我国餐饮浪费状况分析

3.1 数据来源

本文的数据主要来自《中国城市餐饮食物浪费报告报告》，基于2015年在北京、上海、成都、拉萨4个城市进行的实地调研。[16] 通过食物称重、问卷调查、人员访谈等多种调查方式，对我国城市餐饮业的食物浪费现状等进行深入分析。通过随机分层抽样方法，在4个城市已注册的餐馆和快餐名录中，随机选取一定量的样本餐馆进行定点调查；调查过程中，通过等距抽样的方法，在每个样本餐馆中选取样本消费者，对每桌消费者的剩余食物进行分类称重。同时，记录每桌的就餐人数、就餐目的等相关信息。然后根据4个调研城市的人均浪费量和不同区域城市餐饮人口，估算出我国不同区域的每年餐饮浪费总量。

3.2 城市餐饮浪费量

中国传统文化对食物消费“攀比”和“面子”的过度强调，是导致食物浪费的重要原因。[17] 据初步测算，2015年我国城市餐饮业仅餐桌食物浪费量就达1 700万～1 800万t，相当于3 000万～5 000万人一年的食物量。我国餐饮业人均食物浪费量为每人每餐93 g，浪费率为11.7%，大型聚会浪费达38%。

3.3 典型城市餐饮浪费情况

在195家餐饮机构中，北京、上海、成都和拉萨分别为63家、51家、54家和27家；

在 3 557 桌食物样本中，4 个城市分别为 1 258 桌、826 桌、1 001 桌和 472 桌。调研结果显示，食物浪费结构总体较为一致。4 个城市平均人均浪费量为每餐 93 g（图 3）。其中，成都人均浪费量最高，为每餐 103 g；北京人均浪费量最低，为每餐 77 g。成都人均浪费量较高可能与当地生活方式和丰富饮食文化有关。食物浪费都以蔬菜类、主食类和肉类为主，但在具体的食材种类上又各具特点。例如，拉萨市猪肉的浪费量明显高于其他城市，占浪费食物总量的 13%（每餐每人 13 g）；蔬菜类占食物浪费总量的 34%（每餐每人 33 g），而这一比例在上海仅为 25%（每餐每人 24 g）。水产品浪费在上海占浪费总量的 16%（每餐每人 16 g），为 4 个城市中最高；在拉萨，这一比例仅为 5.8%（每餐每人 6 g）。这也体现了由于地理位置和海陆分布造成的饮食结构差异，与食物浪费结构呈现显著的相关性。

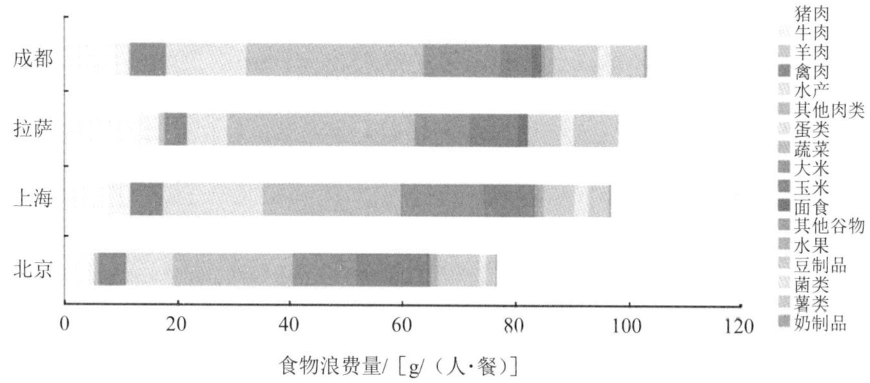

图 3　调查样本中 4 个城市人均浪费量及其结构

3.4　不同区域餐饮浪费情况

从我国东中西餐饮浪费情况来看，呈现东中西逐渐减小的规律。东部地区是我国经济活动的中心、人口密集区，也是餐饮浪费较为严重的地区，每年餐饮浪费总量为 700 万～750 万 t。其次是中部地区，餐饮浪费总量为 600 万～630 万 t；西部地区餐饮浪费总量为 390 万～410 万 t，如图 4 所示。

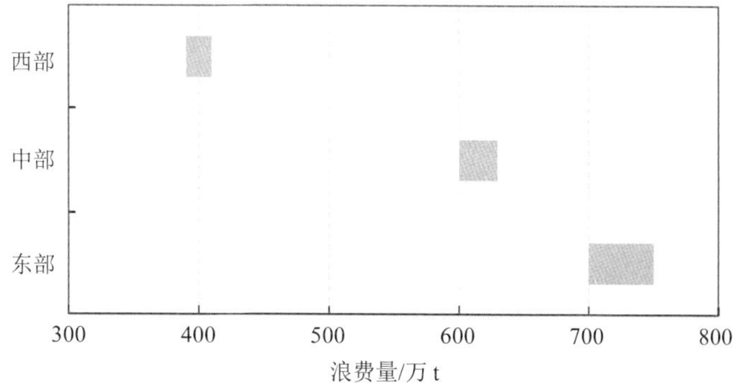

图 4　我国东中西不同区域餐饮浪费量

3.5 不同食物结构餐饮浪费

从浪费的食物结构来看，蔬菜类食物人均浪费量最高，约为每餐每人 27 g，占总浪费量的 29%。第二大类为主食，约为 23 g，占 25%，其中米饭和面食浪费量较高，分别占总浪费量的 14%和 10%，玉米和粗粮浪费量相对较低，约占 1%。肉食类食物人均浪费量约为每餐每人 16 g，占总浪费量的 18%，其中以猪肉和禽肉浪费为主，分别占总浪费量的 8%和 6%。浪费比例最低的是水果和奶类，只占 1%和 0.2%（图 5）。

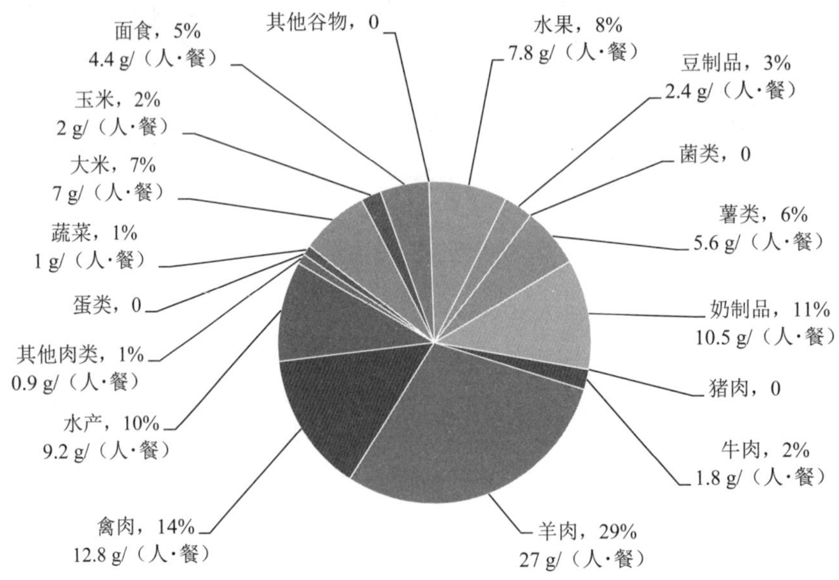

图 5　4 个城市平均食物浪费类别及比例

3.6 不同食物消费形式餐饮浪费

餐馆规模越大，食物浪费程度越严重。调研（图 6）结果发现，大型餐馆的人均浪费量最高，为每餐每人 132 g，明显高于整体平均水平 93 g；小型餐馆人均浪费量相对较少，为 69 g；快餐的人均浪费量不足整体平均水平的一半，仅为 38 g。大型餐馆食物浪费量较高，原因在于朋友聚会和公务/商务聚会比较多。大型餐馆中朋友聚会和公务/商务聚会比例分别为 38%和 7%，中型餐馆中朋友聚会和公务/商务聚会比例分别为 34%和 3%，小型餐馆中朋友聚会和公务/商务聚会比例分别为 14%和 1%，而这两种就餐类型在点餐中往往更加注重“面子”而不是“肚子”；另外，这类聚会在就餐过程中往往伴随着大量的酒水饮用，减少了其他的食物的食用，所以导致食物浪费现象更为严重。在中小型餐馆和快餐厅，这类聚会的比例较低，食物浪费情况也没有那么严重。

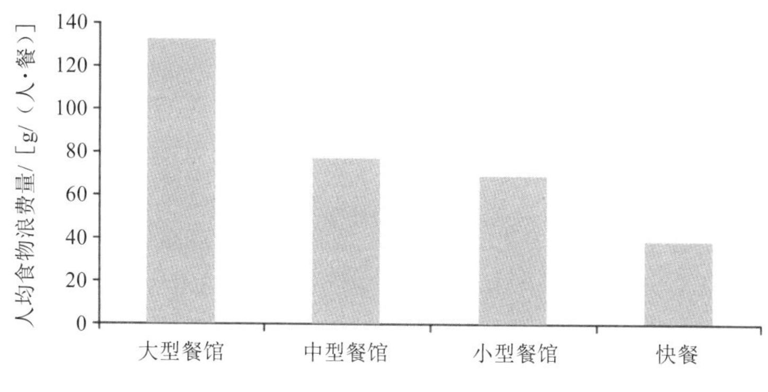

图 6　不同餐馆类型人均食物浪费量

4　餐饮浪费的资源环境影响与经济损失分析

4.1　评估框架

本文构建了餐饮浪费相关资源—环境影响及经济损失的系统分析框架，如图 7 所示。首先建立过程生命周期评价（process-based life cycle assessment，PLCA）模型，评估餐饮浪费全生命周期的资源—环境影响；其次运用经济分析模型评估餐饮浪费产生的经济损失，即被浪费的食物的经济价值；最后运用情景模拟的方法，分析不同情景下，减少浪费可带来的环境—经济效益。

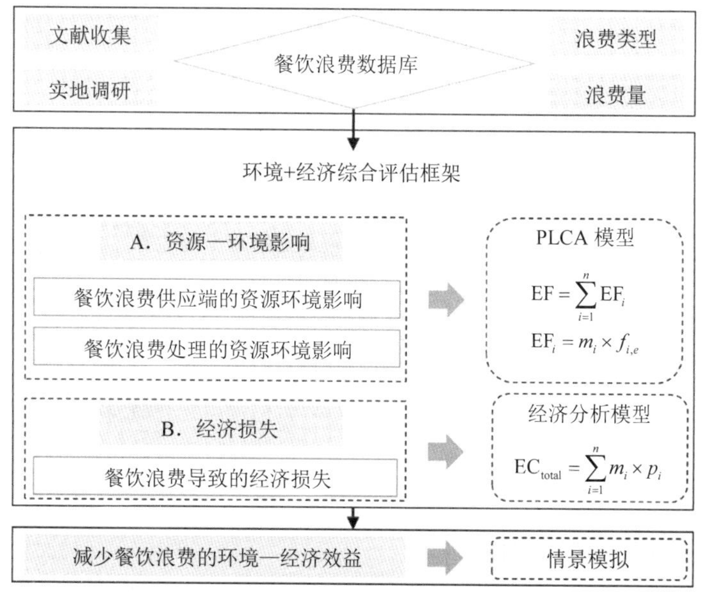

图 7　餐饮浪费资源环境影响及经济损失评估技术路线

4.2 方法学

4.2.1 餐饮浪费供应端的资源环境影响评估

餐饮浪费不仅是食物本身的浪费，更意味着食物生产、加工、运输等过程中投入的水、土地等自然资源的无效消耗，以及由此导致的温室气体（GHGs）的无序排放等。本文拟采用生命周期评价（life cycle assessment，LCA）来评估餐饮浪费相关的资源—环境影响。LCA 是一种评价产品、工艺或服务从原材料采集到产品生产、运输、使用及最终处置整个生命周期阶段（从摇篮到坟墓）的能源消耗及环境影响的工具，目前已广泛应用于食物消费、浪费等相关环境影响的评估中。本文通过全程生命周期评价模型核算与餐饮浪费相关的资源消耗、污染物排放以及生态足迹，具体包括被浪费的食物在生产过程中以及供应链上相关的水资源消耗、土地占用、温室气体排放、总氮排放以及能够容纳人类所排放的废物的、具有生物生产力的地域空间的占用。评估结果分别用环境足迹——水足迹（water footprint，WF）、土地足迹（land footprint，LF）、碳足迹（carbon footprint，CF）、氮足迹（Nitrogen footprint，NF）、生态足迹（ecological footprint，EF）予以表征。

（1）确定系统边界

PLCA 模型的系统边界如图 8 所示，主要包括食物的生产、加工、运输、烹饪等环节。功能单元（function unit，FU）为 1 kg 食物。

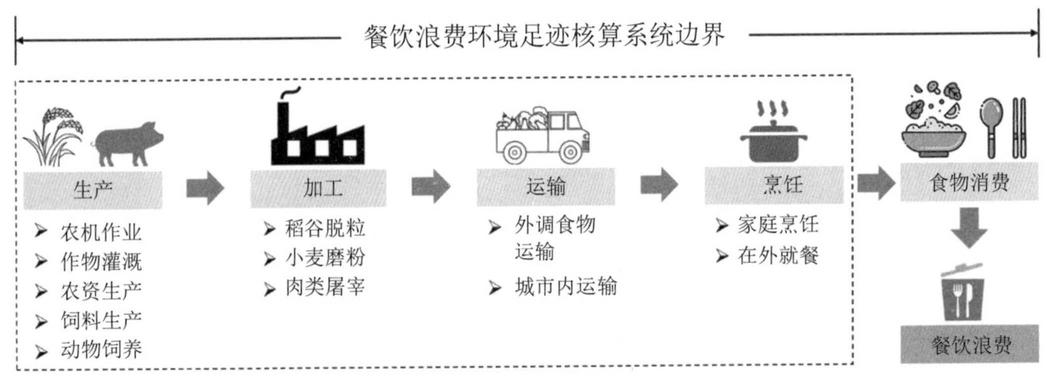

图 8 餐饮浪费生态环境足迹核算系统边界

（2）构建餐饮浪费环境足迹参数库

结合调研数据、Gabi 软件提供的 Ecoinvent 数据库、统计年鉴、已有文献资料等编制餐饮浪费资源—环境影响的生命周期清单，计算每个食物类别生命周期环境足迹系数，最终形成餐饮浪费环境足迹参数库。

（3）核算餐饮浪费的环境足迹

①餐饮浪费的水足迹。

$$\mathrm{WF}=\sum_{i=1}^{n}\mathrm{WF}_i \tag{1}$$

$$\mathrm{WF}_i = m_i \times f_{i,\ w} \tag{2}$$

式中，WF 表示餐饮浪费相关的水足迹；WF_i 表示食物 i 的水足迹；m_i 表示食物 i 的浪费量；$f_{i,w}$ 表示食物 i 的水足迹系数，可从餐饮浪费水足迹参数库提取；n 表示食物的种类数。

②餐饮浪费的土地足迹。

$$\mathrm{LF} = \sum_{i=1}^{n} \mathrm{LF}_i \tag{3}$$

$$\mathrm{LF}_i = m_i \times f_{i,l} \tag{4}$$

式中，LF 表示餐饮浪费相关的土地足迹；LF_i 表示食物 i 的土地足迹；$f_{i,l}$ 表示食物 i 的土地足迹系数，可从餐饮浪费土地足迹参数库提取。

③餐饮浪费的碳足迹。

$$\mathrm{CF} = \sum_{i=1}^{n} \mathrm{CF}_i \tag{5}$$

$$\mathrm{CF}_i = m_i \times f_{i,\ c} \tag{6}$$

式中，CF 表示餐饮浪费相关的碳足迹；CF_i 表示食物 i 的碳足迹；$f_{i,c}$ 表示食物 i 的碳足迹系数，可从餐饮浪费碳足迹参数库提取。

④餐饮浪费的氮足迹。

$$\mathrm{NF} = \sum_{i=1}^{n} \mathrm{NF}_i \tag{7}$$

$$\mathrm{NF}_i = m_i \times f_{i,\ n} \tag{8}$$

式中，NF 表示餐饮浪费相关的氮足迹；NF_i 表示食物 i 的氮足迹；$f_{i,n}$ 表示食物 i 的氮足迹系数，可从餐饮浪费氮足迹参数库提取。

⑤餐饮浪费的生态足迹。

$$\mathrm{EF} = \sum_{i=1}^{n} \mathrm{EF}_i \tag{9}$$

$$\mathrm{EF}_i = m_i \times f_{i,\ e} \tag{10}$$

式中，EF 表示餐饮浪费相关的生态足迹；EF_i 表示食物 i 的生态足迹系数，可从餐饮浪费生态足迹参数库提取。

4.2.2 餐饮浪费处理的环境影响评估

餐饮浪费处理的环境影响可通过处理单位餐厨垃圾的环境影响与食物浪费量进行估算，如式（11）所示。

$$\mathrm{EN}_i = m_i \times p_i \tag{11}$$

式中，EN_i 表示处理餐饮浪费排放的污染物质 i 的量；m_i 表示餐饮浪费的数量；p_i 表示处理单位餐厨垃圾产生的污染物质 i 的排放量，由文献中获得。

4.2.3 餐饮浪费的经济成本评估

餐饮浪费导致的经济损失可通过各类食物的经济价值与食物浪费量进行估算，如式（12）所示。

$$\mathrm{EC}_{\mathrm{total}} = \sum_{i=1}^{n} m_i \times p_i \tag{12}$$

式中，$\mathrm{EC}_{\mathrm{total}}$表示餐饮浪费的经济损失；$m_i$表示食物$i$的浪费量；$p_i$表示食物$i$的经济价值。

4.3 供应端资源—环境影响分析

4.3.1 水资源消耗

（1）典型城市餐饮浪费水资源消耗

4个城市（北京、上海、成都和拉萨）餐饮浪费的平均水足迹为0.22 m^3/（人·餐），这就意味着城市居民人均每餐浪费了0.22 m^{3}的水资源。如图9所示，北京的人均水足迹较低，为0.19 m^3/（人·餐）。成都的人均水足迹显著高于其他3个城市，为0.25 m^3/（人·餐）。成都较高的人均水足迹主要源于其较高的餐饮浪费量，尤其是高耗水的肉类（猪肉、牛羊肉和禽肉）的浪费。上海的人均餐饮浪费量为96 g/（人·餐），导致平均每人0.23 m^{3}的水资源浪费。拉萨的餐饮浪费量为95 g/（人·餐），其水足迹约为0.23 m^3/（人·餐），约等于上海。

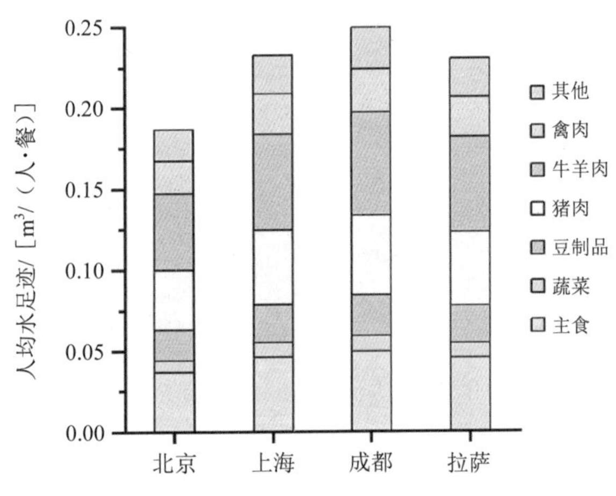

图9 样本城市餐饮浪费水足迹

（2）不同区域餐饮浪费水资源消耗

如表2所示，东部地区餐饮浪费总量最高，为700万～750万t，其相应的水资源消耗量最高，为169.6亿～179.6亿m^3。东部地区较高餐饮浪费水足迹源于其发达的经济和密集的人口。中部地区餐饮浪费总量为600万～630万t，水资源消耗量为145.4亿～154.0亿m^3。西部地区餐饮浪费总量为390万～410万t，水资源消耗量为96.9亿～102.6亿m^3。

表 2　不同区域餐饮浪费水资源消耗量

区域	东部地区	中部地区	西部地区
水资源消耗量/亿 m^3	169.6～179.6	145.4～154.0	96.9～102.6

（3）不同食物结构餐饮浪费水资源消耗

从结构来看，肉类（猪肉、牛羊肉和禽肉）浪费产生的水足迹最高，占餐饮浪费总水足迹的 55.9%（猪肉、牛羊肉和禽肉分别为 19.8%、25.4%、10.7%）；主食占总水足迹的 19.8%；豆制品浪费的水足迹为总量的 10.1%；蔬菜浪费导致的水资源浪费最低，仅占总量的 3.9%。

（4）不同食物消费形式餐饮浪费水资源消耗

从餐馆类型来看，餐馆规模越大，其餐饮浪费的水足迹就越高。大型餐馆餐饮浪费的水足迹为 0.32 m^3/（人·餐），中型餐馆餐饮浪费的水足迹为 0.18 m^3/（人·餐），小型餐馆餐饮浪费的水足迹为 0.17 m^3/（人·餐），快餐店的食物浪费量最少，其水足迹也相应较低，仅为 0.09 m^3/（人·餐）。

4.3.2　土地资源占用

（1）典型城市餐饮浪费土地资源占用

4 个城市餐饮浪费的平均土地足迹为 0.24 m^2/（人·餐），这意味着城市居民人均每餐浪费了 0.24 m^2 的土地。如图 10 所示，北京的人均土地足迹较低，为 0.20 m^2/（人·餐）。成都的人均土地足迹最高，为 0.27 m^2/（人·餐）。同样，成都较高的土地足迹来自较高的餐饮浪费量，尤其是大量的肉类浪费。上海的人均餐饮浪费量为 96 g/（人·餐），土地足迹为 0.25 m^2/（人·餐）。拉萨的人均食物浪费量为 95 g/（人·餐），土地足迹为 0.24 m^2/（人·餐）。

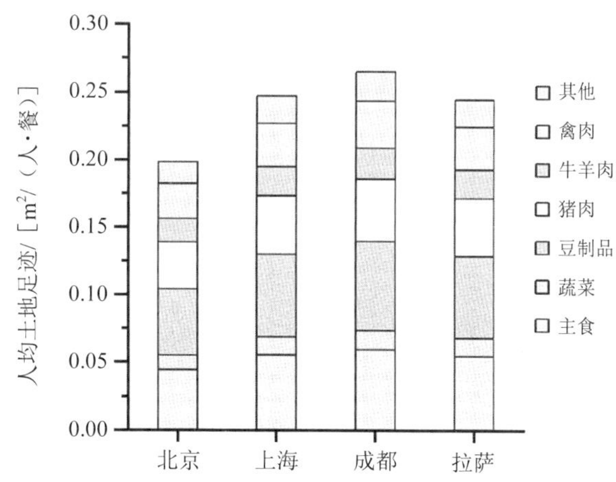

图 10　样本城市餐饮浪费人均土地足迹

（2）不同区域餐饮浪费土地资源占用

如表 3 所示，从土地资源来看，每年大约有 463.3 hm^2 土地资源浪费由餐饮行业浪费所导致。东部地区餐饮浪费总量最高，其相应的土地资源浪费量也最高，为 180.3～190.9 hm^2。中部地区和西部地区餐饮浪费体现的土地足迹分别为 154.5～163.6 hm^2 和 103.0～109.0 hm^2。

表 3　不同区域餐饮浪费土地资源浪费量

区域	东部地区	中部地区	西部地区
土地资源浪费量/hm^2	180.3～190.9	154.5～163.6	103.0～109.0

（3）不同食物结构餐饮浪费土地资源占用

从结构来看，肉类（猪肉、牛羊肉和禽肉）浪费的土地足迹最高，占餐饮浪费总土地足迹的 39.1%（猪肉、牛羊肉和禽肉分别为 17.4%、8.7%、13.0%）；豆制品浪费的土地足迹为总土地足迹的 24.8%；主食浪费的土地足迹为总土地足迹的 22.4%；蔬菜浪费的土地足迹最低，仅占总量的 5.4%。

（4）不同食物消费形式餐饮浪费土地资源占用

从餐馆类型来看，餐馆规模越大，其餐饮浪费的土地足迹也相应越高。大型餐馆餐饮浪费的土地足迹为 0.34 m^2/（人·餐），中型餐馆餐饮浪费的土地足迹为 0.20 m^2/（人·餐），小型餐馆餐饮浪费的土地足迹为 0.18 m^2/（人·餐），快餐店的餐饮浪费量最少，其土地足迹为 0.10 m^2/（人·餐）。

4.3.3　温室气体排放

（1）典型城市餐饮浪费温室气体排放

4 个城市餐饮浪费的温室气体排放（碳足迹）计算结果显示，城市居民人均碳足迹为 0.34 kg CO_2eq/（人·餐），这就意味着居民人均每餐的浪费产生了 0.34 kg 温室气体排放。如图 11 所示，北京的人均碳足迹为 0.28 kg CO_2eq/（人·餐），在 4 个城市中最低。成都的人均餐饮浪费量最高，为 103 g/（人·餐），碳足迹为 0.38 kg CO_2eq/（人·餐），在 4 个城市中最高。上海的人均餐饮浪费量为 96 g/（人·餐），碳足迹为 0.35 kg CO_2eq/（人·餐）。拉萨的人均餐饮浪费量为 95 g/（人·餐），碳足迹为 0.35 kg CO_2eq/（人·餐），约等于成都。

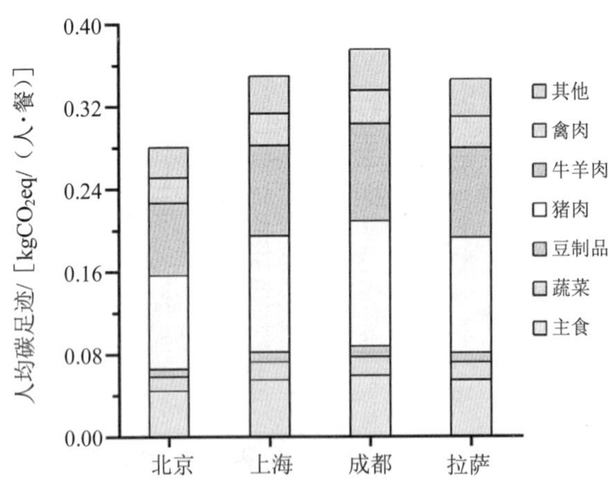

图 11　样本城市餐饮浪费人均碳足迹

（2）不同区域餐饮浪费温室气体排放

如表 4 所示，碳足迹方面，我国城市居民每年餐饮浪费造成大约 552 万 t CO_2eq 温室气体被排放。东部地区餐饮浪费总量最高，其相应的碳足迹最高（214.7～227.3 t CO_2eq）。

东部地区较高餐饮浪费碳足迹源于其发达的经济和密集的人口。中部地区餐饮浪费的碳足迹为 184.0～194.9 t CO_2eq，西部地区餐饮浪费的碳足迹为 122.7～130.0 t CO_2eq。

表 4 不同区域餐饮浪费温室气体排放量

区域	东部地区	中部地区	西部地区
温室气体排放量/t CO_2eq	214.7～227.3	184.0～194.9	122.7～130.0

（3）不同食物结构餐饮浪费温室气体排放

从结构来看，肉类（猪肉、牛羊肉和禽肉）浪费的碳足迹最高，占总碳足迹的 64.1%（猪肉、牛羊肉和禽肉分别为 32.3%、25.1%、8.7%）；主食浪费的碳足迹占总碳足迹的 15.8%；蔬菜浪费的碳足迹为总量的 4.9%；豆制品浪费的碳足迹最低，仅占总量的 2.7%。

（4）不同食物消费形式餐饮浪费温室气体排放

从餐馆类型来看，餐馆规模越大，其餐饮浪费的碳足迹越高。大型餐馆餐饮浪费的碳足迹为 0.48 kg CO_2eq/（人·餐），中型餐馆餐饮浪费的碳足迹为 0.28 kg CO_2eq/（人·餐），小型餐馆餐饮浪费的碳足迹为 0.25 kg CO_2eq/（人·餐），快餐店餐饮浪费的碳足迹最小，为 0.14 kg CO_2eq/（人·餐）。

4.3.4 氮足迹分析

（1）典型城市餐饮浪费氮足迹

4 个城市餐饮浪费的平均氮足迹为 4.88 g N/（人·餐）。如图 12 所示，北京的人均餐饮浪费氮足迹最低，为 4.05 g N/（人·餐）。成都的人均氮足迹最高，为 5.42 g N/（人·餐）。上海的人均餐饮浪费氮足迹为 5.05 g N/（人·餐），拉萨的人均餐饮浪费氮足迹为 5.00 g N/（人·餐）。

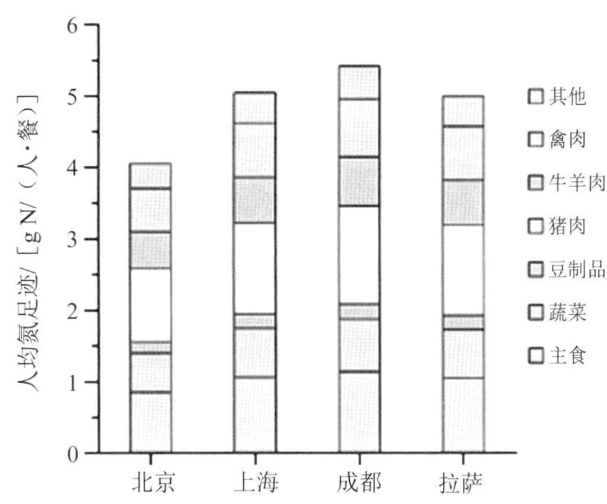

图 12 样本城市餐饮浪费人均氮足迹

（2）不同区域餐饮浪费氮足迹

如表 5 所示，东部地区餐饮浪费总量最高，为 700 万～750 万 t，其相应的氮足迹最高，为 408.8～432.9 t N。东部地区较高餐饮浪费氮足迹源于其发达的经济和密集的人口。中部地区餐饮浪费总量为 600 万～630 万 t，氮足迹为 350.4～371.0 t N。西部地区餐饮浪费总量为 390 万～410 万 t，氮足迹为 233.6～247.3 t N。

表 5　不同区域餐饮浪费氮足迹

区域	东部地区	中部地区	西部地区
氮足迹/t N	408.8～432.9	350.4～371.0	233.6～247.3

（3）不同食物结构餐饮浪费氮足迹

从结构来看，肉类（猪肉、牛羊肉和禽肉）浪费的氮足迹最高，占总足迹的 53.0%（猪肉、牛羊肉和禽肉分别为 25.3%、12.7%、15.0%）；主食浪费占总氮足迹的 21.0%；蔬菜浪费的碳足迹为总量的 13.6%；豆制品浪费的碳足迹最低，仅占总量的 3.9%。

（4）不同食物消费形式餐饮浪费氮足迹

从餐馆类型来看，餐馆规模越大，其餐饮浪费的氮足迹越高。大型餐馆餐饮浪费的氮足迹为 0.83 kg/（人·餐），中型餐馆餐饮浪费的氮足迹为 0.48 kg/（人·餐），小型餐馆的餐饮浪费的氮足迹为 0.43 kg/（人·餐），快餐店的餐饮浪费量最少，其氮足迹为 0.24 kg/（人·餐）。

4.3.5　生态足迹分析

（1）典型城市餐饮浪费生态足迹

生态足迹是能够持续地提供资源或消纳废物的、具有生物生产力的地域空间，它可以在一定程度上帮助判断某一国家或地区可持续发展的状态。如图 13 所示，4 个城市餐饮浪费的平均生态足迹为 1.5 gm^2/（人·餐）。北京的人均餐饮浪费生态足迹最低，为 1.24 gm^2/（人·餐）。成都在 4 个城市中最高，为 1.66 gm^2/（人·餐）。成都较高的人均生态足迹主要源于其较高的餐饮浪费量，尤其是高生态足迹肉类（猪肉、牛羊肉和禽肉）的浪费。上海的人均餐饮浪费生态足迹为 1.55 gm^2/（人·餐）。拉萨的人均餐饮浪费生态足迹为 1.53 gm^2/（人·餐）。

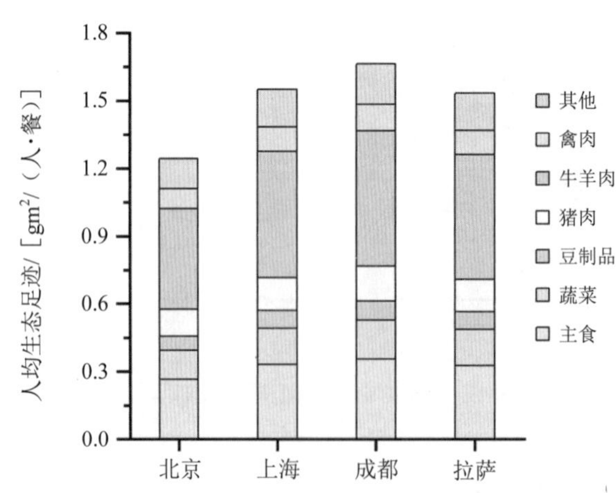

图 13　样本城市餐饮浪费人均生态足迹

（2）不同区域餐饮浪费生态足迹

如表 6 所示，我国城市居民每年餐饮浪费造成约 290.7 万 ghm^2 生态足迹。东部地区餐饮浪费总量最高，其相应的生态足迹最高，为 114.4 万～121.2 万 ghm^2。东部地区较高餐饮浪费生态足迹源于其发达的经济和密集的人口。中部地区餐饮浪费的生态足迹为 96.1 万～101.7 万 ghm^2。西部地区餐饮浪费的生态足迹为 64.1 万～67.8 万 ghm^2。

表 6　不同区域餐饮浪费生态足迹

区域	东部地区	中部地区	西部地区
生态足迹/万 ghm^2	114.4～121.2	96.1～101.7	64.1～67.8

（3）不同食物结构餐饮浪费生态足迹

从结构来看，肉类（猪肉、牛羊肉和禽肉）浪费的生态足迹最高，占总生态足迹的 51.77%（猪肉、牛羊肉和禽肉分别为 9.46%、35.98%、7.06%）；主食浪费的生态足迹占总生态足迹的 21.36%；蔬菜浪费的生态足迹为总量的 10.4%；豆制品浪费的碳足迹最低，仅占总量的 5.01%。

（4）不同食物浪费形式餐饮浪费生态足迹

从餐馆类型来看，餐馆规模越大，其餐饮浪费的生态足迹越高。大型餐馆餐饮浪费的生态足迹为 2.13 gm^2/（人·餐），中型餐馆餐饮浪费的生态足迹为 1.23 gm^2/（人·餐），小型餐馆的餐饮浪费的生态足迹为 1.11 gm^2/（人·餐），快餐店的餐饮浪费量最少，其生态足迹为 0.61 gm^2/（人·餐）。

4.4　餐厨垃圾处理的环境影响

目前，我国餐厨垃圾的处理方法主要分为资源化处理、焚烧和填埋。本文将分别分析不同处理技术路径的 “预处理+厌氧发酵”技术、焚烧、填埋处理餐饮浪费的环境影响。

4.4.1　全国餐饮浪费处理的污染物排放

（1）“预处理+厌氧发酵”处理方式

2015 年我国城市餐饮业仅餐桌食物浪费量就达 1 700 万～1 800 万 t，经过计算，采用“预处理+厌氧发酵”技术进行处理产生的主要污染物排放如表 7 所示。

表 7　全国餐饮浪费“预处理+厌氧发酵”处理产生的主要污染物排放量

污染物	系数/（kg/t）	环境影响/kg
CO_2	177	3.01×10^9～3.19×10^9
CH_4	3.9	6.63×10^7～7.02×10^7
SO_2	0.19	3.23×10^7～3.42×10^7
COD	2.78	4.73×10^8～5.00×10^8
BOD	1.16	1.97×10^8～2.09×10^8
废水	471.47	8.01×10^{10}～8.49×10^{10}

（2）焚烧处理方式

焚烧的实质是将有机垃圾在高温及供氧充足的条件下氧化成惰性气态物和无机不可燃物，以形成稳定的固态残渣。首先将垃圾放在焚烧炉中进行燃烧，释放出热能，然后余热回收可供热或发电。采用焚烧方式对餐饮浪费进行处理产生的主要污染物如表 8 所示。

表 8　全国餐饮浪费采用焚烧方式处理产生的主要污染物

污染物	系数/（kg/t）	环境影响/kg
As	80	1.36×10^{9}～1.44×10^{9}
CO_2	708	1.2×10^{10}～1.27×10^{10}
SO_2	2.4	4.08×10^{7}～4.32×10^{7}
CH_4	13.8	2.35×10^{8}～2.42×10^{8}
NH_3	33.8	5.75×10^{8}～6.26×10^{8}
Pb	0.6	1.03×10^{7}～1.09×10^{7}

餐厨垃圾具有高有机质含量的特点，餐厨垃圾中的有机质可占干物质含量的 90%，同时餐厨垃圾中含有 N、P、K 等营养元素和微量元素，具有很高的再利用价值，采用焚烧处理方式，不仅是对营养元素的严重浪费，更会对环境产生较大的危害。

（3）填埋处理

垃圾填埋技术就是将垃圾填入洼地或者大坑中，用防渗材料将地面与垃圾接触部位覆盖住，使其自然分解的技术。垃圾填埋处理产生的污染物如表 9 所示。

表 9　全国餐饮浪费采用填埋方式处理产生的主要污染物

污染物	系数/（kg/t）	环境影响/kg
CH_4	1.36	8.67×10^{8}～9.18×10^{8}
CO_2	55.57	5.78×10^{9}～6.12×10^{9}
渗滤液	300	5.1×10^{9}～5.4×10^{9}

采用填埋方式处理餐厨垃圾造成环境污染的风险大，垃圾填埋场并未对污染源进行有效的处理，随着堆存量的增长，容易造成泄漏，污染土壤及地下水周边环境。此外，采用填埋方式处理餐厨垃圾，也是对营养元素的浪费。

4.4.2　不同区域餐饮浪费处理的污染物排放

东部地区餐饮浪费总量最高，为 700 万～750 万 t，中部地区餐饮浪费总量为 600 万～630 万 t，西部地区餐饮浪费总量为 390 万～410 万 t，不同区域餐饮浪费处理的污染物排放量如表 10 所示。

表 10　不同区域餐饮浪费处理的主要污染物排放量　　单位：kg

污染物	东部地区	中部地区	西部地区
CO_2	1.24×10^9～1.33×10^9	1.06×10^9～1.12×10^9	6.91×10^8～7.26×10^8
CH_4	2.73×10^7～2.93×10^7	2.34×10^7～2.46×10^7	1.52×10^7～1.60×10^7
SO_2	1.33×10^7～1.43×10^7	1.14×10^7～1.20×10^7	7.41×10^6～7.79×10^6
COD	1.95×10^8～2.09×10^8	1.67×10^8～1.76×10^8	1.09×10^8～1.14×10^8
BOD	8.11×10^7～8.69×10^7	6.95×10^7～7.30×10^7	4.52×10^7～4.75×10^7
废水	3.30×10^{10}～3.53×10^{10}	2.83×10^{10}～2.97×10^{10}	1.84×10^{10}～1.93×10^{10}

4.5　经济成本评估

4.5.1　餐饮浪费供应端经济成本评估

（1）不同区域餐饮浪费经济成本

我国餐饮浪费造成的经济损失大约为 3 000 亿元。如表 11 所示，东部地区餐饮浪费总量最高，其相应的经济成本最高，为 1 150.8 亿～1 218.5 亿元。中部地区餐饮浪费的经济成本为 986.4 亿～1 044.4 亿元。西部地区餐饮浪费的经济成本为 657.6 亿～696.3 亿元。

表 11　不同区域餐饮浪费经济成本

区域	东部地区	中部地区	西部地区
经济成本/亿元	1 150.8～1 218.5	986.4～1 044.4	657.6～696.3

（2）典型城市餐饮浪费经济成本

4 个城市餐饮浪费的经济成本计算结果显示，城市居民餐饮浪费的平均经济损失为 1.52 元/（人·餐）。北京餐饮浪费的经济损失最低，为 1.27 元/（人·餐）。成都餐饮浪费的经济损失较高，为 1.69 元/（人·餐）。上海餐饮浪费的经济损失为 1.58 元/（人·餐）。拉萨餐饮浪费的经济损失为 1.56 元/（人·餐）。

如图 14 所示，从不同结构来看，肉类浪费的经济损失最高，占餐饮浪费经济损失的 66.2%（猪肉、牛羊肉和禽肉分别为 32.1%、23.8%、10.3%）；蔬菜浪费的经济损失占总经济损失的 19.5%；主食浪费的经济损失占总经济损失的 9.3%；豆制品浪费的经济损失最低，为总量的 3.0%。

从餐馆类型来看，餐馆规模越大，其餐饮浪费的经济损失越高。大型餐馆餐饮浪费的经济损失为 2.17 元/（人·餐），中型餐馆餐饮浪费的经济损失为 1.25 元/（人·餐），小型餐馆餐饮浪费的经济损失为 1.1 元/（人·餐），快餐店的餐饮浪费量最少，其经济损失为 0.62 元/（人·餐）。

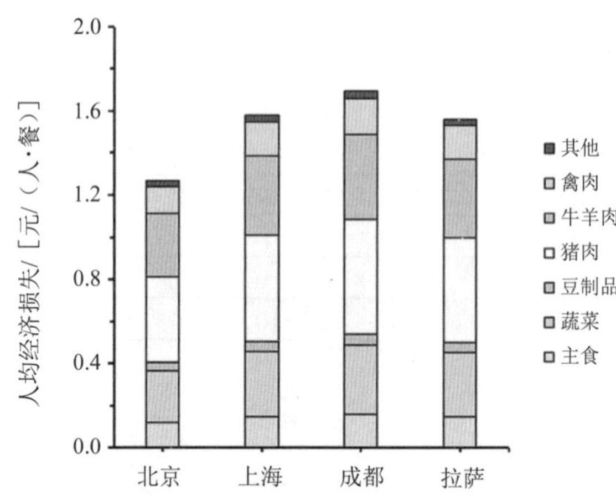

图 14　样本城市餐饮浪费人均经济损失

4.5.2　餐厨垃圾处理经济成本评估

（1）全国餐饮浪费处理成本

采用“预处理+厌氧发酵”技术处理餐厨垃圾的成本为 200 元/t，采用焚烧方式处理餐厨垃圾的经济成本为 180 元/t，采用填埋处理方式处理餐厨垃圾的成本为 150 元/t。采用不同处理方式处理全国餐饮浪费的成本见表 12。

表 12　全国餐饮浪费不同处理方式下经济成本

处理方式	“预处理+厌氧发酵”	焚烧	填埋
经济成本/亿元	34～36	30.6～32.4	25.5～27

（2）不同区域餐饮浪费经济成本

如表 13 所示，东部地区餐饮浪费总量最高，为 700 万～750 万 t，处理餐饮浪费的经济成本也最高，为 14 亿～15 亿元。中部地区餐饮浪费总量为 600 万～630 万 t，处理餐饮浪费的经济成本为 12 亿～12.6 亿元。西部地区餐饮浪费总量为 390 万～410 万 t，经济成本为 7.8 亿～8.2 亿元。

表 13　不同区域餐饮浪费处理的经济成本

区域	东部地区	中部地区	西部地区
处理经济成本/亿元	14～15	12～12.6	7.8～8.2

（3）典型城市餐饮浪费处理的经济成本

4 个城市处理餐饮浪费的经济成本计算结果显示（表 14），城市居民餐饮浪费处理的平均经济成本为 0.019 元/（人·餐）。北京餐饮浪费处理的经济成本最低，为 0.015 元/（人·餐）。成都餐饮浪费处理的经济成本较高，为 0.021 元/（人·餐）。上海餐饮浪费处理的经济成本为 0.019 元/（人·餐）。拉萨餐饮浪费处理的经济成本为 0.019 元/（人·餐）。

表 14 典型城市餐饮浪费处理的经济成本

城市	北京	上海	成都	拉萨
处理经济成本/［元/（人·餐）］	0.015	0.019	0.021	0.019

4.6 减少餐饮浪费的环境-经济效益分析

4.6.1 不同程度减少浪费情景设定

为评估减少餐饮浪费的环境-经济效益，本文设定 3 种情景［分别减少 5%（S1）、10%（S2）和 30%（S3）的浪费量］，分析不同情景下，减少餐浪费的环境-经济潜能。

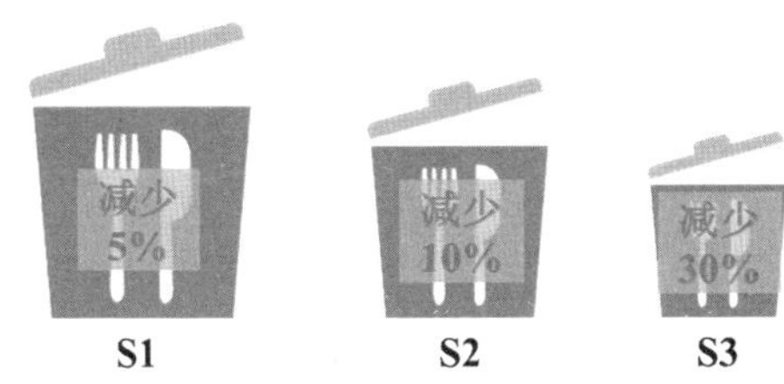

图 15 减少餐饮浪费情景设计

4.6.2 不同情景下的制止餐饮浪费生态环境效应分析

图 16 表示不同程度减少餐饮浪费的情景下的资源-环境影响和经济损失情况。S0 为基准情景，即当前全国浪费总量约为 1 800 万 t。

通过采取制止餐饮浪费的一系列措施，减少当前餐饮浪费的 5%时（S1），即减少 90 万 t 浪费量，水足迹、土地足迹、碳足迹、氮足迹、生态足迹和经济损失分别减少至 414.40 亿 m^3、440 万 hm^2、524 万 t CO_2eq、998.7 万 t N、2 760 万 ghm^2 和 2 811.3 亿元，与当前情景 S0 相比分别减少了 21.8 亿 m^3、23 万 hm^2、27.6 万 t CO_2eq、52.56 万 t N、150 万 ghm^2 和 148.0 亿元。

通过采取制止餐饮浪费的一系列措施，减少当前餐饮浪费的 10%时（S2），即减少 180 万 t 浪费量，水足迹、土地足迹、碳足迹、氮足迹、生态足迹和经济损失分别减少至 392.6 亿 m^3、417.2 万 hm^2、496.9 万 t CO_2eq、946.1 万 t N、2 490 万 ghm^2 和 2 663 亿元，与当前情景 S0 相比分别减少了 43.6 亿 m^3、46.4 万 hm^2、55.2 万 t CO_2eq、105.1 万 t N、420 万 ghm^2 和 295.9 亿元。

通过采取制止餐饮浪费的一系列措施，减少当前餐饮浪费的 30%时（S3），即减少 540 万 t 浪费量，水足迹、土地足迹、碳足迹、氮足迹、生态足迹和经济损失分别减少至 305.3 亿 m^3、324.5 万 hm^2、386.5 万 t CO_2eq、735.9 万 t N、1 740 万 ghm^2 和 2 071.5 亿元，与当前情景 S0

相比分别减少了 130.9 亿 m^3、139.1 万 hm^2、165.6 万 t CO_2eq、315.4 万 t N、1 170 万 ghm^2 和 887.8 亿元。

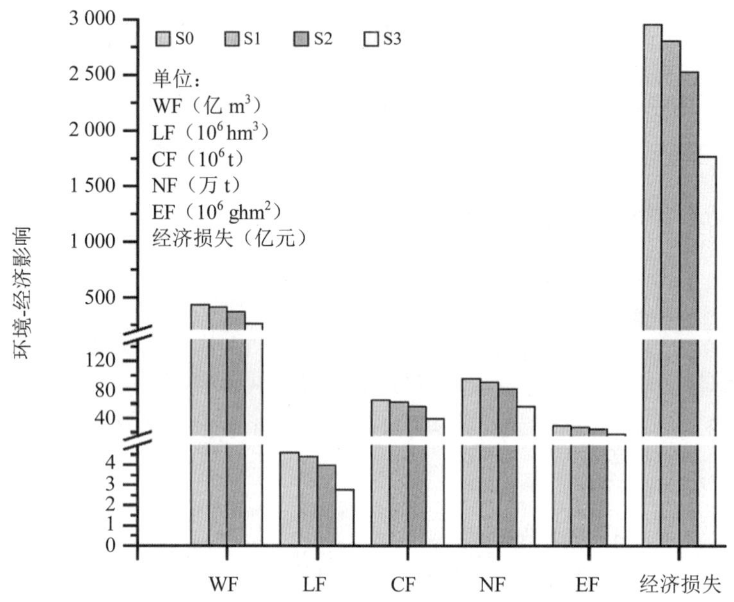

图 16　不同情景的环境-经济影响（S0 为当前消费情景）

减少餐饮浪费具有较大的环境-经济潜能。例如，据预测，我国 CO_2 的总排放量可能在 2027 年达到峰值，约 106 亿 t CO_2，而减少 5%的浪费量可使这一峰值降低 0.03%，减少 10%的浪费量可使这一峰值降低 0.05%，减少 30%的浪费量则可使这一峰值降低 0.16%。

表 15　不同情景下减少餐饮浪费的环境-经济影响

情景		环境					经济/亿元
		水足迹/10^6 m^3	土地足迹/10^6 m^2	碳足迹/10^6 kg CO_2eq	氮足迹/万 kg N	生态足迹/10^6 ghm^2	
S_0	东部	4.2	2.93	4.95	9	3.94	49.5
	中部	3.53	2.46	4.16	7.56	3.31	41.58
	西部	2.3	1.6	2.71	4.92	2.15	27.06
S_1（减少 5%）	东部	3.99	2.78	4.7	8.55	3.74	47.03
	中部	3.35	2.34	3.95	7.18	3.14	25.71
	西部	2.19	1.52	2.57	4.67	2.04	25.71
S_2（减少 10%）	东部	3.78	2.64	4.46	8.1	3.55	44.55
	中部	3.18	2.21	3.74	6.8	2.98	24.35
	西部	2.07	1.44	2.44	4.43	1.94	24.35
S_3（减少 30%）	东部	2.94	2.05	3.47	6.3	2.76	34.65
	中部	2.47	1.72	2.91	5.29	2.32	18.94
	西部	1.61	1.12	1.9	3.44	1.51	18.94

5 减少餐饮浪费行为的对策建议

加强制止餐饮浪费的立法建设。2020 年 12 月，“反食品浪费法”（草案）提请第十三届全国人大常委会初次审议，这是在餐饮消费、食品消费领域立法上的突破，“反食品浪费法”出台后，要积极推进落实相关举措，发挥法治的引领和规范作用，推进全社会弘扬新时代厉行节约、反对浪费的社会风尚。适时开展“反食物浪费法”落实情况评估，总结好的做法模式，深入推进发挥好立法作用。建立健全推进防治食物浪费、倡导食物节约的法律配套措施，国家层面尽快出台专门针对制止餐饮浪费行为的指导意见，从餐饮浪费的重点环节、主要类型入手，对政府部门、企业、社会组织和消费者等提出具体要求。研究制定绿色餐饮经营管理规范、营养健康餐厅建设指南、打包服务规范、外卖餐品信息描述规范等国家标准，制（修）订宴席节约服务规范等行业标准，鼓励各类行业协会、企业制定团体标准。

建立制止餐饮浪费激励制度。一是建立行业固定押金制度。在消费者就餐前依据就餐人数收取固定比例或数量的押金，待就餐结束后再根据消费者餐桌上浪费数量和程度，在合理范围和比例退还押金。二是完善针对餐饮浪费的财税制度。建立鼓励节约、反对浪费的财税调节机制，探索利用财税工具加强对餐饮业粮食浪费的监管和奖惩，对厉行节约的餐饮企业实行税收减免或抵扣营业税等方式实施奖励。采取对企业或个人奢侈浪费行为征收高额税，鼓励合理食物消费方式，增加对浪费行为的处罚和成本，并加强执法力度等。三是制定遏制食物浪费的国家行动框架。明确财政、监察、审计、税务、粮食等部门反对食物浪费的监督检查责任。四是将餐饮浪费作为考核指标纳入创建考核等工作中。

积极出台减少餐饮浪费的配套措施。一是统筹考虑我国不同区域、食物结构和餐馆规模，对其采取不同的管理和措施；分析结果表明东部地区餐饮浪费总量最高，鼓励东部地区餐馆实施推行小份菜或半份菜；倡导一料多菜、一菜多味，物尽其用，避免浪费食材。二是优化外卖点餐制度，设置小份菜或半份菜，少量多样，多种选择，避免浪费。三是完善监督举报奖惩机制，对浪费情节严重的要给予曝光，并追究其责任。提升全社会的节约风尚和反对食品浪费的自觉行为。结合餐饮浪费的奖惩机制，对举报严重餐饮浪费行为的人给予一定奖励，从而提高公众参与餐饮浪费监督的积极性。四是继续遏制公款消费，加强公务接待、会议、培训等公务活动用餐管理。按照健康、节约的要求，积极推行简餐和标准化饮食，科学合理安排饭菜数量，以公务用餐文明引领社会消费文明，实现自上而下的社会风气和饮食理念转变。五是继续优化餐饮结构。中央八项规定的推行严厉打击了高端餐饮业，在一定程度上优化了餐饮结构，大众餐饮开始占据市场主导地位。六是建立全社会数字管理框架，社区居民每户建立绿色账户，鼓励社区开展竞赛，将粮食浪费减少量纳入垃圾分类的绩效考评。

强化针对餐饮浪费的宣传和教育。一是加大反对餐饮浪费的宣传报道力度。对严重浪费现象进行曝光，弘扬先进典型，大力破除讲排场、比阔气等不良风气，促进反对食品浪费成为全社会的自觉行为。呼吁民众外出就餐时，培养“不够再加”的点餐习惯，减少食物浪费。二是通过各媒体渠道宣传教育。利用“世界粮食日”和“全国爱粮节”等活动，通过传统的电视新闻媒体与微信、微博等新媒体相结合的方式，增强公众对禁止餐饮浪费的科普教育和大众宣传。编辑出版爱粮节粮科普读物，组织开展爱粮节粮先进单位和示范家庭创建活动。三是设立投票和意见箱，建立消费者组成的膳食委员会等方式，畅通餐饮经营者与消费者之间的沟通渠道，对普遍不被接受的食物或消费者反映强烈的问题予以纠正或取消，征集受欢迎菜肴，提升服务水平和质量，减少因不符合消费者需求造成的粮食浪费。四是引导公众文明用餐。餐饮企业在显著位置张贴或摆放节约食物、杜绝浪费的宣传画或提示牌，菜单上准确标注菜量，按营养均衡的要求配置不同规格盛具；重视点菜服务与提醒消费；注重就餐服务导向，主动向客人介绍菜品特色、质量和数量，推荐合理配置的菜单，推行小份餐碟，改革菜肴计量；主动提供打包服务。五是充分利用网络平台，在美团、大众点评、饿了么等生活服务类 App 上推送制止餐饮浪费宣传语。

引导全社会牢固树立绿色消费理念。一是树立科学消费的理念。引导社会公众正确看待物质需求与精神需求关系，科学理性地开展健康的饮食习惯和口味与营养均衡搭配的用餐行为，提高消费的层次和内涵。二是树立适度消费的理念。在消费方式上“量力而行，俭而有度，合理消费”，根据自身的经济能力和实际需要进行合理消费，按需购买，按需点餐。三是树立绿色消费的理念。消费者在食品消费的过程中应充分考虑自身行为对环境可能造成的影响，尽量做到环境负面效应最小化和长期环境收益最大化的消费行为。

参考文献

[1] 新华社. 习近平作出重要指示强调　坚决制止餐饮浪费行为切实培养节约习惯在全社会营造浪费可耻节约为荣的氛围[EB/OL].（2020-08-11）. http://www.gov.cn/xinwen/2020-08/11/content_5534026.htm.

[2] KATAJAJUURI J，SILVENNOINEN K，HARTIKAINEN H，et al. Food waste in the Finnish food chain[J]. Journal of Cleaner Production，2014，73：322-329.

[3] SCHOLZ K，ERIKSSON M，STRID I. Carbon footprint of supermarket food waste. Resources[J]. Conservation and Recycling，2015，94：56-65.

[4] LIU J，LUNDQVIST J，WEINBERG J，et al. Food losses and waste in China and their implication for water and land[J]. Environmental Science & Technology，2013，47（18）：10137-10144.

[5] 高利伟，成升魁，曹晓昌，等. 中国餐饮业食物浪费的资源环境问题综述[J]. Journal of Resources and Ecology（资源与生态学报英文版），2013，4（4）：337-343.

[6] 王卫，白婷. 餐厨垃圾对中国城市化进程中食品安全和生态环境的危害性探讨[J]. 食品与发酵科技，2014，50（6）：12-15.

[7] 王灵恩，成升魁，刘刚，等. 中国食物浪费研究的理论与方法探析[J]. 自然资源学报，2015（5）：715-724.

[8] 胡越，周应恒，韩一军，等. 减少食物浪费的资源及经济效应分析[J]. 中国人口·资源与环境，2013，23（12）：6.

[9] 成升魁，高利伟，徐增让，等. 对中国餐饮食物浪费及其资源环境效应的思考[J]. 中国软科学，2012

（7）：106-114.

[10] 张丹，成升魁，高利伟，等．城市餐饮业食物浪费碳足迹——以北京市为例[J]．生态学报，2016，36（18）：5937-5948.

[11] 张丹，伦飞，成升魁，等．城市餐饮食物浪费的磷足迹及其环境排放——以北京市为例[J]．自然资源学报，2016，31（5）：812-821.

[12] 张丹，成升魁，高利伟，等．城市餐饮业食物浪费的生态足迹——以北京市为例[J]．资源科学，2016，38（1）：10-18.

[13] 罗学艳．生态文明视阈下绿色生活消费模式的建构[J]．理论导刊，2014（9）：81-83.

[14] 李慧明，刘倩，左晓利．困境与期待：基于生态文明的消费模式转型研究述评与思考[J]．中国人口·资源与环境，2008，18.

[15] GUSTAVSSON J，CEDERBERG C，SONESSON L，et al. Global Food Losses and Food Waste [M]. Rome，Italy：Food and Agriculture Organization of the United Nations，2011.

[16] 世界自然基金会（WWF），中国科学院地理科学与资源研究所．中国城市餐饮食物浪费报告[EB/OL].（2018）．http://www.wwfchina.org/content/press/publication/2018/中国城市餐饮食物浪费报告，pdf.

[17] 程登军．嵌入性视角下面子意识对消费行为的影响研究[D]．乌鲁木齐：新疆财经大学，2017.

气候变化对土壤污染修复成效和技术适用性的影响及其对策

Impacts of Climate Change on the Efficiency and Adaptability of Soil Remediation Methods and Its Countermeasures

董璟琦　孟豪[①]　邓璟菲　张红振　刘鹏[①②]　李香兰[①]　蔡博峰　曹东　骆永明[③]

摘　要　《中华人民共和国土壤污染防治法》实施以来，各部门和各地方扎实推进净土保卫战、贯彻落实法律相关要求，土壤污染防治工作取得重要进展。近年来，我国土壤修复产业逐步发展，2020年，全国正在实施的污染场地修复工程有189个，矿山修复工程有76个，农田污染修复和风险管控工程有283个，全国社会总投资超过102.97亿元，比2019年增长8.31%。与全球土壤修复行业占环保产业4%~5%的占比相比，我国土壤修复行业仅占环保产业的1%~2%，仍存在较大发展空间。预计"十四五"期间，我国土壤污染修复市场和产业规模会进一步壮大。然而，我国在土壤污染防治的相关政策标准和工程实施中，较少考虑土壤修复与气候变化之间的相互影响。为进一步落实《中华人民共和国土壤污染防治法》中"实施风险管控、修复活动，应当因地制宜、科学合理，提高针对性和有效性"的规定，迫切需要开展气候变化影响土壤修复的作用机制研究，增强应对气候变化土壤污染修复弹性，推广和实施绿色低碳可持续的土壤污染修复工程，切实提高土壤修复效益。生态环境部环境规划院在梳理国内外气候变化影响土壤修复效果以及修复技术适用性分析、归纳总结国际上土壤修复活动应对气候变化影响措施和案例的基础上，初步提出了增强土壤污染修复弹性，应对气候变化潜在影响初步建议，为科学、有序推进我国土壤修复应对气候变化工作提供支撑。

关键词　土壤修复　气候变化　土壤污染　弹性　风险管控

Abstract　Since the enforcement of China's *Soil Pollution Prevention and Control Law*, all departments and localities have solidly promoted the clean soil defense war, the implementation of the relevant requirements, and the prevention and control of soil pollution has made considerable progress. China's soil

① 北京师范大学（北京，100084）。
② 北京建工环境修复股份有限公司（北京，100015）。
③ 中国科学院南京土壤研究所（南京，210008）。

remediation industry has gradually developed in recent years, and in 2020, China was implementing 189 contaminated site remediation projects, 76 mine remediation projects, 283 farmland pollution remediation and risk management projects, with a total national social investment of more than 10.297 billion, up by 8.31% compared to 2019. In comparison with global soil remediation industry accounted for 4% to 5% of the environmental protection industry, China's soil remediation industry accounts for only 1% to 2% of the environmental protection industry, there is still significant capacity for development. It is expected that China's soil pollution remediation market and industry scale will grow further during the "14th Five-year" period. However, the interaction between soil remediation and climate change is less considered during the implementation of soil pollution prevention and control policies and projects in China. To further implement the relevant provisions of the *Soil Pollution Prevention and Control Law*, "the implementation of risk control, remediation activities, should be appropriate to local conditions, scientific and reasonable, to improve the target and effectiveness", it is imperative to conduct mechanism research on the effects of climate change in soil remediation, enhance the resilience of soil pollution remediation in response to climate change, promote and implement green, low-carbon and sustainable soil pollution remediation projects, to improve soil remediation benefits. Based on the analysis of the effect of climate change on soil remediation and the adaptability of remediation technology both domestic and abroad, and the summary of international soil remediation activities to cope with climate change impact measures and cases, the Chinese Academy of Environmental Planning (CAEP) has made preliminary recommendations to enhance the resilience of soil pollution remediation to cope with the potential impact of climate change, which provide support for the scientific and systematic promotion of China's soil remediation to cope with climate change.

Keywords soil remediation; climate change; soil pollution; resilience; risk control

1 气候变化影响土壤污染修复效果和技术选择

我国土壤修复在技术方案制定、工程实施和长期风险管控等方面尚未系统考虑气候变化对污染地块土壤和地下水中污染物管控产生的影响。发达国家已经开展了气候变化对土壤污染修复、管控和长期监控等技术的潜在影响、适用性和工程实施效果研究。气候变化带来的极端天气事件和水文条件变化可能导致土壤污染范围的扩散，并给修复管控工程的顺利实施和预期效果带来安全风险。气候变化还可能导致区域地下水位的抬升或持续干旱等，从而威胁土壤和地下水污染长期风险管控和动态监控等人工措施的有效性。因此，迫切需要系统分析气候变化可能给土壤污染修复和风险管控带来的潜在影响，并从工程、技术和管理方面提出有针对性的应对措施建议，以增强土壤修复应对气候变化的弹性，即面对气候变化所带来的一系列影响情景下仍可满足土壤修复管控要求的能力。

1.1 气候变化对土壤修复效果的影响

根据联合国研究报告，2016—2020 年全球平均气温比 1850—1900 年高出约 1.1℃。按照当前的 CO_2 排放情况，到 21 世纪末，气温预计将升高 3～5℃。气温升高所带来的显著影响即水文条件变化，包括降水量/蒸发量变化、暴雨、洪水等极端气候条件增加、自然灾害风险增加等直接影响类型和由此带来的冻融期变化、生态分区变化、海平面抬升、淹没区变化、海水倒灌、地下水位抬升等次生影响类型。

目前已证实气候变化导致全球洪水频率增加，到 2050 年，全球面临洪水威胁的人数将从目前的 12 亿人增加到 16 亿人。过去 50 年，从全国来看，增温趋势显著，其中以新疆北部、青海、西藏、四川、黑龙江、云南等省（区）个别站点增温情况最为明显，气候倾向率达 0.5℃/10 a；南方地区增温较小，部分区域（西南地区东部和南部）个别站点出现降温趋势。全国降水量趋势增加，以江淮地区、江南中部和东部、华南中部和东部年降水量的气候倾向率最大，达 30～80 m/10 a；而华北地区、西北地区东部、西南地区东部和南部则呈降水量减少的趋势。根据翟盘茂等（2007）的研究，我国 1957—2003 年的极端强降水日数呈明显上升趋势。从全国来看，情况较为复杂，强降水变化存在明显地域差异，长江及长江以南地区极端强降水事件显著趋强趋多，西部地区、长江中下游、华南地区也有增加趋势，而东部—东北和华北及四川盆地则呈极端强降水减小趋势。

根据马科（Maco）等（2018）的研究（表 1），上述气候变化趋势对土壤污染修复效果存在多种潜在影响，其作用机制主要包括扩大污染物的迁移扩散范围、淹没或破坏修复管控工程设施、改变修复植物和微生物物种生存环境、影响施工周期和施工进度等。这些气候变化所带来的影响通常发生在较为广泛的时间和空间尺度，对于所处这些区域中的土壤污染分布和修复效果都存在一定风险。

表 1 气候变化对土壤污染修复效果的影响汇总

序号	气候变化影响类型		影响作用机制	修复效果影响
1	气温变化	冻融期变化	冻土、积雪覆盖面积、土质条件变化	施工周期、稳定化修复效果、污染物泄漏或迁移（垂直和水平）、生物修复作用时期等
2		海平面上升	海岸线退缩、淹没沿海陆地、土壤含水率和氧化还原电位增加	沿海地区污染场地被海水淹没，污染物泄漏或迁移（垂直和水平），浓度稀释，原位覆盖系统被破坏，修复设备设施损坏
3		海水倒灌	沿海地下水位上升、地下水盐度增加、土壤含水率和氧化还原电位增加	地下水污染方量/污染羽变化，污染物泄漏或迁移（垂直和水平），浓度稀释，原位修复设备设施面临长期腐蚀性风险
4		生物适应性变化	区域性生物物种对气温和气候适应性发生变化	植物和微生物修复物种选择及其作用时期；生物降解的机制和有效性等
5	降水量/蒸发量变化	地下水位变化	旱涝导致区域地下水位下降或上升，地下水补径排关系变化，土壤含水率等理化性质变化	地下水污染方量/污染羽变化，污染物泄漏或迁移（垂直和水平），浓度稀释，浸出毒性，修复或管控范围变化，修复设备设施损坏等

<table>
<tr><th>序号</th><th colspan="2">气候变化影响类型</th><th>影响作用机制</th><th>修复效果影响</th></tr>
<tr><td>6</td><td rowspan="2">降水量/蒸发量变化</td><td>淹没区变化</td><td>洪水淹没区或冲洪积扇面积变化，区域内土壤和地下水属性变化</td><td>修复或管控范围变化，污染物泄漏或迁移（垂直和水平），浓度稀释，原位覆盖系统被淹没或破坏，修复设备设施损坏等</td></tr>
<tr><td>7</td><td>生态分区变化</td><td>传统旱涝分区发生变化，适应性生物种类变化</td><td>生物修复物种选择及其作用时期；修复或管控应急措施和设施的设置与规划；场地修复后再利用土地及生物类型变化</td></tr>
<tr><td>8</td><td rowspan="6">极端气候条件/自然灾害</td><td>极端强降雨</td><td>暴雨冲刷、地表径流增加、土壤侵蚀严重</td><td rowspan="2">施工设备损坏、周期延长、恢复成本增加；污染物泄漏或迁移（垂直和水平）；原位覆盖系统被淹没或破坏；修复设备设施遭到损坏；洪涝区及周边区域受到二次污染影响增大</td></tr>
<tr><td>9</td><td>洪水</td><td>河道边坡和底泥冲刷、洪涝区淹没、径流量增加</td></tr>
<tr><td>10</td><td>干旱</td><td rowspan="2">土壤含水率等理化性质变化、大气/水/土壤/生物圈层循环作用机制变化、自然生境受损</td><td rowspan="2">植物和微生物修复作用限制；有机物挥发性增加；污染物泄漏或迁移（垂直和水平）；修复施工用水量受限；施工静电防护/防火措施；场地修复后再利用土地及生物类型变化</td></tr>
<tr><td>11</td><td>热浪</td></tr>
<tr><td>12</td><td>飓风/台风</td><td>引发洪涝二次灾害，强风破坏性大</td><td>施工设备损坏、周期延长、恢复成本增加；污染物泄漏或迁移（垂直和水平）；修复设备设施损坏；修复或管控应急措施和设施的设置与规划；洪涝及周边区域受到二次污染影响增大</td></tr>
<tr><td>13</td><td>火灾</td><td>引发安全生产事故等二次灾害可能性、自然生境受损、生态破坏、土壤质地变化</td><td>产生新的次生污染物；安全生产隐患；施工设备损坏、周期延长、恢复成本增加；修复设备设施损坏；修复管控应急措施和设施的设置与规划；植物和微生物修复作用被破坏</td></tr>
</table>

从国内外的经验来看，气候变化对土壤修复的潜在影响主要体现在以下几个方面：

（1）极端天气事件对修复工程和设备设施产生较大的破坏作用

2010—2020 年，我国极端天气事件发生频率和区域特点相比过去 50 多年产生了一定的变化。经查询中国气象局国家气候中心网站，对我国部分省市 2010—2020 年的台风、洪涝、暴雨等极端气候事件进行了逐月统计（图 1）。过去 10 年，我国每年夏季都有台风、强对流天气和暴雨（及引发的泥石流灾害）等极端天气发生，且通常集中发生于每年 5—10 月。

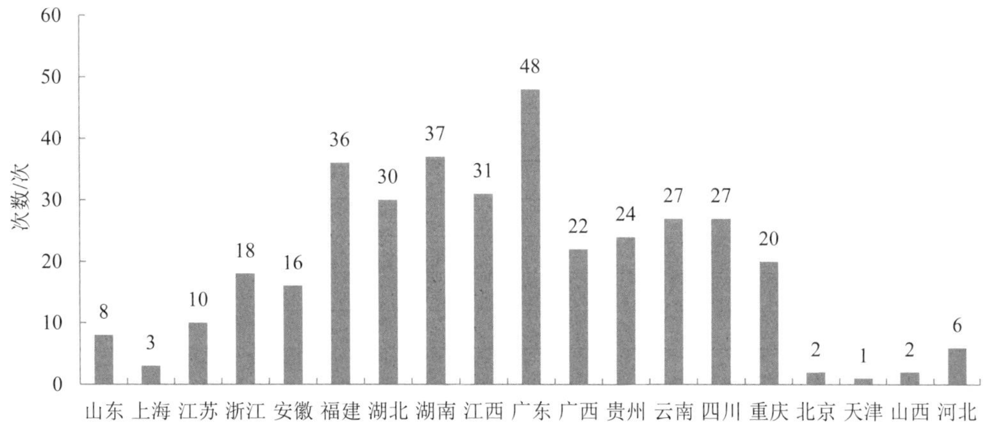

图 1 部分省市暴雨、台风等强对流天气频次统计（2010—2020 年）

从地域角度分析，以华南（广东、广西、云南、贵州）、西南（云南、贵州、四川、重庆）和中南（湖北、湖南、江西）发生频次最高。从图 1 的暴雨频次统计结果看，受台风、暴雨影响最大的区域是广东、福建、湖南、湖北、江西等省份，其中广东是工业大省，湖南、江西是有色金属的采选冶工业大省。其次，华东的江浙和西南川渝地区也明显受到极端暴雨天气影响。这几个省份是 2010—2020 年污染场地修复工作强度较高的区域，极端天气给环境修复工作的开展带来了困难。频繁的暴雨及次生地质灾害必将对修复工程和设备设施造成不同程度的影响，在修复施工过程中会延缓施工进度，增大修复成本。对于采取稳定化修复或长期监测的场地而言，极端天气可能会将阻隔工程淹没、破坏监测设备、加大污染物浸出和迁移风险等，从而对修复效果的长期稳定性带来不利影响。

（2）水文条件变化直接影响土壤中污染物的分布及迁移特性

污染土壤主要位于受大气环境影响显著的浅表层土壤圈，土壤的含水率、渗透性、吸附性、pH、有机质含量、氧化还原条件等理化性质与气象因素和地下水位息息相关，同时这些理化性质又是影响土壤和地下水中重金属、有机物等典型污染物分布特征和迁移规律的重要因素。Jarsjö 等研究发现，气候变化引起的局部地区降水量增加，可能会导致该区域/流域地下水位的抬升，从而造成包气带土壤中含水率和氧化还原电位的变化，原本吸附于土壤颗粒的重金属污染物［特别是 As（Ⅲ）和 Cr（Ⅵ）等易迁移的重金属］从土壤中浸出通量增加，加大了区域及下游重金属污染暴露风险。

（3）短期强降雨事件将导致剧烈的地表冲刷，从而将土壤和底泥中的污染物一次性大量输送至下游区域

我国湖南省湘江上游陶家河流域有近 400 年的有色金属采选历史，流域内上游数十千米河道内堆积了约 3 000 万 m^3 含重金属尾砂，多个中小型电站几乎丧失调蓄功能。2006 年“7・15”和“7・26”两次特大洪水挟带大量尾砂向河道下游倾泻引发重金属污染事件，致使陶家河流域 63 个乡镇均不同程度受灾，河流、渠道多处冲垮，基础设施严重毁损，农作物大面积受损，受灾人口达数十万人，造成直接经济损失达 17.91 亿元。对尾砂输移通量进行模拟结果显示，一次持续 3 天的 20 年一遇洪水可以一次性将上游 200 万 m^3 左右的尾砂输送至下游堤坝；持续 10 天左右 20 年一遇洪水所造成的重金属尾砂输移量，占 20 年河流尾砂总输移量的 20%。此外，位于湖南省境内的珠江流域北江上游有色金属采选集中区域，下游与广东省交界，也曾在 2011 年发生受重金属 As 和 Sb 污染的土壤和尾砂大量向下游迁移，造成省际跨界断面地表水重金属超标、威胁下游饮用水水源地取水口水质的突发环境事件。近年来，通过对上游地表堆积采选矿废渣开展清理和稳定化治理、对河道两侧污染土壤和历史遗留地块开展治理修复、对河道开展清淤和修复等工作，流域内重金属污染修复应对极端天气事件的弹性显著增强，但就整体而言流域内仍存在污染向下游迁移、威胁人居健康安全的风险。可见，由于气候变化造成洪水频次的增加，将显著增加土壤污染扩散迁移的风险，对所在洪水泛滥区内的污染场地的修复效果形成新的挑战。

气候变化对土壤污染和修复效果的影响通常具有区域特性。例如，海水倒灌和海平面上升将使沿海地区的众多污染场地面临被淹没的风险，地下水位抬升，同时会造成土壤及地下水中 pH 和盐度发生变化；沿海地区同时还面临台风等自然灾害增加的风险，因此阻隔填埋、稳定化和原位修复技术应当进一步考虑其长期有效性，以应对这种气候变化所带

来的长期风险。南方及热带地区则面临降水量增加、暴雨及洪水等极端气候形成的突发性环境风险，对阻隔、防渗墙等原位修复技术的抗洪强度提出了更高的要求，对于我国采选矿区集中的西南、华南等地区，更加大了山洪导致上游矿区重金属污染尾砂、土壤和底泥向下游输移的风险。北方地区通常面临冰冻期缩短、积雪融化提前的暖冬，使该区域土壤中污染物增加迁移扩散的风险，但同时，土壤气温的升高，也在一定程度上有利于修复药剂及微生物菌剂发挥作用。相关研究表明，我国西北东部、华北、东北及西南东部地区近50年来都处于干旱化过程中，这与上文所述的降水量变化地域趋势相一致。由于气温升高造成地表土壤干旱，含水率降低，地下水位下降，表层受污染土壤更易于受到侵蚀和冲刷，从而增大污染扩散的风险；另外，干旱持续将使地表温度升高，挥发性有机物进入环境空气中的概率增大，同时也增加了火灾等自然灾害风险，对修复工程的风险防控和应急管理提出了更高的要求。

从长期来看，气候变化会对土壤污染修复效果产生较大影响。气候变化通过不同的作用途径，可能对土壤和地下水中污染物的迁移转化和暴露风险造成影响。这就要求污染土壤修复不仅应当满足当前管理规范，以人体健康和生态风险削减、二次污染防控为目标，还应当充分考虑气候变化可能带来的突发情景及长期修复效果影响，从而进一步加强修复技术的长期可靠性。

1.2 气候变化对土壤修复技术适用性影响

气候变化所产生的潜在影响使当前广泛应用的土壤修复技术的适用性受到一定限制。基于修复目标、修复成本和技术可行性的传统修复策略筛选未考虑应对长期气候变化的弹性措施，需要对当前普遍使用的常规土壤修复技术开展脆弱性评价，从而识别特定修复技术的气候变化风险因子及其适用程度，采取一定的弹性措施以提升修复技术适用范围。例如，沿海地区、南方强降雨地区或采选矿区的污染场地采用稳定化修复和阻隔填埋等技术，应充分考虑台风、暴雨及洪水因素，提升修复或管控工程的防洪性能和建设强度；采用原位修复或管控技术，应加强对场地围护和关键设备设施的防水保管，实施水文监测，突发情景下设置应急水力控制措施等，以提升修复技术应对极端气候条件的弹性。对于北方或高原地区的原位修复技术和风险管控技术，应充分考虑冻融期温度、土壤特性和地下水位变化所可能产生的污染分布特性、迁移深度和距离变化，从而对修复技术和所选用的设备设施的长期适用性和有效性进行评估和改进。

美国国家环境保护局要求对污染土壤进行修复技术筛选评估时，考虑应对气候变化所带来长期影响的适用性，包括对修复全过程及修复后的土地再利用长期影响。对修复过程的影响主要体现在应对突发灾害（如洪水、暴雨、飓风、火灾等）的风险防范方面，针对污染地块所处不同的区域，识别该区域可能的气候变化风险因子，从而在修复实施阶段提出有针对性的弹性措施。不同类型的修复策略和修复技术受到气候变化的影响不同，如表2所示，针对这些影响，可以在制定修复策略和修复技术筛选时提出对应的弹性措施，以加强修复技术适用性。正如水利及其他建筑工程对自然灾害的防控标准要求一样，对于一些长期保留的修复或管控设备或设施，比如阻隔覆盖、稳定化填埋、垂直防渗墙等，应当提升其建筑标准，以确保修复设施不被破坏。对修复后土地再利用的影响主要体现在气候变化导致的气象环境、土壤和地下水环境、生态系统等的长期变化适应性方面，例如，原位修复或阻隔后作为公园景观的地块，应当充分考虑区域降水量和地下水条件的潜在变化趋势，合理设置绿地和水域分布，避免由于未来气象条件和地下水水力条件变化导致公园水域面临污染暴露的风险；此外，一些长期监控设施的配置，应当考虑其在不同温度和水土条件下的适用范围。

表 2　气候变化对部分修复技术适用性影响

<table>
<tr><th>序号</th><th>修复策略</th><th>修复技术</th><th>气候变化影响</th></tr>
<tr><td>1</td><td rowspan="2">土壤治理</td><td>生物修复</td><td>生物降解有效性受到影响；产生不可预期的中间产物</td></tr>
<tr><td>2</td><td>填埋</td><td>填埋场地受到海平面上升、地下水位上升、洪水淹没的风险</td></tr>
<tr><td>3</td><td>地下水治理</td><td>抽出处理</td><td>地下水位上升或下降对地下水抽出量及抽出效率产生影响</td></tr>
<tr><td>4</td><td>污染物质的清除</td><td>封存或水泥窑混烧</td><td>极端天气、洪水、海平面上升、干旱等可能造成污染物迁移扩散、挥发性增强或产生不可预期的中间产物；反之，地下水位下降也可能更有利于土壤包气带中污染物清除</td></tr>
<tr><td>5</td><td rowspan="5">原位工程修复措施</td><td>土壤淋洗</td><td>干旱、热浪等可能会限制水源的使用</td></tr>
<tr><td>6</td><td>气相抽提</td><td>地下水位下降有助于包气带中污染物气相抽提效率</td></tr>
<tr><td>7</td><td>自然衰减</td><td>污染物残留时间可能由于气候变化而变化；生物降解效率发生变化</td></tr>
<tr><td>8</td><td>热脱附</td><td>尾气排放标准可能受到气候变化影响而变得更加严格；施工加热设备受到极端天气影响的恢复成本和周期较长</td></tr>
<tr><td>9</td><td>阻隔覆盖</td><td>洪水、海平面上升可能导致阻隔覆盖系统被淹没，污染物浸出和迁移可能性增强</td></tr>
</table>

气候变化通过不同的作用方式影响土壤修复技术的适应性。在进行修复方案制定和筛选时，应根据地块所处区域可能受到的气候变化影响因素，结合场地污染特征、修复时限、土地再利用方式等，对备选修复技术进行脆弱性评估，并根据评估结果有针对性地提出弹性策略，从而提高修复技术应对气候变化的适应性。

1.3　气候变化影响土壤修复实际案例分析

1.3.1　极端气象条件影响土壤修复案例

极端气象条件会对土壤修复造成显著影响，包括增加污染暴露风险和工程安全隐患、延缓修复进度、增加修复成本等。美国已有相当数量应对气候变化的土壤修复案例。在美国国家环境保护局《气候变化适应性实施计划》的要求下，美国多个污染地块修复采取了气候变化适应性评价及相应应对措施。2017 年美国经历了 3 次特大飓风，包括哈维飓风（Hurricane Harvey）、厄玛飓风（Hurricane Irma）和玛利亚飓风（Hurricane Maria），其影响的超级基金场地数量为 252 个，其中 251 个为强风经过区域，63 个受到洪水淹没，主要分布在美国东南沿海地区。在这些受影响场地中，实际受到飓风损害的场地有 16 个，主要影响为辅助设施的损坏，且基本为没有采取弹性修复措施的场地。

美国新泽西州的美国氰胺公司（American Cyanamid）超级基金污染地块为化工废料堆存场地，主要受到有机物和重金属污染，在 2011 年的艾琳飓风（Hurricane Irene）中被洪水淹没，阻隔设施严重损坏，随后该场地采取了一系列措施以增强其应对极端天气的弹性，包括将关键设施抬高至洪水水位线以上，设置潜水泵以实现水力控制等，并要求工程阻隔必须达到 500 年一遇防洪标准。

本文选取了一些国际上典型受气候变化影响的土壤修复案例，如表 3 所示。

表 3　国际上已发表的污染场地修复应对气候变化案例汇总

案例	国家	名称	气候变化影响	主要应对措施
1	美国	新泽西州化学制品厂地块	洪水	关键电气设备提高 5 英尺*；加固护堤；安装潜水泵；提高地下水处理系统高程；加强防洪标准
2	美国	帕迪拉湾马奇点（March Point）垃圾填埋场	风暴、海平面上升	提高防洪标准至百年一遇；加厚填埋场封顶的黏土压衬层；沿填埋场海岸线铺设增强型土工合成黏土衬垫；长期监控
3	美国	菲达尔戈湾胶合板地块	风暴、海平面上升	提高防洪标准至 25 年一遇，提高海平面上升 2 英尺的应对标准；建设 12 000 平方英尺**生物湿地，加强海平面抬升和海水倒灌的缓冲性；建设地表植被及道路养护措施，以防止土壤侵蚀
4	美国	华盛顿斯科特造纸厂	风暴、海平面上升	建设防御 25 年一遇和百年内海平面抬升 0.61 m 的波浪衰减结构；清除潮间带和潮下带的受污染沉积物；沿海岸线采用清洁砂子、砾石和堆石堤建造的 0.61 m 厚覆盖阻隔层
5	美国	康沃尔大道垃圾填埋场	风暴、海平面上升	修建了高地多层封顶，建设应对百年内海平面上升 0.73 m 的海岸线稳定系统，在潮下带地区强化自然恢复
6	美国	艾伦港垃圾填埋场	风暴、海平面上升	强化填埋场封顶结构，以防止被海水淹没时污染物侵蚀和向沉积物迁移。建造嵌入式海堤，与 1.5 英亩***的潮间带湿地一起，削弱冲积海堤的海浪动能
7	美国	南加利福尼亚州加油站地块	干旱	更新原有的双向抽提和气相抽提系统，应对干旱造成的区域地下水位下降达 4 英尺的情形，提升了污染去除率
8	美国	加利福尼亚州弗雷斯诺加油站地块	干旱	采用更加适用于土壤包气带的气相抽提系统，应对干旱和农业用水导致的地下水位下降 16 英尺
9	美国	华盛顿甘布尔湾港地块	风暴	修复潮间带工程封顶，堆石堤与其他天然材料规模均扩大了 2 倍
10	美国	科罗拉多州落基山阿森纳兵工厂地块	风暴	强化填埋场封顶，由下到上包含混凝土—砾石—黏土—原生植被，并修建排水渠，保证顶层的低坡度
11	日本	东京福岛核电站	洪水	收集受洪水冲刷漂走的所有受污染土壤集装箱，建立应急预案
12	英国	阳光港滨河公园	应对气温上升、CO_2 排放	垃圾填埋场地建设成为绿地公园，并开展长期监控，形成碳汇资源，形成小气候，抑制气温上升，有利于区域可持续发展
13	意大利	都灵市区旧油漆厂改造地块	应对 CO_2 排放	改造为太阳能电厂，太阳能发电避免了 CO_2 的大量排放

注：* 1 英尺=0.304 8 m；** 1 平方英尺=0.092 9 m^2；*** 1 英亩=6.072 亩。

我国也有修复场地受到极端天气条件影响的案例。浙江某农药厂项目，在 2015 年夏、秋季施工期间遇到台风、暴雨等极端天气的严重影响。气象资料记录，2015 年 6 月浙江出现暴雨，部分地区洪涝；7 月 11 日第 9 号台风“鸿灿”登陆浙江；8 月第 13 号台风“苏迪罗”登陆台湾、福建，对浙江造成影响；9 月第 21 号台风“杜鹃”登陆福建、台湾，对浙江造成影响。

台风及暴雨导致该农药厂修复项目的原位热脱附施工区被雨水浸泡，施工设备设施受到不同程度的损坏。后经紧急抢修后施工得以继续进行，但工期和工程成本均受到了较大影响。图 2 显示了暴雨后，现场 3 m 深的基坑被淹没（左）；暴雨结束后，对修复设备进行抢修的场景（右）。

图 2　浙江某农药厂修复项目遭遇台风暴雨及设备修复场景（2015 年）

2018 年 10—11 月，西藏自治区昌都市江达县和四川省甘孜藏族自治州白玉县境内由于持续降雨发生山体滑坡，造成金沙江干流堵塞，在波罗乡白格村形成堰塞湖。为减少灾害损失，采取开挖泄洪措施，导致下游云南省迪庆藏族自治州范围内金沙江两岸的房屋、交通、供水、农田、水利、电力、通信、工矿企业和生态系统等受到严重的破坏。受到泄洪影响，香格里拉安乐铅锌矿尾矿发生垮塌，导致金沙江水质恶化，尾矿下游农田受到重金属污染，更有整个村庄被洪水淹没，洪水过后，村庄生态环境受到严重损害，如图 3 所示。经调查，受灾区域位于三江并流世界自然遗产保护区范围内。洪水导致的尾矿库垮坝事件对保护区的生态环境造成严重破坏。初步调查显示，对地表水的污染中心区主要为安乐铅锌矿尾矿库以下约 10 km 的金沙江水体。洪水覆盖区域遗留矿渣治理总量约 124 000 m^3，污染土壤约 12 600 m^3，造成周边农田污染 4 129 亩。洪水冲击后，土壤受洪灾严重，经过统计有万余亩农田被洪水冲击或浸泡。

图 3　安乐铅锌矿遗留矿渣及农田、村镇受损情况

1.3.2　地下水位波动变化影响土壤修复案例

地下水位波动会造成土壤包气带与含水层体积变化，影响地下水补径排关系，对土壤含水率、pH、氧化还原电位等理化性质造成显著影响，从而影响土壤修复效果。Jarsjö 等（2020）通过对北欧未来 20 年可能发生的地下水位抬升 20 cm 的情景进行模拟，结果显示，土壤中 As（Ⅲ）的浸出通量将比基线情景（地下水位不变）增大 1.8 倍，铅的浸出通量将增大 12 倍。这主要由于不同深度土壤中 Pb 的分配系数（K_d）受土壤含水率、氧化还原电位等理化性质影响较大。同时，在长期作用下，地下水位反复波动将比稳定升高带来更多的重金属通量的释放。

地下水位下降会使受到污染的包气带土壤方量增加，更多污染物直接暴露于土壤通道中而非含水层中，这有利于对土壤中污染源的清除。美国加利福尼亚州也有多个加油站或石油烃污染地块，由于近年来受到干旱和农业灌溉用水抽水作用，导致地下水位持续下降，例如，美国南加利福尼亚州某加油站地块和加利福尼亚州弗雷斯诺加油站地块，自修复以来其地下水位下降分别达到 4 英尺和 16 英尺。通过对地下水位的重新评估，更新了修复技术，采用更适用于土壤包气带的气相抽提技术，以扩大污染物清除范围，从而提高了修复效率。

2 应对气候变化对土壤修复活动影响的国际经验

作为应对气候变化战略行动的组成部分，发达国家从政策管理和工作机制、科学评估和技术规范、技术改进和工程案例推广等方面开展了土壤污染修复与风险管控的气候变化影响综合应对机制。建立了强化土壤污染修复效果、提高土壤修复工程实施稳定性以及应对气候变化影响的响应机制。其中包括相关战略规划的制定实施，评估技术导则和规范的发布以及弹性修复策略和修复工程措施完善等。这些国家上的应对策略、修复技术和工程评估体系以及绿色低碳和弹性修复案例可以供我们学习和参考。

2.1 健全土壤修复应对气候变化工作机制

美国有 60%的超级基金污染地块分布在潜在受气候变化影响区域（除中南部以外的海岸线区域均有分布，尤以东北部较为集中），影响类型主要包括洪水（35%的超级基金污染地块）、海岸灾害（10%）、野火（7%）等，部分超级基金污染地块同时受野火和海岸（3%）或野火和洪水（5%）灾害的影响（GAO，2019）。美国国家环境保护局（USEPA）、美国固体废物和应急响应办公室（OSWER）以及华盛顿州生态部等单位都提出过针对气候变化问题下的污染地块修复相关方案或导则。EPA 提出，在气候变化的背景下，棕地修复方案应在原本的基础上，结合历史资料和综合文献资源，充分考虑项目所在区域当前和未来预测的气候条件变化情况（如温度、降水量、极端天气事件、自然火灾风险、海平面高度、泛洪区等），根据气候变化引起的相关问题，考虑对应场地条件（如是否靠近海洋、基础设施脆弱性、因湿度和水力变化而造成的土壤类型脆弱性，地下水和地表饮用水脆弱性等），确定场地特定的风险因素。有效性评估包括每个备选方案能够在多大程度上适应已确定的气候变化风险因素，并要考虑修复的所有阶段和场地的长期再利用。OSWER 提出了气候变化适应性管理框架（CCAM），其中规定环境修复应对框架通常包括两个关键步骤，第一步是评估修复系统对气候变化影响的脆弱性，第二步是适时采取适应性措施，以确保修复技术有效防止人群或环境接触到污染物。该框架目前已较为成熟，许多州在进行场地修复的过程中都应用该方法解决气候变化带来的影响，该框架基本上已成为提升污染土壤、地下水和沉积物修复应对气候变化弹性的模板。此外，华盛顿州生态部编制了《弹性场地修复的适应战略》，认为气候变化会给华盛顿带来经济、公民健康和安全、环境和自然资源等方面的影响，适应这些影响对华盛顿十分重要。该战略初步提出了如何通过场地特定脆弱性评估，评估场地修复与气候变化相关的风险；提出如何在不同阶段识别提高应对气候变化弹性的适应措施，包括场地调查、修复技术选择、设计和实施，以及项目运维阶段。工作程序主要分为 3 个步骤：①识别气候变化影响；②利用地理信息系统（GIS）开展特定场地脆弱性评估；③根据脆弱性评估结果制定适应战略。

2.2 发布全过程评估体系和应对技术指南

2.2.1 气候变化适应性实施计划

基于气候变化适应性管理框架，OSWER 发布了《气候变化适应性实施计划》（以下简称《实施计划》），以识别气候变化对其工程项目的影响，并在实际操作中考虑如何应对这些影响。具体方法如下：首先，提出一套综合的脆弱性指标；其次，对每一项脆弱性指标提出一套评价标准，以指导后续措施的开展；最后，根据脆弱性指标评价结果提出针对性优先行动，对最关键的脆弱性指标制定具体行动措施。

《实施计划》共提出 27 项脆弱性指标，包含土地保护（分为废物合理处置和降低化学品排放风险两类）、场地修复、应急响应和其他（如分析工具模型、可靠的数据来源、培训情况等）四大方面。每项脆弱性指标都有一套评价标准，包含“特性标准”（潜在影响程度和发生可能性）和“机遇标准”（EPA 在该领域是否有影响力、该领域在多大程度上尚未考虑气候变化影响、EPA 参与可能性、把气候变化纳入现有工作中的可能性，包括制定规则、改变资助标准、更新导则和培训等方面），由不同的利益相关方分别对每一项指标进行评分。最后针对关键的脆弱性指标来制定具体行动措施，包括 26 项优先行动。同时，《实施计划》提出了气候变化可能对特定人群、区域产生更大的影响，如儿童、老年人、少数民族、穷人和已经受到环境污染等影响的人群，以及处于脆弱生态系统或污染场地附近的区域。

2.2.2 土壤修复适应性和弹性评估框架

O’Connell 和 Hou（2019）通过借鉴 EPA 的 CCAM 框架，提出了一个包含 5 个方面的气候变化适应和弹性评估框架。一是确定利益相关方和评估的边界（直接受修复方案和修复工程影响的实体和责任方，包括业主、邻居/附近居民、监管机构、项目经理和现场工作人员等）。在现场可能遭受极端气候影响的情况下，项目利益相关方还可能包括应急人员、水电等公用事业供应商和危险废物管理专家。要认识到气候变化的影响可能是持久的长期影响，将涉及从社会、社区等角度来看与环境正义有关的问题。项目利益相关方和评估边界可能会随着修复进程的变化而演变。二是识别因气候变化以及对地块修复过程和活动造成负面影响的极端事件产生的潜在风险，并进行优先排序。三是确定潜在机遇及其优先次序。气候变化的影响实际上可以为研究、创新和开发更强有力的解决方案创造新的机遇，以完善污染场地的长期修复方案。气候变化适应或调整可能是保护性的（防范极端天气的负面影响）或机会主义的（利用极端天气的一切有利影响）。四是借鉴受到过气候变化和极端事件影响的地块已有修复经验来制定适应策略。现有的适应措施大致可分为气候变化影响评估、场地加固和改进策略 3 类。气候变化影响评估需要对项目实施周期内预期的气候变化影响的短期和长期风险进行系统识别；场地加固，可包括通过提高设计标准以应对年降水量的增加或者增加污染治理系统的备份；最终的过程改进策略，包括整体的修复方法改进以及从调查、评估、设计、运维，到与之相关的气候变化风险等。五是定期更新适应计划，这是弹性修复的一个关键要素，可以适应气候条件变化、抵御突发的极端影响，同时仍使系统正常运转或比影响发生前更好。这需要定期重新评估气候条件和场地对气候影响的脆弱性，并评估弹性修复方法的前景。

2.2.3 修复方案应对气候变化弹性评估技术指南

华盛顿州生态部提出，备选修复方案评估主要分为两个步骤进行评估，第一步是备选方案的初筛评估。旨在减少备选方案，剔除明显不保护人类健康或环境、不符合法规或不可实施的方案。此外，针对气候变化下的备选方案，还应将是否具有长期有效性作为初筛标准。第二步是对备选方案进行详细评估。共分为 7 类评估内容：①从方案的最终保护性（降低风险）进行评估；②从方案的永久性（受气候变化影响的脆弱性）进行评估；③从方案的成本包括气候变化相关影响会造成的损害等进行评估；④从方案的长期有效性进行评估；⑤从方案的短期风险管理（包括气候变化对修复的影响）进行评估；⑥从方案的技术、程序可行性进行评估；⑦从方案对公众关注问题的考虑情况进行评估。

2.3 推广弹性强和可持续的修复工程范例

2.3.1 植物修复在沿海棕地区域的弹性评估案例

O’Connor 等（2019）基于实际案例对沿海棕地修复再开发项目开展了气候变化弹性和可持续性评估。美国旧金山湾区有数千个污染地块可能受到海平面上升的影响，该研究调查了其中一个采取植物修复四氯乙烯（PCE）污染羽的棕地，使用生命周期评估（LCA）确定一次和二次影响，并研究了场地系统应对不同海平面上升情景及水气候条件的弹性。生命周期评价的范围包括从原材料和能源的获取、设备的获取和使用、运输、施工到废物处理。研究单元是处理 9 000 m^3 的 PCE 污染含水层，评价的时间框架是 100 年。4 种情景包括海平面不变、小幅上升、适度上升和大幅上升。结果发现，植物修复只产生了很小的环境足迹，并具有较低成本和可观的社会经济效益。植物修复可以通过提升场地美观性，很好地适应场地再开发的需要。此外，在海平面适度上升情景下，地下水水力梯度降低，自然生物降解程度增加、污染羽迁移降低，因此产生较小的生命周期影响。整体来看，该地块植物修复对海平面适度上升和气候变化引起的其他水气候影响具有弹性。但修复系统的有效性受到海平面上升的影响，这种影响的大小取决于海平面上升的程度以及当地的水文地质系统。海平面上升对系统性能的影响是非线性的，在海平面大幅上升的情况下，预测结果显示系统性能会突破阈值显著受损。

2.3.2 意大利棕地改造为太阳能发电厂的经济效益评估案例

都灵市是意大利和欧洲的工业中心之一，历史上有众多关停废弃的工业地块。特伦塔米特罗（Trentametro）项目建立了一个包含 130 多个历史废弃的工业地块的空间信息库。基于该项目，Mecca 等（2019）选取了位于城市中心区域的某旧油漆厂地块，从成本效益方面对该污染地块弹性修复方案的净效益和可持续性开展评估，以尝试将弹性修复方案所带来的废弃物减少、绿色能源生产等效益进行量化评估。该地块计划建设成一个太阳能发电厂，满足当地公共行政部门的部分用电需求。由于土地受到污染，因此仅对厂区建筑本身和外部区域进行改造，而尽量不进行任何地面开挖等改造。研究分析了建设运维等成本和发电量产生的净效益，分析预测了 25 年后的结果。考虑城市公共行政部门用电是否可以自给自足两种情况，并假设每年的用电需求不变，而发电量每年递减 0.75%。结果表明，当考虑电价存在 2.5%的通货膨胀、运维成本价格存在 2%的通货膨胀时，无论当地公共行政部门用电是否可以自给自足，25 年后该场地都可产生一定的净效益。同时，太阳能发电避免了大量 CO_2 的排放（25 年约 2 833 t）。通过采取避免大规模修复且生产绿电的弹性策略，降低了棕地再开发利用的环境足迹和碳足迹，具有环境可持续性。

3 加强气候变化对我国土壤修复影响评估与应对的初步建议

“十四五”时期，我国还会持续推进土壤污染的调查评估和治理修复工程实施，尤其是推广绿色可持续的风险管控。预计土壤修复的社会投资、修复体量、工程技术使用丰富度都会有大幅提升和发展。随着我国全面实施《中华人民共和国土壤污染防治法》和深入打好净土保卫战的工作推进，预计未来 5 年土壤污染修复产业规模会逐步扩大，土壤修复工程尤其是长期风险管控的案例会大幅增加。过去十多年，国内与气候变化相关的土壤污染案例，尤其是西南地区有色金属采选导致的下游农田重金属污染显著增多，在湖南、广西、云南、贵州等地，由于局部强降雨等气候灾害导致下游河道和沿岸农田土壤重金属污染的案例比较普遍。在污染地块修复技术方案制定和评估、工程实施的应急保障基础建设以及修复效果的长期稳定达标等方面，都缺少应对气候变化的响应机制和储备，在上海、宁波、武汉、南京、天津等地，都出现过极端天气带来的土壤修复工程效果受到严重影响的情况，土壤修复的弹性和气候变化影响应对能力仍需要全面提高。

3.1 开展专题研究，建立评估程序方法

当前，我国尚未系统开展土壤修复与气候变化的关系研究。建议：①在技术储备方面，研究土壤修复与气候变化的交互机制与弹性修复策略。开展气候变化对土壤修复工程和技术的潜在影响和危害分析，从修复技术储备和工程实施角度建立综合评估基础能力，提出应对气候变化影响的土壤修复工程和管理对策，研究提高修复弹性的土壤修复策略和工程技术建议。②在评估体系方面，建议重点开展长期风险管控工程、台风影响区域土壤修复工程基础设施、沿海受到海平面上升和地下水水位波动等类型影响的土壤污染修复工程应对气候变化评估技术方法与工具。③在修复技术筛选和方案编制方面，建议重点加强对极端天气影响修复效果的防范措施，细化修复装备技术在不同气候条件下适用性预测分析和

修复工程全生命周期的碳排放减量等。

3.2 提出应对方案，纳入“十四五”工作

气候变化对土壤修复效果带来的潜在风险和影响是未来显性可预期的，从概率和长期来看，气候变化影响对土壤修复技术筛选和技术适用性评估是土壤修复策略是否可行的重要考量内容。建议“十四五”时期，国家层面开展应对气候变化的土壤修复相关技术和政策机制创新研究。科学研究方面，应推动相关研究从数据基础、信息分析方法、评估工具、管理规定等提供支撑。地方层面应评估辖区内土壤修复和风险管控可能遭受气候变化带来的影响和风险分析，并制定系统的应对策略方案。重点省（区、市）编制土壤修复应对气候变化专项应急预案，系统评估重点区域土壤修复施工可能遭受的气候变化影响。建议将推动建立土壤污染防治应对气候变化工作机制纳入“十四五”生态环境保护专项规划工作任务中。

3.3 推广典型案例，增强土壤修复弹性

建议梳理近年来遭受极端天气或水文变化等气候变化影响的土壤修复工程案例，评估现有修复技术和施工方案在应对气候变化方面的不足和重点关注要素。在沿海地区、东南地区和华南地区等容易遭受台风和暴雨等影响区域开展土壤修复工程应对极端天气风险的典型应对试点案例。在西南地区开展山洪等强径流可能导致的历史遗留尾砂、酸性矿井水、河道底泥等对下游农田和村庄的污染事件防控风险分析试点案例。在西北地区和华北地区开展由于异常干旱等气候影响可能对土壤修复工程尤其是植物修复和长期风险管控工程的影响评估与应对试点案例。分区域、分类型开展应对气候变化技术储备、评估体系和工程示范案例，系统构建国家提高土壤修复弹性的案例和技术储备。

3.4 制定技术导则，纳入评估监管体系

建议研究提出土壤修复应对气候变化的相关政策措施，制定土壤修复和风险管控应对气候变化在单个地块和区域尺度的评估技术指南和应对技术导则。在一些遭受气候变化影响严重或频发的区域，建议制定防止气候变化导致的土壤污染加剧或突发事件导致的土壤污染扩散专项任务清单，将土壤修复和风险管控应对气候变化的相关措施和保障纳入日常生态环境监管内容。从经济政策、行政管理、工程技术等多角度综合施策，减少气候变化对土壤修复效果的负面影响，提高土壤修复行业应对气候变化的弹性，降低气候变化可能给土壤修复事业带来的损失。

参考文献

[1] EIU. Global economy will be 3 percent smaller by 2050 due to lack of climate resilience [EB/OL].（2019-11-20）[2021-03-04]. https://www.eiu.com/n/global-economy-will-be-3-percent-smaller-by-2050-due-to-lack-of-climate-resilience/.

[2] 侯燕捷．近 15 年来气候变化对中国经济的直接影响[J]．吉林林业科技，2015（1）：48-54.

[3] 孙宁，徐怒潮，张文博，等．2020 年土壤修复行业发展报告（工程篇） [EB/OL]．（2021-02-15）[2021-03-04]. https://www.hbzhan.com/news/detail/140397.html.

[4] 倪依琳，王晓，廖原，等．土壤修复行业政策市场研究与“十四五”展望[J]．环境保护，2021，49（2）：19-24.

[5] 联合国．“团结在科学之中”报告：气候变化并未因 COVID-19 而止步[EB/OL].（2020-09-09）[2021-03-04]. https://www.un.org/zh/climatechange/science/key-findings.

[6] 严中伟，丁一汇，翟盘茂，等．近百年中国气候变暖趋势之再评估[J]．气象学报，2020，78（3）：370-378.

[7] 林婧婧．气候变暖背景下我国气候态变化对气候检测、评估和监测的影响[D]．兰州：兰州大学，2015.

[8] 翟盘茂，王萃萃，李威．极端降水事件变化的观测研究[J]．气候变化研究进展，2007（3）：144-148.

[9] 中国气象局国家气候中心．气候系统监测・诊断・预测・评估[DB/OL].（2015-09）[2021-03-04]. http://cmdp.ncc-cma.net/Monitoring/cn_china_extreme.php.

[10] 董璟琦，张红振，王金南，等．渔溪河流域重金属采选污染调查与来源初步分析[J]．环境污染与防治，2015，37（12）：10-14，19.

[11] 马柱国，任小波．1951—2005 年中国区域气候变化与干旱化趋势[J]．气候变化研究进展，2007，3（4）：195-201.

[12] MACO B，et al. Resilient remediation：Addressing extreme weather and climate change，creating community value[J]. Remediation，2018，29：7-18.

[13] USEPA. American Cyanamid Superfund Site Reduces Climate Exposure [EB/OL].（2021-03-04）. https://www.epa.gov/arc-x/american-cyanamid-superfund-site-reduces-climate-exposure.

[14] USEPA. Evaluation of Remedy Resilience at Superfund NPL and SAA Sites[R]. 2018.

[15] JARSJÖ J，et al. Projecting impacts of climate change on metal mobilization at contaminated sites：Controls by the groundwater level[J]. Science of the Total Environment，2020，712：1-13.

[16] US EPA. Checklist：How to address changing climate concerns in an analysis of brownfield cleanup alternatives（ABCA）[DB/OL].（2021-03-04）. https://nepis.epa.gov/Exe/ZyPURL.cgi?Dockey=P100IFF5.txt.

[17] USEPA. OSWER Climate Change：Adaptation Implementation Plan [EB/OL].（2014-06）[2021-03-04]. https://www.epa.gov/sites/production/files/2018-08/documents/oswer-climate-change-adaptation-plan.pdf.

[18] Washington State Department of Ecology. Adaptation Strategies for Resilient Cleanup Remedies：A Guide for Cleanup Project Managers to Increase the Resilience of Toxic Cleanup Sites to the Impacts from

Climate Change [EB/OL].（2017-11）[2021-03-04]. https://apps.ecology.wa.gov/publications/SummaryPages/1709052.html.

[19] KUMAR G，REDDY K R. Addressing Climate Change Impacts and Resiliency in Contaminated Site Remediation[J]. Journal of Hazardous，Toxic，and Radioactive Waste，2020，24（4）：04020026.

[20] O'CONNELL S，HOU D. Resilience：A new consideration for environmental remediation in an era of climate change[J]. Remediation Journal，2015，26（1）：57-67.

[21] O'CONNOR D. et al. Phytoremediation：Climate change resilience and sustainability assessment at a coastal brownfield redevelopment[J]. Environment International，2019，130：104945.

[22] MECCA U，et al. Impact of Brownfield Sites on Local Energy Production as Resilient Response to Land Contamination：A Case Study in Italy[J]. Sustainability，2019，11（8）：2328.

[23] GAO. Superfund：EPA Should Take Additional Actions to Manage Risks from Climate Change. GAO-20-73. Washington，D.C.：US Government Accountability Office. https://www.gao.gov/products/GAO-20-73. 2019.

[24] MARCHESE D，REYNOLDS E，BATES M E，et al. Resilience and sustainability：Similarities and differences in environmental management applications[J]. Science of The Total Environment，2018，613-614：1275-1283. doi：https://doi.org/10.1016/j.scitotenv. 2017.09.086.

我国陆地生态系统碳储量和碳汇时空变化特征分析

Spatio-temporal Variation of Carbon Storage and Carbon Sinks in Chinese Terrestrial Ecosystem

周颖　周夏飞　王凯霖　马国霞　於方　杨威杉　唐泽　彭菲　王金南[①]

摘　要　陆地生态系统不仅是地球系统最重要的碳库，也是大气的重要碳汇，在全球碳循环中扮演着重要角色。开展陆地生态系统碳储量和碳汇的探索研究对推进生态系统价值核算、助力全国“碳中和”目标的实现具有重要意义。全国 2020 年总有机碳储量为 1 001.7 亿 t。2001—2020 年全国年均陆地碳汇为 1.86 亿 t，总体呈增加趋势，其中通过退耕还林还草增加碳储量 27.3 亿 t，而城镇化进程导致土壤碳储量减少 19.8 亿 t。2060 年森林碳储量预计 137.6 亿 t，2040 年和 2060 年森林碳汇预测分别为 0.88 亿 t 和 0.42 亿 t。建议建立碳库动态变化监测和核算体系，为生态环境部门全面掌握生态系统碳储量和碳汇情况奠定基础。深入研究生态产品资本化的实现途径和碳汇资产的经营方式，多措并举推动各种生态系统的管理和保护，实现生态系统的增汇降污作用。

关键词　陆地生态系统　碳储量　碳汇

Abstract　Terrestrial ecosystem is not only the most important carbon pool，but also an important carbon sink of the Earth，and plays an important role in the global carbon cycle. The research of terrestrial ecosystem carbon storage and carbon sink is of great significance for promoting ecosystem value accounting and contributing to the realization of national carbon neutrality goals. China's total organic carbon reserves in 2020 will be 100.17 TgC. From 2001 to 2020，the average annual terrestrial carbon sink in China is 0.186 TgC，and converting farmland to forest or grassland will increase carbon reserves by 2.73 TgC，while the urbanization process will reduce soil carbon storage by 1.98 TgC. Forest carbon reserves will be 13.76 TgC in 2060，and forest carbon sinks are projected to be 0.088 TgC in 2040 and 0.042 TgC in 2060. It is suggested to establish a monitoring and accounting system for the dynamic change of carbon pool，so as to lay a foundation for the ecosystem carbon storage and carbon sink. It is suggested to research on the realization of the capitalization of ecological products and the management mode of carbon sequestration assets，and multiple measures to promote the management and protection of various ecosystems，so as to realize the role of ecosystem sink increase and pollution reduction.

Keywords　errestrial ecosystem；carbon storage；carbon sink

① 生态环境部环境规划院生态环境与经济核算中心（北京，100012）。

气候变化是当前人类生存和发展所面临的共同挑战，受到世界各国人民和政府的高度关注，全球如果不能大幅减少温室气体排放，地球上的生态系统有可能发生变化，危及动植物安全，使人类同时面临由于气候原因引起的干旱、洪涝、风灾、泥石流、农作物生物灾害等多种气候灾害并发的威胁。[1]中国作为一个负责任的发展中大国，不断为减缓全球气候变化做出努力。在第七十五届联合国大会一般性辩论上，习近平主席提出，中国将提高国家自主贡献力度，采取更加有力的政策和措施，力争 2030 年前 CO_2 排放达到峰值，努力争取 2060 年前实现“碳中和”；在气候雄心峰会上，习近平主席进一步宣布，到 2030 年，中国森林蓄积量将比 2005 年增加 60 亿 m^3。

1 前言

随着全球变化与陆地生态系统关系研究的深入，以及联合国气候变化框架协议的实施，陆地生态系统碳储量和碳平衡已成为国际生态学研究的热点。海洋、土壤和森林构成世界三大碳库，而土壤等陆地生态系统固碳是当前国际社会公认的最经济可行和环境友好的减缓大气 CO_2 浓度升高的重要途径之一。[2]《京都议定书》第 3.4 款明确规定，世界各国可以通过增加陆地生态系统碳储量来抵消经济发展中的碳排放量。[3,4] 在《中华人民共和国国民经济和社会发展第十四个五年规划和 2035 年远景目标纲要》中明确指出要“提升生态系统碳汇能力”。

陆地生态系统的碳汇功能是指研究区域内森林、草地、湿地和农田等生态系统碳储量增加而固定大气 CO_2 的生态系统服务。生态系统在生长过程中从空气中吸收大量 CO_2 并将其储存在各个部分中，生态系统的碳储量是某个时间点生态系统的植被有机碳储量、凋落物有机碳储量和土壤有机碳储量的总和。[5] 某个时期生态系统碳汇可以用这个时期期末和期初两个时点的碳储量之差来表示，如果碳储量在一段时期内是增加的，生态系统则发挥碳汇的功能，反之，当一段时期碳储量减少，生态系统发挥碳源的作用。生态系统碳储量和碳汇关系如图 1 所示。

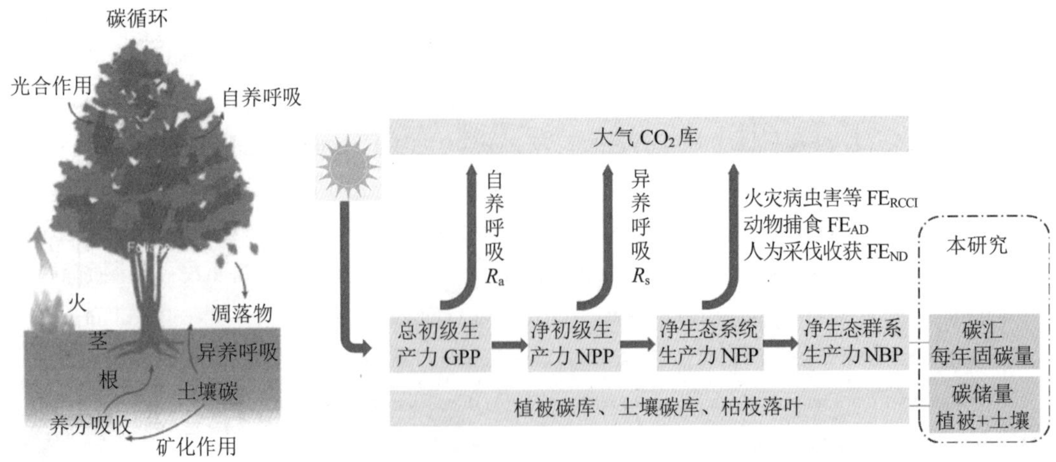

图 1 生态系统碳循环示意图[6]和碳汇、碳储量关系示意图

陆地生态系统是指地球表面陆地生物群落及其环境通过能流、物流、信息流形成的功能整体，包括森林生态系统、草地生态系统、湿地生态系统、农田生态系统、城市（城镇）生态系统和其他生态系统等类型，陆地生态系统具体地类划分方式如表 1 所示。

表 1　陆地生态系统划分

生态系统	土地利用类型	地类名称
森林生态系统	31	有林地
	32	灌木林地
	33	其他林地
草地生态系统	41	天然牧草地
	42	人工牧草地
	43	其他草地
城市（城镇）生态系统	101	铁路用地
	102	公路用地
	104	农村道路
	105	机场用地
	201	城市
	202	建制镇
	203	村庄
	204	采矿用地
	205	风景名胜及特殊用地
农田生态系统	11	水田
	12	水浇地
	13	旱地
	21	果园
	23	其他园地
	122	设施农用地
	123	田坎
湿地生态系统	111	河流水面
	112	湖泊水面
	113	水库水面
	114	坑塘水面
	116	内陆滩涂
	117	沟渠
	118	水工建筑用地
	125	沼泽地
其他生态系统	124	盐碱地
	126	沙地
	127	裸地

陆地生态系统不仅是地球系统最重要的碳库[7,8]，也是大气的重要碳汇[9]，在全球碳循环中扮演着重要角色。[10,11]因此，如何提高土壤和森林等生态系统碳储量和固碳速率，是

当前国际社会广泛关注的焦点。中国陆地生态系统具有非常强的固碳速率和潜力，尤其是森林生态系统，其碳储量的增减情况会显著影响全球碳收支平衡。[12-14] 碳储量是《环境经济核算体系中心框架——生态系统核算》（*System of Environmental Economic Accounting-Ecosystem Accounting*，EA）中的重要内容，固碳功能也是生态系统服务价值核算中的重要组成部分。开展陆地生态系统有机碳储量和碳汇的探索研究对推进生态系统价值核算、助力国家“碳达峰”与“碳中和”目标的实现具有重要意义。

2 核算方法

2.1 碳储量核算方法

2.1.1 主要核算方法

陆地生态系统结构复杂，不同植被类型的碳储量直接获取非常困难，主要分为植被和土壤两部分进行碳储量核算。

（1）植被碳储量核算方法

1）基于样地清查的植被碳储量核算方法。植被碳储量尤其是森林碳储量，主要是基于清查样地资料的基础数据进行核算，主要包括皆伐法（样方法）、平均生物量法和蓄积扩展因子法。

2）基于模型的碳储量核算方法。根据碳储量核算的不同尺度和不同手段，碳储量核算模型主要分为 3 类：一是基于生长收获的模型，如生物量模型、全碳库模型和林窗模型等；二是利用遥感估算生产力的模型；三是过程模型，又可分为基于单株、林分以及生态系统尺度的过程模型。

3）通量观测方法。陆地生态系统通量观测研究网络是在陆地生态系统建立的长期观测研究设施，对自然或者人为干扰状态下生态系统碳收支的动态变化格局与过程进行长期监测，能够识别和剔除生态环境短期波动带来的不确定性，探究生态系统演替的内在规律、变化机制以及周期性规律，为陆地碳储量核算提供支持。

（2）土壤碳储量核算方法

土壤碳是指陆地碳循环中的土壤有机碳，土壤碳库的微小扰动都会对陆地生态系统的碳源/汇产生重大影响。在核算土壤碳储量时，主要有以下几种核算方法：

1）土壤类型法。根据不同土壤类型单位面积上的采样调查数据获取该类型的土壤碳储量，再根据土壤类型图计算区域土壤碳储量。这种方法最为简单，数据较易获取，但是不能很好地反映同一类型内部的空间变异性，在缺乏土壤分类或土地变更频率高的地区不适用，不便于向大尺度扩展。

2）生命带研究法。由于土壤有机碳受到多种因素影响，可以通过建立土壤碳密度与其周围环境、土壤、气候、植被、地形地貌等因素的关系估算区域碳储量。该方法在核算过程中，可以更好地反映气候因素和植被分布对土壤有机碳储量的影响，但植被与土壤类型无法一一对应，在土地利用方式不断变化的情况下，估算的误差较大。

3）模型估算法。通过各种土壤循环模型估算土壤碳储量，可以综合考虑各种影响因子，结合实测和模拟数据估算出土壤碳储量及其动态变化，但是需要大量相关的连续数据，模型的参数化和初始化较为困难，容易造成细节内容缺失。

4）相关关系估算法。通过建立统计关系，在有限数据的基础上估算土壤碳储量，该方法方便快捷，但各区域的主要控制因素不同，相关性表现不一，往往只能适用于特定区域。

5）GIS 估算法。GIS 估算法是利用遥感影像数据，结合野外实地调查数据，根据土壤样品的测试结果得到土壤碳密度，在 ArcGIS 中进行空间插值，从而得到土壤碳密度的空间分布，将其与土地利用类型数据叠合分析后得到区域的土壤碳储量。该方法在进行空间插值时，受地图精度、数据相关和连续性、模型参数等因素的制约，容易产生误差。

2.1.2 本文采用的核算方法

本文基于 GIS 估算法，在 15 510 个碳密度数据集[15]的基础上，分别核算植被地上碳储量、植被地下碳储量和土壤碳储量。计算我国碳储量主要分为两步：第一步估算每个生态区的不同生态系统植被碳储量和土壤碳储量，即根据不同类型生态系统植被碳密度、土壤碳密度及其对应面积计算碳储量，进而估算各生态区的碳储量；第二步从区域尺度到国家尺度，即将第一步计算所得的各个生态区的碳储量加和得到中国陆地生态系统总的碳储量，计算公式如下：

$$\text{storage} = \sum_{i=1}^{m}\sum_{j=1}^{n}(\text{SOCD}_{aij} \times S_{ij} + \text{SOCD}_{rij} \times S_{ij} + \text{SOCD}_{sij} \times S_{ij}) \tag{1}$$

式中，storage 为陆地生态系统总的有机碳储量；i 为生态区类型；j 为生态系统类型；m 为生态区的类型总数；n 为生态系统的类型总数；S_{ij} 为第 i 类生态区第 j 类生态系统的面积；SOCD_{aij} 为第 i 类生态区第 j 类生态系统植被地上有机碳密度；SOCD_{rij} 为第 i 类生态区第 j 类生态系统植被地下有机碳密度；SOCD_{sij} 为第 i 类生态区第 j 类生态系统土壤有机碳密度。

需要说明的是，第一步中若生态区内某一类型生态系统的土壤样点数少于 10 个，或生态区内某一类型生态系统的土壤样点空间分布极不均匀（如样点集中分布在很小的区域，而大部分区域没有样点），则需要结合相邻的、气候环境相似生态区中同一类型生态系统的样点数据来估算。

2.1.3 基础数据

（1）土地利用类型数据

采用 2020 年全国土地利用类型图，数据来源于中国科学院资源环境科学与数据中心（http://www.resdc.cn）空间分辨率为 1 km×1 km。

（2）陆地生态系统碳密度数据集

数据集来源于国家生态科学数据中心资源共享服务平台（http://www.cnern.org.cn），数据集覆盖了森林、草地、农田、湿地和灌丛等主要生态系统类型，包含植被地上碳密度、植被地下碳密度和不同深度（0～20 cm 和 0～100 cm，本文主要研究 1～100 cm 深度碳储量）土壤有机碳密度。

（3）生态地理区划数据

该数据集根据中国气候、地貌、地形等特征，将中国陆地生态系统划分为不同的生态区域，详见表 2。数据来源于中国科学院资源环境科学与数据中心（http://www.resdc.cn）。

表 2　中国生态地理分区

温度带	干湿地区	自然区
Ⅰ　寒温带	A　湿润地区	ⅠA1 大兴安岭
Ⅱ　中温带	A　湿润地区	ⅡA1 三江平原 ⅡA2 东北东部山地 ⅡA3 东北东部山前平原
	B　半湿润地区	ⅡB1 松辽平原中部 ⅡB2 大兴安岭南部 ⅡB3 三河山麓平原丘陵
	C　半干旱地区	ⅡC1 松辽平原西南部 ⅡC2 大兴安岭南部 ⅡC3 内蒙古高平原东部
	D　干旱地区	ⅡD1 内蒙古高平原西部及河套 ⅡD2 阿拉善及河西走廊 ⅡD3 准噶尔盆地 ⅡD4 阿尔泰山与塔城盆地 ⅡD5 伊犁盆地
Ⅲ　暖温带	A　湿润地区	Ⅲ A1 辽东胶东山地丘陵
	B　半湿润地区	Ⅲ B1 鲁中山地丘陵 Ⅲ B2 华北平原 Ⅲ B3 华北山地丘陵 Ⅲ B4 晋南关中盆地
	C　半干旱地区	Ⅲ C1 晋中陕北甘东高原丘陵
	D　干旱地区	Ⅲ D1 塔里木与吐鲁番盆地
Ⅳ 北亚热带	A　湿润地区	ⅣA1 淮南与长江中下游 ⅣA2 汉中盆地
Ⅴ 中亚热带	A　湿润地区	ⅤA1 江南丘陵 ⅤA2 江南与南岭山地 ⅤA3 贵州高原 ⅤA4 四川盆地 ⅤA5 云南高原 ⅤA6 东喜马拉雅南翼
Ⅵ 南亚热带	A　湿润地区	ⅥA1 台湾中北部山地平原 ⅥA2 闽粤桂丘陵平原 ⅥA3 滇中山地丘陵
Ⅶ 边缘热带	A　湿润地区	Ⅶ A1 台湾南部低地 Ⅶ A2 琼雷山地丘陵 Ⅶ A3 滇南谷地丘陵

温度带	干湿地区	自然区
Ⅷ 中热带	A 湿润地区	Ⅷ A1 琼雷低地与东沙、中沙、西沙诸岛
Ⅸ 赤道热带	A 湿润地区	ⅨA1 南沙群岛
HⅠ 高原亚寒带	B 半湿润地区	HⅠB1 果洛那曲丘状高原
	C 半干旱地区	HⅠC1 青南高原宽谷
		HⅠC2 羌塘高原湖盆
	D 干旱地区	HⅠD1 昆仑高山高原
HⅡ 高原温带	A/B 湿润/半湿润地区	HⅡA/B 1 川西藏东高山深谷
	C 半干旱地区	HⅡC1 青东祁连山地
		HⅡC2 藏南山地
	D 干旱地区	HⅡD1 柴达木盆地
		HⅡD2 昆仑山北翼
		HⅡD3 阿里山地

2.2 碳汇核算方法

2.2.1 主要核算方法

国内外在碳汇核算过程中主要有以下几种核算方法[16]：

（1）基于生物量和十壤碳储量清单调查的评估方法

利用长期的高密度的植被生物量和土壤碳储量清查资料评估区域生态系统碳库及碳通量、评价区域甚至全球的碳收支，是目前主流的生态系统碳收支评估方法，这种方法获得的所有基础数据均为实测值，具有很高的可信度。

（2）基于生态系统通量观测的评估方法

涡度相关通量观测可以在较短时间内获得大量高时间分辨率的 CO_2 通量和环境变化数据，为开展不同时间尺度的碳通量变化及其环境相应机理研究提供便利，但这种方法更适合小尺度生态系统观测。

（3）基于遥感数据的评估

日本、美国和我国都已经发射了“碳”卫星监测全球 CO_2 浓度，可以提供高精度 CO_2 观测数据，但这种方法必须与大气反演等方法结合才能对区域或全球的碳收支进行评估，而且观测结果的可靠性还需要地面观测数据的验证。

（4）基于大气 CO_2 浓度观测数据反演的评估

这是自上而下核算碳收支的一种方法，利用大气传输模型将高塔观测的大气 CO_2 浓度分解为不同来源的源和汇，虽然反演的 CO_2 浓度在全球尺度上观测较为一致，但对区域通量的模拟还存在较大的不确定性。

（5）基于过程和遥感模型的评估方法

利用陆地生物圈模型评估区域和全球碳收支的方法是一种自下而上的技术方法，将人们对陆地生物圈碳交换过程控制机理的理解推演到更大的时空尺度。

2.2.2 本文采用的核算方法

本文采用基于过程和遥感模型的评估方法核算植被碳汇，没有考虑土壤碳汇过程。净生态系统生产力（NEP）是定量化分析生态系统碳源/汇的重要科学指标，生态系统固碳量可以用 NEP 衡量。NEP 可根据 NPP 与 NEP 的相关转换系数换算得到，公式如下：

$$\mathrm{NEP} = \alpha \times \mathrm{NPP} \times M_{\mathrm{C_6}} / M_{\mathrm{C_6H_{10}O_5}} \tag{2}$$

式中，NEP 为净生态系统生产力，tC/a；α为 NEP 和 NPP 的转换系数；NPP 为净初级生产力，t 干物质/a；$M_{\mathrm{C_6}} / M_{\mathrm{C_6H_{10}O_5}}$=72/162，为干物质转化为碳（C）的系数。

2.2.3 基础数据

（1）土地利用类型数据

包括 2000 年、2005 年、2010 年、2015 年和 2020 年我国土地利用类型图，数据来源于中国科学院资源环境科学与数据中心（http://www.resdc.cn），空间分辨率为 1 km×1 km，时间分辨率为 1 a。

（2）植被净初级生产力数据（NPP）

选择 MOD17A3 数据集，时间跨度为 2000—2019 年，数据来源于美国国家航空航天局（NASA）的 EOS/MODIS 产品（http://e4ftl01.cr.usgs.gov），空间分辨率为 1 km×1 km，时间分辨率为 1 a。

2.3 土地利用变化对碳储量变化影响核算方法

2.3.1 主要核算方法

在分析土地利用变化对碳储量影响的方法主要有以下几种[16]：

（1）时间序列的对比法

这是在研究不同土地利用变化对碳储量影响中最直观的方法，例如可以利用不同时期的土地利用清查和专项统计数据得到两个时期间的土地利用变化，卫星遥感数据也用于从景观到全球尺度的土地利用变化特征和空间分布规律。

（2）土地利用变化的模型分析法

统计模型采用多元统计方法，分析各个候选驱动因子对土地利用变化的贡献，找出在某个区域和环境条件下引起土地利用变化的主要驱动因素。基于过程描述的动态模型可以表征引起土地利用变化的多种因素的相关作用关系，可以更好地表征多因素对土地利用变化的影响。

（3）土地利用变化的卫星遥感分析方法

通过对不同空间分辨率和波段组合遥感数据的解译和分类处理，获得区域乃至全球范围内的土地覆盖和土地利用状况信息，同时定量遥感方法在计算土地利用强度、森林火灾、草原退化、土壤侵蚀和农业耕作的监测等方面起着积极作用。

（4）CDM 造林再造林对碳收支影响的评估方法

CDM 项目碳汇计量与认证限定的项目活动类型是特指在 1990 年以后直接由人类引起的土地利用、土地利用变化和林业活动。CDM 造林与再造林项目的碳汇是指由人为措施和项目实施边界内产生的额外碳固定，可以用项目实施后边界内的碳储量减去基线碳库核算分析碳增加量，并扣除在边界外产生的碳泄漏和项目边界内增加的碳排放量。

2.3.2 本文采用的核算方法

本文利用土地利用变化的卫星遥感分析方法，结合国家林业和草原局发布的退耕还林还草统计数据和碳密度数据集，核算我国 2001—2019 年各省退耕还林还草对碳储量和碳汇的影响。利用 2000 年、2005 年、2010 年、2015 年、2020 年土地利用数据和碳密度数据集，核算我国在 2000—2020 年由于土地利用变化对碳储量和碳汇的影响。

$$\Delta C = \sum_{i=1}^{3}\sum_{j=1}^{n}\Delta SOCD_{ij} \times A_j \tag{3}$$

式中，ΔC 为全国碳储量变化；$\Delta SOCD$ 为碳密度变化；i 为植被地上碳、植被地下碳、土壤有机碳；j 为不同生态地理区；A_j 为不同生态地理区的面积。

2.3.3 基础数据

（1）土地利用类型数据

2000 年和 2020 年全国土地利用类型图，数据来源于中国科学院资源环境科学与数据中心（http://www.resdc.cn），空间分辨率为 1 km×1 km。

（2）全国各省退耕还林还草面积

利用国家林业和草原局发布的《中国退耕还林还草二十年白皮书》和 2000—2018 年我国各省（区、市）退耕地造林面积、荒山荒地造林面积、退耕地种草面积和荒山荒地种草面积，数据来源于 2000—2019 年《中国林业统计年鉴》。

2.4 碳汇潜力核算方法

2.4.1 主要核算方法

目前，碳汇主要关注森林碳汇。现有的森林碳汇潜力的核算方法比较单一，是基于森林资源清查资料，建立林龄-蓄积量关系方程估算未来森林碳储量，结合中国林业发展规划，预测到 2050 年中国森林（不包括经济林和竹林）的生物量碳汇潜力。现有研究较少能够反映植被碳汇龄级结构和空间分布特征，只是总量上确定区域生态系统是否为碳汇/碳源，无法在空间上加以区分。提高森林植被碳汇潜力估算的精度需要采取自下而上的方法，即从小范围生态系统单元到区域尺度、全国乃至全球尺度。[17]

2.4.2 本文采用的核算方法

依据森林资源清查对不同森林类型林龄等级的划分标准，确定 36 种森林类型的林龄分段方法，[18]以林龄段的中值代表该林龄组的平均林龄。利用 Logistic 生长方程拟合各森林类型生物量密度与林龄的关系，即

$$B = \frac{\omega}{1 + ke^{-at}} \tag{4}$$

式中，B 为生物量密度；t 为林龄；ω 、k 、a 为常数。

本文以全国第九次森林资源清查（2014—2018 年）的森林面积数据代表各类型森林各林龄组的面积分布情况，假设未来 50 年没有森林的成片砍伐和死亡，则这部分现有森林在未来某一年的生物量碳库大小可以通过以下公式计算：

$$C_{\Delta t} = \sum_{i=1}^{36}\sum_{i=j}^{5} c \cdot A_{ij} \cdot B_{ij} = \sum_{i=1}^{36}\sum_{i=j}^{5} c \cdot A_{ij} \cdot \frac{\omega_i}{1 + k_i e^{-a_i(t_{ij}+\Delta t)}} \tag{5}$$

式中，$C_{\Delta t}$ 为现有森林在 Δt 年后的总碳库；i、j 分别为森林类型和林龄组的编号；c 为碳转化系数，本文取 0.5；A_{ij} 为第 i 个森林类型在第 j 个林龄组现有森林的面积；B_{ij} 为第 i 个森林类型在第 j 个林龄组的生物量密度；ω_i、k_i、a_i 为第 i 个森林类型生物量密度与林龄 logistic 曲线常数；t_{ij} 为第 i 个森林类型第 j 个林龄组的平均林龄；Δt 为预测年距基线年 2018 年的时间跨度。

2.4.3 基础数据

（1）全国各省天然林和人工林乔木各龄组面积蓄积按优势树种统计表

包括全国和各省市天然林乔木林各龄组的面积和蓄积量、全国和各省市人工林乔木林各龄组的面积和蓄积量。数据来源于《中国森林资源报告》（2014—2018）。

（2）森林生物量方程

数据来源于《2000—2050 年中国森林生物量碳库：基于生物量密度与林龄关系的预测》[18]。

3 核算结果

3.1 2001—2020 年有机碳储量

3.1.1 分生态系统碳储存分析

2020 年，全国有机碳储量（以 C 计）总值为 1 001.7 亿 t，其中植被地上碳储量为 100.3 亿 t，占比为 10.0%；植被地下碳储量为 47.7 亿 t，占比为 4.8%；土壤碳储量为 853.7

亿 t，占比为 85.2%。从各生态系统碳储量核算结果来看（图 2），森林生态系统碳储量约为 386.9 亿 t，占比为 38.6%；草地生态系统碳储量约为 258.0 亿 t，占比为 25.8%；农田生态系统碳储量约为 158.5 亿 t，占比为 15.8%；湿地生态系统碳储量约为 69.9 亿 t，占比为 7.0%；其他生态系统碳储量约为 128.3 亿 t，占比为 12.8%。

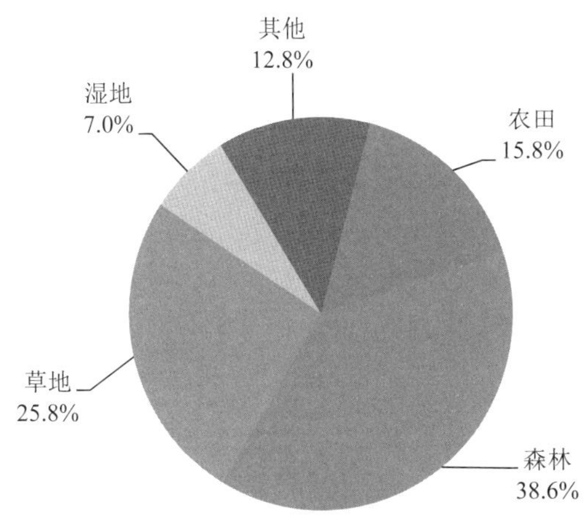

图 2　全国各生态系统碳储量核算结果

Xu 等[19]通过文献综述的方式总结我国总碳储量（以 C 计，下同）为 991.5 亿±87.1 亿 t，Tang 等[20]利用我国 14 371 个采样点位数据，核算得到生态系统总碳储量为 792.4 亿±24.2 亿 t。在第 236 次香山会议上，与会土壤学家讨论认为中国土壤总有机碳库的范围大体集中在 700 亿～900 亿 t。[21] 本文的主要结论在大部分研究结果的范围内，但由于核算方法不同，不同研究成果有明显差异，具体比对结果如表 3 所示。其中，本文中湿地生态系统包括沼泽地，因此，高于其他不含沼泽地的湿地生态系统研究成果。

表 3　本文中的研究与其他相关研究结果对比　　单位：亿 t

生态系统类型	本文中的研究				相关文献
	合计	地上生物	地下生物	土壤	
森林	386.9	95.3	21.9	269.7	340.8±54.3[19]，308.3 ± 1.57[20]
草地	258.0	2.0	16.2	239.8	256.9±47.1[19]，254.0 ± 1.49[20]
湿地	69.9	0.4	2.1	67.4	36.2±8.0（不含沼泽地）[19]
农田	158.5	—	—	158.5	151.7±22.0[19]
其他	128.3	2.6	7.4	118.2	
合计	1 001.7	100.3	47.7	853.7	991.5±87.1[19]，792.4±24.2[20]

3.1.2　各省有机碳储存特征分析

从各省份碳储量核算结果来看，西藏（140.9 亿 t）、新疆（110.6 亿 t）、内蒙古（103.3 亿 t）、黑龙江（76.8 亿 t）、青海（71.2 亿 t）等省份有机碳储量相对较大，占总有机碳储量的 50%左右。这些省份有机碳储量较大主要是由于省域内森林或草地生态系统面积相对较大，但各省份有机碳储量来源有所不同，西藏有机碳储量主要源于草地、森林和湿地，新疆有机碳储量主要源于草地和荒漠生态系统（图 3），内蒙古碳储量主要源于草地和森林生态系统，黑龙江和四川的碳储量主要源于森林和农田生态系统。海南（4.8 亿 t）、宁夏（3.1 亿 t）、北京（1.3 亿 t）、天津（0.6 亿 t）和上海（0.3 亿 t）等省份有机碳储量相对较小。

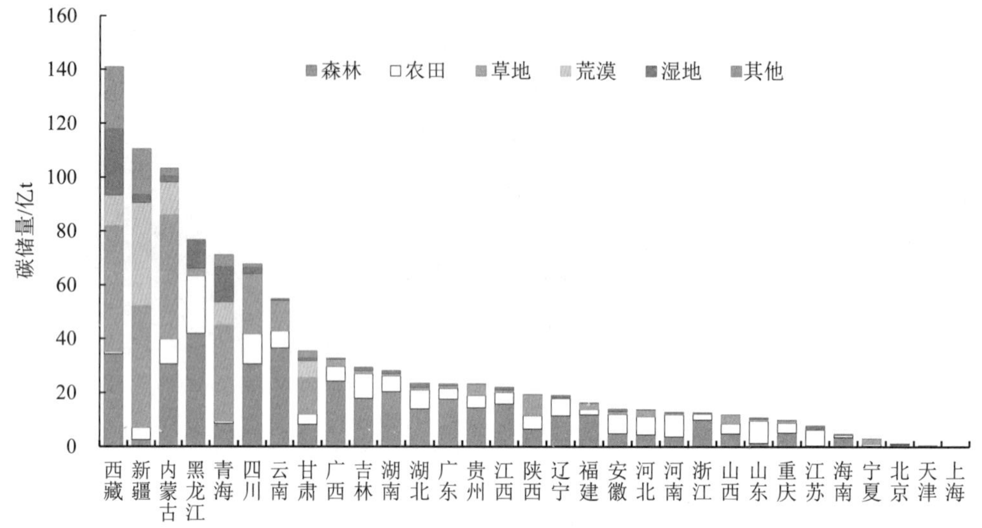

图 3　全国各省份总碳储量核算结果

从各省份草地碳储量核算结果（表 4）来看，西藏（47.0 亿 t）、内蒙古（46.2 亿 t）、新疆（45.4 亿 t）、青海（35.9 亿 t）、四川（22.3 亿 t）等省份相对较大，占草地有机碳储量的 76.3%；海南（1 541.1 万 t）、北京（858.6 万 t）、江苏（732.7 万 t）、天津（204.1 万 t）、上海（74.5 万 t）等省份相对较小。

表 4　全国各省份草地碳储量核算结果

序号	省份	草地碳储量/万 t	面积/km^2	单位面积碳储量/（t/hm^2）
1	西藏	470 204.3	553 921.0	8 488.7
2	内蒙古	462 159.7	526 043.0	8 785.6
3	新疆	454 338.0	481 387.0	9 438.1
4	青海	358 513.1	391 624.0	9 154.5
5	四川	223 063.9	170 494.0	13 083.4
6	甘肃	137 219.0	143 042.0	9 592.9
7	云南	113 242.8	85 603.0	13 228.8
8	陕西	76 467.2	78 460.0	9 746.0
9	贵州	41 577.0	31 241.0	13 308.5
10	山西	33 099.3	44 108.0	7 504.2
11	广西	26 988.2	20 309.0	13 288.8
12	黑龙江	26 508.8	22 173.0	11 955.5

序号	省份	草地碳储量/万 t	面积/km^2	单位面积碳储量/（t/hm^2）
13	河北	24 098.5	32 412.0	7 435.0
14	福建	24 048.4	18 315.0	13 130.4
15	宁夏	16 913.0	23 366.0	7 238.3
16	安徽	10 828.7	8 302.0	13 043.5
17	重庆	10 041.2	7 545.0	13 308.5
18	广东	9 989.3	7 590.0	13 161.2
19	江西	9 551.5	7 177.0	13 308.5
20	湖北	9 193.5	6 908.0	13 308.5
21	湖南	9 186.8	6 903.0	13 308.5
22	山东	7 991.8	8 522.0	9 377.9
23	吉林	7 696.8	6 747.0	11 407.7
24	河南	7 254.1	8 968.0	8 088.9
25	辽宁	3 794.1	4 667.0	8 129.7
26	浙江	2 945.2	2 318.0	12 705.6
27	海南	1 541.1	1 170.0	13 172.0
28	北京	858.6	1 266.0	6 781.8
29	江苏	732.7	781.0	9 380.9
30	天津	204.1	301.0	6 781.8
31	上海	74.5	96.0	7 763.3

从各省份农田碳储量核算结果（表 5）来看，黑龙江（21.4 亿 t）、四川（17.3 亿 t）、内蒙古（9.2 亿 t）、吉林（9.0 亿 t）、山东（8.2 亿 t）等省份相对较大，占有机碳储量的 37.2%；宁夏（7 319.1 万 t）、青海（6 952.5 万 t）、天津（4 274.0 万 t）、北京（2 621.7 万 t）、上海（2 191.8 万 t）等省份相对较小。

表 5　全国各省份农田碳储量核算结果

序号	省份	农田碳储量/万 t	面积/km^2	单位面积碳储量/（t/hm^2）
1	黑龙江	213 570.6	173 270.0	12 325.9
2	四川	112 602.3	117 691.0	9 567.6
3	内蒙古	92 246.4	113 626.0	8 118.4
4	吉林	89 985.0	76 320.0	11 790.5
5	山东	82 004.4	101 210.0	8 102.4
6	河南	81 296.3	102 878.0	7 902.2
7	安徽	70 626.5	77 462.0	9 117.6
8	湖北	69 199.3	66 815.0	10 356.8
9	河北	66 319.1	90 026.0	7 366.7
10	云南	64 061.1	67 067.0	9 551.8
11	辽宁	62 480.6	60 679.0	10 296.9
12	江苏	58 249.0	62 657.0	9 296.5
13	湖南	57 493.0	59 341.0	9 688.6

序号	省份	农田碳储量/万 t	面积/km^2	单位面积碳储量/（t/hm^2）
14	广西	53 662.1	56 551.0	9 489.1
15	陕西	48 916.3	66 737.0	7 329.7
16	贵州	45 852.4	48 250.0	9 503.1
17	新疆	45 067.9	89 730.0	5 022.6
18	江西	41 941.2	44 067.0	9 517.6
19	广东	39 520.4	42 076.0	9 392.6
20	甘肃	37 386.9	63 817.0	5 858.5
21	山西	37 268.8	57 905.0	6 436.2
22	重庆	35 596.6	37 383.0	9 522.1
23	浙江	21 678.2	23 662.0	9 161.6
24	福建	19 145.9	20 547.0	9 318.1
25	海南	8 410.3	8 562.0	9 822.8
26	西藏	7 532.2	7 551.0	9 975.2
27	宁夏	7 319.1	17 444.0	4 195.8
28	青海	6 952.5	8 532.0	8 148.7
29	天津	4 274.0	5 882.0	7 266.3
30	北京	2 621.7	3 608.0	7 266.3
31	上海	2 191.8	3 204.0	6 840.9

从各省份湿地碳储量核算结果（表 6）来看，西藏（24.7 亿 t）、青海（13.2 亿 t）、黑龙江（10.6 亿 t）、新疆（3.1 亿 t）、四川（2.4 亿 t）等省份相对较大，占有机碳储量的 77.1%；海南（2 194.5 万 t）、宁夏（936.1 万 t）、北京（192.7 万 t）、天津（750.4 万 t）、上海（301.6 万 t）等省份相对较小。

表 6　全国各省份湿地碳储量核算结果

序号	省份	湿地碳储量/万 t	面积/km^2	单位面积碳储量/（t/hm^2）
1	西藏	246 829.5	92 470.0	26 692.9
2	青海	131 773.0	48 377.0	27 238.8
3	黑龙江	106 483.4	49 894.0	21 341.9
4	新疆	30 758.6	39 402.0	7 806.4
5	四川	23 602.5	8 995.0	26 239.6
6	内蒙古	23 345.6	34 912.0	6 687.0
7	湖北	16 482.4	12 096.0	13 626.3
8	江苏	14 847.3	13 899.0	10 682.3
9	吉林	13 224.3	7 487.0	17 663.1
10	湖南	11 114.3	8 092.0	13 735.0
11	江西	10 849.6	7 872.0	13 782.5
12	甘肃	10 685.9	6 359.0	16 804.4
13	安徽	9 181.0	7 303.0	12 571.6
14	辽宁	8 672.2	6 768.0	12 813.5

序号	省份	湿地碳储量/万 t	面积/km^2	单位面积碳储量/（t/hm^2）
15	广东	7 309.7	7 137.0	10 242.0
16	云南	5 586.8	3 899.0	14 328.7
17	山东	4 979.4	9 096.0	5 474.2
18	广西	4 128.7	3 662.0	11 274.3
19	河南	3 148.8	4 311.0	7 304.1
20	浙江	3 013.2	2 654.0	11 353.6
21	河北	2 297.1	5 767.0	3 983.2
22	海南	2 194.5	1 180.0	18 597.9
23	重庆	1 863.8	1 446.0	12 889.3
24	贵州	1 543.6	1 168.0	13 216.2
25	福建	1 538.4	1 423.0	10 810.7
26	宁夏	936.1	1 257.0	7 447.5
27	陕西	894.1	1 621.0	5 515.5
28	天津	750.4	1 794.0	4 182.9
29	山西	450.1	1 597.0	2 818.2
30	上海	301.6	518.0	5 822.4
31	北京	192.7	459.0	4 197.4

3.1.3 森林生态系统碳储存特征分析

与陆地其他生态系统相比，森林具有复杂的层次结构、较长的生命周期、较高的生物量和生长量，是陆地生物光合产物的主体，也是陆地生态系统的最大碳库。森林生物量和净生产力约占整个陆地生态系统的 86%和 70%，[22] 森林土壤碳储量约占整个陆地土壤总碳库的 73%，[6,23] 在碳储存、碳源和碳汇方面的作用已经成为影响全球碳收支的关键。[24]

根据联合国粮食及农业组织（FAO）的《2020 年全球森林资源评估报告》，全球森林生态系统总碳储量为 6 620 亿 t，其中森林土壤碳储量约为 3 000 亿 t，植被碳储量为 2 950 亿 t，枯死木和枯落物碳储量为 680 亿 t。[25] 与其他陆地生态系统相比，森林生态系统具有更高的生产力，每年固定的碳占整个陆地生态系统的 2/3 以上。[26] Zhang 等[27]利用 1973 年到 2008 年共 7 期森林清查数据，对中国森林生物量碳汇进行了核算，结果表明，我国森林植被碳储量从 1973 年的 49.3 亿 t 增长到 2008 年的 81.2 亿 t。

各省份森林生态系统有机碳储量核算结果（图 4）显示，黑龙江（42.0 亿 t）、云南（36.5 亿 t）、西藏（34.3 亿 t）、四川（30.6 亿 t）、内蒙古（30.6 亿 t）等省份相对较大，占森林生态系统有机碳储量的 44.9%；北京（9 278.7 万 t）、江苏（4 488.4 万 t）、宁夏（3 040.2 万 t）、天津（565.8 万 t）和上海（86.0 万 t）等省份相对较小。土壤有机碳是森林生态系统碳储量的主要来源，约占有机碳储量的 70%，地上植被碳储量约占森林有机碳储量的 25%，地下植被碳储量约占森林有机碳储量的 5%。

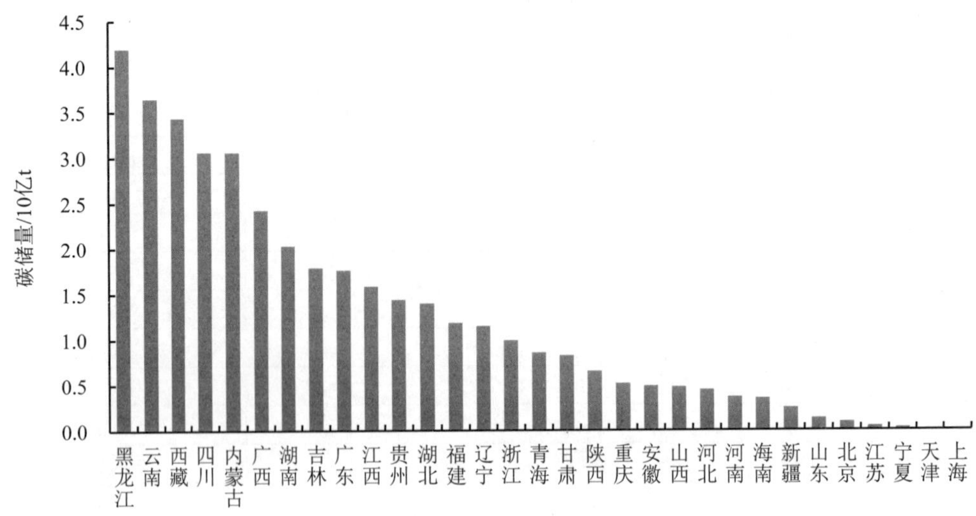

图 4　全国各省份森林碳储量核算结果

通过表 7 中本文和其他类似研究中各省森林生态系统碳储量进行比对，由于核算范围、核算方法和核算时间的不同，本文的计算结果和部分省份的已有结果相近，但部分省份存在一定差异。

表 7　2020 年全国及各省份森林植被和土壤碳储量核算结果和比对　　单位：百万 t

省份	植被地上碳	植被地下碳	土壤有机碳	合计	文献
北京	22.63	5.81	64.35	92.79	77. 41（山区）[28]
天津	1.38	0.35	3.92	5.66	
河北	108.10	27.42	314.72	450.24	
山西	116.35	30.21	333.91	480.47	197.13（1995）、18.15（2000）、38.73（2005）、53.66（2010）[29]
内蒙古	694.75	172.37	2 188.97	3 056.09	3 237.4 [30]、378.86（植被，1977）、515.97（植被，2003）[31]
辽宁	292.44	72.16	784.85	1 149.46	141.80（植被）、35.61（枯落物）、597.29（土壤）[32]、87.10（植被，1989—1993）、100.78（植被，1994—1998）、108.04（植被，1999—2003）、122.06（植被，2004—2008）、141.80（植被，2009—2013）[33]
吉林	466.55	111.85	1 210.38	1 788.78	471.29（植被，2009）、505.76（植被，2014）[34]
黑龙江	1 023.60	248.67	2 923.11	4 195.38	1 159.35（植被，1973—1976）、833.99（植被，2009—2013）[35]
上海	0.25	0.05	0.56	0.86	
江苏	12.73	2.67	29.49	44.88	25.89（植被，2005）、46.15（植被，2010）[36]

省份	植被地上碳	植被地下碳	土壤有机碳	合计	文献
浙江	281.72	59.48	650.82	992.02	122.88（乔木层）、16.73（灌木层）、11.36（凋落物层）和 451.76（土壤）[37]
安徽	141.65	29.13	320.17	490.95	32.98（植被，1989）[38]、85.72（植被，2014）[38]、402.1（植被）、312.4（土壤）[39]
福建	338.97	72.58	770.84	1 182.40	136.51（植被，1978）、229.31（植被，2008）[40]
江西	449.58	94.92	1 038.52	1 583.02	81.38（植被，1998）[41]、188.52（植被，2011）[41]
山东	30.42	8.34	92.87	131.63	25.27（地上植被）[42]
河南	99.48	22.40	247.94	369.82	34.56（植被，1949）、80.31（植被，2008）[43]
湖北	407.37	82.45	908.19	1 398.00	710.01 [44]
湖南	578.05	121.74	1 332.54	2 032.33	591.45（地上植被，2011）、609.43（地上植被，2012）、635.11（地上植被，2013）、701.58（地上植被，2014）[45]
广东	519.76	116.73	1 124.72	1 761.21	152.98（植被，1988）、215.55（植被，2007）[46]
广西	708.65	156.18	1 557.69	2 422.52	746.06（植被）[47]、1 852.5（土壤）[48]
海南	96.53	25.46	231.30	353.29	
重庆	147.35	30.98	339.16	517.49	
四川	678.65	157.63	2 223.91	3 060.19	729.05（植被）[49]、2 394.26±514.15（土壤）[50]
贵州	407.88	86.13	942.31	1 436.32	177.24 [51]
云南	1 026.32	232.82	2 388.95	3 648.09	892.596（植被）[52]、6 150（土壤）[53]
西藏	497.50	128.32	2 806.85	3 432.67	
陕西	179.11	39.40	434.55	653.06	790.75 [54]
甘肃	91.04	24.42	708.50	823.97	179.04（植被）、433.39（土壤）[55]、199.42（植被）[56]
青海	47.49	16.48	793.03	857.01	1 098.70（土壤）[57]
宁夏	7.14	1.66	21.60	30.40	4.46（植被）、39.08（土壤）[58]
新疆	52.56	15.95	180.91	249.42	
全国	9 525.98	2 194.77	26 969.65	38 690.40	

3.2 2001—2020 年生态系统生态碳汇变化特征

3.2.1 全国多年平均碳汇的空间分布格局

2001—2019 年我国陆地生态系统年均碳汇为 1.69 亿～1.96 亿 t，多年平均碳汇为 1.86 亿 t，全国植被碳汇均值为 8.97 g/（m^2·a）。由 2001—2019 年全国碳汇年平均值的空间分布，碳汇总体呈现由东南至西北递减的空间格局，这主要是由于我国不同地区水热条件的差异所致，东南部地区降水相对较多，植被主要以森林为主，西北部地区降水相对较少，植被主要以草地、荒漠为主。方精云等[11]对 1981—2000 年中国陆地植被的碳汇进行估测，陆地生态系统年均碳汇为 1.085 亿～1.203 亿 t。本文的结算结果略高于同类研究核算结果。

从各省份全国多年平均碳汇总值核算结果（图 5）来看，云南（3 048.5 万 t）、四川（2 521.5 万 t）、内蒙古（1 644.1 万 t）、西藏（1 630.8 万 t）和黑龙江（1 316.8 万 t）相对较大，北京（44.6 万 t）、江苏（29.1 万 t）、山东（17.5 万 t）、天津（1.0 万 t）和上海（0.5 万 t）相对较小。

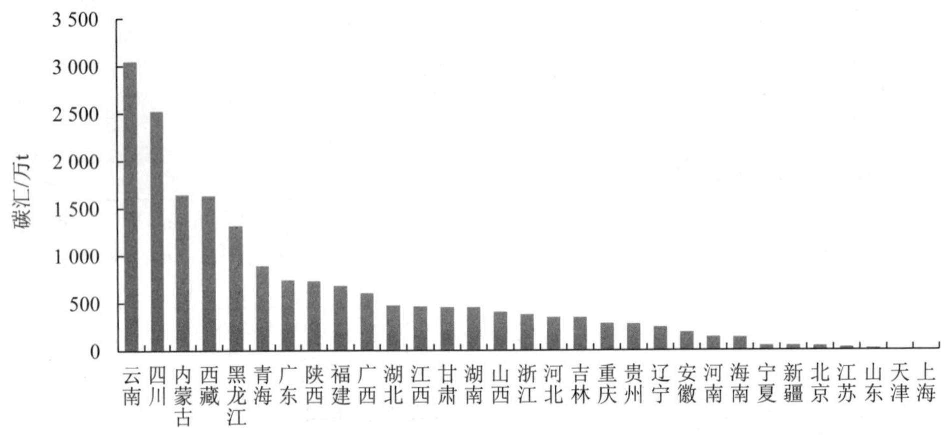

图 5　2001—2019 年全国各省份碳汇平均值统计

3.2.2　全国碳汇的年际变化规律

由图 6 可知，2001—2019 年全国碳汇有所波动，总体呈增加趋势，这主要由于 1999 年起我国实施的第一轮退耕还林还草政策和 2014 年起实施的第二轮退耕还林还草政策。2001—2019 年全国年碳汇为 1.6～2.0 g/m^2，年平均增长率为 0.01 g/m^2。

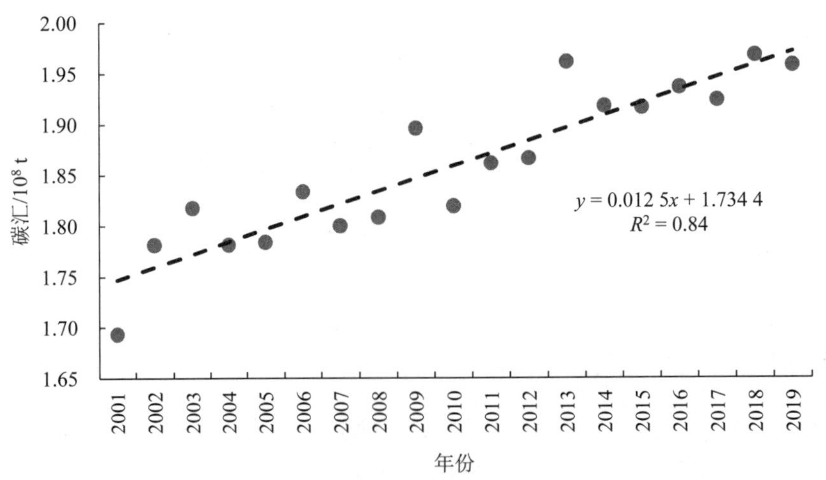

图 6　2001—2019 年全国碳汇的变化趋势

全国大部分区域碳汇呈增加趋势，碳汇呈增长趋势的面积为 455.0 万 km^2，占总植被覆盖面积的 78.0%，其中碳汇呈显著性增加趋势的面积为 262.0 万 km^2，占总植被覆盖面积的 44.9%，主要分布在内蒙古中东部、黑龙江西北部、宁夏、陕西、山西北部、河北东北部、安徽南部、湖南北部、江西北部、云南东北部、广西等区域；碳汇呈减少趋势的面积为 128.0 万 km^2，占总植被覆盖面积的 22.0%，其中碳汇呈显著减少趋势的面积为 40.4 万 km^2，占总植被覆盖面积的 6.9%，主要分布在西藏东南部、云南西南部、福建、新疆西北部、广东北部、湖南南部、江西南部、贵州中部、陕西南部、内蒙古东北部等区域。从我国 2001—2020 年碳汇变化可以看出，在我国退耕还林还草重点区域碳汇基本呈增加趋势，但分布着以成熟和过熟天然林等为主的成熟森林生态系统，碳汇潜力相对较小，表明中国森林植被的碳汇功能主要来自人工林的贡献，而且随着幼龄林、中龄林碳储量和碳密度的增长，中国森林植被的碳汇功能将进一步增强。同时，建议加强老龄林的科学化管理，提高森林质量，维持森林生态系统高质量发展，提高碳汇潜力，最大限度实现生态系统增汇。

3.3 2001—2020 年土地利用变化导致的碳储量变化

土地利用变化对土壤碳循环有深远的影响，[59]当土地利用类型从一种生态系统转换为另一种生态系统时，会使植被储碳量和土壤储碳量发生巨大变化。[16]人类活动引发的土地利用变化正在不断地改变地表结构，进而影响生态系统结构及其服务功能。随着植被的改变，CO_2 利用光合作用进入生态系统，生物量以及凋落物也发生了变化。通常森林与草原向农田的转变会导致土壤碳储量的枯竭，而生态恢复以及农田退耕为多年生植被将有助于土壤有机碳的积累。[60]

本文研究了不同时期农田、森林、草地、湿地、荒漠、城镇和其他类型土地之间相互转化导致的碳储量变化，利用 2000 年和 2020 年卫星遥感解译得到的实际土地利用类型的变化，不仅包括国家退耕还林还草政策的影响，也包括自然原因造成的耕地转林地或草地，以及退耕还林还草实施失败部分。本文中仅考虑由于土地利用类型发生变化时对碳储量的影响，不包括在土地利用类型不变时，植被群落或土地利用强度发生变化对碳储量的影响。

3.3.1 土地利用变化对碳储量的总体影响

根据 2000 年和 2020 年土地利用类型数据，计算 2000—2020 年生态系统类型变化导致的碳储量变化矩阵，如表 8 所示。原有的农田生态系统类型转变为其他生态系统时，除了转换为城镇外，转换为其他生态系统都会使碳储量增加。根据联合国粮食及农业组织发布的《全球森林资源评估报告 2015》，1990—2015 年世界森林植被碳储量减少了近 111 亿 t，相当于每年减少 4.42 亿 t，全球碳储量的减少主要是由林地转换为农业用地、居住用地和林地退化导致。[61] 我国由于土地利用类型变化共增加 2.0 亿 t 碳储量，其中城镇化进程导致的多种类型转为城镇导致碳储量减少最多，而各种生态系统类型转为森林生态系统导致碳储量增加最多，湿地的保护和恢复也是碳储量增加不可忽视的措施。

2020 年森林、湿地和城镇的面积相较于 2000 年都呈现增长趋势，其中森林面积增长

0.6%，湿地面积增长近 30%（2015 年前湿地面积主要呈下降趋势，2015 年后湿地面积快速增长），城镇面积增长超过 50%，但草地和农田面积呈下降趋势。在退耕还林还草还湿过程中，分别增长了 15.85 亿 t、3.80 亿 t 和 1.82 亿 t 碳储量，但各类生态系统退化为城镇过程中减少 13.40 亿 t 碳储量。

森林在退化为农田、草地、城镇和其他生态系统过程中，分别减少了 16.16 亿 t、13.69 亿 t、3.45 亿 t 和 34.51 亿 t 碳储量。城镇在修复为农田、森林、草地、湿地和其他生态系统的过程中，分别增加了 7.62 亿 t、1.47 亿 t、0.64 亿 t、0.82 亿 t 和 10.59 亿 t 碳储量。

表 8　2000—2020 年生态系统类型变化导致的碳储量变化矩阵　　单位：亿 t

年份	2020 年					
2000 年	农田	森林	草地	湿地	城镇	其他
农田	0.00	15.85	3.80	1.82	−13.40	7.92
森林	−16.16	0.00	−13.69	0.19	−3.45	−34.51
草地	−5.49	18.97	0.00	12.90	−1.77	26.39
湿地	−2.03	0.09	−4.47	0.00	−0.92	−9.45
城镇	7.62	1.47	0.64	0.82	0.00	10.59
其他	0.10	2.93	6.26	4.91	−0.28	0.00

3.3.2　退耕还林和退耕还草对碳储量变化影响

1949—1998 年，我国人口增长 7.1 亿人，耕地面积增加 4.7 亿亩，绝大部分分布在西部地区。大面积毁林开荒造成土壤侵蚀量增加，水土流失加剧，土地退化严重，旱涝灾害不断，生态环境急剧恶化。1998 年特大洪灾后，党中央、国务院将“封山植树、退耕还林”作为灾后重建、整治江湖的重要措施。[62] 退耕还林还草 20 年的实践分为 1999 年起实施的前一轮退耕还林还草和 2014 年起实施的新一轮退耕还林还草。前一轮退耕还林还草始于 1999 年，历时 15 年，共实施退耕地还林还草 1.39 亿亩、宜林荒山荒地造林 2.62 亿亩、封山育林 0.46 亿亩，造林总面积 4.47 亿亩。新一轮退耕还林还草是 2014—2019 年，22 个工程省区和新疆生产建设兵团共实施新一轮退耕还林还草 6 783.8 万亩（其中还林 6 150.6 万亩、还草 533.2 万亩、宜林荒山荒地造林 100 万亩），中央已投入 749.2 亿元。[62]

通过图 7 可以明显看出，在退耕还林还草政策推动下逐年退耕造林、荒山荒地造林和退耕还草的面积变化趋势，所有类型推广面积最高的年份都是在 2001—2005 年，其中 2003 年是退耕还林和荒山荒地造林的高峰期。退耕造林呈明显的两段式发展，2009—2013 年推行的面积相对较少，而退耕还草主要集中在 2002 年和 2003 年。

我国的退耕还林还草被视为最广泛且造林面积最大的工程，对提高碳储量发挥了重要作用，而且具有巨大的碳汇潜力。利用国家林业和草原局发布的统计数据进行核算，我国 20 年通过退耕还林还草共增加碳储量 27.3 亿 t，其中退耕地造林增加碳储量 8.6 亿 t，荒山荒地造林增加碳储量 18.5 亿 t，退耕地种草增加碳储量 0.1 亿 t。

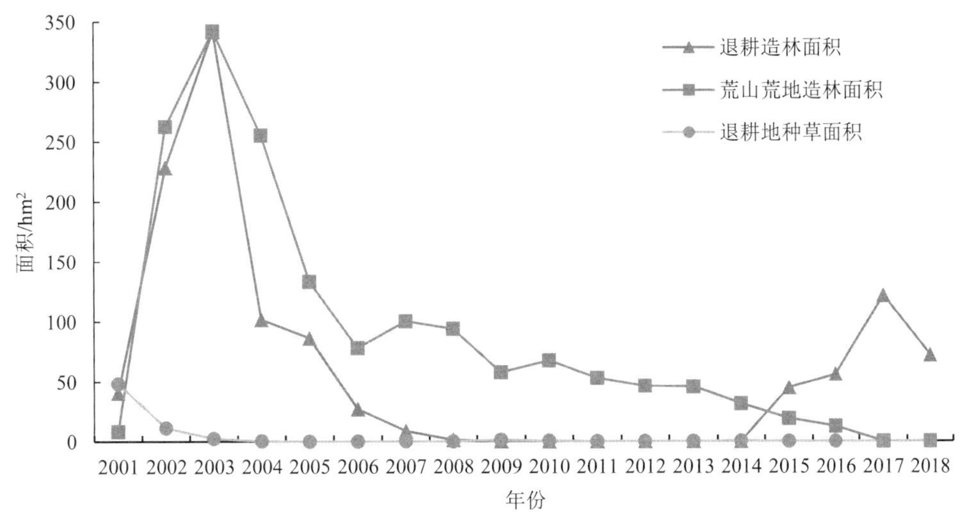

图 7　退耕还林还草面积

我国退耕还林还草主要集中在内蒙古、甘肃、云南、贵州、陕西等省份（图 8），其中内蒙古（3.2 亿 t，11.6%）、甘肃（3.1 亿 t，11.5%）和云南（2.8 亿 t，10.2%）3 省退耕还林还草增加的碳储量占全国的 1/3。我国仅有东部的上海、江苏、福建、山东和广东 5 个地区没有实施退耕还林还草。

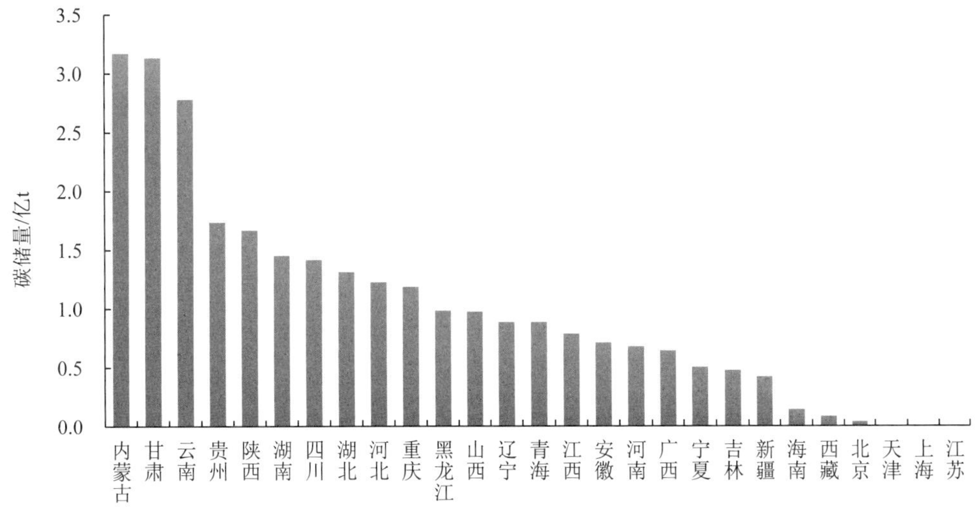

图 8　我国各省份退耕还林还草增加的碳储量

从单位面积碳储量年均增长量（图 9）来看，重庆、贵州、陕西、宁夏和云南等地由于退耕还林还草碳储量年均增加量较大，全国单位面积碳储量年均增加量为 284.2 t/km^2，重庆达到 1 441.0 t/km^2，贵州达到 986.5 t/km^2，陕西达到 811.4 t/km^2。内蒙古虽然由于退耕还林还草增加的碳储量总量最多，但由于实施区域主要处于中东部干旱、半干旱区域，固碳能力有限，碳储量年均增长量仅为 268.1 t/km^2。

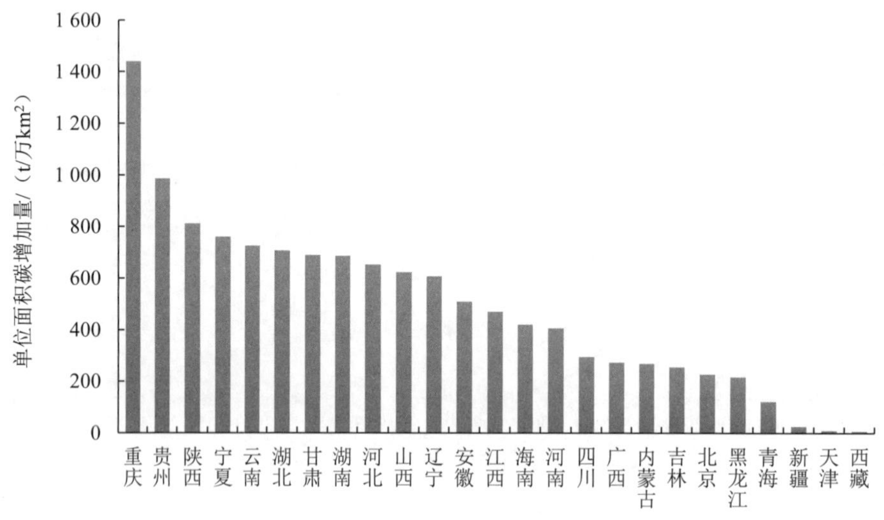

图 9　我国各省份由于退耕还林还草单位面积增加碳储量

3.3.3　城镇化对碳储量变化影响

2000—2020 年，我国城镇化（所有生态系统类型转变为城镇）面积增长 20.86 万 km^2，其中农田生态系统转化为城镇的面积最大，占比为 73.9%；其次为森林生态系统，占比为 10.4%；2000—2020 年我国城镇化增长的地区主要分布在东部沿海城市、内陆大城市周边地区以及河南、湖北等省份。快速城镇化会大范围破坏天然植被和土地表面，不仅使当地生态承载力下降，各类生态系统面积的减少将直接导致生态系统的气候调节、水土保持、涵养水源和物种保育等功能降低，也会对城镇的降水、地表径流的流动方式和下渗状况产生影响，增加自然灾害破坏程度。

2000—2020 年，我国由于城镇化进程导致土壤碳储量减少 19.8 亿 t，其中由农田转为城镇造成的土壤碳储量减少最多，占比为 67.6%；其次为森林生态系统，占比为 17.4%（图 10）。

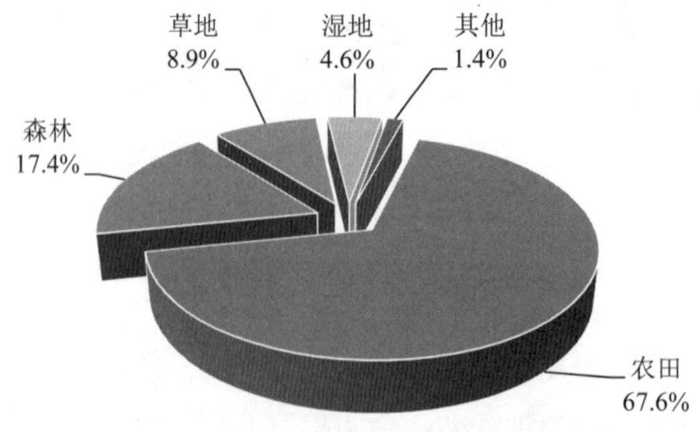

图 10　我国各生态系统城市化变化土壤碳储量减少占比

3.3.4 退耕还湿对碳储量变化影响

通过表 8 中 2000—2020 年生态系统类型变化可以看出我国各种生态系统转变为湿地生态系统也是生态系统增汇减排的重要措施。2000—2020 年，我国退耕还湿面积为 4.51 万 km^2，主要分布在湖南北部、江西北部、湖北东部、安徽中部、江苏中南部、黑龙江、山东、河南等地；2000—2020 年，我国退耕还湿促进土壤碳储量增加 1.8 亿 t。

3.4 未来 30 年森林碳储量和碳汇潜力分析

3.4.1 森林碳储量

第九次森林清查面积 179.8 万 km^2，其中天然林面积 122.7 万 km^2，占比为 68.2%；人工林面积 57.1 万 km^2，占比为 31.8%。基于林龄-生物量密度模型和 2014—2018 年森林资源清查数据，假设森林覆盖率和林分结构不变，计算得到 2020 年森林碳储量约为 100.04 亿 t，其中天然林碳储量 86.32 亿 t，占总森林碳储量的 86.29%；人工林碳储量 13.72 亿 t，占总储量的 13.71%。在没有森林成片砍伐和死亡的条件下，预测现有森林到 2060 年全国森林生物量碳库能达到 137.62 亿 t，其中天然林碳储量 113.27 亿 t，占总储量的 82.30%；人工林碳储量 24.35 亿 t，占总储量的 17.70%（图 11）。随着人工林的生长，天然林的碳储量比重略有降低，减少 3.99%，人工林碳储量比重相应有所增加。

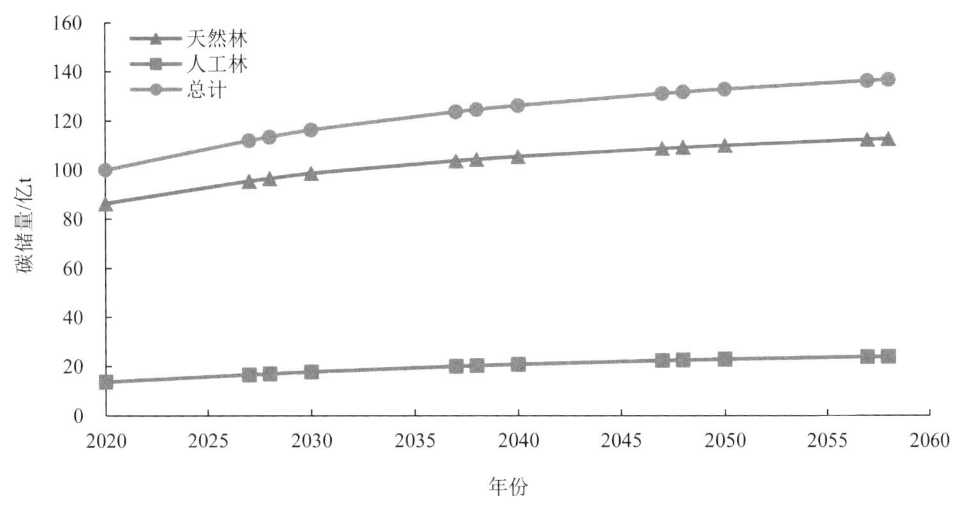

图 11 2020—2060 年全国森林碳储量

从森林的碳储量密度来看，天然林碳储量密度大于人工林碳储量密度。2020 年天然林碳储量密度 0.70 亿 t/km^2，人工林碳储量密度 0.24 亿 t/km^2，天然林碳储量密度约为人工林的 2.9 倍；由于人工林多处于幼龄和中龄阶段，相较于天然林碳储量增加较快，到 2060 年，天然林碳储量密度 0.92 亿 t/km^2，人工林碳储量密度 0.43 亿 t/km^2，天然林碳储量密度约为人工林的 2.2 倍（图 12）。

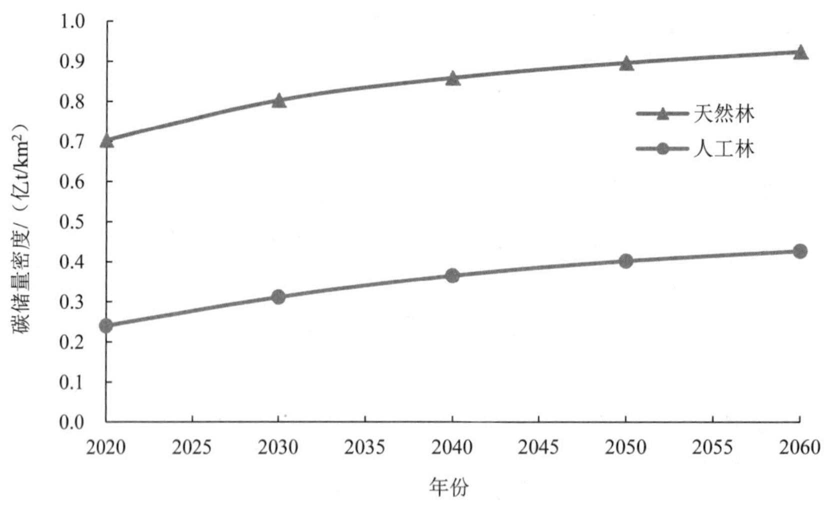

图 12　2020—2060 年全国森林碳储量密度

从各省份 2020 年森林碳储量来看，全国森林碳储量排名前三的省份依次为黑龙江、云南和内蒙古，森林碳储量分别为 15.12 亿 t、10.72 亿 t 和 8.98 亿 t，这些省份天然林面积和占比都比较大，天然林碳储量占各省森林碳储量的比重分别为 92.72%、94.40%和 88.17%（图 13）。

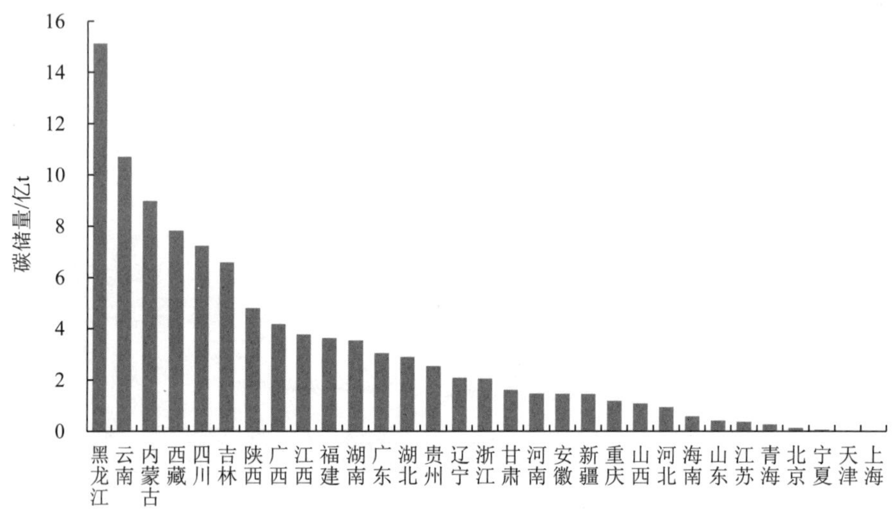

图 13　2020 年各省份森林碳储量

3.4.2　森林碳汇潜力

以第九次森林资源清查数据计算的生物量碳库为基线，基于林龄-生物量密度模型计算 2020 年全国森林碳储量，假设森林覆盖率和林分结构不变，预测 2030 年、2040 年、2050 年和 2060 年的全国森林碳储量，2030 年、2040 年、2050 年和 2060 年当年全国森林的碳汇潜力分别为 1.43 亿 t、0.88 亿 t、0.60 亿 t 和 0.42 亿 t，碳汇潜力整体处于减小趋势（图 14）。其中，2030 年、2040 年、2050 年和 2060 年当年天然林的碳汇潜力分别为 1.05 亿 t、0.57 亿 t、0.42 亿 t 和 0.30 亿 t；人工林的碳汇潜力分别为 0.38 亿 t、0.28 亿 t、0.19 亿 t 和 0.12 亿 t，天然林碳汇潜力较人工林碳汇潜力减幅大，由 2030 年的 1.05 亿 t 减小到 2060 年的 0.30 亿 t，减少了 0.75 亿 t。

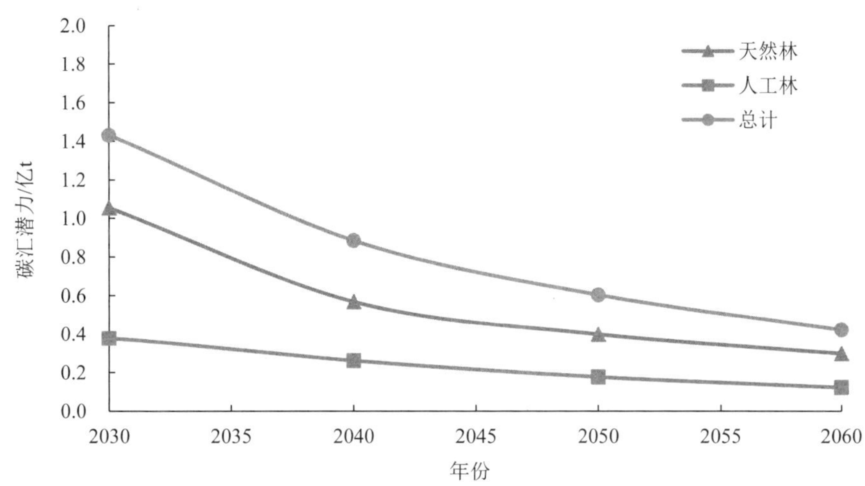

图 14 2030—2060 年全国森林碳汇潜力

从全国森林累积碳汇潜力变化趋势（表 9）上看，2020—2030 年碳汇潜力为 16.27 亿 t，2030—2040 年为 9.90 亿 t，2040—2050 年为 6.63 亿 t，2050—2060 年为 4.78 亿 t，碳汇潜力整体呈减小趋势。10 年碳汇潜力由 2020—2030 年的 16.67 亿 t 减少到 2050—2060 年的 4.78 亿 t，减少了 70.62%。

表 9 全国森林每 10 年累积碳汇潜力 单位：亿 t

年份区间	天然林	人工林	总计
2020—2030	12.21	4.07	16.27
2030—2040	6.83	3.08	9.90
2040—2050	4.56	2.07	6.63
2050—2060	3.35	1.42	4.78

其中 2020—2030 年天然林碳汇潜力为 12.21 亿 t，2030—2040 年为 6.83 亿 t，2040—2050 年为 4.56 亿 t，2050—2060 年为 3.35 亿 t；人工林 2020—2030 年碳汇潜力为 4.07 亿 t，2030—2040 年为 3.08 亿 t，2040—2050 年为 2.07 亿 t，2050—2060 年为 1.42 亿 t。天然林和人工林的碳汇潜力整体呈减小趋势，天然林 10 年碳汇潜力由 2020—2030 年的 12.21 亿 t 减少到 2050—2060 年的 3.35 亿 t，减少了 72.56%；人工林 10 年碳汇潜力由 2020—2030 年的 4.07 亿 t 减少到 2050—2060 年的 1.42 亿 t，减少了 65.11%。

从各省份森林资源的碳汇潜力来看，2030 年排名前三的省份分别为云南、黑龙江和四川，碳汇潜力分别为 0.181 亿 t、0.131 亿 t 和 0.104 亿 t（图 15）。2060 年碳汇潜力排名前三的省份依次为四川、云南和黑龙江，碳汇潜力分别为 0.049 亿 t、0.046 亿 t 和 0.032 亿 t（图 16），各省份碳汇潜力的变化主要与各省森林的龄级及树种有关。

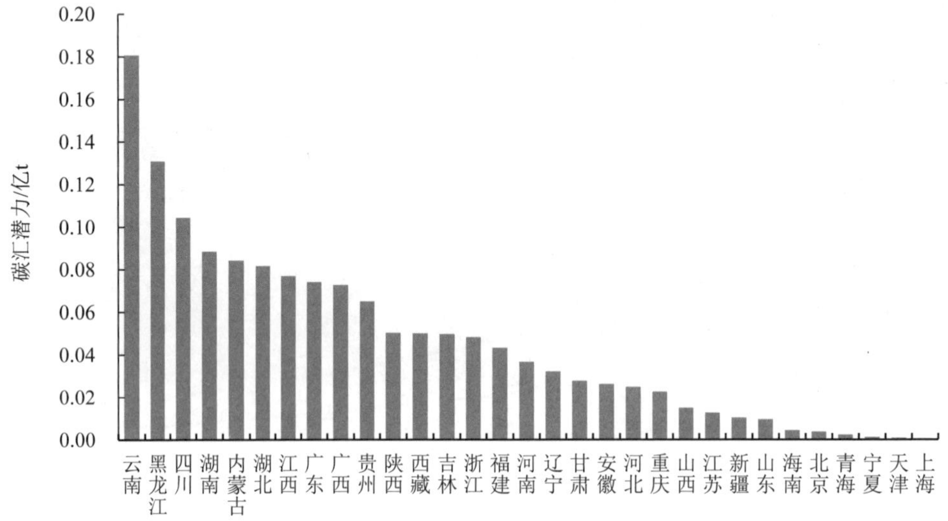

图 15　2030 年各省（区、市）森林碳汇潜力

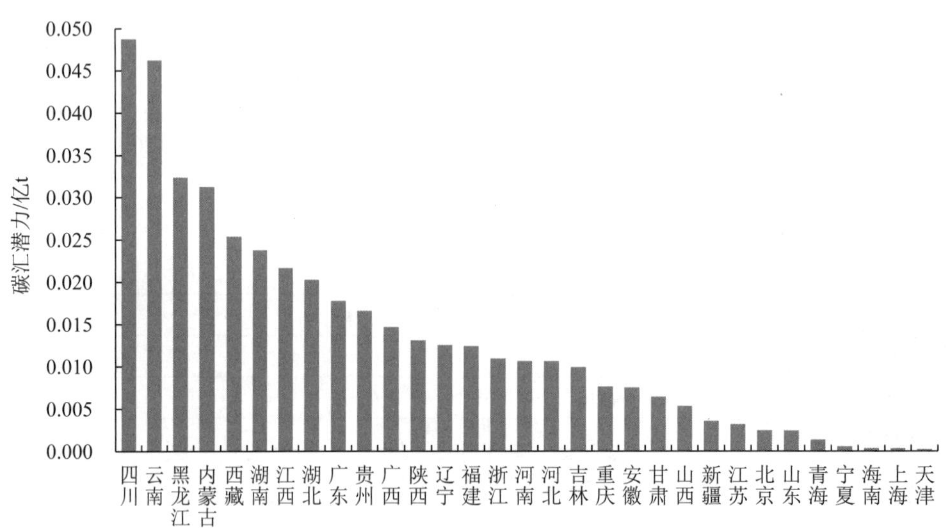

图 16　2060 年各省（区、市）森林碳汇潜力

4　结论和建议

（1）陆地生态系统植被碳和土壤碳的吸收和储存是降低大气中 CO_2 浓度的重要途径，

碳库的大小和动态变化情况也是生态系统健康的重要指标。建议建立碳库动态变化监测和核算体系，为生态环境部门全面掌握生态系统碳储量和碳汇情况奠定基础。

逐步建立生态环境部门的生态系统碳汇监测体系，制定不同生态系统类型关键指标、关键技术参数的调查监测技术规范。加快构建国家技术标准统筹、区域流域技术监督、地方推进落实、社会共同参与的生态系统碳汇监测网络，推进生态环境多源遥感与地面观测相结合的监测网络标准化建设，形成覆盖森林、草原、湿地、农田等重要生态系统的碳汇调查监测体系。

制定科学完整的陆地生态系统碳储量和碳汇核算方法，加强基础研究调查，分别编制森林、草地、农田和湿地等生态系统碳储量和碳汇核算方法。构建基于不同生态地理区域、不同生态系统类型的植被覆盖度、生物量、碳密度等关键指标和关键参数的数据集成平台，为生态环境部门全面掌握生态系统碳汇现状，将生态系统固碳能力纳入生态环境监管职能奠定数据基础。

（2）积极指导地方开展碳汇交易、碳汇生态银行、碳足迹考核等基于碳汇核算的生态环境政策制度探索，多措并举推动森林、农田、草地和湿地生态系统的管理和保护，实现生态系统的增汇降污作用。

深入研究生态产品资本化的实现途径和碳汇资产的经营方式，构建低碳政策法律体系、改革财税金融政策体系、完善碳排放交易机制，构建覆盖碳市场履约企业、自愿减排企业、社会公众等多类需求对象的多元化碳汇生态产品交易体系，形成履约市场、自愿市场和普惠市场相互连通、互为补充的复合型市场格局。

深入发挥政府的支持和引导作用，引导、激励和规制碳汇项目更好地提高生态系统质量，建立完整的林业碳汇供需对接机制。积极指导地方在碳汇核算的基础上试点生态银行经营储备管理模式，建立碳足迹考核制度，促进碳交易市场的良性发展，逐步将提高生态系统碳汇纳入领导干部绩效考核体系，推动生态系统的有效管理和保护。

开展生态系统碳汇扩增技术体系研究。在林业领域，可以通过中幼林抚育、控制毁林和森林灾害等人工管控手段提高森林碳汇能力，利用生态产品替代化石能源产品，有效实现增汇减排的目的。在农业领域，可以通过保护性耕作的方式（少免耕和秸秆还田等）增加农田固碳量。草原的轻牧、围栏禁牧、围栏轮牧和补播，也是增加土壤固碳潜力的措施。湿地增汇减排主要有湿地保护和湿地恢复两种方式，湿地保护主要是防止湿地尤其是泥炭地转化为其他土地利用方法，湿地恢复是指将原来是湿地但后来转化为其他土地利用方式的土地再次恢复为湿地。

参考文献

[1] MORA C，SPIRANDELLI D，FRANKLIN E C，et al. Broad threat to humanity from cumulative climate hazards intensified by greenhouse gas emissions[J]. Nat Clim Change，2018，8（12）：1062-1071.

[2] 方精云，于贵瑞，任小波，等. 中国陆地生态系统固碳效应——中国科学院战略性先导科技专项“应对气候变化的碳收支认证及相关问题”之生态系统固碳任务群研究进展[J]. 中国科学院院刊，2015，

30（6）：848-857.

[3] GUO Z，HU H，LI P，et al. Spatio-temporal changes in biomass carbon sinks in China's forests from 1977 to 2008[J]. Science China Life Sciences，2013，56（7）：661-671.

[4] FANG J，KATO T，GUO Z，et al. Evidence for environmentally enhanced forest growth[J]. Proceedings of the National Academy of Sciences，2014，111（26）：9527-9532.

[5] 于贵瑞，赵新全，刘国华. 中国陆地生态系统增汇技术途径及其潜力分析[M]. 北京：科学出版社，2018.

[6] 第三次气候变化国家评估报告编写委员会. 第三次气候变化国家评估报告[M]. 北京：科学出版社，2015.

[7] PIAO S，FANG J，CIAIS P，et al. The carbon balance of terrestrial ecosystems in China[J]. Nature，2009，458（7241）：1009-1013.

[8] HEIMANN M，REICHSTEIN M. Terrestrial ecosystem carbon dynamics and climate feedbacks[J]. Nature，2008，451（7176）：289-292.

[9] LE QUÉRÉ C，MORIARTY R，ANDREW R M，et al. Global Carbon Budget 2015[J]. Earth Syst Sci Data，2015，7（2）：349-396.

[10] PAN Y，BIRDSEY R A，FANG J，et al. A Large and Persistent Carbon Sink in the World's Forests[J]. Science，2011，333（6045）：988-993.

[11] FANG J，GUO Z，PIAO S，et al. Terrestrial vegetation carbon sinks in China，1981-2000[J]. Science in China Series D：Earth Sciences，2007，50（9）：1341-1350.

[12] IPCC. 2019 Refinement to the 2006 IPCC Guidelines for National Greenhouse Gas Inventories[R]. 2019.

[13] IPCC. Climate change 2013：The physical scientific basis. Contribution of Working Group I to the Fifth Assessment Report of the Intergovernmental[M]. Cambridge and New York：Cambridge University Press，2013.

[14] LEVINE M D，ADEN N T. Global Carbon Emissions in the Coming Decades：The Case of China[J]. Annu Rev Env Resour，2008，33（1）：19-38.

[15] 徐丽，何念鹏，于贵瑞. 2010s 中国陆地生态系统碳密度数据集[J]. 中国科学数据（中英文网络版），2019，4（1）：90-96.

[16] 第三次气候变化国家评估报告编写委员会. 第三次气候变化国家评估报告数据与方法集[M]. 北京：科学出版社，2016.

[17] 李奇. 2010—2050 年中国乔木林碳储量与固碳潜力[D]. 北京：中国林业科学研究院，2016.

[18] 徐冰，郭兆迪，朴世龙，等. 2000—2050 年中国森林生物量碳库：基于生物量密度与林龄关系的预测[J]. 中国科学：生命科学，2010，40（7）：587-594.

[19] XU L，YU G，HE N，et al. Carbon storage in China's terrestrial ecosystems：A synthesis[J]. Sci Rep-Uk，2018，8（1）.

[20] TANG X，ZHAO X，BAI Y，et al. Carbon pools in China's terrestrial ecosystems：New estimates based on an intensive field survey[J]. Proceedings of the National Academy of Sciences，2018，115（16）：4021-4026.

[21] 赵生才. 我国农田土壤碳库演变机制及发展趋势——第 236 次香山科学会议侧记[J]. 地球科学进展，

2005（5）：587-590.

[22] WOODWELL G M，WHITTAKER R H，REINERS W A，et al. The Biota and the World Carbon Budget[J]. Science，1978，199（4325）：141-146.

[23] POST W M，EMANUEL W R，ZINKE P J，et al. Soil carbon pools and world life zones[J]. Nature（London），1982，298（5870）：156-159.

[24] FAO. Global Forest Resources Assessment 2010[R]. 2011.

[25] FAO. Global Forest Resources Assessment 2020[R]. 2020.

[26] KRAMER P J. Carbon Dioxide Concentration，Photosynthesis，and Dry Matter Production[J]. Bioscience，1981（31）：29-33.

[27] ZHANG C，JU W，CHEN J M，et al. China's forest biomass carbon sink based on seven inventories from 1973 to 2008[J]. Climatic Change，2013，118（3-4）：933-948.

[28] 蒋九华，齐实，胡俊，等．基于 InVEST 模型的北京山区森林生态系统碳储量评估分析[J]．地球与环境，2019，47（3）：326-335.

[29] 王宁．山西森林生态系统碳密度分配格局及碳储量研究[D]．北京：北京林业大学，2014.

[30] 黄晓琼，辛存林，胡中民，等．内蒙古森林生态系统碳储量及其空间分布[J]．植物生态学报，2016，40（4）：327-340.

[31] 杨浩，胡中民，张雷明，等．内蒙古森林碳汇特征研究进展[J]．应用生态学报，2014，25（11）：3366-3372.

[32] 刘艳．辽宁省森林生态系统碳储量及生态系统服务功能价值计量[D]．北京：北京林业大学，2016.

[33] 刘艳，孙向阳，范俊岗，等．辽宁省森林植被碳储量及其动态变化[J]．生态环境学报，2015，24（2）：211-216.

[34] 范春楠，韩士杰，郭忠玲，等．吉林省森林植被固碳现状与速率[J]．植物生态学报，2016，40（4）：341-353.

[35] 张春华，王莉媛，宋茜薇，等．1973—2013 年黑龙江省森林碳储量及其动态变化[J]．中国环境科学，2018，38（12）：4678-4686.

[36] 杨加猛，杜丽永，蔡志坚，等．江苏省森林碳储量的区域分布研究[J]．中南林业科技大学学报，2014（7）：84-89.

[37] 李银，陈国科，林敦梅，等．浙江省森林生态系统碳储量及其分布特征[J]．植物生态学报，2016，40（4）：354-363.

[38] 李爱琴，王会荣，王晶晶，等．安徽省森林植被碳储量、碳密度动态及固碳潜力[J]．江西农业大学学报，2019，41（5）：953-962.

[39] 汲玉河，郭柯，倪健，等．安徽省森林碳储量现状及固碳潜力[J]．植物生态学报，2016，40（4）：395-404.

[40] REN Y，WEI X，ZHANG L，et al. Potential for forest vegetation carbon storage in Fujian Province，China，determined from forest inventories[J]. Plant Soil，2011，345（1-2）：125-140.

[41] 吴国训，唐学君，阮宏华，等．基于森林资源清查的江西省森林碳储量及固碳潜力研究[J]．南京林业大学学报（自然科学版），2019，43（1）：105-110.

[42] 李士美，杨传强，王宏年，等．基于森林资源清查资料分析山东省森林立木碳储量[J]．应用生态学

报，2014，25（8）：2215-2220.

[43] 王艳芳．河南省退耕还林工程固碳成效及其潜力评估[D]．咸阳：西北农林科技大学，2017.

[44] 王晓荣，张家来，庞宏东，等．湖北省森林生态系统碳储量及碳密度特征[J]．中南林业科技大学学报，2015，35（10）：93-100.

[45] 伍格致，周妮笛．湖南省森林碳储量及其经济价值测算研究[J]．中南林业科技大学学报，2015，35（8）：127-132.

[46] 叶金盛，佘光辉．广东省森林植被碳储量动态研究[J]．南京林业大学学报（自然科学版），2010，34（4）：7-12.

[47] 兰秀，杜虎，宋同清，等．广西主要森林植被碳储量及其影响因素[J]．生态学报，2019，39（6）：2043-2053.

[48] 蔡会德，张伟，江锦烽，等．广西森林土壤有机碳储量估算及空间格局特征[J]．南京林业大学学报（自然科学版），2014，38（6）：1-5.

[49] 邵波，燕腾．四川省森林植被碳储量及碳密度估算[J]．西南林业大学学报（自然科学版），2017，37（2）：179-183.

[50] 黄从德，张健，杨万勤，等．四川森林土壤有机碳储量的空间分布特征[J]．生态学报，2009，29（3）：1217-1225.

[51] 李明军，杜明凤，喻理飞．贵州省森林植被碳储量、碳密度及其分布[J]．西北林学院学报，2016，31（1）：48-54.

[52] 汤浩藩，许彦红，艾建林．云南省森林植被碳储量和碳密度及其空间分布格局[J]．林业资源管理，2019（5）：37-43.

[53] 包承宇．云南省土壤有机碳储量估算及空间分布分析[D]．昆明：昆明理工大学，2014.

[54] 崔高阳，陈云明，曹扬，等．陕西省森林生态系统碳储量分布格局分析[J]．植物生态学报，2015，39（4）：333-342.

[55] 关晋宏，杜盛，程积民，等．甘肃省森林碳储量现状与固碳速率[J]．植物生态学报，2016，40（4）：304-317.

[56] 曹扬，陈云明，晋蓓，等．陕西省森林植被碳储量、碳密度及其空间分布格局[J]．干旱区资源与环境，2014，28（9）：69-73.

[57] 王艳丽，字洪标，程瑞希，等．青海省森林土壤有机碳氮储量及其垂直分布特征[J]．生态学报，2019，39（11）：4096-4105.

[58] 高阳，金晶炜，程积民，等．宁夏回族自治区森林生态系统固碳现状[J]．应用生态学报，2014，25（3）：639-646.

[59] CIAIS P，WATTENBACH M，VUICHARD N，et al. The European carbon balance[J]. Global Change Biol，2010，16（5）：1409-1428.

[60] DON A，SCHUMACHER J，FREIBAUER A. Impact of tropical land-use change on soil organic carbon stocks - a meta-analysis[J]. Global Change Biol，2011，17（4）：1658-1670.

[61] FAO. Global Forest Resources Assessment 2015[R]. 2016.

[62] 国家林业和草原局．中国退耕还林还草二十年（1999—2019）[R]. 2020.

中国生态环境领域 SDG 指数进展分析报告①

Progress Analysis Report of SDG Index in China's Eco-environmental Field

董战峰　邵超峰②　郝春旭　葛察忠　赵元浩

摘　要　《可持续发展报告 2020》核算了世界各国的可持续发展目标（SDG）指数，并对各国进行排名。其中我国得分 73.89 分，位居全球第 48 位。我国在水和环境卫生的可持续管理（SDG6）、可持续城市建设（SDG11）、保护海洋生态（SDG14）和保护陆地生态（SDG15）等生态环境领域目标表现较差，亟须补齐补强 SDG 指标短板，建立差异化的生态环境管理政策，并鼓励社会各方参与，加强 SDG 落实的国际交流与合作。新冠疫情形势下，各国需要加强对全球健康风险的预警、防控和管理能力，在恢复经济时遵循可持续发展目标要求，减少对环境的影响。

关键词　SDG　生态环境　建议

Abstract　The Sustainable Development Report 2020 calculates the SDG of countries in the world and ranks them. China scored 73.89 points，ranking 48th in the world. China has a poor performance in the ecological environment objectives such as sustainable management of water and sanitation（SDG6），sustainable urban construction（SDG11），protection of marine ecology（SDG14） and protection of terrestrial ecology（SDG15）. It is urgent to supplement and strengthen the SDG indicators，establish differentiated ecological environment management policies，and encourage the participation of all sectors of society to strengthen international exchanges and cooperation in the implementation of SDG. Under the situation of the COVID-19 epidemic，countries need to strengthen their capabilities in early warning，prevention and control and management of global health risks，follow the requirements of sustainable development goals when recovering the economy，and reduce the impact on the environment.

Keywords　SDG；ecological environment；policy suggestion

① 本研究得到国家重点研发计划课题（NO. 2019YFC0507505）、WWF 国家和地方落实可持续发展议程和生物多样性保护研究项目（2020I012）等项目支持。

② 南开大学环境学院（天津，300071）。

2015 年 9 月 25 日在联合国达成一致的 17 项可持续发展目标（SDG）体现了世界各国从国际、国家和地区层面完全实现 SDG 所达成的共识，成立的机构间与专家咨询小组制定了一套 SDG 全球指标框架。SDG 是全球可持续发展的普适性议程，它呼吁所有国家采纳兼顾“经济发展、社会包容和环境可持续性”的整体性发展战略，能够长期监测可持续发展目标的最新进展，以评估实施进度、识别优先目标、发现实施过程中存在的问题，确保其始终在正确的方向上发展。为更好地推进全球各国落实可持续发展目标议程，2015 年联合国可持续发展解决方案网络（UNSDSN）和贝塔斯曼基金会建立 SDG 指数评价方法体系，制定了一套用于国家层面 SDG 的测量标准，旨在帮助各个国家找出需要优先解决的问题，理解实施过程中面临的挑战，明确现有的差距，以期在 2030 年实现可持续发展目标。同时 SDG 指数也为各个国家、各个地区之间进行横向比较提供了可能性。2016 年以来，UNSDSN 和贝塔斯曼基金会先后发布 5 次可持续发展目标指数和指示板报告。

1 评估方法及指标体系变化

为确保与联合国统计委员会批准的官方可持续发展目标指标的一致性，基于联合国发布的 17 项目标、169 项子目标和 232 项指标组成的 SDG，并根据联合国 SDG 跨机构专家组（IAEG-SDG）关于指标和数据的动态调整结果，UNSDSN 和贝塔斯曼基金会动态调整可持续发展目标指数和指示板评估技术体系，由 SDG 指数和 SDG 指示板组成。

1.1 构建可持续发展目标指数（SDG Index）的方法

可持续发展指数的计算程序包括两个步骤：①标准化；②加权和聚合。

第一步：标准化

为了使各个指标的数据具有可比性，将每个变量从 0 重新调整为 100，其中 0 表示最差性能，100 表示最佳性能。重新缩放通常对分布的两个尾部的极限和极值（离群值）的选择非常敏感。后者可能成为意想不到的阈值，并在数据中引入虚假可变性。因此，上下限的选择可能会影响指数中国家的相对排名。

每个指标的上限是使用五步决策树确定的。

（1）在可持续发展目标和具体目标中使用绝对数量阈值，如零贫困、普遍完成学业、普遍获得水和卫生设施、充分实现性别平等。一些可持续发展目标提出了相对的改变（如目标 3.4：“将非传染性疾病的过早死亡率降低三分之一”），这在今天还不能转化为全球基线。

（2）在没有明确可持续发展目标的情况下，对下列类型的指标设置普遍准入或零剥夺上限时，应适用“不让任何人掉队”的原则：

A．衡量极端贫困（如浪费），与可持续发展目标一致，结束一切形式的极端贫困。

B．公共服务覆盖范围（如获得避孕药具）。

C．获得基本基础设施（如移动电话覆盖、废水处理）。

（3）在存在必须在 2030 年或更晚实现的以科学为基础的目标的情况下，利用这些目标设定 100%的上限（例如，渔业的 100%可持续管理，或最迟到 2070 年电力产生的温室气体排放量达到净零，以将变暖限制在 2℃以下）。

（4）在几个国家已经超过可持续发展目标的情况下，使用表现最好的 5 个国家的平均值（如儿童死亡率）。

（5）对于所有其他指标，使用表现最好的国家的平均值。对于全球指标，上限是通过取全球表现最好的 5 家国家的平均值来设定的。对于经合组织的指标，使用了表现最好的 3 个国家的平均值。

这些原则将可持续发展目标解读为“延伸目标”，并将注意力集中在一个国家落后的指标上。每个指标分布都经过审查，因此所有超过上限的值都得 100 分，低于下限的值得 0 分。

在某些情况下，上限超过了 2030 年实现可持续发展目标所需达到的门槛。例如，可持续发展目标呼吁将儿童死亡率降低到每 1 000 名活产中不超过 25 人死亡，但许多国家已经超过了这一门槛（死亡率低于每 1 000 人中有 25 人死亡）。通过将上限定义为“最佳”结果，例如，某个国家每 1 000 名活产死亡率为 0，那么该指标得分为 100。这对于那些已经达到一些 SDG 门槛，但在这一指标上仍落后于其他国家的国家来说尤为重要。

考虑到综合指数的结果，联合专家委员会（OECD 和 JRC，2008 年）建议将底部 2.5 个百分位数的数据作为归一化的最小值进行审查——只要该值不包括仍然属于正态分布一部分的观测值。但是，有时第 2.5 个百分位数可能包含异常值，它们是正态分布数据集的一部分。当识别出明显的异常值时，选择分布中最弱的异常值和最极端的“正态”值之间的中间值作为下界，报告在这个水平上删除数据。

确定上下限后，使用以下范围[0；100]的重新缩放公式将变量线性变换为 0 到 100 的范围：

$$X' = \frac{x - \min_{(x)}}{\max_{(x)} - \min_{(x)}} \tag{1}$$

式中，x 为原始数据值；max/min 分别为同一指标下所有数据最优和最差表现的极值，而 X' 是计算之后的标准化值。

经过这一计算过程，所有指标的数据都能够按照升序进行比较，即更高的数值意味着距离实现可持续发展目标更近。例如，某国家在一个指标上得分为 50，意味着这个国家该项可持续发展目标的实施效果已达到最优值的一半；在一个指标上得分为 75，意味着这个国已经完成了实现最优效果的 3/4 路程。

第二步：加权和聚合

就可持续发展指数早期草案进行的几轮专家咨询的结果表明，不同的认识界并没有就给予一些可持续发展目标比另一些可持续发展目标更高的权重达成共识。因此，作为一个规范性假设，报告选择给予每个可持续发展目标一个固定、同等的权重，以反映政策制定者平等对待所有可持续发展目标的承诺，并将其作为一套“综合和不可分割”的目标（联合国，2015 年，第 6 段）。这意味着，为了提高其 SDG 指数得分，各国需要关注所有目标，特别关注它们距离实现最远的目标，因此预期增量进展最快的目标。

为了计算 SDG 指数，我们首先使用每个目标的指标的算术平均值来估计该目标的得分。然后将所有 17 个 SDG 的这些得分求平均，以获得 SDG 指数得分。报告已经提供了各种敏感性测试，包括算术平均值与几何平均值的比较，以及指数和目标级别的蒙特卡罗模拟。蒙特卡洛模拟要求在解释国家之间指数得分和排名的微小差异时要谨慎，因为这些得分和排名可能对加权方案敏感。

1.2 构建可持续发展目标指示板（SDG Dashboards）的方法

可持续发展目标指示板是利用可获取的数据，通过红、橙、黄、绿 4 种颜色编码来体现 17 项 SDG 的整体实施情况。在利用颜色编码表时，根据所有国家的每个指标引入量化后的临界值，再通过对每项目标进行指标聚合算出每个国家在每项可持续发展目标上的总分值。

第一步：设定 SDG 指示板的临界值

为了清晰且区别化地评估各国在某项目标上的实施进度，在“指示板”表中为每个指标引入了对应每种颜色的临界值，通过对一个 SDG 的所有指标进行汇总，得出每个 SDG 和每个国家的总体得分。为了评估一个国家在某一 SDG 上的进展，2020 年的报告考虑了 4 种颜色指示级别：绿色表示该国在实现 17 项 SDG 上面临的挑战较少，一些目标甚至已经达到了实现该目标所要求的临界值；从黄色到橙色再到红色表示距离 SDG 实现的距离越来越远，距 2030 年可持续发展目标实现存在越来越大的挑战（表 1）。这些阈值来源于 SDG 或其他官方来源，阈值的设定广泛征询专家团队的建议和意见，并且所有阈值都是以绝对形式规定的，适用于所有国家。

表 1　指标或目标状态说明表

指标或目标状态	含义
绿色	距实现 2030 年的目标面临的挑战较少，一些目标甚至已经达到实现该目标所要求的临界值
黄色	距实现 2030 年的目标面临挑战，有待提升
橙色	距实现 2030 年的目标面临较大挑战
红色	距实现 2030 年的目标面临严峻挑战

第二步：SDG 指示板的加权和聚合

可持续发展目标指示板的目的是突出那些各国需特别关注，并优先采取行动的可持续发展目标。在设计可持续发展目标指示板时，2020 年的计算采用了相关加权汇总问题。如某国在大多数指标上表现良好，但在同一可持续发展目标项下的一个或两个指标上表现堪忧，那么仅用所有指标的平均值可能无法指示政策需关注的领域。这尤其适用于在大多数可持续发展目标上取得重大进展，但在个别指标上表现严重欠佳的高收入和中高收入国家。

因此，SDG Dashboards 采用各 SDG 相应指标中得分最低的两个指标的平均值来表示该 SDG 的颜色。如果某国的一项 SDG 下只有一个指标，那么该指标的颜色等级决定了目标的总体评级。首先将指标值调整为 0～3，其中 0～1 是红色，1～1.5 是橙色，1.5～2 是黄色，2～3 是绿色，并保证每一个间隔的连续性。其次利用该国表现最差的两个经过调整后的指标平均值来确定目标的评级。新增规则：仅当两个得分最低指标都为绿色时，所对应的 SDG 才可以得分为绿色——否则目标将被评为黄色；同样。仅当两个得分最低指标均为红色时，所对应的 SDG 才使用红色。如该国的某项可持续发展目标仅有一个指标有数据可用，那么该指标的颜色等级将决定该 SDG 的总体评价。

1.3 可持续发展目标趋势（SDG Trend）

《2020 年可持续发展报告》采用了一项新的方法来衡量世界各国在各项可持续发展目标上的实现情况，即利用过去几年的历史数据来估算一个国家向可持续发展目标迈进的速度，并推断该速度能否保证该国在 2030 年前实现目标。判断可持续发展目标趋势的过程如下：

第一步，针对某一项可持续发展目标，根据趋势数据可用性，从中选择用来计算趋势的相应指标。

第二步，计算为了实现某一项可持续发展目标下的特定指标，2010—2030 年所需要的线性年均增长率。

第三步，计算上述目标最近一段时期（2010—2015 年）的年均增长率。

第四步，比较第二步和第三步计算出的年均增长率的差异。每个指标趋势均按照 0～4 的等级，采用与 SDG 指示板类似的方法标准化。每一等级所代表的近期年均增长率和长期为实现目标所需增长率之间的关系：0—近期年均增长率为负；1—近期年均增长率为零；2—近期年均增长率达到长期为实现目标所需增长率的 50%；3—近期年均增长率等于长期为实现目标所需增长率；4—近期年均增长率超过了长期为实现目标所需增长率（图 1）。

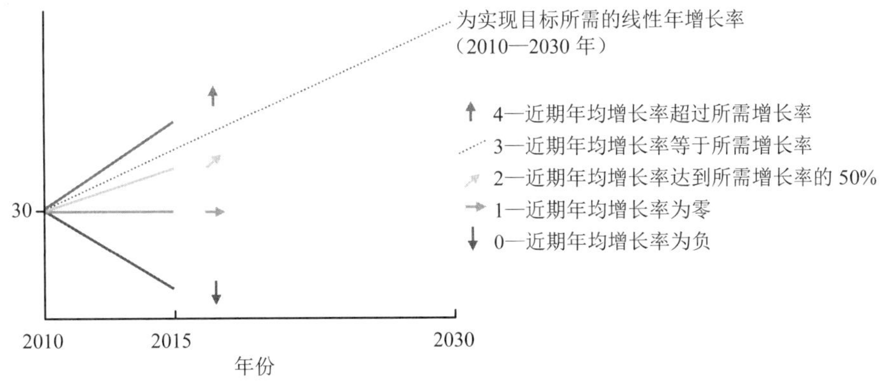

图 1 用 0～4 等级表示近期年均增长率与长期为实现目标所需年均增长率的关系

第五步，将上述比较近期年均增长率和长期为实现可持续发展目标所需年均增长率的0～4 等级结果，转换为“四箭头系统”来描述可持续发展目标实现的趋势。具体来说，红色箭头代表“下降”趋势，对应 0～1 等级；橙色箭头代表“停滞”趋势，对应 1～2 等级；黄色箭头代表“适度改善”趋势，对应 2～3 等级；绿色箭头代表“步入正轨趋势”，对应3～4 等级。图 2 直观展现了描述可持续发展目标实现趋势的“四箭头系统”。

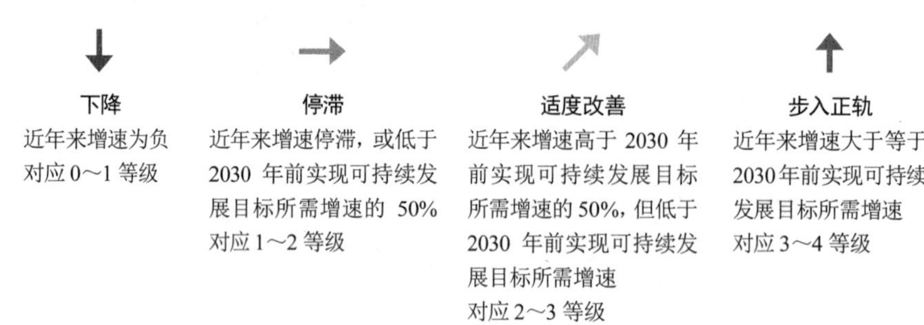

图 2　描述可持续发展目标实现趋势的“四箭头系统”

第六步，根据某项可持续发展目标下所有可计算趋势的指标的算术平均值，来决定该国在该项可持续发展目标上的实现趋势。对于某个国家而言，仅当某项可持续发展目标下至少有 75%的细分指标具备趋势数据时，才能计算目标层面的趋势。

1.4　2020 年可持续发展目标和指示板所做出的修改

2020 年的评价对象为 166 个，新增的国家包括巴巴多斯、文莱达鲁萨兰国、索马里和南苏丹。2020 年报告还纳入了 16 个新指标。2020 年版的报告首次提供了若干进口中体现的 CO_2排放量（t/人）、进口中体现的与工作有关的致命事故（每 10 万人）、进口体现的稀缺用水量（m^3/人）等溢出效应指标的时间序列数据。

由于指标的变化以及方法上的一些改进，SDG 指数的排名和分数无法与以前的版本进行比较。尽管尽了最大努力为可持续发展目标确定数据，但一些指标和数据差距依然存在。

正如该报告前几版强调的那样，各国政府和国际社会必须增加对可持续发展数据和监测系统的投资，以缩小这些差距。为了确保最大限度的数据可比性，报告只使用来自国际可比来源的数据。这些数据的提供者可以调整国家数据，以确保国际可比性。因此，报告中提出的一些数据点可能与国家统计局或其他国家来源提供的数据不同。此外，国际组织遵循的验证过程的持续时间可能会导致发布某些数据的严重延误。因此，国家统计局可能拥有一些指标的最新数据，而不是报告中列出的数据。

1.5　SDG 评价体系不能完全体现中国在生态环境领域的工作进展

可持续发展目标是联合国从全球政治、经济、社会、环境的整体角度建立的评估体系，为衡量各国的可持续发展进程制定了统一标准。统一的可持续发展目标衡量标准有助于横向比较，但也不利于考虑各国的历史发展实际因地制宜地给出政策导向性建议。我国在改革开放以来的经济发展进程中，从粗放型增长转向高质量增长，将生态文明建设提升到国家“五位一体”总体布局中，在近年来的污染防治攻坚战等政策行动中取得了一系列成效。但联合国《2030 年可持续发展议程》中所包含的可持续发展目标倾向于对海洋、陆地生态系统等生态保护行为的健康效益，这些指标的设定未充分反映我国着重环境保护基础设施建设和主要污染物“总量减排”的行动。同时，由于统计工作的固有限制，以及联合国可持续发展目标对生态环境领域的评估与我国当前环保工作实质进展的不匹配，需要构建更合理更具有政策指导性的可持续发展指标体系。不仅要建立本土化的可持续发展目标指标体系，还需考虑当前我国在经济建设、社会建设、生态文明建设等方面衔接相应可持续发展目标的机制，适当提升统计部门的数据支撑能力，稳步推进联合国 2030 年议程的实现。

2 中国生态环境领域 SDG 评估结果

对照联合国 SDG 指标体系，与生态环境相关的目标主要为 SDG6、SDG11、SDG12、SDG13、SDG14、SDG15，本报告对相关目标和指标评价结果进行了汇总分析（表 2）。

表 2 2016—2019 年中国的生态环境领域 SDG 指数及指示板表现

目标评价结果		2016 年	2017 年	2018 年	2019 年	2020 年
SDG6	指示板	黄	橙	黄	橙	橙
	指数及排名	86.2	88.2（60/157）	89.9（34/156）	71.8（76/162）	68.6（91/177）
SDG11	指示板	红	橙	橙	橙	橙
	指数及排名	43.2	61.6（113/157）	69.2（95/156）	75.1（91/162）	75.91（92/177）
SDG12	指示板	黄	橙	橙	橙	黄
	指数及排名	41.3	74.8（66/157）	73.2（80/156）	82.0（86/162）	88.55（55/177）
SDG13	指示板	红	红	红	红	黄
	指数及排名	41.5	58.7（145/157）	69.3（139/156）	92（72/162）	89.78（91/177）
SDG14	指示板	红	红	红	红	红
	指数及排名	32	31.1（94/118）	33.5（145/156）	36.2（104/126）	50.51（113/136）
SDG15	指示板	红	橙	橙	橙	橙
	指数及排名	39.2	58.5（77/157）	58.6（90/156）	62.7（92/162）	59.47（115/177）

注：“*X*/*Y*”中“*X*”表示中国排名，“*Y*”表示参评国家数量。例如，“80/156”表示中国排名第 80 位，参与排名的国家总数有 156 个，下同。2016 年的报告只提供了指示板，未给出目标指数分值，分值根据报告提供的方法和中国数据来源计算得到。

2.1 水和环境卫生的可持续管理（SDG6）面临较大挑战

在 SDG6 评估中（表 3），中国参与评价的指标由 2016 年的 3 个逐渐增加为 2020 年的 5 个，总体评价结果一直为橙色或黄色，在全球的排名略有下降。在 SDG6 中，统计表现较差的指标为“公共卫生服务设施覆盖率”和“废水处理率”，“公共卫生服务设施覆盖率”为橙色指标，“经过处理的人为废水”为红色指标。“公共卫生服务设施覆盖率”指标得分偏低的原因是我国各区域之间的基层医疗公共卫生服务机构服务水平以及设施资源存在较大的差异，基层医疗卫生机构分布缺乏合理性，导致部分地区基本卫生服务获取困难，基层医疗卫生服务机构人员短缺且素质不高和城乡地区之间的卫生资源配置不合理，导致部分偏远落后地区获得基本卫生服务的需求难以满足。“废水处理率”得分不高的原因是我国污水处理方面城乡差距较大，区域之间也存在公共服务不均衡的现象，2017 年我国农村污水处理率约为 17.19%，农村生活污水治理领域面临的挑战，存在显著的地域特征，与各地区经济发展情况、社会发展水平等因素有着强烈相关性。

表 3 中国在 2016—2020 年指数报告 SDG6 中指标及得分变化情况

年份	指标	自来水普及率/%	公共卫生服务设施覆盖率/%	淡水占可再生水源的比例	输入性地下水枯竭/[m^3/（a·人）]	废水处理率/%	进口体现的稀缺水消费/（m^3/人）
2016	最优值	100	100	0	—	—	—
	最差值	50.8	12.8	374.1	—	—	—
	中国指标值	95.5	76.5	19.51	—	—	—
	中国得分	90.9	73.1	94.8	—	—	—
	中国排名	74/149	88/148	111/146	—	—	—
	指标状态	红	黄	绿	—	—	—
2017	最优值	100	100	12.5	0.1	—	—
	最差值	50.8	12	100	42.6	—	—
	中国指标值	95.5	76.5	19.5	1.6	—	—
	中国得分	90.9	73.3	92	96.5	—	—
	中国排名	77/156	94/155	115/155	30/155	—	—
	指标状态	黄	橙	绿	绿	—	—
2018	最优值	100	—	12.5	0.1	—	—
	最差值	40	—	100	42.6	—	—
	中国指标值	95.8	—	29.9	1.6	—	—
	中国得分	93	—	80.1	96.5	—	—
	中国排名	17/93	—	135/180	31/170	—	—
	指标状态	黄	—	黄	绿	—	—

年份	指标	自来水普及率/%	公共卫生服务设施覆盖率/%	淡水占可再生水源的比例	输入性地下水枯竭/[m^3/（a·人）]	废水处理率/%	进口体现的稀缺水消费/（m^3/人）
2019	最优值	100	100	12.5	0.1	100	—
	最差值	40	9.7	100	42.6	0	—
	中国指标值	95.8	75	29.4	1.6	16.1	—
	中国得分	93	72	81	96	16	—
	中国排名	91/193	123/193	135/180	31/170	69/167	—
	指标状态	黄	橙	黄	绿	橙	—
2020	最优值	100	100	12.5	—	100	0
	最差值	40	9.7	100	—	0	100
	中国指标值	92.8	84.8	43.4	—	9.4	2.3
	中国得分	88.077	83.124	64.686	—	9.36	97.739
	中国排名	101/177	101/177	133/172	—	75/177	65/175
	指标状态	黄	橙	黄	—	红	绿

从年度变化上看，自来水普及率中国参与的评价指标呈现不断改善的状态，但由于参与评分标准在提高，所以导致我国的自来水普及率在 2020 年呈下降趋势，但是随着政府的努力以及技术水平的提高，我国在未来还是有很大的发展潜力；公共卫生服务设施覆盖率无论是指标值、指标得分还是排名均有所提升。淡水占可再生水源的比例指标有轻微上升，但是还有很大的进步空间，我国新增可再生水源主要源于淡水，海水淡化、污水回用等非常规水资源的开发利用滞后于新增水资源的需求。

2.2 可持续城市建设（SDG11）需要强化公共基础设施能力

在 SDG11 评估中（表 4），中国参与评价的指标由 2016 年的 2 个逐渐增加为 2020 年的 3 个，总体评价结果由红色转为橙色，在全球的排名略有提升。在 SDG11 中，中国区 $PM_{2.5}$ 浓度这一指标表现较差，标记为“红色”，主要因为中国是在大气污染物高排放量的情况下来改善环境，大气污染物排放严重，超过大气环境容量。短期内污染物排放总量的削减，不能满足容量总量控制的需求。评价结果与我国实际情况并不完全相符。我国实施了一系列管控措施，加快治理空气污染，改善空气质量，并取得了显著效果，2018 年全国的 $PM_{2.5}$ 浓度持续呈降低趋势，并且比 2017 年的 $PM_{2.5}$ 平均浓度下降了 9.3%。2019 年，全国 337 个地级及以上城市空气质量平均优良天数比例为 82%，$PM_{2.5}$ 未达标城市平均浓度比 2018 年下降 2.4%，预计能够达到可持续发展目标要求。未来污染物的总量削减需要通过产业转型、污染治理技术升级等综合措施来实现，复杂的经济社会活动，包括偏重的产业结构、能源结构产生严重制约。产业及能源结构优化、绿色转型发展涉及方方面面的工作，所以它需要一个过程，不可能一蹴而就。发达国家解决空气污染问题用了 20～40 年，有的甚至用了 50 年，所以中国既要打好攻坚战，又要打好持久战。

表 4　中国在 2016—2020 年指数报告 SDG11 中指标及得分变化情况

年份	指标	$PM_{2.5}$ 浓度/（μg/m³）	城市管网供水覆盖率/%	对公共交通的满意程度
2016	最优值	0	100	—
	最差值	48.4	6.1	—
	中国指标值	54.4	87.1	—
	中国得分	0	86.3	—
	中国排名	77/142	148/149	—
	指标状态	红	黄	—
2017	最优值	6.3	100	—
	最差值	87	6.1	—
	中国指标值	57.2	87.2	—
	中国得分	36.9	86.3	—
	中国排名	145/157	81/148	—
	指标状态	红	黄	—
2018	最优值	6.3	100	82.6
	最差值	87	6.1	21
	中国指标值	58.4	90.0	72.0
	中国得分	35.5	89.4	82.8
	中国排名	171/186	83/146	25/154
	指标状态	红	黄	黄
2019	最优值	6.3	100	82.6
	最差值	87	6.1	21
	中国指标值	52.7	90.0	78.6
	中国得分	43	89	94
	中国排名	167/186	93/172	7/159
	指标状态	红	黄	绿
2020	最优值	6.3	100	82.6
	最差值	87	6.1	21
	中国指标值	52.7	92.2	78.6
	中国得分	42.546	91.717	93.461
	中国排名	157/177	87/164	9/169
	指标状态	红	黄	绿

从相关指标年度变化上看，随着大气污染防治行动计划的深入实施，城市 $PM_{2.5}$ 浓度不断降低，与当前我国 338 个地级及以上 $PM_{2.5}$ 监测结果基本一致，但与空气质量优良地区以及世界卫生组织推荐的 10 μg/m³ 安全值标准差距依然较大，空气污染是制约我国城市可持续发展的突出短板。城市管网供水覆盖率指标值、得分均有所提升，说明我国在城市集中供水基础设施建设方面取得了一定成效，但距离可持续发展目标要求尚有距离，5 年评级均为“黄色”。对公共交通的满意程度表现较好，说明城市公共交通体系逐步完善。

2.3 消费和生产模式（SDG12）需要进一步加大绿色转型

在 SDG12 评估中（表 5），中国参与评价的指标由 2016 年的 2 个逐渐增加为 2020 年的 6 个，总体评价结果一直为橙色或黄色，在全球的排名有大幅提升，改善效果明显。在 SDG12 中，“以生产为基础的 SO_2 排放量”“活性氮生产足迹”“电子垃圾”这 3 项指标表现相对较差，标记为“黄色”。其中，“工业 SO_2 排放量”“活性氮生产足迹”“电子垃圾” 3 项指标表现较差。“工业 SO_2 排放量”得分较低主要是因为煤在我国的能源结构中占据主要地位，且高硫煤的比例较高。“活性氮生产足迹”变化不大。电子垃圾产生量逐渐增加，呈现退化现象，2017 年，我国产生电子垃圾总量高达 720 万 t，2018 年上半年全国 69 家经生态环境部认证的企业，共拆卸 5 966 万台电气设备，较 2017 年同期增长 83.73%。评级由“绿色”转为“黄色”，主要由于生活水平的提升导致电子产品的废弃、更新速度增加。

表 5　中国在 2016—2020 年指数报告 SDG12 中指标及得分变化情况

年份	指标	城市固体废物产生量/［kg/(a·人)］	废水处理率/%	工业 SO_2 排放量/(kg/人)	SO_2 输入量/(kg/资本)	活性氮生产足迹/(kg/人)	活性氮输入量/(kg/人)	电子垃圾/(kg/人)	以生产为基础的 SO_2 排放量/(kg/人)	进口所含 SO_2 排放量/(kg/人)
2016	最优值	0.1	0.7	—	—	—	—	—	—	—
	最差值	5.4	2.4	—	—	—	—	—	—	—
	中国指标值	1.02	18.178	—	—	—	—	—	—	—
	中国得分	82.64	0	—	—	—	—	—	—	—
	中国排名	63/136	90/149	—	—	—	—	—	—	—
	指标状态	黄	红	—	—	—	—	—	—	—
2017	最优值	0.1	100	0.5	0	2.3	0	0.2	—	—
	最差值	3.7	0	68.3	30.1	86.5	432.4	23.5	—	—
	中国指标值	1	27.9	25.5	–5.7	22.8	–12.5	4.4	—	—
	中国得分	75.0	27.9	63.1	100.0	75.7	100.0	82.0	—	—
	中国排名	78/141	64/141	112/137	19/156	73/137	57/120	65/155	—	—
	指标状态	黄	橙	橙	绿	橙	绿	绿	—	—
2018	最优值	0.1	100	0.5	0	2.3	0	0.2	—	—
	最差值	3.7	0	68.3	30.1	86.5	432.4	23.5	—	—
	中国指标值	1	16.1	25.5	–5.7	22.8	–12.5	4.4	—	—
	中国得分	75	16.1	63.13	100	75.65	100	81.97	—	—
	中国排名	66/123	69/167	134/159	20/187	73/146	63/129	77/181	—	—
	指标状态	黄	橙	橙	绿	黄	绿	绿	—	—
2019	最优值	0.1	100	0.5	0	2.3	0	0.2	—	—
	最差值	3.7	0	68.3	30.1	86.5	432.4	23.5	—	—
	中国指标值	1	16.1	25.5	–5.7	22.8	–12.5	5.2	—	—
	中国得分	75	16	63	100	76	100	79	—	—
	中国排名	67/123	69/167	134/159	20/186	73/146	63/128	72/175	—	—
	指标状态	黄	橙	橙	绿	黄	绿	黄	—	—

年份	指标	城市固体废物产生量/［kg/（a·人）］	废水处理率/%	工业 SO_2 排放量/（kg/人）	SO_2 输入量/（kg/资本）	活性氮生产足迹/（kg/人）	活性氮输入量/（kg/人）	电子垃圾/（kg/人）	以生产为基础的 SO_2 排放量/（kg/人）	进口所含 SO_2 排放量/（kg/人）
2020	最优值	0.1	—	—	—	2	0	0.2	0	0
	最差值	3.7	—	—	—	100	45	23.5	525	30
	中国指标值	0.7	—	—	—	23.1	0.7	5.2	30	0.7
	中国得分	83.694	—	—	—	78.448	98.533	78.541	94.282	97.807
	中国排名	20/171	—	—	—	90/175	53/175	68/167	83/175	40/175
	指标状态	绿	—	—	—	黄	绿	黄	黄	绿

注：2019 年废水处理率指标纳入 SDG6 评估。

2.4 应对气候变化（SDG13）需要加强减缓和适应行动

在 SDG13 评估中（表 6），中国参与评价的指标由 2016 年的 2 个增加为 2020 年的 3 个，总体评价结果由红色变为黄色，在全球的排名有所上升。SDG13 是中国实现可持续发展目标的重大挑战，近年来中国在 SDG13 方面的表现有了明显的改善。在 SDG13 中，“与能源有关的 CO_2 排放量”指标表现较差，标记为“红色”，“化石燃料出口中体现的 CO_2 排放量”及“进口中体现的 CO_2 排放量”两项指标表现较好，标记为“绿色”。评价结果与我国实际情况并不完全相符。我国采取了一系列行动应对气候变化，截至 2019 年年底，我国单位国内生产总值 CO_2 排放比 2005 年降低了 48.1%，非化石能源占比达 15.3%，我国已提前并超额完成了 2020 年气候行动目标。

表 6 中国在 2016—2020 年指数报告 SDG13 中指标及得分变化情况

年份	指标	人均 CO_2 排放量/（t/人）	气候变化脆弱性监测（0～1）	CO_2 输入量/（t/人）	化石燃料出口中体现的 CO_2 排放量/（kg/人）	与能源有关的 CO_2 排放量/（t/人）	进口中体现的 CO_2 排放量/（t/人）
2016	最优值	0	0	—	—	—	—
	最差值	20.9	0.4	—	—	—	—
	中国指标值	6.71	0.34	—	—	—	—
	中国得分	67.89	15	—	—	—	—
	中国排名	141/149	112/146	—	—	—	—
	指标状态	红	红	—	—	—	—
2017	最优值	0	0	0	—	—	—
	最差值	23.7	0.4	3.2	—	—	—
	中国指标值	7.6	0.3	−0.8	—	—	—
	中国得分	67.93	25	100	—	—	—
	中国排名	125/157	147/153	21/155	—	—	—
	指标状态	红	红	绿	—	—	—

年份	指标	人均 CO_2 排放量/（t/人）	气候变化脆弱性监测（0～1）	CO_2 输入量/（t/人）	化石燃料出口中体现的 CO_2 排放量/（kg/人）	与能源有关的 CO_2 排放量/（t/人）	进口中体现的 CO_2 排放量/（t/人）
2018	最优值	0	0	0	0	—	—
	最差值	23.7	0.4	3.2	43 996.4	—	—
	中国指标值	7.5	0.3	–0.8	20.6	—	—
	中国得分	68.35	25	100	99.95	—	—
	中国排名	127/156	146/152	41/155	68/145	—	—
	指标状态	红	红	绿	绿	—	—
2019	最优值	0	0	0	0	—	—
	最差值	23.7	18 000	3.2	44 000	—	—
	中国指标值	6.5	813.2	–0.8	25.6	—	—
	中国得分	73	95	100	100	—	—
	中国排名	156/193	93/161	22/175	83/164	—	—
	指标状态	红	红	绿	绿	—	—
2020	最优值	—	—	—	0	0	0
	最差值	—	—	—	44 000	23.7	3.2
	中国指标值	—	—	—	16.4	6.5	0.104
	中国得分	—	—	—	99.963	72.624	96.75
	中国排名	—	—	—	18/162	137/174	143/186
	指标状态	—	—	—	绿	红	绿

能源消费导致的“人均 CO_2 排放量”较高主要是因为中国是全球最大的能源消费国，占全球能源消费量的 23%，占全球能源消费增长的 27%，《BP 世界能源统计年鉴 2020》也指出，全球能源消费净增量中，中国占比超过 3/4，较多的能源消耗导致中国温室气体产生量较多。中国作为发展中国家，工业及经济处于发展阶段，由此产生了大量温室气体，但自 2012 年起，中国开始积极承担“碳减排”责任。中国不但在植树造林和退耕还林还草方面取得显著成绩，而且已经提前完成 2020 年碳减排国际承诺，即 2020 年碳排放强度比 2005 年下降 40%～45%。“化石燃料出口产生的 CO_2 排放量”是一个衡量溢出效应的指标，体现中国通过化石燃料出口造成中国以外地区产生的 CO_2 排放量。中国自 1970 年来从化石燃料的净出口国变成了净进口国。因此，中国通过化石燃料出口给中国以外地区带来的环境负面溢出效应影响较小。

2.5 保护海洋生态（SDG14）需要提升近岸海域生态环境健康水平

在 SDG14 评估中（表 7），中国参与评价的指标总数到 2020 年保持为 5 个，总体评价结果一直为红色，在全球的排名有所下降，是中国在 17 项 SDG 中表现最差的一项，一直处于参与该项目标评分的全球最落后的 20%序列。从具体指标上看，“海洋自然保护区面积”大幅增加，推动该项指标由“红色”变为“橙色”。2015 年 8 月 20 日，国务院印发《全国海洋主体功能区规划》，其中明确要求“海洋保护区占管辖海域面积比重增加到 5%”，不断推动海洋保护区建设，但与该项指标的最优值差距较大，仍然远离可持续发展目标要求。

表 7　中国在 2016—2020 年指数报告 SDG14 中指标及得分变化情况

年份	指标	海洋生态环境状况——清洁水域（0～100）	海洋生态环境状况——生物多样性（0～100）	海洋生态环境状况——渔业养殖（0～100）	海洋自然保护区面积/%	过度捕捞鱼类的专属经济海域的比例/%	拖网捕鱼/%	进口中体现的海洋生物多样性威胁（每百万人口）
2016	最优值	100	100	100	100	0	—	—
	最差值	44.1	66.4	2	0	91.7	—	—
	中国指标值	34.7	78.8	37	3.5	14.9	—	—
	中国得分	0	36.9	35.7	3.5	83.8	—	—
	中国排名	84/112	112/122	67/112	92/100	25/86	—	—
	指标状态	红	红	红	红	绿	—	—
2017	最优值	100	100	100	100	0	—	—
	最差值	28.6	76	19.7	0	90.7	—	—
	中国指标值	34.8	81.1	38.2	18.8	14.9	—	—
	中国得分	8.7	21.3	23.0	18.8	83.6	—	—
	中国排名	109/117	102/117	76/117	86/106	26/88	—	—
	指标状态	红	橙	红	橙	绿	—	—
2018	最优值	100	100	100	100	0	1	—
	最差值	28.6	76	19.7	0	90.7	90	—
	中国指标值	34.8	80.1	45.4	18.8	8.6	60.0	—
	中国得分	8.7	17.1	32.0	18.8	90.5	33.7	—
	中国排名	109/117	105/117	54/117	85/105	15/90	86/107	—
	指标状态	红	橙	红	橙	绿	红	—
2019	最优值	100	—	—	100	0	1	—
	最差值	28.6	—	—	0	90.7	90	—
	中国指标值	29.8	—	—	18.8	8.6	60.0	—
	中国得分	2	—	—	19	91	34	—
	中国排名	142/150	—	—	102/141	20/114	96/118	—
	指标状态	红	—	—	橙	绿	红	—
2020	最优值	100	—	—	100	0	1	0
	最差值	28.6	—	—	0	90.7	90	2
	中国指标值	35	—	—	21.7	8.8	60.0	0.0
	中国得分	9.006	—	—	21.654	90.32	33.706	97.85
	中国排名	127/136	—	—	100/117	17/109	101/122	94/174
	指标状态	红	—	—	橙	绿	红	绿

“海洋生态环境状况：清洁水域”指标得分较低，近期改善不明显，一直被评为“红色”。我国海洋环境污染主要有陆源污染、海洋过度开发以及海洋溢油污染等原因。国家环保部门监测的结果显示，我国的海洋污染物总量的85%以上来自陆源污染物，主要包括工业“三废”、城镇生活垃圾、农用化肥、农药和畜禽粪便等。随着海洋经济的快速发展，海岸带超负荷开发和围填海等人为因素，使海洋自然岸线和滩涂湿地逐渐损毁和丧失，给近海岸生态系统的平衡造成了较大威胁。近年来频繁发生的海上溢油事故构成了海洋生态的巨大威胁。

“过度捕捞鱼类的专属经济海域的比例”表现较好，一直评为“绿色”，但仍需更高水平的管控。依据农业农村部相关统计公报，我国管辖海域的渔业资源可捕捞量是 800 万～900 万 t，而实际的年捕捞量在 1 300 万 t 左右，仍然存在过度捕捞现象。近年来我国采取多种形式的补贴政策来鼓励远洋渔业的发展，其中最重要且金额最大的是油价补贴，除此之外，还有船舶建设、免除税费等多种支持途径。因此，远洋渔业的发展一定程度上缓解了我国专属经济区鱼类资源过度开发的困境，推动此项指标得分较高。

“拖网捕鱼”自 2018 年参评以来，一直被评为“红色”，进一步说明我国海洋捕捞方式和结构非常不合理，捕捞产量大部分来自拖网、围网和张网等传统捕捞方式，严重破坏海床与海洋生态，是未来管控的重点。

2.6 保护陆地生态（SDG15）需要提高生物多样性水平

在 SDG15 评估中（表 8），中国参与评价的指标由 2016 年的 3 个增加为 2020 年的 5 个，总体评价结果一直为红色或橙色，在全球的排名有所下降。

我国陆地自然保护区面积整体上呈增加态势，推动“陆地自然保护区面积”指标得分和排名逐渐提升，处于“绿色”或“黄色”状态。根据《中国生态环境状况公报（2019 年）》，我国自然保护区陆域面积为 172.8 万 km^2，占陆域国土面积的 18%。我国“陆地自然保护区面积”得分为 37.8，与可持续发展目标值仍有较大差距。

“内陆湿地和水域自然保护区面积”自 2017 年参评以来未发生变化，一直被评为“黄色”。根据第二次全国湿地资源调查结果，全国湿地总面积 5 360.26 万 hm^2，湿地面积占国土面积的比率（湿地率）为 5.58%。2018 年，湿地保护率提高到 49.03%。“内陆湿地和水域自然保护区面积”指标得分为 34.4，与可持续发展目标值仍有较大差距。

我国“濒危物种红色名录指数”一直被评为“红色”，属于急需改善提升的指标。根据中国科学院发布的《地球大数据支撑可持续发展目标报告》，2004—2017 年中国高等植物和陆生哺乳动物的红色名录指数呈上升趋势，表明濒危趋势有所缓解；但同时，鸟类的红色名录指数呈下降趋势，濒危趋势进一步恶化。整体上看，濒危物种红色名录指数改善不明显。高等植物濒危灭绝的主要因素是生境退化或丧失，其中农林牧副渔业发展带来的影响最大。脊椎动物物种濒危灭绝的主要原因是人类活动导致的生境丧失和退化以及过度利用，非法贸易则是珍稀脊椎动物濒危的原因。全球环境变化、修建水电站和水利设施、水体和土壤污染影响了水鸟、爬行类、两栖类和内陆鱼类生存。食药用大型真菌的主要威胁因子是过度采挖和开发利用，以及不良的采挖方式。地衣的主要受威胁因素是环境污染和生境退化。

表 8　中国在 2016—2020 年指数报告 SDG15 中指标及得分变化情况

年份	指标	濒危物种红色名录指数（0～1）	森林面积年变化率/%	陆地自然保护区面积/%	内陆湿地和水域自然保护区面积/%	生物入侵对生物多样性的影响/（物种/百万人）
2016	最优值	1	0.1	100	—	—
	最差值	0.7	31	0	—	—
	中国指标值	0.7	4.2	31.0	—	—
	中国得分	0.0	86.7	31.0	—	—
	中国排名	39/149	61/144	130/148	—	—
	指标状态	红	绿	黄	—	—
2017	最优值	1	0.6	100	100	0
	最差值	0.6	18.4	4.6	0	1.1
	中国指标值	0.7	4.2	52	41.6	0.1
	中国得分	25.0	79.8	49.7	41.6	90.9
	中国排名	137/157	90/133	61/156	70/131	40/150
	指标状态	红	黄	绿	黄	绿
2018	最优值	1	0.6	100	100	0.1
	最差值	0.6	18.4	4.6	0	26.4
	中国指标值	0.8	5.0	52.1	41.6	0.7
	中国得分	50.0	75.3	49.8	41.6	97.7
	中国排名	135/156	65/153	61/155	71/131	41/155
	指标状态	红	橙	绿	黄	绿
2019	最优值	1	0	100	100	0.1
	最差值	0.6	1.5	4.6	0	26.4
	中国指标值	0.7	0.0	47.6	36.1	0.7
	中国得分	25	100	45	36	98
	中国排名	166/193	55/148	73/186	83/132	44/174
	指标状态	红	绿	黄	黄	绿
2020	最优值	1	0	100	100	0
	最差值	0.6	1.5	4.6	0	10
	中国指标值	0.7	0.0	37.8	34.4	0.6
	中国得分	34.75	99.467	34.771	34.37	94
	中国排名	155/177	52/162	99/176	96/147	104/174
	指标状态	红	绿	黄	黄	绿

“森林面积年变化率”整体呈不断向好的趋势，被评为“绿色”，与我国积极推进植树造林、推动森林覆盖率不断提高的形势一致。第八次全国森林资源清查结果显示，我国人工林总面积 6 933 万 hm^2，而造林政策实施目标是到 2050 年使森林覆盖率增加到 26%以上。2000—2017 年中国的叶面积增长占同期全球增长的 25%，因此，我国在此项指标方面表现优异，获得最优成绩。

“生物入侵对生物多样性的影响”指标表现较好，被评为“绿色”，这得益于我国海关对入境货物实施严格检疫的行动，严禁境外有害生物（包括虫卵和微生物）流入境内，防止境外物种入侵损害本土生物多样性。

3 中国生态环境领域 SDG 改进建议

为更好地落实《2030 年可持续发展议程》和推进实现可持续发展目标，以及达成多边环境协定和国际商定的生态环境保护、污染控制方面的生态环境目标，在传统的环境治理和提高效率的基础上，还必须从重组社会、生产制度和架构，包括制度框架、社会实践、文化规范和价值观的角度出发，进行转型变革，推动 SDG 与中国社会经发展战略和生态环境保护战略相融合。

（1）中国亟须将更多本土化的 SDG 指标纳入“十四五”相关发展规划目标

由于统计工作的固有限制，以及联合国可持续发展目标对生态环境领域的评估与中国当前环保工作实质进展的不匹配。为使 2030 议程进一步服务中国高质量发展，建议在总结国内前期发展经验的基础上，将 2030 议程的相关目标和指标根据中国国情和发展重点纳入“十四五”时期发展规划和发展目标体系。党的十九大中提出，综合分析国际国内形势和我国发展条件，从 2020 年到 21 世纪中叶可以分两个阶段来安排，要做好新一轮国家中长期发展规划战略研究，建议将 SDG 本土化指标纳入国内各相关中长期规划中，把实现 SDG 融入中国实现社会主义现代化进程中。同时，建议结合当前国家生态文明建设示范市县、“绿水青山就是金山银山”实践创新基地等生态示范建设推动 SDG 目标指标评估试点，探索生态环境领域指标数据的系统化监测和统计路径，弥补因数据缺失带来的评估结果不准确的风险。

（2）补齐补强进展缓慢 SDG 的短板指标

生态环境领域存在许多短板指标，尤其是评价级别为“红色”的 6 项指标和“橙色”的 2 项指标。中国自 2016 年至今 5 次报告中 SDG13 评级均为红色，面临重大挑战，建议今后更加重视“气候变化”相关指标数据的统计收集，加大投入推动相关指标的进步。此外，加快解决中国广大农村地区面源污染和污水处理缺失问题给饮用水水源环境和农村人居环境带来的巨大隐患；通过废水再利用、海水淡化和直接使用农业排水等方式减少淡水资源的压力，增加非常规水资源的使用。创新发挥政策引导作用、鼓励地方拓宽资金来源和市场多方参与生态环境建设，提高自然资源使用效率，保护和恢复淡水生态系统，推行可持续的消费和生产模式，推进环境退化和资源利用与经济增长及相关的生产和消费模式脱钩，破解过度捕捞、污染和栖息地退化对海洋和沿海资源的持续威胁，减轻气候变化对社会经济和人群健康的影响。加强生态系统服务关系研究，动态协调生态系统服务的供需，更好地部署现有政策工具以及实施能够更有效地争取个人和集体为转型变革而采取行动的各项新举措，在保护的前提下实现可持续发展。

（3）鼓励社会各方参与，加强 SDG 落实的国际交流与合作

鼓励和增加国际和地区组织、国内外非政府组织、私营部门等参与，充分发挥它们在推动 2030 议程上的优势，向全社会提供支撑。在即将开始的“十四五”建设时期，应发挥高校和科研院所在推进可持续发展议程上的智库作用，推动产学研深度融合。可设立跨地区、跨专业、跨学科和跨行业的联合专家咨询团队，结合生态环境领域相关国际公约及

共识，建立可持续发展全球伙伴关系，进行全球性、国家间、国家和地方层面的 SDG 综合比较研究，继续加强与欧盟、德国等联系，跟踪各层面 SDG 具体目标和指标落实情况，提供关于可持续发展的科学和政策的专家建议。通过互访、研讨会议等不同形式，加强沟通交流，积极引进学习国际先进经验。通过将 2030 议程及可持续发展目标融入“国家生态文明试验区”“国家可持续发展议程创新示范区”和“深圳社会主义先行示范区”的建设，推动中国国家整体和地方落实 2030 议程，从而推动高质量发展的行动、故事、经验、成果进行总结和交流。依托 SDG“一带一路”“南南合作”等重大战略的实施推进生态环境领域交流合作。

参考文献

[1] SACHS J，SCHMIDT-TRAUB G，KROLL C，et al. The Sustainable Development Goals and COVID-19. Sustainable Development Report 2020[M]. Cambridge University Press，2020.

[2] Sustainable Development Report 2019—Transformations to achieve the Sustainable Development Goals—Includes the SDG Index and Dashboards[EB/OL]. http://www.pica-publishing.com/.

[3] 中华人民共和国外交部.《中国落实 2030 年可持续发展议程进展报告》.

[4] http://www.fmprc.gov.cn/web/ziliao_674904/zt_674979/dnzt_674981/qtzt/2030kcxfzyc_686343/.2017-08-24.

[5] 朱磊，陈迎．“一带一路”倡议对接 2030 年可持续发展议程——内涵、目标与路径[J]．世界经济与政治，2019（4）：79-100，158.

[6] 汪万发，蓝艳，蒙天宇．OECD 国家落实联合国《2030 年可持续发展议程》进展分析及启示[J]．环境保护，2019，47（14）：68-73.

[7] 朱婧，孙新章，何正．SDGs 框架下中国可持续发展评价指标研究[J]．中国人口 • 资源与环境，2018，28（12）：9-18.

[8] 魏彦强，李新，高峰，等．联合国 2030 年可持续发展目标框架及中国应对策略[J]．地球科学进展，2018，33（10）：1084-1093.

[9] 岳鸿飞，杨晓华，张志丹．绿色产业在落实 2030 年可持续发展议程中的作用分析[J]．城市与环境研究，2018（1）：78-87.

[10] 周全，吴语晗，董战峰，等．《2017 年全球可持续发展目标指数和指示板报告》分析及启示[J]．环境保护，2018，46（20）：63-69.

[11] 周全，董战峰，吴语晗，等．中国实现 2030 年可持续发展目标进程分析与对策[J]．中国环境管理，2019，11（1）：23-28.

英国发布《绿色工业革命十点计划》及其对我国的启示

UK Releases "The Ten Point Plan for a Green Industrial Revolution" and Its Enlightenment to China

曹东　张鸿宇　李勃　王建童　王媛[①]　卢亚灵　蒋洪强

摘　要　碳中和目标已成为国际共识，需要全球共同努力实现。英国气候行动位居世界前列，其于2019年通过了《气候变化法案》，成为全球首个以国内立法形式规定到2050年实现净零碳排放的国家。本文对英国发布的《绿色工业革命十点计划》进行了详细阐释，梳理总结了英国各工业领域低碳发展目标和路径，以及预期的成本效益，提出对我国能源、交通、建筑、绿色金融领域低碳发展启示，以期为实现我国"双碳"目标提供政策建议。

关键词　碳中和　绿色工业革命　成本效益

Abstract　The goal of carbon neutrality has become an international consensus and needs to be achieved through global joint efforts. The UK's climate action is at the forefront of the world. It passed the Climate Change Act in 2019，becoming the first country in the world to achieve net zero carbon emissions by 2050 in the form of domestic legislation. This study gives a detailed explanation of the "Ten Point Plan for the Green Industrial Revolution" issued by the United Kingdom，combs and summarizes the low-carbon development goals and paths in various industrial fields in the United Kingdom，as well as the expected cost-effectiveness，and puts forward the enlightenment for the low-carbon development in the fields of energy，transportation，construction，and green finance in China，with a view to providing policy recommendations for achieving the "double carbon" goals in China.

Keywords　carbon neutrality; green industrial revolution; cost-benefit analysis

2020年9月22日，习近平主席在第75届联合国大会一般性辩论上宣布，中国CO_2排放力争于2030年前达到峰值，努力争取2060年前实现碳中和。这一宏伟目标，展现了我国的国际责任和大国担当，同时也成为我国低碳发展和绿色发展的重要推动力。开发低碳技术、发展绿色产业成为我国今后一段时间内的必然发展趋势。

① 天津大学（天津，300072）。

国际层面，制定碳中和目标和出台相关政策已经成为共识。根据能源和气候信息小组（Energy & Climate Intelligence UNIT，ECIU）发布的全球净零排放跟踪表[1]，已有 2 个国家实现碳中和（苏里南和不丹），6 个国家已把碳中和目标写入法律（瑞典、英国、法国、丹麦、新西兰和匈牙利），6 个国家/地区正在推动碳中和目标的立法进程（欧盟、加拿大、韩国、西班牙、智利和斐济），包括中国在内的 14 个国家已正式宣布碳中和目标（芬兰、奥地利、冰岛、日本、德国、瑞士、挪威、爱尔兰、南非、葡萄牙、哥斯达黎加、斯洛文尼亚、马绍尔群岛、中国），包括美国在内的 100 余个国家正在讨论制定碳中和目标。

英国早在 1991 年即实现碳排放达峰，排放峰值为 8.17 亿 t CO_2 当量，之后排放量持续降低，至 2019 年仅为 4.55 亿 t CO_2 当量，相较于 1991 年下降了 44.31%。[2] 并且英国于 2019 年 6 月通过了《气候变化法案》修订案，成为全球首个以国内立法形式规定到 2050 年实现净零碳排放的国家[3]；2020 年 12 月，英国政府提交了更新后的国家自主贡献（NDC），从原来的到 2030 年 CO_2 排放量在 1990 年的基础上减排 53%，提高到至少减排 68%[4]；2020 年 11 月，英国政府发布《绿色工业革命十点计划》（以下简称“绿十条”）[5]，为英国的低碳发展、经济复苏注入了新的活力。英国的丰富经验、做法将为我国实施碳达峰及碳中和路径提供新的思想。本文梳理了英国“绿十条”的主要内容，结合我国工业领域相关发展现状，为我国实现低碳发展、高质量发展提供参考建议。

1 英国“绿十条”发布的背景

1.1 出台背景

两个世纪前，英国主导了全球第一次工业革命。借助创新及私人投资力量的推动，诞生了众多伟大的城市，并极大地推进了英国乃至全世界的现代化进程。如今，政府将调动同样的力量促进国家的发展，使英国重回工业大国行列。即希望通过投资清洁技术（风能、碳捕获、氢能等），使英国引领世界进入一场新的绿色工业革命。

实践证明，经济的发展与环境的保护可以相辅相成。英国在此方面走在世界前列。在过去的 30 年里，英国国内生产总值（GDP）增长了 75%，同时 CO_2 排放量减少了 43%。[5] 从英国中部及东北部地区的电动汽车制造业，到以亨伯及迪斯为中心蓬勃发展的海上风能产业，英国的低碳产业已提供了超过 46 万个就业岗位。2019 年，政府将“到 2050 年实现温室气体净零排放”确定为具有法律约束力的目标，成为在碳中和方面作出立法的主要经济体。

而随着世界开始从新冠疫情的巨大负面影响中恢复过来，英国也将开启一场更广泛的变革，即通过投资英国创新产业创造数十万个新的就业岗位，同时保护后代免受气候变化及生态环境恶化的影响。基于重新引领全球工业革命的雄心，以及提振英国国内的经济发展，英国政府于 2020 年 11 月对外发布英国“绿十条”。

1.2 内容概述

“绿十条”将为英国的绿色工业革命奠定基础。“绿十条”将动用 120 亿英镑的政府投资，并有望从私营部门吸引 3 倍以上的投资，通过绿色产业投资拉动英国经济的复苏。同时，“绿十条”将首先创造 9 万个就业岗位，2030 年达到 25 万个就业岗位。工程师、装配工、建筑工人等众多劳动者将致力于利用英国的科学技术创造及使用清洁能源，打造可将产品输出到全球市场的全新产业。政府将提供终身技能保障服务，为人们提供利用此类机会所需的培训。

“绿十条”将提高英国的清洁技术国际影响力。根据彭博公司（Bloomberg）测算，到 2050 年，全球对电力系统的投资将达到 13.3 万亿美元，而其中的 83%将投资用于零碳技术。[6] 随着世界各国日益重视绿色产业的发展，英国政府将努力通过“绿十条”的零碳技术使英国走在全球清洁技术市场的前列。

政府将利用海上风力发电场和核电站，投资高达 5 亿英镑用于新氢技术开发，以生产清洁能源。政府将利用清洁能源维持人们的生活，在保持低费用的同时，运行小汽车、公共汽车、卡车、火车、轮船和飞机，以及家庭供暖。在一定程度上，碳排放不可避免，政府将开创新的产业，致力于碳捕捉技术并将其回收至位于北海的能源回收利用基地。这些措施将使英国重回工业大国地位，创造就业岗位并促进经济增长，将清洁产业与交通和电力结合起来，使英国成为世界领先的“超级工业大国”。同时，政府将通过加倍投入绿色金融和创新以实现所有此类目标。

最后，政府将建立新的国家公园和自然风景区，通过增加植被覆盖率来减少碳排放，并保护生物多样性，目标是到 2030 年保护英格兰 30%乡村地区的自然景观。政府将利用脱欧后的优势，支持英国农民，在生产优质粮食的同时，确保土壤肥沃，并坚持进行碳捕获。将针对泥炭地和林地采取一系列恢复措施，创建自然恢复网络以及更加原始的自然环境，在自然和土地管理方面创造新的就业岗位。政府将通过投资防洪设施，并利用基于自然的解决方案提高抗洪能力，从而使社区能够更好适应气候变化，或免受气候变化带来的显著负面影响。

“绿十条”的累积效应将使英国在 2023—2032 年减少 1.8 亿 t CO_2 当量（Gt CO_2 e）的排放量，相当于现今英国境内所有上路汽车行驶约两年产生的碳排放量。但这仅仅是开始，好处远不止于此。在接下来的一年里，政府将与业界联手，制订更深入的行业计划，并在 2050 年前实现碳的净零排放。为推动这一国家重要战略进展，英国首相将新组建一支净零排放特别工作组，系统地开展相关工作。

但仅靠英国的一己之力远不足以避免灾难性的气候变化。“绿十条”亦致力于吸引其他国家与英国合作，共同开发绿色产业技术。作为在格拉斯哥举行的《联合国气候变化框架公约》（UNFCCC）第 26 届缔约方会议（COP26）的主办国，英国将敦促全球各国、企业、城市和投资者积极行动起来，共同兑现 2015 年《巴黎协定》的承诺，推动全球实现净零排放。

2 英国“绿十条”的主要内容

2.1 第一条：推进海上风能发展

2.1.1 主要内容

对于日益增长的经济而言，海上风能是可再生能源的重要来源，英国在此方面的发展已领先全球。到 2030 年，英国政府计划实现海上风电发电能力翻两番，以生产超过现有全部家庭使用量的电力，支持创新以充分发挥海上风电的技术优势，并通过投资为港口和沿海地区带来新的就业岗位和经济增长点。

英国的地理位置适于在海边发展风力发电，英国海上风力发电量也早已赶超其他国家。在过去的 5 年里，政府持续增加对这一行业发展的支持，使海上风力发电的成本下降 2/3。为向该行业提供进一步承诺，并进一步降低成本，2021 年英国政府将致力于通过下一份差额竞拍合同，将可再生能源的采购量翻一番。到 2030 年，英国政府的目标是海上风能发电量达到 40 000 MW，英国是世界上最早建成两个漂浮式海上风能场的国家，到 2030 年，英国政府打算将该规模扩大 12 倍，其中创新型漂浮式海上风能发电量达到 1 000 MW。英国政府的目标有望吸引 200 亿英镑私人投资，并可能在未来 10 年将该行业的就业岗位（从建筑工人到高级工程师）翻一番。

最新的风力涡轮机叶片仅需转动一圈，就能产生足够一整所房屋使用 24 h 以上的电力。随着风力涡轮机的使用规模不断扩大，英国政府将走在电力制造的最前沿。为支持这一不断扩大的产业，英国政府将投资 1.6 亿英镑建设现代化港口和生产基础设施，为沿海地区提供高质量的就业岗位。此外，英国政府还将按照差额竞拍合同中关于供应链的严格要求，保持英国在海上风能项目中的交付量占行业的 60%。这将有助于吸引外资进入英国制造业，从而提高其全球竞争力。

为整合海上风力发电等清洁技术，能源系统改造势在必行，包括建设更多的网络基础设施，并利用储能等智能技术。英国政府颁布的《海上输电网络综述》将阐述具体策略，该策略以清洁和经济高效的方式接入海上风力发电，政府将在即将发布的《能源白皮书》中概述智能系统计划，并纳入陆上输电网络竞争。

2.1.2 阶段目标（表 1）

表 1 2020—2050 年推进海上风能发展的目标里程碑

目标里程碑	
2020 年	启动竞争流程以支持现代化的集成式港口基础设施
2021 年	协商出台更严格的供应链计划要求，并在下一轮 CfD（差价合约）中，在陆上风能和太阳能项目有资格投标 CfD（差价合约）合同的情况下，使可再生能源发电能力翻一番；《海上输电网络综述》将发布最新版本，以期为 2021 年的持久性方案提供清晰思路

目标里程碑	
2030 年	海上风能发电量达到 40 000 MW；漂浮式海上风能规模扩大 2 倍；英国海上风电 60%的投资支出将回流至经济领域
2050 年	经协调的海上风能接入可为消费者节省高达 60 亿英镑的费用，从而显著降低对沿海社区环境及社会的影响

2.1.3 成本效益分析（表 2）

表 2 推进海上风能发展的益处

推进海上风能发展的益处		
到2030年可提供多达6万个就业岗位	到 2030 年，吸引约 200 亿英镑私人投资	2023—2032 年，节约 2 100 万 t CO_2 当量，相当于 2018 年英国 CO_2 排放总量的 5%

2.2 第二条：推动低碳氢能增长

2.2.1 主要内容

氢是宇宙中质量最轻、结构最简单却最丰富的化学元素，可为家庭、交通和工业提供清洁燃料和热量来源。英国拥有世界领先技术的电解公司，能够以较低成本将水电解产生氢气。英国政府正与业界合作，以期到 2030 年实现 5 000 MW 的低碳制氢能力。可再生能源、碳捕集、利用与封存（CCUS）和氢气聚集的枢纽优势将使英国成为世界领先的“超级工业大国”，位列技术发展的前沿。英国还率先开展氢加热试验，从氢邻域（Hydrogen neighborhood）开始，并在 2030 年前结束前扩大至“氢能城镇”。

英国政府的目标是与工业伙伴合作，到 2030 年，开发出 5 000 MW 的低碳制氢能力，使英国重回工业大国地位，并为其他地区提供约 8 000 个就业岗位。英国政府将出台一系列举措提供支持，其中包括 2.4 亿英镑的净零氢基金，并将在明年推出氢业务模式，通过私营行业投资为其带来收入机制。

英国在抓紧研究使用氢气和氢气混合物代替天然气用于加热燃料的方案，并已取得了很好的研究成果。政府热切希望加快此项工作，以支持氢行业的发展。例如，天然气和电力市场办公室（Ofgem）将于 2020 年年底公布在法夫州莱文茅斯地区进行的拟议网络示范的细节，目的是在 4 年内为 300 个家庭提供氢能。与此同时，政府正扩大电动热泵市场，确保能为英国消费者提供一系列低碳供暖选择。

碳捕获和储存基础设施将使大规模生产低碳氢能成为可能，政府计划同时发展这两个全新的产业，使英国成为该领域领先的“超级工业大国”。政府还将借鉴海上风力和其他可再生能源的成功经验，推进未来零碳氢气的发展。这将共同发展弹性供应链，支持就业，并使英国公司位列全球市场增长的最前沿，帮助工业流程、工业供热、电力、航运和卡车运输等行业向零碳排放转变。

2.2.2 阶段目标（表 3）

表 3 2021—2025 年推进低碳氢能增长的目标里程碑

目标里程碑	
2021 年	发布氢能战略，并开始就政府首选的氢商业模式征求意见
2022 年	确定最终的氢开发利用的商业业务模式
2023 年	与业界合作，完成必要测试，以将高达 20%的氢气混合至气体分配网络中，为供气网络上的所有家庭提供能源
2023 年	到 2023 年，支持工业在试点地区社区开展氢加热试验
2025 年	实现 1 000 MW 的制氢能力
2025 年	将支持工业界开始大规模的农村氢气供暖试验，并制订计划，在 10 年内建立可行的氢能城镇试点计划

2.2.3 成本效益分析（表 4）

表 4 推动低碳氢能增长的益处

推动低碳氢能增长的益处		
到 2030 年，提供多达 8 000 个就业岗位，到 2050 年，在氢气净值高度为零的情况下，创造多达 10 万个就业岗位	到 2030 年，吸引超过 40 亿英镑私人投资	2023—2032 年，节约 4 100 万 t CO_2 当量，相当于 2018 年英国 CO_2 排放总量的 9%

2.3 第三条：提供新型先进核能

2.3.1 主要内容

随着供热和运输等行业对低碳电力需求的增加，电力系统规模将不断增长，到 2050 年可能会翻番。而核电是低碳电力的可靠来源，英国在追求大规模发展核电的同时，也在通过进一步投资小型模块反应堆和先进模块反应堆创造核电的未来。

60 多年前，英国是全球第一座全规模民用核电站的所在地，该行业目前在英国约有 6 万名雇员。政府深知这项技术的持续潜力。无论是大型电厂还是小型先进模块反应堆等下一代技术，新核电既能生产低碳电力，又能为英国各地创造就业并带动经济增长。政府正追求大规模的新核电项目，但必须符合成本效益。为此，政府将提供发展资金。

与此同时，英国政府还希望进一步投资下一代核技术。在合乎经济效益和能支持未来几轮支出的情况下，英国政府宣布向先进核基金提供高达 3.85 亿英镑的资金。这将为小型模块化反应堆（SMR）带来高达 2.15 亿英镑的投资，以支持开发国内较小规模的电厂技术设计。其将释放高达 3 亿英镑的私营行业配套资金。

典型案例是位于萨默塞特郡的欣克利角 C 核电站，这是英国最大、最复杂的建设项目之一。该核电站于 2016 年开始主体建设，预计将耗时 10 年时间。2020 年 5 月，开发商报告称，西南地区的公司已花费 16.7 亿英镑。该项目将在建设期内创造约 2.5 万个就业岗位，并将在运行的 60 年内创造 900 个就业岗位。开发商最初预计，在建设期内将为西南地区带来 15 亿英镑的收益；而在运行期间，每年可创造 4 000 万英镑的经济贡献。

英国政府还承诺为先进模块式反应堆（AMR）的研发提供高达 1.7 亿英镑资金。此类反应堆可在超过 800℃的温度下运行，高品位的热能可高效生产氢气和合成燃料，补充在 CCUS、氢气和海上风力发电方面的投资。英国政府的目标是最迟在 20 世纪 30 年代初建造一个示范装置，以证明这项技术的潜力，并使英国在国际上处于领先地位。

为帮助将此类技术推向市场，政府将额外投资 4 000 万英镑，用于开发监管框架设计并支持英国供应链的发展。

2.3.2 阶段目标（表 5）

表 5 2020—2030 年提供新型先进核能的目标里程碑

目标里程碑	
2020 年	发布《能源白皮书》
2021 年	拟启动英国 SMR 设计开发第二阶段的工作
2020 年中	启动欣克利角 C 核电站
2030 年初	在英国部署第一批 SMR 和 AMR 示范机

2.3.3 成本效益分析（表 6）

表 6 提供新型先进核能的益处

提供新型先进核能的益处		
一座大型核电站将在建设期间提供约 1 万个就业岗位	政府的支持可能会释放出大量私人投资，仅开发 SMR 的成本就高达 3 亿英镑	每千兆瓦的核电发电足以为 200 万个家庭提供清洁电力

2.4 第四条：加速向零排放汽车转变

2.4.1 主要内容

零排放汽车是英国政府创造就业岗位、增强英国工业以及减少排放的最明显体现。从 2030 年起，政府将停售新款汽油车、柴油车和货车，这一进程比原计划提早 10 年。到 2035 年，政府仍将销售混合动力汽车及货车，该车型可行驶很长一段距离，但尾气不会产生碳的排放。英国政府坚信英国汽车制造是英国西米德兰兹郡、威尔士及北部产业的支柱，因此投入 28 亿英镑资金进行支持，这会将就业和投资带回英国，同时减少温室气体排放，改善空气质量。

英国是电动汽车领域的领先制造商。英国生产的 Nissan Leaf，在 2019 年欧洲电动汽车销量排名中位列第三。现有 100 多款上市电动汽车，预计到 2025 年将与传统汽油和柴油汽车的数量相当。由于汽车和货车的尾气排放量占总排放量近 1/5，英国政府正在采取果断行动，到 2030 年停售新款汽油和柴油汽车和货车，同时要求所有车辆自 2030 年起须具备良好的零排放能力（如插电式和全混合动力），并自 2035 年起实现 100%零排放。英国政府将与业界合作实现这一转变，以确保获得成功。根据新制定的阶段性淘汰时间表，英国政府将于 2020 年发布一份关于英国脱欧后新的关于排放标准的绿皮书。随着过渡工作不断推进，需确保税收制度对电动汽车的使用起鼓励作用，以确保能够符合英国人民和家庭期望，并为一流的公共服务和基础设施提供资金。

英国政府认为须把握这次机会，在英国建立世界一流的电动汽车供应链，并改善城镇空气质量。现已承诺投入 10 亿英镑支持实现英国汽车及其供应链的电气化，包括在英国建立“超级工厂”，以大规模生产所需的电池。一家工厂可雇佣约 2 000 人从事高技术含量的工作。英国政府将在近期议会上宣布投资 5 亿英镑，以推动英国汽车行业的电气化进程，为西米德兰兹、威尔士和北部等地区的现有就业岗位提供保障，并在英国各地提供成千上万个优质就业岗位。

英国政府还将投资 13 亿英镑，用于加快建设充电基础设施，旨在支援高速公路和主路上的快速充电站，以消除人们在长途旅行中需寻找充电站的顾虑，并在家庭住房和工作场所附近安装更多街道充电站，使充电如同汽油或柴油汽车加油一样便捷。虽然电动汽车的成本已下降，但政府仍将投入 5.82 亿英镑，将插电式汽车、货车、出租车和摩托车补助延长至 2022—2023 年，以降低零售价。

此外，英国政府还将就何时逐步停止销售新款柴油重型货车的问题展开协商。2021 年，政府将投资 2 000 万英镑进行货运试点，以开发氢动力和其他零排放卡车，支持业界在英国开发具有成本效益的零排放重型货车。

2.4.2 阶段目标（表 7）

表 7 2021—2050 年加快向零排放汽车转变的目标里程碑

目标里程碑	
2021 年	发布执行计划，列明执行新淘汰日期的关键里程碑；发布关于英国脱欧后的排放标准以及汽车和货车淘汰日期的绿皮书，并就淘汰新型柴油混合动力车征求意见
2030 年	预计在英格兰高速公路和主路沿线将部署广泛的充电站网络，涵盖 2 500 多个高功率充电站，汽车充电后可行驶 100 多英里①，而充电仅需喝一杯咖啡的时间；停售新款汽油车、柴油车及货车
2030 年	所有新款汽车及货车将实现尾气的零排放，使英国的上路汽车更清洁、更环保。将向英格兰的高速公路和主路沿线提供约 6 000 个高功率充电站
2050 年	实现约 3 亿 t CO_2 当量的碳减排；得益于电动汽车补贴资金增加，英国道路上行驶的超低排放及零排放汽车及货车数量将大幅增加；家庭住宅、工作场所、住宅街道、高速公路和主路沿线增加数千个充电站

① 1 英里=1.609 344 km。

2.4.3 成本效益分析（表 8）

表 8 加快向零排放汽车转变的益处

加快向零排放汽车转变的益处		
在 2030 年提供约 4 万个新就业岗位	到 2026 年，吸引约 30 亿英镑私人投资	到 2032 年减少排放约 500 万 t CO_2 当量；到 2050 年减少排放 3 亿 t CO_2 当量

2.5 第五条：绿色公共交通、骑行及步行

2.5.1 主要内容

除对私家车进行脱碳外，英国政府还将提高公共交通、骑行和步行的出行比例。通过投资铁路和公共汽车服务以及采取方便行人和骑行者的措施，加快向更具活力的可持续发展交通运输方式过渡。英国政府将提供资金推动众多零排放公共汽车的发展，并为城镇和城市规划出可与荷兰相媲美的自行车道系统。这将改善英国的空气质量，提高居民身心健康，同时减少碳排放。

正如首相在 2020 年 2 月所宣布的那样，英国政府将投资数百亿英镑用于完善和更新铁路网络，投资 42 亿英镑用于城市公共交通，以及投资 50 亿英镑用于公共汽车、骑行和步行。英国将对更多的铁路线路进行电气化；终结复杂的特许经营模式，创建一个更简单高效的系统；并在更多的地方建立综合性公共汽车和火车网络，提供智能售票、更频繁的班次服务和公共汽车专用道，方便人们出行。2021 年，政府将投资 1.2 亿英镑，推出 4 000 多辆英国制造的零排放公共汽车，届时零排放公共汽车将占英格兰当地运营商公共汽车车队总数的 12%。2021 年年初，政府将公布有史以来首个国家公共汽车战略，涵盖服务更频繁且更经济的“超级巴士”网络以及不同运营商和运输方式之间实行的一票制售票，此项战略的资金来源于首相宣布的 50 亿英镑公共汽车和自行车新增资金。从本财政年度开始，政府将投入资金打造至少两个实现公交全电动化的城镇，建立全球首个实现完全零排放的城市中心。

英国政府还将延长曼彻斯特和伯明翰等大区城市的铁路线路。如宣言中所述，政府的长期目标是改善城市地区的公共交通，使其完善程度媲美伦敦，并减少数千吨碳排放量。在面积较小的地方，政府将对公共汽车进行升级，引入更多乡村按需服务，并重建在 Beeching 时期（1963 年，英国铁路公司 Beeching 总裁关停了将近 1/3 的英国全境铁路系统和站点）拆除的许多铁路枢纽，为人们提供驾车之外的其他出行选择。政府将推进伯明翰的中部铁路枢纽计划，并沿北方动力铁路振兴曼彻斯特和利兹，以完善奔宁山脉东西铁路的连接。

英国政府将初步建造数百英里的隔离自行车道，然后再增至数千英里，并打造更多低车流量街区，以阻止车辆驾驶通过居民区侧街，从而方便人们步行和骑行。英国政府将扩宽学校街道，因为之前进行的扩建工程业已证明，此类工程使学校周边的交通流量

及污染急剧减少。英国政府已着手进行改造，2020 年已支出 2.5 亿英镑，为首相于近期议会上公布的 20 亿英镑支出的一部分。政府还将成立新的机构，以评估地方机构在活力出行方面的表现。为提高电动自行车的使用率，英国政府还将启动一项单独的国家支持计划。

2.5.2 阶段目标（表 9）

表 9 2021—2025 年公共交通去碳化的目标里程碑

目标里程碑	
2021 年年初	国家公共汽车战略和全球首座电动公共汽车城市
2021 年	首批 4 000 辆新零排放公共汽车交付，占公共汽车车队总数的 12%
2023—2024 年	5 亿英镑投资建设，使 Beeching 时期关闭的铁路线重新开放
2025 年	骑行能力培训，所有在校生和有培训需求的成人均可参加；政府将在 2013 年的基础上将骑行率翻一番，达到每年 16 亿次骑行

2.5.3 成本效益分析（表 10）

表 10 公共交通去碳化的益处

公共交通去碳化的益处		
到 2025 年提供多达 3 000 个就业岗位	政府将投资 50 亿英镑用于公共汽车、骑行和步行	2023—2032 年因绿色公共汽车、骑行和步行减少排放约 200 万 t CO_2 当量

2.6 第六条：喷气飞机零排放及绿色航运

2.6.1 主要内容

政府的目标是使英国在航空和海事技术方面走在最前沿，以推进低碳旅行，增强英国优势的主要措施包括推动可持续航空燃料的使用、增加研发投入开发零排放飞机以及发展机场和海港的未来相关的基础设施，将使英国成为绿色航空航运之乡。在国际上，英国将继续在寻找全球航空和海洋排放解决方案方面发挥领导作用，包括利用联合国气候变化大会（COP）主席身份的契机制定一个行业主要目标。

一个世纪前，一个曼彻斯特人和一个格拉斯哥人完成了第一次直跨大西洋的飞行，创建了民用航空。到 2020 年 9 月，第一架由氢燃料电池驱动的商用飞机在克兰菲尔德起飞。英国的创新将开启可持续燃料的世界，将化石燃料密集型旅程转为低碳交通路线，既能提供全球旅行的机会，又能保护地球。为实现这一目标，政府已成立喷气飞机零排放委员会（FlyZero），将其作为一个加快新技术开发和应用的全行业合作伙伴，以帮助制定实现航空业净零排放的战略，该战略将在今年开始实施。政府首先将向 FlyZero 提供 1 500 万英镑资金开展一项为期 12 个月的研究，该项研究将通过英国航空技术研究所（ATI）开展，旨在解决设计和开发零排放飞机的战略、技术和商业问题，使此类飞机可于 2030 年投入使用。

转向可持续燃料是英国实现碳减排的关键步骤之一。英国将举办一场耗资 1 500 万英镑的竞赛，以支持英国可持续航空燃料（SAF）的生产，这场竞赛建立在“未来货运燃料和航空竞赛”成功的基础上。英国将建立欧洲首个 SAF 信息收集所，使英国能够认证新燃料，以推动这一领域的创新。与此同时，英国就可持续航空燃料计划征求意见，以将绿色燃料混合到煤油中，这将为替代燃料创造以市场为导向的需求。为助力零排放飞机市场的发展，英国将投入研发资源对英国机场进行必要的基础设施升级，以发展电动飞机和氢动力飞机。

英国在造船方面有着悠久的历史，海事部门雇佣人数达 18.5 万人。为对航运方面的工作进行补充，政府将投资 2 000 万英镑用于清洁航运验证计划，以发展清洁航海技术。政府已在奥克尼进行氢动力轮渡试点，并计划在提塞德建设一个氢燃料补给港，以此振兴港口和沿海社区。

2.6.2 阶段目标（表 11）

表 11 2021—2025 年采取净零排放航空和绿色船舶措施的目标里程碑

目标里程碑	
2021 年	政府将就航空脱碳战略征求意见
2025 年	政府将就 SAF 法令征求意见，并在 2021 年举行一场耗资 1 500 万英镑的燃料工厂竞赛，该项法令预计从 2025 年开始执行

2.6.3 成本效益分析（表 12）

表 12 采取净零排放航空和绿色船舶措施的益处

采取净零排放航空和绿色船舶措施的益处		
向国内 SAF 行业提供多达 5 200 个就业岗位	航空航天业若能经受住考验，未来将创造 120 亿英镑经济价值	到 2032 年清洁航运减少排放高达 100 万 t CO_2 当量及到 2050 年 SAF 减少排放近 1 500 万 t CO_2 当量

2.7 第七条：绿色建筑

2.7.1 主要内容

绿色建筑以家庭住所、工作场所、学校和医院为核心，提供 5 万个就业岗位并在英国新建供应链和工厂，让建筑更节能并弃用化石燃料锅炉，将有助于使居住环境更加温暖舒适，同时维持较低的支出。英国政府设定了一条明确的路径，拟在未来 15 年内，随着个人更换电气设备并转向使用更低碳、更高效的替代电气设备，将逐步摒弃化石燃料锅炉。

就绿色建筑采取的行动可迅速支持全国各地的就业和升级，到 2030 年可提供约 5 万个就业岗位，而且为发展英国不断增长的热泵制造基地和扩大供应链以提高建筑效率也创造了机会。与业界合作提供的资金和监管措施将刺激短期投资，同时又可扶持弱势群体。

为使新建筑在未来长时间也能够使用以及避免产生高昂的翻新成本，政府将寻求在尽可能短的时间内实施未来住宅标准，并在短期内就提高非住宅建筑的标准征求意见，以便新建筑维持高水平的能源效率和低碳供暖。英国政府的目标是到 2028 年每年安装 60 万台热泵，建立一个以市场为导向的激励框架以推动经济增长，并将制定法规予以支持，特别是针对供气网未涵盖的物业。实现这一目标仍需政府做出选择，即最终是寻求氢供热、电气化供热系统，还是混合两种方式，同时继续对此类选择进行试点工作。

英国政府投入 10 亿英镑用于延长财政大臣 2020 年年初宣布的计划的期限，以进一步推动该市场的发展。政府将把绿色住房补助金计划延长一年，以提高住房的能源效率，并取代化石燃料供暖。政府将通过向公共部门脱碳计划增加资金投入，削减学校、医院和公共建筑的排放。借助绿色住房补助金计划对未被供气网覆盖（特别是位于乡村地区的住户）的生活供暖系统进行升级改造，以改变更多住户的生活方式。政府承诺为社会住房脱碳基金提供更多资金，以继续改善效率低下的社会住房。

随着加强对私营行业业主的能效要求，个人租户也将受益。为支持最困难的群体，政府将把能源公司责任延长到 2026 年，以便供应商帮助改善室内漏风及保暖性能不佳的住房。

为顺应消费者的消费习惯，政府将提高家居用品的能效标准，从而减少此类产品消耗的能源和材料，以帮助家庭和企业节省支出，包括推出优化的能源技术列表网站给予帮助。政府就实施贷款人对其发放贷款的住房能源绩效进行强制性披露的规定征求意见，并设定自愿提升目标，以此启动绿色住房金融市场。

2.7.2 阶段目标（表 13）

表 13 2021—2032 年开发更环保建筑的目标里程碑

目标里程碑	
2021 年	制定供暖和建筑战略；推出世界级能源相关产品政策框架。政府将推动产品使用更少的能源、资源和材料，节能减碳，以及尽微薄之力帮助家庭和企业节省能源开支
2028 年	每年安装 60 万台热泵；按照未来住房标准建造的住房将实现“零碳排放”，CO_2 排放量较按照目前标准建造的住宅减少 75%～80%
2030 年	绿色住房金融计划将帮助提高约 280 万套住房的能效，到 2030 年将有约 150 万套住房提高到 EPC（工程总承包）C 标准
2032 年	确保公共部门的直接排放量较 2017 年基线减少 50%

2.7.3 成本效益分析（表 14）

表 14 开发更环保建筑的益处

开发更环保建筑的益处		
在 2030 年提供约 5 万个就业岗位	到 2020 年代吸引约 110 亿英镑私人投资	2023—2032 年，节约 7 100 万 t CO_2 当量，相当于 2018 年英国 CO_2 排放总量的 16%

2.8 第八条：投资碳捕获、使用及储存

2.8.1 主要内容

CCUS 将是一个振奋人心的新行业，将在持续碳捕获及振兴英国这个第一次工业革命的发源地方面发挥作用。政府的目标是到 2030 年每年捕获 100 万 t CO_2，相当于 400 万辆汽车的年排放量。政府将投入 10 亿英镑资金助力在 4 个产业集群建立 CCUS，以在东北、亨伯、西北、苏格兰和威尔士等地区创建“超级工业区”。英国将在 2021 年提出有关收入分配机制的详细内容，通过新业务模式将私营行业的投资引入产业碳捕获和氢能项目，为此类项目提供支持。

CCUS 技术捕获自发电、低碳氢生产和工业流程中产生的 CO_2，并将其储存在地下深处，使之无法进入大气中。这项技术在全球范围内推广势在必行，但尚无国家占领市场。英国的优势在于北海，可用于将捕获的碳储存于海底的基地。发展 CCUS 基础设施将有助于英国工业区的经济转型，增强英国工业在全球净零排放经济中的长期竞争力。其将有助于最具挑战性的行业脱碳，提供低碳动力和实现负排放。

英国政府计划到 2025 年前后在两个产业集群建立 CCUS，计划到 2030 年建成 4 个产业集群，每年捕获多达 1 000 万 t CO_2。随着氢能的发展，可借助东北部、亨伯、西北部、苏格兰和威尔士等核心地区的发展使英国成为世界领先的“超级工业大国”。价值 10 亿英镑的 CCUS 基础设施基金将确保业界可按进度大规模部署 CCUS。此类集群将作为新碳捕获行业的起点，到 2030 年可为英国提供多达 5 万个就业岗位，并将具备相当大的出口潜力。与此同时，政府将在 2021 年提出有关收入分配机制的详细内容，以将私营行业的投资引入产业碳捕获和氢能项目，为投资者提供必要的良好发展环境。

目前，英国利用 CCUS 技术在建的典型案例，如塔塔化学欧洲公司（TCE）项目，该项目由英国能源与工业战略部（BEIS）提供 420 万英镑资助建造，是英国首家具有产业规模的碳捕获和利用（CCU）试验工厂，该工厂位于英格兰西北部的诺斯威奇镇，用于生产高纯度碳酸氢钠。工厂将于 2021 年投产，每年能够捕获多达 4 万 t CO_2，并将使工厂碳排放量减少 11%。TCE 将其在英国生产的 60%碳酸氢钠出口至全球 60 多个国家/地区。CCU 项目将成为 TCE 进一步拓展出口市场的跳板。

2.8.2 阶段目标（表 15）

表 15　2021—2030 年投资碳捕获使用和储存的目标里程碑

目标里程碑	
2021 年	通过与业界合作执行 CCUS 部署流程，并制定工业碳捕获和氢能项目收入分配机制的更多细节
2022 年	敲定新 CCUS 业务模式
2030 年	到 2025 年前后运行两个集群，视相关性价比和经济承受能力而定，另外两个集群将在 2030 年投入运行

2.8.3 成本效益分析（表 16）

表 16 投资碳捕获使用和储存的益处

投资碳捕获使用和储存的益处		
到 2030 年提供约 5 万个就业岗位①	到 2025 年公共投资将达 10 亿英镑	2023—2032 年，节约 4 000 万 t CO_2 当量，相当于 2018 年英国 CO_2 排放总量的 9%

2.9 第九条：保护自然环境

2.9.1 主要内容

自然环境是长期捕捉和封存碳的最重要也是最有效的解决方案之一。英国政府将保护美丽的自然风光，恢复野生动物栖息地，以阻止生物多样性的破坏并适应气候变化，同时创造绿色就业岗位。

英国政府将通过建立新的国家公园和自然风景区（AONB）来保护自然环境，将着手把更多英格兰标志性的美景作为国家公园和自然风景区，为后代的福祉保护这类地区，并让更多人有机会亲近自然。新的国家风景将在实现政府到 2030 年保护和改善 30%英国土地的承诺方面发挥关键作用。

通过投入 4 000 万英镑的第二轮绿色复苏挑战基金，英国政府将会创造出更多的绿色就业岗位。该基金将帮助创造和保留数千个就业岗位，以在英格兰各地开展自然保护和修复项目，从而帮助改善生物多样性及应对气候变化。

英国政府正采取行动保护珍贵的景观，在自然修复方面创造就业岗位。政府还将加快开展修复自然生态系统所需的各项重要工作，在未来 4 年内建立 10 个长期景观修复项目。此类景观修复项目将作为变更土地用途的试点项目，用于修复英格兰荒草丛生的地区，帮助固碳和建立自然修复网络。脱欧后，新环境土地管理计划鼓励植树和泥炭地重建等土地管理行动，将成为英国政府应对气候变化的重要工具，同时还将带来其他环境效益。随着摆脱共同农业政策，英国将在明年启动环境土地管理试点项目，同时为农民提供生产补助以投资现代技术，提高生产效率、增加收入，同时减少其排放。

对防洪的资金投入将保护家园、企业和社区免受洪水危害，同时保护自然环境，帮助适应不断变化的气候。政府将投资 52 亿英镑，实施一项为期 6 年的防洪和海岸防御计划，其中包括借助自然力量的创新方法，帮助降低洪水风险，并使环境、自然和社区受益。

① 英国能源与工业部（BEIS）内部分析使用能源创新需求评估计算。

2.9.2 阶段目标（表 17）

表 17　2020—2024 年保护自然环境的目标里程碑

目标里程碑	
2020—2021 年	从 2020 年年底开始，政府通过绿色复苏挑战基金为英格兰一系列自然项目投入首批 4 000 万英镑资金，并于 2021 年追投 4 000 万英镑资金
2021 年	2021 年，政府计划启动指定新的国家公园和 AONB 的工作
2021 年	从 2021 年开始，政府将投入 52 亿英镑实施一项为期 6 年的防洪和海岸防御资本投资计划
2022—2024 年	2022—2024 年，政府计划启动 10 个长期景观修复项目

2.9.3 成本效益分析（表 18）

表 18　保护自然环境的益处

保护自然环境的益处		
到 2027 年通过改善防洪设施提供多达 2 万个就业岗位	高达 52 亿英镑的防洪投资	通过保护国家景观使气候和生物多样性受益

2.10 第十条：绿色金融与创新

2.10.1 主要内容

释放创新活力和开发新资金来源是进一步发展绿色技术实现净零排放的基础。英国政府承诺到 2027 年将研发投资总额占 GDP 的比例提高到 2.4%，并已于 2020 年 7 月发布“英国研究与发展路线图”。下一阶段的绿色创新将有助于降低向净零排放过渡的成本，培育开发更好的产品和新业务模式，进而影响消费者行为。英国政府的愿景是在经济低碳发展技术以及在向净零排放过渡方面成为全球领导者。借助世界一流的创新者、企业家和金融机构，英国政府将专注于推动未来关键技术的进步。在具体绿色工业政策的基础上，将得到两方面的支持，一是创纪录增加研发方面的公共投资，二是成立了一个旨在资助科学家从事高风险、高回报工作的新机构，这些工作可能助推全球在实现净零排放的道路上取得重大突破。

在总投资计划方面，为加快电力、建筑和工业领域低碳技术、系统和流程创新的商业化进程，英国政府将推出“10 亿英镑净零排放创新投资组合”。该投资组合将集中在“十点计划”的十大优先领域，包括近岸浮海风力资源、先进模块化核反应堆、能源储存和灵活性、生物能、氢能、人居住宅、直接气体捕获技术和 CCUS、工业燃料转换及其他颠覆性技术（如能源人工智能）。英国政府已在 2020 年 11 月启动一期“全新温室气体去除技术（包括直接捕获）1 亿英镑投资计划”，该项目将直接从空气中捕获 CO_2。英国政府还将启动“能源储存及灵活性的创新挑战 1 亿英镑投资计划”，这是一项提升以可再生能源为主的能源系统存储性和灵活性的关键技术，使能源能够存储数小时、数天甚至数月。

在聚变能源技术方面，英国政府正力争成为全球首个将聚变能源技术商业化的国家，实现低碳排放和持续发电。英国政府投入 2.22 亿英镑资金开发具前瞻性的能源生产用球形托卡马克装置计划（STEP），该计划旨在到 2040 年在英国建造全球首座商用聚变发电厂，以及投资 1.84 亿英镑于新聚变设施、基础设施和培训，为将英国打造成为全球聚变创新中心奠定基础。

在海陆运输技术方面，英国政府将利用英国企业在世界领先的专业知识和领导经验开展海陆运输新技术创新投资，并投资 300 万英镑用于建设 Tees Valley 氢气运输中心。在公路方面，英国政府将投资 2 000 万英镑进行零排放重型货车试验，大规模测试重型货车零排放新技术。

在支持国际气候变化投融资方面，英国政府还将继续在国际上支持全球应对气候目标，并通过国际气候融资方案扩大全球清洁技术市场。2020 年 6 月以来，英国政府已投入 1.7 亿英镑用于支持拉丁美洲、非洲和亚洲的绿色行业复苏。

在绿色债券方面，英国政府对绿色发展大规模和快速的大胆投资彰显了其魄力和雄心，2021 年英国政府将根据市场形势发行首只主权绿色债券，并打算随后再发行一系列主权绿色债券，以满足投资者对此类金融工具日益增长的需求。此类债券将有助于为可持续项目融资，为急需的基础设施投融资，并在全国创造大量绿色就业岗位。

典型的案例是绿色金融研究所的建立。该组织成立于 2019 年 7 月，由 SEB（瑞典北欧斯安银行）资深银行家、伦敦金融城前市长 Roger Gifford 爵士担任主席，并由巴克莱银行前高管、大英帝国勋章获得者 Rhian-Mari Thomas OBE 博士担任首席执行官。

该研究所由英国政府和伦敦金融城公司提供种子资金，在国际上倡导英国的绿色金融品牌，并会集全球专家和从业者，共同设计针对特定行业的解决方案，将资本引向清洁、有弹性和环境可持续的经济。该研究所早期的成功经验包括：建立建筑能效联盟和随后由 200 多名专家成员组成的零碳供暖工作组，推出绿色金融教育宪章，为管理着超过 10 万亿美元资产的投资者发行英国首只主权绿色债券进行了论证，并共同主办了绿色地平线峰会，该峰会由公共和私营行业的全球领导人出席，并吸引了来自全球 90 多个国家/地区的 30 多万名观众。

在信息披露方面，英国政府还将利用英国在全球金融业的领先地位和国际声誉，鼓励私人投资支持创新和管理气候金融风险。根据气候相关财务披露工作组（TCFD）的建议，英国政府打算在 2025 年前在整个经济体中引入气候相关财务信息的强制性报告，其中大部分强制性要求将在 2023 年前落实。英国和伦敦将定位为全球碳市场的领导者，包括响应扩大独立的碳市场工作组的建议。此外，英国政府将实施绿色分类法，以帮助更好地指导投资者确定哪些经济活动可应对气候变化和环境退化。综合起来，这类措施将为投资者提供一个清晰明确的框架，以便提供在 2050 年前建立净零排放经济体系所需的低碳融资。英国政府认为，此类信号包括脱欧排放交易体系制定的碳排放费用是强有力的长期投资标志。财政部（HMT）的净零排放审查将考虑在税收、支出、监管和其他杠杆方面的选择，以确保最大限度地支持增长机会，并努力争取社会各方面的贡献达到公平平衡。

在绿色就业方面，为确保拥有技术熟练的劳动力来实现净零排放目标，英国政府与企业、技能提供商和工会合作，成立绿色就业特别工作组，帮助英国政府制订到 2030 年长期高质量绿色就业计划，并就转型行业的人员需哪些支持提出建议。该工作组于 2021 年春季结束其工作，其行动纳入净零排放战略。

2.10.2 阶段目标（表 19）

表 19 2020—2050 年加强绿色金融和创新的目标里程碑

目标里程碑	
2020 年	发布英国研究与发展路线图；公布净零排放创新投资组合中的优先项
2021 年	发行首只主权绿色债券；启动净零排放创新投资组合中剩余的优先创新挑战；制订 2030 年长期高质量绿色就业计划
2022 年	开始在奥克尼进行船舶试验，在提斯河谷建设一个氢能港口，并为英国多个清洁航运集群开展可行性研究
2022 年	宣布英国聚变发电厂示范基地选址
2023 年	落实大部分气候相关财务信息披露强制性要求
2025 年	整个经济体中引入气候相关财务信息的强制性报告
2050 年	建立净零排放经济体系

2.10.3 成本效益分析（表 20）

表 20 加强绿色金融和创新的益处

加强绿色金融和创新的益处		
到 2030 年预计可提供数十万个就业岗位；通过低碳行业的新商业机会，有望释放出口和国内产业 30 万个就业岗位	10 亿英镑的净零排放创新政府资金，以及来自私营行业的 10 亿英镑的配套资金和可能提供的 25 亿英镑后续资金	实现低碳行业的碳减排

3 英国“绿十条”对我国的启示

英国“绿十条”从英国国情出发，重点围绕能源、交通、建筑等领域，提出了绿色工业革命的十项措施，以实现经济社会发展、温室气体减排的协同效益。而我国正处于社会主义初级阶段，产业结构偏重，工业部门占能源消耗总量的 65%以上（2018 年）。[7] 推进能源转型，重点耗能行业将是重要的抓手。同时，打造清洁可靠的交通运输体系、推广节能高效的建筑体系、构建绿色安全的金融体系也将是我国实现碳达峰碳中和的重要组成部分。本文就能源、交通、建筑、绿色金融等方面，提出以下建议。

3.1 能源

在新能源利用方面，2019 年英国共发电 324 亿 kW·h。其中，核电占 17.3%，生物质发电占 11.4%，水电占 1.8%，风电占 19.9%，光伏发电占 3.9%，天然气发电占 40.8%，煤电占 2.1%，其他占 2.7%。英国整体电力能源结构以天然气为主，随着海上风电项目的发展，风能已经成为英国电力的第二大来源，[8]为实现 2050 年温室气体净零排放的目标，在“绿十条”中英国采取逐步淘汰煤炭，增加氢能、核能和风能的能源比重。

我国电力结构与英国差距明显，我国的火电占绝对主导地位。2019 年，我国发电量为 73 253 亿 kW·h，其中火电占 68.87%，水电占 17.77%，核电占 4.76%，风能占 5.54%，太阳能占 3.06%。2020 年，国家能源局发布的最新数据，中国电源新增装机容量 19 087 万 kW，其中水电 1 323 万 kW、风电 7 167 万 kW、太阳能发电 4 820 万 kW，风电和太阳能占新增装机量的 62.8%。相对英国以风电和核电为主的新能源电力结构，我国主要着重利用水电、风电、太阳能等可再生能源。虽然火电比重近年来的确在持续下降，可再生能源装机量和发电量稳步上升，但我国以煤炭为主的能源结构长期不变，特别是考虑我国幅员辽阔，电能储能和电力系统灵活性较差及配网弱等技术难题，不可能快速跨越到以低碳电力为主，只能逐步增加可再生能源比例，改善能源结构，推动清洁生产。[9]

为我国实现 CO_2 排放力争在 2030 年前达峰，努力争取 2060 年实现碳中和的目标，对标英国“绿十条”的建议，对我国低碳能源转型和新能源发展提出以下 7 条建议：

一是因地制宜制定能源转型路线。英国自第二次工业革命后煤炭消耗量持续增加，在“伦敦烟雾”事件后掀起了为期 60 年的能源转型期，英国已在 20 世纪 90 年代完成碳达峰，用近 30 年的时间逐步淘汰煤炭。近年英国能源结构中煤炭占有量低至 7%，但仍以石油，天然气为主要能源（占比超过 60%）；而我国碳达峰时间紧任务重，尤其我国富煤、贫油，没有类似英国北海油田丰富的油气支持，很难像英国一样快速减少煤炭能源占比；并且英国已经经历完工业化发展阶段，进入“去工业化”阶段，我国处于工业化发展中后期，能源消费总量仍处于递增阶段，[10] 同时考虑我国所处国际形势严峻，“去工业化”很难实施，产业结构无法快速调整本质上也影响了能源结构的转型。我国的能源转型过程应该是对英国能源转型过程的扬弃，加快制定可再生能源、核电发展战略，既要增强化石能源清洁生产低碳排放，同时也要研究碳捕捉及封存技术。

二是循序渐进开展低碳能源转型。国际上通行用非水可再生能源（风力发电和光伏发电）占总发电量的比重来衡量能源转型的进展。从新能源发电占比来看，我国仍处于能源转型初级阶段，能源结构还处于煤炭阶段。从英国的“绿十条”中可以看到，低碳能源转型需要大量的资金支持，能源价格上涨势必带来民众经济负担增大，并有可能带来“阶级矛盾”（煤炭行业失业率增加），且我国本质的能源替代问题没有解决，在电力系统中火电与其他电力系统在储能、灵活性方面依旧面对众多问题。在保障社会能源供给的前提下，能源改革应整体设计统筹管理，加以规划引导，循序渐进由煤炭结构向新能源结构转型过渡，避免造成煤炭能源浪费和其他能源短缺。

三是打造“分布式开发、就地消纳”能源互补网络。优化电源投资结构，延缓弃风、弃光严重地区的新能源投资建设，推广分散式能源发电、智能配电网和储能技术，依托本地高能耗负荷消耗过剩电能避免新能源远距离输电。在能源供给侧，充分发挥各类异质能源的可替代性及互补性，实现多类型异质能源的互补开发和协调优化调度，形成稳定、高效、清洁的能源供应体系；在能源消费侧，因地制宜通过电能替代、冷热电多联供、智能微网、园区综合能源系统满足终端用户电、热、冷、气等多种用能需求，实现多能协同供应和能源综合梯级利用。

四是坚持“在保护中开发，在开发中保护”的水电发展理念。我国水能资源丰富，在大力发展水电的过程中，应正确处理好保护与开发的关系，贯彻落实科学发展观，促进人与自然和谐相处，落实“共抓大保护、不搞大开发”的生态文明思想，必须以水资源的可持续利用支撑经济社会的可持续发展，把维护河流健康作为水资源开发利用的基础和前提。围绕低水头、大流量中小水电设备的制造、微小电的稳定与长期运行技术以及机组自动控制技术、生态友好型小水电设计准则、鱼类友好型水轮机设计和生态友好的大坝建设的生态准则，开展前瞻性研究和关键科技问题集中攻关，进行新技术的推广应用及产业化，最终成为清洁可再生能源的一大支柱。

五是统筹协调风能、光伏、氢能总体规划。针对世界风力资源占有率最高、海上风电项目新机装载量居全球第一、电源负荷分布不均、风电大规模并网技术仍未完全攻克等特征和问题，我国未来风电发展应统筹协调，推动风电规模化发展，推进风电技术进步和产业升级，促进风电消纳、推动规划政策协同以及体制机制创新，为风电高质量发展创造良好条件；[11] 继续健全完善风电、光伏产业政策和相关标准规范，加强风电、光伏运行管理水平，提高电网对风电、光伏的容纳能力，利用大数据和人工智能等技术对电网用户侧实行智能分配。针对我国氢能领域顶层设计尚不完善、研究较为分散等问题，需制定全国性的氢能发展规划，使氢能成为我国清洁高效能源生产和消费体系的重要构成部分；通过加强基于可再生能源的水电解技术的研究，实现氢储能的规模化应用，打造全方位的氢能产业生态圈，成为我国低碳能源转型的强力推手；[12] 在氢能应用上加以规范引导，供应体系上因地制宜的稳定拓展，突破氢能供应安全体系方面技术难题，政府持续投资扩大市场规模，便可构建清洁化、低碳化的氢能供应体系。

六是规范安全开展核能的多元利用。我国是世界上少数拥有比较完整核工业体系的国家之一，我国拥有全球第三的核电装机量，在建机组装机容量持续保持全球第一，[13] 一直有序、积极地推进核电的应用。2019 年经历了 3 年多的“零核准”后，国家能源局批准多个核电项目有序开工。[14] 在考虑核能开发的安全性的前提下，建议对核电的开发应采取谨慎态度的基础上，加快探索核能的多元利用；借鉴英国、美国、加拿大等国推行小型模块化反应堆和先进反应堆为重点发展目标的经验，将我国核工业发展重心从传统核电站向全新设计的反应堆转移。

七是推进电网系统灵活度改革。当前，我国电力系统调节灵活性欠缺、电网调度运行方式较为僵化等现实造成了系统难以完全适应新形势要求，大型机组难以发挥节能高效的优势，部分地区出现了较为严重的弃风、弃光和弃水问题，区域用电用热矛盾突出。为实现我国提出的 2020 年、2030 年非化石能源消费比重分别达到 15%、20%的目标，保障电力安全供应和民生用热需求，需着力提高电力系统的调节能力及运行效率，从负荷侧、电源侧、电网侧多措并举，重点增强系统灵活性、适应性，破解新能源消纳难题，推进绿色发展。

3.2 交通

在汽车减排方面，英国政府计划从 2030 年起，比原计划提早 10 年停止售卖新款汽油车、柴油车和货车，同时要求所有车辆自 2030 年起须具备良好的零排放能力（如插电式和全混合动力），并自 2035 年起实现 100%零排放。而我国国家层面尚未出台相应的“禁燃”计划。仅有海南省提出在 2025 年前后，适时启动燃油汽车进岛管控时间表，2030 年起全省全面禁止销售燃油汽车的政策，成为我国国内首个禁售燃油车的省市。但我国在新能源汽车方面发展势头强劲，国家相继发布《新能源汽车产业发展规划（2021—2035 年）》《节能与新能源汽车技术路线图 2.0》，提出深化供给侧结构性改革，坚持电动化、网联化、智能化发展方向，突破关键核心技术，优化产业发展环境，推动我国新能源汽车产业高质量可持续发展，加快建设汽车强国的战略。结合新能源汽车的各种税收优惠、购买补贴等利好消息，预计从 2020 年到 2030 年中国新能源汽车保有量将从当前 500 万辆增至 8 000 万辆以上；按照 2030 年电动汽车渗透率 20%测算，预计 2030 年 CO_2 减排量约为 4.86 亿 t。[15]

在交通绿色发展方面，国务院新闻办于 2020 年 12 月发布了《中国交通的可持续发展》白皮书，提出要全面推进节能减排和低碳发展。[16] 铁路电气化比例、新能源公交车、新能源货车、天然气运营车辆、液化天然气（LNG）动力船舶、机场新能源车辆数量不断增加。高速公路服务区（停车区）充电桩、港口岸电设施数量逐步提高。但对自行车道及步行车道相关规划较少提及。本文提出以下建议：

一是出台交通行业碳减排行动计划。行动计划应明确交通行业减排比例及减排量，具体包括新能源汽车各项措施及预期的碳减排量；打造零排放公交、自行车道和步行车道以减少的汽车出行量和碳排放；明确具体的工程项目及资金落实情况，使计划切实可行。

二是建立交通行业碳政策体系。目前我国碳交易市场还不完全成熟，市场缺乏详细的规章制度与法律监管。而国家逐渐取消新能源车采购补贴，给新能源车的推广带来新的挑战。建议建立包含碳税、碳奖励、碳抵消、碳交易为组合的碳政策体制机制，以新能源汽车为试点，利用新能源汽车大数据平台为基础，形成新能源汽车碳政策技术体系，然后推广到交通领域，促进低碳交通健康发展。

三是大力研发清洁交通技术。从燃油车到电动车的大规模转移，不仅需要政策的支持，还有赖于电池技术的不断改进。围绕电动车电池的寿命及续航能力问题，研究开发高性能长寿命电池，进一步提升电动车的各项技术，让消费者放心。同时加快氢燃料电池的研发，推进氢燃料的商业化。加快可持续航空燃料的研发，突破航空航天的燃料问题等重大的技术障碍，[17] 实现交通行业的净零排放。

四是打造零排放交通社区。以社区或乡镇为单位，规划建设合理的步行道和自行车道，所有交通系统采用清洁能源或可再生能源，打造零排放交通社区，并逐步推广到邻近区域，进而实现大面积零排放交通或低碳交通。

3.3 建筑

当前，我国建筑行业运行能耗占中国能源消费总量的 20%左右。从发达国家的经验来看，随着经济社会的发展，我国建筑行业将逐渐超过工业、交通业成为用能的重点行业，占全社会终端能耗的比例为 35%～40%。而从建筑全寿命周期角度来看，加上建材制造、建筑建造，建筑行业全过程能耗占中国总能耗的比例已达 45%。另外，建筑产业对资源的消耗也非常显著，中国每年钢材的 25%、水泥的 70%、木材的 40%、玻璃的 70%和塑料制品的 25%都用于建筑产业。因此，发展绿色建筑对节能和减少环境污染意义重大。同时，我国发展绿色建筑将有效带动新型建材、新能源、节能服务等产业发展，有望撬动超过万亿市场规模。

党的十九届五中全会提出了中共中央关于制定国民经济和社会发展第十四个五年规划和 2035 年远景目标建议，在加快推动绿色低碳发展建议部分明确提出了发展绿色建筑，开展绿色生活创建活动。[18]“十四五”规划中应明确建筑节能、绿色建筑发展的碳减排指标。对比英国绿色建筑相关措施，本文形成以下建议：

一是加快制订建筑行业碳减排行动计划。目前，我国已经出台了《绿色建设创建行动方案》《绿色社区创建行动方案》《关于加快新型建筑工业化发展指导意见》《关于推动智能建造与建筑工业化协同发展的指导意见》等政策文件。但这些政策文件中仍未明确具体的碳减排指标。建议住建部联合相关部门抓紧出台绿色建筑碳减排行动方案或战略规划，明确碳减排措施手段、预期减排效果、相应的保障体系，并在法律层面给予支撑，保证行动方案或规划的实施效力。

二是改进建筑行业能源供应体系。建议有关部门大力推动可再生能源，在考虑技术经济性的前提下，尽量选用清洁能源填补不足部分；加快推进既有建筑节能改造，并逐步用风能、氢能等清洁能源替代传统化石能源；在农村地区，推进清洁取暖，首选电力热泵替代传统煤球、木头、秸秆等化石或生物质燃料，实现改善人居环境、减少室内污染的巨大协同效益。同时，逐步实现电力系统从煤电向太阳能光伏、风电等清洁能源转变。

三是完善建筑行业相关标准体系。近年来，住建部加快推进绿色建筑及建筑节能标准编制和修订，2019 年发布了新版《绿色建筑评价标准》，近两年陆续发布了北方地区居住建筑 75%节能标准；其他相关建筑节能标准也正在修订，如建筑节能和可再生能源建筑应用两个技术规范。这些标准将为我国推进“十四五”更高水平绿色建筑、建筑节能和低碳发展打下良好发展基础。但部分标准均为国家推荐性标准，法律效力不足，难以实施。建议形成强制性标准与推荐性标准相配合的绿色建筑标准体系，鼓励制定地方标准，为绿色建筑的发展提供充分的制度保障。[19,20] 同时，大力研究发展被动式节能建筑，因地制宜地开展被动式建筑建设。

3.4 绿色金融

绿色金融作为支撑和服务国家碳减排、碳达峰碳中和目标的重要手段，对推动经济社会更加绿色、可持续发展具有重要意义。实现碳达峰碳中和需要大量的绿色、低碳投融资，其中一部分由政府直接发起，另一部分需要通过金融体系动员社会资本来实现。英国于2008年正式颁布《气候变化法》，在气候变化和绿色金融领域始终保持世界领先地位[21]，建立了较为成熟的绿色金融制度、标准和政策体系。英国政府近期将推出10亿英镑净零排放创新投资组合，长期计划推出120亿英镑政府投资，计划拉动3倍私人投资（360亿英镑）。根据《中国长期低碳发展战略与转型路径研究》报告测算，[22]中国实现1.5℃目标导向转型路径，需累计新增投资约138万亿元人民币，超过每年GDP的2.5%。中国实现碳中和所需的投融资远大于英国。中国的绿色金融起步也较早，已经有了比较好的基础，目前，中国绿色贷款余额超过11万亿元，位居世界第一；绿色债券余额1万多亿元，位居世界第二。大力发展绿色金融，是推动中国经济社会高质量发展的时代召唤和必然选择，也是实现绿色复苏的重要手段。对于我国来说，面向2030年碳达峰和2060年碳中和目标：

一是加快构建应对气候变化的金融货币法治体系。我国目前有《中华人民共和国可再生能源法》《中华人民共和国节约能源法》《中华人民共和国森林法》《中华人民共和国大气污染防治法》等能源和环境领域的法律，《碳排放权交易管理暂行办法》等直接规范温室气体排放的部门规章或规范性文件，但由于法律位阶较低等原因，在制度设计和效力方面均受到限制，应加快“应对气候变化法”的立法工作，对国内应对气候变化的制度进行顶层设计，对有效控制温室气体排放的行为进行政策激励，并对超标排放的行为进行追责，推动建立全国碳排放权交易市场，开展地方层面制度先行先试，为绿色金融制度体系搭建保驾护航。

二是加快构建完善绿色金融顶层设计。目前的绿色金融制度、标准和政策体系还存在比较碎片化的现象，与碳达峰、碳中和目标不完全适应和匹配。首先应该完善绿色金融制度体系，做好绿色金融政策设计和规划，发挥出金融支持绿色发展的三大功能——资源配置、风险管理、市场定价；其次应该完善绿色金融标准体系，保证绿色项目、绿色贷款、绿色债券、绿色基金目录中的项目不损害应对气候变化目标，建立《绿色债券项目支持目录》《绿色信贷标准》和《绿色产业指导目录》等动态更新机制，[23]匹配碳达峰、碳中和约束要求；最后应该完善绿色金融产品和市场体系，要继续大力发展绿色信贷、绿色债券，并在绿色融资租赁、绿色保险、碳资产质押融资、林业碳汇、湿地碳汇、海洋碳汇等领域创新发展。集聚发展绿色产业，倡导绿色消费，壮大绿色金融需求侧。集聚发展绿色产业，激励倡导政府绿色采购和社会公众绿色消费。通过鼓励购买环境标志产品、“三品一标”农产品、绿色建筑、新能源汽车等绿色消费行为支持绿色产业发展，进而壮大绿色金融需求侧。

三是加大绿色金融支持低碳技术创新力度。能源、工业、建筑和交通运输是绿色金融支持应对气候和推动绿色发展的主要经济部门。对于能源部门，应大力发展可再生能源产业、智能电网与储能技术、非电二次清洁能源开发技术和能源行业碳捕获与封存技术；对于工业部门，应加快电气化提高工业生产过程能源使用效率、创新低碳工艺、推广工业碳捕获与封存或利用（CCS和CCU）技术和发展循环经济技术；对于建筑行业，应加快创新老旧小区绿色化升级改造技术和绿色建筑节能减排技术；对于交通运输行业，应进一步加强新能源汽车、电池和相关基础设施建设新技术的推广，加大零碳替代燃料的研发，推广数字技术提升交通运输效率，提效降碳。[24]

四是完善绿色金融信息披露体系。对于企业部门，推动环境、社会责任和公司治理

（ESG）构建标准体系和投资规范，积极履行 ESG 信息披露义务，逐步建立符合“碳达峰、碳中和”战略目标的企业低碳发展战略规划与路线图；[25] 对于监管部门，应明确提出对金融机构开展环境和气候信息披露的要求，披露金融机构持有的高耗能、高污染行业（如煤炭采掘、煤电、钢铁、水泥、化工、铝业等行业的贷款和投资）资产的信息和碳足迹；建立试点，推行“两高”行业上市企业从 ESG 到气候、环境、社会责任和公司治理（CESG）信息披露，前期把气候指标信息披露独立为一个板块，中期逐步细化气候信息披露指标，后期形成针对“两高”行业完善的 CESG 指标体系。

五是强化气候和环境的金融风险分析能力建设。多数大型金融机构开始有所认知但尚未建立分析能力，多数中小机构还未意识到气候转型可能带来的信用风险、市场风险和声誉风险。国际上主流的绿色金融信息披露框架主要有气候相关财务信息披露工作组（TCFD）、气候披露标准委员会（CDSB）、碳信息披露项目（CDP）、全球报告倡议组织（GRI）、绿色保险原则、负责任银行原则等，各类金融机构可开展前瞻性的环境和气候风险分析，包括压力测试和情景分析。行业协会、研究机构、教育培训机构也应组织专家支持金融机构开展能力建设，并重点开展这个领域的国际交流。央行和金融监管部门应牵头组织宏观层面的环境和气候风险分析，研判风险对金融稳定的影响，并考虑逐步要求大中型金融机构披露环境和气候风险分析的结果。

参考文献

[1] Net Zero Tracker. net zero emissions race[EB/OL]. [2021-2-4]. https://eciu.net/netzerotracker.

[2] Final UK greenhouse gas emissions national statistics：1990 to 2019[EB/OL]. https://www.gov.uk/government/statistics/final-uk-greenhouse-gas-emissions-national-statistics-1990-to-2019.

[3] 张雅欣，罗荟霖，王灿．碳中和行动的国际趋势分析[J]．气候变化研究进展，2021，17（1）：88-97.

[4] HM Government. UK sets ambitious new climate target ahead of UN summit[EB/OL]. https://www.gov.uk/government/news/uk-sets-ambitious-new-climate-target-ahead-of-un-summit.

[5] HM Government. The ten point plan for a green industrial revolution[EB/OL]. https://www.gov.uk/government/publications/the-ten-point-plan-for-a-green-industrial-revolution.

[6] Bloomberg. The New Energy Outlook 2020[EB/OL]. https://about.bnef.com/new-energy-outlook/.

[7] 国家统计局．中国能源统计年鉴 2020[M]. 北京：中国统计出版社，2020.

[8] 孙一琳. 2019 年英国能源转型之路[J]. 风能，2020（1）：74-75.

[9] 朱彤. 能源转型中我国电力能源的结构、问题与趋势[J]. 经济导刊，2020（6）.

[10] 菜园子. 英国能源结构转型及对中国的启示[EB/OL].（2016-02-29）. http://www.360doc.com/content/16/0229/00/8312500_538152008.shtml.

[11] 王文嫣，李苑. 安装船“一船难求”!“抢装年”海上风电行业景气度爆棚[EB/OL].（2021-01-14）. https://mp.weixin.qq.com/s/-p_aGZG6v2ovn-Ows5_xfg.

[12] 中国电动汽车百人会. 中国氢能产业发展报告 2020[R]. 2021.

[13] 中国核能行业协会. 中国核能发展报告（2020）[R]. 2021.

[14] 全国能源信息平台. 展望核能产业“十四五”规划：核电建设将加速 投资规模达千亿[EB/OL]. https://baijiahao.baidu.com/s?id=1663295526387095096&wfr=spider&for=pc.

[15] 百人会 2021 云论坛，孙逢春. 2030 年中国新能源汽车保有量将达到 8 000 万辆以上[EB/OL]. https://www.d1ev.com/news/zhengce/136245.

[16] 交通运输部. 中国交通的可持续发展[EB/OL].（2020-12-22）. http://www.mot.gov.cn/2020zhengcejd/jiaotongkcxfz_tj/xiangguanzhengce/202012/t20201223_3507241.html.

[17] BCG. 中国气候路径报告[EB/OL].（2021-12-16）. https://web-assets.bcg.com/89/47/6543977846e090f161c79d6b2f32/bcg-climate-plan-for-china.pdf.

[18] 中华人民共和国中央人民政府. 中共中央关于制定国民经济和社会发展第十四个五年规划和二〇三五年远景目标的建议[EB/OL].（2020-11-03）. http://www.gov.cn/zhengce/2020-11/03/content_5556991.htm.

[19] 刘亚娟. 绿色建筑标准的法律构造：现实问题与完善路径[J]. 中国人口•资源与环境，2020，30（11）：170-178.

[20] 倪江波. 2030 年碳达峰下建筑用能减排占有重要分量[EB/OL]. https://www.163.com/dy/article/FQPBUDDA0535QS0X.html.

[21] 何建坤，清华大学气候变化与可持续发展研究院. 中国低碳发展战略与转型路径研究[EB/OL]. https://mp.weixin.qq.com/s/cQOLeQtN5PeICLqGXwft0A.

[22] 绿色金融. 英国碳中和目标欲一箭双雕[EB/OL].（2021-01-21）. https://mp.weixin.qq.com/s/2Rqa2UZ-WOzdoIW9kLhT_Q.

[23] 马俊. 以碳中和为目标完善绿色金融体系[EB/OL]. https://mp.weixin.qq.com/s/G3ZbYhW-o0Nf4YgvifYcWw.

[24] 钱立华，方琦，鲁政委. 兴业研究绿色金融报告：减碳新时代——2021 年中国绿色金融发展趋势展望，兴业研究[EB/OL].（2020-12-16）. https://mp.weixin.qq.com/s/pX_mmqAfIDVHkT4dYP1j-g.

[25] 刘桂平. 发展绿色金融助力“30 • 60 目标”实现[J]. 中国金融，2021（2）.

附件 1

英国“绿十条”成本效益分析

<table>
<tr><th rowspan="2">序号</th><th rowspan="2">内容</th><th rowspan="2">政府投资/亿英镑</th><th rowspan="2">私人投资/亿英镑</th><th colspan="2">就业收益/万人</th><th colspan="2">碳减排收益/万 t CO_2 当量</th></tr>
<tr><th>2030 年</th><th>2050 年</th><th>2032 年</th><th>2050 年</th></tr>
<tr><td>1</td><td>风能</td><td>1.6</td><td>200</td><td>6</td><td>—</td><td>2 100</td><td>—</td></tr>
<tr><td>2</td><td>氢能</td><td>2.4</td><td>40</td><td>0.8</td><td>10</td><td>4 100</td><td>—</td></tr>
<tr><td>3</td><td>核能</td><td>4</td><td>3</td><td colspan="2">一座核电站建设期间就业 1 万人</td><td colspan="2">每千兆瓦的核电发电足以为 200 万个家庭提供清洁电力</td></tr>
<tr><td>4</td><td>零排放汽车</td><td>29</td><td>30</td><td>4</td><td>—</td><td>500</td><td>30 000</td></tr>
<tr><td>5</td><td>绿色交通</td><td colspan="2">50 亿英镑投资</td><td>0.3</td><td>—</td><td>200</td><td>—</td></tr>
<tr><td>6</td><td>零排放飞机和绿色航运</td><td>0.5</td><td>航空航天业若能经受住考验，未来将创造 120 亿英镑经济价值</td><td>0.52</td><td>—</td><td>100</td><td>1 500</td></tr>
<tr><td>7</td><td>绿色建筑</td><td>10</td><td>110</td><td>5</td><td>—</td><td>7 100</td><td>—</td></tr>
<tr><td>8</td><td>CCUS</td><td colspan="2">10 亿英镑基金</td><td>5</td><td>—</td><td>4 000</td><td>—</td></tr>
<tr><td>9</td><td>自然环境</td><td colspan="2">52 亿英镑投资</td><td>2</td><td>—</td><td colspan="2">通过保护国家景观使气候和生物多样性受益</td></tr>
<tr><td>10</td><td>绿色金融与创新</td><td>10*</td><td>10*</td><td>30*</td><td>—</td><td colspan="2">实现低碳行业的碳减排</td></tr>
<tr><td colspan="2">合计</td><td>约 120 亿英镑</td><td>约 420 亿英镑</td><td>约 25 万人</td><td>至少 34 万人</td><td>约 1.81 亿 t</td><td>至少 4.9 亿 t</td></tr>
</table>

注：“—”表示该项未明确；“*”表示该项投资或就业已含在其他内容里，不参与合计计算。

附件 2

2021 年英国即将发布的碳减排相关战略规划

序号	战略规划	主要内容
1	能源白皮书	白皮书将阐述能源系统的转型如何推动经济增长和就业，同时减少排放，与 2050 年的净零排放目标保持一致，并确保经济承受能力适当。其标志着从有增无减的化石燃料消耗向清洁能源解决方案的转型；制订行动计划，巩固在发电方面的成功，展望供暖和工业方面的挑战，并为石油和天然气两大行业提供支持，帮助其适应净零排放世界。在当今气候变化的背景下，英国的能源系统将会进化，变得更为一体化、动态化和分散化。英国的战略使其能够利用智能化、数字化的技术来推动竞争，并利用创新来造福消费者
2	交通脱碳计划	《交通脱碳计划》将阐明英国将如何进一步、更快速实现全境内交通系统的脱碳。这项大胆而宏伟的计划将采取整体和跨模态的方法，帮助实现其在 2050 年前实现零排放的目标。除提供所需技术措施外，交通脱碳计划还将寻求通过基于地点的解决方案，最大限度发挥脱碳的效益，并将英国发展成为绿色交通的领军者
3	供暖与建筑战略	供暖与建筑战略将规定应立即采取的减少建筑排放的行动。此类行动包括部署节能措施和低碳供暖，这是一项宏伟工作计划的组成部分，该计划可助力英国就如何实现向低碳供暖的大规模转变作出关键战略决策，以及实现使所有家庭和建筑脱碳的目标
4	国家基础设施战略	政府将发布国家基础设施战略，阐述基础设施如何支持经济复苏和实现长期增长目标。国家基础设施战略将致力于降低基础设施网络的碳排放，稳定经济，支持私人融资，并通过“Speed”项目加快基础设施的交付
5	工业脱碳战略	该战略将阐明政府到 2050 年将建立繁荣、低碳的英国工业部门的愿景。将与地方政府合作伙伴密切合作，阐述低碳转型如何支持英国的工业竞争力和绿色复苏，包括确定新市场和行业发展的机遇
6	氢能战略	氢能战略将概述政府对将英国发展为氢能经济体的雄心，并提出近期需采取的行动，以确保低碳氢可在脱碳工业、供热和重型运输中发挥重要作用，同时通过电网平衡和整合不断增加的间歇性可再生能源电力提供系统价值
7	英国植树战略	植树战略将阐明英国对英国树木、林地和林业的长期愿景，以及期望其在应对气候变化和生物多样性丧失方面发挥的作用。该战略将列出英国在未来几年采取的行动，以实现该愿景，并履行宣言承诺，即每年增加 3 万 hm^2 种植面积，上述行动均基于为自然促进气候基金提供 6.4 亿英镑的公告，目的在于支持植树并恢复泥炭地
8	净零排放战略	该战略将为政府向净零排放经济转型指明道路，充分利用英国各地的新增长和就业岗位。根据于 2020—2021 年提出的行业计划，将在“十点计划”的基础上制定一项全面的净零排放战略。该战略还将考虑在未来 30 年实现大规模变革所需的条件，即在经济体中所需的技能，向能源系统的转变，个人、地方和国家层面的资金流动和行为，以实现经济的完全脱碳，同时认识到在净零排放世界中能源系统、土地和个人之间的复杂相互作用
9	财政部净零排放审查	净零排放审查将考虑如何向净零排放过渡提供资金，以及哪些成本将下降，以助力确保家庭、企业和纳税人之间的贡献达到公平平衡
10	自然战略	新自然战略将确立保护和加强英国生物多样性的目标，以实现英国在《生物多样性公约》下的全球目标和在《英国 25 年环境规划》下设定的目标。自然战略将与其他战略建立明确联系，包括针对树木、泥炭和授粉者的战略。英国计划于 2021 年公布，但目前已在履行自然恢复网络等关键承诺